U0898592

Renshneg Jiaokeshu

人生教科书

关明华　著

人民交通出版社股份有限公司
China Communications Press Co.,Ltd.

图书在版编目(CIP)数据

人生教科书 / 关明华著. —北京:人民交通出版社股份有限公司,2016.1

ISBN 978-7-114-12584-3

Ⅰ.①人… Ⅱ.①关… Ⅲ.①人生哲学—通俗读物 Ⅳ.①B821-49

中国版本图书馆 CIP 数据核字(2015)第 255799 号

书　　名:**人生教科书**
著 作 者:关明华
责任编辑:吴　迪
出版发行:人民交通出版社股份有限公司
地　　址:(100011)北京市朝阳区安定门外外馆斜街 3 号
网　　址:http://www.ccpress.com.cn
销售电话:(010)59757969,59757973
总 经 销:人民交通出版社股份有限公司发行部
经　　销:各地新华书店
印　　刷:北京盛通印刷股份有限公司
开　　本:720×960　1/16
印　　张:39
字　　数:504 千字
版　　次:2016 年 1 月　第 1 版
印　　次:2016 年 1 月　第 1 次印刷
书　　号:ISBN 978-7-114-12584-3
定　　价:88.00 元
(有印刷、装订质量问题的图书由本公司负责调换)

世界上最难的事情，就是怎样做人、怎样做一个好人。

——习近平

Preface 序

这是一本内容形式与众不同的书。用不足购买一张电影票的费用便可以阅读到人的一生,岂不快哉?因为本书的内容,涵盖了人生的所有重大方面,并逐一进行深入探讨、剖析,基本可以回答人生中的一系列重要问题。从形式上看,书中既有人类几千年人生思考的荟萃总结,也有古今中外思想大家的哲理箴言,还有作者自己60年人生的体会感悟,兼具理论读物和工具书的特征。

这是一本适应范围极其广泛的书。虽然书中所及均属人生重大问题,但却不是脱离实际的空洞说教,也没有艰涩难懂的字词语句,适合初中以上文化的所有人阅读。青年人可以在本书中找到人生方向和目标,中年人可以在本书中找到人生反思并指导子女,老年人可以在本书中找到人生总结并告诫后代。一直有人在问:人生为什么没有说明书?人生为什么没有教科书?人生为什么没有规划书?中、高等教育为什么没有系统的人生科学课程或者专业?此书就是这方面的发端之作。

这是一本可以伴随人生始终的书。人生的阶段性特征,决定着各个阶段中会有不同的思想需求和实践需求。无论是成长期的青少年,还是奋斗期的中青年,或是成熟期的中老年,我们在思考人生、实践人生、体会人生时,都会遇到一些困顿和迷惘。本书中的一些思想、观点会给人以参考,帮助人们调整一下视角,增加解决问题的一些思路。但本书不是趣味读物。

这是一本可以置于床头的书。作为理论读物,本书具备了一定的高度;作为工具书,本书具备了一定的广度。在很多人心情浮躁、压力山大、难以沉思的状态下,每当夜深人静之时,如果能将此书信手翻阅几页,或者会引发对近日学习、工作和生活中一些现象的思考,或者会引发对自己一言一行的反省,或者会引发对自己人生未来的遐想。即使什么都没有,也会是一种很好的催眠。

这是一本可以参与修改创作的书。每个人的人生都是自己书写的,每个人的人生经历和感悟本身就是一本教科书。因此,人生科学的研发事业是一项庞大的系统工程,绝非此书的几十篇章即可替代。每位读者都可以用心阅读此书,用心感悟人生,并且随时将体会记录下来,转达给作者或出版社,以便修订此书,或者另行结集出版。这是与阅读其他书刊截然不同的一种新形式。

编　者
2015 年 10 月

Foreword　引　言

我们为什么要来到这个世界上?

这千姿百态、风云变幻的人生到底是什么?

在有限的人生历程中,我们应该做些什么?

那些人生中必须要做的事情该怎样去做?

当我们行将离开时,该给这个世界留下些什么?

……

记得从十几岁开始,这些问题就一直萦绕在我的心头。但是,一直没有人能系统地告诉我答案。

大约在55岁前后,回首自己几十年的坎坷人生,再面对着越来越多的迷惘人群,面对着越来越复杂的迷惘问题,我开始思考该如何解释、如何回答人生的一些基本问题,并打算在这方面做点事情,让更多的人少一些人生困惑、迷惘和遗憾,多一些成功的可能和人生的快乐、幸福。今年满60岁了,我觉得到了应该做的时候了。

人生的最大困惑和长久迷惘

1968年春天时,我未满13岁,告别了早已不再上课并且多滞留了半年的小学后,便进入了所谓的"中学"。那时的中学上课更不正规,连班级、年组乃至全校的建制都是模仿军事编制的,学校叫"民兵营",年组叫"民兵连",班级叫"民兵排",班干部叫排长和政治干事。在校的高年级学长们忙着到处"串联"和进行派性斗争,我们因年龄小不能到外地去,就留在学校写大字报、开批斗会、挖战备地道、搞军事拉练，穿插着上一些被叫做“政治”、“工业基础知识”（即物理、化学）、“农业基础知识”（即自然、生物）的课程。这个阶段正是我们世界观、人生观、价值观懵懂形成的青春期，但家长要忙着上班工作和参加“文革”运动，老师被“运动”得晕头转向而人人自危，谁还有闲工夫来告诉我们这些呢？就算他们有时间、有闲心想告诉我们，估计他们自己也闹不清该告诉我们些什么吧。

在中学混了3年多，我们就算毕业了。当年的政策是应届中学（当时已没有高中初中之分）毕业生全部作为知识青年到农村去插队落户。我不满17岁时便告别了住在县城里的父母，到农村去插队了。按照现在的说法，这就算步入社会了。可是人生的方向在哪里呢？人生的路应该怎么走呢？还是没有人能告诉我。

两年后，我19岁的时候碰到了一个可以离开农村的机会。“文革”后期，大学和中等专业学校、技工学校开始招收由工人、农民和解放军推荐的学生，历史上被称作“工农兵学员”。因为下乡时间短，我还没有入党，只能报中专或者技校，这样我便成了一所电力技工学校的“工农兵学员”，所学专业是汽轮机设备及运行。可怜的是，学校连教材都没有，刚从“牛棚”里解放出来的老师一边带着我们到电厂去“开门办学”，一边领着几个同学参考“文革”前的教科书编写教材，对付着学了两年。毕业那一年，正是中国多灾多难的1976年：3位伟人相继辞世、唐山大地震、“反击右倾翻案风”运动，大事一件接着一件。特别是毛泽东主席的逝世，犹如天塌地陷一样，似乎国家都迷失了前进的方向了，谁还能帮助我们分析人生、规划未来呢？

真正参加工作以后，我们面临着如何工作、如何进步、娶妻生子、养家糊口、创建未来等一系列问题。随着党和国家工作重点逐渐从以阶级斗争为纲转移到经济建设上来，随着改革开放的起步和深化，我们需要思考和解决的人生问题也越来越多，亟需有人指点迷津。遗憾的是，这时的我们依然得不到系统有效的指导，只能是在人生路上东碰西撞地摸索前行。

我在电厂当了1年多工人后，便被提拔到企业管理部门做职员，两年后又调转回家乡进入县、市两级党政机关，从科员、副科长、科长到副局长，做了13年的公务员。38岁时，我主动告别舒适的机关工作，告别了被亲友、同学、同事、领导认为前途无量的仕途，改行到省城、京城做企业管理工作，既经历了省直科研事业单位、国企、外企、民企管理者的多角色转换，也增加了对社会和人生的多角度认知和多层次感悟。

回想步入社会后这43年,每当年龄上一个台阶,我都会觉得前些年自己的想法和行为是很幼稚的。30岁时,回头看20岁是这样的感觉;可悲的是,20岁时的自己却觉得已经是很成熟了;所以,30岁时的我就想,20岁时要是能有人指导一下该多好;40岁时,回头看30岁也是这样的感觉;50岁时,回头看40岁还是这样的感觉。

那么,是不是只有我们这些出生在20世纪50年代的人才会有这样的人生迷惑和解决需求呢?因为生活和工作等原因,我这些年一直没有中断与60后、70后、80后、90后的交往。在与他们的沟通和交流中我发现,越是出生年代靠后的人,困惑和迷惘越多。

这其中,50后和60后都已步入、已接近"知天命"或"耳顺"之年,困惑和迷惘正在逐渐被时间和年龄冲淡;70后则已经开始慢慢地接近"不惑",趋于成熟,困惑和迷惘正在逐步减少;而80后和90后呢,前者正值"而立"之年,后者刚刚步入社会或者刚刚迈进高校,正是困惑和迷惘的频发期、集中期。

为什么会是这样呢?其实原因很简单,可归纳为3点:一是关于人生管理科学的系统研究和教育一直没有成型,人生的许多重大问题依然没有得到明确的回答;二是和平的生活环境以及科技、经济的高速发展,使人生的欲望更大、更多、更强了;三是社会和人生进入多元化时代,更加复杂,变化更快,人生可以选择的路径更多了。

如果人生只有一种欲望,或者面前只有一条路,相信我们谁也不会迷茫,只要想办法满足这单一的欲望,或者沿着这一条路坚持走下去就是了。可是如果有两条路、三条路,或者有更多的欲望、诱惑摆在我们面前时,不迷茫反倒是不正常的了。

梳理一下人们对人生一些基本问题的困惑和迷惘,大致上可以分为学业、职业、事业、前途、婚恋、信仰、道德、生命、命运、幸福等方面和类别。如果这些问题不解决,人生的价值何在?人生的意义又何在?如果这些问题不解决,人们又哪来的工作热情和创造精神?时代又怎么能加快前进的脚步?如果这些问题不解决,社会上的一些丑恶现象、腐败问题将怎样遏制?人类自身发展的一些问题又将如何得以解决?

人生为什么没有说明书?

我们生活在一个神奇美妙的世界里。一般情况下,我们每一个人都将以现在的生命方式在这个世界上生存3万天左右。在这期间,我们将通过各种不同的途径,以各种不同的方式,来体验这个世界。这个世界之所以神奇,就在于它总是能给我们以未知的新的东西;这个世界之所以美妙,则在于它能让我们在解析未知和解决问题之中获得快乐。

我们也生活在一个复杂多变的世界里。这个世界,每时每刻都有很多问题需要有人来解决,其中当然也包括我们自己。在我们自己的人生路上,也同样有很多问题需要解决,而且其中多数问题必须是由我们自己来解决。这些问题有大有小,有轻有重,有缓有急。怎么认识?怎么区分?怎么辨析?怎么解决?

在人生路上,家长、学校和社会可能会教我们一些解决某一个或者某一类问题的方法。但是,有一些关乎我们一生甚至子孙后代的大问题却可能一直没有人严肃认真地来指导,没有人系统深入地来教诲。

所以,绝大多数人都是一直到人老心衰时才恍然大悟:原来最重要的问题一直是要靠自悟的啊!可是等有些问题自己悟明白的时候,早已是时过境迁,一切都不可能从头再来了;还有很多问题,直到彻底闭上眼睛可能也没有悟明白,只能带着遗憾到另一个世界去寻找或创造幸福了;更有些问题我们可能从来就没有去悟过,根本就不知道那些还是问题,但那些问题却左右着我们的命运,影响着我们的一生甚至子孙后代。

考古学的最新研究成果表明,我们这个世界上的人类历史大约已经有300万年甚至更久了。没有人能统计出地球自诞生以来总共制造出了多少人,估计应该有千亿之巨了吧。而当今世界,更是有史以来生产人口最为丰盛的时代,据说全球每秒钟就有4~5个人被生产出来,每年新生人口1.2亿人以上,数量可谓巨大。

人类自从进入工业文明时代特别是进入现代社会以后,不知从什么时候起,各种各样的说明书,那些数不清、说不尽、读不完的光怪陆离、千姿百态的说明书,潜移默化地已经成为我们生活的一部分了,甚至是不可或缺的了。我们在工作或者生活中,经常会因为遇到了某一个问题,便去翻箱倒柜地找来某一类说明书。

几百年来,人类生产制造那么多大大小小的物质产品都会给出一份使用说明书。奇怪和遗憾的是,每年生产制造出上亿个最为重要的产品——人以后,却从来没有给提供过一份说明书!工业时代以前,人们制造其他物质产品也没有提供说明书,其原因是科学技术不够发达。那么,到了人造卫星能上天、科考“蛟龙”能入海的今天,一切都有说明书了,唯独“人”还是没有说明书。我们不禁要问——人生为什么就没有说明书?

人生又为什么没有教科书?

如果从一个人咿呀学语开始算起,到大学毕业,他一直都在学习。上完幼儿园上学前班,读完小学读中学,读完高中读大学,用了差不多 20 年的时间。或者说,这不仅仅是 20 年的时间,而是 20 年的生命,是一个人 1/4 甚至是 1/3 的生命。尤其是在初、高中期间,家长监督孩子学习如同狱警看管犯人,老师则是起早贪晚地诲人不倦,学生更是“三更灯火五更鸡”地学而“不厌”。有人这样评价道:当今中国,最勤奋、最辛苦的是中学生,最忘我、最敬业的是中学老师。被迫也好,自愿也罢,一个人从出生到大学毕业,不知学了多少“知识”。结果呢?走向社会时才发现,学过的好多东西根本用不上,最需要的、最重要的东西却没有学。特别是在必须面对人生的一系列重大问题时,多数人依旧是茫然不知所措的。

目前中国的教育体系,乃至全球的教育体系,都还没有将人生管理这一课题科学系统地纳入小学、中学和大学的授课内容。这里所说的系统,一方面是指应该在中小学和大学开设专门的课程,而不是分散琐碎地掺杂在其他一些课程之中;另一方面,是指在师范教育中应该开设人生管理科学专业,为中小学乃至大学的人生管理科学课培养师资。不然,长达 12 年甚至 16 年的系统教育,却没有系统地学习到关乎一生甚至子孙后代的人生大学问,不能不说这是一种缺憾。

为人父母者,作为某个个人的“生产厂家”,他们似乎应该教授儿女这些人生最重要、最有用的基本理论。但遗憾的是,因为几乎没有人教授过他们,所以他们也只能靠自己去悟。有的父母可能会战战兢兢地将点滴人生感悟告诉自己的孩子,但却大多被儿女以“过时”为借口予以屏蔽;也有的父母快要离开这个世界时才刚刚悟出点儿道理来,但到那时儿女似乎已经不再需要父母指点什么了,因为儿女也已经步入中年,“生米早就做成熟饭”了;还有的父母到离开这个世界时,依然没有悟出个所以然来,只能怀抱着对自己人生的遗憾和对儿女的失望凄然而去。在学校和社会的课堂里,或许会有人零零散散地给我们讲解一些关于人生的道理,或者会教给我们一些能力,但是由于不成系统,或者是过于功利主义,很难起到应有的作用。

不难想象,如果能像研究和传播其他知识那样,有专业,有课程,有教科书,在人生的各阶段学习科学文化和专业技术的同时,还能系统地学习有关人生重大问题的基础理论,他的人生历程和个人发展是否能更顺畅一些呢?他的生命能量和个人成就能否会更大一些呢?他的人生效率和社会贡献能否会更高一些呢?答案自然是肯定的。但是,社会发展到今天,人们为了适应社会必须学习很多东西,却为什么没有系统地学到人生管理的科学知识呢?当今社会有那么多的学校、专业和课程,怎么就没有人生学校、人生专业、人生课程呢?这世界上有千万种、亿万种书籍,我们却怎么连一本系统完整的人生教科书都没有呢?

人生是一门科学,可以有说明书和教科书!

当今世界,上至宇宙星空,下至地幔内核,人们什么都在研究,可谓学科林立,投资浩大,成果丰硕。那么,人生究竟可不可以算作一个科学门类,建立一个学术专科,成立一个或者一类机构,动员组织有关的社会力量来加以研究呢?在人生这一广泛而又复杂的概念面前,人们究竟能不能发现一些基本规律,究竟能不能提炼出一些普遍定理,进而形成被大多数人所公认的人生守则呢?

今天我们所能见到的各种物质产品的说明书和各学科的教科书,都是因近现代科技发展、文明进步、社会需求而诞生的。而作为生产力最核心要素的人,更需要人生说明书和人生教科书。需要,并不见得就一定可以做出来,或者是不见得马上就能做出来,但是总应该要有人去努力的!

从古至今,人生之所以没有说明书和教科书,理由大概有 3 条:一是人类历史风云变幻,不同时代、不同社会、不同环境里的人,有着不同的人生际遇和生活状态,怎么能有统一的说明书和教科书?二是千人千面,就像世界上没有两片完全相同的绿叶一样,怎么才能编写出具有普遍适用性的人生说明书和教科书?三是人生旅程漫长复杂,不可预见因素太多,这在人生说明书里怎么说明,在人生教科书里又怎么去教导?

但是,我们千万不要被这些理由所迷惑,认为人生的路上就只能跟着感觉走了。如果我们从另一个角度来思考这些问题,又可以看到另外一番景象。

不论世界风云怎样变幻,地球自转并围绕太阳公转等自然规律依旧照常运行,人们必须在自然规律的制约下生活,千古未变。

不论人们生活在什么样的时代、社会、环境下,生老病死,吃喝拉撒,日出而作,日落而息,生活规律依旧,千古未变。

不论是千人千面还是亿人亿面,每个人一生中必须要面对和解决的主要问题、重大问题却都相同或相似,千古未变。

不论人生的路程多么漫长和复杂,人们发现问题、认识问题和解决问题的基本规律和根本法则必须遵循,千古未变。

既然最基础、最根本、最主要、最关键的东西都没有变,那么我们从中找出规律并加以说明,应该是能够办到的。

什么是科学?科学是一种工作,是指发现、总结、提炼普遍真理或普遍定律,并将其推广而且还要得到公认的学术过程;科学是一种知识体系,是指对客观事物的形式、组织、规律进行分析、解释、预测并且可以进行检验的、有序的知识系统,包括那些可以合理解释并可靠应用的知识。世界上的科学门类不胜枚数,各个门类的科学家更是不计其数,却唯独没有最为重要的人生管理科学及科学家,岂非咄咄怪事?

一个负责任的社会、一对负责任的父母,应该在孩子刚刚进入青春期阶段就给他们提供出一份人生说明书,应该让孩子在中学和大学阶段能够得到系统的人生教育,让孩子在走上社会之前能对人生有一个完整的认识。但是,我们无法要求现在的父母都具备这样的能力,因为他们未曾接受过这方面的专业教育和训练。因此,这样的责任应该由社会来承担,因为人生管理科学是社会科学的重要组成部分,更应该是中、高等教育的重要教学内容。

我们有理由相信,经过一代人甚至几代人的共同努力,在未来的科学研究、基础教育、高等教育等领域中,一定会矗立起一门重要的新学科——人生管理科学,也一定会涌现出一批又一批大有建树的人生管理科学家。本书付梓,这只是万里长征迈出的第一步。

投石问路，抛砖引玉，全社会一起来编写《人生教科书》！

人类既然需要人生教科书，按道理又可以编写制作出来，那么就有一个谁来做和怎么做的问题。

谁来做？这是一个关乎全人类的课题，当然要全人类来共同完成。每一位有人生感悟的人都应该参与进来，把自己的真知灼见贡献出来；每一位有志于这项事业的人都应该积极搜集相关资料和信息，加入到写作和修订工作中来。我个人的经历、见解和能力是有限的，本书只是发端之作，所以冠名“征求意见稿”，并非谦词，实为问路之石、引玉之砖。

怎么做？梳理出人生的共性、基本和主要问题，分析出其发展变化的内在规律，提炼出认识这些问题的基本观点，甄选出解决这些问题的主要方法，编纂成册，广泛征求意见，不断充实完善，最后定稿，甚至永不定稿。

我们期待更多的有志于研究这一课题或乐于发表个人对人生感悟的朋友共同来编写出真正意义上的人生教科书。我们更期待能够得到社会有关机构的关注和扶持，期待能有文史哲领域专家、学者的参与和指导。

本书将人生过程中的众多重要事项加以梳理，归纳为 10 大类别，并循此来探求人生的基本问题，力图作出符合规律的说明。

虽然现在多数人都认同“健康是人生第一需要”的观点，但是绝大多数人却做不到始终将健康放在人生活动的首位；虽然学习将贯穿并影响人生始终，但很多人却要到没有学习能力的时候才拍腿慨叹“少壮不努力”。为什么？是因为对人生及命运的认识和观念上还存在着一些偏差。所以，本教科书以《观念与命运篇》开篇。

谨将此书奉献给每一位珍爱人生、思考人生的朋友！

2014 年 10 月 8 日于北京

Contents

目　录

第一篇　观念与命运

第一章

命运是什么

我们从一降生开始，甚至出生前，就和一个被称作“命运”的词语、概念连在了一起。毫无例外，每一个人都期盼着自己的一生能拥有一个好的命运。长辈为我们能有好的命运尽其所能，我们自己懂事以后更是为能有好的命运而终生努力奋斗。但是，几乎绝大多数人一生都在慨叹自己的命运不济。临到生命终结时，多数人似乎还是对自己一生的命运并不满意，甚至是很不满意。为什么会这样？这是因为关于命运的3个基本问题没有搞清楚：一是什么是命运和好命运？二是影响命运的主要因素有哪些？三是怎样才可以摆脱不利因素的干扰，争取到一个较好的命运？

首先，让我们来看看命运究竟是什么吧。

一、命运是客观存在的人生趋势

古今中外，研究命运的人很多，实践并思考命运的人则更多。凡是到这个世界上走过一遭的人，都是命运的实践者，也都是命运的思考者。不论是思考者、研究者，还是实践者、探索者，所得出的结论五花八门，莫衷一是。特别是命运的研究者们得出的结论，有的是玄而又玄，让人很难理解；有的是虚而又虚，让人很难把握。

对中国人影响最大、最久远的是儒家的天命观。

天,是古代中国人对最高级别神灵的特殊称谓,民间口语也将其称之为上天、老天、苍天、上苍、老天爷等,认为苍茫宇宙星汉和人间万事万物都是由天来安排主宰的。天命,自然也就是天神对人间万事万物的命令和摆布了。天命观的基本观点是:世间万物和社会世事皆由上天安排,上天神灵以其特有的方式表达或显示其意志,上天神灵具有操控一切的超自然权势和能力。

发端于西周,形成于春秋,集大成于孔、孟、荀诸子的儒家思想,认同并继承了夏、商、周乃至更为古远的天命论观念。《论语》里就有多处关于天和命以及天命的记述。“死生有命,富贵在天”,则是儒家天命观念的代表性表述。《论语·颜渊篇》是这样记载的:“子夏曰:‘商闻之矣:死生有命,富贵在天。’”子夏是孔子的学生卜商,他在这里说的是“我听说过”。可见,死生有命富贵在天这句话并不是孔子、孟子的原创,而是早在春秋时期之前就已经广为流传了。所以,孔子说“五十而知天命”(《论语·为政篇》),“君子有三畏:畏天命,畏大人,畏圣人之言。”(《论语·季氏篇》)儒家的天命观在后来的封建帝制统治过程中发挥了重要的保驾护航作用,皇朝被视为“天朝”,皇帝被视为“天子”,皇帝的言行也自诩为“奉天承运”,足足延续了两千多年。儒家的天命观也对封建社会的臣民们产生了巨大的麻痹作用,多数情况下都对封建帝王的专制统治采取了逆来顺受的屈从态度;在自然灾害、个人境遇等方面,则采取了听天由命的无奈态度。

与儒家天命观并存的还有道家的自然天命论、佛教的业力论和因果论、基督教的上帝决定论、伊斯兰教的前定说、马克思主义哲学的历史决定论等关于命运的理论。

其实,命运既没有那么复杂,也没有那么神秘,更不是不可把握的虚无缥缈。

简单地说,命运就是一个人自身生命过程与所处社会相交织而呈现的人生状态及其趋势的总和。命运由两大部分组成:

命运的一部分是命,即生命或者叫性命。

什么是生命?在自然科学领域,对此有着明晰而又确切的表述:① 生命体是由一个或者一个以上的多个细胞组成的生物体,人体则由40万亿至60万亿个细胞组成;② 生命体依靠新陈代谢来获取并转化能量,人体靠呼吸氧气、吸收阳光、摄入饮食等途径来获得能量,并通过新陈代谢来吸收和转化能量;③ 生命体能够通过自我调节来维持体内环境的平衡,人体在通常情况下则可以通过自身调节来实现诸如体温、血压、心跳等一系列生命指标的恒定;④ 生命体通过细胞体积增长和细胞分裂实现细胞数量增加来自我成长,人体从胚胎形成到停止成长一般可持续30多年;⑤ 生命体有对生存环境变化作出反应并相对适应的能力,人体同样具有这样的能力;⑥ 生命体具有产生新个体的繁殖能力,人体是通过有性生殖来繁殖后代的。

从自然科学所定义的人类生命的标准来看,不论是时间概念下的古今人类,还是空间意义上的中外人类,正常人的生命现象大体上是相同的。也就是说,人的生命现象、生命过程和生命趋势是没有本质区别的——孕育,出生,成长,患病,衰老,死亡,大家都一样。宏观上看,人的生命现象也分不出高下贵贱。但是,不同的个体之间相比较,生存的状态又有所不同,大体上可以分为健康与不健康、长寿与不长寿等类型。即使是同一个人,也有健康或不健康的生命阶段,也有长寿或不长寿的可控性。

命运的另一部分是运,即一个人生命过程中的运气、运势、运程。

运气是眼前的,甚至是转瞬即逝的,指的是我们所操作的某一件事情顺与不顺,或者叫好与歹。

运势则是近期的发展趋势,是我们生命中的某一短期阶段或我们所从事的某一项工作的顺与逆、好与歹、成与败的趋势。

运程,则是长期的、生命中的某一个长期阶段甚至是一生的顺与逆、好与歹。

人生的运气、运势、运程本身并无好坏之分,最后导致顺逆、高下之区别的,完全是命运的主体——人。在为人做事的过程中,一个人认知事物、把握机会、运用规律、掌控火候的能力与水平如何,会决定事情的结果。这种结果如果是命运的主体所预期的,就被视为顺或者好,反之则被视为逆或者歹。但是,如果放到人生的大系统中进行考量,或者是放到人类社会的大环境中进行考量,得出的可能又是另外一种结论了。

在远古时代,甚至是古代和近代,由于科学技术和认知水平的相对落后,命运中有其可控因素和可控量的观点是不能成立的,那时天命论几乎是所有命运研究流派得出的共同结论。中国的古语、俗语更是概括了所有关于命运的阐述和结论:“人的命,天注定。”“死生有命,富贵在天。”

为什么会有这样一致的结论呢?在当时的历史和客观条件下,得出这样的结论似乎是理所当然的。人们不懂得近亲结婚的害处,或者是由于交通、社交等因素的限制,姻亲范围很小,近缘交媾和近亲婚配的比例很高,自然会生育出有先天缺陷或疾病的孩子。这样的孩子首先就会存在健康与否、长寿与否的问题。再加上当时医疗技术和条件的限制,得了病也不知道是什么病,更不知道怎样治疗,人们自然会想到这是天命所致。人们对什么时候生、什么时候病、什么时候死一无所知,茫然无措,当然要认为这都是上天的安排了。

随着时代的变迁,虽然科学技术有了萌芽、发展和进步,但是囿于宗教的或政治的社会需要,统治者还是希望平民百姓能够“认天命”或者是“任天命”,所以继续推广的依然是以天命论为核心的理论。今天,根据社会发展、科技进步的成果以及对人生基本规律认识的不断深化,我们可以对命运进行重新思考了。

二、命运点及命运线

人生的旅程,是由无数个点构成的。这无数的点,可能是遇到的一件事,也可能是认识了一个人,还可能是上了一堂课等等,不一而足。在这无数的点之中,有的会一闪而过,对命运几乎没有什么影响,比如在很正常的情况下和家人一起吃了一餐饭,吃过了也就完事了。但是,有的事情会对命运产生一些影响,比如曾经的一次相亲或者恋爱,即使最后没有走进婚姻殿堂,但是却可能会影响一个人的婚恋观,影响他以后的婚恋和家庭。必须要重视的是,有一些事情会对人生产生重大影响,会直接改变一个人的命运走势,比如高考、择业、婚姻、升职等。人生历程中能影响命运走势的事件,我们称之为命运点。

命运点可以分为显性命运点和隐性命运点两大类别。显性命运点是一看就可深知其对命运的价值和意义,比如我们前面提到的高考、择业、婚姻、升职等,人们一般都会特别重视,谨慎对待。而隐性命运点则不同,人们往往在当时看不到它具有命运点的价值和意义。有的可能会在时过境迁之后被发现,但已不可挽回;也有的可能永远不为当事人所察觉,命运因此而改变还浑然不知。比如某个社交场合邂逅的一个人,我们并不知道这个人以后会不会再次出现在我们的生命里,更不知道这个人对我们的命运会不会产生重要影响。有一位青年人为了应聘时不至延误,便提前一天去熟悉乘车路线和应聘地点,在招聘公司附近吃快餐时和餐厅服务员吵了一架。当时他出言不逊,并且还动了手,被在场的一位中年人劝开。第二天一到那家大公司的应聘现场他就傻了眼:原来主考官就是昨天劝架的中年人,结果可想而知。这个事件就是隐性命运点。

点动成线,点点相连就可以形成线段。这是几何学的定义。命运点也同样具有这一特性。上一个命运点和下一个命运点相连,便形成了这一阶段的命运线;依时间的推移将人生的所有命运点相连接,便形成了一个人一生的命运线。换言之,两个命运点相连接得出的线段,叫人生的阶段命运线;人生所有命运点相连接得出的曲线,叫人生命运线;上一阶段命运线的终点,即为下一阶段命运线的起点。如图 1-1 所示。

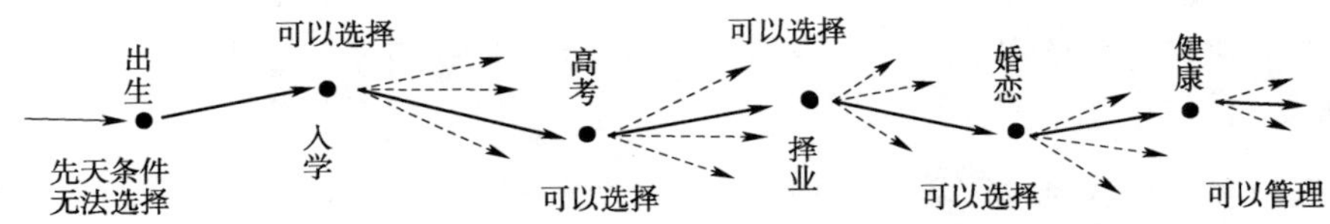

图 1-1　命运点与命运线示意图

上图选取了人生中几个重要的节点相连成线,勾勒出了一个人的人生命运线。从图上可以看出,除了出生是无法选择的之外,其他的命运点都有选择的余地。更为重要的是,从某一个命运点到下一个命运点之间的阶段命运线,不仅取决于上一个命运点的位置,更取决于下一个命运点的位置。而下一个命运点的位置,还取决于一个人在这一段进程中的观念和作为。例如进入高中以后,只要我们足够勤奋,毕业时顺利地通过高考去读大学应该是没有问题的。但是,3 年的高中学习过程怎么把握,学习成绩将达到什么样的水平,身体状况如何,却决定着高考这个命运点的位置。那个点将是一所什么级别的高校,我们将学习什么样的专业,都取决于我们在这两点之间的努力程度。

三、命运方程式

绝大多数人都有过打牌的经历。当一把牌抓到我们手中之后,数量和优劣已经无法改变了。但是,这把牌如何编排使用,如何准确地分析、判断牌局上出现的各种状况,如何规避风险,如何选择在什么样的时机放出什么样的牌,却都是可以由我们自己来把握的。因此,同样一把牌,在不同的人手中会打出不同的结局。也就是说,一把好牌可能会被劣等牌手打得一塌糊涂,一把差牌也可能会被优秀牌手打得精彩纷呈。

命运就像我们抓到手里的一把牌。虽然影响我们命运的因素众多,但经过梳理归纳之后,大体上可以分为四大类,并可以列出下面这样一个等式:

$$D = U + C + E + S$$

即:

命运 = 不可控因素 + 可控因素 + 个人选择 + 个人努力

其中:

D——命运(destiny):一个人生命过程的总和。由两大部分组成:一部分是命,即生命或叫性命;另一部分是运,即一个人生命过程中的运气、运势、运程。

U——不可控因素(uncontrollable):历史进程和延续,社会形态,自然条件,环境气候,家族和父母遗传,幼年时的生长条件,学前教育水平,家族或家长所能提供的学习或工作条件……

C——可控制因素(controllable):学习所用的时间和精力,知识积累的数量和速度,为人处世的原则和方法,完成工作的态度和能力,生活方式的把控和调节,健康状况的监督和管理,性格及情绪的修炼和完善,经营婚姻家庭的心态和水平,人生轨迹的规划和管理……

E——选择(elect):学习方式,学校和专业,生存地点,择业方式,供职单位和岗位,职业或事业,婚恋对象,命运的节点……

S——努力(strive):学习成长的勤奋刻苦,工作或创业的进取精神,与人相处的真诚态度,规避风险的谨慎睿智,发挥优势的尽己所能,孝敬长辈的殷切自觉,夫妻之间的包容忍让,教育子女的孜孜不倦,实现目标的坚持不懈,追求成功的信心决心……

如果用一幅图来示意,就可以描绘成图1-2的情形:命运是一根很长很长的线条,由无数个命运点连接而成,并与前后左右紧密相关,一个人命运线(图中的粗实线)的长度远远超出了他生命的长度。一般情况下,祖先的生命轨迹和命运,对他本人的命运是有重大影响的。再近一点,他的祖父母、外祖父母,特别是他的父母,对其影响会更为直接、更为紧密。仅以健康和寿命为例,和他有直系血缘关系的长辈,会在很大程度上影响其健康水平和寿命长短。这还没有将社会的、历史的、时代的、地理的、气象的因素计入其中。同理,一个人的命运线也会在其身后有所延伸,影响其后代。

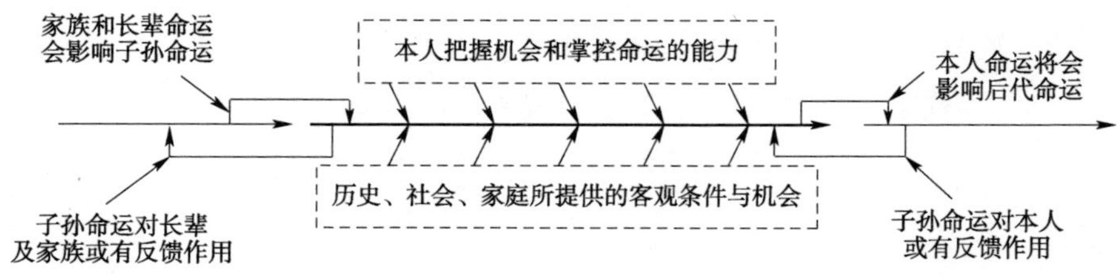

图 1-2 个人命运与外部关系示意图

被称为有史以来最伟大的投资家的美国股神巴菲特(Warren Buffett)曾发表过“卵巢彩票”的奇特理论。他说:“我非常幸运,生于 20 世纪 30 年代的美国,出生的那天就中了‘彩票’,有优秀的父母,得到了良好的教育,在这个特别的社会中我得到了特别的恩赐。如果我出生得更早,或者出生在其他国家,就不会得到这样的恩赐。”但是,我们也必须清醒地看到,和巴菲特家庭条件大体相当、个人出生时代也大体相同的人并没有都能成为巴菲特。这其中的缘故应该很是耐人寻味的。

由于每个人一生中所面对的,可以依托、把握、利用的客观条件不尽相同,所以每个人的命运也各有特色;即便是面对的客观条件大体相同,但由于每个人对世界、对人生的看法和想法不尽相同,或者是依托、把握、利用客观条件的能力不尽相同,导致他们在相同的客观条件面前会有不同的动作,甚至仅仅是由于他们的性格有所差异,便产生了不同的命运结果。明晰了这样的逻辑关系,就比较容易理解为什么年龄相近的同胞兄弟姐妹、大中小学的同班同学命运会大相径庭了。

一个人一生的命运如何,一个家庭的命运如何,乃至一个国家的命运如何,就要看其命运线上各个命运点的构成要素如何,就要看其如何掌控面临这一命运点时的客观条件,就要看其依托、把握、利用客观条件的看法、想法、能力和行动了。

四、命运的主动权在自己手中

把命运的主动权掌握在自己手中,说起来容易,做起来很难。但是,难并不代表做不到。古往今来,不知有多少人通过自己的努力改变了命运。

说掌控自己的命运不容易,有三点理由:一是有些基本因素并非个人的一己之力可以改变或掌控的,譬如我们所面临的历史、自然、社会、遗传等因素。二是对可调控因素的识别、把握和运作需要较高的智慧和能力，改变命运的每一次努力乃至毕生的所有努力都是艰辛甚至痛苦的，需要很大的决心和耐力。三是自然和社会风云万千，人生道路漫长复杂，变幻莫测，不好把握。

说掌控自己的命运很难却不见得做不到，也有三方面的可能：

1. 不变量前趋利避害

在命运方程式中，我们第一个必须正视的就是不可控因素，即那些我们个人无法控制、调整的不变量，诸如战乱、气象、历史、出身等。但是，拥有积极人生态度的人，在这些不变量面前，也可以有积极的表现。

战乱，对于一个普通人的命运来说绝对是无法左右的不变量。1937 年发生卢沟桥"七·七事变"后，日本帝国主义的侵华战争全面爆发，战争的硝烟从东北燃至华北，广袤的中原大地竟然已经放不下一张课桌了。这时，有万千学子不得不中断学业，或避难乡里，或投笔从戎，或择业谋生。但是，也有很多人走了另外的一条路。他们背井离乡，走进抗战烽火中诞生的国立西南联合大学等十余所内迁高校，继续为改变自己、家庭、祖国乃至世界的命运孜孜以学。他们中许多人的命运也因此与众不同。其中，仅西南联大 8 年间就在战火中培养了 8000 多名学生。战争结束以后，西南联大的毕业生有 92 人成为中国科学院或中国工程院院士，有 2 人获得了诺贝尔物理学奖，有 8 人获得了"两弹一星"功勋奖，有 4 人获得了国家最高科学技术奖，有 3 人成为了共和国的领导人。

气候，也是一个普通人无法左右的不变量。但是，现今有很多人出于健康或者休闲需求的考量，在不同的季节到合适的地方居住，就是趋利避害地对命运中不可控因素的积极调整。南方人在酷暑季节到北方海滨去消夏，享受惬意的清凉；北方人在严寒时节到南方海岛去过冬，享受舒适的腊月。这对于一个健康有虞的人来说，他命运中的健康和寿命指标将得以改变。一位出生于河北的电力系统职工患有严重的哮喘病，曾常年激烈咳喘。为了改善自己的生存状态，他在中年时想办法调到海南工作。现在他虽已 70 多岁，依然健朗，生命质量因此得以改善，寿命因此得以延长。

历史，更是一个普通人无法左右的不变量。20 世纪中叶，世界进入了电子工业时代，美国加利福尼亚州北部出现了一个叫硅谷（Silicon Valley）的电子工业基地。这是历史发展和社会进步的产物。到 20 世纪 70 年代,住在硅谷附近的史蒂夫·乔布斯(Steve Jobs)因经济缘故,大学只读了一年就辍学,到一家游戏机公司工作了。可以说,电子工业时代的来临和家庭的经济状况,都不是一个不到 20 岁的年轻人所能左右的。乔布斯因为自幼酷爱电子技术,所以在辍学后边工作边钻研技术并尝试商业运作,21 岁时就与同学合办了苹果公司。到他 56 岁辞世时,他创办的苹果公司已发展成年营业额 1800 亿美元、市值最高达 6200 亿美元的世界最大上市公司。曾被评为全球首富的微软公司创始人比尔·盖茨(Bill Gates)感慨道:“很少有人对世界产生像乔布斯那样的影响,这种影响将是长期的。”美国第 44 任总统贝拉克·侯赛因·奥巴马(Barack Hussein Obama)评价说:“乔布斯是美国最伟大的创新领袖之一,他的卓越天赋也让他成为了这个能够改变世界的人。”乔布斯在历史的潮流中顺时应势,成就了自己的命运,缔造了苹果的命运,改变了亿万人的命运。

出身,则是所有人都不可选择的不变量。秦朝末年的农民起义领袖陈胜、吴广在起事之初就发出了“王侯将相宁有种乎”的天问,引得出身农家的沛县泗水亭长刘邦率众响应。从公元前 209 年揭竿而起,到公元前 202 年推翻秦王帝国,刘邦只用了 7 年多的时间就创建了大汉王朝,自己也成为中国历史上由平民登上皇帝宝座的第一人。

2. 可控量中把握机会

命运方程式中的可控因素众多,C、E、S 三类都是变量。既然是变量,自有可调节的机会,也就有了操控的可能。

在一个人的学生时代选择什么样的学校,接受高等教育时选择什么样的专业,甚至居住在什么样的氛围之中,对命运都会产生重大和深远的影响。战国时期的孟子,之所以能够成为孔子学说的继承人、儒家的主要代表人物,成为影响至今的著名思想家、政治家、教育家,传说和他母亲在其年幼时的三次搬家有很大关系。西汉文学家刘向在《列女传·母仪》中评价说:“孟子生有淑质,幼被慈母三迁之教。”孟子幼年丧父,由其母亲仉氏抚养长大。他年少时聪颖好学,见什么学什么,而且一学就会。他们最先的住处离墓地比较近,孟子有空就跑去看人家发丧下葬。他不仅看,而且还记住人家的丧葬程序礼仪,回家后模仿。孟母见了就说:“这不是我儿子应该居住的地方。”所以就搬离了这个住处。但是,新迁之地毗邻街市,孟子闲暇时又经常模仿商贩们的叫卖之态。孟母见了又说:“这也不是我儿子应该居住的地方。”所以再次搬家。可惜,新家虽然离街市远了,但邻居中有一个屠户,孟子又经常模仿屠户宰杀牲畜、买卖畜肉的动作。孟母见了又说:“这还不是我儿子应该居住的地方。”所以,他们第三次搬家。这次他们搬到了一所官学文庙边上。每月的初一、十五,当地的官员都会进庙参拜,孟子见到他们行礼跪拜、揖让进退的样子都牢记在心,回家模仿。孟母终于高兴地说:“这才是我儿子应该居住的地方啊!”“孟母三迁”,改变了孟子的命运。

学习,是一个人一生中都要做的事情。不仅是在学校要好好学习,步入社会之后不管本人是否有自觉的意识,是否主动去做,其实都在终生学习。比尔·盖茨和史蒂夫·乔布斯虽然都没有读完大学,但是他们离校以后都没有中断学习,而且学习的内容还更为广博和深入了。“世事洞明皆学问,人情练达即文章。”社会大学教给每个人的东西更多,更实用。问题的关键是我们学什么和怎么学?还有,我们用来学习的时间是否足够,是否比常人多?我们的业余时间有多少是用来学习的?我们在学习的状态下投放了多少精力,是否做到了心无旁骛?我们的学习方法是否科学合理,知识积累的数量和速度是否优于他人?后来成为东汉时期著名政治家的孙敬,年轻时学习特别勤奋,经常是废寝忘食、通宵达旦。他怕犯困耽误学习,就把自己长长的头发用绳子拴到房梁上,一旦打盹低头时,绳子就会拉扯头发,头皮也会被扯疼而使人清醒。如此年复一年,他博览群书,多有著述,成为一位通晓古今的大学问家。战国时期的苏秦,为了避免读书时昏睡,竟然准备了一把锥子,每当瞌睡来袭时便用锥子扎刺大腿驱赶睡意,日夜研读《太公阴符》,终于构划出合纵连横战略。后来,他凭借此术游说燕、赵、韩、魏、齐、楚各国国君,达成了6国合纵联盟。他自己也成为战国时期著名的纵横家、外交家和谋略家,成为了古今中外历史上唯一一位同时兼任6国国相、佩戴6国相印的杰出政治家。

命运方程式中的可控变量,还有很多方面的主动权是可以掌握在自己手中的。可以调整的内容包括为人准则、处世方法、工作态度、工作能力、生活方式、健康监管、性格修炼、情绪控制、婚恋心态、家庭经营、福祸转换、人生规划、目标管理等等,可以选择的包括生存地点、发展方向、供职单位、专业岗位、创业项目、婚恋对象等等。这些问题,本书在后面的篇章里都会有所探求。

3. 依循规律顺时应势

人生的道路漫长，人生的经历繁杂；与此相对应，人生的命运难测，人生的结果难料。但是，古往今来的人们并不满足于消极地等待和被动地接受命运安排，他们一直没有停止探求命运机理和规律的脚步。在东西方历史和文化中一直存在着的东方的占卜术、算命术，西方的数秘术、星座学等等，都是人们研究和推测个人命运奥秘的学问。不过，这些方术的实质均视命运为完全客观的外界法则，个人所能做的只是尽可能地提前知晓，并加以积极的预防，无法实现积极的操控。

那么，命运的发展变化到底有没有可以把握的规律呢？

辩证唯物主义告诉我们，事物运动和发展变化的过程都存在着内在的、本质的和必然的联系。这种联系就是规律，它决定着事物发展的必然方向和趋势。规律具有客观性，也就是说规律既不能被创造也不能被消灭，它的存在及作用是不可抗拒的，不以人的意志为转移。

规律可分为自然规律、社会规律和思维规律。命运，是一种与人类共生共存的复杂社会现象，涉及自然、社会和思维诸规律，其内在的、本质的和必然的联系较一般事物更为复杂。所以，人们自然就会觉得无法认识和难以把握命运的规律了。

辩证唯物主义还告诉我们，规律虽然是客观的，但并不等于说人在客观规律面前是完全无能为力的，规律是可以被认识的，也是可以被运用的。

"水往低处流"就是一条亘古不变的自然规律。人们认识了这条规律之后，就可以利用地势差来治理洪涝灾害，也可以通过修建水渠使更远的低处获得水利，还可以通过车水、泵水到很高位置来使高处得到水利，现代则又可以利用水的势能来发电。

命运作为一种社会现象，其自身不可能没有规律。既然有规律，就一定可以认识，也一定可以利用其规律来改变命运，就像利用"水往低处流"的规律来使高处得到水一样。命运又与自然规律、社会规律、思维规律密不可分。那么，更科学地认识自然、社会、思维诸规律，一定会帮助人们更准确地认知命运，更有效地运用这些规律来改变自己的命运。

历史发展到今天，科技进步到当下，相信"死生有命富贵在天"的天命观、宿命观等学说的人数已经明显减少，相信"命运可以掌控在自己手中"理念的人正在逐步增加。

第二章

观念决定命运

既然命运的主动权可以掌握在自己手中,面对不可控因素时我们就可以发挥主观能动作用,面对可控变量时我们更可以顺时应势,通过积极地调整某一命运点的位置,调整某一阶段命运线的走向,来实现对自己人生命运的把控。那么,这一系列的调整和把控是由什么决定的呢?总结人生的运动变化规律,我们发现在这其中起决定性作用的是人的观念。

一、见识+感悟=观念

观念是什么?是看法。我们知道,人对客观世界的认识和缘此形成的看法(观念),是人脑对客观物质世界的能动反应。也就是说,对客观事物的观察和认识,再加上理解和感悟,就形成了观念。

认识源于见识,没有见识何谈认识?见识一词,在现代汉语中主要有两方面的含义:作动词用时,它指的是去接触、见闻、认识客观事物,例如我们常说去见识一下、见多识广等;作名词用时,它指的是见解、知识,例如长见识、有见识等。我们这里主要是用其动词的含义。

见识又可以分为直接见识和间接见识两大类。所谓的直接见识,是指自己亲眼所见、亲自经历的事物;所谓间接见识,是指听到、读到但并非自己亲眼所见、亲自经历的事物。

对于一个思维正常的人来说，不论是直接见识还是间接见识的人、事、物，都会在自己的头脑中留下印象，形成看法。这里所说的看法，已经不再单纯是事物的客观状态，而是已经附加上个人主观因素的另一种混合状态。附加上的主观因素包括个人对同类人、事、物的评价、好恶、需求等等。符合个人喜好和需求的，则会多加思考、多有感悟，甚至会反复思考，不断深化感悟；不符合个人喜好和需求的，则会一笑了之，很快淡忘。

我们对任何人、事、物的看法，一定要源于对其有所认识，有所了解。孔夫子曾经说过："知者乐水，仁者乐山。"(《论语·雍也篇》)但是我们无法想象，一个在内陆平原地区长大的人，从未见过山，也没见过大江大河，就不容易做到真正理解崇山峻岭的博大与巍峨，也不容易做到真正理解江河湖海的浩瀚与灵动。在现实生活中，我们也无法想象和一个人不认识，却能对这个人有一个客观、公正的看法。当然，这里所说的认识是广义的，而非仅仅是直接的、狭义的认识。比如我们对历史人物、对现代伟人、对当代名人的认识，以及对绝大多数科学知识的认识，就是间接的、广义的认识。

同理，我们对这个世界的看法，也一定要源于对这个世界能有所了解、有所认识。"井底之蛙"和"见多识广"，是表述对这个世界的认识程度不同的两个成语，而且仅仅是从量级的层面上来说明认识程度的。还有两个成语表述的是另一个方面的考量，"一知半解"，"真知灼见"，说明的则是对世界、对事物了解认识深度上的差别。只有广泛地、全面地了解和认知世界，只有客观地、历史地了解和认知事物，才可能得到或者形成对世界、对事物的正确看法。见识少的人，对世界的看法就不可能全面，对事物的看法就不可能准确，对机会的看法就不可能敏感。

所以说，见识是左右看法(即观念)形成的主要因素。

但是，光有见识是不够的，如果没有足够的、深刻的感悟，对所谓的见识就可能会熟视无睹。

被评为影响人类历史进程的100位名人之一的毛泽东(1893～1976)，出生于清朝末期的湖南农村，父亲是地道的农民，母亲是善良的农妇。他9岁上私塾开始接受启蒙教育，17岁考入高等小学后接触了康有为、梁启超的改良主义思想。中国传统文化和康、梁进步思想的影响，已经使他的见识有别于那些没有读书的农家子弟了。18 岁时，他走进省城长沙。这一年，辛亥革命使中国两千多年的封建帝制寿终正寝。从韶山冲走进大都市的毛泽东，在省城所接受的教育和所接触的世界，远非在乡村、在县城、在中小城市的见识可比。

走出韶山冲之后，青年毛泽东见识了反动军阀的腐败统治，见识了帝国主义、封建主义、官僚资本主义给中国民众带来的深重灾难，接触了马克思列宁主义的先进思想，接触了中国最早一批共产主义者，参加了"五四"反帝爱国运动，参加了声讨反动军阀的"驱张"运动，组建了新民学会，组建了湖南共产主义组织。这些见识，这些活动，不断加深了毛泽东对中国命运的思考，不断强化了毛泽东对救国救民的真理以及道路的感悟。他曾伫立在湘江中的橘子洲头，发出了"问苍茫大地，谁主沉浮"(《沁园春·长沙》)的喝问。

正是由于毛泽东青年时期的见识和感悟，在他的头脑中形成了建立人民民主专政共和国的明确观念，使他成为中国共产党的发起人之一，成为第一批中国共产党党员。1921 年他 28 岁时，作为 12 位代表之一参加了中国共产党第一次全国代表大会。28 年后的 1949 年 10 月 1 日，他在北京的天安门城楼上向全世界宣布：中华人民共和国成立！

二、观念产生想法

观念，是指一个人对小到身边事物、大到客观世界的看法。在一定意义上也可以理解为看法就是一种评价。有了看法之后，人们会根据自己的喜好和需求做出相应的判别、取舍。这种判别和取舍，就是一个人在客观世界面前的想法。一般情况下，一个人的喜好和需求是一个相对稳定的常量，不会因某一个事物而有大的改变。所以，对一个事物判别和取舍的决定性因素就只有对这个事物的看法了。换言之，我们面对一个事物时的想法，是由我们的看法(观念)决定的。

路边的水果摊是客观的，摊铺上客观存在着的水果品种繁多、琳琅满目。当我们路过时，是想买还是不想买呢？为什么想买，或者为什么不想买呢？如果想买，又是想买哪一种呢？我们为什么选择购买这一种或这几种，而不是选择购买其他那些品种呢？如果决定购买一个或几个品种了，我们又打算买多少呢？为什么是买这么多，而不是更少一些或者更多一些呢？在这里，我们对水果的需求和喜好是基本不变的常量。但是对不同的时令季节该吃什么样的水果,各种水果在当下的价格水平,面前各种水果的品质状况等看法,决定了我们现在的想法:买不买,买哪种,买多少……

$$购买水果的决定 = \frac{对面前水果的看法}{对水果的需求 \times 喜好}$$

在学业面前,我们对知识和人生的看法,会决定我们对学习这一客观事物的想法;在一个熟人面前,我们对他的看法和自己的择友观念,会决定我们对他交往深度和方式上的想法;在一个机会面前,对某些事物及其发展趋势的看法,会决定我们是否把握和如何把握这一机会的想法……。凡此种种,不一而足。这样的事例,这样的选择,可能经常发生,并且会伴随我们终生。

推而广之,上面关于购买水果的公式似乎可以改写成如下的样子:

$$想法 = \frac{对某一事物的看法}{人生追求 \times 个人喜好}$$

可能有些牵强,但还是能比较直观地显示出看法对想法形成的逻辑关系。

三、想法支配态度

人们对于一个与自己人生追求或个人喜好无关的事情,是不会产生想法的。但是,当看到或听到一个与自己人生追求或个人喜好有关的事物时,必然会产生想法。想法一旦产生,必然会产生出相应的言论或行动来。即便是不表态、不行动,实质上也是想法的一种特殊表现形式。这里所说的言论和行动,可以统称为态度。反过来说,什么叫态度?态度就是言行。在别人的批评面前,各人的言行表现不一,就会有人评论某某人的态度好还是不好。这个人为什么会有这样的言行表现(态度)呢?这是因为他对这样的批评有自己的看法和想法。由此不难看出,态度(言行)是一个人思想观念和对某人、某事想法的外在表现形式,是由观念和想法来决定、支配的,也就是说是看法和想法决定和支配着态度。

职场和培训场上常听有人说:“态度决定一切。”其实,这种说法不够科学和严密。虽然言论和行动能够导致结果的发生,但这种“态度决定一切”的说法没有更深层次地揭示问题的本质。

一个女孩在同时追求她的两个男孩子面前,一定会有不同的言行表现,也就是会有不同的态度。即便是两个她都不喜欢,拒绝的形式也会有所不同。为什么?因为她对两个男孩的看法不同。所以,她的拒绝形式可能会是一个委婉礼貌,一个直截了当。也就是说,她对两个男孩采取了不同的态度。如果这两个男孩中有一个是她有些喜欢,打算进一步接触了解的呢?那就会是另外一种截然不同的情形了。在这样的情况下,假如两个男孩都给她打电话发出看电影的邀请,一定是对不喜欢的男孩表示拒绝,可能会编造出“加班”或“有亲友过生日”之类的善意谎言,甚至还可能是严词相拒;而对她有些喜欢的另一个男孩呢,她则可能是欣然赴约,甚至不惜放下手里的其他事情。这时的她,对两个男孩的态度可谓大相径庭。为什么会这样?就是因为她对两个男孩的看法不同。

这里所说的女孩的看法,不仅仅是她对男孩个人的看法,还包含着她思想深处审美观、婚恋观、价值观、人生观乃至世界观等因素的综合作用。所以,我们不能说是女孩的态度决定了一切。相反,我们可以得出的结论倒是观念(即看法)左右了她的想法,她的想法支配了她或拒绝邀请、或欣然赴约的言行。对这其中的逻辑关系,我们可以作如下表示:

看法→欲求→言行

亦即:

观念→想法→态度

“态度决定一切”的说法混淆了“态度”和“观念”这两个概念,如果换成“观念决定一切”的提法则更准确地揭示了态度的实质性来源。

四、态度促成习惯

在相同的思想观念指导下,一个人会对同类事物产生相同或相近的想法,因而会说出相同或相近的话语,做出相同或相近的动作。这些相同或相近的想法、语言、行为重复时间久了、次数多了,往往会成为一种下意识的东西。这种能在下意识状态下被重复的想法、语言和行为,就是我们常说的习惯。它包括思维习惯、语言习惯和行为习惯。在同一个地区,由于人们相互接触频繁,相互影响,久而久之也会形成一些相同或相近的习惯，被称为风俗或者习俗，比如语言习惯、饮食习惯、服饰习惯等等。

问题的关键在于，一个人为什么要多次重复一种相同或者相近的想法、语言或行为呢?

一方面，是来自于多种客观因素的作用。这其中包括亲属、同学、老师、朋友、同事的影响，社会风气的导引，居住地域的风俗熏染，等等。特别是在一个人的孩童时期，大多数语言和行为习惯是模仿来的。

口吃(说话结巴)，绝对是一个很不好的语言习惯。之所以说它是一种习惯，是因为多数人的口吃并不是遗传或者是发育不正常造成的疾患，而是出于对口吃的好奇或者是对口吃人的嘲讽，经常去模仿口吃人的语言状态，结果自己成了一个口吃的人。

有一个女孩，在一次朋友聚会上发现别人吃鱼头时津津有味的状态，十分惊讶地问：鱼头有这么好吃吗? 可我家做鱼时妈妈总是事先就把鱼头鱼尾都剁掉扔了啊。回到家里，她就问妈妈，我们家为什么做鱼的时候要把鱼头和鱼尾都扔掉呢?妈妈回答说，我也不知道是为什么，反正我小时候你外婆就是这样做的，所以我也就学着这样做了。等什么时候我回去问问你姥姥吧。当妈妈有一次回姥姥家时，就问起了这个问题。姥姥回答说，嗨，这也没什么道理可讲。就是你小的时候啊，家里的锅太小，整条鱼放进去头和尾都会露在外面。没办法，我就把鱼头鱼尾都去掉扔了。时间长了，就成了习惯。

可见人们有些习惯是客观作用的结果，其中大多是通过模仿养成的。

另一方面，更多的是来自于个人主观因素的作用。

首先，是来自于个人生存欲求的主观因素。一个人要健康，作息时间就得有规律，吃饭也得定时定量。每天定时就寝，定点起床，久而久之会形成习惯，到该睡觉的时候就犯困，到该起床的时候自然会醒。吃饭定时定量以后，到了饭时就会有饥饿感和进食欲。当我们吃到经过不断重复所形成的饭量习惯时，就会有饱腹感。我们为什么要这样做，要养成这样的习惯? 是因为我们的健康观念在左右着自己的行为，是我们对科学作息及合理饮食的看法在影响着自己的行为，是我们对健康和长寿的欲求在督导着自己的行为。

其次，是来自于个人发展欲求的主观因素。每个人都期望自己的命运会更好，并可能会给自己设定新的、更高的目标。要实现新的目标,就要做出相应的努力。这样的努力动作多了、久了,就会形成新的习惯。据说,有心理学家做过相应的研究,得出了“一个动作重复21次就会开始形成习惯”的结论。也有人说,一个人一天当中的所有动作,只有不到10%属于非习惯性的,其余90%以上的动作都来自于习惯。一个新的动作如果能保持重复做3周,就会变成习惯性动作;如果能保持重复做3个月,就会形成一个稳定的新习惯。这个论断是否科学并具有普遍意义我们姑且不论,但最起码它告诉人们,为了实现更高的人生目标,必须要养成新的好的习惯,相同的想法和动作至少要重复多次,甚至是成千上万次。有欲求,自然就会有动力,多次重复依然有人能做得到,他们的人生命运也会因此得以改变。

再者,是来自于个人爱好欲求的主观因素。每个人都愿意做自己喜欢的事,并且会达到乐此不疲的境界。心理学对爱好给出的定义是:爱好是指一个人特别想认识某种事物或者想从事某种活动的心理倾向。人们为什么会喜爱某一项事物?那也是因为他的头脑当中已经形成并储备了对该类事物的看法,进而产生了深入认识该类事物、渴望参与该类事物的想法,所以就会经常思考,就会积极行动。相同的思考或相同的动作多次重复后,习惯便养成了。

五、习惯改变性格

习惯具有十分强大的力量,可以改变很多东西,甚至可以改变某一动物的天性和本能。曾经轰动世界的印度狼孩,就是说明这个道理的最典型例证。1920年,一位传教士在丛林中发现两个和狼生活在一起的女孩,大的约7、8岁,小的约2岁。送到孤儿院里进行体检表明,两个孩子的身体生物系统和人完全一样,但是她们的行为习惯却和野兽别无二致,用四肢走路并不会双足站立,害怕阳光而白天睡觉,不懂语言也不会发出人类的音节,吃东西完全“狼吞虎咽”,喝水靠舌头去舔。她们的大脑结构和同龄人也没有差异,但智力却十分低下,大孩子长到15岁时只有正常孩子两岁的智力,17岁去世时也只有正常孩子3、4岁的智力。在她们身上,和狼一样的习惯改变了应有的人的天性。

性格属于人的天性的一部分,是一个人在待人、做事等诸多社会活动中所表现出来的相对稳定的、具有个性特征的气质和风格。性格研究属于心理学范畴,不同的心理学家依据不同的方法把性格划分为很多类别,其中最简单也是最符合客观现实的分类就是分为两大类——内向型和外向型。有人可能会说还有温和型和急躁型的。其实,温和与急躁并不是性格的类型,而是脾气的外部表现,脾气温和的人多属于内向型性格,脾气急躁的人多属于外向型的性格。

人的性格并无好坏、优劣之分。“我爱每一片绿叶”,说的就是无论什么样的性格特征都有存在的价值和意义,也都有成功的可能和幸福的权利。我们这里要说的并不是为了人生的成功和幸福去改变性格,而是要强调习惯的力量之大是足可以使性格受到影响的。按常理,人的性格是极其难以改变的,正像俗话说的那样,“江山易改,本性难移”。但在生活中,我们也经常能看到习惯改变人的性格的现象。

有一位脾气急躁的外向型性格的先生要学习书画,被同学和朋友传为笑谈,认为出不了一两周的时间他就得落荒而逃。没成想,此人虽然性情急躁,但却颇有毅力。刚开始学习时他确实有力气没处使、火气无处发,但是他咬牙坚持着,一周两周、一月两月、一年两年,使平心静气、全神贯注、一丝不苟成为习惯。后来,他竟然真的学有所成了,书画作品多次获奖,最神奇的是他的性格居然也有了改变,在外向型的活跃基础上增添了一丝内向型的恬静,急躁的脾气也明显地趋向于温和了。

还有一位年纪较大、性格极其内敛的女士,大半辈子都是一副怯生生的模样。她退休后参加了一个知青“荒友”歌舞团,每天都在排练和演出的快乐与忙碌中度过,尽情地舒展自己逐渐成为她的言行和生活习惯,性格也在一天天地发生着潜移默化的改变。几年下来,当在一次“荒友”聚会时,一些多年不见的“荒友”惊讶地发现,当年整天闷闷不响的那个小姑娘不见了,而出现在眼前的这位女士完全是充满自信和开朗大方的模样。

事实证明,在一个人的生命历程中,习惯与性格相辅相成。特定的性格会使人形成某种独特的习惯;因为某种原因而形成的新习惯,也会影响甚至是改变性格的某一方面。比如,一个做事勤奋严谨、待人谦恭真诚的人,一定会有守时的好习惯;反之,一个人如果为了给人以好印象,凡是约人、约事时,都努力做到守时,久而久之便会养成习惯,也会增加其做事勤奋严谨、待人谦恭真诚方面的性格特征。

不同的性格决定了一个人遇到某人或某事时会有不同的反应方式和处理方

法。这种反应方式和处理方法上的差异,会导致不同的结果。如果面对的是重大事项,其不同的发展结果,将会影响一个人的命运。无产阶级革命的伟大导师列宁(Vladimir Ilich Lenin,1870～1924)曾经说过:"千百万人的习惯势力是最可怕的势力。"(列宁:《共产主义运动中的"左派"幼稚病》,《列宁选集》第四卷)。美国著名哲学家、教育家、心理学家威廉·詹姆斯(William James)也曾经做出过如下推论:"播下一个行动,收获一种习惯;播下一种习惯,收获一种性格;播下一种性格,收获一种命运。"这是詹姆斯在100多年前的论断,一直为人们广泛地运用。

六、性格影响命运

言行的无数次重复所形成的习惯是一种有形的力量,可以调整甚至改变性格。性格一旦定型,便是一种无形的力量,作用力更大,甚至可以大到影响命运的程度。性格本无好坏优劣之分,哪类性格都有其优势。拥有不同性格的人,会有不同的生命轨迹,亦即拥有不同的命运。每种不同性格的人都有自己独特的生存发展方式,也都有迈向成功的可能。性格既无好坏之分,命运也就没有优劣之别了。

苹果公司的创始人史蒂夫·乔布斯具有十分奇特的性格,经常会让人觉得难以与其相处。正是这种怪异的性格,导致了他在刚刚30岁的时候就被驱逐出自己一手创办并领导了9年的苹果公司。如果说性格可以有好坏之分,乔布斯的性格大概不能算是好的,因为几乎没有人喜欢他待人和做事的作风。但也正是由于其性格的与众不同,他不仅在21岁时就与同学合办了苹果公司,他也在离开苹果后立即创办了NeXT电脑公司,后来又收购了Pixar动画工作室,并在11年之后他41岁时重新入主苹果公司。此后的15年里,他凭借自己的性格和作风,创造出一个又一个神话、奇迹,把苹果推上了全球计算机和音乐播放器、平板电脑、智能手机的研发、生产、销售霸主地位。

不幸的是,在他48岁时,也就是他回归苹果的第7个年头,他被诊断出患有胰腺癌,并且到了晚期。有人说,乔布斯的成就和他的性格有关,他的病也和他的性格有关。这话不无道理。他被诊断出患有绝症之后的初期治疗,也受到了他性格的影响。虽然他的成就让他最后得以享受世界顶级的癌症治疗康复技术,但他还是在56岁的黄金年龄时就告别了他的妻儿、他的苹果和他为之作出巨大贡献的世界。

乔布斯的一生,真正应了中国的一句老话:“成也萧何,败也萧何”,可谓成也性格,败也性格!

乔布斯的性格是怎样形成的呢?答案是:习惯。

乔布斯是一个被继父母收养的私生子,继父母的宠爱使他养成了为所欲为的习惯。他想上什么学校,就得上什么学校,不管家里的经济条件如何。这方面的习惯,慢慢地形成了他自认为能创造“现实扭曲力场”的性格。

他生长在硅谷地区,电子行业的兴盛和科研氛围的浓郁使他养成了钻研计算机技术的习惯,上学期间和辍学之初他已经在这方面小有建树,多年的刻苦钻研使他逐渐形成了锲而不舍、坚忍不拔的性格。

他 19 岁时,便从刚刚供职不久的第一家公司辞职,只身远渡重洋到印度寻找精神导师。7 个月的磨难和修炼中,他经历了东西方文化在他头脑中的激烈碰撞,使他对人生的感悟有了飞跃,帮助他后来形成了一个理念:一定要为人类制造出最好产品,而不是一定要成为世界上最富有的人。这是一种奉献的品格,也是一种忘我的性格。

乔布斯的性格,使世界多了一位顶尖级的高人和能人,也使世界很快就失去了一个能够改造这个世界的奇人和伟人。我们该怎样来评价乔布斯的性格和命运呢?一定是仁者见仁,智者见智。性格虽然不能决定命运,但性格对命运长久巨大影响却是毋庸置疑的。

七、观念决定命运

综上所述,决定一个人命运的主观因素就是这个人的思想观念。

观念→想法→态度→习惯→性格→命运

人们都期望自己拥有不错的命运。但是如果一个人在闯红灯过马路时遭遇车祸,可以认定他的命运真的很不济。为什么会出现这样的事情?那是他在遵章守法观念上出了问题。他认为,“红灯停,绿灯行”的规矩是给死脑筋或行为不便的人制定的,自己用不着受它约束。这种思想观念让他经常在遇到红灯时都萌发闯红灯的想法,所以也就有了经常平安闯过去的行动。这样的行动重复多了,使他养成了闯红灯的习惯，每一次都想闯、都要闯。这样的习惯甚至还可能使他形成挑战各种规矩的性格。于是乎，惨祸的发生就变成了迟早的事情。如果他头脑中根深蒂固的是另外一种思想观念——严格约束自己，时时遵章守法，惨剧就会远离于他。

其实，在正常情况下命运本无好坏之分、优劣之别。为什么这样说呢？因为生命的诞生、存活、终结是一样的。当然，这里所说的一样，是指正常的、普通的和绝大多数人的。人生在世，不外乎三种状态，即生、活、死，大家都是相同的。生，大家都一样，都由父精母卵孕育而成，再由母体十月怀胎后呱呱坠地；活，大家也一样，都是在解决问题，只不过是解决的问题有多有少、有大有小而已；死，其物理和化学形式大家更一样，呼吸停止，心跳停止，代谢停止，脑死亡，生命现象终结。

那么人与人之间的命运差别到底在哪里呢？在于感受，在于命运的主体——我们自己对命运的感受上，是由每个人对生命、对人生、对命运的认识和理解不同而导致的。说到底，还是一个观念问题。每个人生命轨迹所依存的先天的、客观的条件千差万别，大相径庭。这些先天的、客观的东西，会导致不同的人对世界、对社会、对人生有不同的看法。即使是同一个人，也可能在不同的客观条件下，对相同的事物持有不同的看法。不同的人，哪怕是一奶同胞的孪生兄弟或姐妹，也会出现对人生感受上的差异。

很多男人都有过追求女孩的经历。一般情况下，不论一个女孩有多么好，也绝不可能所有的男孩都喜欢她，都去追求她。为什么？因为大家的看法不同，想法更不同。即使是看法相同，由于想法不同，对这个女孩的态度也不会一样。其实，看法是不可能完全相同的，因此想法就更不能完全相同了。就算是看法、想法相同，言行（态度）也不可能完全相同。不同的言论或行动会导致不同的结果。还是以守时与否为例，如果这个男孩有不守时的习惯，会让被追求的女孩产生反感，认为自己没得到应有的尊重，甚至有些被轻视、怠慢的味道，同时也会认为这个男孩为人不严谨，做事不勤奋。在这样的情况下，他们的结果是可想而知的了。如果男孩不接受教训，不修正自己的言行，慢慢就会养成拖沓懒散的习惯，以后不论是婚恋还是工作，都很难有令人满意的结果。反之，如果男孩接受教训，以后的事自然也就会有不同的结果了。

源于对生命、对人生、对命运的不同看法，会使人们对遇到的人、事、物产生不同的想法;不同的想法,会支配人表现不同的态度;不同的态度,会导致事物出现不同的结果;在对待人、事、物时,如果多次甚至长期地重复相同的语言或行动,便会形成习惯;新的习惯可能会改变一个人原有的某一方面的性格;性格具有强大的力量,会持久地深度地影响一个人的命运。如果是一个领导者,他的性格所影响的甚至不只是他自己的个人命运。可见,决定命运的是观念。

那么,有哪些重要的观念(看法)会决定人的一生之命运呢?

世界观,决定了我们将怎样看待这个世界。

人生观,决定了我们今生将成为一个什么样的人。

价值观,决定了我们将在一生之中做哪些事情。

“三观”——世界观,人生观,价值观,决定一个人一生的命运。

如果我们能在生命成长阶段将以上“三观”的一些基本问题解决好,那么在接下来的人生旅途中我们的路该怎么走,事情该怎么做,命运该怎么把握,就都比较容易解决了。

第三章

这是一个为我们准备的世界

一个人来到世上后，第一次睁开双眼，便开始面对这个新奇而又庞大的世界了。从嗷嗷待哺到咿呀学语，从蹒跚学步到嬉戏玩耍，每一天都在接触着、欣赏着、享受着、甚至承受着这个世界所给予的一切。后来，父母、老师、亲友开始教给我们一些东西，一些我们在当时还不能直接接触到的被称作"知识"的东西。我们在玩乐和学习的同时慢慢地长大，并逐渐地积累了一些自己对这个世界的初步认知，懵懵懂懂地形成了一些自己对这个世界看法的碎片。

进入中学以后，一直到大学期间，我们对这个世界看法的一些碎片不断地被整合、被系统，我们的认知和感悟又在一次次整合与系统化的过程中不断升级，进而形成了一种被称作"世界观"的综合观念。

世界观是什么？说得直白一些，就是一个人对世界的总的看法，根本的看法，也有人称其为宇宙观。世界观的形成，对我们一生的全部活动都具有长远和深刻的指导意义，决定了我们在相同的客观条件下将会获得怎样与众不同的人生命运，甚至会影响到我们的家庭和子孙后代，影响到我们所依附或领导的社会群体。如果能够成为重要的历史人物，我们的世界观还将会影响到一个地区或一个国家乃至全人类的命运。走上社会以后，我们的世界观会不断地得到修订和固化，最终指导我们走完自己的全部人生。重要的思想家、政治家的世界观，还会对后世产生深远的影响。

世界观虽然是一个哲学概念,但它并不是只有研究哲学的人才具有的。生活在这个世界上的每一个思维正常的人,都会对自己生活的世界有自己的看法,即每个人都有属于自己的世界观。所以,世界观不但不神秘,而且是和每个人都息息相关的。每个人的世界观,不但是和自己的命运紧密相连的,而且是决定自己命运的主要因素。关于世界观的哲学思考,我们将在后面的《学习与成长篇》中进行专门探讨。

在我们呱呱坠地之前,这个世界已经为我们准备好了一切。我们诞生了,就可以利用这一切来度过自己的一生;我们逝去了,这一切对于我们自己来说就都不复存在了。我们这里所说的"世界为己而备",并非是认同唯心主义的世界观,而是看问题的角度不同而已。这一角度,就是个人的视角。

古代希腊有一位哲学家,也是古希腊智者派的主要代表人物,名字叫普罗泰戈拉(Protagoras,约前490~前420)。他在2400年前就曾作出过这样的论断:"人是万物的尺度,是存在的事物存在的尺度,也是不存在的事物不存在的尺度"(普罗泰戈拉:《论真理》)。和普罗泰戈拉年代相近的中国儒学大圣孟子也曾说过:"万物皆备于我矣。反身而诚,乐莫大焉。强恕而行,求仁莫近焉。"(《孟子·尽心上》)孟子的意思是说:世间万物都已经为我们准备好了。如果我们能反过身来要求自己用真诚、崇敬之心去对待它,我们就会获得极大的快乐;如果我们能坚持尽力按恕道做事,去追求仁道、仁爱还能不会很接近吗?

既然这个世界是为我们而准备,所以我们就一定要珍惜这个世界;既然这个机会不可重复,所以我们也一定要珍惜这个机会。我们来到这个世界之后的任务,就是要用几十年的时间来经历人生、实践人生、体会人生和感悟人生。

一、世界为我们准备好了生存和成长的一切条件

我们的诞生和成长,需要父精母卵的结合和他们的抚育。所以,这个世界就为我们准备了一对父母。他们先于我们几十年就来到这个世界上,为我们的出生做准备。为了迎接我们的降临,他们努力学习,勤奋工作,不仅做了一些必要的物质准备,还为培育我们做了一定的精神准备和知识储备……

我们的成长和生存,需要吃饭、穿衣、睡觉,这个世界就为我们准备了能生产和

加工食物的农民和工人，准备了能纺织和加工衣物的工厂，准备了能设计建造房屋、制造家具的能工巧匠……

我们的生存和发展，需要更多的知识和能力，这个世界就为我们准备了学校、教材和教师，准备了传播知识的其他媒介，准备了众多的能够带领、教导我们的社会各界精英……

我们的对外交往，需要沟通的工具，需要较高的沟通效率，这个世界就为我们准备了语言、文字、计算机、互联网、移动电话，还有人为我们准备了各种各样的聚会、论坛，准备了可资利用的其他各种活动……

我们的出行和旅游，需要各种各样的交通工具，这个世界就为我们准备了牛车、马车、自行车、汽车、火车、轮船和飞机。如果我们还想到太空去漫游，也有人正在研制商用航天飞机……

我们的休闲和娱乐，需要更加优美的自然环境，需要各种各样的娱乐形式和设施，这个世界就为我们准备了精美园林和名山秀川，准备了动听的音乐和优美的舞蹈，准备了 KTV 和影剧院……

我们的健身和健康，需要运动场所和健身技巧，需要及时治疗病痛，这个世界就为我们准备了健身房、运动场，准备了体育教师和竞技教练，准备了医院、器械、药品、技术和医生、护士……

凡此种种，可谓应有尽有，不一而足。除此之外，最重要的是这个世界还为我们准备了多达数十亿的各国、各族、各界的同类。他们的存在，他们的努力，他们的成绩，都是在为我们服务。因为他们正在继续建设着这个世界，他们正在努力把这个世界建设得更加美好。而我们，将在不同的时间和地点以不同的方式享有这个世界。

二、世界也为我们准备好了奋斗与创新的宽阔舞台

一个人来到这个世界上，并不仅仅是来享受前人的创造成果的。即便是到了理想中的“各尽所能，各取所需”的共产主义社会，也还是“尽所能”在先，“取所需”在后。奋斗与创新，奉献与付出，才是人生的价值所在。如果每天、每年、一生都只是做“取所需”的事情，人生就毫无趣味可言，意义就更是不复存在了。从另一个

角度来看世界和人生,这也是交换的法则在左右着个人与世界的关系。我们不能平白无故、心安理得地享受这一切,我们要用奋斗和创新所创造的财富与这个世界进行交换。如果我们是一个自己不需奋斗和创造的“××二代”或者“××三代”,那我们用来与世界交换的财富则一定是我们的先人创造的。

奋斗与创新,奉献与付出,是一个人存在于这个世界上的全部价值所在。

如果没有一定的家庭背景,不奋斗就无法生存,因为我们无从去获得与这个世界交换的资本。农民不生产制造衣服、砖瓦、家具、家电,所以他就必须与天斗、与地斗,努力生产更多的粮食,然后与这个世界去交换他所需要的衣服、砖瓦、家具、家电等物品;工人不生产粮食,他就必须努力地生产出更多的工业品,然后与这个世界去交换能够令其果腹的食物……从这个意义上讲,奋斗,是我们生存的资本。

如果来到这个世界上的人都不选择奋斗和创新,人类将在这个世界上消失。因为我们不奋斗,不但无法成为一个对社会有用的人,甚至都无法完成结婚成家、孕育子女这样的最基本使命。我们不奋斗,可能就没有人愿意下嫁或迎娶,即使能够完婚,却无力养育自己的后代。人类是有别于动物世界其他物种的一个特殊物种。人类常见的牛、马等物种繁育后代时,幼崽几乎是一落地就具备了自我生存的能力。人类则不同:婴儿出生后,要父母养育十几年才能具备独立生存能力。从这个意义上讲,奋斗,是我们成家育儿的资本。

如果来到这个世界上的人都不选择奋斗和创新,这个世界就无法发展。迄今为止人类社会积累的所有物质、精神、文化、科技的财富,就是人类社会千万年来一代又一代的奋斗与创新成果。今天,这个世界为我们而准备好的一切,都是前时代的先人和同时代的他人奋斗与创新得来的。没有他们的奋斗与创新,我们就可能还得生活在茹毛饮血、穿皮着叶、刀耕火种的原始社会,哪还会有电灯、电话、电视、电脑和轮船、汽车、火车、飞机供我们享用呢?

可喜的是,正是前人和他人的不懈奋斗与创新,给我们在这个世界上的奋斗和创新准备好了宽阔无比的舞台。

这个世界上有无数种行业,已经远非俗语所说的360行了。这些行业,就像是戏剧舞台上那各具特色的剧种。我们完全可以根据自己的条件和喜好,进入其中适合的剧种,登上这个世界为我们奋斗与创新所搭建的舞台。

这个世界更是有无数种职业,完全可以满足我们在奋斗与创新舞台上选择角色的需要。重要的不是我们选择了什么样的角色，而是我们将用什么样的态度去演好自己所选择的角色。我们的一生不可能只扮演一个角色。随着年龄的增长和能力的提升，我们的家庭角色、社会角色会不以自己的意志为转移地更换，而且我们还必须要扮演好家庭和社会分配给自己的每一个角色。所以，我们想不奋斗都不行。

当然，最佳的选择是积极主动地奋斗与创新，从见习演员做起，从小角色演起，从配角演起，准备未来有能力担当更重要的角色，直至编写、导演、主演出更为精彩的人生大剧来。

三、世界还为我们的成功与辉煌准备了条件和机会

这个世界既然为我们准备了奋斗与创新的舞台，就不可能不给我们提供成功的条件和机会。关键在于我们是否能够找到或者自己创造这样的机会，更在于我们是否能够正确地把握和利用这样的机会。

先不要抱怨自己的出身卑微。可能今天的起点并不完全为我们所满意，但这是我们的父辈乃至祖辈没有遇到、或者没有创造、或者没有把握好机会造成的。尽管如此，我们也千万不要抱怨父辈或者祖辈，因为过去的世界和今天的世界有很大不同，父辈或祖辈所面对的条件更是今非昔比。他们是成功的，他们把自己的家族延续到今天，延续到我们的身上，这已经是他们最大的成功了。

出身卑微，等于是前辈们把创造更好条件、创造更大成功的机会留给了我们。别忘了那句俗话：造就一个“贵族”，往往需要3代人的持续努力。我们家族的“贵族”造就运动，为什么不可以从我们这一辈开始呢？从这个角度来看，出身卑微难道不是一件很值得庆幸的好事吗？

如果我们的起点条件并不理想，那就是上苍给我们留下的一个机会，假如真有上苍的话。如果我们的起点条件很好，那我们就更应该无比珍惜，更要努力创造出更大的辉煌。

在人类的历史上和当今世界中，不乏“草根”成功的先例。

大明朝的开国皇帝朱元璋（1328～1398）是最为典型的例证。朱元璋的家庭出身背景可谓“草根”至极，不但他以上的几代人都是种田的农民，据说他的曾祖、祖

父、父亲都是到处躲债的拖欠租税之人。由于家境极贫,朱元璋的童年只能靠给村里的地主放牛度日,自然是没有上学读书的机会了。16 岁时,一场瘟疫在不到半个月的时间里连续夺去了他的父母和大哥、侄子 4 条生命。为了活命,朱元璋只好投奔寺庙剃度为僧,托钵乞讨,流浪多年。阶级矛盾和民族矛盾的日益激化,自然灾害的频仍和不断加重,农民起义的风起云涌,就是这个世界为朱元璋等同时代"草根"准备的条件和机会。为生活所迫,也是被波澜壮阔的农民起义运动裹挟,朱元璋 25 岁时加入了"红巾军"农民起义的队伍。参军后的朱元璋作战勇敢,机智灵活,精明能干,不断成长,从士兵和九夫长做起,后被任命为起义军的镇抚、左都元帅,直至 34 岁时被元末红巾军领袖小明王封为吴国公。其实,朱元璋早在他 30 岁时就确定了自己的奋斗目标,那就是要推翻元朝的蒙古人统治,自己取而代之成为一代帝王。经过多年的浴血奋战,他 40 岁时梦想变成了现实。1368 年,朱元璋在应天府(今南京)登基称帝,国号大明,年号洪武,成为继汉高祖刘邦之后的又一位平民皇帝,开创了大明朝 276 年国祚之基。

堪称发电机和电动机之父的英国科学家迈克尔·法拉第(Michael Faraday,1791~1867)是著名的自学成才的成功者。他 1791 年出生在一个贫苦的铁匠家庭,父亲体弱多病,收入微薄,无法供子女上学读书。法拉第只读过两年小学,12 岁便流落街头靠卖报为生,13 岁到一个书商兼钉书匠家里当学徒。他把在书店里当学徒看作是难得的学习机会,带着强烈的求知欲向书本学习,如饥似渴地阅读各类书刊,汲取自然科学的营养;他还向实践学习,应用书本知识,利用废旧物品进行各种物理和化学实验;他更向同伴和专家学习,积极参加伦敦城哲学会的活动,逐步掌握了多学科的自然科学基础知识。法拉第的聪颖好学,给他自己创造了更多的机会。书店的一位老主顾为他的勤奋好学所感动,便提供机会让他去聆听了一次著名化学家戴维的演讲。他不仅做了详细的演讲记录,回去后还与伙伴们认真讨论研究,并将演讲记录归纳整理送交给戴维,同时附信表达了自己渴望献身科学事业的愿望。1813 年,法拉第如愿以偿地成为戴维的实验助手,并以戴维仆人的身份随戴维到欧洲一些国家参加学术交流活动。此后,法拉第成长进步很快,不但掌握了法语和意大利语,而且独立取得了多项化学科研成果,30 岁时成为英国皇家学院实验室总监,33 岁当选为皇家学会会员,34 岁接替戴维担任皇家研究所实验室主任。法拉第在深入开展化学试验和研究的同时,在物理学方面的研究也不断深入。30岁时,他发明了一种简易的电动装置。这种装置,就是后来遍及全球的电动机的祖先。40岁时,他发现了电磁感应原理,发现了感应电流,总结出了电磁感应定律,并发明了一种简易的发电装置。这种装置,也成为了后来遍及全球的发电机的祖先。54岁时,他发现了“磁光效应”,用实验证明了光和磁相互作用的原理,为光、电、磁的统一理论奠定了基础。

高尔基(Maksim Gorky,1868~1936)是苏联的无产阶级文学家,被列宁称为“无产阶级艺术最杰出的代表”,他的主要作品有小说《母亲》、《童年》、《在人间》、《我的大学》和散文《海燕》,曾经渗透到社会主义阵营各国几代人的人生之中,至今仍然有着广泛的影响。高尔基原名阿列克谢·马克西莫维奇·彼什科夫,高尔基是他的笔名,在俄语中是苦难、痛苦的意思。为什么用这样的笔名,那是因为高尔基的童年充满了苦难和痛苦,俄国10月社会主义革命胜利前也是充满苦难和痛苦的社会。高尔基3岁时丧父,随母寄居于外祖父家,11岁便开始学徒,当搬运工、面包工,17岁时开始过流浪生活。他只有两年小学的文化,但他在四处奔波的同时始终不忘找书来读。他自制油灯,甚至月下读书,不断提高文化水平,为日后的文学创作做好了充分的准备。他的两部作品名字相连,正好是他自学成才的注脚:《我的大学》、《在人间》。

在这个世界上,我们是独一无二的。世界已经为我们的奋斗与创新准备好了宽广的舞台,也为我们的成功与辉煌准备好了机会和条件。只要我们愿意,只要我们努力,只要我们坚持,我们一定可以完整地体现出自身的价值。

第四章

人生的目的——追求幸福

既然世界为我们准备好了一切,而且我们也来了,那我们到这个世界上是干嘛来了呢?我们为什么而活?我们为什么要活?换言之,人生到底有没有目的?如果有,人生的目的到底是什么?

一、人生目的是人生观的核心所在

什么叫目的?目的就是我们的行为最终所要获得的结果和所要达到的境界。由于人们的经历各不相同,人生的观念和想法各不相同,人生的目的自然也就不尽相同,甚至大相径庭了。因此,人生的目的问题也就成了困扰无数人的长久、重大而又复杂的问题。

说它长久,是从古至今一直有人在思考,一直有人在研究,似乎也有了很多结论性的意见,但给人的感觉依然是众说纷纭,莫衷一是,甚至似是而非。说它重大,是它关乎一个人一生的方方面面,不弄清楚就会方向不明,措施不当,行为不力,结果不好。

说它复杂,是它牵涉自然世界、社会形态、思想意识、人生实践等诸多领域,越讨论越迷惘,越研究越复杂。所以,无数人在离开这个世界时,仍然没有搞懂自己到底干嘛来了,也没有弄清自己忙忙碌碌一辈子到底是在为了什么。

前面我们说过,世界观是一个人对世界总的基本的看法,而人类社会是这个世界的主要组成部分之一。我们对世界有了总的看法,不可能对人生没有看法。这种对人生的总的基本的看法,就是我们通常所说的人生观。

有人认为,人生的目的为什么研究不明白,结论出不来?那是因为人生根本就没有什么目的。人生在世,来了就来了,走了就走了,无所谓什么目的不目的。如果一定说是有目的,那也是没事儿的闲人强加给世人的。这样的观点,我们权且称其为虚无主义人生观。

有人认为,人生充满烦恼和痛苦,人生的目的就是要脱俗灭欲,逃离尘世;也有人认为,人的欲望尤其是生理欲望乃万恶之源,人生的目的就是要禁绝人欲,摆脱罪恶;还有人认为,人生的目的就是要最大限度地满足自己的物质享受和精神享乐。这3种理论,我们权且将其归类为消极主义人生观。

有人认为,追求个人幸福是人生的最主要目的,并在追求个人幸福的同时促进他人幸福和社会公共幸福;也有人认为,追求公共幸福是人生的最大目的,个人幸福寓于公共幸福之中;还有人认为,人生的目的是认识和改造客观世界,为消灭阶级、消灭剥削、实现共产主义而奋斗。这些,都属于积极主义人生观。

不难看出,人生的目的是人生观的核心所在。人生的目的不明确,人生观就立不起来。研究人生观,首要的任务就是要把这个目的找出来,表述清楚。因为我们无法想象,没有核心的人生观还会有什么作用,没有目的的人生又怎么会有价值和意义。所以,即使再复杂的难题,我们也应该想办法把它解开。

“哥德巴赫猜想”是一个世界性的数学难题。自1742年由德国数学家哥德巴赫(C. Goldbach,1690~1764)提出这一猜想至今,已经过去了270多年。一直有人在研究,但也一直没有人能完全证明哥德巴赫当年的猜想是成立的。中国数学家陈景润(1933~1996)于1973年发表的“陈氏定理”是目前世界上关于“哥德巴赫猜想”最接近顶峰的研究成果。如果有关专家能像数学界研究“哥德巴赫猜想”那样来研究人生的目的,恐怕这个问题也早就有结论了。哥德巴赫猜想与基础科学特别是与数学界的科研有关,但对于世界上的绝大多数人来说,知不知道有这样一个猜想都无所谓。人生的目的却不同,它与每一个活在这个世界上的人都息息相关。如果我们能像攻克自然科学难题一样,坚持不懈地花气力,下工夫,一定会找到关于人生目的的正确答案。

二、人类言行的普遍准则是趋利避害

我们知道,所有人的行为都是在某种精神力量支配和指导下发生的。奥地利心理学家西格蒙德·弗洛伊德(Sigmund Freud,1856~1939)认为,支配、指导人类言行的精神活动,包括欲望、冲动、思维、幻想、判断、决定、情感等,会在不同的意识层次里发生及进行。这些所谓的意识层次,被分为意识、前意识和潜意识3个层次。他认为,凡是能自我察觉的心理活动就叫做意识,是人在感知外界客观现实时的心理活动,是可以用语言来表述的理性内容,属于心理活动结构的表面层次。前意识属于中间层次,介于意识和潜意识之间。它既是存储一些备用意识的空间,同时也具有筛检、控制、阻止一些活跃潜意识变为清醒意识的功能。潜意识则是受到意识和前意识阻挡、压抑的心理能量,包括各类最为原始的本能和冲动,以及与之相关的各种欲望。由于潜意识相对于意识和前意识来说,具有更原始、更隐蔽、更深层、更根本的特点,因此没有被意识的主人所清醒地感知。但它却无时不在地发挥着作用,是意识的主人所有行为的内在驱动力。

那么,人的精神活动,即弗洛伊德所说的意识、前意识和潜意识,在支配和指导人们的语言和行动时,会不会有一个共同的原则或标准呢?

当一个人步行通过十字路口时,要不要遵守交通法规,等绿灯亮起来再通过呢?各人的想法不一样,做法也不一样。

据说有个留学日本的帅哥,由于他才华出众,毕业后进入日本一家大企业工作。又由于他出类拔萃,被董事长重用,并有意将爱女和企业托付于他。在一次偕董事长爱女逛街过路口时,他见没有车辆通过,就径自闯过了红灯,快步走到马路对面等候女友。第二天一上班,他被召到董事长办公室,被通知公司将其除名了,请他另谋高就。他询问个中原委,董事长告诉他,自己不可能将企业和女儿托付给一个连自己生命都不珍惜的人。他悻悻地回到中国以后,不久又和一个家乡女孩开始了恋爱。也是在一次陪女友逛街过路口时遇到了红灯,他接受了在日本时的教训,老老实实地站在斑马线边上等待绿灯,女友却在他不注意时快步闯过了红灯。等绿灯亮了后,他穿过马路来到女友身边,还没等开口告诫女友要遵守交通法规、注意交通安全,女友却严肃地提出分手。他不解地问为什么。女友说,一个如此循规蹈矩的男人估计难有大的出息，你还是别耽误我的青春了。

这个小故事里有4个人物：男主人公，日企老板，老板女儿，家乡女孩。面对同样的一件事情，各人的态度大相径庭。男主人公和他的家乡女友闯红灯时，完全可能是一种习惯动作，动作的结果是在避害（交通事故）的前提下实现了趋利（节省了时间），也表现了自己的“聪明”和机敏。因为习惯动作多是在潜意识的支配下进行的，可见他们的闯红灯行为是潜意识作用的结果。后来男主人公不闯红灯则是在意识的作用下进行的，他不想重复地犯同样的错误。清醒的意识告诉他的依然是趋利避害：要遵守交通法规，这既能保证自己的安全，又可以显示自己的绅士素养和风度，给女友以更好的印象。日企老板和他女儿的态度也是在意识作用下体现的，其原则更是要避害趋利：避免受到外人伤害，给自己的企业和女儿、给自己留下更好的发展机会。

类似的情况，在我们每天的生活中都在发生。我们在意识或潜意识的作用下，不停地做着这样或那样的各种事情，演绎着一个又一个的“闯红灯”和“不闯红灯”的故事。但不论古往之客还是今来之人，不论是意识的指导还是潜意识的支配，也不论做的是什么样的事情，似乎人们所共同遵守的行为准则却是一致的，那就是趋利避害。趋利避害，就是追求幸福，躲避灾祸。

三、旅游启示录

许多人都有旅行、旅游的经历。旅游的目的是什么？参加旅游的人各有所想，千差万别。但归纳起来，也不外乎以下3项：a. 放松心情，锻炼身体；b. 开阔眼界，领略未知；c. 感受新奇，寻求刺激。我们可以分析一下这3个目的的深刻内涵，看看能不能找到它们之间的共同点。

持有a目的的旅游者为什么要放松心情和锻炼身体呢？他还有没有更深层次的目的，或者说是否可以达到更高的境界呢？我们看看他旅游之后会有什么更重要的结果吧。在紧张工作和繁重家务之余，能拿出一定时间和资金出去放松一下，他会不会有一种幸福感呢？一定会有的。出去之后，解除或转移了压力，心情放松，心里会不会多一分幸福感呢？一定会的。旅游途中，徜徉于青山秀水和人文景观之间，登山走路，东观西看，活动四肢，不想烂事，吃饭比平时香，睡觉比平时稳，心里会不会再多一分幸福感呢？也一定会的。有了这样的心情，回去以后会不会把事情做得更好，把日子过得更好，获得更多、更大的幸福呢？也一定会的。

同理，持有 b 目的旅游者，除了获得 a 类旅游者的幸福之外，还可以多一份开阔眼界、领略未知的收获，在游玩中见从所未见、闻从所未闻、知从所未知，体验所谓“行万里路读万卷书”的惬意。这些新知识，可能会在以后的学习、工作、生活中给他以帮助，让他取得更大的成功、更多的幸福。

持有 c 目的旅游者，如果愿意，自然也可以获得 a、b 类旅游者的幸福。不过，他们可能更看重的是感受新奇，寻求刺激。多感受到一种新奇的刺激，就会多感受到一分幸福，可能也会多一种在学习、工作或生活中的灵感。倘若如此，人生之旅会不会多一分幸福呢？不言而喻，答案自然是肯定的。

通过以上分析不难看出，不论意识让它的主人秉持什么样目的去旅游，潜意识却一直在驱使着人们想要通过旅游去追求幸福、获得幸福。这是隐藏在人们思想深处的共同意识、共同目的。

很多人喜欢把人生比喻成一次长期的旅行或旅游，那我们就应该从以上对旅游收获的分析中受到一些启示。

四、幸福是客观状态和心理感觉的综合体

靠近火炉，人会感觉到热；天气降温，人会感觉到冷；故友重逢，人会感觉到兴奋；亲人离去，人会感觉到悲伤。这些客观事物作用于人体的感觉器官之后，人的大脑中就会产生、形成对该事物个别属性的反映。这种反映，就是感觉。如果一个人在某一人生阶段的状态得到改进，或者个人的某一理想愿望得以实现（抑或接近实现），这个人的心里就会产生一种包含着喜悦、充实、满足、感恩等多种成分的感觉。这种感觉，就叫幸福。人们毫无例外地所要追求的幸福，其实只是一种感觉。

值得注意的是，由于是存在决定意识，所以虽然幸福的感觉是一种纯粹的心理意识反应，但它一定是由客观事物的变化或变化的结果所引起的。从这个意义上讲，人们所追求的还是能给他带来幸福和幸福感的客观事物的变化及其结果。前面谈到，人们的潜意识支配着人们的言行要趋利避害。所谓的趋利，就是要朝着幸

福方向去努力；所谓避害，就是要减少或者根除影响幸福实现的干扰因素。

按时间概念来划分，幸福可以分为短暂幸福、长期幸福和终生幸福。

短暂幸福，也可以称之为即时幸福，或者叫瞬间幸福。短暂幸福的感觉来源于一时一事。比如一个在炎热夏季里十分干渴的人，要是能喝上一瓶冰镇饮料，他就会感到幸福。但是，这种幸福只是即时的、瞬间的、短暂的。因为他可能马上还要去做其他事情，去处理让他头疼的其他问题；他也可能喝完这瓶饮料后，很长时间里就没有条件再享受冰镇饮料了，炎热和干渴过不了多久就会再度煎熬他的机体；他还可能喝了冰镇饮料后会产生肠胃不适，给他带来了新的麻烦。

长期幸福，属于一种阶段性幸福，来源于某一客观事物的变化或者是变化的结果。比如一个学子十年寒窗苦读之后考取了理想大学、理想专业，他所获得的幸福感相对来说比较长久，可以浸润其身心数年甚至更长。和那些没有考上大学的人相比，和那些没有考上理想大学或专业的人相比，他都是幸福的。但是，大学 4 年他个人的努力程度和大学毕业以后就业或者创业机遇，会使他的幸福感或者继续保持，或者热度不再，或者完全丧失，都是不好确定的。

终生幸福，是一种真正的幸福，来源于一个人终生的正确选择和努力奋斗。之所以说终生幸福才是真正的幸福，是因为瞬间的幸福太过短暂，有如昙花一现，并且可能还是引发痛苦甚至灾祸的缘由；而长期幸福如果不能保持，让人生从巅峰跌入谷底，有如坐过山车一般，使身心常受难负之重的打压，以至于无法实现终生幸福。终生幸福以平安、健康、自由、快乐为不可或缺之基础要件，与财富、权势、名气无关。如果纵观一个人的一生，可以用平安、健康、自由、成功、快乐来概括，那就可以“盖棺论定”他获得了终生幸福。

按空间概念来划分，幸福又可以分为个人幸福、家庭幸福、社会幸福和人类幸福。

个人幸福，是一个人的幸福，这是不言而喻的。但需要强调的是，个人的幸福不仅仅是个人的，它也是家庭幸福、社会幸福和人类幸福的组成部分。因此，追求和实现个人幸福，也是在追求和实现家庭幸福，也是在为实现社会幸福和人类幸福做贡献。同时，如果没有家庭幸福、社会幸福或人类幸福，个人的所谓幸福也是很难实现的，或者是根本就不成立的。这其中的逻辑关系显而易见，不再赘述。本章以探讨人生目的为主，所以也不再过多论证幸福的概念、含义及相关问题，后面将有专门篇章加以探讨。

五、追求幸福是人类共同和永恒的人生目的

常听人说,愚蠢的人经常会把简单的问题复杂化,而聪明的人却能够把复杂的问题简单化。我们不妨学着做一次聪明的人,看看能不能把人生目的这样复杂的问题简单化。

人们普遍认同的一个理论是,人所做的每一件事都是有目的的。既然人生每做一件事都有目的,那么人生也就必然有目的。可以认定,如果能把做每一件事情的目的总和起来,那就应该是我们的人生目的了。但是,一个人一生所做的事情千千万万,世界上的人所做的事情更是千差万别,无以计数,怎么去总和人们做每一件事情的目的呢?因此,人生目的究竟是什么也就成了千古难题,似乎至今无解。但是,如果我们把人们做每一件事情的目的中的相同因子找出来,加以合并,人生的目的似乎也就不再是无解之谜了。

前面我们分析了,人们做每一件事情时都会以趋利避害为准则,而趋利避害的结果都是要离幸福更近些,离痛苦更远些。那我们就不难认定,追求幸福就是人们一生做事的目的中的相同因子。因此,我们可以得出结论:追求幸福是人们普遍的、永恒的人生目的!

由于人们世界观、人生观、价值观上存在着差异,所以人和人之间的幸福观也会有所差异,幸福的标准在不同人的心里也是不尽相同的。即使是同一个人,在人生的不同阶段或在不同的历史、社会和家庭条件下,也会有不同的幸福标准。因此,不同的人,不同的人生阶段,人们所追求的具体目标会有很大的差异。

绝大多数人都有很强的家庭责任感。他们会把家人的幸福当做自己的幸福。为了家人的幸福,为了家庭的幸福,他们可以不辞辛劳,可以忍辱负重,甚至可以赴汤蹈火。比如我们的父母,绝大多数都是以子女的幸福为幸福的。

也有很多人具有强烈的社会责任感和历史责任感。他们会把他人的幸福作为自己的奋斗目标,乐于通过自己的辛勤努力,使他人过上幸福生活。他们甚至会放弃自己的个人乃至家庭幸福,用热血和生命去为他人、为社会、为人类换取幸福。中国革命历史上的无数先烈,抛头颅,洒热血,就是用鲜血和生命为后代创造幸福

生活的英雄楷模。

1949 年 11 月 27 日，国民党反动派在当时尚未解放的重庆枪杀了一位 31 岁的共产党人，他叫何敬平。在被关押于重庆渣滓洞集中营期间，他曾经写下过一首著名诗篇——《把牢底坐穿》：

为了免除下一代的苦难，
我们愿——
愿把这牢底坐穿！
我们是天生的叛逆者，
我们要把这颠倒的乾坤扭转！
我们要把这不合理的一切打翻！
今天，我们坐牢了，
坐牢又有什么稀罕？
为了免除下一代的苦难，
我们愿——
愿把这牢底坐穿！

没有人喜欢坐牢，更没有人喜欢坐一辈子牢。但是何敬平等革命先烈为什么甘愿“把牢底坐穿”？因为他们要“免除下一代的苦难”，把幸福留给人间。

真正的共产党人一定是以全心全意为人民服务为宗旨的，即使是在和平建设时期，他们也会把人民群众的幸福作为自己奋斗追求的总体目标。被誉为“党的好干部”、“人民的好公仆”、“县委书记的好榜样”、“共和国的脊梁”的焦裕禄(1922～1964)，在担任中共河南省兰考县委书记期间，带领全县干部群众与深重的自然灾害进行艰苦卓绝的斗争，罹患重病还坚持工作，创造了鼓舞时代新风的焦裕禄精神。习近平在担任福建省福州市委书记时曾填词追思焦裕禄。

魂飞万里，
盼归来，
此水此山此地。
百姓谁不爱好官？
把泪焦桐成雨。
生也沙丘，

死也沙丘，
父老生死系。
暮雪朝霜，
毋改英雄意气！
依然月明如昔，
思君夜夜，
肝胆长如洗。
路漫漫其修远矣，
两袖清风来去。
为官一任，
造福一方，
遂了平生意。
绿我涓滴，
会它千顷澄碧。

（习近平：《念奴娇·追思焦裕禄》，1990年7月16日《福州晚报》）

焦裕禄的事迹和精神，代表了现阶段共产主义者为人民谋福祉的崇高情怀。

总而言之，不论是为自己谋幸福，还是为家人、他人谋幸福，人们的人生目的都是在追求幸福。

第五章

人生的意义——创造财富

我们所面对的世界是由自然界、人类社会和人构成的。其中的人类社会不外乎是由三大部分所构成:由人所构成的社会形态,由人所创造的物质财富,由人所创造的精神财富。生活在不同时代和社会里的人,有着不同的生存状态。而这不同的时代和社会,又都是由生活在那个时代里的人所创造的。从这个意义上讲,我们每个人都是时代和社会的创造者。创造,就是人生的全部意义所在。

一定会有人说,我就是一介草民,创造不创造跟我没关系;也一定会有人说,我没有什么专业特长,更没有什么创造能力,我好像很难能创造出什么;还一定会有人说,人生如梦,“神马都是浮云”,创造不创造都一样,还是抓住机会多享受一下吧。

“没有花香,没有树高,我是一棵无人知道的小草。”小草默默无闻,与世无争,但它生命的意义何在?最起码,它和众多的、无数的、各式各样的小草构成了一片片绿茵。不难设想,如果这个世界上没有了小草,会是一种什么样的情景。

其实,不满足现状是人的一种本性和本能,所以本能在驱使着人们去改变现状。这种改变现状的实践,就是创造。所以,不论怀有哪种想法,也不论是否有参与创造的主观愿望,但只要我们来到这世上走过一遭,就一定会参与到创造财富、创造世界的社会实践中来。

一、我们首先是物质财富的创造者

这个世界的基础是物质的,来到这个世界上的无数代上千亿人所创造的物质财富,也都取之于大千世界的物质基础。在人类历史发展长河中,我们的历代祖先凭借着大自然的赐予,从远古的原始社会走到了今天的现代文明。我们的祖先不仅学会了用火,也开始制造和使用工具,走过了石器时代、铜器时代、铁器时代,在约200多年前进入了机器时代。用火取火、耕种农业、纺织技术、冶炼技术、火药制造、造纸印刷、蒸汽机器、电灯电话、抗生素药、计算机业、核能应用、互联网络、基因科技、太空探索等等,这一系列的发明和应用,都将人类的物质文明水平大幅度地提升。

不难设想,如果没有用火取火,我们今天可能还在茹毛饮血;如果没有耕种农业和纺织技术,我们今天可能还无法丰衣足食;如果没有蒸汽机为标志的工业革命,我们今天还只能生活在农业文明的时代。也不难设想,如果我们今天突然无电可用,我们的业余时间没有电视机看、没有电脑可玩儿、没有智能手机可用,我们的生活将是一种什么样的状态。更不难设想,如果来到这个世界上的所有人都不去创造物质财富,都不钻研技术发明,今天这个高度发达的物质文明世界从何而来,我们的社会和时代又如何继续发展和进步呢?所以,我们每一个人都不仅仅是物质财富的享用者和消费者,更是物质财富的创造者。

在中国被称为"百工圣祖"的鲁班(前507~前444),不仅是出身于普通的工匠之家,而且生活在春秋与战国之交的乱世。但他并没有偷生苟活于那个战乱的时代,而是勤奋努力,刻苦钻研,进行了很多发明创造,涉及木工工具、兵器、农业机具、仿生机械等领域,沿用至今的木工工具还有很多,如锯子、刨子、钻子、凿子、铲子、曲尺、墨斗等。

被列为"世界影响人类历史进程的百位名人"之一的蔡伦(? ~121),出身仅为东汉皇宫中的一个小太监,后来在负责管理皇室工场、监造各种器械的时候发明了植物纤维造纸术,使纸成为可以广泛推广使用的书写材料。造纸术是中华民族对世界文明做出的一项重大贡献,极大地促进了人类物质财富和精神财富的创造速度,提高了历史文化的传播规模和积累水平。蔡伦的造纸术,和火药、指南针、印刷术一起,构成了中国古代科学技术的4大发明。

来到这个世界上的每一个人,都会直接或间接地参与物质财富的创造。无论我们是在做工还是在务农,无论我们是公务员还是文艺工作者,都在直接或间接地创造着物质财富。退一万步,哪怕说得极端一点,就算终生什么事都不做,只是在消费物质财富,其实也是在间接地参与了物质财富的创造。因为从一定意义上讲,消费本身也是一种创造。如果没有了消费,创造也就没有了意义。

二、我们同时是精神财富的创造者

世界是由物质组成的。但人们在创造和享受物质财富的同时,也在创造着精神财富。什么叫精神财富?精神是指人的意识、思维活动和一般心理状态。什么是财富呢?有价值的东西都叫财富。精神财富,应该是能够给人的精神以安慰、营养和力量的思想文化方面的东西。与此相反的东西,则是精神垃圾。有人给精神财富的定义是:人们从事智力活动所取得的成就。如果这一定义成立并且完整,那么谁的人生中会没有智力活动呢?有活动,就一定会有成果,大的成果就叫成就。

人生智力活动的第一个成果就是思想,也就是前面提到的"观念"所形成的体系。一切来源于并且符合于客观事实及其规律的观念体系就是正确的思想,就是一笔精神财富。它对客观事物的发展具有促进作用。一切来源于主观臆断或者不符合客观事实、不符合客观规律的观念体系,就是错误的思想。人类社会最伟大的精神财富就是那些正确的思想体系,即古今中外大思想家们那些指导人们行动,引导社会前进的伟大思想。

例如孔子在2500年前所创立的儒家学说,不仅在当时培养出3000弟子和72贤人,在后世更是培育出一代又一代的儒家学者,以及秉承儒家思想为人立世的践行者。因此,儒家思想的影响也远远地超过了历代帝王,并为历代统治者所推崇。再如出生于德国的卡尔·马克思(Karl Heinrich Marx,1818~1883),因为创立了马克思主义理论体系,被誉为全世界无产阶级和劳动人民的伟大导师。马克思主义包括马克思主义哲学、政治经济学和科学社会主义3大组成部分,一个多世纪以来一直指导着许多国家人民的共产主义实践。其中的马克思主义哲学,是迄今为止人类历史上公认的最科学的世界观和方法论。马克思在这套理论中批判地吸收了几千年人类思想和文化的发展成果，坚持唯物论和辩证法的统一，坚持唯物主义自然观和历史观的统一，总结并阐述了关于自然、社会和思维发展的一般规律。

人类社会的另一笔重大精神财富是信仰。信仰，是指一个人对某一理念、某一主义、某一宗教的极度相信和崇尚敬畏，包括非宗教信仰和宗教信仰。非宗教信仰有哲学信仰、马克思主义信仰等等，宗教信仰有佛教、道教、伊斯兰教、基督教等等。信仰是心灵的产物，更是精神的支柱。因而，信仰具有比物质更为巨大的力量。

政治信仰具有强大的力量。在中国共产党的辉煌历史中，有一位 17 岁入党的女共产党员。她出身于川军一个师长家庭，却能毅然抛弃优越的生活条件，走上革命道路。她 18 岁打进了国民党军统特务机关的高层，居然能在大特务头子戴笠的眼皮底下领导了中共的一个地下党支部，成功地获得了国民党高层的许多重要情报。19 岁那年，她所领导的地下党支部不慎暴露，她和另外 6 位同志全部被逮捕，关押了 5 年之久，受尽酷刑，却坚贞不屈。1945 年她 24 岁时，被国民党杀害。与其他被捕的共产党人不同的是，他们 7 人在国民党监狱中并不是以共产党政治犯的身份被关押的。从入狱到牺牲，他们的身份都是“军统特嫌”。所以，直到他们牺牲了 38 年之后，才获得应有的“烈士”名誉。她就是极具传奇色彩的张露萍。她和战友们之所以能战胜常人无法想象的艰难困苦和生死考验，充分证明了信仰的伟大力量。

宗教信仰的力量也十分强大。2010 年的统计资料显示，当时全世界的人口总数是 68 亿，其中信教人口为 55 亿，约占人口总数的 80%；不信教人口为 13 亿，约占人口总数的 20%。中国大约有宗教信徒 1 亿多人。前几年，深圳公安机关破获了一个抢劫团伙案，几乎所有涉案嫌犯都是从一个村里出来打工的。在家乡时，他们都是安分守己的农民，到深圳后被同乡的该团伙老大拉下水参与抢劫犯罪。在调查采访中记者了解到，有一个男青年无论老乡如何利诱威逼都没有入伙，问他何以独善其身。他回答说：我不敢啊！妈妈信教，我小时候就听妈妈反复告诉我说干坏事会下 18 层地狱的，来世要投胎做猪羊。

人类社会的第三大类精神财富是历史。人类社会数百万年的发展历史，浩如烟海，绵延不衰。被记录下来并流传后世的，就是一部涵盖百科的经典教科书。在这部教科书里，我们可以学到人生所需要的全部知识。被后世奉为儒家经典《四书》之一的《大学》，在开篇处便列出人的一生中所要做的 8 件事：格物、致知、诚意、正心、修身、齐家、治国、平天下。格物，就是对世间万事万物的认识与研究；致知，就是获得对万事万物的真知灼见；诚意，就是对自己的成长和成功要有真诚而坚定的意念；正心，就是去除歪思邪念，使心思、心态端正；修身，就是努力提高自身的思想品德修养。这 5 项说的是练内功，修自身。只有这 5 项内功修炼好了，才有可能实现后面的 3 大目标：齐家，就是管理好自己的家庭和家族；治国，就是参与并治理好自己所在的国家；平天下，就是通过自己的努力使天下太平。如果能认真研读人类社会发展史和自然发展史，上面 8 件事所提及需要学习的东西也都能学到。

人类社会发展史也是一面镜子。唐代“贞观之治”的缔造者唐太宗李世民曾经说过：“以铜为鉴，可正衣冠；以古为鉴，可知兴替；以人为鉴，可明得失。朕尝保此三鉴，内防己过。今魏徵逝，一鉴亡矣”（欧阳修：《新唐书·列传第二十二·魏徵》）。他把历史和魏徵分别作为两面镜子，来防范自己的过失。我们无论修身也好，齐家也罢，还是治国、平天下，行动总会是有对有错的。在行动之前，我们如果多多研读历史，就可以引古人的经验教训为鉴，减少我们行动中的失误，提高成功的几率；在行动之后，我们还可以回到历史这面“明镜”之前对照一下，以便及时发现过失，纠正错误，减少损失。人类社会发展史还是一部鸿篇巨制的交响乐。翻检历史书籍，观看历史剧目，都可以给人带来精神上的享受。当下在中国，历史题材的文学作品被热捧，历史题材的剧目能热演、热播，充分地说明了人们对历史的喜爱和依赖。

人类社会的第四大精神财富是科技成果。我们这里所说的科技成果，并不仅仅局限于自然科学领域，而是包括自然科学、人文科学和社会科学三大领域。从一定意义上来说，这三大领域也是密切相关、相互渗透、相辅相成的。

中国先秦时代所诞生的老子的《道德经》，就无法严格地确定它是一部自然科学著作，还是一部人文科学著作。所以，多数人认为《道德经》是一部哲学著作，是指导科学的科学。《道德经》所揭示的哲理，两千多年来一直在指导着人们的社会实践。《道德经》所阐述的“道”，引导人们更深入地认识自然法则和客观规律；《道德经》所阐述的“德”，则引导人们更加自觉地修炼好自身的品行。

人类社会的自然科学成果同样也滋养着人们的精神世界。比如，古代发明的指南针与后来的造船术、航海图相结合，就有了中国郑和下西洋、意大利航海家哥伦布发现新大陆、西班牙航海家麦哲伦环球旅行的故事。他们的航海实践，不仅极大地促进了当时世界上东西方的物质文化交流,也为以后的地球人创造了更多的发展机遇和精神食粮。

人类社会的第五大精神财富是文学艺术。人类历史上的文学艺术包括语言艺术,即诗歌、小说、散文、戏剧文学等;也包括造型艺术,即绘画、书法、雕塑等;还包括表演艺术,即音乐、舞蹈、杂技等;还有综合艺术,即戏剧、曲艺、电影、电视剧等。文学艺术是由人民群众创造的,同时也是人民群众生产和生活的精神食粮。原始社会并没有作家这个职业。人类历史上最初出现的音乐和诗歌,来源于原始人为了协同劳动的节奏而喊出的劳动号子。石器时代也没有画家这一社会分工。那个时期出现的洞壁绘画和岩画,描绘的是各种动物和手持弓箭追猎动物的人。即使是后来社会进步,有了精细分工,出现了职业的作家和艺术家,他们的创作成果依然是来源于人民群众的生产和生活。由此可见,人民群众不但是文学艺术的享用者,更是文学艺术的创造者。

中国当代知名作家高玉宝,只上过一个月的学,15 岁当劳工,17 岁学木匠,20 岁参加中国人民解放军,却先后写出了总计 200 多万字的几部长篇小说。他的短篇小说《半夜鸡叫》,曾被选入中国小学语文课本和《共和国文学作品经典丛书》,家喻户晓,妇孺皆知;他的自传体长篇小说《高玉宝》,在国内曾用 7 种民族文字出版发行,在国外有 12 个国家和地区用 15 种文字翻译出版。

我们来到这个世界上以后,不仅会享受到前人所创造的精神财富,不管是主动的还是被动的,不管是直接的还是间接的,我们也必然要参与到新的精神财富创造之中。我们会有自己的思想和信仰,也可以参与科技成果的研发和文学艺术的创作,我们生存的本身就在书写着历史。这一切的一切,都在不容置疑地告诉我们,我们自己就是人类社会精神财富的创造者。

三、我们必然还是新时代的创造者

社会生产力的不断发展,人类在利用自然和改造自然过程中不断创造出的物质文明,迅猛地推动着时代更迭和社会进步。社会在发展,时代在进步,历史的车轮滚滚向前,人类的社会形态走过了原始社会、奴隶制社会、封建社会,并在约 400 多前出现了资本主义社会,在约 100 年前出现了社会主义社会。

那么，这种新的时代、新的社会是由谁创造的呢？“人民，只有人民，才是创造世界历史的动力。”（毛泽东：《论联合政府》，《毛泽东选集》第三卷）这是毛泽东在1945年作出的结论。这一结论，是他在总结了中国8年抗日战争的历史之后作出的。没有人民群众奋不顾身的参与，日本侵略者的铁蹄就不知还要在中国的土地上践踏多久。10年后，毛泽东给这一结论又填写了一个新的注脚：“人民群众有无限的创造力。他们可以组织起来，向一切可以发挥自己力量的地方和部门进军，向生产的深度和广度进军，替自己创造日益增多的福利事业。”（毛泽东：《<中国农村的社会主义高潮>的按语·三十五》，《毛泽东选集》第五卷）。毛泽东的这一论断，是中国共产党人坚持马克思主义唯物史观的集中体现。也正因为如此，中国共产党所领导的新民主主义革命才能取得全面的胜利。如果我们是人民群众之中的一员，如果我们不是一个与人民为敌的人，我们必定要参与新时代、新社会的建造。

辛亥革命前的孙中山只是一个普通百姓，或者说只是一个留过洋、见过世面的普通医生。但是，当他看透了满清政府的专制、腐败和卖国之后，开始产生了反清和用资产阶级政治方案改造中国的思想。28岁以后，他在美国檀香山和中国香港等地组建兴中会、辅仁文社、华兴会等革命团体，并形成了三民主义的思想雏形。他39岁时，与黄兴等人在日本东京创建了资产阶级革命党——同盟会，并被推选为总理。他所倡导的“驱除鞑虏，恢复中华，创建民国，平均地权”的革命宗旨，被确定为同盟会纲领。同年，他首次明确提出了民族主义、民权主义、民生主义的“三民主义”理论。在此后的几年里，他一方面领导着在国内外各地发展组织的工作，一方面领导了多次武装起义，同时还不停地奔走于海外为起义筹措经费。45岁时，资产阶级革命取得了武昌起义的胜利，孙中山呕心沥血缔造了“中华民国”。从此，一个新的时代来临了。辛亥革命的胜利，是孙中山领导的，但这并不是他一个人就可以完成的伟业。我们可以毫不夸张地说，推翻清王朝统治的是全国人民，甚至可以说是自秦汉以来历朝历代被压迫、被剥削的人民群众共同推翻的。

四、创造，是我们人生的主要享受

每个人可能都有过这样的经历：在做完某件事情之后会有一种成就感，甚至会有一种幸福感。一位建筑设计师，将自己的纸上作品变成一座立体的建筑物之时，会有这样的感觉；一位地产开发商，在自己的项目变成现实之后，也会有这样的感觉；哪怕是一位建筑工人，在自己参与的工程竣工之日，同样会有这样的感觉。

有一位记者到建筑工地采访，接连询问几位正在砌墙的工人在做什么。第一位很不耐烦地反问道：难道你没看见吗？我这不是正在码砖吗？第二位回答说：我正在砌墙；第三位回答说：我正在建一幢大楼；第四位回答说：我们正在建设一座城市。据说，第三位后来成了建筑工程师，第四位后来成了城市规划专家。可见观念真的是决定命运！当时被采访的第三位、第四位建筑工人能够认识到自己是在创造，所以他们很享受。而第一位、第二位建筑工人认识不到这一点，所以他们就做得很不开心。

古人吟诗填词，常常是为用好一个字而“捻断数根须”，如果是“两句三年得”，更会“一吟双泪流。”人们耳熟能详的“春风又绿江南岸”，“僧敲月下门”等名句都是这样得来的。正是他们这样一字不苟的创造精神，给后人留下了取之不尽、用之不竭的精神食粮。曹雪芹创作的《红楼梦》，“字字看来皆是血，十年辛苦不寻常。”他的“批阅十载，增删五次”，为世界文学史增添了一座永远的丰碑。文人们在创作之中享受，在享受中创作，极大地丰富了人类世界的精神宝库。

望子成龙、望女成凤，是每一位为人父母者的共同目标。虽然成龙成凤并不见得都能够实现，但把孩子培养得更好，最起码要比自己强，却是大家都在努力做的事情。这种含辛茹苦的养育过程，就是一种创造。这不仅仅是为自己的创造，也是为家庭、为家族的创造，更是为社会、为人类的创造。一代又一代的父母们就是在这样的创造过程中享受着儿女成长进步的快乐，培育出无数对家庭、对家族、对社会、对人类有用的人才，人类社会也因此而不断繁衍和进化到今天的规模与水平。

我们在这里还需要特别强调的是，人生意义的高下并不是与创造的多与少、大与小成正比的。人生的意义在于是否参与了创造，是否积极主动地有所创造。毛泽东在《纪念白求恩》一文中曾写下过一段名言。他说：“一个人能力有大小，但只要有这点精神（指国际主义战士白求恩毫无自私自利之心的精神——作者注），就是一个高尚的人，一个纯粹的人，一个有道德的人，一个脱离了低级趣味的人，一个有益于人民的人。”这个道理，就像我们不能说一株小草不如一棵大树的生命意义重大一样。

第六章

人生的实质——解决问题

人生是一个漫长的生命过程。说它漫长,是因为这一过程长达几十年,甚至百年。在这几十年当中,人们要做很多事情,可谓忙忙碌碌、辛辛苦苦。那么,我们这一辈子都是在做什么呢?前两章说过,我们一生都在追逐幸福,都在创造财富,都在创造新的时代。但是,我们是在以什么样的方式来追逐和创造的呢?这也是人生旅途上必须要弄清楚的一个重要问题。这个问题弄不清楚,我们有时还会有迷茫之感,会有不解之惑。

一、人的一生都在解决问题

一定会有人提出疑问,作出"人的一生都在解决问题"这样的结论是不是太过绝对、太过武断了啊?面对这样的疑问,我们很有必要把人一生中所做的事情梳理剖析一番。

先看一个人一天所做的事情。

1. 如厕。一个人早上睡醒起床之后,可能第一件要做的事情就是上厕所。一般来说,不会有谁会喜爱上厕所这件事情。不论自家的厕所有多么高级,哪怕马桶是镶金挂银的,估计也不见得会有人喜爱上厕所这件事情;也不论如厕的条件有多么恶劣,哪怕是荒郊野外或是污秽不堪,但也却必须去做。为什么会这样?因为人体在经过一整夜的新陈代谢之后，必须将代谢的废弃物排泄掉。这个问题不解决，就无法去做其他事情，甚至会惶惶不可终日；这个问题也必须解决，这不以个人的意志为转移，因为不解决可能会危及健康乃至生命。

2. 洗漱。洗脸、刷牙，或者洗澡，都是很麻烦的事情，但也都是必须做的。这是卫生的需要、健康的需要、形象的需要、工作的需要、社交的需要，甚至是心理的需要。看似简单的洗漱，我们却是在解决一系列的问题。

3. 餐饮。这是一件更麻烦的事情。尽管麻烦，尽管可能还会吃出毛病，但是人们却必须要吃，并且还总结出一个适合于古今中外、适合于各地各族人群的真理：民以食为天。为什么？因为人的生存需要能量、需要营养，因为人的饥饿感需要缓解，因为人的食欲需要满足。人们为了解决这些问题，开动脑筋，不遗余力，创造出无数的美食以飨口腹。电视系列纪录片《舌尖上的中国》就是极好的证明。

4. 学习。上学读书是一件极其美好的事情，学习会给人以无穷的乐趣。古人云："万般皆下品，惟有读书高。"尽管有些孩子甚至有些成年人要到很久以后才能明白读书学习对于人生的重要意义，但不管愿意不愿意，都要经历学习的过程。学习能解决的问题很多，但归根结底只是一句话，就是要解决获得知识的问题。具体到课堂上，解题和回答提问等，不仅是在解析书本上的课题，更重要的是在学习和训练解决问题的方法。

5. 工作。有时候，上班是很辛苦的，同时还有时间的约束。但人们为什么还要要去工作、去劳动？因为这不仅是解决衣食生计问题的主要方法，也是个人融入社会、回馈社会、贡献社会的主要形式。工作的全部内容和方式，都是在解决问题。人生的价值，往往也是在这些解决问题的过程中得以体现的。所以，著名女作家、翻译家陈学昭曾写过一部长篇小说，书名就叫《工作着是美丽的》。该书出版后社会反响强烈，"工作着是美丽的"至今还是鼓舞人们拼搏上进的口号。现今时代，有人喜欢宅在家里，但那也是要做事情的，解决宅着可以解决的问题。

6. 运动。要解决身体健康的问题需要运动，要解决心理压力释放的问题需要运动，要维持良好的体力以适应工作也需要运动。但运动又是需要时间并且有时还很枯燥无聊的，可为了解决这一系列问题，大家都还是努力在做，做得很勤奋、很辛苦、很快乐。

7. 娱乐。有人也许会说，玩儿也是在解决问题吗？那我们想反问一句，难道不是吗？从古至今，人们创造了无数种娱乐形式，就是要解决休闲时间的利用问题，解决空闲或独处时的寂寞问题。当世界进入电子时代之后，娱乐的形式更是令人目不暇接，眼花缭乱。有些公司就是凭借开发娱乐产品而成为享誉全球的大型企业。纵然会有人利用娱乐去做一些不法之事，但他们那也是在解决问题，只不过那是在解决他们自己的一些稀奇古怪的阴暗问题而已。

8. 睡眠。人的一天乃至一生中花费时间最多去做的相同一件事情就是睡觉。一天的大约1/3的时间，一生的大约1/3的时间，人们都在睡觉。人生宝贵，干嘛要浪费这么多的时间去睡觉呢？科学技术不断进步，为什么还没有发明一种技术来减少人类的睡眠时间呢？那是因为人必须要通过睡眠来解决更重要的问题——促进生长发育，消除疲劳并恢复体力，保护大脑并恢复精力，增强免疫力，修复机体，延缓衰老，延年益寿等等。

综上所述，实在是找不出一天之中我们所做的哪一件事情不是在解决问题，区别只是在解决自己喜欢解决的问题，还是在解决自己不喜欢的而已，并不存在解决与不解决的差异。即使是躺在床上什么都不想、都不做，那也是在解决累了、烦了，想放松一下、休息一下的问题。既然一天是如此，那么一周呢？一个月呢？一年呢？一生呢？

毫无疑问，人的一生是由一天一天所组成的。既然我们每天所做的每一件事都是在解决问题，那么，人的一生所做的所有事情也就都是在解决问题了。根据社会分工不同，人们解决问题的内容和形式也不尽相同。学生要解决知识积累、素质提高的问题，工人要解决生产制造的问题，农民要解决种植、养殖的问题，老板要解决企业的经营管理问题，县、市、省长要解决地区的问题，总统、主席要解决国家和国际的问题，联合国秘书长要协调解决全世界的问题，等等。从这一角度上来说，人和人之间的不同，只是社会分工的不同而已，并无高低贵贱之分。总之，大家都在解决问题，概莫能外。因此，我们完全可以通过对人类生活和社会现实的概括得出结论，人生的实质就是解决问题！

唯物辩证法的对立统一规律告诉我们，矛盾存在于一切事物之中，这就是矛盾的普遍性原理。人当然也不例外，人生更是如此。人生之中的矛盾，就是我们所遇到的问题；人生之中所要解决的问题，就是要正确处理的我们所面临的矛盾。由于世界上的任何事物都是由矛盾所构成的，不包含矛盾的事物是不存在的，而且有了矛盾就必须解决,所以我们不能期盼自己的人生可以不去解决问题。在事物发展过程中旧的矛盾得以解决之后,新的矛盾就会随之产生,在新旧矛盾之间根本没有所谓无矛盾的过渡状态或阶段,所以我们也不能期盼自己的人生中可以有哪个阶段、哪个时期是不需要去解决问题的。人的一生,事事之中都含有矛盾,时时刻刻都会遇到矛盾。所以,我们必须有充分的心理准备,树立坚定的信念,来解决人生路上要遇到的所有问题。解决问题这一人生实质,是由矛盾的普遍性所决定的。

人生所面临的问题虽然林林总总,无以数计,但归纳起来,也不外乎 6 大类:即个人的问题、家庭的问题、单位的问题、社会的问题、国家的问题和世界的问题。

二、个人和家庭的问题要独立自主地加以解决

人生之中所要解决的问题,绝大部分属于个人的问题和自己家庭的问题。个人的问题在幼小之年和年老之后,需要家人或社会来帮助解决。但在生命的大部分时段里,是需要自己来解决的。

比如学习知识和能力提升问题,就必须要靠自己来解决。当一个人进入学校,开始正规的科学文化知识学习之后,能否有效地利用好这一生命阶段,为自己将来的谋生和发展奠定坚实的基础,主要在于自己。因为内因是事物发展的根本原因和根本动力,决定着事物的性质和发展方向、发展速度。这一时期,着重要解决的主要问题有两个:一个是学习目的问题,一个是学习方法问题。如果不能从内心里明确是为自己而学,那就会站到家长和老师的对立面,用各种小聪明的办法来应付家长和老师,其结果是可想而知的。如果找不到适合自己的正确的学习方法,也可能会事倍功半,学得很辛苦,成绩很平常。

即使是走出校门步入社会,依然还有学习和提高的问题需要解决。其实,人一生之中的大部分有用的能力,是在实践中获得的。如果解决了学习的目的问题,就会自动自觉地主动学习能学到的一切技能。

有一位大学生在学校组织一些文体活动时颇为后悔,因为他几乎没有这些方面的任何特长。他后悔的是在中小学期间,父母曾为他提供了诸如书法、美术、器乐等多次学习机会,但他都因没有兴趣而拒绝。父母开明,并没有强加于他。到了大学之后他才感到,“艺不压身”原来是真理啊!及至此时,他才明白了当初父母

为什么让他学一些课外的技能。

由此可见,如果学习的目的和方法问题不解决,想独立自主地解决好学习和提高的问题是不可能的。

再比如恋爱和婚姻也纯粹是个人的问题,需要自己来解决。恋爱自由,婚姻自主,这是已经明确写进法律里的条文。在一定的历史条件下,它甚至还是鼓舞青年男女冲破封建桎梏的口号,使父母之命和媒妁之言成了腐朽制度和落后理念的代名词。但是我们也经常能看到很多人这方面的问题解决得不好,使本来的个人问题演化成很严重的家庭问题或社会问题。要解决好这一问题,就必须首先解决好世界观、人生观、价值观、婚恋观等一系列基本的观念问题,同时还要解决好诸如个人修养、为人处世方法等一些从属问题。

还有健康问题,更是要靠自己来解决。请注意,这里说的是健康问题,而不是疾病治疗问题,二者有很大的区别。除了遗传因素之外,诸如在健康生活方式、良好健康习惯、个人免疫力、疾病信号捕捉等方面的问题,都是别人所无法帮助解决的。

像学习、婚恋、健康这些事情一样,人的一生中属于个人的问题不计其数。这些问题如果自己不能独立自主地加以解决,人生的幸福指数就会下降,家庭的幸福程度就会"打折",社会的负担就会加重。在上一章,我们曾提到《四书》之一《大学》为人生列出的8件事,其中的正心和修身,都属于个人需要解决的问题。一个人自己不能正心、不能修身,何以齐家,更妄谈治国和平天下了。

家庭的问题和个人的问题紧密相连,很多情况下甚至是相互交集,不可分割。家庭,既是我们生存的根据地,也是我们感情生活、血缘关系的集聚地,还是我们参与社会进步、时代发展实践活动的出发地和归宿地。无论是从感情出发,还是个人责任使然,我们都要不遗余力地去解决家庭生活中的问题,努力把家庭建设成为一个幸福的港湾。

属于家庭范畴的问题类别也有很多,譬如生计安排、夫妻关系、子女孕育、成员健康、长辈养老等等。同个人的问题一样,把家庭的问题解决好,就会提高个人的幸福指数,就能增强家庭的温馨程度,还会促进社会的发展进步。反之,很多人不懂或者忽视"齐家"的重要意义,自酿悲剧,毁坏了家庭幸福,甚至毁坏了家庭。中共18大以后的反腐浪潮中落马的很多贪官污吏,其中有一部分就是因为家庭成员的问题而走上不归路的。其结果是悲惨的,教训更是深刻的。

中国第一部诗歌总集《诗经·大雅》中,歌颂周文王姬昌的《思齐》里有这样的记述:“刑於寡妻,至于兄弟,以御于家邦。”翻译成白话文的意思是:(周文王)首先用自己“为德所化”的言行给妻子做出典范,然后再给弟兄做出表率,最后推广到治理家族和邦国之中。姬昌之所以能够成为远古时代最为完美的君王和周礼的化身,就是因为他有其他很多君王所不具备的美德和治国安邦的丰功伟绩。治国之前,他做到了首先要管理好自己的家人。

东汉时期有一个叫陈蕃的人,自己住的房间常常不打扫卫生,室内可谓龌龊不堪。一天,他父亲的朋友薛勤来家作客,见此情景就问陈蕃,你为什么不把房间打扫得干净一些来迎接宾客呢?再说你自己住着也舒服啊。陈蕃不屑地回答说:“大丈夫处世,当扫除天下,安事一屋?”薛勤听了很是不以为然,当即反驳道:“一屋不扫,何以扫天下?”

以上古代的两个小故事都说明,解决好家庭问题对于个人日后的发展具有深远和重要的意义。在需要解决的个人问题、家庭问题当中,有很多事属于日常小事、琐事。对此,有些人经常会表现出一种不应有的态度,或者是在解决这些问题时闹出一些笑话,比如用划拳、掷色子来决定谁做饭、谁洗碗等;或者是在处理家庭关系的问题时动机不纯、方式欠妥,演化出夫妻反目、兄弟绝交、父子成仇等家庭悲剧。其实,“扫一屋”和“扫天下”并不矛盾。二者之间,只是部分和整体的区别。不会“扫一屋”者,怎么能会“扫天下”呢?如果我们能够经常地从事“扫一屋”的实践,定能会掌握“扫”的要领,养成“扫”的习惯,为日后的“扫天下”大业奠定基础。

三、单位和社会的问题要责无旁贷地积极解决

人类属于群居动物,因此具有社会属性。人以个体或家庭为基本单元参与社会活动,自然不可避免地要遇到各种各样需要解决的他人问题、单位问题和社会问题。

一个人参与社会活动所接触最多和最直接的渠道,是自己的工作单位或自己的企业。在工作中,我们要责无旁贷地积极解决遇到的问题,并且要尽可能解决得多一些,解决得好一些。因为这些问题虽然看上去是单位的或者是社会的,但实质

上也是自己的，而我们恰恰是单位的一员，是社会的一员，自然有义务积极地参与解决一系列问题。就算是主观上没有这种愿望，但是我们也必不可免地要参与其中的一部分，除非我们能切断与社会的一切联系。可是只要活着，估计就没有人能做到这一点。

积极地解决单位和社会问题，这首先是我们生存的需要。我们在单位工作或者经营自己的企业，都是有报酬的。这是我们生活经费的来源。所以，我们不论在什么岗位上，都必须努力工作，才能获得相应的物质回报。如果想要获得更多的回报，我们就必须要更多更好地解决单位中或社会上的问题。随着人类社会的进步，社会分工已经越来越细化，人们的生存已经可以不仅仅是靠自己直接生产全部生活物资了。但是，社会上总是要有人来分门别类地生产物质生活资料的。所以，我们每个人、每个单位都应该有这样的意识，最起码要创造出足够我们自己消费的物质财富，并且尽可能地多一些。如果我们不是直接创造物质财富的单位或者部门，那也要创造出等值的、超值的精神财富或其他社会财富。

同时，积极地解决单位和社会问题，也是我们体现自身价值的需要。人生在世，绝不仅仅是活着就觉得满足了，每一个人都会有体现自身价值的欲望和作为。那么，这样的价值都会体现在哪些方面呢？概括起来，就是我们前面所论述过的“创造”，创造物质财富，创造精神财富，创造新的时代。

在中国家喻户晓、妇孺皆知的共产主义战士雷锋（1940～1962），虽然22岁时就光荣牺牲了，但却创造出了享誉世界的雷锋精神。他16岁在湖南家乡参加工作，17岁就获得了县委机关工作模范、治沩工程模范的光荣称号。他18岁到辽宁鞍山钢铁厂工作，仅一年多时间里就多次被评为先进工作者、红旗手、标兵和青年建设社会主义积极分子。雷锋20岁应征入伍，21岁加入中国共产党。从参军到因公殉职，只有短短的2年8个月，他又在运输连汽车兵这样的普通工作岗位上，在和平建设的历史条件下，荣立2等功和3等功各一次，此外还被评为沈阳军区工程兵模范共青团员，并多次受到团、营嘉奖。雷锋精神的核心是全心全意地为人民服务，集中表现为公而忘私的革命精神、助人为乐的奉献精神、爱岗敬业的螺钉精神和艰苦奋斗的创业精神等。50年来，雷锋精神鼓舞和激励着一代又一代国人，也成为开创新时代精神风貌的旗帜。虽然他生命的长度比一般人要短很多，但其宽度和厚度却远非一般人所能及。在他短暂的人生里程中，已经充分体现了他创造物质财富的价值,而以他为代表的雷锋精神更体现了他创造精神财富的人生价值。

还有,积极地解决单位和社会问题,更是人类进步和时代发展的需要。

全球最大的商业连锁机构沃尔玛百货有限公司,2013 年的销售收入为 4762 亿美元,利润高达 160 亿美元,连续 3 年被美国《财富》杂志评为世界 500 强企业的首位。这家公司 1962 年由 44 岁的美国退伍军人山姆・沃尔顿(Sam Walton,1918 ~ 1992)创办。几十年来,沃尔玛不断解决发展和前进道路上的一系列问题,在全球已经发展到了 2133 家沃尔玛商店、469 家山姆会员商店、248 家沃尔玛购物广场,成为美国最大的私人雇主和世界上最大的连锁零售企业。沃尔玛所创立的商业理念、经营模式,推进了商品销售和消费领域的变革。

世界首富比尔・盖茨 20 岁时便与好友保罗・艾伦(Paul Allen)创办了微软公司。盖茨 25 岁时,他们改进了 QDOS 并更名为 DOS 操作系统,授权给 IBM 计算机公司使用。30 岁时,他们研发的 Windows 计算机桌面操作系统问世,后来又不断升级,被全世界的绝大多数个人计算机所应用至今,2015 年又有 Windows10 面世。可以说,如果没有微软(Microsoft)和视窗(Windows)解决了计算机操作界面上的各种问题,就没有今天的互联网应用。今天,计算机和互联网改变了世界。几百年来,正是类似这样企业的一些工商业巨头,在西欧、北美使一些国家变得富强起来。如今,也有类似的企业正在中国的大地上崛起。

四、国家和人类的问题要力所能及地参与解决

这个题目虽然有些大,但千万不要以为与我们无关或者距离我们很遥远。其实,这个题目和每个人都是密切相关的,几乎每一个人都有机会参与解决这方面的问题。因为人不仅仅是世界上各种各样问题的解决者,而且也是众多社会问题的制造者。

在这个世界上,人类是唯一一个会制造、能制造不可降解或难以降解垃圾的动物群体。每个人每天都在制造着垃圾。我们在攫取大自然的贡献为己所用之时,却在糟蹋着自己居住的环境。人口的数量越多,人类的物质生活越丰富,垃圾的数量也就越多,所带来的环境问题、社会问题也就越严重。困扰中国华北地区的雾霾天气,就和我们所有人的垃圾制造、排放、处理等日常行为紧密相连。这一问题怎

么解决？谁来解决？解决问题的最科学方法，就是从源头上加以解决。每一个制造垃圾、产生粉尘、排放有害气体的单位、个人都是解决这一问题的责任人。怎么样从源头上解决呢？个人也可以做到减少垃圾制造量，对生活垃圾分类存放、分类抛弃，坚持绿色出行等，这都是最基础、最直接、最简单的办法。如果我们在每天的日常生活中都能做到这些，是不是参与了解决国家的、人类的问题呢？答案当然是肯定的。如果我们还能成为一名环保志愿者，那在解决这一问题当中的作为就会更多，贡献度就会更大。

很多人有过应征入伍的经历。从穿上军装那天起，我们就开始参与解决国家的问题了。如果再有机会加入世界维和部队，那我们就是在直接参与解决世界的、人类的问题。

我们在前面提到的加拿大著名胸外科医生诺尔曼·白求恩（Norman Bethune，1890～1939），曾被选为英国皇家外科医学会会员和美国胸外科学会会员，也曾被聘为加拿大联邦及地方政府的卫生顾问。他的胸外科医术，在加拿大和英美医学界都享有盛誉。他之所以被誉为伟大的国际主义战士，就是因为他48岁时告别了在家乡、在家中的优越工作和生活环境，来到反法西斯战争前线的中国战场，曾创造出连续69小时实施115例外科手术的记录。不到两年的时间，他就为中国人民的解放事业和世界反法西斯战争的胜利贡献出了自己的宝贵生命，并把遗体永远地留在了中国。

第七章

人生的价值——奉献付出

我们在讨论人生的价值之前，还是首先要弄清楚价值的概念，即要弄懂价值到底是什么。

一、关于价值、价值观和价值观体系

在经济学领域，价值是物品的一个重要属性，代表着该物品在交换中能够换得的其他物品数量，并且可以通过货币单位——钱来进行衡量。这种标定物品价值的货币量，就是人们常说的价格。价格所标定的该物品价值被叫做商品价值。商品的价值还可分为交换价值和使用价值。

在哲学领域，对如何解释价值的本质，则可以说是"百花齐放、百家争鸣"，多种观点并存，诸如本性说、劳动量说、主体性说或态度说、抽象说、情感说、属性说、效用说、意义说、需要说、关系说、奥妙说等等。这些理论，我们无法去全部弄懂，更无法去弄清哪一个更准确，只能等着哲学家们给出最终的统一答案了。

在哲学家们统一说法之前，或者在哲学界和经济学界统一说法之前，最好的办法就是我们自己来解决问题。解决这一问题的方法只有一个，还是将复杂的问题简单化。其实，事情的自身可能原本就是极其简单的。

从字面上理解，价值就是有用。用处大的，价值就高；用处小的，价值就低；没

用的,就是没有价值。有用与没用,要有一个衡量的标准。这个标准既取决于事物本身的客观作用,也取决于我们对该事物的认知深度,还取决于我们对该事物的需要程度,由这三者共同构成。

如果用一个公式来表达,可能会更直观、更好理解一些。

$$V = O \times (C + N)$$

其中:V——value,价值;

O——object,客体,对象;

C——cognize,认知;

N——need,需要。

即:

价值 = 事物本身的客观作用 ×(人对该事物的认知水平 + 人对该事物的需要程度)

从这个等式中可以看出,假如事物本身的客观作用 O 为恒定时,那么 V 分别与 C 和 N 的大小成正比关系。

事实上,一件事物本身的客观作用并不可能恒定和持久。比如某种科学技术,比如国家档案,等等。而其价值,也会因为相关人对其的认知水平和需求程度而有所不同。所以,价值应该永远都是一个变量。

价值观是什么呢?观者,看法也。价值观,就是一个人对某件、某类事物价值的看法或对周边客观事物价值的总评价、总看法。一个人的价值观来源于他的世界观和人生观,并成为驱动他个人行为的内在动力。一个人喜欢什么不喜欢什么,做什么不做什么,全部是由其价值观所决定的。人们还会依据自己的价值观将各种各类事物在自己的思想意识中排列顺序,确定主次,分出轻重。这种排列所体现的,就是一个人的价值观体系。与价值不同的是,一个人的价值观和价值观体系具有相对的稳定性和持久性。正因为如此,价值观在世界观中占据着核心地位。

二、人生的价值就是奉献和付出

人生的价值就是奉献和付出这一论点,并非是为了鼓舞人心的简单说教和空洞口号。从客观上说,世间万事万物皆有其价值,或大或小,或正面或负面。那么,人生也一定是有其价值的。人生一世,草木一秋,我们总要找出自己此生的价值吧？这里所说的人生价值，并不是简单地等同于生命的价值。前面我们谈到，事物的价值体现在它是否有用上。人生宝贵，所以人不能没有用。怎样来评价一个人的一生有用没用，关键要看他一生中对家庭、对单位、对社会、对国家、对人类是否有所奉献和付出。凡是有所贡献的人，就是一个有用的人，就是一个有价值的人；他的人生，就是有价值的人生。评价一个人人生价值的高低、大小，关键要看他是用了多少心思、多大的气力来奉献和付出的。所以我们说，人生的价值，就是一个人一生中所作所为的全部心思和全部事情的总价值。

我们先要弄清楚什么叫奉献，什么叫付出。所谓奉献，就是将实物或者心意恭敬地呈献，是一种下对上的敬献。既然是下对上的呈献、敬献，自然也就不见得有回报，奉献者也不应该希冀得到什么回报。比如古代臣民对皇帝的进贡，比如古往今来子女对父母等长辈表示的孝心，就都属于奉献的范畴。所谓付出，就是支付，支出。是得到了什么之后或者为了得到什么而支付、支出一些东西。我们要购买商品，就得付出钱款；我们要获得薪酬，就得付出劳动。父母为子女付出辛劳，是为了获得子女安顺和家庭幸福；与人交往付出真心，是为了换来对方的真心。

然后，我们再来看看要体现人生价值该奉献和付出什么？其实，关键要看我们自己有什么。自己有，我们才可以拿出来奉献和付出。检索一下，我们每个人至少是“四有”。

我们有生命。人们常说时间就是生命，也可以反过来说生命是由时间构成的。除非是在极其特殊的情况下，否则世界和社会并不需要我们付出生命。恰恰相反，正是这个世界给了我们生命，并且使我们在所处的社会里成长起来。有生命，也就意味着有时间。我们的生命长度可能是 3 万天的时间，但可以拿出来做贡献的有效时间只有 1.5 万天左右。这是我们所拥有的最基本财富之一。按照自然法则和生命规律，不论我们是否舍得付出，时间都在分分秒秒地流逝。那么，我们还有什么可舍不得的呢？关键在于我们要计划好用这些时间去做什么。

我们有爱心。人是这个世界上感情最丰富、最复杂的一种动物。在这丰富、复杂的感情之中，最多的应该是爱心。“人之初，性本善。”善良，是人类与生俱来的一种本性、本能。中国的传统文化，尤其是儒家思想，历来都主张并追求和善。“三纲五常”中的“五常”——仁、义、礼、智、信，排在首位的就是“仁”。孔子的弟子樊须曾经请教过孔子什么是仁，孔子的回答极其明确和简单：“爱人。”（《论语 · 颜渊篇》)大约100年后,孟子则进一步作了说明:“仁者爱人,有礼者敬人。爱人者人恒爱之,敬人者人恒敬之。”(《孟子·离娄下》)出于正常人的本性,再加上家庭的熏陶和社会的教化,使我们绝大多数人都成为了不缺乏爱心的人。

我们有精力。精力,就是精神和体力。有精力,就是有意识、有思维、有意志、有生气、有活力、有体力。有意识,就能够了解、认知世间万事万物,并把握其中规律;有思维,就要思考事情,找到解决各种问题的方法;有意志,就能经受住艰难困苦的磨练,战胜人生旅途中的各种考验;有生气,就会不断创造、创新,推动时代的发展进步;有活力,就能给人类社会注入活跃的气息,保持世界的年轻态;有体力,就可以应对做事情的体力消耗,可以做很多事情,可以很持久地做事情。

我们有能力。人们在学习和实践中积累了很多知识和经验,汇集成了一个人解决各种各样问题的主观素质和主体能量。这些素质和能量,给一个人提供了进一步认识世界的能力,即改造自己主观世界的能力;也给人提供了改造客观世界的能力,以解决人生旅途中所要面对的各种问题;还给人提供了创新的能力,通过创造、创新为人生添光辉,为世界添亮色。

我们拥有这许多资本,可谓“生不带来,死不带去”,即使我们舍不得奉献和付出,也不会带到另一个世界里去。唯有将其变成财富,或者是物质的财富,或者精神的财富,才可能留在这个世界上,才能真正显现出价值。

被誉为现代自我心理学之父的奥地利精神病学家阿尔弗雷德·阿德勒(Alfred Adler,1870~1937)曾有过一段著名的论述。阿德勒说,“奉献是生活的真正意义。我们可以审视一下祖先留给我们的遗物,你看到了什么?我们的祖先留给我们的,都是他们对人类生活的贡献。我们可以看到祖先们开发过的土地,也可以看到前人建造的公路和建筑物。我们的传统,我们的哲学,我们的科学和艺术,以及我们处理人类问题的技能,无不体现了我们的祖先将生活经验互相交流的成果”。(阿德勒:《自卑与超越》)

我们今天为什么能系统地知晓从上古黄帝时代到汉武帝时期长达3000年的历史,就是因为历史上有了一个司马迁。司马迁秉承父亲遗志,当上汉朝太史令之后便开始写作《史记》。可是写作进行了没几年,他就因直言进谏而获罪。按当时的法律,他该被判死刑,但也可以用宫刑来代替死刑以保性命。司马迁绝非贪生怕死之人,但他还是选择了接受宫刑保命。作为一位刚直不阿的史学家,惨遭宫刑还要苟存于世，这样的耻辱使司马迁承受着常人无法想象的巨大压力。但为了完成父亲的遗志，为了完成自己的历史使命，为了给后代留下自己的贡献，他以周文王、孔子、屈原、左丘、孙膑、吕不韦、韩非等历史名人为榜样，忍辱负重，奋笔疾书，终于在生命结束前夕完成了被后世称为二十六史之首的《史记》。前面阿德勒的名言似乎就是对司马迁人生价值的最好注释。

三、唯有奉献付出才能体现我们自身价值

在这个人与事、与物普遍联系的世界里，如果没有奉献和付出，根本就无法体现个人的价值。

有一个小故事或者能比较形象地说明这个问题。据说有人向主管人生结局的智者询问天堂和地狱的区别。智者带他来到天堂和地狱中间的过道后对他说：你自己看吧。他隔着门缝先后看了两边的情况，发现了异同。相同的是，两边的人都是围在一口大锅边上吃饭，而且每人手里都拿着一双比自己胳膊还要长很多的长筷子。不同的是，地狱里的人都在拼命地用长筷子夹住食物往自己嘴里放，但是无论怎么努力，都无法吃到食物，结果是一个个都骨瘦如柴，形同枯槁；而天堂里的人在用长筷子夹住食物后，都热情地送到别人的嘴边，结果是每个人都能吃到食物，每个人都长得白白胖胖，脸上洋溢着快乐与幸福的光芒。在天堂里，每个人的价值都体现在他的积极付出之中。

在现实生活中，情形也是一样的。哪怕是出身十分卑微，自己的境遇已经十分惨淡，照样都可以通过奉献和付出来体现自身的价值。

奥斯托洛夫斯基（Nikolai Alexeevich Ostrovsky，1904～1936）是苏联著名的无产阶级作家。他的出身是十分贫寒的工人家庭，所以 11 岁就出去做童工养活自己。他 15 岁加入共青团并参加革命斗争，16 岁身负重伤，23 岁时健康状况急剧恶化而双目失明，25 岁全身瘫痪。根据他的资历和功绩，他完全可以尽享国家抚养不用再做什么事情了，而且在常人看来他也做不了什么事情了。但是，他以顽强的斗志和惊人的毅力与病魔斗争，与时间赛跑，从 26 岁开始以自己的人生经历为素材创作出了长篇小说《钢铁是怎样炼成的》。1936 年他因重病复发而逝世，享年只有 32 岁。但是，他的出身卑微、沉疴缠身和英年早逝并没有影响他的价值。他奉

献给祖国、奉献给世界的精神财富，使他成为一座不朽的丰碑，成为鼓舞几代人艰苦奋斗的旗帜。他的一段名言，曾被无数有志青年奉为座右铭并相互赠予、相互鼓励。“人最宝贵的是生命，生命属于人们只有一次。人的一生应当是这样度过的：当他回首往事时，不因虚度年华而悔恨，也不因碌碌无为而羞耻。这样，在临死的时候他就能够说，我已经把自己的整个生命和全部精力都献给了世界上最壮丽的事业——为全人类的解放而斗争！”（奥斯托洛夫斯基：《钢铁是怎样炼成的》）

四、时代进步需要我们的奉献和付出

在人生的旅途中，我们赖以生存的世界、社会和家庭给了我们很多很多。我们必须怀有虔诚的感恩之心，尽自己所能多做奉献，多多付出。只有大家都这样做，才能真正让这个世界充满爱，这个世界也才能变得更加美好。

现任全国政协常委、中国残联主席的张海迪，5 岁时因脊髓血管瘤而胸部以下完全失去知觉，成为一个高位截瘫、生活不能自理的重患，经治医生认为她很难活过 27 岁。死神的威胁，使她比常人更加珍惜时间，更加珍爱生命，更加勤奋努力地学习和工作。她曾在日记中这样写道：“我不能碌碌无为地活着。活着就要学习，就要为群众多做些事情。既然是颗流星，就要把光留给人间，把一切奉献给人民。”15 岁时，她开始研读医学书籍，学习针灸技术，后来为缺医少药的当地群众解决病痛问题 1 万多人次。同时，她还靠自学完成了小学、中学课程和大学的英语、日语、德语课程，并受到苏联奥斯托洛夫斯基和中国吴运铎、高玉宝等英雄人物的鼓舞，开始文学写作。她先后创作了长篇小说《轮椅上的梦》、《绝顶》和散文集《生命的追问》等文学作品，翻译了英国长篇小说《海边诊所》等几十万字的外国文学作品。36 岁时，张海迪又接受了一次癌症手术。但是她依然坚持学习着吉林大学的哲学研究生课程，并在两年后以优异成绩获得了哲学硕士学位。从 15 岁开始自修医学知识之后的 40 多年时间，张海迪不但靠意志战胜了死神，坚持不懈地自学和创作，并且还做了大量的社会工作，宣传演讲，捐助学校，关爱老人，救灾捐款，为残疾人事业奔走操劳等等。因此，她被誉为“80 年代的雷锋”、“当代保尔”，被日本媒体评为世界 5 大杰出残疾人之一，以中国代表团成员的身份参加了第四次世界妇女大会。2012 年，57 岁的张海迪不但获得了“亚太残疾人权利领袖奖”，而且光荣地出席了中国共产党第十八次全国代表大会。

瘫痪了50多年,在轮椅上坐了40多年的张海迪说:"我很痛苦,但我一样可以让别人快乐。"这样的名言,不仅富有深刻的人生哲理,而且充满了浪漫的生命诗意。从身体条件来看,可以说这个世界对张海迪并不公平。但是,她却能几十年如一日地以乐观心态和澎湃热情贡献社会、服务人民。她的事迹,她的精神,已经成为鼓舞人们奋进的巨大力量。这样一位身体有残疾的人尚且如此,四肢健全的我们当作如何感想呢?如果这个世界上能有更多的人以奉献和付出为荣、为乐,社会发展和时代进步的速度一定会更快,人类的明天一定会更幸福!

五、有舍才能有得,付出必有回报

在舍与得之间选择,是人生的一种常态;懂得有舍才能有得,也是人生的一大智慧。

舍,是舍弃、抛弃,也可以是放弃,还可以是付出。

有些东西已经是属于我们自己的了,但如果继续占有,就无法得到更有价值的东西,所以我们必须将其舍弃。如果我们是一只盛满茶水的杯子,现在我们想让自己变成盛满咖啡的杯子,唯一的办法就是将原来所盛的茶水倒掉。这就是舍弃的意义。

"生命诚可贵,爱情价更高。若为自由故,二者皆可抛。"(裴多菲:《自由与爱情》)这是匈牙利爱国诗人和革命英雄裴多菲·山多尔(Petofi Sandor,1823~1849)的著名诗句。他23岁时与森德莱·尤丽娅相识、相爱,一首首情诗记录了他们之间爱情的热烈、浪漫和甜蜜,并在一年多以后走进婚姻的殿堂。婚后不久,他就毅然投身于民族独立战争,翌年在同沙俄军队作战时英勇牺牲,用年轻宝贵的生命践行了自己的壮丽诗篇。为了民族独立和自由,他舍弃了爱情和生命。这,就是舍弃的意义。

当我们不可以同时获得两种或两种以上事物时,我们会根据自己的价值观乃至价值观体系做出判断,放弃或暂时放弃其他一些事物,进而获得我们当下认为最有价值、最为需要的事物。1947年3月,蒋介石倾力围剿中共中央已经居住了10年的延安。在陕甘宁边区军民"誓死保卫延安"的强烈呼声中,毛泽东力排众议,决定率领中共中央机关撤离。据参与决策的领导人回忆,毛泽东在当时就明确指出:我们把延安让给蒋介石,但这只是暂时的。人们将很快就会看到,蒋介石占领延安,绝不是他的胜利,而是他失败的开始。我们要拿一个延安换一个全中国。毛泽东还说:作战不在于一城一地的得失,主要是消灭敌人的有生力量。存人失地,人地皆存;存地失人,人地皆失。从暂时主动放弃延安,到获得全中国,仅仅用两年半的时间毛泽东就和他的战友们实现了预言。这,就是放弃的意义。

我们有时为了获得想要的东西,还必须付出自己已经拥有的东西。如果我们舍不得付出自己原来所拥有的,也就换不来更加想要得到的。比如知识和能力。如果我们想“才高八斗,学富五车”,那就只能用时间去换。如果我们舍不得时间去学习和实践,对不起,知识和能力肯定与我们无缘。如果我们舍得付出时间了,还必须要认真、勤奋地去做,才有可能获得想要拥有的。否则,更对不起,我们的时间和精力只能是白白地付出了。这,就是付出的意义。

孟子早在两千多年以前就对这些作出了详细、精准的诠释。他说:“鱼我所欲也,熊掌亦我所欲也。二者不可得兼,舍鱼而取熊掌者也。生亦我所欲也,义亦我所欲也。二者不可得兼,舍生而取义者也。生亦我所欲也,所欲有甚于生者,故不为苟得也。死亦我所恶也,所恶有甚于死者,故患有所不辟也。如使人所欲莫甚于生,则凡可以得生者,何不用也?使人之所恶莫甚于死者,则凡可以辟患者,何不为也?由是则生而有不用也,由是则可以辟患而有不为也。是故所欲有甚于生者,所恶有甚于死者。非独贤者有是心也,人皆有之,贤者能勿丧耳。”(《孟子·告子上》)

孟子的原则是:鱼是我想要的,熊掌也是我想要的;如果两样不可以同时兼得,我会舍弃鱼而要熊掌。生存是我想要的,正义也是我想要的;如果两样不可以同时兼得,我会舍弃生命而弘扬正义。虽然生存是我想要的,但是如果我想要的东西还有比生存更有价值的,我是不会放弃它而苟活于世的。虽然死亡是我所憎恶的,但是如果还有比死亡更令我憎恶的事情,我会为避开那样的事情而不再躲避死亡。如果让人想要得到的没有比生命更重要的,那么凡是能让人得以生存的手段,还有什么是不可以用的呢?如果让人所憎恶的没有比死亡更严重的,那么凡是能让人避开死亡的事情,还有什么是不可以做的呢?为什么使用某种方法就能生存下去,却有人坚持不用?为什么采取某种做法就能避免死亡,却有人坚持不做?那是因为有比生存更想要的东西,也有比死亡更憎恶的事情。并不只是贤德之人才有这样的境界,而是所有的人都有,只不过是贤德之人能做到不让这一境界丧失而已。孟子的这一段话,可以说是历史上论述舍得问题的经典语录,我们应当熟记之,牢记之。

还有一个问题必须回答,那就是付出必然就有回报吗?答案当然是肯定的。为什么呢?我们先了解一下自然科学领域里普遍存在的3个基本原理。

一个是质量守恒定律:参加化学反应的各物质的质量总和,等于反应后生成各物质的质量总和。

另一个是能量守恒定律:能量既不会凭空产生,也不会凭空消失,只能从一种形式转化为其他形式,或者从一个物体转移到另一个物体。在转化或转移的过程中,能量的总量不变。

还有一个是牛顿第三定律,也被称为作用力和反作用力定律:当两个物体相互作用时,彼此施加于对方的力大小相等,方向相反。所以,力一定是成双结对地出现,其中任何一道力都可以被认为是作用力,而其对应的另一道力也自然地被称为反作用力。

如果我们能够参照以上3个定律所揭示的客观法则,似乎就不难理解付出必有回报的结论了。

套用质量守恒原理我们可以看到,一个人对社会有所付出之后,付出的或是爱心善意,或是物质财富,或是某种成果,都到哪里去了呢?都被社会吸纳了,接收了,并且可能生成或转化为新的精神、新的物质。反过来,社会上肯定不会只有这一个人在付出,而是所有的人都在付出。这些付出会融合成为巨大的精神财富和物质财富宝库,我们一定是普遍受惠者之一。

套用能量守恒定律我们可以看到,我们对家庭、对社会能够有所付出的能力是从哪来的呢?绝对不可能是凭空产生的吧?那么,这种能力是怎么来的呢?毫无疑问,是家庭和社会赋予我们的。既然是家庭和社会所赋予,那么再奉献付出给家庭和社会,只不过就是付出或者回报的先后顺序不同而已。付出之后,我们自身的微薄能量得以转化或者转移,帮助他人幸福,促进社会进步,何乐而不为呢?值得指出的是,自然科学领域里的能量守恒定律强调,能量在转移、转化中总量是不变的。但是,在社会科学领域,一个人付出的能量却可能会增值、增量,产生更大的社会效应。

套用作用力与反作用力定律我们可以看到，我们的付出是一种力量，一定会有接收、吸纳对象。无论是他人还是社会，在接收或吸纳我们的付出时，也会给我们以另外一种力量。当然，这个反应力量不是物理学上的反作用力，大小不见得相等，方向也不可能相反。当我们乘坐公共交通工具时，给站在旁边需要帮助的人让个座位，是付出么？当然是。很多人认为这是100%的付出，除非等自己也成为老、病、残、孕之后，否则在当时是得不到什么回报的。而事实呢，恰恰相反，不信我们可以做一次实验。当身边有需要照顾的人站着时，就不给他让座，感觉一下自己心里是什么滋味儿。一定是他站在我们身边多长时间，我们就会感到一种无形的压力笼罩着自己多长时间，我们的心里就会纠结多长时间。只有把这个座位让出去了，我们的心境才会变得坦然和宁静。原来，我们这不是在给别人让座，而是在给自己的心灵让个座位，让它安顿下来。此事虽小，却说明了一个大问题——我们在这个世界上做的所有事情都是给自己做的。这难道不就是付出所获得的回报么？

第二篇　健康与寿命

第八章

珍爱生命

珍爱生命，注重健康，争取长寿，本是人生最为重要的第一大问题，也本应是人生教科书的第一篇。但是，由于生命、健康、寿命不仅都是人生命运的主要构件和载体，而且还都与观念、态度紧密相连，甚至要由观念、态度来决定，所以，我们将这个问题放在第二篇来论述，并不是说健康与寿命的重要性就是第二位的。

一、客观存在的严重问题

人生最可宝贵的是生命，难道还有人不珍爱自己的生命吗？但是，在现实生活中，我们还经常能听到一些关于生命被戕或自戕的信息，常常令人扼腕叹息。

一是自杀。关于全世界每年到底有多少人死于自杀，其中我国的自杀人口总数到底是多少，很难找到权威和准确的统计数据。据有关资料显示，全球每年自杀的人数大约有 100 万人，占人口的比例约为 14.5 人/10 万。也就是说，在这个星球上，平均每半分钟就会有一个人通过自杀的方式结束生命。如果我国的自杀死亡率相当于全球比例，那么每年自杀死亡的人大约会有 20 万之巨；如果按照网上流传的数据，是每年有 25 万人死于自杀；如果按照原卫生部 2010 年公布的 6.86 人/10 万的比例，也还会有 9.6 万人之多。不论是哪个数字，这都是很可悲的一种现象，这也是一组很恐怖的数字。据说，自杀已经成为我国人群的第 5 大死因，仅次于心脑血管疾病、恶性肿瘤、呼吸系统疾病和意外死亡,而且是 15 至 34 岁青壮年人群的首位死因。

特别值得关注的是大学生的自杀问题,每年都会有这类的资讯见诸媒体,更加令人痛心。诚然,就生命个体来说,其价值并无贵贱之分。但是,这些大学生、研究生所承载的家庭厚望、社会重托更多,所以他们过早地自我结束生命,给家庭和国家带来的损失更大;还有,他们所接受的教育较其他人群更多,按理说他们对生命和人生的理解应该更深,所以他们的行为带给人们的思考也更为复杂。大学生自杀现象更透视出我们在人生观教育方面存在着不可忽视的问题。一个大学生,至少接受过 12—16 年的系统教育,为什么连珍惜生命、珍爱人生这样最基本的问题还没有得到很好地解决?

二是犯罪伏法。几乎没有人不知道杀人是要偿命的。换言之,几乎是没有人不知道法律是严肃和无情的。但是,依然有人不计后果,以身试法。这类犯罪,一般都不是以一个人的生命为代价的。还有因贪财而伏法的。从建国初期的原石家庄市委副书记刘青山、原天津地委书记张子善,到改革开放以后的原江西省副省长胡长清、安徽省副省长王怀忠,贵为"副国级"职位的原全国人大常委会副委员长成克杰,实质上掌握着全国人民健康性命大权的原国家食品药品监督管理局局长郑筱萸,原济南市委副书记段义和、原苏州市副市长姜人杰,原杭州市副市长许迈永,都是因财丧命的高官。那些级别较低的丧命贪官究竟还有多少,我们没有找到相关的统计资料。这些人可谓"人为财死,鸟为食亡"的典型代表。但是,我们实在无法理解,他们往家里弄那么多钱到底是为了什么?

三是交通事故。随着汽车及相关产业的高速发展,我国的机动车保有量在逐年上升,驾驶人员的总量也在随之增加。据资料显示,我国 2014 年底时的机动车保有量为 2.64 亿辆,驾驶机动车总人数已突破 3 亿人,而且还在以很高的速度增长着。这样庞大数量的机动车及其驾驶者,整日飞奔在公路和马路上,带来的是沉重的生命安全问题,全国每年在交通事故中死亡的人数都高达几万人之众。有资料表明,全球每年因交通事故致死的人数大约为 120 万人,受伤的人数大约为 5000 万人。

特别需要指出的是,造成这些致死交通事故的原因,绝大部分都是人为的,其中包括酒后甚至醉后驾驶、超速行驶、疲劳驾驶、无证驾驶、低龄驾驶、客货超载、不系安全带、驾驶中使用手机、操作失误、车辆性能不佳、车辆或行人不执行交通信号等道路指示，等等。为什么会这样？其根本原因是相同的，那就是当事人的生命意识淡薄。2014 年 8 月 9 日，一起特别重大道路交通事故发生在西藏拉萨的尼木县境内 318 国道上，造成 44 人死亡、11 人受伤的惨烈悲剧。事故直接原因是相撞的越野车和大客车都超速行驶、大客车安全性能存在问题、有关部门管理缺失等。100 天后的 2014 年 11 月 19 日，在山东省蓬莱市又发生一起重大道路交通事故，是由幼儿园园长和车主口头协议私自雇佣面包车造成的。该车既未获得校车使用许可，也未获得道路运输经营许可，并且发生事故时实载人数几乎是核载量的 2 倍，结果造成了 11 名幼儿和 1 名司机惨死的悲剧。如果每个人都能有足够强的珍爱生命的观念，难道上述违规违法行为还用交通警察来管制么？

四是不良嗜好。影响人类健康、威胁人类性命的不良嗜好有很多，但从危害程度上来审视，当首推黄、赌、毒三大类。

黄，即不法性行为。“黄”，本来是一种很亮丽、很富贵的颜色，但是自从 19 世纪末英国出版了一种名字叫做《黄杂志》的期刊，以及一些低俗小说采用黄颜色的封皮之后，黄色就成了性、色情、淫秽和低俗的代名词。今天，一切不法性行为及与其相关的事情，也就被冠以“黄色”的代称，例如打击不法性活动即被称之为“扫黄”。不法性行为给生命安全带来的危害之一，就是艾滋病的传播。艾滋病是由人体感染 HIV 病毒引起的一种危害性极大的传染病。HIV 病毒专门攻击人体的免疫系统，使被攻击的人丧失免疫功能，变得极易感染各种疾病，包括罹患癌症，死亡率很高。由于艾滋病的主要传播途径是性传播和血液传播，所以不法、不洁的性行为就成了艾滋病毒传播的通道。国家卫生和计划生育委员会网站 2015 年 4 月披露的数据显示，截止 2014 年底，全国报告存活的艾滋病病毒感染者和艾滋病病人 50.1 万例。国家卫计委疾病预防控制局网站 2013 年 3 月公布的数据显示，2012 年全国有 1.15 万人死于艾滋病。如果再加上其他性病所引发的死亡，可见“黄”带给人类生命上的灾难是不可小觑的。鉴于近年来一些地方学生艾滋病疫情上升较快，传播途径以男性同性性传播为主，部门间疫情信息沟通不畅，部分学校预防艾滋病工作不到位，学生自我保护意识不强等新情况、新问题，国家卫计委和教育部联合发文，强调要建立疫情通报制度，进一步加强学校的艾滋病防控工作。

赌，照样也具有危害人类生命的恶果。虽然赌并没有直接杀人的功能，但是直接导致参赌者死亡的也不是绝无仅有,而间接引发命案的更不鲜见。有的赌徒输得倾家荡产,最终导致家破人亡;有的赌徒动用公款豪赌,触犯党纪国法,走上了不归之路;有的赌徒长期嗜赌如命,沉迷于赌场而不舍昼夜,最终是“积劳成疾”,染病而亡。有一赌徒耽于赌博而不能自拔,其妻离家出走并执意离婚,他便萌生杀人泄愤之念,终于在某日再次输钱之后将岳父、岳母、妻弟媳等 3 人杀死,自己也随即畏罪自杀。原沈阳市委常委、常务副市长马向东经常借出境考察和洽谈项目之名,去澳门、马来西亚、韩国等地参赌,曾经创造出与同伙 3 天输掉上千万元的记录。2001 年,马向东因贪污、受贿、挪用公款、巨额财产来历不明等罪被执行死刑。

毒,是指吸毒,即通过吸入、口服、注射等方式,使一些具有依赖性潜力的物质进入体内,形成对该物质的依赖状态,迫使吸毒者成瘾。对毒品无止境地追求使用,结果是严重地损害身心健康,危及生命。当然,也带来了严重的社会问题、经济问题以及政治问题。吸毒对人的身心危害极大,会引起机体的功能失调、组织病理变化,如感觉迟滞、思维障碍、精神变态、运动机能失调、幻觉和妄想、定向障碍等。静脉注射毒品更会伴随有感染性合并症,如艾滋病、乙型肝炎、化脓性感染等。吸毒过量,可以直接导致死亡,有的过量注射者甚至还没来得及把注射器拔出来就告别了人世。即使没有直接死亡的吸毒者,平均寿命也会较常人短 10 至 15 年,吸毒人群的死亡率较一般人群高 15 倍以上。另外,吸毒者的自杀死亡率、引发家庭悲剧和社会问题造成的非正常死亡率、导致经济纠纷和刑事犯罪造成的其他死亡等,也都是触目惊心、骇人听闻的。

五是不健康生活方式。平时,我们有很多生活方式和习惯是有害健康的。时间久了,有的方式和习惯所造成的危害就会危及生命,人们一般也要等到病入膏肓之日才会真正领悟“冰冻三尺非一日之寒”的道理。关于这方面的话题,我们后面的章节里将有专门讨论,在此暂不多说。

以上 5 点,不但可见不珍爱生命问题之存在,同时还足见问题之严重,足够令人们警觉和重视了。

二、世界美好,生命美丽

为什么会出现如此严重的问题?观念问题,因为观念决定命运,是一些人的价值观、人生观和世界观出现了严重偏差或其他较大问题。

我们之所以说这个世界是美好的，绝非虚词妄语。如果将地球和土星、火星等太阳系的行星对比一下，就会看到我们赖以生存的蓝色星球有多么美丽。据地球物理学家推测，宇宙空间大约在150亿年前发生过一次大爆炸，使宇宙间产生了由爆炸碎片和微粒尘埃组成的星云。星云中的这些微粒和碎片相互吸引聚集成砾石，砾石聚成小球，小球聚成微行星，微行星聚成许多大星体。这些大星体当中，就有一个是我们所居住的地球。

经过上百亿年的演变，这个奇特的地球上出现了崇山峻岭、海洋湖泊，出现了色彩缤纷的生命，大约300万年前又出现了高级的生命体——人类。人类的诞生，给这个世界增添了无限活力。如今，这璀璨的星球上自然风光旖旎，人文景观壮丽，民族风情奇特。人生一世，我们就是来欣赏、享受这自然之美、人文之美、风情之美的。可是这一切，我们究竟欣赏了多少呢？究竟享受了多少呢？如果匆匆地离去，岂不是白来了一遭？岂不冤枉？

所谓大千世界多姿多彩，正是因为有了人类的加盟。几百万年以来，我们的祖先用丰富的智慧和勤劳的双手，创造了神奇的人类历史。试想一下，这世界上如果没有了人类，将会何等的沉寂？人与人之间的交往、沟通、融合、矛盾、斗争，使人生充满了未知和神奇。再试想一下，这世界上如果没有了人类，将会何等的无趣？人生一世，我们为什么不可以珍爱、保护好我们的生命，多一些时间欣赏自然之美，享受生命之美，参与历史的创造，推动人类文明的发展呢？

所谓生命美丽，是因为生命的价值使然。

同为生命的小草，对世界的贡献绝不仅仅是一丝绿色而美化环境。科学研究证明，小草聚集成绿地之后，能够吸收热量，吸收太阳强光中的紫外线，减缓太阳辐射对人类的危害；能够吸纳灰尘，除菌消毒，从而净化空气；能够释放氧气并吸收二氧化碳，释放水气而湿润空气，帮助人类生存；能够改善土壤环境，减缓水土流失，并净化水质，等等。我们不敢想象，如果没有了小草，这个世界将会是一个什么样子。更为难能可贵的是，小草的命虽“贱”，但它从来不会戕害自己的生命。不论顺境、逆境，它都顽强地生存着。只要有一丝希望，它都努力地争取生存的机会和空间。季节的变换可能使它枯萎，一旦有了新的机会，它还会应时守信地重新用绿色装点山川大地。“离离原上草，一岁一枯荣。野火烧不尽，春风吹又生！”（白居易:《赋得古原草送别》)即便遇到了狂虐的野火,它也不肯放弃生的权力。正是无私的奉献和顽强的生命力,成就了小草的美丽。一株嫩弱的小草尚且如此,何况常常自诩顶天立地的我们乎?

人类是这个世界上最高级的生命。高级,就是因为其价值大。最高级,就是说人的生命价值最大。所以,东汉的许慎在给"人"字作注解时说:"天地之性最贵者也。"(许慎:《说文解字》)意思是说:人,是天地之间性质最为高贵的生物。和天地之间的其他生物相比,人高贵在哪里呢?"你知道的。"因为我们有思想,有语言,有感情,会制造和使用工具,能够创造物质财富和精神财富。浩瀚的人类历史和璀璨的人类文明,就是最好的证明。这些财富的创造者,就是各个历史时期的人民群众。如果我们赞美其他那些非人类的生命美丽,比如赞美小草,赞美鲜花,赞美青松,赞美翠柏,难道我们还不能给自己的生命冠以"美丽"的评价吗?

在人的一生中,一般都要经历童年的无忧、成长的快乐与烦恼、爱与被爱的梦幻、学习与工作的陶冶、成功与失败的考验、"七情"(喜、怒、哀、惧、爱、恶、欲)的激荡和"六欲"(眼、耳、鼻、舌、身、意)的磨练、生的喜悦和死的悲伤。所有这些,构成了复杂和跌宕的人生。正是这样的复杂,才使人的生命不像一张白纸那样单调;正是这样的跌宕,才使人的生命能像高山大海一样具有丰富的内涵。

如果我们看不到各类生命的美丽,看不到人类生命的价值,有意无意地缩短自己生命的长度,无疑是一种无法挽回的悲哀。

三、生命并不仅仅属于我们自己

人们往往会有一种错觉,以为生命就是自己的。怎样消费人生,怎样处置生命,似乎完全是自己的事情,与他人无关,或者至少是与无关的人无关。可是事实上呢?实质上呢?却根本不是那么回事儿。只要稍微放大一点点思维空间,我们就会发现,原来我们的生命不可能也从来没有完全属于过我们自己。也就是说,我们对自己生命的所有权只是一部分,而不是全部。

毫无疑问,我们的生命首先是属于我们自己的。但是,我们的生命又确实不是完全属于自己的。那么,和我们一起分享生命所有权的还有谁呢?透过对下面"生命关系示意图"(图 2-1)的分析,我们或许能更直接、更形象地理解自己的生命所有权问题。

我们的生命是父母给的。所以,我们的生命也属于我们的父母。自古以来,人们都将“少年丧父,中年丧妻,老年丧子”视为人生的 3 大悲剧。在这 3 者之中,尤以“老年丧子”为重,因为这样的伤痛不仅是无法挽回的,更是无法替代的,甚至是无法转移的。家里有了孩子,父母就有了希望和寄托,家庭关系也形成了稳定的三角形。缺失了其中任何一个角,都会出现如同“塌方”般的灾难,所带走的欢乐和带来的痛苦都不是简单的 1/3,尤其是孩子的突然失去。

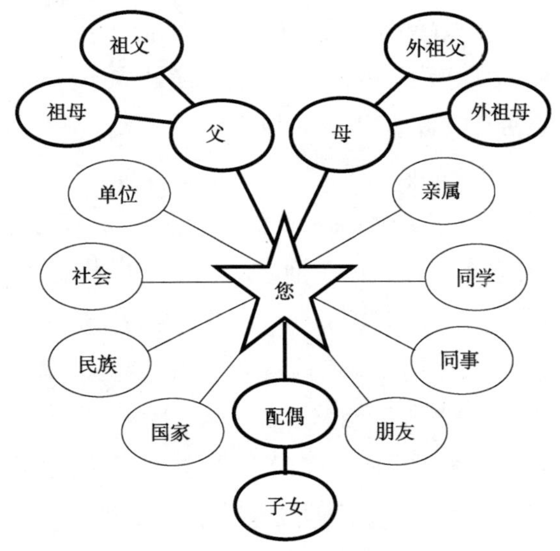

图 2-1　生命关系示意图

在当今比较普遍的“4 +2 +1”家庭结构模式中,我们的生命也属于祖父母和外祖父母。虽然是隔代之亲,但却并不逊于父母和子女的关系。因为两家 4 位老人的心中所系,不仅仅是他们的子女,更为子女的子女牵肠挂肚。这既是他们自己的希望和寄托,更是他们子女的希望和幸福所在。一旦发生“白发人送黑发人”的悲剧,往往是隔代老人更容易被击倒。

从这个意义上讲,每个人一出生,他的生命就已经负载上了责任。哪怕是夭折于襁褓中的婴儿,也会让父母唏嘘一辈子的,更何况是含辛茹苦抚育长大的子女呢？所以,尚未为人父母时,我们肩负着为父母而活的责任;如果隔辈老人尚在,我们就肩负着为父母、为祖父母和外祖父母而活的双重责任。

“男大当婚,女大当嫁。”嫁娶之后,本来分属于两个家庭、毫无关系的一对男女组成了一个新的家庭，开始了结伴于漫漫人生旅途和生儿育女的过日子阶段。这时的双方，已经是精神上的相互融合、身体上的相互占有、生活中的相互依靠了，两个人要共同去经历人生路上喜、怒、哀、乐和幸福、痛苦了。“白头偕老”，既是双方的共同愿望，更是双方的共同责任。任何一方的中途离世，都会给另一方的身心和生活造成巨大创伤。所以，婚配成家的同时，我们也就开始肩负起了为另一半而活的责任。

当我们自己为人父母后，夫妻两人便要肩负起上为父母、下为子女而活的双向责任。孩子年幼时，我们要好好地活着，才可能将他们抚养成人；孩子长大了，我们也要好好地活着，要教他们做人，帮他们立世；孩子成家了，我们更要好好地活着，以便他们想要尽孝心时有人可孝、有人可敬。很多中年人都有一个共同的体会，就是40多岁以后的人生很大程度上都是在为子女而活的。

世界上的事物都是具有双重性或多重性的。生命也一样，他既有美丽、幸福的一面，同时也一定还有艰难与痛苦的一面，人人如此，概莫能外。关键在于我们怎么去对待，怎样去面对。父母将我们养育到今天，他们经历和承受过的辛劳、痛苦是我们无法想象的。所以，中国才会有那句老话：“不当家不知柴米贵，不养儿不知父母恩。”其实，我们的父母之所以能够不辞辛劳、无怨无悔地抚育我们，不仅仅是他们在辛劳中能收获到儿女成长所带来的喜悦，更是源于他们时刻都不能放弃的家庭责任和社会责任。除非是为了信仰以及国家的、民族的利益，而在其他情况下不论生活多么艰辛，也不论生活中发生什么变故，他们都不肯放弃自己的生命，更不可能放弃儿女的生命。如果我们尚未为人父母，千万不要以为自己已经很成熟了，已经什么都看懂了、看透了，而是要时刻铭记着：“不养儿不知父母恩！”

图2-1还清楚地标明了人的社会属性。人的这一有别于其他动物的属性，决定了人的生命除了属于自己、属于家庭之外，也属于亲友、社会、民族和国家。

我们的生命与亲属、同学、同事和朋友相关联。他们是我们人生的重要组成部分，也是我们进一步与社会相关联的桥梁和纽带。因此，我们的生命和他们也有着千丝万缕的紧密联系。由于我们和亲属、同学、同事、朋友的关系是双向的，与他们在人生路上相互陪伴，相互帮助，才使我们的人生意义和价值凸显。无论是他们当中有人离去，还是我们自己先行离去，都会给大家带来感情上的伤痛和生活、工作上的损失，除非我们自己完全是毫无用处的一个人。

我们的生命也属于单位和社会。工作单位是我们参与社会活动的平台，不论这个单位是国家机关或企事业机构，还是自己的或他人的企业。我们在出生和成长的过程中，占有并使用了很多社会资源，理应对社会有所回馈。这里所说的回馈，并不是简单的回报，而是在回报基础上对社会发展和时代进步的推动，哪怕是一点点的推动作用也是必要的、必须的和美好的。完成这样的回报和做出推动的贡献，就是要积极地参与物质财富和精神财富的创造。只有绝大多数人都能将有效的生命时段贡献给社会，我们所处的社会才能发展，人类的历史才能进步。

我们的生命还属于民族。古代的战争，绝大多数都是民族之间的战争。发生在近现代中国的鸦片战争、抗日战争，说到底也还是民族之战。在河北省献县本斋乡本斋村，矗立着一座回族母子烈士陵园——马本斋母子烈士陵园。母子同为烈士，国家为他们合建一座陵园，这在全世界可能都是独一无二的。这座陵园里建有马本斋衣冠冢和马母白文冠烈士墓，墓台和棺椁均以伊斯兰风格用汉白玉制作而成。马本斋是著名的抗日民族英雄，是抗战时期八路军回民支队的创建人。抗战初期，日寇闯进了他们的家乡，杀死了他的大哥和很多乡亲。他领导的回民支队就是母亲为了保卫家乡、保卫民族而支持他组建的，曾经打得日寇军官下令“百人以下队伍不得走出据点大门”。为了诱捕马本斋，日寇抓到马母白文冠。马母宁死不屈，绝食7天，以身殉国。马本斋母子烈士陵园的纪念碑正面，刻着毛泽东主席的题词：“马本斋同志不死”。背面刻着朱德总司令的题词：“壮志难移，回汉各族模范；大节不死，母子两代英雄”。中国，是一个由56个民族组成的中华民族大家庭。一个民族的存在与发展，都是和民族中的每一个生命个体相关联的。中华人民共和国成立后，国家为了保护民族的发展，对一些人口较少的民族实行了多种优惠政策，在计划生育、高考招生等重要环节上给予特殊照顾。作为成员，每一个人都有为本民族的兴旺发展做贡献的义务。

我们的生命更属于国家。今天，世界上总共有220多个国家和地区，2012年3月全世界人口总数达到70亿，我们每一个人都是其中的一份子。但是，不论是在国内还是在国外，我们都不能简单地说自己是地球人，而是要说“我是中国人。”我们的国家是这220多个国家之一，我们个人则是以这个国家的成员进入世界人口统计范围之中的。2014年3月8日，在马来西亚吉隆坡至中国北京的航线上，发生了震惊世界的马航MH370航班失联事件。在这架班机所搭乘239名乘客和机组人员中,有153名中国籍乘客和1名中国台湾籍乘客。这239条生命,牵动着全球所有人的目光。而这154名中国乘客的生命,更是牵动着全国13亿人的心。中国政府从第一时间开始就不遗余力地派出多方力量参与搜救工作。大千世界,风云变幻,常出事情。每当某一国家或地区有非常事件出现时,我们国家驻当地的使领馆都会在第一时间核实是否有中国人或者是华裔外籍人士在其中。在国内,每当发生地震、洪涝等重大自然灾害时,政府都会不惜成本地动用一切力量对受灾人口施救,更为大家所深知。只有当这种非常时刻降临时,人们才能真正意识到,原来国人的生命并不仅仅是属于自己的,也是属于国家的。所以,我们说自己的生命属于国家也绝非政治说教。

四、珍爱生命是我们的责任

假如我们是某一单位的公车司机,虽然车子的所有权并不是我们自己的,可无论是驾驶还是保养,都一点也不马虎。我们的生命呢?其价值远非一辆车子可比。尽管生命的所有权也并不完全属于我们自己,但我们却更须谨慎对待,百倍珍爱。

人的生命是神圣的,所以,我们必须对其怀有敬畏之心。凡是人们认为神圣的事物,必定敬畏,因此也倍加珍视爱惜。西方生命伦理学和中外绝大多数宗教教义,都要求人们对一切生物和动物的生命持有敬畏的态度,而不仅仅是对人的生命。为什么要敬畏一切生命?那是因为各物种生命之间存在着普遍的联系。人类之所以能够生存和发展,正是有赖于其他物种生命的和谐存在。多数国家施行的野生动植物保护法规,就充分地体现了这样的敬畏精神。

对其他动、植物的生命尚且如此,何况作为万物之灵的人乎?我们的生命并非是来自偶然,更不是一粒尘土。人类生命的孕育与诞生,本身就是一个奇特和神圣的过程。在这一过程中,既有客观物质的融合与裂变,更有精神情感的交集与浪漫,还有希望梦想的延伸与寄托。人的生命既受之于父母,更源之于宇宙,乃天地之精华凝聚而成。人类还因为具有思想等高级智慧和改造世界的卓越能力,成为地球的主宰。在这样堪称万物之灵的生命面前,我们岂敢淡然、轻慢?历史小说《三国演义》曾描述了曹操部将夏侯惇"拔矢啖睛"的故事:说夏侯惇在纵马追赶吕布手下的高顺时,被曹性暗中一箭射中左眼。"惇大叫一声,急用手拔箭,不想连眼珠拔出，乃大呼曰：‘父精母血，不可弃也！’遂纳于口内啖之，仍复挺枪纵马，直取曹性。”（罗贯中：《三国演义》第18回）千年之前的一介武夫，尚且懂得“身体发肤，受之父母，不敢毁伤”的敬畏之理，我们今天已经是“才高八斗，学富五车”了，在敬重生命方面似乎应该做得更好才是。

生命如此神圣，我们又手握一大部分的“所有权”和“经营权”，珍爱生命便成了我们一生义不容辞的责任。

首先，我们要对自己负责。人生一世，完全不同于草木一秋。秋天来了，小草黄了，树叶枯了，但是明年春天它们还会再绿，它们还会比今年长得更好。人呢？生命却只有一次。“盛年不重来，一日难再晨”，（陶渊明：《杂诗十二首·其一》）就是古人对人生不可重复性的慨叹。我们人生的目的、意义、价值，都是以自己的生命为载体的。如果我们对生命都不负责任，又怎么能有机会实现自己的人生目的、意义和价值呢？前面例举的在日本留学和工作过的“帅哥”，不就是因为闯红灯被老板和女友视为对自己生命不负责任，因而失去了很好的发展机会吗？

同时，我们要对长辈负责。他们辛辛苦苦缔造和培育的生命，承载着他们的全部希望。虽然他们也“望子成龙”或者“望女成凤”，但是他们更深知天下儿女不可能都会成龙成凤，所以他们在心底守望的其实是儿女的平安与健康。不管我们是否成功，父母都一样地爱着我们。可是一旦儿女先他们而去，他们便失去了心中的支柱，他们余生便将幸福不再。更可悲的是，他们越是遇到可以开心的好事，心里反而会越痛。还有，我们也必须要考虑他们的老年赡养问题。儿女先走了，父母的风烛残年谁来照顾？所以，古人特别是古代官员有“丁忧3年”的规矩。因为古人认为，一个孩子出生后3年内都需要父母时刻不离地照看，所以父母辞世后儿女也要吃、住、睡在坟前守孝至少3年，来回报父母。丁忧期间，要辞官，要停止娱乐和应酬，不得举办婚嫁庆典，夫妻必须分居。孔子还说：“父母之年不可不知也，一则以喜，一则以惧。”“父母在，不远游，游必有方。”（《论语·里仁篇》）孔子的意思是，一定要记着父母的年龄，一方面要为父母的长寿而欣喜，另一方面也要为他们的衰老而恐惧。所以，只要父母在世就不要远走。如果有特殊情况一定要走，则必须明确地告知去哪里，以便有事联系。现代的通讯和交通早已解决了这些问题，但我们最起码还得做到珍惜自己的生命吧，要不然他们有事找谁去呢？

另外，我们要对社会负责。这里所说的社会，既包含有我们的社会关系，也包含有我们的民族，还包括我们的国家。一个人的诞生和成长，并不是仅仅与父母有关。众多的社会性因素都是不可忽视、不该忘怀的，比如亲友的关爱、单位的照顾、社会的资源、民族的传承、国家的状态等等。一个受惠于这么众多因素的生命，应该有强烈的自我保护意识，并使自己健康地成长起来，尽快拥有回馈亲友和社会的能力，以便报效自己的民族和祖国。往小一点说，曾经帮助过我们的亲友也同样需要我们的帮助。往大一些说，社会进步、民族发展、祖国富强都需其成员贡献力量。即使退一万步说，一个人最起码也要有一定的自主和自立能力，解决好自己的问题。这样，就算不能贡献给社会什么，总不至于再给亲友、社会、民族和国家制造什么麻烦吧。

第九章

健康财富可以管理

珍爱生命的内涵当中也包含着对健康的保护,因为健康对于生命的重要意义本来就是不言而喻的。在战乱纷仍或物资短缺的时代里,人们每日只能为活命、为温饱而操劳,健康只是一个概念而已,并没有办法去认真呵护。但随着社会的进步、经济条件的改善和生活水平的提高,很多人又走向了另外一种极端,每日只愿为聚敛财富、为满足欲望而奔忙,将健康放在闲来消遣的位置上。在眼下很多人不遗余力地拼命积累物质财富的新情形下,我们更要大声疾呼:健康才是最可宝贵的财富!

一、健康是一种特殊财富

我们必须在思想意识的深处明确健康的概念。根据世界卫生组织(WHO)给出的定义,人的健康不仅仅表现为身体没病,而是应该包含身体机能康健、心态积极乐观、社会适应性强等3方面内容。本章重点讨论的,主要是身体机能方面的健康,其他两个方面留待以后的篇章中研究。

在人的一生中,往往会拥有多种财富,譬如精神财富、知识财富、能力财富、社交财富、经历财富、物质财富等。这些财富,有的可以越积越多,有的可以失而复得,有的可以移花接木;这些财富,有的可以支持健康和寿命,有的则与健康和寿命无关,还有的可能会危害健康和寿命。在这些财富面前,人们往往会不惜以健康甚至生命为代价来换取。因为在很多人的思想观念和潜意识当中,并没有将健康视为一种特殊的财富形式。

我们之所以将健康称之为财富,是因为它具有与物质财富相同的一些基本特征。

一切有价值的东西都可以称之为财富,健康有价值吗?当然有,而且价值不菲,是无价之宝。

财富能用来消费和交换,健康能吗?当然能,一生都在消费,并可以用来交换其他财富。

财富可以保值或增值,健康可以吗?当然可以,祛疾除患就是在做保值的功课,维护好原有的健康水平即为增值。

财富可以用来炫耀,健康可以吗?更加可以,有些人不敢露富炫富,健康则不然,既没必要隐瞒,更藏不住也掖不住。

所以,健康毫无疑问地是人生的一种特殊财富,是人生旅途中的“硬通货”,是人生其他财富的基础和载体。

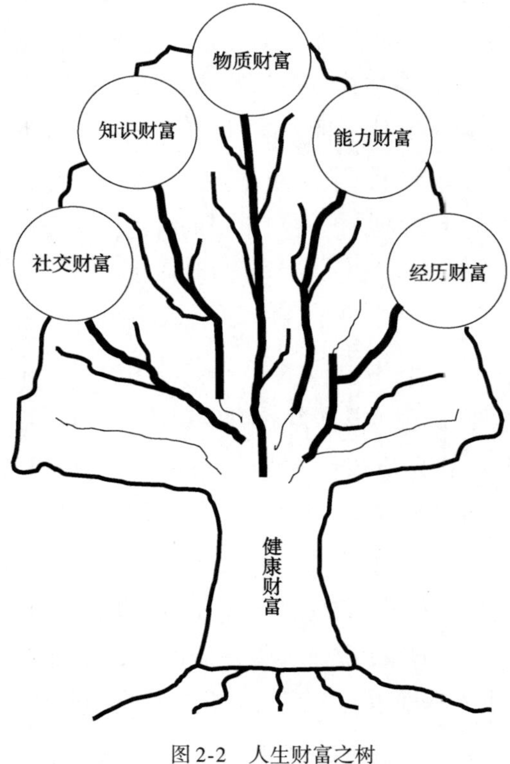

图 2-2　人生财富之树

财是什么?是金钱和物资。富是什么?是拥有和充裕。在通常情况下,健康财富的多寡,影响着一个人生存和生活的质量,更影响着一个人的寿命;健康财富的多寡,也与一个人能否拥有其他财富成正比例关系;健康财富的多寡,还与能否支配、使用其他财富关系密切。如果一个人没有或较少拥有健康财富,其他财富或者无法获取,或者得而又失,或者无力支配。因此,人生最宝贵、最重要的财富当属健康。假如我们将人生的所有财富比作一株参天大树,那么健康财富就是树根和树干,其他财富则是枝叶和果实,如图 2-2 所示。根、干如不存,枝叶和果实将焉附?如果根、干健壮,缺少一些枝叶或一两个果实又有何妨？

对于这一观点，时下的国人几乎没人会不认同。而且，也有越来越多的人投身于体育锻炼、增加营养、预防疾病的洪流之中，社会上也有越来越多的机构、团体在为提高全民族的健康水平献计出力。值得欣喜的是，国人在吃饱肚子之后，保护健康、预防疾病的意识明显增强，并呈越来越强之势。但意识虽然是增强了，可真正自觉的人还是有限的，尤其是青少年和青壮年人。有很多人在失去健康之前，健康可能也是他们心目中最宝贵、最重要的财富，但在实际行动上、时间安排上、费用支出上等等，健康则经常会被挤出日程。为什么呢？因为人们现在所拥有的健康，既不是他花钱买来的，也不是他花力气赚来的。更严重的是，他们还意识不到病之将至或老之将至，觉得一切都还来得及。所以，学习、赚钱、应酬、娱乐，什么都比健康重要。殊不知，俗话所说的“病来如山倒”，并非是谁倒霉摊上了，那病也不是突然就降临到谁的头上了，而是在人们从事自认为紧急、重要的活动时，正在消费着自己的健康财富，甚至已经到了透支的程度。多数人往往是在获得其他财富的过程中忘记了给健康财富保值增值，在失去健康之后才会被动地为恢复健康费尽心机。遗憾的是，“亡羊补牢”，有时也真的会为时已晚。

二、健康财富需要管理

一谈到物质财富，人们都习惯说那是身外之物，生不带来，死不带去，劝慰他人在财富面前要淡然、豁达。这种认识，可以说是完全正确的。但在实际生活中，真正对身外之财淡然的人却是很少见的。一个人，或者一个企业，乃至一个国家，为了获得更多的经济利益，实现经济发展，都要对既有的物质财富进行管理。不会管理的，要去学习管理；有管理经验的，要发扬成绩再上层楼。哪怕是进行最简单的物质财富管理，人们也要花费一些心思，也要有一些物质投入。比如人们或定期、不定期地盘点物资库存，做到心中有数；或经常查看账面余额，以便更好地利用资金；哪怕是驾驶自己的座驾，也要随时观察汽油、机油、水温等指示……这些虽然都是身外之物，但管理起它们来，十分仔细、认真，甚至还是很勤奋、很拼命地在使原有的财富保值、增值。这没什么不对，这也是在享受人生，也是在为发展全球物质财富积累作贡献，自然是无可厚非的。而一些经济拮据、财务紧张之人或之家，多数为不善理财之主。试想,“月光族”怎么会有财富积存呢?做不到量入为出又怎能不出现亏空呢?君不见有多少纨绔子弟、富家后代不懂财富管理,穷奢极欲,挥金如土,最后变成了穷光蛋,因而世人得出了富不过3代的定律。

那么,我们到底有没有属于自己身内之物的财富呢?当然有,那就是健康!这是我们唯一生时已带来、死时要带走的财富,是真正属于自己的。因为它是我们毕生所追求的其他财富的载体,具有基础作用和支配地位。可是,在尚未得病之时,我们究竟拿出过多少时间和精力关注过自己的健康呢?我们会经常盘点自己的健康存量吗?我们拥有了健康的生活方式吗?我们对身体里某一天曾经出现过的些许不正常的现象、信号、征兆予以重视并及时地加以调整了吗?如果没有,健康财富难道不会流失吗?特别值得警惕的一种现象是,在一定社会层面中,物质财富越多、知识财富越厚、社会地位越高的人,往往健康财富却越少。

由于健康财富具有的特殊性,所以在通常情况下健康财富只能保持,不可复制,不可再生,无法做到越积越多。有些人生病后是得到康复了,但最好也只能是恢复到得病前的健康程度,有些人甚至永远也无法再回到原有的健康状态了。由于物质世界现代化的影响,一些原来只在中老年人群中流行的退行性疾病,早已开始渗透到青少年群体之中,有人十几岁就患有动脉硬化,还有人二十几岁就得心脏病,等等。必须指出的是,退行性疾病是随着年龄的增长健康体质退化、健康水平下降的一个过程。它是过程,而不是单纯的现象。疾病早在发病前十几年、几十年就开始形成了。因此我们说,除自然灾害和意外事故外,失去健康是一个过程,罹患疾病也是一个过程。在这一过程中,健康财富只出不进,或者入不敷出,岂有不缺之理?岂有不病之理?健康财富还会以基因遗传和生活习惯影响的方式留传给后代,如果祖辈、父辈不善健康管理,定会危及后代,累及子孙。

麻烦的是,健康财富一旦缺失就很难恢复。到那时,即便是在物质财富方面富可敌国,可能也无法用金钱换回健康乃至生命了。大家所熟知的史蒂夫·乔布斯算是够有钱的吧?可是在病魔肆虐之时,那些钱也是没有任何作用的,最终使一代IT奇才和商业巨子英年早逝。再看那些夭折的文艺明星大腕,哪一位不是风光一时,声名显赫,身价不菲。他们应该有能力获得最好的医疗资源,也有能力支付高昂的医药费用。但可悲的是,他们的健康财富却都过早地归零了,令人唏嘘不已。

在健康财富面前,我们必须像熟知股市行情、市场动向、个人钱财一样,熟知我们自己的身体，掌握健康的规律和法则，更要知道为了健康哪些事情不能做、哪些事情必须做，哪些东西不能吃、哪些东西必须吃；哪些习惯不能有，哪些习惯必须有……。这些健康知识，都是需要学习的。学懂弄通了之后，我们还必须像管理手中的股票、管理自己的存款、管理自己的企业一样，把自己的健康管起来，把家人的健康管起来，甚至把亲友的健康管起来，并且要坚持终生。也就是说，光知道还不行，还必须会做、肯做、去做。如果我们都能像管理物质财富那样自觉、认真、科学地管理自己的健康财富，我们的健康水平就会得到极大的提高，我们的生命质量就会得到极大的改善，我们民族的和国家的实力就会得到极大的增强。

三、健康财富可以管理

对健康财富的管理，集中体现在对健康的管理上，也就是要对人的身体器官、生理机能和各项指标进行系统的监督、评估和调节，并对疾病和意外伤害实施有效预防等一系列保健措施。健康管理不是疾病管理，但又与疾病管理密不可分，并且从宏观的角度来看还可以涵盖疾病管理。但在通常情况下，疾病的管理和治疗，由医疗卫生部门负责；而健康管理，现在还没有专门的机构负责，我们就必须要自己负起责任来。所以，千万不要把健康管理等同于疾病医疗管理。

财富是可以管理的。健康既然是财富，当然也可以管理。

在人的一生中，健康状况是一个动态的变化过程。可能有的人终生都是健康的，一直到无疾而终；也可能有的人终生都被疾病状态所笼罩，一直在与病魔抗争；还可能有的人终生都是亚健康的，一直在健康与疾病的边缘徘徊。但是，就绝大多数人来说，其生命状态大体上都如图 2-3 所示。疾病 E 只是人生中的一个或几个阶段。虽然在 A、B、C、D 各阶段中，每个阶段都可能出现疾病，也不是每一种疾病都可能直接导致死亡。为了论述方便起见，我们这里姑且将疾病状态和阶段归纳为一个集合 E。

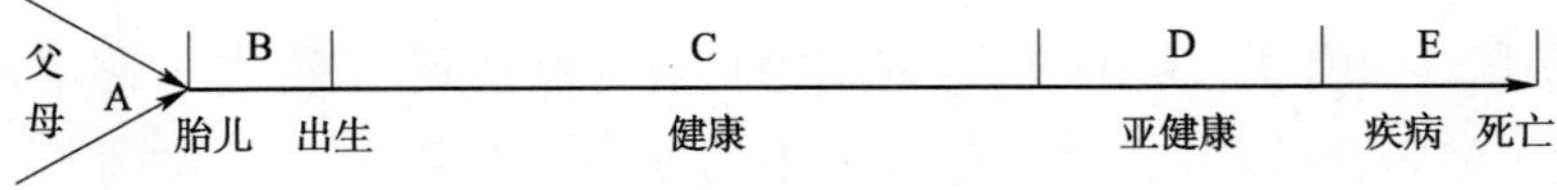

图 2-3　人生生命阶段示意图

从图 2-3 中不难看出，根据人的生命孕育和发展进程，根据人生的不同阶段和状态,将涉及健康的各个方面管理起来,并不是不可能的。医生的一生所学所做,大多情况下只是疾病治疗这一部分的知识和工作。他们是这方面的专业工作者,更有一些人是这方面的专家。特别是在抢救危急险重、治疗流行疾病、遏制病菌病毒等方面,他们是不可替代、功绩卓著的。大多数医务工作者为治病救人而夜以继日,呕心沥血,鞠躬尽瘁,前仆后继。所以,我们完全可以将疾病阶段 E 的管理工作拜托给医生。

同时,我们还必须清醒地认识到, A、B、C、D 各个阶段远远比 E 阶段更为重要。如果对这 4 个阶段,或者说对这 4 种状态知之甚少、疏于管理,势必会导致 E 状态的频繁出现或过早出现,以至最后难以"回天"。当一个人健康方面的问题已经积重难返时去找医生,医生又能有什么办法呢?现今仍然被医学界称为不治之症的高血压、糖尿病、癌症等,哪一种不是在健康阶段发端、在亚健康阶段演变的呢?

如果能将 A、B、C、D、E 这 5 种状态统管起来则是宏观意义上的健康管理。可是严酷的现实又告诉我们,比疾病医疗管理更重要的事情究竟有多少人系统地研、教、学、做呢了?随着人类对健康实质认识的不断深化,人们已经清楚地确定,健康管理是一个完整的、有机的系统工程。不论是整个社会,还是一个自然人个体,疾病的医疗管理只是健康管理工程中的一部分,虽然是很重要的一部分,可也绝不是全部。对健康的研究和管理,医生懂得其中一部分,而且很多人甚至只局限于治疗那一部分。说得不客气一点儿,很多医生连自己的健康都没有能力实行全面管理。内分泌科医生得糖尿病的、循环科医生得冠心病的、妇产科医生得乳腺癌的……都不是什么新鲜事了。由此可见,健康的管理权是不应该全部交给医生的。要交,也只能交出疾病治疗权这一部分。

我们强调社会发展要"以人为本",并且为此投放了大量的人力物力。但是,所有这些大多是集中在 E 段上。虽然现代、当代医学也在优生优育、预产期保健方面有了较大的建树和发展,大大提高了新生儿的存活率,有效地降低了畸形儿的出生率,预防医学也有了长足的进步,遗憾的是科学发展到今天,国内现在只有少数院校开设了健康管理专业。现存于高校中的预防医学专业、医院里的预防医学科室以及社会上的疾病预防机构,还是在围绕着疾病的预防在进行教学、科研和工作,只是把 E 阶段的工作向 D 阶段延伸了一段,还是属于医学的范畴。而我们这里所要探讨的,是医学范围之外的问题。泱泱地球自古至今已有上千亿人口繁衍生息,可是却从未出现过健康管理系列的全面人才,诺贝尔奖也从未颁发给这方面的杰出人士,难道不可悲可叹吗?正因为是人生健康阶段的非临床阶段缺人研究、少人指导、没人监控,再加上物质生活的日益充裕、物质生产工业化的卫生安全问题等因素影响,那些所谓的慢性病和癌症才有了更多地危及人类健康和生命的条件。

学校错了吗?没有。医院错了吗?也没有。医生错了吗?更没有。如果健康是人生的第一需要,可是一个人从小到大,对他一生来说第一需要的知识却没人教,对他来说最危险的阶段却没人管,所以英年早逝也好,未老先衰也罢,只能是自己倒霉,家人遭殃,社会麻烦,财富浪费。学校为什么不教,因为政府没做过这样的规划和要求,再说老师也不会;医院为什么没管,也是因为政府没做过这样的规划和要求,再说医生学的是治病,没学过健康管理。虽然有很多医务工作者也在努力为民众健康管理做贡献,但这毕竟不是他的本专业。而且就我国现阶段的医疗条件来看,把这些事情再交给医院来做也很不现实,因为治病救人的任务已经够他们受的了。到那些人满为患的医院去看看大家也就清楚了。所以,健康阶段的事情我们要自己管起来,不要抱怨,不要推脱,更不要等待。

四、要经常"盘点"自己的健康财富

一个人一生中的健康财富究竟有多少呢?人与人之间的个体差异很大。这取决于两个方面,即先天的和后天的。

受遗传基因和环境因素影响,每个人在出生时,就有一个先天健康财富总量多寡的问题。先天的健康财富来源于家族健康状况特别是父母遗传。如果一个人来到这个世界上的时候,携带着父辈甚至是祖辈、家族在健康方面的一些严重问题,家族病史问题较多、较大者,所带来、所拥有的健康财富就少些;反之,健康财富就会多些。前几年,有位朋友的亲属家的9岁男孩儿因肝癌去世。可以说,这个孩子的健康财富在出生时就接近零值。还有一对夫妇由于懂得较多的健康育婴知识,所以在怀孕前就从精神、物质两方面做了充分准备,结果是他们孕育的孩子十分健壮。当他们将自己的孩子抱到亲友、同事面前时,该婴儿明显地比大他几个月的孩子都健壮、机敏。显然,这个男孩来到这个世界时,先天所拥有的健康财富就比一般孩子要丰厚得多。

但是,先天的健康财富拥有量并不能完全决定一个人一生的健康状况,后天的因素更加不可忽视。中央电视台2008年7月曾报道,一名22岁的浙江衢州籍青年于当年3月份死于白血病。他本来是身体健壮的,但为还父亲生前治病所欠村民的11万元债务,15岁就进城和一位油漆师傅学徒,稚嫩的生命长期在油漆重度污染的环境中遭受伤害,不但没有还清父债,反倒是带着遗憾早早地离开了这个他还没有来得及完全认识的世界。因此,后天的及时调整和改变,远离削减健康财富的不利因素,具有特别重要和十分积极的意义。

那么,我们应该怎样"盘点"自己的健康财富呢?

一是要定期体检。应用现代物理的和化学的检验方法,定期对身体的健康状况作出检测和评估,是最直接、最有效的盘点途径。随着社会福利水平的提高,很多单位会组织职工进行体检。有些人自认为身体很健康,不积极参与。还有很多青壮年人自认为离疾病还很遥远,没有人组织体检,自己也不主动安排。殊不知,定期"盘点",经常"清仓查库",是最有效的健康财富管理手段。比如有人在体检中发现自己的血尿酸值偏高,已经超出了正常值,虽然只是一点点。这样的检测报告警示他必须要远离嘌呤含量较高的食物,更要改变以前那样经常海鲜、啤酒一起来的饮食习惯。生活中的积极防范,自然会使其拒绝了痛风来袭。

二是要以人为鉴。我们身边的亲人、同学、同事、朋友,都是很好的健康镜子,要多和他们交流,比照他们的健康或疾病现象,找出自己的问题或隐患,评估出自己的身心健康水平。

三是要自我检验。要做到自我检验,就必须要有一些健康常识。经常性自我检验的内容主要应包括呼吸、心跳(脉搏)、体温、饮食、排便、睡眠、体重、腰围等项目。要熟知这些项目的正常值和个人的日常状态,一旦发现变化,要及时调整或到医院解决。

四是要捕捉信号。人体健康状况的变化,往往是疾病的早期信号;一些细微弱小的信号,往往就是疾病的前兆。比如头晕,特别是早晨醒来时的头晕,很可能就是长期使用电脑或玩儿手机的"低头族"导致颈椎出现了问题,或者是低血压、贫血所致。颈椎病、低血压、贫血,都是青年人容易罹患的疾病,及早发现,及时调整,就可以避免后患。再比如盗汗、浮肿、黑眼圈、口气重等,也都是内分泌系统、血液循环系统、消化系统疾患的信号,即便是貌似身体健康的年轻人也应予以足够重视,及早调整解决,防患于未然。

五、自己治"未得之病"

上医治未病,以预防为主,人类喊了几百几千年,更不要说一些医疗卫生和预防医学的专业人士了。但为什么这病还是越治越多、越治越难呢?问题恐怕与健康管理的缺失不无关系。无论是政府、医院,还是医生、国民,都必须要先解决民众的吃饭和治病问题,不可能再有更多的精力和财力去搞健康管理。虽然说上医是治未得之病的,而且这个古代圣贤的定论在医务界早已尽人皆知,可是却没有几个医生去努力成为这样的上医。如果上医治未病的定理成立,那当今世界上恐怕也没有几个人堪称上医。道理很简单,因为一个人的精力是有限的,既然人家学的就是治已病之病,又有什么理由要求他去治未得之病呢?再说从名、利的驱动取向来看,治未得之病也很难获得世人青睐。中国古代名医扁鹊说他的大哥是上医,专治未得之病,但只有家人知道、认同;他的二哥次之,专治初病之病,也只能声达乡里,周济邻舍;而扁鹊自称末医,专攻已病之疑难杂症,却能名噪四海,服务诸侯。这就是古往今来鲜见上医的原因所在吧。所以,上医治未得之病的本不是医,自然也就不在我们今天所说的医生范围之内了。

既然找不到治未得之病的上医,那我们就把健康的管理权牢牢地把握在自己手上,应该没问题了吧?话虽这样说,理也是这个理,但是除了医疗卫生专业工作者之外,谁也没学过相关知识,你让他怎么管?很多人从小到大已经念了十几年书,可谓才高八斗,学富五车,唯独不懂自己的身体。荆楚网在 2011 年 7 月刊发过一条资讯,说的是一位博士丈夫和他的硕士妻子结婚 3 年未孕,在父母催促下到湖北省生殖中心求诊。医生仅经问诊便找到了令人哭笑不得的病因:"性盲"。再经妇科检查证实,硕士妻子已婚 3 年竟然还是处女。原来,这两人都是"学霸"型人才,由于天天泡在实验室里竟成"剩男剩女",经人介绍结为夫妻。婚前,他们不敢拉手和亲吻,以为那样的动作就可以导致怀孕;婚后,他们认为夫妻俩"同房"就是在同一个房间的同一张床上睡觉,所以根本没有性生活。医生给他们的诊治处方就是补上“性启蒙教育课”。像这样属于动物本能的人之大欲尚且如此,遑论其他那些有关健康或疾病的属于专业性的知识了。

不懂身体,如何能懂健康?所以才会出现积劳成疾,“出师未捷身先死”的遗憾。那是积劳成疾吗?恐怕其中很多人属于积不良生活和工作习惯成疾,也是大有可能的吧。现今的教育居然都发展成“产业”了,可是又投放多少资金、配备多少师资、拿出多少课时来对我们的后代进行健康教育,特别是健康管理教育呢?

政府、社会、民众对健康管理的认识、重视、实践程度都停留在目前这样一个水平上,近期又没有提升、深化的迹象,那绝大多数人也只能将健康管理的权力交给医生了。否则,还有其他什么办法呢?

谁是治未得之病的上医?我们自己就是。实施自我健康管理,就是给自己“治未得之病”。既然靠别人不行,那我们就只能自己学习、摸索、探究健康管理的一些知识、方法、规律,并要勤于实践,不断修正,持之以恒,首先把我们自己的健康管起来,努力提高健康水平和生存质量,进而推动全人类健康寿命的延长。

六、我们需要《身体说明书》

管理好健康财富的一个重要前提,是要弄清楚我们自己的身体到底是怎么回事。如果说人生没有说明书,是因为人生复杂多变,不好统一说明。那么人体呢?尽管现代医学还有很多未解之谜、未定之论,但是不能将已有的知识和定论编写成一本人人可读、人人必读、人人能读的《身体说明书》吗?

我们购买一件家用电器,厂家在产品出厂之前就帮我们印制好了十分精美的《产品使用说明书》,购买者回到家里只需按章操作就能正确使用了;我们购买一套组合家具,厂家也照样提供了一份详尽的《组装说明书》,你只需按图索骥就 OK 了,厂家或商家甚至还会派专业人员上门帮助安装。我们购置一台电脑之前或之后,总要通过不同途径去学习相关的一些知识,唯此才能正确地管理和使用电脑;我们在购置一部汽车之前或之后,甚至必须通过正规的驾校培训方能获得驾驶资格。

我们来到这个世界并长大成人以后,便拥有了一部比电脑更神奇、比汽车更精密的机器——我们的身体,而且它远比手机、电脑、汽车更为重要。可笑的是,我们从未见过我们的《身体使用说明书》,更未参加过像驾校那样系统、正规的培训。

按说，我们身体的生产厂家——我们的父母应该为我们提供《使用说明书》或进行相应的培训，遗憾的是，由于历史的局限和主客观因素的影响，他们在这方面或许懂得的还不如我们多呢。

那么，医生比其他民众要更加懂得自己的身体了吧，而且他们一般都要经过5至8年的正规专业训练和十数年乃至数十年的工作实践。的确如此。但是我们看到的事实是，医生并不比其他民众长寿，而且其他民众罹患的疾病在医生圈中也照样存在。

我们强烈吁请有关部门和机构，能够组织编写一部科学全面、通俗易懂、便于掌握的《身体使用说明书》；我们也郑重建议教育主管部门和学校，能在学生初中毕业前彻底读懂自己的身体。虽然现有的教育体系中或多或少地有这方面的一些内容，但是还很不够，更没有从健康管理的角度来编写、教授和推广。如果哪一天有了从健康管理角度编写的《身体使用说明书》，人们就可以靠自己把健康财富管起来，以延长自己的健康状态和阶段，推迟亚健康和疾病阶段的来临，以便天下芸芸民众都能够拥有更加美好的人生，为人类社会的发展进步做出更大的贡献。可喜可贺的是，在医学界已经出现所谓第四医学——健康保健医学，以区别于第一医学（临床）、第二医学（预防）和第三医学（康复）。我们期待第四医学能从编写《身体使用说明书》起步，使人们都能更加清楚地认识自己的身体。

七、自己是最优秀的健康管理师

曾有研究机构称，在影响健康长寿的诸多因素中，遗传因素占15%，社会因素占10%，医疗条件占8%，气候环境占7%，而剩余的60%取决于自己。不管这些比例是否足够科学，最起码可以让我们看到一个大概的轮廓，知道每个人的生命和健康主动权都是掌握在自己手上的。既然健康如此重要，我们自己对健康管理的责任又不可推卸和替代，那么我们就只能自己来做了，变被动的疾病管理为主动的健康管理，做到科学地恢复健康、维护健康、促进健康。其实，当一件事情我们自己责无旁贷的时候，我们往往也能将其做得很好。特别是在健康管理方面，毕竟是我们最了解自己的身体状况，能够及时捕捉到自身生理变化的每一个细微的信号，因此也有条件成为自身健康的最优秀管理师。

自我健康管理应包括以下几个方面的主要内容。

1. 建立档案。在个人健康档案里,要有体检报告、疾病诊断、医治记录、家族病史等资料。现在电脑和网络的普及率很高,也可以将有关资料通过扫描或拍照制作成电子文件,保存在自己的电脑里,并要坚持做到及时对比分析。

2. 及时评估。人的身心健康是一个动态的过程,在内外因素的交互作用下会经常有所变化,也会有一些表象或信号出现。对此,要及时查询有关资料,及时作出自我评估,或请教专业机构及人士。拿捏不准时,要及时到医院向医生请教问询。

3. 风险确认。健康管理的目的是保持和提高身心健康水平,延长生命中的健康时段,推迟疾病和衰老的到来。建立档案、状态评估,都是为了及时发现健康风险和疾病隐患。有些企业管理者十分注重对企业经营风险的防范,甚至不惜重金邀请专家来给企业会诊,以确认风险,加以防范。但是,对于一个人来说,对健康风险的防范远比对企业风险的防范重要得多。有些疾患具有明显的遗传倾向,作为这样家族的成员,我们就不得不重视相关的防范理念和措施,比如糖尿病、高血压、乳腺癌等。有些病患会有前兆,给我们以提示,如不及时调整,终会成病,就像最常见的感冒,也有鼻塞或流涕、头疼、咳嗽、后背凉寒等明显前兆,提示我们尽快加以解决。有些疾病也会通过人体理化指标给人以提示,比如心脑血管疾病,会提前在血压、血脂、胆固醇、心律等方面有所表现,若能及时捕捉,主动锁定相关风险,采取必要和有效的防范措施,就有可能避免或推迟罹患此类疾病。

4. 提升健商。人们在一生中都很注意工作知识的学习和经验的积累,尤其重视提高自己乃至后代的智商(IQ)、情商(EQ)和财商(FQ)指数,却鲜见有人注意培养自己的健商(HQ,即 Health Quotient)水平。待到衰老已至时,才忽然发现一辈子白忙活了,因为早已是疾患缠身,万事无心了。所谓健商,是近年才出现的一个新概念。它所体现的是一个人对待健康问题的态度和智慧,是建立在健康理念和知识基础之上的全面的、全新的、科学的健康观念。所以,我们为什么不可以在学习其他知识的同时,顺便多学一些健康管理知识,提升自己的健商指数呢?

5. 改变习惯。我们在人生旅途中,都会形成一些生活和工作习惯。这些习惯,有些是有利于健康的,但可能更多的是有害于健康的。对于一个真正追求健康、有志于创造美丽人生的人来说,只有自觉坚持良好习惯、坚决摒弃不良习惯,才能实现自己健康长寿的愿望。因其重要,所以我们将在后面另辟专门篇章讨论。

第十章

意识和心态的能动作用

意识,是客观事物在人的大脑里的反映,是人的感觉、思考、愿望等心理过程的总和。意识既是一种生命状态,也是一种精神活动,还是一种思考结果。

心态,是客观事物作用于人的大脑之后所产生的心理反应。心态既是一种心理状态,也是一种主观看法。

意识和心态有很多异同点。相异点主要表现在意识的主动因素相对较强,心态的被动因素相对较多。相同点主要有两方面:二者均为客观事物在人的大脑中的反映,同时又都对人的言论和行为具有能动作用。

意识和心态的所谓能动作用,就是通过主动思维,对客观事物做出的积极反应,使自己的感觉、愿望或目的反作用于客观世界。

一、意识对客观事物的反作用力

人的主观意识到底有多大能量,对客观事物的反作用力到底有多大,目前还没有科学的解释和测定,但是其存在却是无法否定的。

骑车撞人。会骑自行车的人也可能会有过这样的经历,在马路上学习骑自行车时,特别怕撞到路上的行人,因此十分紧张,两手紧握车把,手心出汗。虽然马路很宽,路上行人也很稀少,但还是很紧张,而且愈接近行人时,就愈发紧张,心里反复念叨着“可千万别撞到人家”,结果是躲来躲去,拐来拐去,似乎像是故意瞄准了一样,生生地撞上了那唯一的行人。

人体闹钟。很多人都有这样的体验,第二天早上因有事情必须要提前起床,所以预定了闹钟叫醒。可是往往到第二天闹钟应该振响前的几分钟,我们就自动醒来,有时可能刚巧只是提前一两分钟,几乎和闹钟一样精准。这究竟是为什么,没有人能说得清楚。有人说这是生物钟的作用,但经过仔细琢磨却发现,这和生物钟完全是两码事。因为生物钟所体现的是人体内生命活动的节律,或者是人清醒时记忆神经提醒其该去做某事,可是偶尔因特殊情况而起早并不属于生命节律的范畴。我们能够给出的解释是,人在设定闹钟时的印象,以及在临睡之前对明早起床时间的再度确认,都给神经系统加载了明天早上要在某一时刻起床的信息。神经系统会将这一信息储存,并会尽可能地届时提示、提醒。但人在睡眠时怎么会知晓客观世界中的几点几分呢?这确实是难以解释的现象。

不约而同。前几年有一种很受推崇的思维模式,被称为“吸引力定律”,其核心观点是:人的生命中所发生的一切,都是自己吸引而来的。当一个人的思想专注于某一领域或某件事情时,和这一领域或和这件事情相关的人、事、物被他吸引过来。解释者还认定吸引力定律是自然法则,是一种客观规律。在吸引力定律发生作用时,它并不能区分好坏,自动筛选出该吸引什么,不该吸引什么,而是接收和依据主人的思想,把能够吸引到的所有相关的人、事、物都吸引过来。两个闺蜜一起在街上闲逛的时候,经常会不约而同地哼唱起同一首歌的同一乐句,或者会异口同声地说出同一个话题。这也是很多人亲身经历过的事情。

心想事成。据说有一个女孩在一次培训活动中学着写出自己人生中的一个重要目标,她很仔细地写出了心目中的“白马王子”:一个有私人飞机的帅哥,身高多少,兴趣爱好是什么,甚至吃东西的口味和习惯,等等。写完之后她就经常想自己写在纸上的那个“白马王子”的形象,结果在3个月后的一次亲友聚会上,她认识了一个男人。随后的交往和了解,使她深感这个男人和她当初写下的目标十分契合,唯一的差别就是他没有私人飞机。但他们还是很快就坠入了爱河。她想,没有飞机也没什么关系,再说当时之所以那么写也仅仅是个愿望而已,现实生活怎么可能尽如人意呢?要准备结婚了,他的爸爸来看望他们。面对儿子和准儿媳,爸爸说要送一份结婚礼物,让他们猜是什么。女孩心想:总不会是送一架飞机吧?她心里虽然是在这样想，但是嘴上却没敢这么说，结果两个人都没猜对。最后爸爸揭开了谜底，真的是一架漂亮的直升飞机。

怀孕臆想。在现实生活中，有一类女性渴望怀孕几乎达到了朝思暮想的程度，还有一类女性因种种缘故害怕怀孕几乎达到了“草木皆兵”的程度。随着某类想法的日积月累，身体上便会出现某些生理变化，比如恶心呕吐、食量骤增、喜食酸辣、不来月经等等，各种表现与怀孕别无二致。但是，几次到医院进行孕检的结果却均呈阴性，完全可以确定其并未怀孕。在医学领域，这种情况被称为“怀孕臆想症”，是因某种心理压力过大所导致的假怀孕。比如父母或公婆盼望见到隔代人所施加的压力、时间不允许或尚未正式结婚而恐惧怀孕的压力等等，都可能导致这类假孕的现象出现。

以上例举的几种现象，都是大家曾经遇到或者听说过的。这些现象说明，意识的能动作用是客观存在着的，既非空穴之风，也非主观臆造，更非唯心主义。

二、意识对健康和寿命具有能动作用

据说美国有一位心理学家叫马丁加拉德，曾做过一个著名的心理暗示实验。他将一个死囚绑在床上并蒙住双眼，同时在他的身上安置了多种监测体温、血压、心脏、脑电等指标的仪器后，由法官来宣布对他用放血的方法执行死刑的判决，牧师也完成了对他灵魂的祝福。随着法官“开始行刑”的一声令下，一位助手用薄木片在死囚的手腕上重重地划了一下，同时打开了预先准备的水龙头，使其向床边的一个水盆里滴水。在即将死亡的思想意识作用之下，听着“叮咚”的滴水响声，死囚认为自己的鲜血正从血管里汩汩地流淌出来。每过一小段时间，法官就将滴水的速度调慢一些，滴水声音的频率随之变缓，死囚也就认为自己的血已经快要流干了，自己也快死了。后来，他就真的昏死了过去。可以说，是他自己的意识结束了他的生命。如果一个正常的人，每天都在心理暗示自己好像已经得了某种病，或者经常幻想自己可能会不久于人世，可能也会出现一些相关的反映及表现的。

思想意识对健康和寿命的能动作用，中国古人早就有深刻的认识了。东汉时期的著名法学家应劭（约 153 ~ 196）的《风俗演义·怪神》，唐朝初年名相房玄龄（579 ~ 648）的《晋书·乐广传》，虽然成书相隔几百年，却记述了两个主题相同、内容相同的故事——“杯弓蛇影”,只不过是人物不同而已。两个故事都是说主人请客时,客人发现酒杯里有蛇,但碍于关系和情面又不得不喝,回家以后总觉得有蛇在肚子里作怪,既疑虑又害怕,结果是一病不起。后来经请客的主人解释并重返现场演示,才发现客人当时在酒杯里看到的蛇,其实是墙上挂着的一张弓的影子倒映在酒杯里。事情的原委搞清楚了,客人的病也就自然痊愈了。

三、强化意识是健康长寿的“妙方”

几乎所有的人都有健康、长寿的愿望,除非极个别的消极厌世者。但是,很多人光有愿望,却缺乏意识。所谓有意识,就是要时时刻刻提醒自己,我要健康,我要长寿。我们经常遇到的情形是,为生意、为工作、为情感、为学习、为生活忙起来时,就失去了这个意识;等到身体某个地方有不舒服的感觉时,才会想起来我要健康,我要长寿,但往往又会陷入“亡羊补牢”的被动境地。所以,我们为了实现自己健康、长寿的愿望,不仅要有这方面的意识,而且必须要强化并保持它。

所谓强化,是要时时下达指令。要不停地给自己的神经系统加载健康、长寿的指令信息,以达到给每一个细胞、每一个神经元都加载这样信息的目的。当我们的每一个细胞、每一个神经元都接到自己的主人要健康、要长寿的指令以后,它们的工作状态肯定是不一样的。

“摩拳擦掌”,是大家常见和常做的动作,那就是要开始一个重要行动时的指令,它是接受到来自大脑中枢的意识指令之后附加在肢体上的指令动作。人手上的神经丰富,经络纵横,穴位遍布。摩拳擦掌,就是对手心、手背、手指上神经、经络、穴位的刺激和按摩,进而调动全身各个系统来应对即将开始的重要行动。人们常常会有这样的感觉,摩拳擦掌之后,整个人都好像精神了许多,整个身体也好像增加了很多的能量。

这只是为了应对某一件事情而做的强化。如果要应对健康、长寿这样关乎一生的大事情,我们是不是应该经常对身体发出这样的指令呢?是不是应该做到“时时想,天天想,月月想,年年想”呢?

所谓强化,是说意识要有实质内容。在实际生活中,要养成千方百计地去接近和获得有利于健康因素的习惯,以便当这样的因素出现时,我们能够有一种潜意识驱使下的自觉、自发、自动地去接近和获得的行为。比如,要有坚持体育运动,不断强健体魄的意识;要有淡泊名利,心胸豁达,善于自我调节情绪的意识;要有定时定量餐饮,维持营养和水分平衡,满足新陈代谢需求的意识;要有劳逸结合,张弛有度,作息科学,睡眠合理的意识,等等。

在实际生活中,也要养成千方百计地去规避和远离有害于健康因素的习惯,以便当这样的因素出现时,我们能够有一种潜意识驱使下的自觉、自发、自动去规避和远离的行为。比如,面对空气、水资源等环境污染问题,我们该如何自保的意识;面对食品安全问题屡禁不止的严重状况,我们该如何防范的意识;面对不良生活习惯的诱惑,我们该如何去战胜的意识;面对工作和生活的各种压力,我们该如何释怀的意识,等等。

所谓强化,是说意识中要有具体指标。

一是要有健康理化指标。人体在健康方面有很多具体的理化指标,比如体重指标,血压、血脂、血糖、血尿酸、胆固醇指标,尿常规指标等。作为一个追求健康的人,应该了解一些能标定人体健康状况的医学理化指标的正常范围数值,也了解自己某一生命阶段的实际状况,然后经常对照,更要经常提醒自己,在思想深处形成维持这些数值达标的意识。

二是要有日常生活指标。每天的生活和工作时间都怎么安排,衣、食、住、行和体育锻炼、休闲娱乐要达到或者限定在什么样的指标之内,也都要进入思想意识。比如,每天要步行多长时间或多少数量,每餐饭要吃多少食物,每天要补充多少水分,睡眠要保证多长时间,等等;再比如,饮酒者根据自己的耐受能力确定一餐饮酒不能超过多少,吸烟者根据自己的健康状况一天不能超过多少,等等。

三是要有期望寿命指标。也就是说,要经常提醒自己,或者在与亲友谈论这个话题时要告诉别人,我们打算活到多少岁、规划活到多少岁。可能会有人觉得这样说似乎有些荒唐,但也不要轻易地就给出否定的结论。前面我们列举的那些个例子,尤其是“人体闹钟”的例子、“杯弓蛇影”的故事和马丁加拉德的“心理暗示实验”都说明,给人体的神经元和细胞加载信息是有一定能动作用的。建议有关科研部门能就此课题进行科学论证,给出更为科学合理的解释。据说人的正常寿命理论上应该是120—150年,但由于各种因素的影响,人们几乎是活不到那个极限的。但是如果打8折呢,也应该在90至120岁之间吧?结果呢?过去各方面条件的限制及人们实际寿命的状态,在民间慢慢形成了"66,不死掉块肉","人生70古来稀","73、84,阎王不叫自己去"等概念,还有女人55岁、男人60岁退休等制度,都在人们的思想当中打上了深深的印记,固化了60岁人已老,70岁、80岁该寿终正寝的意识。如果我们能给自己设定一个寿命目标,比如计划活到90岁,或者95岁,甚至是100岁,并且经常提示自己,这对一个人的生命健康和寿命延长一定会产生积极的意义。否则,一到66岁就吓得要死,一到73、84就消极等死,怎么可能健康、长寿呢?当然,如果只是想或者只是说希望活得越久越好,因为没有具体指标,这样的指令是没有实际作用的。

四、良好心态是健康长寿的基础

2007年9月的一期《石家庄日报》刊登过一则消息,讲述了一位离休老军人靠心态战胜癌症的故事。1975年,在他47岁时被诊断出癌症,并被宣布为胃癌晚期,只能存活一两年。他当时对医生表态说:自己要"面对现实,无所畏惧,争取好的,准备坏的"。他内心的真实想法就是"不能让病吓死,不能消极等待"。就这样,到当年发稿时,他已经是79岁的高龄,居然与癌症搏斗了32年。他后来对请教抗癌秘方的病友说:自己之所以能战胜病魔,一是靠积极良好的心态,二是靠坚持锻炼。这位老先生的经历,充分说明了心态与健康和寿命的关系。

纵观人生旅途,良好心态对任何人面对任何事物时所具有的积极作用都是不容忽视的,对健康和寿命的重大意义更是不可小觑。精神压力,是导致人体生病的一个重要因素。医学机构的研究结果表明,过大的精神压力会造成人体免疫系统的紊乱或衰退,增加罹患糖尿病、心脑血管疾病、消化系统疾病、精神系统疾病的风险。而精神压力过大,恰恰是心态不够豁达、不够积极的结果。

人生在世,"如意者一二,不如意者八九","三穷三富过到老",是对人生最直接也是最形象的描绘。在那些不如意的事物面前,只有秉持豁达、淡定的心态,才不会伤身害命。大家所熟知的林黛玉,虽然只是曹雪芹笔下的一个文学人物,但像她那样爱"钻牛角尖"、自我制造压力的人在现实生活中并不罕见。6岁丧母,9岁丧父,黛玉的命运很是凄惨,但她也还有值得欣慰的人生境遇,常住贾府,外婆疼怜,宝玉相爱,姐妹谦让,等等。如果她能有积极的心态,应该会有一段比较惬意的人生。可是她偏偏和自己过不去，也和宝玉过不去，还和宝钗过不去，天天找麻烦，天天找气生。美好的自然景物在她眼里也是自我纠结的缘由。鲜花的艳丽和芬芳她不在意，专门研究落英缤纷的凄凉，甚至还要煞有介事地为落花装香囊、收艳骨、写葬辞。总之，在黛玉的眼里，整个世界都是不对，好像全世界都对不起她，不仅是宝玉、宝钗对不起她，似乎所有人都对不起她，连花鸟鱼虫都对不起她。所以，她只能是常年抑郁，日夜流泪，最终罹患痨病而早亡。

即使是“普天之下莫非王土，率土之滨莫非王臣”的国君皇帝，也是“如意者一二，不如意者八九”的，更何况平民百姓？可是人们为什么还要忍受，为什么还要活着，为什么还要奋斗？其实，人们就是要通过对“不如意者八九”的忍受和搏斗，来获得对“如意者一二”的享受。如果能将不如意看成是如意的组成部分，一切就都释然了。所以，被誉为明代三大才子之首的大文学家杨慎曾填过一首词，表现出了一种大彻大悟的豁达。

滚滚长江东逝水，
浪花淘尽英雄。
是非成败转头空，
青山依旧在，
几度夕阳红。

白发渔樵江渚上，
惯看秋月春风。
一壶浊酒喜相逢，
古今多少事，
都付笑谈中！

（杨慎：《临江仙・廿一史弹词・说秦汉开场词》）

“其实，人活的就是一种心态。心态调整好了，蹬着三轮车也可以哼小调；心态调整不好，开着宝马一样发牢骚。”这是曾在微信朋友圈里流传很广的一个段子，它很形象很生动地说明了心态的作用和意义。但是，关键的问题在于怎样调整，才能使自己的心态有益于健康和寿命。

心态，就是人们面对世间万事万物时心理的反应状态。而世间万事万物，对人生影响最大的当属名、利、情。因此,如果能调整好对名、利、情的心态,健康和寿命也就很难为这3物所累了。否则,一旦健康受损,必然就会失去追逐名、利、情的能力,甚至会失去消受名、利、情之福。

曹雪芹可谓是彻底参透了人生的历史名人。他创作《红楼梦》时,在第一回就迫不及待地唱出了《好了歌》。其中的第1段,便是对功名的实质作出的顶级诠释。“世人都晓神仙好,惟有功名忘不了。古今将相在何方?荒冢一堆草没了。”若论追求地位和名誉,大概能做到出将入相也算是极致了。可是又能怎么样呢?到终了之后,留下的不也就是一丘荒冢吗?人生路上,当我们为名所累时,就多默诵几遍《好了歌》的这一段吧。

《好了歌》的第2段,则是对利禄的实质作出的顶级诠释。“世人都晓神仙好,惟有金银忘不了。终朝只恨聚无多,及到多时眼闭了。”党的18大以来,中国大地的反腐浪潮吞没了5只贪腐“巨虎”。他们都是“位极人臣”的国家级高官,却贪得无厌,不择手段,罔顾法纪,令人齿寒。本来已有民脂民膏供养,生活待遇“超凡脱俗”,可他们却还是“终朝只恨聚无多”,可悲,可叹!到今天,钱财应该是“及到多时”了,却是无福消受,眼也快闭了。更不要说那么多省部级、地厅级、县处级的贪官污吏了。现实生活中,更多的是那些不惜损耗健康和寿命攫取财富的人。人生路上,当我们为钱财所诱时,就多默诵几遍《好了歌》的第2段吧。

《好了歌》的第3段和第4段,则是对感情的实质作出的顶级诠释。“世人都晓神仙好,惟有娇妻忘不了。君在日日说恩情,君死又随人去了。”“世人都晓神仙好,惟有儿孙忘不了。痴心父母古来多,孝顺儿孙谁见了?”这两段虽然说得有些偏激,而且也有作者所处时代的局限性,但也不是无稽之谈。现代社会,为情所困的不只是娇妻忘不了,更多的是为情人现象羁绊,为子孙后代敛财。尤其是最近揭露出的触目惊心的夫妻档、父子档腐败案件,更是对这两段的鲜活注脚。人生路上,当我们为感情所困时,就多默诵几遍《好了歌》的第3段、第4段吧。

当我们对名、利、情都能参悟到“好便是了,了便是好”的程度,就不会因这些身外之物而付出健康的代价了。2014年12月16日公开播映的中共中央纪委制作的专题纪录片《作风建设永远在路上——落实八项规定精神正风肃纪纪实》,就披露了一起陪酒致死的典型案例,说的是黑龙江省某林业局公款接待因私到访的一位副省级领导时,该局的一位局长陪酒致死。事后接替该局长职位的继任领导深有感触地说:作为基层,最不愿意做的就是搞应酬,但陪不好也真是不行的。过去的检查又是打分,又是评比,对基层压力很大。为什么压力大?为什么陪不好不行?还不是名和利的引诱么?在企业间的经济活动中,更是常有靠喝酒签订单的情况,弄得一些相关业务人员或企业领导高血压、糖尿病、肝硬化、胰腺癌等疾患高发。如果大家都能有彻底淡泊名利的心态,就不会再有“舍命陪君子”的悲剧发生了。我们提倡淡泊名利情,并不是希望人们颓废消极,而是要正确对待,更不可超过道德和法纪的底线去获得。

五、调节心态的金玉良言

在人生的漫漫旅程中,人们的名、利、情困惑一般并不容易达到“好就是了,了就是好”的极限程度,往往在日常生活和工作中的细微状态,被一些琐事影响心态。如果能记住下面几句话,每当心情郁闷、情感纠结时用来排解一下,或许会可以有所收益。

自我悦纳,自信人生。悦是高兴,愉快;纳是容纳,接受。自我悦纳,就是能够很高兴、很快乐地接受并欣赏自己。一个人如果连自己都不能接受、不会欣赏,还能指望别人乃至社会的接受和欣赏吗?其实,每个人都是最棒的。这并不是仅仅用于鼓励的“忽悠”,而是因为每个人都是一个独特的自我。每个人不仅有独特的容貌,也有独特的性格,还有独特的短板和缺点,更有独特的长处和优点。自我悦纳,包括接纳自己、喜欢自己和完善自己3个方面。有些人缺乏自信,其根本原因是不能做到自我悦纳。一个男人不自信,就无法自立于世;而一个女人不自信,就无法展现自己的魅力。只有“会当击水三千里”,才能“自信人生二百年。”

清心寡欲,淡泊名利。孟子曾经说过:“养心莫善于寡欲。其为人也寡欲,虽有不存焉者,寡矣;其为人也多欲,虽有存焉者,寡矣!”(《孟子·尽心章句下》)孟子的意思是说,修养心性的最好办法就是减少欲望。如果一个人欲望很少,即使善良的本性有所遗失,也会遗失得很少;如果一个人的欲望很多,即使善良的本性还有所存留,也不会剩下很多。寡欲可以养心,多存善念也可以养心,这都是大家所熟知的道理,但是很多人做起事来的时候,就忘了这个法则。20世纪初震惊中外的沈阳“慕马”贪腐大案的主角——沈阳市原市长慕绥新,穷奢极欲,被判死缓,结果还没到两年的缓刑期满，就因癌死去。

不以物喜，不以己悲。此语出自北宋文学大家范仲淹的名篇《岳阳楼记》。其字面含义是告诫人们不要因为获得一些钱财、物品就狂喜不止，也不要因为个人的失意、不顺而悲伤不已。钱财本是身外之物，为钱财而欢喜不会长久，再说喜大也伤身；一己一时之不顺，放在人生、社会和世界的大平台上一看，也不过是小事一桩。这句话的深层含义，是告诫人们无论身处顺境还是逆境，无论面对成功与失败，都要有恒定淡然的心态，千万不可陷于自我陶醉或悲痛忧伤的泥淖中无法自拔。

知足常乐，随遇而安。我国古代伟大的哲学家和思想家、道家学派的创始人老子说过："罪莫大于可欲，祸莫大于不知足。故知足之足，常足矣。"（《老子》第四十六章）当今时代，不仅仅是经济界欲望沸腾、物欲横流，连一些与经济工作不搭界的行业，比如官场、军界、科技界、医疗界、教育界也都在被物欲浊流荡涤着。这些，都是"可欲"（放纵欲望）、"不知足"的恶果。我们姑且不论其社会危害，就是那些违法乱纪的犯罪份子自身的心态也不可能安宁，身心也不可能健康，更谈不上长寿了。所以，知道满足的人，才可能获得永远的心安理得。

容人容事，宠辱不惊。北宋欧阳修等人合撰的《新唐书·卢承庆传》记载了这样一个故事，卢承庆在唐太宗时代曾任考功员外郎，是吏部专门负责考察官员的职位。有一次他为了全面考核一个监督漕运的官员，便以其有一次运粮途中翻船使官粮受损为由而给他"中下"等级的鉴定。这名官员没做任何申辩就接受了，而且毫无愠色，依旧谈笑自若。卢承庆极其欣赏他的态度，并考虑其翻船损粮也有力不能及的因素，便改鉴定结论为"中中"级别。可这名官员听了之后，并没有喜出望外，得意忘形。"承庆嘉之曰：宠辱不惊，考中上。"卢承庆为了表彰其宠辱不惊的品行，又将鉴定结论改为"中上"级别。卢承庆本人的一生也是三起三落，多有坎坷，最后在金紫光禄大夫职位上退休。临终之时，他告诫子女说："死生至理，犹朝有暮。吾死，敛以常服，晦朔无荐牲，葬勿卜日，器用陶漆，棺而不椁，坟高可识，碑志著官号年月，无用虚文。"（《新唐书·列传第三十一》）他的意思是说，死和生是天地间的最高法则，就像有早晨就一定还得有黄昏一样。我死了，就用平常的衣服给我装敛，月底、月初不要杀牲祭奠，下葬不用占卜吉日，棺材一层就够了，陪葬的器具只用陶器、漆器皿即可，坟头更不用太高，碑文和墓志只要写明所任官职和生卒年月就行。卢承庆的情怀,就是在当今时代也属高风亮节,更何况是在 1500 年前的封建社会,实属难能可贵。做到受宠受辱都不动声色的前提,是要能够容人、容事;而要做到容人、容事,又是以对人生世事的参透、彻悟为前提的。

塞翁失马,安知非福。据说古代有一个住在边塞附近的老翁,家里的马跑到胡人那边,亲友邻居都来安慰他。塞翁对大家说,怎么就知道这不是一件好事呢？几个月后,塞翁的马竟然带着胡人的骏马跑回来了,大家又来祝贺。塞翁又对来祝贺人说,怎么就知道这不是一件坏事呢？家里多了好马,塞翁的儿子又喜欢骑胡人的好马,结果是有一次竟坠马摔断了大腿。人们再来安慰老翁,他又对大家说,怎么就知道这不是一件好事呢？过了一年,胡人大举攻入边塞,青壮年男丁都拿起弓箭去迎战,住在边塞附近的人死了九成。他儿子因为跛腿的缘故没去参战,父子俩的性命得以保全。这是西汉淮南王刘安《淮南子·人间训》中记载的为人们所熟知的典故。人们熟悉这个典故,但能够真正做到以此来调整心态、保护健康的人并不多。其实,人生遇到的每一件事究竟是祸是福并不是确定的,有些事情会因人、因地、因时而发生变化。如果一个人能深谙“塞翁失马安知非福”的道理,也就很容易做到淡泊名利、容人容事、宠辱不惊了。

世界对我关闭一扇窗时,必会为我打开一道门。有人说这是《圣经》里面神的话,也有人说这是海伦·凯勒的话。不管是谁说的,其中蕴含的哲理确实是极其深刻的。“山重水复疑无路,柳暗花明又一村”,则是相同道理的中国文学表达方式。常言所说的“天无绝人之路”,“何必在一棵树上吊死”,更是这一哲理的通俗表达。人生在世,谁也不可能一帆风顺,一定会经历坎坷、遇到挫折。毛泽东曾经说过:“往往在敌人十分起劲自己十分困难的时候,正是敌人开始不利,自己开始有利的时候。往往有这种情形,有利的情况和主动的恢复,产生于‘再坚持一下’的努力之中。”(《抗日游击战争的战略问题》,《毛泽东选集》第二卷)但有时也会有这样的情形,我们面临的失败,是危机,需要放弃。有些人看不到危机就是转机的前奏,陷于失败的打击不能自拔,陷于危机的纠结不能自解,或郁闷成疾,或走上绝路。正确的做法是,要庆幸那扇窗子被关闭了,免得我们在错误的路上越走越远;要紧的是须赶紧去找那道门,然后开始我们的新事业。门比窗子的可通过面积更大,而且那道门也一定是存在着的,而且可能还不只是一道。

一切都会过去,我们正在老去,我们终会逝去。这是浩瀚宇宙、大千世界的最根本法则。不论我们今天遇到的是什么样的事情,它都会过去。即使是今天被称之为新闻的大事件,用不了多久也都会变成历史,何况平民百姓自身、自家尚不能称之为新闻的事情。哪怕是我们今天爱得山盟海誓、地动山摇,那也会成为过去;哪怕是今天亲人逝去,令我们痛不欲生,那也会成为过去;哪怕是今天我们升了官或者发了财,那还是会成为过去。既然都会过去,我们还有什么不可以放下呢?况且,不论我们是否能够主动地放下,眼前的一切也都必将成为过去。还有,我们也一定会老去。不管我们今天多么年轻,或者如花似玉,或者风流倜傥,也不论我们今天多么能干,还不要说我们今天的身体有多么的强健。这些都会过去,因为我们正在一天天地走向衰老。在不知不觉间,就到了"核桃脸"、"鬓染霜"的阶段。我们更需清醒地正视人生终将结束的铁定规律。如果今天是我们生命的最后一天,我们还有什么事情非要纠结、郁闷不可呢?如果不是最后一天,我们为什么不好好珍惜我们的健康、我们的身体、我们的生命,尽情地享受这美妙的世界呢?

第十一章

警惕能量过剩和隐性饥饿

审视当今国人的健康状况，有两大问题必须单独提出，以期引起民众的关注和重视。一个是能量过剩的问题，另一个是隐性饥饿的问题。

一、能量过剩正在普及富贵病

富贵病，是一个大家都知晓的概念，也被称为“现代文明病”，是人们的经济条件和生活状态改善之后产生的一系列非传染性的流行病，包括高血压、高血脂、高血糖、高血尿酸、冠心病、脑卒中、脂肪肝、肠道癌、便秘、肥胖等。在经济困难时期，在比较贫困的生活状态之下，在比较贫穷的人群之中，这些病症的发病率是很低的，因此人们把这一类病统称为富贵病。这些富贵病的发病倾向是：城市高于乡村，脑力劳动者高于体力劳动者。

据统计，我国心脑血管病（包括心脏病和脑血管病）患病率处于持续上升阶段。估计全国心血管病患者2.9亿人，其中高血压2.66亿人，脑卒中至少700万人，心肌梗死250万人，心力衰竭450万人，风湿性心脏病250万人，先天性心脏病200万人。每5个成人中有1人患心血管病。估计我国每年死于心血管病约350万人，占死亡原因的41%，居各种疾病之首。平均每天心血管病死亡9590人，每小时死亡400人，每10秒钟死亡1人。我国成人的血脂异常患病率为18.6%，全国血脂异常者至少2.5亿,城市明显高于农村。我国的糖尿病患病率是9.7%。人群超重率为17.6%,18岁以上超重者和肥胖者分别达到2.4亿和7000万。(数据来源:国家心血管病中心《中国心血管病报告2012》)我们之所以在这里罗列这么多的数据,是为了引起大家的警醒。

引发富贵病的原因很多,但除去遗传因素之外,最主要和最重要的原因恐怕就是能量过剩了。人体每时每刻都在消耗着能量,哪怕是在睡梦中。这里所说的能量,更多的是以热量的形式进入我们身体的。人体摄入食物和水分之后,将其转变成热能和机械能。热能用以维持体温和新陈代谢,机械能用以完成肢体活动。

通过口腔进入人体的食物和饮品,在胃、肠、肝、肾的作用下,最终分为7大类物质:蛋白质、碳水化合物、脂肪、维生素、矿物质、纤维素和水。其中,能为身体提供能量的是蛋白质、碳水化合物和脂肪,它们在人体内经过氧化可以释放出能量,被称为3大宏量营养素,或"产能营养素"、"热源质"。这3大营养素如果供应不足,人体便会自行动用体内的糖元、脂肪和蛋白质来维持正常的生理机能。如果长期供应不足,人体便会因为透支3大营养素而消瘦以及发生饮食性营养不良,导致很多疾病的侵害。但是,如果3大营养素摄入过多,再存在着运动量过小的问题,就会长期处于摄入量远远大于消耗量的状况,剩余的能量便会以糖元的形式储存起来。因为能量是守恒的,所以越来越多的糖元会进一步转化为脂肪,沉积在身体的各个部分。如果仅仅是沉积于皮肤下面,会导致肥胖,形成丰满或肥胖的体态,这本身对于生存来说并无大碍。问题是肥胖很可能会引发其他疾病,便会危及健康和生命了。更为严重的是,这些多余的脂肪并不会规规矩矩地储存在皮下,它们还会无孔不入地潜入血管、肝脏、肾脏等要害部位,导致威胁健康和寿命的多种疾患。

体内多余脂肪严重沉积的人,便是肥胖症患者。请注意,肥胖症本身就已经是病患了。目前国际上通用的世界卫生组织(WHO)确定的身体质量指数为BMI(Body Mass Index),是用体重的千克数去除以身高米数的平方得出的数值,简称"体质指数"。

$$体质指数(BMI) = 体重(kg) \div 身高(m)^2$$

例如:某人身高1.70米,体重90kg,那么他的体质指数为:

$BMI = 90 \div 1.70^2 = 90 \div 2.89 = 31.14$,属于肥胖范围。

由于亚洲人与欧美人属于不同人种，所以，现今得到公认的全球18岁以上成人BMI数值分类如表2-1所示：

成人BMI数值分类 表2-1

类　别	WHO标准	亚洲标准	中国标准	罹患相关疾病风险度
极重度肥胖	≥40			非常严重地增加风险
重度肥胖	35.0～39.9	≥30	—	严重增加患病风险
肥胖	30.0～34.9	25～29.9	≥28	中度增加患病风险
偏胖	25.0～29.9	23～24.9	24～27.9	增加患病风险
超重	≥25	≥23	≥24	患病风险为平均水平
正常	18.5～24.9	18.5～22.9	18.5～23.9	患病风险为平均水平
偏瘦	<18.5			低，但有其他患病风险
理想BMI值	24.99	18.5～22.99	22	

肥胖症患者由于肺泡换气不足较易出现缺氧，血液量增多而增加心脏负担，血中葡萄糖不能被充分利用导致糖尿病，形成脂肪肝而使肝功能异常，血胆固醇升高而引起动脉血管壁硬化，易发高血压、冠心病、中风、胆石症、痛风等。

俗话说："病从口入。"当代的富贵病最典型的是吃出来的病。"民以食为天"，是说物资特别是食品短缺时代民众能吃饱饭的重大意义。到了商品供大于求的今天，不但多数民众已经有条件吃饱，更有很多人以美食为享受，经常逞口舌之欢，将"民以食为天"演变成"民以食为乐"，饮食商家更是不遗余力地推广自己的产品。美食家们千方百计地在色、味、形等方面将食品做得更加诱人，"吃货"们则是毫无顾忌地将高热量食品、饮品填进口中。热量的计算单位是卡（cal）和千卡（kcal），1千卡是1千克水从15℃提升1℃所需的热量。人类饮食中的主要热源质（以每千克为单位）所能提供的热量分别是：有机酸2.4千卡，蛋白质4千卡，醣类（碳水化合物）4千卡，脂肪5千卡，酒精7千卡。有些人聚餐不断，应酬不断，长时间地在大鱼大肉和山珍海味前滞留，不知摄入了多少高热量食品；也有些人嗜酒如命，逢酒必喝，逢喝必多，还念念有词地自我解嘲或劝人同饮："酒是粮食精，越喝越年轻"；更有些青少年零食不断，夜宵不断，十分青睐那些被称为"垃圾食品"的即时快餐。凡此种种饮食乱象长期戕害人类健康和寿命，后果可想而知。

人们摄入热量的主要目的是为了消耗，一方面是维持机体的正常代谢，另一方面是保证充足的活动体能。当今患有富贵病的群体在过量摄入热源物质的同时，多数还伴随着身体运动量不足甚至极低的问题。随着经济发展步伐的加快和社会分工的调整,体力劳动者的群体数量和劳动强度被大幅度地减少了,其他社会群体的工作强度和运动量也都有明显的降低。人们出行的代步工具越来越多,也越来越方便,所以"安步当车"的人越来越少,上下楼有电梯,离开家有汽车,出远门有飞机、高铁,还哪来的体能消耗呢?电视、电脑、网络和智能手机的普及,使很多人不但缺少了运动,甚至根本就没有了运动,更有极端的"宅男"、"宅女"根本就是足不出户了。

这一社会现实问题的两个方面恶性循环,一方面是摄入热量过多,另一方面是代谢消耗不掉那么多的能量。如此发展下去,我们完全有理由担心富贵病的普及度会更高,患者低龄化的倾向会愈演愈烈。如果不能有效地警示和督促正在逐步走向富贵病的群体,那就必不可免地会带来更多的社会问题。

二、隐性饥饿是看不见的杀手之一

在提防能量过剩正在普及富贵病的同时,我们还必须正视另外一个杀手对人类健康和生命的危害,那就是隐性饥饿。既然是隐性的,说明这类杀手是躲在暗处的。所谓"明枪易躲,暗箭难防",因此隐性饥饿远比显性饥饿对健康和寿命的威胁更大,后果更可怕。有统计数据称,全球约有 20 亿人处于隐性饥饿状态,接近人口总量的 1/3。更为严重的是,全球每年大约有 300 万人因营养不均衡的隐性饥饿而死亡,其中大约有 1/3 是儿童。还有资料显示,大约 70% 的慢性退行性病变如心脑血管病、糖尿病、肥胖症等,还有癌症的肆虐横行,都与隐性饥饿有关。

3 大产能营养素的缺乏,是极易被人所感知的,缺少时所导致的饥饿是显性的。饥饿时身体会有即时的明显而又强烈的反应,长期缺乏导致的消瘦更是显而易见。水,是一种特殊的营养素,哪怕是稍有缺乏,也会立即就有干渴感产生。但是,其他一些微量营养素的缺乏,却不是在短时期内就能很明显、很准确地被觉察出来。这些微量营养素包括维生素和矿物质,还可以将纤维素包括进来。微量营养素是相对于前面提到的宏量营养素而言的。其中的维生素是人体维持正常生理机能所必须的微量有机物质,对于人体生长、发育和代谢具有极其重要的作用。而矿物质则是无机化合物中的盐类,所以也被称作无机盐。维生素和矿物质在体内的含量都很少，因此被称为微量营养素。微量营养素不足时，人体会出现新陈代谢障碍、免疫功能下降、易患多种疾病等状况。这些不易被察觉、不易被发现的微量营养素缺乏现象，就是我们这里所要强调的隐性饥饿。

权威部门给出的定义是：隐性饥饿是指机体由于营养不平衡或者缺乏某种维生素及人体必需的矿物质，同时又存在其他营养成分过度摄入，从而产生隐蔽性营养需求的症状。

我们先来看看人体缺少维生素会造成哪些隐性饥饿现象。

维生素（Vitamin）是一系列有机化合物的统称，是人体维持生理机能不可缺少的微量营养素。维生素不参与人体组织和细胞的构成，也不会给人体提供能量，它们的主要作用是参与机体代谢的调节。它们在人体内的含量很少，日需要量常以毫克或者微克来计算，但却是不可或缺的。它们均以维生素原（化学结构类似于某种维生素，经过简单代谢反应即可转变为维生素的物质，例如β－胡萝卜素）的形式存在于食物中，多数是人体不能合成或合成量不足的，必须经常通过饮食获得。维生素是一个庞大的家族，现代科学发现的就有几十种，如维生素A、维生素B、维生素C、维生素D、维生素E等。根据其溶解特性，大致上可以分为脂溶性维生素和水溶性维生素两类；根据其来源，大致上可以分为人体不能合成的必需维生素和人体可合成维生素。如果人体长期处于某种维生素缺乏状态，便将导致某些生理机能障碍，引发某类疾病。

人体不能合成的必需维生素一共有13种。

维生素A（Vitamin A）又称视黄醇，脂溶性。缺乏时易患干眼病、夜盲症等，因此也被称为抗干眼病因子。它还有保护上皮细胞粘膜、抑制视神经萎缩和角膜软化症的作用，多存在于绿色蔬菜、动物肝脏、鱼肝油等物质中。

维生素 B_1（Vitamin B_1）又称硫胺素，水溶性。缺乏时易患脚气病（不是脚气）、神经炎等，因此也被称之为抗脚气病维生素或抗神经炎维生素。常人轻度缺乏维生素 B_1 时，会出现食欲不振、肌软无力、肢体疼痛、血压下降、体温降低等症状，但因程度较轻而极易被忽视。维生素 B_1 广泛存在于米糠、牛奶、蛋黄、番茄等食品中。

维生素 B_2（VitaminB_2）又称核黄素，水溶性。缺乏时易发口、眼和外生殖器炎症，如口腔溃疡、口角炎、唇炎、舌炎、眼结膜炎、阴囊炎等。其在人体内很容易被消化吸收或排出，所以存储极为有限，必须每天都要从食物中补充。维生素 B_2 广泛存在于动物性食品的肝、肾、蛋、奶和植物性食品的大豆、蔬菜中。

维生素 B_3（Vitamin B_3）又称烟酸、尼克酸、维生素 PP，水溶性。缺乏时可产生糙皮病、皮炎、舌炎、腹泻、烦躁、失眠等症状。它还有缓解胃肠障碍、偏头痛，预防脑动脉血栓形成、肺栓塞等作用。妊娠和哺乳期女性、严重烟瘾或酗酒者、吸毒者，都会增加维生素 B_3 的需要量。维生素 B_3 富含于肉类和肝、肾、花生、豆类、糠麸、坚果等食品中。

维生素 B_5（Vitamin B_5）又称泛酸，水溶性。缺乏时会发生低血糖症、血液及皮肤异常、食欲不振、倦怠、忧郁、失眠、易患十二指肠溃疡等状况。它还具有制造抗体的功能，在维护毛发、皮肤、血液健康方面也有重要作用。维生素 B_5 富含于肉类、未精加工的谷类制品以及蔬菜中。

维生素 B_6（Vitamin B_6）又称吡哆素，水溶性。缺乏时会出现食欲不振、呕吐、下痢、贫血、关节炎、头痛、脱发、抑郁、学习障碍等状况。维生素 B_6 多存在于酵母、谷物、动物肝脏、蛋类和乳制品中。

维生素 B_7（Vitamin B_7）又称生物素、辅酶 R，或称维生素 H，水溶性。缺乏时会使头皮屑增多，易脱发和少年白发，能引起皮肤炎和肤色青暗、倦怠慵懒、肌肉疼痛、轻度贫血、抑郁失眠等症状。维生素 B_7 多存在于动物肾脏、牛奶、牛肝、蛋黄、瘦肉，草莓、柚子、葡萄等水果，以及糙米、小麦等粮食中。

维生素 B_9（Vitamin B_9）又称叶酸，或称维生素 M，水溶性。缺乏时可引起巨幼细胞性贫血及白细胞减少症，还有研究者发现容易引起情感改变。孕妇缺乏时，可使先兆子痫、胎盘剥离的发生率增加，易出现胎儿宫内发育迟缓、神经管畸形等情况。维生素 B_9 多存在于蔬菜叶和动物肝脏中。

维生素 B_{12}（Vitamin B_{12}）又称钴胺素、辅酶 B_{12}，水溶性。缺乏时易患恶性贫血、月经不调、牙龈出血、头痛等病症，并且会增加罹患心脏病的风险。儿童缺乏维生素 B_{12}时，会出现情绪异常、表情呆滞、反应迟钝、少闹嗜睡等症状，最后会引起贫血。若出现食欲不振、消化不良、舌头发炎、失去味觉等状况时，可能就是缺乏的信号。维生素 B_{12}多存在于肉类、动物肝脏和蛋、奶类食品中。

维生素 C（Vitamin C）又称抗坏血酸，水溶性。缺乏时，成人一般要 3 ~4 个月才出现食欲减退、倦怠无力、面色苍白、精神抑郁等症状，儿童则会表现出易激怒、体重不增、低热、呕吐、腹泻等症状。严重缺乏时易出现皮肤瘀点、瘀斑、紫癜、齿龈肿胀出血等症状,长期严重缺乏时会造成贫血和坏血病。维生素 C 富含于新鲜的蔬菜和水果中。

维生素 D(Vitamin D)又称骨化醇或抗佝偻病维生素,脂溶性。缺乏时会导致少儿佝偻病和成人软骨病,其症状为骨疼痛、关节疼痛、肌肉萎缩、失眠、精神紧张、腹泻、痢疾等。人的皮肤下面储存有从胆固醇生成的7-脱氧胆固醇,受紫外线照射后可转化为维生素 D_3。所以,适当的日光照射可以使人体生成满足自身需要剂量的维生素 D。

维生素 E(Vitamin E)其水解产物又称生育酚,脂溶性。缺乏时,男性睾丸萎缩并会导致生精能力下降,女性胚胎与胎盘萎缩引起流产或卵巢早衰诱发更年期综合征。维生素 E 还具有调节男性不育,缓解冻伤、烧伤、毛细血管出血,帮助美容等作用。维生素 E 多存在于植物油和鱼类、鸡蛋、动物肝脏中。

维生素 K(Vitamin K)又称甲萘氢醌或凝血维生素,有维生素 K_1、K_2、K_3、K_4 等几种形式。其中,K_1、K_2 为天然物质,脂溶性;K_3、K_4 为人工合成,水溶性。缺乏时会减少体内凝血酶原的合成,导致出血时间延长。如果是新生儿,可能会吐血,以及肠子、脐带或者包皮部位出血;如果是成人,可能会凝血不正常,导致流鼻血、尿血、胃出血、淤血。维生素 K_1、K_2 多存在于菠菜、苜蓿、白菜和动物肝脏中。

必须要特别提出的是,维生素 A 的前体 β-胡萝卜素和维生素 C、维生素 E 还被并称为 3 大抗氧化剂,具有防癌抗癌、延缓衰老和延长寿命的特别功效。人离开氧气就无法存活,但氧气在人体内也会产生一种被称为自由基的有害物质。它是人体代谢过程的产物,能破坏细胞膜的结构和功能,导致多种疾病发生,是衰老和死亡的直接参与者。β-胡萝卜素和维生素 C、维生素 E 都有阻止、抑制自由基活动的作用,能够“联手”保护人体细胞,堪称“抗氧化三剑客”。

人体有如一座极为精密和复杂的化工厂,每时每刻都在进行着各种生物化学反应,上述各种必需维生素就是其中一些重要反应的助剂。它们的缺乏,会导致人体各种生化反应的质量下降,结果出错。而问题的严重性在于人们对这些却浑然不知,可能要到病魔缠身或者病入膏肓时才幡然醒悟,原来必需维生素缺乏所导致的隐性饥饿就是看不见的杀手之一。

特别提醒:维生素的补充也不是越多越好,有些维生素的过量补充还会产生毒副作用;在医院和药店里,部分维生素制剂也是按药品来管理和使用的。所以,如果需要大剂量补充维生素时,应请教专业人士或遵医嘱。

三、隐性饥饿是看不见的杀手之二

同缺乏必需维生素所形成的隐性饥饿一样,缺乏必需的矿物质也会导致隐性饥饿现象发生,引发疾病,缩短寿命。

矿物质(Mineral)又称无机盐,是构成人体组织、维持正常生理功能所需的各种无机元素的总称,共有60余种,已知有20余种为的人体必需矿物质。其中,钙、镁、氯、磷、钠、钾、硫等7种矿物质在人体内的含量分别大于5克,它们的总量约占人体内矿物质总量的60% ~80%,每天需要补充量也分别在100毫克以上,所以被称为7种必需常量矿物质;其他的必需矿物质铁、锌、铜、锰、铬、钴、钼、镍、钒、硒、碘、硅、硼、氟,在人体中的总含量极低,每天需要补充量也分别在100毫克以下,有些甚至是以微克为单位补充的,所以被称为14种必需微量矿物质。我们日常生活中每天必须食用加碘钠盐,就是很好的例证。食盐中的主要成分钠是每天必须补充的常量矿物质,政府强制加入的碘则是每天必须补充的微量矿物质。政府为什么要强制推广碘盐,就是缺少了这种微量矿物质会出现大面积的地方病等问题。

7种必需常量矿物质见表2-2。

常量矿物质表 表2-2

元素	功　能	摄入不足症状	最佳食物来源	最佳补剂	促进因素
钙 Ca	构成骨骼,维护心脏和神经系统,缓解肌肉和骨骼疼痛,保持酸碱平衡,缓解肌肉抽搐和痛经	骨质疏松,肌肉痉挛或颤抖,失眠或神经质,关节炎或关节痛、龋齿、高血压	牛奶、杏仁、玉米油、南瓜子、豆类,卷心菜、小麦	氨基酸螯合钙、柠檬酸钙	钙镁比为3:2,钙磷比为2:1同补,维生素D、硼
镁 Mg	强健骨骼和牙齿,有助于肌肉放松,调节经前综合征,保护心脏和神经系统	肌肉颤抖或痉挛、失眠、高血压、心律不齐、便秘、惊厥或抽搐、多动	麦芽、杏仁、腰果、花生、大蒜、青豆、螃蟹、核桃	氨基酸、螯合镁、柠檬酸镁	维生素 B_1、B_6、维生素C和维生素D、锌、钙

续上表

元素	功　　能	摄入不足症状	最佳食物来源	最佳补剂	促进因素
钠 Na	平衡水分，有助于神经活动、肌肉收缩、心肌活动，有利于能量产生，向细胞内运送营养素	眩晕、中暑、低血压、脉搏加快、缺乏食欲、肌肉痉挛、恶心、呕吐、头痛	泡菜、橄榄、小虾、火腿、芹菜、卷心菜、螃蟹、豆瓣菜	食品中含量丰富，不需要补充	维生素 D
钾 K	将营养素转入细胞并运出代谢物，促进神经、肌肉、心脏功能，维持体液平衡，有助胰岛素分泌	心动过速且心律不齐、肌无力、手脚发麻和针刺感、恶心、呕吐、腹泻、腹胀	豆瓣菜、芹菜、小黄瓜、萝卜、白色菜花、南瓜、蜂蜜	葡萄糖酸钾或氯化钾、海藻	镁有助于保持细胞内的钾
氯 Cl	帮助消化，维持血液酸碱平衡，保持身体柔软性	脱毛发，掉牙齿	食盐、海带等海藻类，橄榄		
磷 P	构成骨骼和牙齿，是乳汁分泌、肌肉组织构成的必需物质，有助酸碱平衡，协助新陈代谢和产能	肌肉无力、缺乏食欲、骨骼疼痛、佝偻病、软骨病	所有食物都含有磷	磷酸钙、卵磷脂以及磷酸二氢钠	适当的钙磷比、乳糖和维生素 D
硫 S	使皮肤健康，毛发光亮，抵抗细菌感染		瘦牛肉，豆类，鱼		

14 种必需微量矿物质见表 2-3。

微量矿物质表　　表 2-3

元素	功　　能	摄入不足症状	最佳食物来源	最佳补剂	促进因素
铁 Fe	组成血红蛋白，参与氧气和二氧化碳的运载和交换，参与酶的构成，对能量产生也是必需的	贫血，面色苍白，舌痛，疲劳，无精打采，食欲不振，恶心，对寒冷敏感	南瓜子、杏仁、腰果、葡萄干、胡桃、猪肉、豆类、芝麻	氨基酸铁的吸收率是硫酸铁的 3 倍	维生素 C 增加铁的吸收、维生素 E、钙、叶酸、磷

续上表

元素	功　能	摄入不足症状	最佳食物来源	最佳补剂	促进因素
锌 Zn	参与酶的构成，有利于骨骼、牙齿、头发生长，促进神经系统和大脑发育，可调节性激素分泌	易感染，痤疮或皮肤分泌油脂多，生育能力低，肤色苍白，抑郁，缺乏食欲	牡蛎、羊肉、小虾、青豆、豌豆、蛋黄、全麦、燕麦、杏仁	氨基酸螯合锌、柠檬酸锌和甲基吡啶锌	胃酸、维生素A、维生素E和维生素B_6、镁、钙、磷
铜 Cu	造血、软化血管、促进细胞生长、壮骨骼、加速新陈代谢	贫血、胆固醇增高，导致冠心病，引起白癜风、白发	一般情况下，铜过剩比铜缺乏更常见	含锌量应为铜含量的10倍	锌
锰 Mn	有助于骨骼、软骨、组织和神经系统形成，可激活20多种酶的活性，稳定血糖	肌肉抽搐，生长期疼痛，眩晕，痉挛，惊厥，关节痛，帕金森氏病和癫痫	豆瓣菜、菠菜、生菜、葡萄、草莓、燕麦、芹菜	氨基酸螯合盐或柠檬酸锰	维生素E、维生素B_1、维生素C、维生素K
铬 Cr	平衡血糖浓度，协助胰岛素工作，维持糖代谢，增进食欲，保护心脏功能	会发生动脉硬化、糖尿病综合症、胆固醇增高、心血管病等	牡蛎、土豆、麦芽、青椒、鸡蛋、鸡肉、苹果、玉米、羊肉	聚烟酸铬、甲基吡啶铬、啤酒酵母	与维生素B_3、甘氨酸、谷氨酸和胱氨酸三种氨基酸结合
钴 Co	刺激造血，参与血红蛋白合成，促进生长发育	恶性贫血，心血管病，神经系统和口腔病			
钼 Mo	有助于排出蛋白质分解产物（如尿酸），强健牙齿，预防龋齿，降低自由基的危害	尚无任何已知的缺乏症状	西红柿、麦芽、猪肉、羔羊肉、小扁豆、其他豆类	氨基酸螯合钼	含硫氨基酸的蛋白质、碳水化合物、脂肪
镍 Ni	刺激生血机能，使胰岛素增加，血糖降低	易得皮炎、支气管炎等			
钒 V	促进脂肪代谢，参与造血	躁狂和抑郁症			

续上表

元素	功能	摄入不足症状	最佳食物来源	最佳补剂	促进因素
硒 Se	抗氧化,防癌,减轻炎症反应,增强免疫力,从而抵抗感染、促进心脏健康、增强男性生殖功能	形成癌症家族史,未老先衰,引发白内障、高血压,易反复感染	牡蛎、蜂蜜、蘑菇、鲱鱼、卷心菜、牛肝、鸡肉、金枪鱼等	硒代甲硫氨酸、硒代半胱氨酸	维生素 E、维生素 C
碘 I	组成甲状腺,促进蛋白合成,活化多种酶	甲状腺肿大,发育停滞,痴呆等	加碘盐、海产品		
硅 Si	促进骨骼生长,参与多糖代谢	与心血管病有关			
硼 B	核糖核酸形成的必需品		普遍存在于果蔬中		
氟 F	氟化钙坚硬骨骼和牙齿	易发龋牙(蛀牙)	含氟牙膏		

之所以在这里不厌其烦地罗列出人体必需矿物质的这些指标,是想要引起大家更密切的关注,明白我们很多疾患是由于缺乏这些常量元素或微量元素所导致的。而医生在治疗一些疾病时,往往也会使用相关营养素的补充制剂。特别是中医医生使用的中草药,很多都含有较高的矿物质成分。

特别提醒:矿物质的补充也不是越多越好,有些矿物质的过量补充还会产生毒副作用;在医院和药店里,部分矿物质制剂也是按药品来管理和使用的。所以,如果需要大剂量补充矿物质时,应请教专业人士或遵医嘱。

四、隐性饥饿是看不见的杀手之三

当下人们对隐性饥饿的认识正在逐步加深,适当补充一些维生素和矿物质也已成为大家日常生活的重要组成部分。但是,很多人对 7 大营养素之一的膳食纤维还没有给予足够的重视。其主要表现为肉类和精加工谷类食物摄入过量,蔬菜、水果、粗粮类食物摄入不足,导致富贵病蔓延。膳食纤维摄入不足已经成为隐性饥饿的另一种形态，成为人类健康和生命的另一个看不见的杀手。

膳食纤维，常被人们简称为纤维素，原本包含在碳水化合物概念中。但随着人体科学的进步，人们发现膳食纤维虽然不能给人体提供任何营养，但是其独特作用和作用机理却是其他营养素所不能替代的，因此在 20 世纪 80 年代被独立出来。权威部门给出的定义是：膳食纤维是指植物中天然存在的、提取的或合成的碳水化合物的聚合物，其聚合度 DP≥3、不能被人体小肠消化吸收、对人体有健康意义的物质。包括纤维素、半纤维素、果胶、菊粉及其他一些膳食纤维单体成分等。（《GBZ 21922－2008 食品营养成分基本术语》）

膳食纤维是一类特殊的碳水化合物，不能被人体消化和吸收。根据其能否溶解于水而分为水溶性纤维素和非水溶性纤维素。存在于自然界非纤维性物质中的果胶、菊粉、树胶等物质，属于水溶性纤维素；而存在于植物细胞壁中的纤维素、半纤维素、木质，则是常见的非水溶性纤维素。

膳食纤维有 3 大功能。一是稀释功能。大量的膳食纤维可以稀释进入人体消化系统的所有物质，首先会增加饱腹感，以避免过量进食，同时也会稀释在小肠中由碳水化合物衍化成的糖分，由各种动植物蛋白质衍化成的人体所需蛋白质，由脂肪衍化成的饱和脂肪酸、不饱和脂肪酸、多不饱和脂肪酸，以及消化吸收后形成的剩余物质等。膳食纤维的这种稀释功能，会使人体吸收营养物质的过程变得相对平稳，可以缓解集中进食给体内脏器所造成的骤然负担，当然也可以减少大肠对有害物质的重复吸收。对于血压、血糖、血脂、血尿酸和胆固醇偏高的人来说，增加膳食纤维摄入量无疑是十分重要的。

二是隔离功能。如果进入肠道的物质中掺有了大量的膳食纤维，会使肠道与营养物质接触的有效面积得以减少。虽然这同样也会减少对有益物质的吸收和利用，但更重要的是减少了对多余物质、有害物质的吸收。其实在人体中，所有多余的东西就都是有害物质，尤其是不能及时挥发掉的热量。这些多余的热量，就是由进入肠道的碳水化合物、脂肪等热源质所带来的。膳食纤维的这种隔离功能，会减缓人体吸收各类营养素的速度，给多余热源质和有害物质直接排出体外留出足够的时间和空间。

三是清洁功能。有人给膳食纤维取了一个形象化的别名——胃肠清道夫。由于膳食纤维的大量掺入，会使经由小肠吸收完毕后进入大肠的粪团变得膨大和松软,减少形成宿便的几率,使排便变得轻松和顺利,使肠道中的垃圾能及时得到清理。同时,膳食纤维还较易被肠道中的细菌所酵解,能有效地促进肠道蠕动,减少胀气。膳食纤维的这种清洁功能,会在很大程度上减缓便秘之苦。对于肥胖症患者、有减肥意愿的人、有罹患结肠癌和直肠癌之虞的人来说,这都是极其重要的。

五、值得商榷的“膳食宝塔”

在医学界、健康管理界和保健食品界很流行的“膳食宝塔”(或称“膳食金字塔”,如图 2-4 所示)分为 5 层:最上层是食用油和食盐,第 2 层奶类和豆制品类,第 3 层为肉类、鱼虾类和蛋类,第 4 层为蔬菜类和水果类,第 5 层谷类、薯类、杂豆类和水。这个宝塔直观地划分了人类饮食的主要类别,但是却存在着不够科学和脱离现实的问题。中国有将近 14 亿人口,人们的健康状况、营养需求、饮食习惯和水准的差别很大。我们不能要求一个“宝塔”就可以适合每一个国人,但是将人群划分出几大类别,分别作出标定和加以引导,却不是什么无法实现的难事。

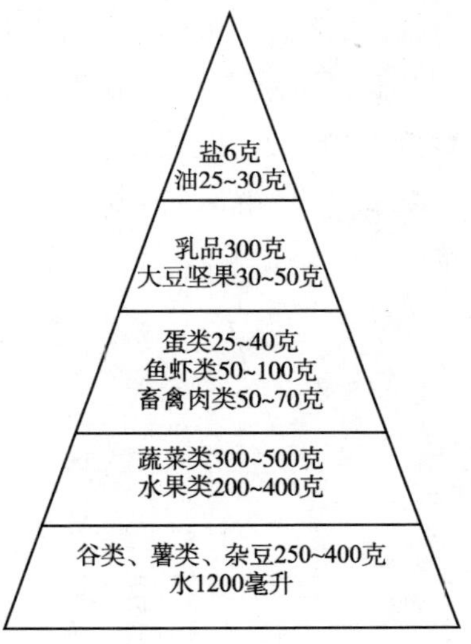

图 2-4 中国居民平衡膳食宝塔

首先是适应人群的问题。从建立膳食营养摄取标准的角度来看,用最大化公约数的方法来划定适应人群类别,至少应该区分出 3 大类别:一是饮食上处于温饱水平的普通民众和体力劳动者,他们可能还是目前中国最大的一个群体。二是企业中的白领阶层、国家机关的普通公务员、各类事业单位的普通职员等脑力劳动者群体,他们已经达到或接近小康乃至中产阶级的生活水准。三是企业高管、机关领导干部、社会富有阶层、其他拥有“富贵病”的患者。这一类别的人规模也很大,尤其是富贵病人群占用了很大比例的社会医疗资源,亟需饮食调整。所以,至少应该由 4 个不同内容的膳食宝塔来引导国民饮食倾向:1 号,理想标准膳食宝塔;2 号,富贵病群体膳食宝塔;3 号,脑力劳动者膳食宝塔;4 号,体力劳动者膳食宝塔。这其中,2 号塔和 3 号塔最具有现实意义。

第二是膳食宝塔结构问题。目前，能够知晓“中国居民平衡膳食宝塔”的人毕竟还是少数，而能够按照膳食宝塔来安排生活的人应该集中在城市里的富贵病群体和脑力劳动者群体两个类别上。对于这两个类别的人来说，如果他们的饮食结构还让谷类、薯类等高碳水化合物占据最大份额的话，明显是有问题的，其结果必定是富贵病群体的病情会继续加重，而脑力劳动者群体中也会有更多的人向富贵病群体转移。因此，建议将这两类人群膳食宝塔的第 4 层和第 5 层位置互换，可能会更科学一些。

第三是宝塔各层次的内容问题。针对于各类别群体的能量消耗水平和实际摄取需求，富贵病和脑力劳动者群体的畜禽肉类和谷、薯类日摄入量应减少，蔬菜、水果类日摄入量应增加；温饱型群体和体力劳动者群体的蔬菜、水果类日摄入量应大幅度增加，才可能不增加他们的肉类和谷、薯类食品摄入，以免他们再重蹈那些“先富贵病起来”群体的覆辙。作为理想型的膳食宝塔，应与脑力劳动者的 3 号塔大体相当。另外，不论是哪种类型群体的膳食宝塔，水的摄入量似乎都应有较大幅度的增加。1200 毫升的日补充量显然不是很充足的。

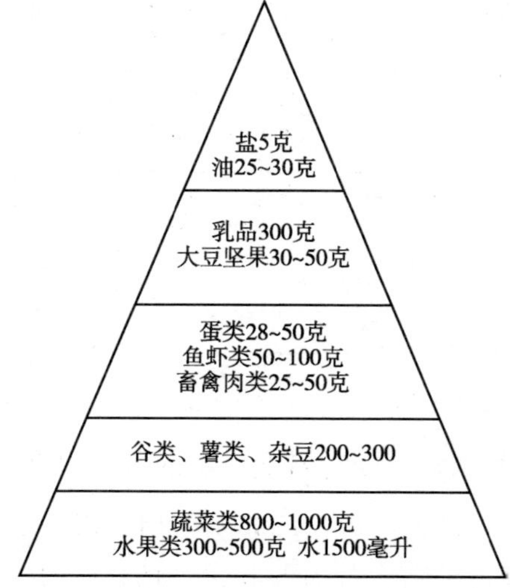

图 2-5　建议膳食金字塔

由于我们自身并非营养学的专业工作者，更没有动用和利用广泛社会资源的能力，所以这里只能是建议性地绘制出一张 2 号、3 号人群的平衡膳食宝塔参考示意图（如图 2-5），供这两类群体中的人们参考，供专业机构和专业人士研究。这种“3 斤水、2 斤菜、1 斤果、半斤饭、1 两肉、1 个蛋”的模式，对于当代城市中的多数人口来说，可能会更接近现实需要一些；而且对于有志于实现自我健康管理的人们来说，也更容易认知、更方便操作一些。

第十二章

自觉养成健康的习惯

对健康的习惯应该从两个方面来理解：一方面，习惯的本身就健康；另一方面，习惯的结果是健康。如前所述，观念会导致习惯的形成，习惯会影响命运。所以，能否获得健康和长寿的命运，与是否具有良好的生活习惯密切相关。但是，人生的日常活动和行为习惯是纷繁复杂的，无法详细地逐一研讨。下面我们研讨几类与健康和寿命密切相关的生活习惯，并将其纳入健康管理的范畴，使其成为我们日常生活的自觉行动。

一、修养性情，笑对人生

面对相同的事物，不同的人会产生不同的看法。这一方面是受个人头脑中已有的价值观和信息量影响，另一方面则是其长期形成的思维习惯作用的结果。两个思维习惯不同的人干渴时，面前各有半杯白开水，他们的反应可能会截然不同。其中一个可能会十分欣慰，感谢在这里能有半杯水。另一个人可能在欣喜之余马上又产生抱怨：怎么只有半杯？这要是满满一杯该有多好啊！如果要是一杯冰可乐，那就更漂亮了。可以想见，前者的思维习惯是积极知足的，后者则是消极抱怨的。偶尔一次在面对一杯水时，想法积极或消极倒是问题不大。但在漫长的人生路上，要是经常按照这样的思维方式来考虑问题，那麻烦可能就大了。所以，要想健康长寿,必须首先做到自觉地修身养性,培养出健康的思维习惯。如果能发自内心地做到豁达少嗔,知足感恩,识美自信,积极上进,自然也就可以笑对人生了。

豁达少嗔。所谓豁达,就是人们常说的“拿得起,放得下”。这世界就是这个样子,我们想不豁达也改变不了什么。我们不喜欢夜晚,可是太阳偏要落山,我们只能是豁达地享受月色的皎洁和星光的璀璨;我们不喜欢冬天,可是地球偏要这样旋转,我们只能是豁达地领略雪花的飘舞和凛冽的严寒。人生也是如此,如意者一二,不如意者八九,不论我们是否喜欢,生命过程中都一定会有 8 成甚至 9 成的事物并不符合我们的心意。那又能怎么样呢?我们依然要活着。为什么要活着?就是为了要获得和享受那 1 至 2 成如意的事物。所谓少嗔,就是要少一些责怪,少一些嗔怒。有人素有抱怨型思维习惯,凡事都要抱怨,对身边的人要抱怨,对遇到的事要抱怨,或者直接说出导致人事关系紧张,或者埋在心底自我郁闷,横竖是看谁都不顺眼,好像这个世界亏欠他什么一样。其实,这个世界原本就是这个样子,只有豁达少嗔才能笑对人生。

知足感恩。如果我们今天还活在这个世界上,就应该知足;如果我们不但活着,而且还很健康,那就更应该知足了。如果还不知足,那就去养老院看看,就会感到自己真的很幸福,因为我们还年轻;如果还不知足,那就去医院看看,就会感到自己真的很幸福,因为我们还健康;如果还不知足,那就去殡仪馆看看,就会感到自己真的很幸福,因为我们还活着。至于钱财、权势、名气,不仅仅是身外之物,强求更会欲壑难填。如果知足,自会感恩;如果常怀感恩心态,想要做到豁达少嗔也就不难了。人生在世,需要感激的人、事、物很多,不知足就无法真诚地感恩。前面提到的林黛玉,由于心里不知足,好像贾府里所有人都有负于她,结果是终日以泪洗面,花季夭折。

识美自信。识美,就是发现美好,认识美好,享受美好,进而创造美好。世界是美好,但并非世界上的所有事物都是美好的。而且,即使是一件美好的事物,也可能会有其不够美好的另一面。人生是美丽,但并非人生旅程中的所有风景都是美丽的。而且,即使是一处美丽的风景,也可能会有其不尽如人意的地方。在所面对的事物中发现美好,是一种能力,也是一种境界。比如山间晚秋的一株枫树,虽然有一些叶片枯萎了,也有一些叶片飘落了,但是也还有一些红叶挂在枝头,迎风摇曳,装点山色。如果要为红叶拍照,只需找到合适的角度,把镜头对准枝头上尚未枯萎、尚未飘零的叶片就好，何必非要死盯着那些枯槁或飘零呢？倘若能发现飘落的红叶把山坡上似黄仍绿的草坪打扮得色彩斑斓，岂不是发现了枫叶的另外一种价值和美丽么？伤春和悲秋，不但是在美好中锁定了落寞，更是夸大了事物不美好的一面。有识美能力的人是有福气的人，在他们眼中，雪花飞舞，标明了春天已经不远；落英缤纷，预示着秋天的硕果累累。能够在生活和工作中发现美好、认识美好、创造美好、享受美好，也是人生自信的一种表现。只有不自信的人才会终日顾影自怜，甚至“杞人忧天”。

积极上进。积极上进不是一句口号，也不是什么大话，而应该是一种心态，更应该成为一种思维习惯。只有思想上的积极上进，人生才会活得有精神。有一个大家耳熟能详的故事，十分生动地描述了消极颓废思想的危害以及积极上进型思维的作用。故事说，以前有一位老太太，她的大女儿以卖伞为业，她的小女儿以卖扇子为业。两个女儿生意做得还好，日子过得也不错，可老太太却是每日愁烦，终年忧郁。艳阳高照的晴天她发愁，邻人问其缘故，她回答说这晴天无雨，谁会买我大女儿的雨伞呢？大女儿会没有生意的啊。大雨如注的雨天她也发愁，邻人再问缘故，她回答说这连日阴雨，我小女儿的扇子卖给谁呢？小女儿又没生意了。邻人劝她说，你何必这样跟自己过不去呢？叫我看，你每天都应该高兴才是啊。你看，晴天你应该高兴，因为你小女儿的生意会很好；雨天你也应该高兴，因为你大女儿的生意会很好。如果你要是能让大女儿在晴天去帮小女儿卖扇子，再让小女儿在雨天去帮大女儿卖伞，可能他们的生意还会更加的红火。老太太听从了邻人的劝告，不但不再忧愁，而且她自己也加入了晴天帮小女儿卖扇子、雨天帮大女儿卖伞的行列，一家人其乐融融，生意也越做越好。

如果人们能够做到这16个字，健康长寿就有了前提和基础。风雨交加的人生路上，我们就是要有风也开心，下雨也高兴才是。如果一个人不善于修养性情，又怎么可能笑对人生？如果不能笑对人生，其他促进健康长寿的习惯不论多好都是徒劳的。

二、作息有序，自设“闹钟”

当今世界，很多人以任性为荣、为傲。有些人因为年轻，就可以任性；也有些人因为有钱,也可以任性;还有些人因为有权,就更加任性。殊不知,自然界是有法则的,国家是有法则的,社会是有法则的,家庭也是有法则的。人类作为自然界中的成员,首先必须遵循的就是自然法则。自然法则中最为根本的一条,便是日出而作、日落而息。所以,想要健康长寿的人,在修养性情、调节心态基础之上,最应建立的便是健康有序的作息习惯。结合睡眠,应给身体设定4个"闹钟"。

睡眠"闹钟"。现在有很多年轻人平时习惯于熬夜,到了周末或其他节假日再恶补,甚至是一睡一整天,在作息上表现出极端地任性。2015年1月12日,习近平总书记在同中央党校县委书记研修班学员座谈会上,回忆起自己刚开始当县委书记时性子很急,经常通宵达旦地工作。后来,他感到这样子不行,不但影响健康,而且也影响第二天的工作。特别是当他知晓了一句"手里攥一千个线头,针眼一次只能穿过一条"的熟语之后,便决定摆顺心态,调整作息时间,晚上到24点就休息,第二天再重新来过。他得出的结论是:内在有激情,但还是要从容不迫。所以,他告诫青年干部和所有年轻人不要熬夜。我们应根据自己的实际情况,确定出科学合理的作息时间。但无论是什么情况,最好能在23点前就寝,最晚也不要晚于24点。要根据早上必须起床的时间,保证能有6.5—7.5个小时的有效睡眠。人体内有生物钟,这个道理大家都是知道的。作息习惯一旦养成,到该睡的时刻就会有困意,到了该起床的时刻自然也就会醒。

烫脚"闹钟"。现在的城市白领及"金领"普遍运动量不足,导致下肢血液循环不畅,反倒觉得很累。为了更为有效地缓解一整天劳作的疲劳,也为了有更好的睡眠质量,如果不是天天睡前冲澡的人,就应该在每天睡前洗漱时增加一道烫脚的程序。这个动作,已经大大超出了卫生的范畴,而是要上升到健康行为习惯的高度来对待的。睡前烫脚的最重要功效,是促进下肢乃至全身的血液循环。其意义除了缓解疲劳、促进睡眠之外,更有调节血压、血糖、血脂,减轻心脑血管负担等作用。如果在烫脚时再辅以搓揉涌泉穴,还能提高免疫力,预防感冒或缓解感冒症状。很多老年人已经养成这样的习惯了,我们这里要强调的是年轻人,不要非得等到步履蹒跚时才开始这样的动作。如果能从进入大学或者说是从18岁就开始形成睡前烫脚的习惯,到中老年时一定会比同龄人健康许多。

晨饮"闹钟"。据测算,一个人一昼夜平均要通过呼吸道、消化道、泌尿道和皮肤消耗2500毫升左右的水分。这些水分从哪里来?3餐饭、菜、汤和进食水果可补充约200—500毫升，体内物质代谢可氧化生水约100—300毫升。其余的大约1500—2000毫升的水分需求，就必须要靠饮水来解决了。经过一夜的睡眠，7—8小时未进水分，体内已经进入生理性缺水状态了。因此，晨起空腹状态时，喝一杯前一天晚上晾上的白开水，其第一位功效就是为身体补充水分，满足需求，增强代谢；二是可以冲刷胃肠，软化粪团，防止便秘；三是能够稀释血液，促进循环，醒脑养心；四是有效滋润肌肤，帮助排毒，美容养颜。胃寒的人可以加进一点热水使其变成温水，便秘的人也可以稍加进一点点蜂蜜。

排便"闹钟"。像治水要将疏导放在首位一样，想要健康长寿的人不能只忙活"进口"，而忽略对"出口"的管理。拉和吃同样重要，甚至比吃还要重要。所以必须高度重视，科学管理。一般情况下，一个人一天应排一次大便。由于夜间是人体新陈代谢活动比较集中的阶段，所以应在早上及时排出代谢所产生的废弃物。排便是一个很复杂的生理过程，受意识、习惯、饮食、环境等因素影响很大。有些人本来就已经有早上排便的习惯，我们姑且不论。而那些排便不定时或者是几天才排一次的人，就要先形成"早上是排便最佳时间节点"的思想意识。意识对于生理活动、身体健康和延年益寿的能动作用前面已经讲过。有了这样的意识，又怎样形成习惯呢？那就是每天定点去做。如果你给自己规定的起床时间是早7点，那你就不管有否便意，也不管以往是何时排便，从明天起你就7点钟去蹲厕所，而且蹲厕所时要思想集中，不能又是读书看报，又是看电视的。这样重复若干天之后，早起排便的"闹钟"就设定完成了。

一个人睡眠及其前后的这4个"闹钟"，对于健康和寿命的意义极大。一旦将它们设置完成，坚持几年就都会变成不可更改的习惯，一定会有效地提高身体健康水平。不难设想，要是能坚持几十年、坚持一辈子呢？健康长寿就有了一个坚实的基础。而且我们必须要再次强调，这些习惯要从年轻时就开始养成。年轻的父母们不光是自己要做到，还要引导和监督孩子也能做到，其意义不比引导和监督孩子学习的分量轻。

三、注重营养，全面均衡

从营养总量上来讲，现代城市人并不缺乏营养，而问题集中表现在营养的不均衡上。用不完的营养本该减少反倒是越吃越多,该补充的营养却迟迟补不上来。如果说不重视营养吧,他们却专拣山珍海味吃;如果说他们重视营养,却吃出了许多因缺少某种营养素而导致的慢性病。人们在经济困难时期常说因营养不良而得什么什么病,殊不知现在的营养不均衡也是营养不良的一种表现形式。所谓的营养不良,就是在营养摄入方面存在问题。缺少蛋白质、脂肪和碳水化合物是营养不良,缺少维生素、矿物质和纤维素,也同样是营养不良。前者是显性饥饿,后者则是隐性饥饿。现在的问题是,前者过剩,"过则错";后者不足,缺也错。我们想要获得健康,就要在实现营养均衡上下工夫。

如果能熟记并坚持做到以下 6 项,基本上就能实现营养均衡了。

1. 保证足够摄入优质蛋白质。实质上,人体需要的不是可以吃到的动物或植物蛋白(简称食物蛋白质),真正需要的是各种氨基酸。动、植物蛋白质进入人体后,经过胃肠被分解成各种各样的氨基酸。这些氨基酸被小肠吸收进入血液后,逐渐被合成为可以构成人体的各种蛋白质(简称人体蛋白质)。这就是吃畜、禽、鱼肉和豆、蛋、奶却能长出人肉的道理所在。人体蛋白质有 10 万种以上,所以说它是构成人体的基础物质。人体的骨骼、肌肉、皮肤等组织,都是由蛋白质构成的;体内参与所有新陈代谢化学反应的酶,都是有催化作用的一系列蛋白质;调节包括身高增长等生理机能的激素,也是蛋白质及其衍生物;还有抵御各种病菌病毒的抗体等。而氨基酸,则是构成蛋白质的基本单位。合成人体蛋白质共需要 22 种氨基酸,其中人体无法自行合成或合成速度不能满足需要的氨基酸有 9 种,被称之为人体必需氨基酸。其他的非必需氨基酸并不是人体不需要,而是可以自己合成或从其他氨基酸转化得到,不一定非要从食物中获取。根据食物蛋白质中的氨基酸成分,全面含有人体必需氨基酸的被称为完全蛋白质。如果它所含有的必需氨基酸不仅种类齐全,而且比例适当,数量充足,就属于优质的完全蛋白质。如果所含有的必需氨基酸虽然种类齐全,但是或者比例不适当,或者数量不足,仅能维持生命却不能促进生长发育,就属于半完全蛋白质。如果所含有的必需氨基酸种类不齐全,就属于不完全蛋白质了。我们要实现营养均衡,就必须首先保证优质完全蛋白质的摄入量适当。孕产妇、婴幼儿、青少年和手术病人对优质完全蛋白质有着特别的需求,更需保证。有统计资料称,我国 0 ~ 5 岁婴幼儿达不到身高标准的约有 35%,达不到标准体重的约有 18%。当然,农村儿童的身高和体重明显低于城市儿童。这和蛋白质摄入不足严重相关。

2. 严格控制脂肪摄入量。脂肪类食物应该算是造成各种富贵病、慢性病的元凶。它吃进去容易，也能给很多人解馋，但是一旦多了再想弄出来可就“难于上青天”了。尤其是弄进血管里之后，几乎就没有再把它弄出来的可能了。当今城市人口的脂肪摄入多为严重超量状态，每个人都应自觉地严格控制。

3. 坚持餐外补充微量营养素。有权威人士说，国人普遍存在“隐性饥饿”现象，即缺乏各种微量营养素。55%的人缺乏维生素A，50%的人缺乏维生素B2，城市中的贫血者达30%以上。世界银行的统计表明，仅微量营养素缺乏，对发展中国家经济所造成的损失至少占国民生产总值的3%～5%。西欧一些国家还将经济的增长归功于营养和健康状况的改善，而消除碘、维生素A和铁的缺乏，能提高人群平均智商10至15分。（《青年时讯》2002年1月18日）事实证明，仅靠饮食来解决隐性饥饿问题是无法完全奏效的，所以必须提倡每天在餐外适量地补充维生素和矿物质。人体对维生素、矿物质等微量营养素的需求，在很大程度上是生活现代化带来的现代病。而且补充这两类营养素又是一个相对复杂的问题，其中的很多营养素又是要求同时摄取、协同作用才会有效。所以，现代化的问题只有用现代化的手段来解决，才会变复杂为简单，以较高的效率来实现健康管理。近20年来在我国市场上出现的一些高品质的复合保健食品，可以在这方面给人们以有效的帮助。

4. 多吃粗粮和蔬菜、水果，注意补充纤维素。精米和精面在过度加工的过程中不仅损失了大量维生素等营养成分，同时也严重降低了膳食纤维的含量，还是少吃为佳。除了应多选择粗加工米、面做主食而外，还应多用杂粮和薯类做主食。更多的，是要增加新鲜蔬菜和水果的进食量。蔬菜和水果不但是蕴含有种类丰富、数量充足的微量营养素，还可以提供足够数量的膳食纤维。日常进食蔬菜、水果量较小的人，应酌情补充一些膳食纤维素制剂。

5. 必须吃早餐。很多青少年朋友不喜欢吃早餐，或者经常是来不及吃早餐，其危害是巨大和长久的。不吃早餐，上午的学习和工作靠什么来支撑呢？只能是透支体内的能量。坚持到11钟左右，就已经饿得心烦意乱了，所以上午最后一节课基本就不知道学的是什么，或者是做什么工作也无法集中注意力，甚至可能因血糖处于极低值而心慌或眩晕。终于吃午饭了，一定是“胡吃海塞”地超量饮食，又使血糖急剧升高，血液粘稠度骤增，血流减缓，大脑乏氧，昏昏欲睡。结果是下午的第一节课又白上了,或者是无法工作。还有研究表明,不吃早餐也是造成肥胖的主要原因之一。所以,为了学习成绩,为了有效工作,最主要的是为了身体健康,无论男女老少都必须吃早餐,而且一定要吃最富营养的早餐。

6. 坚决远离垃圾食品。对垃圾食品的定义众说纷纭,但有两点是得到各界共识的:仅提供热量,或是超过人体需要提供多余的营养物质。据说正是汉堡包和炸鸡、炸薯条等,“造就”了严重超重超肥的当代美国人。美国政府曾试图将国民脂肪摄入量从40% 降至30%,却非常困难。20多年来,洋快餐对我国青少年的大举进攻,已经在一部分青少年中形成饮食习惯,可能会影响一代人甚至几代人的身体素质,由此而引发的健康问题也可能会拖累民族发展和社会进步。世界卫生组织公布的10大类垃圾食品是:油炸类,掩制类,加工肉类,饼干类,碳酸饮料类,方便面类,罐头类,蜜饯果脯类,冷冻甜品类,烧烤类。人们,特别是儿童和青少年,一定要自觉远离之。

据2009年6月1日的《生命时报》报道:南京有一位当年刚刚度过110岁生日的老人,宣称自己的寿命目标是“起码活到120岁”。他就是出生于1900年的南京大学教授、博士生导师、中国营养学会第二任理事长的郑集先生。作为中国营养学的先导者,他用餐的总体原则是按时吃饭,多吃蔬菜,不吃动物油脂和肥肉,只吃植物油,少吃油炸、腌制和过辣、过甜、过咸的食品,每餐只吃8分饱,每天吃一两个水果。郑老说,“除正常饮食外,我每天还会补点营养素”:维生素A,维生素B1、B2、B6,维生素C,维生素E等,冬天还会加服人参或党参、黄芪、白术、大枣等。

在长期的营养学科研和养生实践中,郑集先生一直恪守自创的健康10诀:①思想开朗,乐观积极,情绪稳定;②生活有规律;③坚持体力劳动和体育锻炼;④注意休息和睡眠;⑤注意饮食卫生,切忌暴饮暴食;⑥严禁烟,少饮酒;⑦节制性欲和不良嗜好;⑧不忽视小病;⑨注意环境卫生,多同阳光和新鲜空气接触;⑩注意劳动保护,防止意外伤害。郑老说,长寿的理论很博大,毕竟人体很复杂,我们还知之甚少。坚持合理营养,平衡膳食,适量运动,勤于思考,树立信心,不要被病魔吓倒,在自己喜爱的事业中不停地工作,就能坦然地长命百岁。

四、两搓两揉,文体兼动

在人类追求健康长寿的路上,积累了大量的自我保健方法,但多数因不方便实践和坚持而无法推而广之。这里重点推介的“两搓”、“两揉”之法，如果能为大家所熟记、所实践、所坚持，必将使很多人受益，有效地提高健康水平。“两搓”，就是自己搓手、搓脚；“两揉”，就是揉腰、揉腹。虽然都是极其简单的动作，但却有很大的功效。

搓手。所谓搓手，就是两只手相互搓揉、按摩。这是一个可以随时随地进行的保健动作。按照传统中医的理论，人的手掌和手指的正反两面上有很多穴位，也有多条经络汇集于双手，按照当今流行的手诊和人体按摩的观点，人的双手更是全面地分布着人体各个器官的反射区。因此，无论从哪个角度来说，如果每天都能揉搓、按摩双手，都会对健康有促进作用，并且会对一些疾患有预防或调理作用。对一般人来说，可以依次用 3 种方法来揉搓：①两手互摩。将一只手轻握成拳，置于另一只手的掌握之中，两手旋转互动，等于是一只手在揉摩另一只手背上的指关节，而这一只手同时又是在揉摩那一只手的掌心和指关节内侧。旋转互摩 50～100 次后，两手互换。②推捏手指。使一只手的拇指与食指配合，用该拇指的指肚去推拿另一只手的 5 根手指，从根部推至指梢，并在指尖处稍微用力捏一下。可根据能利用的时间长度来确定推捏每根手指的次数，然后两手互换。③揉按掌心。用一只手的拇指和另外 4 根手指配合，以拇指肚按揉另一只手的掌心，或从手掌的下缘推按至中指和无名指的指根处。可在重复推按 50～100 次之后换手。而对于有头痛、眼干、牙痛、感冒初起、落枕、颈椎不适、胃疼、心慌等症状的人来说，则可以在做完以上 3 项按摩后，再有重点地点按手上的一些穴位或反射区。具体的症状对应点可以在网上查到，或者请教专业人士。搓手的最大方便之处是可以将零散时间利用起来进行健身活动，比如等车、乘车、看电视、听音乐时，都是搓手的好机会。

搓脚。当今足疗按摩的保健作用可以说是家喻户晓，尽人皆知了。我们这里所提倡的是自我简易足疗，可以在睡前洗脚烫脚时进行，也可以在家里看电视、听音乐时进行，包括揉按涌泉穴、揉捏脚趾、搓揉脚跟等。将脚底（不包括脚趾）分为 3 段，在靠前 1/3 的脚掌中间凹陷处，便是涌泉穴的位置。中医视涌泉穴为肾经上的神穴，解疲劳、抗衰老、祛肝火、壮腰肾，几乎是无所不能。民间有“三里涌泉穴，长寿妙中诀；睡前按百次，健脾益精血”的说法，赞美的就是涌泉穴和足三里穴的神奇。按揉涌泉穴的好处很容易就能了解到，故不再赘述。这里要强调的还是养成每天按揉此穴的习惯问题。养成习惯，坚持数年，必有好处。

揉腰。“病人腰疼,医生头疼”,可见腰病的复杂和难治。双手成拳,手背贴腰,横向推拉,用手指根部的关节点来回按揉腰部肌肉和穴位。这样的动作,可以使腰部的20多个穴位尤其是命门穴和肾俞穴得到刺激,会产生很好的健腰强肾功效。最重要的还是它的方便适用,可以随时随地轻松自然地进行,而没有一些健身动作那样夸张。即使是以站立姿势与同学、同事、亲友聊天时,或者是在与熟人一起散步时,做这样的动作也不会给自己带来尴尬。

揉腹。人体上有两个穴位极其重要,单从名字上便可知晓它们非同一般:一个叫命门,一个叫神阙。人体上的其他穴位,绝没有可以和它们相媲美的名称。神阙就是肚脐,而命门则在后腰中部,与肚脐前后呼应。揉腹,就是每天睡前或晨醒之后,平躺于床,两手叠加于肚脐之上,以肚脐为中心在四周轻缓揉摩,或顺时针60圈,或逆时针60圈,交替进行。肚脐向下,有气海和关元穴(也称下丹田);肚脐向上,有下脘、中脘、上脘3穴。这些也都是人体上的重要穴位,每日按摩,必可获益。

在人的一生中,即便不是为了成为专业人员,但最好也要有一点书画、器乐、声乐或舞蹈等文艺方面的爱好。这既能增加生活情趣,又是健脑的良方妙药。如果养成了“两搓”、“两揉”的良好习惯,再加上一两项文艺爱好,就会推迟脑萎缩的来临,同时也会减少罹患脑血管疾病和老年痴呆的机会,给自己预约一个有较高生命、生活质量的晚年。这就是我们倡导文体兼动的意义。

五、捕捉讯号,调整祛病

由于内因和外因的共同作用,人们终究还会染病。但是,“冰冻三尺非一日之寒”,如果能及时捕捉到一些疾病的报警信号,有些病可能被推迟,也有些病会被消灭在萌芽状态。事实上,不但一些常见病、多发病会有前兆,就是威胁国人健康和生命的心脑血管病和癌症,也都会提前发出报警信号。许多人对这些信号很麻木,没有任何警觉,更不及早解决,必然会招致重大疾患缠身。我们的任务,就是要多一些疾病预警的知识,多一些预防各类疾病的措施,多一些捕捉疾病预兆信号的警觉,多一些发现后及早调整和治疗的行动。

颈椎病前兆。在今天的城镇人口中,大部分50岁以下的人都有颈椎病的前兆,因为大家多数都是“低头族”。电视、电脑、手机在给我们的生活带来乐趣和便利的同时，更给我们带来了长久的健康伤害。尤其是长期玩儿手机的“低头族”，每个人都已经是徘徊在颈椎病的门口了。某医院曾做过统计，该院的推拿科20世纪90年代每月接诊的颈椎病患者为200～300人，而且以中老年人居多。而如今他们每月至少要接诊近千例，其中20～35岁的大学生和白领阶层患者约占一半。询问他们的日常活动，回答都是长时间地低头玩手机或平板电脑较多。颈椎病其实不是单一的一种病，而是颈椎部位综合性病变的症候群，所以又称颈椎综合征，是颈椎骨关节炎、增生性颈椎炎、颈神经根综合征、颈椎间盘脱出症的总称。颈椎病的危害并不仅仅在颈部，也会引发脑供血、视力、听力等方面的问题。“低头族”还会因为活动量过少而导致便秘、肥胖等病症，而肥胖又是“万病之源”，会引发更多的疾病。除了健康危害之外，“低头族”带来的安全隐患更是触目惊心：一名17岁女生边走路边玩手机，一脚踏空，掉进深坑而亡；两名男青年过马路时也是边走边玩手机，结果被车撞飞。如果是驾车一族边开车边看手机或发信息，发生车祸的概率是正常驾驶的23倍，而边开车边打电话发生车祸的概率是正常驾驶的2.8倍。所以，大家一定要抬起头来，做到“决不低头”，千万不能因贪图一时的快乐而损害一生的健康甚至生命。成年人更不能用自己的不良行为习惯给孩子做榜样，预防“低头”所引起的颈椎病、肩周病要从娃娃抓起，帮助他们形成“决不低头”的习惯，培养出健康的下一代。长时间无节制地玩手机，就是颈椎病的前兆。

心脏病前兆。如果经常出现心区不适、胸闷气短、胳膊及后背疼痛等现象，那我们就要小心了，就要警惕心脏方面可能会发生的问题。要及时调整情绪，注意休息，改善饮食，适当运动。如果出现胸部疼痛、突发冷汗、恶心呕吐、眩晕气短这些症状或其中的部分症状，可能已经是心脏病发作的表现了，更要立即口含一片阿司匹林或硝酸甘油，然后马上去医院就医。

脑血管病前兆。眩晕，胳膊和腿脚麻木、疼痛，语无伦次或语音颤抖，精神紊乱，尤其是单侧面部或者单侧肢体出现上述情况，就是脑动脉栓塞或毛细血管破裂的报警信号。如果发生了一过性脑缺血，就是极为短暂眼前发黑、大脑发蒙、天旋地转、突然失语或者是失去知觉等现象，更要高度重视。因为这其中的任何一种表现，都表明脑血管已经狭窄，或者已有小块血栓，或者是瞬间栓塞，千万不能不当回事，要马上就医。

癌症前兆。癌症的种类很多，有的会表现出前期征兆，有的则比较隐蔽。其中,有明显前期征兆的大约有10余种,包括脑肿瘤、鼻咽癌、食道癌、肺癌、胃癌、乳腺癌、结肠癌、直肠癌、宫颈癌、骨癌、白血病等。可参考有关的专业书刊或请教专业人士,了解一些癌症的前期症状特点。如果自己是有癌症病史的家族成员,或者是性格内向、长期精神抑郁、心情悲闷、自我压制的人,或者是长期的胃炎、宫颈炎、乙型肝炎患者,或者是长期有烟、酒、烧烤、过热饮食等不良嗜好的人,或者是长期接触医用或工业辐射、长期吸入工业废气等有害气体和城市污染空气的人,都要格外警惕并经常自查或到医院检查,减少罹患癌症的风险,或者能够早期发现,早期治疗。

注:

1. 本篇主要参考书目《现代临床营养学》,陈仁惇主编,人民军医出版社出版。
2. 本篇中的一些观点、方法为作者的个人经验和体会,仅供参考,如读者需解决具体问题,建议详询相关领域专业人士。

第三篇　学习与成长

第十三章

学习是一生的任务

人类之所以是地球上最为智慧的动物,当然首先是源于人类的生理结构,尤其是人类的大脑,但更为重要的是源于人类的学习能力及过程。其实,在多数人看来,学习不是一件什么轻松的事情,多数人并不喜欢。但是,为什么人类还必须要学习呢?原因很简单,只有两个字:需要!

一、学习是人生的需要

人类虽然是最智慧的动物,但同时又是自我生存能力最弱的动物。同其他动物相比较,唯有人类是从出生伊始就必须要通过学习才能生存的。其他的动物,靠其本能便可生存,便可成长,便可走完一生。有很多动物一出生,几乎就具备了一生所需要的全部能力:一出生便会站立,没几天便会行走或飞翔,稍大一点点就会觅食,再大一点点便可自己生存了。它们可以找到自己的生活领地,不用父母操心给找工作、买房子;它们可以找到自己的配偶,也不用学习什么性知识就会繁衍后代,更不需要父母操心给找对象、办婚礼、带孩子;它们可以自力完成后面的一切,不用社会给解决就学、就医、养老等问题。可是人类却不行:吃东西要学(襁褓期吃奶除外),说话要学,走路要学,连穿衣服都要学,接着还要学将来做事所需要的那些五花八门的所谓知识。所以说,学习首先是一个人生存的需要。

学习是一个人成长的需要。可能是人类的生存周期比其他动物长,也可能是人类想从这个世界获得的东西比其他动物多,所以人类的成长期就被安排得极其漫长——20 多年。所谓成长期,一方面是身体的成长,另一方面则是能力的成长。身体的成长,是为了能够挑起未来几十年的生活重担;能力的成长,是为了能够挑起未来几十年的人生重担。能力从哪里来?只能从学习中来。当然,学习的途径和方法很多,并不仅仅是在课堂上或者书本里。孔子说,他是"三十而立"。也就是说,他成长的过程是 30 年。这样的千古圣人尚且如此,更何况我们芸芸众生呢?学习的最基本目的是成人、成才,而成人和成才恰恰也是成长的结果。所以说,学习是成长的需要。如果不学习,这 20 几年、30 年我们干什么去呢?再者说,如果不学习,我们又能干什么呢?另外,走出校门也并不意味着学习的结束,还必须进入社会大学再进修、深造几年,才能将已经学得的知识转化为能力,并且获得一些新的更加有用的知识。这就是很多用人单位更希望聘用有 3 年以上工作经验人员的道理所在。

学习也是一个人发展的需要。在这个世界上,作为一个单体的个人,很多能力远不如一些动物。在陆上,论进攻能力,我们远不如虎豹豺狼;要入地,我们还比不过一条蚯蚓"游刃有余";要下水,即使是会水的人也比不过鱼鳖虾蟹;要上天,我们既无羽毛又没翅膀,更比不过燕雀鹰隼。但是,人类却成了这个世界的主宰。为什么?就是因为人类比所有动物都更有智慧。靠着这不断升华的智慧,人类制造出狩猎工具和各式武器,可以囊括虎豹豺狼于笼中,但从未见哪只老虎能制造出笼子并且把人关进去;人类也挖掘出了山体、海底隧道,制造出了地下铁路和地铁列车,可以穿行于高山峻岭之下或江河湖海之底;人类还制造出了巨轮、潜艇,既可以漂游于波峰浪谷之间,又可以深潜于水下海底;人类更制造出了飞机、飞船,飞翔的高度可以超过最善飞的鸟类无数倍,甚至飞抵月球和火星。这些智慧从哪里来?靠学习,靠研究,靠传承,靠超越,一步步地发展到了今天的水平。只要地球不毁灭,人类就还将继续发展下去,所以后来人还是得学习。就算是我们不能推动人类社会的发展进步,但我们总得要融入不断发展进步的社会现实吧?对不起,那还得学习。就以当今社会而言,我们如果不学习,就不知互联网为何物,就不会使用电脑和智能手机,就不懂网购、刷卡,那就肯定无法跟上时代进步的节拍。个人的所谓发展,就是在超越自我、超越前辈、超越他人的路途上前进。如果我们自己的知识积累没有增加,能力没有增强,超越就是一句空话,发展也就没有可能。

学习还是一个人幸福的需要。人的成长也好,发展也好,其实都是为了自己和全人类更加幸福。人生的目的也是为了追求幸福。但是,认识幸福需要知识,创造幸福需要能力,感受幸福需要品位。知识和能力必须通过学习来获得,品位也需要通过学习来提高。

我们经常会出现身在福中不知福的状态。为什么？因为我们没有学会要全面地、历史地去看问题。如果能多学习一些历史知识和时事政治,多了解一些自己家庭的历史,可能感觉就不一样了,就能够在纷繁复杂的人生事物中认识幸福、发现幸福。比如我们今天生活在和平年代里,最大的幸福就是远离战乱之苦。如果我们感受不到这种幸福,那就看看中国的历史,看看当今的世界。前苏维埃社会主义联邦共和国是无数怀着共产主义理想的仁人志士用生命和鲜血换来的,但是却在十月社会主义革命胜利70年后解体,变成了一大堆独联体国家。今天的乌克兰便是其中的一个。2015年1月24日,乌克兰东部顿涅茨克州的马里乌波尔市一居民区突然遭到不明来历的炮火袭击,53栋楼房受损,当时就有30人死亡,另有93人受伤,其中40人伤势严重。和那些在睡梦中失去生命的乌克兰人相比,再和在战火硝烟笼罩多年的中东地区相比,难道我们还感觉不到自己正在享受着难得的幸福么？

同时,所有的幸福都是需要去创造的。人生的意义就在于创造,创造本身就是一种幸福。不论是在物质财富的创造过程之中,还是在精神财富的创造过程之中,我们都可以体验到创造的艰辛与快乐。能有这种体验,那就是幸福。如果我们的创造有了成果,不管成果是大还是小,我们又可以体验成功的喜悦和幸福。可是,不论是创造什么,都需要有能力。不学习,不实践,能力从哪里来？切记,实践也是学习,而且是更重要的学习。

幸福既是被创造出来的,也是被感受出来的。人无高低贵贱之分,品位也没有高雅低俗之别。每个人都有其独特的品位。不同的品位,只是表明人们对相同事物的认知角度、程度有所差异;但不同的品位,也使不同的人在相同事物面前感受到的幸福度有很大差异。曾经备受调侃的咖啡和大蒜之比较,不能说品咖啡就高雅,更不能说嚼大蒜就低俗。只能说是不了解、不喜欢咖啡或大蒜的人,在这个问题上远没有了解、喜欢的人品位高。如果经过学习、研究和实践,了解了之后,说不定就会喜欢上饮咖啡或者吃生蒜，甚至还可能上瘾。

更为重要的是，学习本身就是一种幸福。当我们学到了原来不懂的东西，甚至能够通过长期的学习而变外行为内行，所能体验到的那种惬意不可言表；当我们通过学习以及思考和感悟，解除了思想上、生活上、工作上的困惑，所能体验到的那种茅塞顿开、醍醐灌顶般的觉醒，要远远胜于任何物质上的收获；如果再能将自己获得的知识分享给他人，用自己增长的能力贡献于社会，那我们就一定会体验到“不亦乐乎”的欣慰。

二、学然后知不足

《礼记·学记》中有这样一段话：“虽有嘉肴，弗食不知其旨也；虽有至道，弗学不知其善也。是故，学然后知不足，教然后知困。知不足，然后能自反也；知困，然后能自强也。故曰：教学相长也。”意思是说，就算是有好吃的鱼肉，不吃是不可能知道它的味道有多么美；就算是有最好的道理，不去学习怎么可能知道它有多么的深刻。因此，是通过学习才使我们知道自己的知识还很缺乏，是通过教授别人才使我们知道自己还有很多困惑。只有知道了自己的知识不足，才能反过来要求自己继续去学；只有知道了自己还存在着很多困惑，才能鞭策自己努力成为博学之人。所以说，教授知识和学习知识是可以相互促进，共同增长才干的。

学而知不足，是一个客观规律。对“学而知不足”这句千古遗训，可以有两个方面的理解：一方面是说自己已经掌握的知识不够多，通过学习才发现了这个问题；另一方面则是说自己已经掌握的知识不够用，也是通过学习才发现的。不论是从哪个角度来理解，都证明学习是一件没有尽头、没有止境的终生任务。

学习的过程，有如吃烧饼的故事。说是有一个人饿了，去买烧饼充饥。连吃了 5 个大烧饼还是觉得没吃饱，于是又买了 1 个。吃了第 6 个烧饼后他终于觉得吃饱了，但是也后悔了。他感觉买前面 5 个烧饼的钱白花了，要是早知道第 6 个烧饼能让他吃饱，直接买第 6 个多好啊，既省事，又省钱。学习，更是一个由浅入深、从易到难的过程。学习知识的目的是为了应用那些知识。可是，为了能学会后面最有用的知识，必须要先把一些基础知识学会。最常见的学而知不足的表现，是在后面的学习中发现前面的知识没学好，基础没打牢。小学的基础不牢，中学的课程就很难学好;初中的基础不牢,高中的课程就更难学好。有些人其实足够聪明,智商一点也不比别人低,但可能就是因为小学阶段过于贪玩,该学的东西没有学好,所以到中学以后有很多问题理解不了,自然也就不可能有好成绩了。到大学以后,有些同学很重视专业课的学习,认为既有趣又有用,因此轻淡了基础课的学习,结果是基础课没学好还不算,专业课自然也就学得稀松平常了。这些现象都说明,越是学习才能越发感觉到知识海洋的浩瀚辽阔。当一个人坐在自己的房间里时,并不会感觉到自己的渺小;可是当我们伫立在大海岸边时,才发现原来自己简直就是微不足道的。在知识的海洋面前,也是一样。在学习更多的、更高深的知识时,我们自然会感到原来掌握的知识还不够多。

宋词大家陆游曾撰写过一副联子:“书到用时方恨少,事非经过不知难。”这幅对联一直被历代师长用作劝勉学生和所有青年人要勤奋学习的警世箴言。应试教育的结果一定是要进考场的。所以,考试也是对所学知识的一种应用。有一则小笑话,说有一名学生在考试时偷偷地带进考场一本教科书,在答题时偷看被监考老师逮个正着,便问这名考生为什么要违犯考场纪律。该生幽默地回答道:老师,都说书到用时方恨少,我这不是到了用书的时候了么!很多学生“平时不用功,考试就发蒙”,这是人们经常都能够看到的情景。当然,我们学习并不仅仅是为了应付考试,甚至可以说完全不是为了应付考试。我们学习的唯一目的是为了获得知识,进而获得能力,以便走上社会以后能够承担起更大的责任,为自己、为家庭、为民族、为社会、为祖国做更多的事情。当一个人走出校门时,就意味着进入了一个新的学习阶段和学习环境。在这个阶段和环境中,要接触很多在课堂上没有学过的新知识,要面临和解决很多实际问题。这时,很多人都会产生一种感觉:原来在学校学习是这个世界上最容易的一件事情!可是有很多人就连这最容易做的事情都没有做好,又怎么可能做好那些不容易的事情呢?只有到这个时候,人们才能真正地体会到原有知识不够用、做事的能力不够强的滋味。

据说有学生曾问爱因斯坦:您已经是物理学界空前绝后的大师,完全可以舒舒服服地享受了,为什么还要辛辛苦苦地学习呀?爱因斯坦拿起笔,在纸上画出了套在一起的一大一小两个圆圈。他对提问的学生说,假如你的知识量是这个小圆,周长比大圆短,说明你与未知领域的接触面也小,即使有问题也可以在大圆里得到解决。而我呢,知识量好比是这个大圆,圆周要比你长很多,说明与未知领域的接触面也会比你大很多,有了问题都不知道找谁去解决,所以必须得更加努力地学习和探索才行啊！这个故事说明,即使像爱因斯坦这样的大科学家也是学无止境的。“理无专在,而学无止境也,然则问可少耶?”(刘开:《问说》)其实,学习就是一个不断地提出问题和解决问题的过程。清代散文家刘开这段话的意思是说,知识不可能只被一个人所独占,而学习又是没有边界、没有尽头的。那么,在研究学问的过程中,怎么可以缺少提出问题这样的环节呢?这与孔子所提倡的“不耻下问”是高度契合的。刘开的这段话也从另一个角度证明了“学而知不足”、“学无止境”和“书到用时方恨少”的客观性。

三、学而不思则罔

孔子好学、善学,最终成为影响世界的至圣先师,这与其对学习的独特认识是分不开的。他曾向当时的大音乐家师襄子学琴,用10天学了一支曲子之后还在不停地练习。师襄子说:差不多了吧,可以学新曲子了。孔子说:我只学会了曲谱,还没掌握技法呢。又练了几天,师襄子说:你已经掌握了技法,可以学新曲子了。孔子说:我还没有领悟到乐曲所蕴含的思想情感呢。接着又练了几天后,师襄子说:你已经表现出了乐曲的思想情感,可以学新曲子了。孔子说:我还没体会到作曲的是一个什么样的人呢。继续又练了几天之后,师襄子说:听你弹奏,感到好像有一个人正在严肃地进行思考,他还不时地抬起头来,遥望远方,关注未来。孔子立即兴奋地答道:经老师一点拨,我仿佛看到了作曲者。他有高高的身材和黑黑的面庞,正在深邃地凝望,一心想着德化四方。除了周文王,还能有谁是这样的呢?师襄子高兴地说:你说对了。我的老师告诉我,这支乐曲的名字就叫《文王操》啊!

学与思相结合,是孔子一直秉持的理念。思考是学习的延伸和深化,是学习的重要组成部分。所以他说:“学而不思则罔,思而不学则殆。”(《论语·为政篇》)即只是“依样画葫芦”地被动学习,不善于独立思考和深入思考,知识就不会变成自己的,反倒可能是越学越糊涂,越学越迷惘;但如果光是一味地空想要做什么事情,却不积极主动地去学习相关的知识,那疑惑也就更多,更危险。因此,在学习的过程中,积极地接受知识和主动地思考问题是同等重要的,不可偏废。学而不思有局限,思而不学更麻烦。前者的结果可能会变成书呆子,因为“尽信书不如无书”;而后者的结果更可怕，因为将办不成事或者办错事。所以孔子后来又说："吾尝终日不食，终夜不寝，以思，无益，不如学也。"（《论语·卫灵公篇》）意思是说，我曾经整天地不吃饭，整夜地不睡觉，一直在思考，也没什么好处，还不如去学习呢。这是对"思而不学则殆"的进一步说明。

所谓思，就是思考，就是对知识等资讯的分析、综合、推理、判断等思维活动，即对这些信息的加工处理和消化吸收。这和我们的饮食过程很是相像。我们摄取食物和饮品，要的是里面所包含的营养成分。但是，除了水以外，其他的绝大部分营养物质又不能直接为我们的身体所利用，必须要在胃肠中消化——分解，透过小肠壁吸收进血液中，然后在随着血液循环的过程中合成为人体所需要的物质。说得形象和直接一些，虽然我们吃进去的是动物肉，但是我们的目的是要在自己的身上长出人肉来。我们的学习，就好比是就餐进食；先哲们强调的思考，就好比是消化、分解、吸收及合成。对知识的记忆，就如同是消化；对知识的分析，就如同是分解；

对知识的理解，就如同是吸收；对知识的创新，就如同是合成。在上面所列举的孔子学琴的故事中，学会了曲谱，掌握了技法，这都属于对知识的消化和分解；而领会理解了乐曲中所蕴含的思想情感，则是对知识的吸收，以后再演奏《文王操》时所表达和宣泄的就已经是自己的思想情感了；当演奏乐曲时能在头脑中树立起周文王的形象来，那则是经过重新加工和演绎之后的合成与再创造了。

与学习有相辅相成作用的思考形式有很多种，比如：

形象思考——通过在头脑中将所学知识形成静态或者动态的图像，来加深对所学知识的感性认识和形象化的理解；

逻辑思考——根据某些概念、法则、定理或公式对所学知识进行加工提炼，去粗取精，去伪存真，然后将其系统化、条理化，找出因果关系和内在规律，将感性认识提纯为理性认识；

发散思考——将所学知识放在一个更大的场中，找到更深刻的前因，分析得出更多的和可能更好的结果，并用更多的关联信息来论证思考结果的合理性和科学性；

逆向思考——对结论反推回到起因，看是否能够还原，过程是否可逆，或者找到与结论相反、相对的概念，通过反归纳法来进行逻辑推理，验证知识或结论的正确；

演绎思考——顺应某一发展趋势，演化出多种可能，从中优选出最为科学合理或者最符合自己心愿的路径和结果；

换位思考——多用于社会科学领域的学习和研究中，将构成事物或结果的矛盾方面进行换位，或者将自己同事件中的人物进行换位，看是否能得出不同的结论来。

总之，学习和思考是不可分割的一个整体，有如人的手心和手背，没有哪个方面都将不成其为手。德国哲学家、思想家、德国古典哲学的创始人和奠基人伊曼努尔·康德(Immanuel Kant,1724～1804)也曾说过："知性无感性则空，感性无知性则盲。"(康德:《纯粹理性批判》)这里的知性，可以理解为理性。虽然康德比孔子晚了2200年，但他的观点还是和孔子的"学而不思则罔，思而不学则殆"惊人的一致，或者是受到了孔子学说的影响也未可知。但由此可见，不论种族、地域和年代有多大差异，学习和获得知识的基本规律是相同的。一些人之所以连并不复杂的知识都学不会、记不住，就是因为学习与思考没有结合起来，更没有做到深刻理解和融会贯通。

四、活到老只能学到老

人类的特殊属性，决定了人的一生都必须学习。这是一个不以人的意志为转移的客观规律和法则。有些人貌似不喜欢学习，其实是不喜欢在课堂上中规中矩地被管制、被约束的被动学习形式，或者是不喜欢自己不感兴趣的学习内容。在人的一生中，不论是否喜欢，也不论是否主动，大家都在坚持不懈地学习着。年少时的学习，是为了长大以后会做事情；前边做的事情，是在学习做后面事情的能力；年老时的学习，大多是为了跟上时代的脚步或者是为了颐养天年阶段的充实。所以，活到老也就必须得学到老，别无二路。

漫长的人生，是要分为几个阶段的。如果在每个阶段中，都能把该阶段的主要事情做好，这一生基本上是会很有成就的。30岁之前的儿童、少年、青年时期，是人生的学习成长阶段。在这个阶段中，主要的事情就是学习。而且，如果不喜欢在课堂里学习，而是想去做其他的事情，那也得学习，只不过是变换了学习的方式而已。这个阶段，是人生最重要、最宝贵、最有效的学习时期，是在为人生进行知识方面的储备。所以,不论是小到一个家庭,大到一个国家,都把对青少年的教育列为重要发展战略。家庭,会拿出最多、最好的资源来,为孩子的学习创造条件。为了孩子的学习,父母可以省吃俭用或东挪西借来解决经费问题,或者可以放弃工作、生意等事情来陪读,或者为了能获得一个重点学校的入学资格而不惜血本购买"学区房"。最典型的例子当属昔时"孟母三迁"的故事了。而国家呢,更是把人才培养作为民族发展战略的重中之重,制订纲要,投放巨资,强化基础,培训师资,哪怕是战争和动乱状态下,也要尽量保证青少年的学习。那么,作为身处青少年阶段的个人,该怎么做呢?可以说是别无选择,只有学习,而且还一定要"好好学习,天天向上。"否则,怎么能对得起父母、师长?又怎么能对得起国家、民族?更为严重的是怎么能对得起自己?正所谓"少壮不努力,老大徒伤悲"是也!

纵观人生各个阶段,儿童和青少年时期是最幸福的时期,所要做的主要事情——学习也是最容易做和最容易做好的。因为除了学习之外,其他的事情都可以不用自己操心。当今多数家庭的子女在读书阶段基本上是吃穿不愁,去学校学习的教室、课本、教师国家都已经给我们准备好了,要学的东西不但专门有人教,而且他们还生怕教不会我们。这个时期要学的东西也都是现成的,都是前人经历过并总结出来的,我们只要把这些东西理解、记住就 OK 了,并不需要再进行创造。相对比以后人生各阶段所要面对的所有事情,这个阶段真是太简单、太容易、太幸福了,只可惜有很多青少年朋友对此不理解、不认同、不接受,所以蹉跎了一去不返的金色年华。

"观念决定命运"!抛开教育制度、教学体系、师德师风、师资水平等客观因素之外,青少年个人的学习观念是一直在起主导作用的主观因素。其中具有决定性意义的问题有两个:一个是为什么学的问题;另一个是为谁学的问题。如果家庭、学校和社会在帮助青少年解决这两个问题方面上不作为、延迟作为或者无效作为,会使一部分青少年自我形成偏颇的学习观念,还会连带形成不恰当的学习兴趣和不正确的学习方法,并养成不良的学习习惯。现在许多家长都喜欢搞学前开发,在孩子上小学之前就教给孩子很多东西,但并没有解决好青少年的学习观念问题。其实,从学前开始对孩子进行正确学习观念的渗透和引导,甚至是灌输,解决好为什么学和为谁学的问题,远比教他们认字、算数、背古诗要重要得多。再说如果在学前教孩子太多应该在学校里学习的东西,他们将因为已经会了而上学以后课堂上不注意听讲，一两个月就可能养成厌学或者狂傲的坏习惯，这是很可怕的。

不论如何，都应该让孩子进入小学5年级之前树立起正确的学习观念：

为什么学？就是为人生而学！因为学习是一个人生存的需要，成长的需要，发展的需要，幸福的需要！拒绝学习，就是拒绝人生。一般情况下不会有人拒绝人生，所以，好好学习就是天经地义的了。

为谁学？就是为自己而学！先不要说为他人、为社会、为祖国、为人类。要教育孩子先把自己的问题解决好再说。如果一个人连自己的事情都解决不好，其他的那些所谓的"为"，就都是空话、大话和假话了。

在这两方面，好多孩子最容易出现的问题是错以为自己在为父母学、在为老师学。因为有些父母想让孩子去实现他们自己未能实现的梦想，因为班级的升学率与老师的职称、工资、奖金密切关联。可悲的是，好多家长自己青春年少时都没有解决好为什么学和为谁学的问题，20年之后却想这样去要求子女，确实是有些底气不足，而且也难得要领、难以奏效；而大多数老师"循循善诱""诲人不倦"的呕心沥血，却因被蒙上名、利的阴影，客观上影响了他们对学生学习态度的有效引导。因此，解决这两个问题的最好途径是在小学1至4年级的教材中进行灌输和渗透，再辅之以家长和老师的引导。5年级以后，学生开始进入青春前期和青春期，开始有自己的主见，并开始多发叛逆性思维和行为，引导的难度会增加很多。

孔子说："吾十有五而志于学，三十而立，四十而不惑，五十而知天命，六十而耳顺，七十而从心所欲，不逾矩。"(《论语・为政篇》)孔子的这段话，将他自己的人生划分为6段：

"十有五而至于学"，不是说他15岁才开始学习，而是说到15岁时才解决了为什么学和为谁学的问题，立下了要学出"名堂"来的坚定志向。如果孔子是在6至8岁开始学习的，那么他解决这两个问题大约是用了7至8年的时间。

"三十而立"，是说他又学了15年之后，到30岁能在社会上自立了。也就是说，学习是一个人在自立之前的准备工作，一般情况下要到30岁左右才能完成。这里所说的自立，不能简单地理解为能工作、能挣到自己的生活费就算自立了，而应理解为具有独立解决问题的能力了。

"四十而不惑"，说的是他到40岁时才弄明白了人生的一些基本问题和重大问题，不再迷惑。那么，他的这些问题都是怎么解决的呢？除了学习，恐怕没有第二条路径吧？

"五十而知天命"，说的是他到50岁时知道了"老天"对自己命运的安排，知晓了自己人生命运的走向和走势。那么，他老人家又是用什么办法知道"天命"的呢？估计也不会有谁告诉他，应该只能靠感悟，即通过学习和实践对人生命运的感悟。

"六十而耳顺"，说的是他到60岁时才感到自己终于成熟，标志是听到各种各样意见都觉得顺耳了，特别是能听得进不同意见了。那么，像他这样的圣人怎么到60岁才成熟呢？那是因为人的成熟必须要经过足够的学习和历练，不到一定的年龄就没有机会经历那么多的事情。经历，就是一个学习和感悟的过程。所以人们常说，经历就是财富。人生到了60岁以后，开始逐步进入老年阶段。按常规，或者是在工业文明时代以前，这个年龄段以上的人应该是心无旁骛、颐养天年了。但是，在那还很蛮荒的春秋时代，孔子虽已成熟到"耳顺"的境界，但还是没有停下学习和工作的脚步。他59岁时，还带领弟子们奔走于卫、曹、宋、郑、陈等国，继续推广他的仁政主张，继续教授学生知识。62岁时，他和弟子们曾被困于陈蔡的山野之中，绝粮7日，后被楚国派兵救出，才得以免于一死。他64岁时又回到卫国。

"七十而从心所欲"，说的是人到了70岁以后就可以不再做必须做的事情，而是可以只做自己想做的事情了。68岁时被迎回鲁国，5年后病逝。正是他利用了70岁前的10余年时间继续修炼自己，所以才能到70岁以后进入"从心所欲"的自由王国。但是，他也深深地懂得，虽然可以"从心所欲"，但还是不能违背自然法则和社会准则的。

孔子对自己30岁至60岁的阶段分析告诉我们，一个人即使是告别了学生时代，只要还活着，就依然还要与学习相伴。经过2500年的世事变迁之后，这样的情形似乎比古代更明显了。今天的青年人步入社会之后，不论是做什么工作，都要进行再学习；工作一段时间之后，还得进行进修深造，"充电"、"续航"或更新知识；如果是"跳槽"换工作、换环境，都要学习新的业务知识或者是熟悉新的环境和工作程序。到了30岁、35岁，如果担负一定领导责任了，那就还得学习如何辅导和帮助更年轻的同事，学习领导方法和领导艺术，学习怎样团结和带领团队进军更高的工作目标。

有人在网上提出了一个新说法，说大学本科的4年制已经变为40年制了。言外之意是说，凡是读完本科的人所从事的工作，都是必须终生学习的。其中最典型的就是 IT 专业,而且其普及度已经远远超出了该专业范围内的人员本身。可以说,当今社会凡是使用电脑和智能手机的人,都已经自觉不自觉地进入了 IT 的专业圈子,手机制造商和 app 研发商都成了人们继续学习的老师。

近些年,很多有了一定事业基础的老板们不惜重金去学企业管理,上“国学班”,读 MBA,就很能说明问题。像孔夫子那样的贤哲圣人尚且是到了 40 岁才能“不惑”,所以我们大多数人倘若能够做到“五十而不惑”就应该是十分难能可贵的了。最可怕的是,不知不觉、迷迷糊糊地走到“黄泉路口”还没有实现“不惑”,哪还能有后面的“知天命”、“耳顺”和“从心所欲”等境界呢?近年被“双规”、判刑、枪毙的那些贪官污吏们,论学历个个都是大本、硕士或博士,论年龄多是 50 岁到 60 岁的“熟男”、“熟女”,可就是因为没有解决好“不惑”的问题,结果是锒铛入狱甚至人头落地。为什么会这样?就是因为他们没有真学、真思、真行,以为学习的那些有关信仰、理想、道德、法律等知识,都是用来教下属、蒙群众的,而自己却深陷于权势之惑、虚名之惑、钱财之惑、色欲之惑,无法自拔,最终成为人民的罪人。而对于芸芸众生的“草民”来说,信息爆炸铺天盖地,科技进步日新月异,竞争激烈不进则退,不学习、不提高终会被时代所抛弃。

古代圣贤尚且需要活到老、学到老,那么今天的老年人是不是还需要学习呢?答案当然是肯定的。2003 年 4 月的《光明日报》和新华网都报道过德国一位老太太 70 岁获得硕士学位、79 岁获得博士学位的事迹。这位老人名字叫做约翰娜·玛克丝。她的博士论文就是论述老年人学习问题的,题目为《如何度晚年——学习使老人永远充满活力》。中国也是如此。最近几年,全国各地的老年大学如雨后春笋般涌现便是最有力的证明。

据记载,我国著名经济学家于光远先生 86 岁时开始使用电脑,并建立了自己的网站,开设了自己的博客。他头顶“著名经济学家”的桂冠,却在晚年开始学习写作散文,自诩为“21 世纪文坛新秀”。到 90 岁时,他已出版了 75 部著作,其中就有他晚年创作的 5 部散文集。晚年的于光远每天都花大量的时间在电脑上学着、写着、玩着、快活着。他立志要在 100 岁生日之前,完成一生出书 100 部的目标。

在民间,60 岁以后能够在老有所养、老有所乐的同时,实现老有所学、老有所为的事例更是不胜枚举。大量历史的和现实的事实都证明,老年人也需要学习,学习是一个人一生的任务。

第十四章

知识不是力量

我们前面所反复强调的学习,多数是指对知识的学习,当然有些地方也涉及了学习与思考、学习与实践有机结合的内容。但是我们也必须明确指出:学习知识并不是学习型人生的全部,更重要的是要提升素质,获得能力。因为人们改造旧世界、创造新世界靠的不是知识,而是靠力量,靠能力。知识并不能等同为能力,知识本身也不具备力量。

一、知识是知道和认识

对于知识的定义,学术界一直还在争论中。因为有些人喜欢把简单的事情复杂化,把与普通民众息息相关的东西弄得说不清、看不懂,方显出学问的高深。那是在"象牙塔"里玩儿文字游戏,与我们无关。但不管怎么说,知识也不可能超越如下范畴,即属于概念类、数据类的各种信息,以及前人对客观事物和客观规律的正确认识或既有认识,就是知识。有些信息属于消息类的,是不应该列入知识的范畴。比如某年某月某日某地发生火灾,死伤多少人,直接经济损失多少多少等。这样的信息就属于消息类信息,不能算作知识。而有些客观事物或规律虽然尚未被人类所彻底认识,但既有认识也应该算作知识,因为它可以帮助人们将认识进一步深化。比如我们前面提到的"哥德巴赫猜想",虽然这还是一个没有被彻底解开的世界性难题，但它不但应该算作知识，而且还应该属于高等级知识的类别。

如果我们知道了某些属于概念类、数据类的信息，就算是有了这方面的知识。比如，对于一个不是专业研究生物特别是植物的人来说，能知道自然世界中有生命但是自己不会动的那一类生物都属于植物，就属于知道了某一概念类的信息。如果还能知道地球上植物的物种大约有 35 万个，又属于知道了某一数据类的信息。植物属于地球上的物质，当然属于客观事物的范畴。如果我们还认识了植物的分类、种属、价值等方面内容，甚至认识了某一种或某一类植物的习性及生长规律，就属于对某种客观事物和客观规律有了一定的认识。我们知道的这些信息，认识的这些事物和规律，就是知识。知，是知道、通晓、明白；识，就是认识、辨识、了解。知的内容，记住就可以了；识的目标内容，需要识别、分析、理解、归纳、提炼并记住。

按照一般的规律，人们的学习都是由浅入深、循序渐进的。在启蒙阶段，多是学习那些“知道型”的知识，比如识字、算数、自然、历史等，当然也会伴随着一定量的“认识型”知识。随着年龄的增长和学习的深入，“知道型”的信息量越来越大，“认识型”的知识比重也随之上升。比如在小学阶段，能知道中国有古典文学四大名著并知道书名、知道作者就可以；在中学阶段，最好能通读这 4 部小说，形成对它们的感性认识；在大学阶段，不论是学文科还是学理科，都应该对这 4 部小说能有较深的研读，形成对它们的理性认识，这对于了解中国历史和社会变迁、提升个人的文学素养和中文水平都是十分必要的；如果是文、史、哲专业的本科生、硕士生及博士生，在深入研读原著的同时，还应进一步了解这 4 部文学作品的社会背景、作者生平、写作动机、文学技巧、历史作用等。

根据知识的基本属性，我们可以将其分为 5 大类别：

信息性知识。这类知识能告诉人们知道这个世界里有什么事物，或在什么时间、什么地方有什么事物。比如，宇宙的构成，太阳系各大行星的名称、位置、距离，世界上各个国家的历史和现状，等等。

描述性知识。这类知识能告诉人们知道某人、某物、某事究竟是什么。比如，太阳是什么，地球是什么，月亮是什么，人类社会中的重大转折、重大事件、重点人物，等等。

原理性知识。这类知识能告诉人们某事、某物为什么是这样。比如，太阳为什么会发光、发热，月亮自身不发光为什么也很明亮，地球上为什么有白天黑夜、四季更迭,等等。

规律性知识。这类知识能告诉人们大千世界和人类社会发展变化的规律、法则。比如地球的自转和公转,矛盾的普遍性和特殊性,事物发展变化的螺旋式上升和波浪式前进,等等。

程序性知识。这类知识能告诉人们做事的顺序、方法,帮助人们学会做事和把事情做得更好。比如,与自然规律相适应的农作物播种、田间管理、收割、加工、储藏方法,等等。

知识本身就是一种客观存在。它们就放在那里,不管人们学与不学,用与不用,它们都依然故我。如果人们学了,一部分知识就会储存到他们的头脑当中,变成为他们所拥有的知识,这只不过是一次知识搬家而已,或者更严格地说只是一次知识的"复制"和"粘贴"而已。如果不去用、不会用,或者用不上,那么人们也只能是知道或者认识而已,大家依然故我,世界依然故我。

但是,英国哲学家、经验主义哲学的奠基人弗兰西斯·培根(Francis Bacon,1561~1626)却做出过"知识就是力量"的论断,被用作鼓励青年人学习进步的一句口号喊了几百年,中国也有学校将这句口号尊为校训来鼓励学生。可令人想不通的是,知道了一些信息,或者是认识了某些事物及其规律,并不能改变什么啊,怎么就有力量了呢?事物变化靠的是作用力,而知识本身却是不具备任何力量的。所以,"知识就是力量"这一论断并不能成立,而且已无数次被一些客观现实证实了它的不成立。

遗憾的是,"知识就是力量"这一口号把我们的教育引向了误区,认为知识就是力量,以为知识就能改变人的命运,所以过分地抬高了知识的地位,老师、家长教知识,学生学知识,学校考知识,将学校变成了"两脚书橱"的加工厂。据说,培根在晚年对自己说过这句话后悔不已,因为作为一位经验主义哲学的大家,他应该能意识到这一论断之偏颇和武断。尤其是到了当今的"e世界"和"网时代",获得知识已经变得非常容易,有人形容人与知识之间的距离只不过是一条网线的长度而已,在无线网络和移动终端高度普及的今天甚至比网线的距离还要近了。可是,改变命运和改造世界所需要的却不仅仅是知识!

"知识就是力量"这一论断的迷人之处,关键在于"力量"两个字,因为人们早就知道改变命运、改造世界需要的是力量。毋庸置疑,在相同的年龄段上,一个大学本科毕业生的知识拥有量一定会比一个只读过中学的人要多得多。可是,有很多大学毕业生的自立能力却远远赶不上那些比较优秀但没读过大学的人。当我们忽然发现知识的本身并没有力量时,不得不思考我们学习知识到底是为了得到什么,以及怎么才能得到。要弄清这个问题,首先就应该认真审视人们改变命运、改造世界的力量到底是来自哪里。

二、改造世界需要能力

我们在前面曾经探讨过人生的实质,得出的结论是人生的所有行为都是在解决问题,改变命运似乎就是要解决自己的问题。其实并不然。改变命运寓于改造世界的过程之中,改造世界也必然会带来对自己命运的改变。改变命运也好,改造世界也罢,都是要通过解决各种各样问题来实现的。解决问题需要的是什么?答案是唯一的,那就是能力!所以,人们改变命运和改造世界的力量来自于能力。

能力到底是什么呢?能力,就是一个人在处理事务、解决问题时所表现出来的技能(方法、技巧)和力度(魄力、效率)的乘积、总和。能力是一个综合概念。当某一具体问题摆在一个人面前时,他一定要接受两方面的考验:一方面是对他技能的考验。如果惶然不知所措,那就说明他对解决这一问题没有能力;如果对方法一知半解,说明他的能力不够;如果只知方法而不懂技巧,说明他的能力一般。另一方面是对他处理问题力度的考验。如果面对问题不敢解决,则说明他没有能力;如果魄力不足,则说明他的能力不够;如果工作效率很低,则说明他的能力一般。

那么,能力和知识又有什么区别呢?我们分析一下,看一看在构成能力的两大要件当中有哪些因素与知识有关。技能要件中包含着方法和技巧,两者中都有知识的成分。要想解决所面对的问题,我们先得知道这是一个什么样的问题,然后再找到方法和技巧。如果是以前遇到过或者学习过的,我们就可以直接动用原有的知识储备,按照已经掌握了的方法、程序去处理;如果是从未遇到过或者是从未学习过的新问题,那我们就得从头开始,先学习、掌握有关这一问题或类似问题的知识,了解了处理这类问题的方法和程序之后再行动。由此可见,在知识方面博学多才、储备充足的人,相对来说更有条件获得较多的能力。至于处理问题的技巧,则属于方法的较高层次,也与知识水平有密切的关系。由此可见,知识是能力的构成要件。没有知识,能力则不复存在。知识本身虽然不具备力量,但是一旦知识参与构成能力并付诸解决问题的实践时,它却会起到增强能力的作用。所以,人们学习知识的目的是为了获得能力。而在课堂上和书本里,是不可能获得能力的。能力,只能在实验和实践中获得。正因为如此,社会上才会流行这样两句话:学历不代表能力!文凭不代表水平!

我们如此强调能力的重要性,并非是要贬损知识的价值。恰恰相反,我们更应该从能力的构成中看到,一个人是不可以没有知识的。换句话说,没有知识就没有能力,最多也只能是拥有力气。

许多年轻人喜欢选择进入国家机关当公务员,愿意在仕途上发展。殊不知选拔任用领导干部(特别是高级领导干部),对于能力的要求更高。比如要选拔任用一位市长或者市委书记,如果几个候选对象的年龄相仿、学历相同,怎么才能从中选拔出一个最有能力的优秀人才呢?主要是看他们的经历和政绩,要看哪位候选对象有基层任职和阶梯式任职的经历,特别是在乡镇、县区党政主干线上任职的经历。这些经历方面的考量,最起码可以说明3个问题:一是他肯定明白不同层次行政区域党政管理和行政事务工作的形式和内容,而且对民情民意也会有较多了解和较深理解;二是他在各个层面上一定会有过处理各层、各类问题的实践经验,自然也会积聚和提升解决各种问题的能力;三是他的政治觉悟、道德修养、廉政程度、政策水平、行政能力等素质都是经过层层检验和长期考验过的,任用的安全系数更大。而那些没有这类经历的人,是不可能有相应能力的。他都不知道下面各个层次的领导干部在想什么、干什么,你要他怎么去领导和管理他们,只能是以其昏昏使人昭昭,很难履行好党和人民赋予他的职责。改革开放以来,各级组织部门经常在大学生中选拔任用“村官”的做法,就是向经历要能力的有益尝试和实践。

三、人生必备8大能力

人生所面临的主要任务,是改造世界,是在改造客观世界的同时也改造自己的主观世界,个人的命运也将随之改变。要完成这一任务,要打造成功人生,一个人至少需要8大能力:

1. 学习能力。描述的是一个人在学习方面所表现出的技能和力度。学习能力是一个人一生所有能力中的基础能力。学习是要讲究方法的,而且还蕴含着一些技巧。方法加技巧,即为技能。一个人在学习时所表现出的热情、自觉、勤奋、效率等,则集合成了学习的力度。为了能更精准地描述一个人学习能力的强弱,我们也可以把一个人的学习能力分解为注意力、观察力、认知力、理解力、思辨力、想象力、概括力、记忆力等板块。在学习能力中,思辨力是极其重要的。没有思辨力或者思辨力不强,最好的结果也就是一个知识的"记录仪"而已。由思考问题、分析事物、辨别是非、判定真伪、选择路径、决断取舍等方面所构成的思辨力,是决定学习效果的最主要因素。思考问题和分析事物属于"思"的一面,辨别是非、判定真伪、决断取舍,选择路径属于"辨"的一面。这里所说的"思",是建立在对客观事物的分析、对客观规律的把握、对已有知识的运用之上的一种理性思维。它可能是解决问题的一套方案谋划,也可能是一个逻辑推理的思想过程,还可能是一种再创造的构思设想。这里所说的"辨",是在慎思之后的明确辨别、判定、选择和决断。孟子说:"心之官则思,思则得之,不思则不得也。此天之所与我者。"(《孟子·告子上》)孟子的意思是说,心脏就是用来思考的。思考就会有所得,不思考就什么也得不到。这是上天特意赋予给我们人类的。如果我们不肯思考,确实是有负"上天"的厚爱了。

2. 专业能力。描述的是一个人在其所从事的某一行业、某一学科、某一领域中所表现出的专业方面的技能和力度。当今社会,有很多职业具有很强的专业性,比如教师、医生、律师、飞行员、考古研究员等等。如果身在这些行业之中,专业能力不强,是很难胜任本职工作的,几乎不可能取得什么成就,有时甚至会误人子弟,或者酿成大祸。2014 年 12 月 28 日马来西亚亚洲航空公司飞往新加坡的 QZ8501 航班,从印度尼西亚泗水起飞不到 1 小时后坠机,导致机上 162 人全部遇难。有分析认为,当地的气象条件恶劣和当时驾驶飞机的副驾驶经验不足可能是导致这场空难的主要原因。如果从飞行专业知识的层面来考察这位副驾,他一定是合格的,否则他也不可能坐到副驾驶的位置上。但是,如果从专业能力的角度来衡量,他一定是欠缺的,因为他的飞行小时只有不到 3000 小时。这里所强调的飞行小时数,等于强调的就是专业能力。

3. 表达能力。描述的是一个人在表达自己的思想、情感、意图和传授知识、传递信息时所体现的技能和力度。表达,不但有技法高下、技巧优劣之分,而且也有魄力大小、效率高低之别。这里说的魄力，是敢不敢表达的问题；这里所说的效率，是达到表达目的的速度和效果。表达能力可分为语言表达能力、书面表达能力和行为表达能力等3种形式。语言表达能力，是指在说话、演讲、报告时运用语言元素的技能和效果；书面表达能力，是指撰写各种应用文稿的写作水平，当然也包括恰当运用表格、图形的技巧；行为表达能力，是指用肢体动作或者做事的实际行动来展示思想、情感和意图的能力。不过，人们通常所说的表达能力多是指语言表达能力。

4. 行动能力。描述的是一个人在执行指令或将自己的意愿变为行动时所表现出的技能和力度。对于个人来说，它是行动力，是执行力；对于团队的组织者和领导者来说，它是决策力，是领导力。我们改变命运、改造世界，都是要靠行动来实现的。学习知识的目的就是为了更有效地行动。拥有知识之后没有行动，等于没有知识；有了梦想之后没有行动，那只是幻想；有了计划之后没有行动，计划就变成了空话。总之，如果没有行动，一切都不可能变得更好，而且只能是越来越糟。

5. 适应能力。描述的是一个人在适应客观环境的过程中所表现出的技能和力度。这是一个十分重要的能力。当我们进入一个新的环境、面对一项新的事物时，首先要做到的就是适应。不适应，就会格格不入，还怎么能解决问题，或者是改变环境呢？一个人在面对新的环境时，有3种选择：一是适应；二是改变；三是逃离。如果不能逃离，当思改变。改变的前提，是要先适应；改变不成的结果，也还是得适应。但是，适应是需要能力的。很多人的一生既不快活，又不成功，可能就是适应能力太差导致的。一个人适应能力的强弱，不仅仅是他这方面素质的体现，更是其世界观、人生观和价值观作用的结果。

6. 协调能力。描述的是一个人在沟通协调各方面关系、处理矛盾、解决问题过程中所表现出的技能和力度。相对于前5种能力来说，协调能力属于较高层次的能力。人的社会属性，决定了我们必然都要生存于相对复杂的社会关系之中，协调关系、处理矛盾、解决问题也就构成了人生的全部内容。所以，由综合能力、沟通能力、平衡能力、公关能力、应变能力所构成的协调能力，就变成了人人必备、时时必需的重要能力。一个人即使在家里也需要协调，去学校也需要协调，到单位还需要协调，闯社会更需要协调。协调的方法和技巧是一门学问，高超的协调能力甚至是一门艺术。它不是可以在课堂上学到的，只能在人生实践中获得。

7. 管理能力。描述的是一个人在管理一个国家、一个地区、一个单位、一个部门、一个家庭及至管理自己的工作实践中所表现出的技能和力度。管理能力首先表现在对自己的管理上。可以断言,一个人如果连自己都管理不好,根本不可能管理好更多、更大的事情。在第五章我们提到的人生8件事,其中的前5项(格物、致知、诚意、正心、修身)都属于自我管理的范畴。只有把自己管理好了,才有资格同时也会有能力去齐家、治国、平天下。建立、研究、推广和学习人生管理科学是极其重要的。一个人的管理能力尤其属于较高层次的能力,对于团队领头人、各类企业家、党政机关和事业单位的领导干部来说,更是必备的能力。

8. 创新能力。描述的是一个人在学习、思考和改造世界的各种社会实践活动中所表现出的创造新思想、新理论、新方法、新模式、新制度和新发明的技能和力度。创新虽然是当今的一个时髦词汇,但却是一个古老的话题。历史在创新中前推演,社会在创新中发展,人类在创新中进步。社会生产力的发展进步来源于创新,社会制度的变化更迭也来源于创新,人民群众生活方式的改善和生活水平的提高更来源于创新。因此,无论是一个国家,还是一个地区或城市、以及一个企业,乃至一个家庭,都应该有创新能力。不过,所有这些创新能力,最后都归结为、也来源于人,人必须要有创新能力。创新能力更属于较高层次的能力,但它并不神秘,每个人都可以有自己的创新能力。日常生活中的穿衣戴帽方式、做饭做菜时的变换花样、游戏娱乐的方法技巧等等,都是创新能力的体现。一个人创新能力的产生和形成,必须以强烈的创新意识为前提,而强烈的创新意识又来源于其对现有状态的强烈不满。这是拥有创新能力的原始动力。在创新意识的驱使下,所进行的创新思维,以及在此基础上运用已有的相关知识、经验等资讯进行创造性工作的技能和力度,就是创新能力。

第十五章

社会是能力大学

人生是有阶段划分的一个生命过程。学习是贯穿人生的基本任务，当然也是分阶段的。孔夫子对自己人生的 6 段总结，是可以适用于大多数人的。如果再合并一下，将一生的学习划分为 3 个阶段，就更容易理解和把握了。

一是知识学习阶段：大约在 2～22 岁之间。学龄前，小学，初中，高中，大专或大学，都属于知识学习阶段的范畴，以学习基础知识和专业知识为主。人在这一阶段中是"职业学者"。

二是能力学习阶段：大约在 20～60 岁之间。大专或大学毕业后步入社会直至退休，或者读硕、读博后再工作直至退休，都属于能力学习阶段的范畴，以学习和提升 8 大能力为主。人在这一阶段中是"兼职学者"。

三是养生学习阶段：大约在 60～80 岁之间。这是一个人忙碌了 40 余年后的赋闲时期，也是身体逐渐衰老阶段，以学习各种健康养生知识和休闲文化为主。人在这一阶段中是"自由学者"。

本章主要探讨人生第 2 个学习阶段的能力获得与提升问题。

一、社会大学之属性

一般情况下，一个婴儿断了母乳，就必须学会吃其他的食物，因为他要通过食用鸡、鱼、肉、蛋、菜、果和米饭、面食来摄取营养。一个人离开了校园时，宛如一个断了奶的孩子，虽然已经学得了一些知识，但还必须获得能力，因为社会上所需要的是运用知识来改造世界的能力。所以，学校发给的毕业证书不是学习结束的标志，恰恰是开始新的学习阶段的入学证书。人们喜欢将学习之后的再学习、再提高称之为“进修”。那么，离开校园之后还去哪里进修呢？社会，最好的进修院校就是如大海一样广阔和深邃的社会。社会是一所能够赋予人以一切能力的顶级大学。

社会大学不仅是顶级的，而且是奇特的。对于爱学习、会学习、有梦想、有目标的人来说，社会大学更是可爱的，他们大多会如鱼得水般地畅游于这知识和能力的汪洋大海；对于怕学习、恨学习、会空想、没行动的人来说，社会大学是更可怕的，他们可能会落汤鸡一般地沉浮于这大浪淘沙的汪洋大海。同那些为学生们所熟悉的学校相比，社会大学有其独特的属性：

全民入学，终生就学。严格地说，每一个人从咿呀学语开始，就算是进入了社会大学的预科，概莫能外。不管你是否有学习意愿，其实每个人每天都在社会大学中学习着。所以我们说社会大学是一所全民大学。前面我们说到的知识学习阶段，虽然主要学习任务是在校园里、课堂上完成的，但它还是寓于社会大学之中的。因为学校并非真空，校外活动更是社会活动的组成部分。我们之所以将这个阶段单列，主要是强调其“职业学者”阶段的特殊性而已。所谓终生就学，几乎是从生到死，每个人都无时无刻不是在社会大学的学习中度过的。幼年时的学习自不必说，就是晚年的时光也都是交给了社会大学。可能有人会说，我已经很老了，什么都不想做也什么都不能做了，每天摇椅上晒太阳，还哪来的学习。可是你不要忘了，就是每天躺着，你也得学着如何适应这种生活状态。难道这不是学习么？

检验基础，细分专业。社会大学是要对入学者进行基础知识严格检验的，而且这种检验可能要几年、甚至十几年才能完成，有时甚至还是很残酷的。每一次检验之后，都可能会进行一次“进修院校、专业、班级”的分配或调整。被称为“国考”的国家公务员考试、每个企事业的员工招聘考试等等，都是对一个人十几年“职业学者”学习成果的检验；每一次入职都等于是进入了一个“新的进修院校、新的专业、新的班级”。在本单位的提职或者调换岗位，每一次“跳槽”更换供职单位，都是一次“进修”再分配。那些进入创业实践的人们，则要经历更为严酷的检验，有人会胜出，当然也一定会有人惨败。经过几年甚至十几年的折腾之后，一个人的“进修专业”才会相对稳定下来。这应该就是孔子所说的“三十而立”的另外一层意思吧！后面的，就是沿着既定的专业来提高其他各方面能力了。

培训能力，有教有类。社会大学对人的教育，主要是各方面能力的培养、训练和提高。人生改变命运、改造世界所必需的8大能力，除了学习能力外，其他7项主要都是在社会大学中获得的。就是学习能力，在社会大学中也还会有更大幅度的提升。走出校园的莘莘学子可能都有一定的专业知识了，但是专业能力的获得还必须通过社会实践。比如一个医学专业5年的本科毕业生，并不是一进医院就变成了医术高超的医生，还要经过很多年历练才会有“悬壶济世”能力的。在学校时，可以表达的机会并不多，表达能力自然得不到较为有效的训练，很多人走上社会后在生人或者大庭广众面前甚至连一句完整的话都说不出来。可是职场并不相信眼泪，只好把这样的机会交给那些有这样能力的人。我们要想获得这样的机会，只能自觉地提高相应的能力。行动能力首先表现在勤奋上。阻碍行动力的因素主要是行为习惯、专业知识及专业能力。如果我们校园里养成的是慵懒的习惯，专业知识积累得不够，专业能力不强，自然就缺少了行动能力。不行动哪里会有我们想要的结果呢？所以，人人想要的结果一定是属于行动力极强的人。适应能力更是要在现实社会的磨砺中获得与增强，一个初进职场的人，如果没有较强的适应能力，那就只能被环境淘汰出局。至于更高层级的协调能力、管理能力和创新能力，基本上只能在社会大学里才能学到、形成及提升。以培训能力为主，并且有教有类，是社会大学最主要的特点。所谓有教有类，是说社会大学不会拒绝任何一个学员，对每一个人都会进行能力的培养和训练。但同时更会根据每一个人的素质和表现来分类施教，最后就出现了人在现实社会中的分业和分工。

貌似无师，人人为师。所谓人人为师，一方面是说生活和工作中遇到的每一个人都可能教给以知识和能力。正如孔子说的那样：“三人行，必有我师焉。择其善者而从之，其不善者而改之。”（《论语·述而篇》）几个人在一起走路、一起做事，其中必定有人可以做我的老师。要选择他的优点来学习，并对照他的缺点来校正自己。如果他的缺点自己也有，就要将其改掉；如果自己没有，也要引以为戒。所谓人人为师的另一方面，是说我们自己也是老师，我们本身也要担当起“传道、授业、解惑”的责任。为什么说“父母是孩子的第一任老师”？道理就在这里。就算我们没有能力或愿望去教给别人什么，但总是无法逃避给自己的孩子担当起第一任老师的职责。如果我们已为人父母，不管我们的学问多少、能力大小，《三字经》里说的"养不教，父之过"和"教不严，师之惰"这两条，那都是难脱干系的。除此之外，我们既有的知识和能力，或者是正反两个方面的经验、教训，同样也会有给他人以教益的作用。

多维教材，开放教学。在社会大学里，我们所能了解到的每一个人、每一件事，甚至是自然界的草、木、禽、兽，人类生产制造的每一件器物，都是活生生的教材。这些教材，是有血有肉的，是3D、4D的多维立体。有悟性的人，会从中感悟到人生的哲理，学习到需要的能力。所谓"开放式教学"，如果说得难听一点、直白一点，就是你爱学不学，学与不学和学得咋样，完全是你自己的事情。如果我们热烈诚挚地追求幸福，如果我们真心地希望创造财富，如果我们打算主动去解决问题，如果我们愿意付出和奉献，那我们一定会如饥似渴地在社会大学的课堂里汲取营养。当然，如果我们不肯积极地获取和提升能力，也不会有人批评处罚，更不会被开除学籍，只是我们与曾经的理想、目标会渐行渐远，改变命运和改造世界的梦想也就只能是停留在梦想阶段了。

虽不考试，事事皆考。社会大学好像是没有考试的，除了部分招聘、晋级、升职之外。但是，一个在社会上走过一段路的人会发现，原来社会大学里的考试如影随形，无处不在。说得夸张一些，每件事情都是考试，与我们发生联系的每一个人都是严厉的考官。通常情况下，我们把事情做对了，社会可能会给我们以相应的回报；做错了，社会也可能会给我们相应的惩戒。但是，有时貌似对了、错了也不会有什么回报或惩戒给我们，尤其是做错了的时候。多数情况下，有些机会会因为我们做错了事情而与我们无缘，但我们却毫无察觉，终生难再；有的同事、朋友会因为我们做错了事情而与我们疏远，但他可能会不动声色，一言不发；有些成果会因为我们做错了事情而与我们无关，其实它原本可能应该是属于我们的。由此可见，在人生路上，在社会大学里，时时都在考试，事事都是考试，人人都是考官。

学无止境，永不毕业。知识的学习是学无止境的，能力的学习更是这样。学习知识可能会在形式上毕业，而能力的学习却无法毕业，只能与生命同终。我们前面谈到的"活到老学到老"，也是这个意思。春秋时期的大政治家、教育家、音乐家师旷，也曾将人生的学习分为3个阶段，他说："少而好学，如日出之阳；壮而好学，如日中之光;老而好学,如炳烛之明。”(西汉·刘向:《说苑》)这段话的意思是,青春年少时喜欢学习,如同获得了太阳刚刚出来时的光芒;壮年时期喜欢学习,如同获得了正午时分的阳光;老年时节喜欢学习,如同在日暮之后点燃蜡烛照样也获得了光明。可见早在2500多年之前,终生学习就已经是好学之人的常态了。师旷在说完上面的话之后接着设问道:“炳烛之明,孰与昧行乎?”他问,虽然没有了太阳的照耀,但是点燃蜡烛照明与摸黑走路相比,哪个更好呢?结论自然是人尽皆晓的。什么叫大学?就是学习大学问的地方!在社会这所没有围墙、没有教室、没有课本、没有老师、没有考试的真正大学里,才真的是学无止境。生命不息,学习不止,“不亦乐乎”,还盼着毕业干嘛?

二、知识+经验=能力

追本溯源,人们在学校中所能学到的绝大多数知识,都是来源于前人的社会实践。1937年,毛泽东在他的著作《实践论》中曾作过这样的描述:“人的认识,主要地依赖于物质的生产活动,逐渐地了解自然的现象、自然的性质、自然的规律性、人和自然的关系;而且经过生产活动,也在各种不同程度上逐步地认识了人和人的一定的相互关系。”(《毛泽东选集》第一卷)

人类社会已有的这些认识,经过前人的总结提纯,就变成了我们今天可以在课堂上、书本里可以学习的所谓知识。我们在学习了这些知识之后,它还不能完全变成我们自己的。因为对于我们来说,这些知识还是间接的,只有回到社会实践中去进行检验、应用和创新,然后再进行更高层次的理性思考,它们才会真正变成我们自己的直接知识,也就是我们上面所反复提到的能力。马克思主义认识论所阐述的,也正是这样的一个原理。

毛泽东说:“一切真知都是从直接经验发源的。”“通过实践而发现真理,又通过实践而证实真理和发展真理。从感性认识而能动地发展到理性认识,又从理性认识而能动地指导革命实践,改造主观世界和客观世界。实践、认识、再实践、再认识,这种形式,循环往复以至无穷,而实践和认识之每一循环的内容,都比较地进到了高一级的程度。这就是辩证唯物论的全部认识论,这就是辩证唯物论的知行统一观。”(毛泽东:《实践论》,《毛泽东选集》第一卷)

一个人的精力和能力都是有限的，所以我们要很好地利用前人的认识成果。我们现在能够学习到的知识，等于是前人代替我们完成了第一个层次、第N个层次实践、认识、再实践、再认识循环过程而获得的真理。我们的任务，就是要继续通过实践、认识、再实践、再认识的努力，来“证实真理和发展真理”。

实践是什么？实践就是人们改造自然、改造社会的有意识、有目的的活动。有意识，说明这样的活动是要经过思考、设计和筹划的；有目的，说明这样的活动是有预期目标，并且要获得一定成果的。进行这样的活动当然是需要能力的。那么，是不是我们经过十几年的校园学习，就具备了这样的能力呢？答案是否定的。因为改变命运和改造世界所需的8大能力，我们在学校多数都没有学过。而且即使对相关知识有所涉及，但没有足够的实践经验，那也只能叫知识，还不是能力。能力从哪里来？根据被无数历史事实证明为真理的马克思主义认识论原理，这样的能力只能从社会实践中来！实践的过程，就是积累经验的过程。什么叫经验？就是在反复经历同样或同类事情过程中所获得的正反两个方面的体验。人们习惯地称正面的体验为经验，称负面的体验为教训。我们所学到的知识只有和经验结合，才能形成能力。

我们学习知识，是要反过来为实践服务的。在十几年“三更灯火五更鸡”的“职业学者”生涯中，我们究竟学到了多少东西？学习的效果到底是怎么样的？学校发给我们的毕业证书、学位证书是不是标明了我们的真才实学？这些，都还需要到社会实践中去进行多次的检验和筛选。所以说，社会实践是一个大考场，任何人都别想“滥竽充数”或者蒙混过关，因为最严格的考官恰恰是我们自己。

我们是学过了很多知识，但究竟有多少是有用的，而有用的我们又是否会用，都还需要进行尝试。另外，如果有些社会实践所需要的知识我们还没有学到，那就必须“补课”，再开始“兼职学者”的身份。更重要的是，我们必须运用已有的知识于改造世界的实践之中，在“实践、认识、再实践、再认识”的反复循环中获得能力。所以说，社会实践是一个大课堂，我们的知识将在这里升华，我们的能力将在这里获得，我们的潜力将在这里发挥。

我们开始实践了，进入了新的人生阶段。任何一个人都可以从这里开始迈向成功，实现辉煌。但结果如何，完全要靠我们自己来把握和创造。今天任何一位大学毕业生，都是已经站在知识巨人肩膀上的人。我们是继承了前人的丰硕成果，但要成功与辉煌还必须创新和创造。这是我们自己改变命运的需要,也是民族和祖国发展的需要,更是人类社会进步的需要。所以说,社会实践是一个大舞台,它公平地给每一个人以足够充分的机会和宽广的空间,让我们尽情地在这里展示自己的才华,如果我们真的是有才华的话。

就是在这样以实践为主要形式的检验考核、"进修"学习、创新创造过程中,我们已有的知识不断地得以应用,我们的经验不断地得到积累。随着经验的增多,我们的能力也将从无到有,从小到大,从少到多,从弱到强,从低到高,不断地得到提升,个人的价值则会同步地、相应地得到体现。

三、能力比知识更不容易获得

综上所述,人们要实现改变命运、改造世界的愿望,没有知识是不行的,没有能力就更不行。如果说,人生前 20 年的任务是学习知识的话,那么接下来的 40 年的任务就是获得能力。而一个人改变命运和改造世界的欲望大小、各方面知识积累多少、实践经验是否丰富、悟性的高低和际遇的好坏等,都会对获得能力有很大影响。

欲望决定能力。当一个人想要达到某种目的时,便会产生欲望。这是人类所有行为的动力。正因为如此,当一个人想要解决某一问题时,必然会自动自发、自觉自主地去掌握相应的能力。在生活中,这样的事例可以说无处不在。

人们常说,爱好是最好的老师。网络上被称为"吃货"的人,是指爱吃并且会吃的一类人群。他们爱吃并且会吃的能力从何而来?一定是毫无例外地来源于其旺盛的食欲。在一些嗜酒的人当中,有相当比例的人是喜欢下厨房的美食家,因能做得一手好菜才会使自己的品酒得到更高层级的满足,自己也就成了不但好吃而且会吃的人。

也有很多人对某种事物的爱好来源于他在相关方面的欲望。比如,很多十分幼小的孩子对电子游戏可以做到无师自通,就是因为他们觉得电子游戏好玩儿,他们喜欢,他们有通关获胜的欲望,所以不用培训就会很快获得相应的能力。而父母、老师要他们学的东西,他们并不喜欢,甚至是十分厌烦,所以就很难取得家长和老师所期望的能力。事实证明,欲望越是强烈,获得能力的动力就越充足,速度也越快,拥有的能力也就越强。这正如孔子所说的那样:“知之者不如好之者,好之者不如乐之者。”(《论语·雍也篇》)即:懂得它的人不如爱好它的人,爱好它的人又不如以它为乐的人。在人生丰富多彩的社会活动中,爱好其实是欲望的另一种表达形式。所以,在某种意义上说,一个人对某种事物的爱好深度也代表了他在这方面的欲望强度。

知识助长能力。在一般情况下,人们都会说知识占有量丰厚的人是有学问的人。这里所说的学问不单单是文凭,而是学习的经历,是在学习过程中所获得的知识总量。如果是有专业特长或独特技能的人,在解决相关问题时则会表现出与众不同的能力来。在互联网几乎覆盖了世界每一个角落的今天,那些学习过计算机专业的高材生们如鱼得水,可以在IT业里呼风唤雨、纵横驰骋,就足以说明问题。

相对来说,有学问的人看问题的角度会正确一些,剖析问题的水平会更高一些,解决问题的方法也会多一些。即便在不是他自己专业特长的问题面前,往往也能表现出不凡的判断力和出众的解决能力来。

经验增强能力。经验,就是在多次的实践中所获得的体会。如果不犯经验主义的错误,那么经验就可以变为最有用、最宝贵的能力。但是,经验又不能完全等同于能力。只有将经验加以提炼,使之升华,才能称之为能力。这好比学游泳。如果从来没有下过水,哪怕已经把游泳的技术要领倒背如流了,可还是没有游泳的能力。但如果虽然不懂太多的游泳技术知识,却多次在水里折腾过了,那也就有了比那个没下过水的人强得多的能力。这就是人们常说的:实践出真知。不过,如果已经熟知游泳的技术要领,要是再加上水中实践的经验,游泳能力会很快就得到增强。当然,我们还要提高警惕,要争取少犯或不犯经验主义的错误,就是不要凡事都从自己的个人经验出发,千万不要把局部经验当作是普遍真理,到处生搬硬套。

悟性提升能力。悟性是指一个人对事物的感觉、认知、发现和领悟的水平。这里的所谓“悟”,是感悟、领悟、觉悟或醒悟,是能够自觉地从感性认识上升到理性认识,能够举一反三,能够触类旁通。一个相同的问题摆在面前,不同悟性的人会从中悟出不同的道理来。特别是在处理、解决了一个问题之后,悟性强的人会从中悟出事物的本质和一些规律性的东西来。当他以后再遇到相同的或者类似的问题需要解决时,他的能力会有明显的提升。为什么聪明的人不会第二次再犯同样的错误,说明教训和经验一样,也可以帮助人们提升解决问题的能力。

际遇造就能力。人的能力并不都是学来的、练就的。在有些时候，它往往是被逼出来的。一些突发的情况，往往会把人摆上一个从未经历过的位置。在这个位置上，他就不得不去面对从未遇到过的问题，不得不去解决从未解决过的问题。但是，这种被动地面对和被动地经历多了，人们也就被造就出了这方面的能力。

汉高祖刘邦在公元前209年10月举兵起义时，已经48岁，身份只是一个小小的亭长，稍大于现在的村级干部。他不但没当过皇帝，也从未学习过怎么当皇帝。所以，他斩白蛇、杀县令、举义旗的时候，根本也没想以后要当什么皇帝。可是，仅仅6年半的时间，他就被推到了不做皇帝都不行的位置上了。据司马迁在《史记》中记载，公元前202年2月，当和刘邦一起打败项羽的将帅们商议要请刘邦登基称帝时，他还再三辞让："吾闻帝贤者有也，空言虚语，非所守也。吾不敢当帝位！"意思是说，我听说皇帝是有贤德的人才能当的，而不是像我这样只会说空话、讲虚言的人可以占有的。我可不敢承当皇帝的大位。真心谦让也好，假意推辞也罢，反正是刘邦54岁时坐上了大汉皇帝的宝座，开创了420年的汉朝基业，成为中国封建社会历史中统治年代最长久的朝代。刘邦的能力哪来的？"时势造英雄"，刘邦建国、治国的能力也是际遇造就的。

类似的情形，在平民百姓的现实生活中也会经常出现。有时候，际遇会将人"逼上梁山"，也会逼出能力来。

第十六章

人生离不开文、史、哲

我们在特别强调了能力对于人生重要意义之后，还必须回过头来再说一说关于知识的学习和积累问题。在校的正规化学习和步入社会之后的能力提升并没有截然的分界，更不是完全对立的人生阶段。可以说，正规化的知识学习是获得能力的前期准备，获得并增强能力是知识的应用和升华。在“职业学者”的校园学习阶段，不但要尽可能多地积累知识，还要尽可能多地获得能力，或者是尽可能多地为将来获得能力做好准备。

但是，我们看到的现实是，人们在学校期间对于专业课的重视程度远远高于对基础课的看法；在专业选择上，多为就业压力的驱使而对文、史、哲轻蔑有加。这种知识积累和能力训练选择上的偏颇，导致很多人改变命运的效果不佳，改造世界的能力不强，不仅带来了严重的个人问题，也产生了一系列的社会问题，只不过是很多人并无察觉、并不知道而已。世上之事，最大的悲哀不在于自己不知道，而在于不知道自己不知道。

其实，不论是学什么专业的人，哪怕是没上过大学的人，都必须(不仅仅是应该)把文、史、哲作为学习的重点来对待。

一、语言文字是人的毕生工具

人类生存和改造世界的社会实践，必须借助于工具。因此，人类的祖先发明了两大类工具:一类是劳动工具,从古代的石器、铜器、铁器,到现代的蒸汽机、飞机、计算机等。另一类是思维、表达和沟通工具,主要就是语言和文字(也称书面形式的语言)。据专家考证,语言的出现已有大约30万年的历史。在漫漫的历史长河中,人类的语言不断变化完善,并表现出了两大基本特征:一个是具有不可替代性,当然这里所指的并非某一语种或语言形式;另一个是终生不可或缺性,人们从生到死都离不开这个工具,这在人类所使用的所有工具中唯有语言是这样的。而且语言并不是人们一时的工具,而是时时的工具、一生的工具。当有人因为特殊原因不能利用某一种语言形式进行对外沟通交流时,他也会以顽强的意志学会使用其他的语言形式。

为什么会是这样呢?因为语言对于人类来说,至少具有3个方面的重要意义:首先,它是思维的工具。人类的思维活动,不论是形象思维,还是逻辑思维,其对象的概念描述、元素符号和事物关系等,都必须要以语言为载体。第二,它是表达的工具。人生在世,几乎每时每刻都有表达自己思想、情感、意图、诉求的需要,甚至在睡梦之中也是如此。这种表达是需要工具的,否则就只能像刚出生的婴儿那样靠哭闹来表达和宣泄。第三,它是接收的工具。人与人的沟通、人与世界的沟通,都是双向的。语言就是我们接收外部信息的介质和工具。由此可见,一个人无论是个人的生存或发展,还是改变个人命运和改造客观世界的社会实践,都离不开语言工具的运用,哪怕是某些残障人士也要通过哑语或盲文来与世界进行沟通。这说明,人只要活着就离不开语言。

人生在世,不论是在蛮荒的古代,还是在物质文明高度发达的今天,可以不会开车,可以不会使用电脑,甚至可以不会炒菜做饭,但是不可以不会说话。活在当今世界,当然也包括不可以不会认字、不会写作。远古时期的人类并没有汽车、电脑、冰箱、彩电,可是他们和今天的我们一样有语言。更重要的,是他们根据人生的需要而发明了语言。后来,人们又发明了文字,使语言从单纯的声音表达变为语音和书面两大类的表现方式。再后来,人们又将声音语言、书面语言同形体语言相结合,发明了诗歌、散文、小说、戏剧等文学形式,以及音乐、戏曲、舞蹈、绘画等艺术形式,使人类的语言表现方式更加丰富多彩。特别是文字的发明,更是人类历史上了不起的特大进步。文字将语言从可说、可听的声音形式,发展成为可写、可读的视觉形式,使人们的沟通交流可以跨越千年万年的时间限制,也可以跨越高山大海和国家地区的空间限制,强有力地推动了人类社会的发展进程。在文盲所占人口比例较高的历史阶段,人们甚至将不识字的人称为"睁眼瞎",足见书面交流形式的重要程度。俗话说:工欲善其事,必先利其器。如果我们想要与外部世界实现高效的沟通、交流,就必须要学好并善用语言工具。一婴儿呱呱坠地后不久就开始咿呀学语,一个人到外国学习、生活或工作要先过"语言关",都是大家所见到过或经历过的例证。

不过,我们在现实生活中也会看到另外一种情形:在校学习期间轻视汉语言文字方面的学习与训练,学外语比学中文劲头足。据说清乾隆皇帝就曾放言:学不好赵孟頫,别来考科举!可是今天的我们身为中国人,却连中国字都写不好。对于汉人和汉字,严格地说当年的乾隆还应该算是外国人呢!也有为数不少的大学毕业生,走上社会以后连基本应用文都不会写,听别人讲话不得要领,自己说话词不达意。

比如人们现在经常要接触的各类说明书,就是驾驭书面语言表达方面问题的典型表现。在现实生活中,已经很少能见到条理清晰、语言精准、表述明确的说明书了。我们相信,这些说明书一定是有较高专业能力的人编写的。他们一定是相关专业的高手,学历至少也应该在大学本科以上吧?但是,他们的语言功底真的叫人不敢恭维,因为有相当文化功底的人都很难读懂他们的说明书。说穿了,就是这些专业人士所编撰的说明书,说不明白他们要说的事情,当然会导致使用者也无法看明白。在其他一些文字使用场合,也能发现很多属于基础性、常识性的问题,比如不会正确地使用标点符号和序列号,行文不符合语法规范,有时甚至连错别字都能登上"大雅之堂"。

我们再来看看声音语言方面的问题:有些人大学毕业了,却连说话还没学会。他们或者在很多场合特别是人多的场合不敢说话,或者是说话的时候底气不足、条理不清、表述不明、用词不当,或者是说话不分场合地点而导致事与愿违。这些现象,反映了两个方面的问题:一方面说明没有思想或者是思路不清,原因可能是思维语言的运用有障碍。知(思)、言、行这三者之间的逻辑关系是,对一件事情想不清楚或者了解不清楚时,是不可能说清楚的;知或思不清楚,再加上说不清楚,一般情况下也很难把事情做好。请不要忘了,思维也是需要语言这一特殊工具的。另一方面说明对表述语言的驾驭能力不强。汉语是我们的母语。从学前到大学毕业,20 年左右的时间学不好自己的母语,不能不说这是一种悲哀,是一种遗憾,更是一种危险。几年来,有很多怀里揣着大学文凭的明星,就因读错字、写错字在网上被传为笑谈,使他们的“高大上”形象大打折扣,连粉丝们都跟着脸上无光。电视剧里的台词和字幕上的错别字,更是屡见不鲜。如果读书时在语文上多用点功,出名以后是不是也会少一些露怯的事儿啊!该学好的没学好,自然是可悲的;遗憾的是离开校园以后,几乎就不会再有那样的机会和条件了;如果这种趋势不能得到有效扭转,对我们的民族和国家都是很危险的一个大问题。

那么,该怎样提高我们的语言水平和表达能力呢?其实,现在缺的不是个人的学习和锻炼方法,而真正缺少的是观念。如果每一个人在主观上都能像学外语、学开车那样对待汉语言学习,估计就可能很少会出现上述现象了。对语言、文字的了解和掌握,属于知识的范畴,而熟练、正确地使用他们,尤其是具有较高水平的驾驭语言文字的技术,则属于能力的范畴了。如果教育部门能在汉语言的教学体系和考核机制上作出适当的调整,给青少年的汉语言学习以客观上的帮助和促进,更会减少上述问题的发生。观念和体制上的问题解决以后,改进学习和提升的方法也就不是什么难事了,因为不外乎是多听、多读、多讲、多写而已。听、读、讲、写的多了,自然也就提高了。

多听,就是要注意多听别人是怎么说话的。我们在实际生活中,要发明创造些什么并不容易,但是一些别人已经会做的事情让我们去学习、去模仿,却是很简单的。如果认为自己语言表达能力不足,那就先多听听别人的讲话。有些人可能是具有一定的口语表达方面的天赋,但他们更多的表达能力也是在实践中获得和提升的。他们在演讲时,旁征博引,口若悬河,妙语连珠,风趣幽默,将语言表达上升到艺术的高度。听这样的演讲,不但可以获得知识和信息,更可以成为一种享受。同样的话,听听人家是怎么说的,再对比一下自己,找到差距,自觉学习,认真模仿,我们照样也可以做到。这里重要的是自己要大量地占有词汇。就像学习外语一样,没有相当数量的词汇占有,想拥有较好的外语能力是不可能的。这也是语言使用中的“巧妇难为无米之炊”吧!

多读,对很多人来说是不难做到的。阅读,已经是有些成年人日常生活的重要组成部分,更不消说是作为“职业学者”的莘莘学子了。但是,很多人读了一辈子的书,却连最简单的应用文都不会写;有些人大学毕业了,却连一封求职信都写不来。原因何在？一方面，可能是把读书的目的只看成是学习和理解内容了，而忽略了对表达形式的关注；另一方面，可能是读书只为了消遣，没有任何学习上的目的。其实，不论是哪种情况，都是一种严重的资源浪费和生命浪费。阅读，如果在以上两种目的之外再加上一个学习写作的目的，阅读时多注意一下文章或书籍的结构方法、语言组织、修辞技巧等，很可能就会有一举多得的收获。在条件允许的情况下，大声地诵读更是必要的。大声诵读，不仅会增加对内容的理解和记忆，还会从另外一个侧面来提高演讲能力。

多讲，就是要在该说话的时候不要谦让，当然不该说的时候也要管住自己的嘴。口才绝对是练出来的，不敢讲，就不可能会讲；不常讲，就不可能善讲。某市委研究室的一位主任在给青年干部培训时，教给大家一个解决不敢讲问题的诀窍。他说，作为青年干部，经常会有与领导干部研究工作的机会，甚至也会有在公众面前演讲、作报告的机会。怎样解决胆怯的问题呢？那就是要“目中无人”、“目空一切”，要感觉此时在这个屋子里，自己是最明白这件事情的人。不过还是要注意语气和用词的分寸，千万不可给人造成不谦虚、太牛气的错觉。在做到敢于讲的同时，还要努力做到善于讲，即会讲。所谓会讲，就是能够将自己的心中所想准确、精炼地叙述出来，同时还得让对方或者受众能够听明白。有一位领导干部在年轻时常听领导问：“你们听懂了吗？”或者“你们听明白了吗？”当时他就很反感，心想你都当领导了，话还说不明白，反倒问我们听懂了没有。你当我是弱智啊！后来，他自己也当领导了。但是，他从不问下属听懂了没有，而是会问：“我说明白了吗？”由于他平时很注意提升自己的表达能力，把“说话别人能听懂、写字别人能认得”为训练目标，所以他说的话别人是不可能听不明白的。

多写，就是千万不要懒惰，不仅要高质量地按时完成老师布置的作文，还要自己找由头多写一些东西。这一习惯最好能保持到中年甚至是老年阶段。这是提升表达能力的最有效方法，因为写作时要把自己的想法反复推敲，不仅会训练自己的逻辑思维能力，还能使声音语言和文字语言的的表达能力同时得到提升。计算机和网络的广泛应用，给人们的写作训练带来的弊端大于好处，使一些本来就懒于动手写作的人变得更懒了。一旦有需求，很多人就到网上去找现成的范文，然后改头换面就拿出去应差。最可怕的是，过去能呈现在公众眼前的文稿，一般都要经过老师或编辑之手修改，等于是文稿有了一定的专业水平。可现在是无论什么写作水平的人都有可能将原生态的文稿捅出去，缺少了标准和规范，就可能会误人子弟。新编现造的网络用语，已经向语言规范化“亮剑”挑战了。同时，汉字的书写也因此而被弱化，平时随便写点什么小东西都可能会提笔忘字，更遑论书法艺术了。这种状况使本来就危机四伏的汉语言文字传承与发展雪上加霜，人们表达能力的提升也随之变得更加虚无飘渺。如果我们想提升表达能力，就千万不要偷懒，要做到凡是需要自己动手写的东西，就不要去网上找现成的文稿；一些小东西最好能亲手用笔写一写，在不影响工作效率的前提下，回味一下汉字书写的快乐。

二、历史是人生最好的老师

所谓历史，就是人类社会过去所发生的所有事情，包括历史现象、历史进程、历史事件和历史人物。人类的历史浩浩荡荡地绵延发展，已经有 300 万年以上了。最近几千年来，人类的历史有了文字记录。尤其是我们中国的历史，自 5000 年前的上古传说，到公元前 841 年西周共和开始的编年记录，传承至今的是一部大百科全书。特别是西汉时期司马迁的《史记》，创建了纪传体史书体裁，并被东汉时期班固撰写《汉书》、后代史学家们编撰《二十四史》所沿用，给我们留下了鲜活和灵动的历史。对于历史学家来说，他们所要研究的是历史脉络、历史事件和历史人物的真实性，要揭示的是人类社会发展的普遍规律和某一民族、某一国家历史发展的特殊规律。那么，对于普通人来说，历史又意味着什么呢？这就要看人们能从历史中获得什么了。

根据历史所囊括的内容，它完全堪称一部人生教科书，几乎能回答我们关于人生的所有基础问题和重大问题。我们为什么会来到这个世界呢？历史会告诉我们，偶然之中蕴含着必然，所以我们的到来，是历史演变的结果，甚至可以说是一种历史的必然。我们应该如何认识人生呢？历史会告诉我们，人生的目的、意义、实质和价值是什么，以及我们应该树立什么样的世界观、人生观和价值观。我们应该如何营建自己的人生呢？历史会告诉我们，不论想成为什么样的人，不论想度过怎样的人生，在历史这本大书里都可以找到参照系、参照人或者参照事例。人生当中有哪些事情必须做，又有哪些事情不能做呢？历史会告诉我们，必须做的事情有哪些，如果不做会有什么样的结果；不能做的事情有哪些，如果做了会有什么样的后果。

根据历史所体现的价值，它又完全堪称一位诲人不倦的老师，能指引我们在人生路上走得更稳更好。不论是我们的父母还是老师，他们所教给我们的知识、传授给我们的经验，其实也都是来源于历史。即便是他们个人的人生感悟，也与历史密切相关。老师的价值，就在于教书育人，传道、授业、解惑。历史就和老师一样，不但能够教给我们以各方面知识，更能够向我们展示历史的发展规律、人生的成长规律、事物的客观规律，是谓传道；历史也能传授给我们以执业的技能，帮我们获得自立于世的本领，是谓授业；历史还能够为我们指点人生路上的迷津，使我们能够更清醒地认识自己、认识他人、认识社会、认识世界，是谓解惑。虽然人类有文字记载的历史已经越过了几千年，社会发展和时代进步似乎已经让人们觉得世事早已是今非昔比了，殊不知人生的基本法则未变，人生的基本规律依旧，谁也逃不出它的无形框架。

根据历史所产生的作用，它还完全堪称一面可以检验一切的镜子。唐太宗李世民说“以史为鉴可以知兴替”，似乎说的是一个朝代或者是一个国家的兴替之事。从唐代初期至今，差不多又是1500年过去了，历朝历代都从历史这面镜子中看到了过去、现实与未来，同时又上演着一出又一出的兴替大剧。其实，人生又何尝不是如此呢？在历史这面明澈的镜子前，人们既可以正衣冠（引申为言行），又可以知兴替（引申为成败），还可以明荣辱（引申为顺逆）。所谓的以史为镜，说到底还是以人、以事为镜。所以，我们要知道今天的世界为什么会是这样，将来的世界会变成什么样，就可以到历史之中去找答案；我们要知道自己的前生、今世和未来，也可以到历史之中去找结果；我们要知道自己的话说得对不对，事情做得对不对，都可以到历史之中去找参考。总之，历史不但可以教给我们一切，还可以映射出我们的一切。

老师是师，教科书和镜子也是师。教科书是文字化的老师，镜子是楷模化的老师。如果按照俗话所说的一日为师，便当终生为父，那历史作为一个人的终生之师，理当奉若神明。因此，任何人都没有权利轻视历史，也没有资格拒绝历史知识的学习。我们常说中国是一个有悠久历史的文明古国，那就至少是应该了解一些常识性的历史问题。可是在现实生活中我们常见有“史盲”，甚至还会出现想要请岳飞给写歌词的笑话。

三、哲学是人生智慧的源泉

人生是需要智慧的。比如说，我们如何能获得较高的学习效率，如何能和谐地与人相处，如何能更出色地做好本职工作，如何能将平凡人生打造成为成功人生等。这既需要知识，也需要能力，当然更需要智慧。我们这里所说的智慧，就是完备思考与妥善处理问题的高级智能，是一种超然于一般知识和普通能力之上的高能量智力。它或者表现为一个人认识事物时的迅速理解与敏锐反应，或者表现为一个人谋划事物时的正确方向与缜密思路，或者表现为一个人处理事物时的独到方法与高超技巧，或者表现为一个人阐述事物时的前瞻视角与卓然高度。大智慧者多数情况下会是这 4 种表现兼而有之。春秋时期的老子、孔子，三国时期的诸葛亮、司马懿，近代、现代中国的孙中山、毛泽东，都是大智慧者。人们羡慕和崇拜有智慧的人，更希望自己拥有较多的智慧，但却不知道智慧从何而来。

哲学就是一门使人头脑聪明、获得智慧的科学。当然，我们这里所说的哲学是马克思主义哲学。世界哲学历史悠久并复杂，哲学流派和体系众多，本书并非哲学专著，所以不对哲学问题作理论探讨。以下所采用的哲学名词及原理均以马克思主义哲学作为理论根据。

马克思主义哲学即我们常说的辩证唯物主义和历史唯物主义。它是对自然现象和人类社会实践活动的高度概括和理论总结，是科学的世界观的理论表现形态，是关于自然、社会和思维一般变化、发展规律的科学，是科学的认识论和方法论，即辩证唯物主义认识论和唯物辩证法。每个人都希望自己及子孙后代是聪明的智慧之人，却不懂得或者没兴趣学习和运用哲学原理。人们都很重视学习科学知识，殊不知哲学就是关于科学的科学，是自然科学、社会科学和思维科学的概括和总结。至于学哲学、用哲学对人生的重大意义和作用，有些家长自己不懂，自然就不会督促子女去认真学习；有些大学生不懂，自然就不会重视在校的哲学课学习；有些老师不懂，自然就不会积极地引导学生在哲学上下功夫。可是，不学习或者学不好哲学，不会应用哲学原理，智慧就会不足，人生的境界和结果也就不可能理想。

真理往往是极其简单的，也是绝大多数人都能够理解和接受的。有一些玄而又玄、晦涩难懂的所谓哲学，并不是真正的科学。马克思主义哲学作为人类顶级科学和真理，虽然不是与人生无关紧要的可有可无的一般理论，但它也既不复杂，更不神秘，就蕴含于每一个人的日常生活之中，与人们的人生、命运紧密相连。人们之所以很难走近它，一方面是因为它的基本理论有些抽象，这对于习惯了通过“听故事才能明事理”的很多人来说，很难引起他们的兴趣；另一方面是因为有一些理论工作者故弄玄虚，大有“语不饶人死不休”的学究气概，使人望而生畏。但是，不管一个人是否懂得哲学，更不管一个人是否喜欢哲学，每个人都会自觉不自觉地在人生中实践哲学原理。因为哲学原理就是从千百年来无数人的社会实践中总结出来的，是对自然科学、社会科学、思维科学的概括和总结，是一门不同于有某种具体对象的知识或知识体系的学问。认识世界和改造世界是马克思主义哲学的基本功能，因此，它也就成为了我们认识世界、改造世界的最重要的工具。

马克思主义哲学由辩证唯物主义和历史唯物主义组成。其中的辩证唯物主义分为三部分，即“一观两论”——世界观，认识论，方法论。

世界观，就是一个人对世界的总的根本的看法，也称宇宙观。哲学则是理论化、系统化了的世界观，是辩证的唯物论，其主要任务是要帮助人们解决客观世界和人类社会“是什么”的问题。

世界观的基本问题是精神和物质、思维和存在的关系问题。根据对这两者关系的不同认识，世界观又被划分为两种根本对立的基本类型——唯心主义世界观和唯物主义世界观。二者的主要分水岭在于世界是物质的还是精神的，是先有思维还是先有存在。辩证唯物主义的世界观就是辩证的唯物论。人类社会发展到今天，其实人们对这个问题早已有了明确的甚至是统一的答案。毫无疑问，这个世界就是一个物质的，人们的精神世界完全是建立在物质基础之上的。哪怕是各门类宗教的信仰者，哪怕是那些坚定秉持唯心主义世界观的人，也无法否认他们也都是毫无例外地生活在物质世界之中的。

一个人的世界观，是建立在他对自然、人生、社会、精神的科学、系统、丰富的认识基础之上的，包括自然观、社会观、历史观、人生观和价值观。世界观是人们对客观世界的反映。所以，它是人的社会实践活动的产物。人们在社会实践活动过程中，先是形成了对现实世界各种具体事务的看法，经过日积月累之后逐渐形成对世界本质、人与世界关系的总体看法和根本观点。同时，一个人在世界观形成和确立的过程中，都会或多或少地利用前人留下的现成思想材料，也与历史文化遗存、现实社会影响以及家长、老师的世界观有一定的继承关系。由于人们在社会生活中所处的位置不同,观察世界的角度不同,所以会形成不同的世界观。

一个人的世界观一旦形成,他观察问题和处理问题的出发点和落脚点都会接受自己世界观的指导和制约。所以,世界观不仅仅是人在精神层面的认识问题,也是坚定的信念力量和积极的行为动力。正确的、科学的世界观可以为人们认识自己、认识世界和改变命运、改造世界的实践活动提供正确的方法论指导,错误的、不科学的世界观将会给人的实践活动带来方向、路线和方法上的失误,甚至导致重大人生悲剧的发生。

认识论,全称叫辩证唯物主义认识论,是帮助人们解决事物、社会、世界“怎么样”问题的。认识论包括 4 方面的内容:①怎样正确地认识世界;②怎样正确地认识自己;③怎样正确地认识自己与世界(包括与他人、与社会)的关系;④怎样正确地认识需要认知和想要认知的各种各类事物。

第①、②、③项,也是形成世界观的途径和方法。不过,它并不是每个人的具体的世界观,而是告诉人们应该如何去看世界、如何去看自己、如何去看自己与社会及世界的关系,然后构成理论化、系统化的世界观。在认识事物方面,哲学则是关于人类认识的来源、能力、形式、过程、本质、规律和真理性等问题的科学理论。它的科学性集中体现在可知论、反映论和实践论等方面。

辩证唯物主义认识论认为,客观物质世界里的所有事物,没有不可以被认识的,只有尚未被认识的;客观物质世界的事物又是独立存在的,人们对它的认识,只是客观和能动的反映;人们对客观物质世界的认识以实践为基础,来源于实践,并以实践作为认识的动力和目的,用正确的认识结果——真理来指导实践,为实践服务;正确的认识不可能是一次完成的,必须经过多次的反复和无限的深化。

方法论,也叫唯物辩证法,或唯物主义辩证法,主要功能是可以帮助人们解决“怎么做”的问题。所以,方法论与认识论既相互联系,又有区别;既自成体系,又相互交集。

方法论是一个以解决问题为最终目标的理论体系,它是分析问题和解决问题的任务、路径、方法、工具、技巧等方面的普适性原则,是人们认识世界和改造世界的方法基础。它在世界观以及认识论的指导下形成并发挥作用,为人们改变命运、改造世界提供基本方法。同时,观察事物、认识世界本身也有方法的问题。这是它与认识论相联系、相交集之所在。

然而,方法论又是自成体系的。人们解决问题的方法也可以分为几种类型,即个别方法、特殊方法和一般方法等。哲学的方法则是一般方法的最高层级。它与个别方法、特殊方法和普通一般方法的区别,就在于它没有具体和特定的对象,而是将那些普通方法对象的总体及其共性作为自己的对象。它在概括总结各门具体科学积极成果的基础上,根据自然、社会、思维的最一般规律引出最具普遍意义的方法论。唯物辩证法就是对客观规律的正确反映,它要求人们在认识和实践活动中一切从实际出发,实事求是,自觉地运用客观世界发展的辩证规律,严格地按照客观规律办事。

如果一个人能够对世界、对社会、对人生、对自己有正确的认识,能够树立科学的世界观、历史观、社会观、人生观和价值观,能够坚持运用唯物辩证法去进行改变命运和改造世界的各种社会实践活动,怎么会没有智慧呢？所以我们说,哲学是人生智慧的源泉所在。

文、史、哲在人生中的作用会在人们的社会活动中逐渐显示出来。就算自己的专业是外国语言,在社会活动中总要有中外转译的业务存在。如果汉语言文学学得不好,在翻译过程中就会出现词汇储备不足等露怯的囧态。如果名气大了,那就会更糗。因为是公众人物了,难免要在公众场合露脸。但是文、史、哲的功底太差,不懂常识,不会说话,常常会闹出笑话的。即使是平常说话,用词不当,也会出现谬之千里之误。2015 年“8・12”天津港瑞海公司危险品仓库爆炸事件发生后,有几位娱乐界“明星”在微博上为天津祈福的帖子就反映出了这方面的问题,被网友笑为“智商感人”,也有人劝那些基础较差的“明星”“还不如安安静静,没文化还是少说话”。

第十七章

在哲学指导下成长

我们在前面说过,学习是一个人在自立之前的主要任务,一般情况下要到30岁左右才能完成。所以说,30岁之前是人生成长的主要阶段和关键时期。这里就出现了一个十分重要的问题,即我们在谁或者在什么的指导下才能顺利健康地成长呢?路边和公园里的树木,是在园林工作者的指导下成长的,那我们呢?可以说,我们都是在家长、老师和领导的指导下成长起来的。对于他们的呕心沥血和谆谆教诲,我们应该心存感激,终生不忘。但是我们更需要反省的是,这些不辞辛劳指导我们成长的人(包括我们的父母),他们自身的人生状况如何?他们是不是指导他人人生的专业人士?如果他们的人生状况并不理想,也不是指导他人人生的专业人士,那么在他们指导下的成长会是什么样的结果呢?有一首歌似乎从另外一个角度唱出了结果——"长大后,我就成了你"!怎么办?我们究竟怎样才能实现突破和超越,实现一个自己想要、家长期待、老师自豪、领导满意的人生呢?

马克思主义哲学,从辩证唯物主义的世界观到认识论,再到唯物辩证法,都是从人类的实践经验中提炼出来的。它是人生的精华,概括了人生的所有重大问题,是人类目前所能见到的最科学、最完备、最高级的人生指导手册。如果我们能够在初中阶段开始接触、在高中阶段正式学习、在大学阶段深入理解马克思主义哲学,学校像对数、理、化和专业课一样设置、教授、指导和检查,学生像学习数、理、化和专业课一样认真对待,我们大多数人的人生命运、我们国家和民族的前途命运都将更加灿烂辉煌。遗憾的是,我们的学校没有这样做,我们的学生也没有这样做,关键是我们的社会没有要求他们这样做。我们期待着有一天会出现这样的局面:人们学哲学、用哲学的状况,就像今天大家学习使用个人电脑、智能手机一样,也像当下人们学习和应用汽车驾驶技术一样,人人都能自觉、勤奋,个个以为前卫、时尚。

一、哲学指导人生的典范

新民主主义革命之所以能在中国取得胜利,完全是在马克思主义哲学的指导下实现的。马克思列宁主义的普遍真理同中国革命具体实践的有机结合,集中地体现在中国革命的伟大领袖毛泽东身上,也体现在他的先进思想上。在马克思列宁主义特别是马克思主义哲学思想的指导下,毛泽东不但成就了自己辉煌的一生,也成就了中国共产党和中国革命,成就了中华民族和中华人民共和国。

马克思列宁主义指导毛泽东成功的主要表现有以下几个方面:

1. 走上共产主义道路。青年时期的毛泽东即对哲学学习有浓厚的兴趣,阅读过中外许多哲学名著。他从 25 岁开始认真学习和研究《共产党宣言》等马克思主义经典著作,学习中国早期共产主义者介绍马列主义特别是唯物史观的论著,初步获得了分析问题的科学认识论和解决问题的科学方法论等知识。到他 28 岁中共建党前,便得出了"唯物史观是吾党哲学的根据"(《毛泽东书信选集》:《1921 年 1 月 21 日致蔡和森的信》)这一科学结论。这标志着毛泽东的辩证唯物主义世界观在这时已经初步形成。在此期间,他发起成立了"新民学会"、"湖南学联"等进步学生组织,主编《湘江评论》,领导驱逐军阀张敬尧运动,组建长沙共产主义小组,并在 1921 年 7 月参加中国共产党第一次全国代表大会。1923 年,他年仅 30 岁便成为中共中央执行委员、中央局委员,参加党中央的领导工作。大革命失败后,他在"8・7"会议上提出了"枪杆子里面出政权"的武装革命思想,并在会后回湖南组织和领导秋收起义,到江西创建革命根据地……。从 1918 年接触马列主义开始到 1976 年 9 月 9 日逝世,他在共产主义的道路上刻苦实践、不懈前行了近 60 年。

2. 创立毛泽东思想。在长期的艰苦斗争中,毛泽东把马克思主义的普遍真理同中国革命的具体实践相结合,逐步形成了一个完整的思想体系。这里所说的艰苦,并不仅仅是指战争年代烽火连天的艰辛路程,也包括人民共和国成立后的那一段艰苦创业的峥嵘岁月。也正是这不平凡的革命历程,才使毛泽东思想的创立成为可能和现实;也正是中国新民主主义革命、社会主义革命和社会主义建设的特殊性和丰富实践,给毛泽东创造性地继承和发展马克思列宁主义提供了土壤和条件。毛泽东思想的理论体系,涵盖哲学、政治、军事、文艺及其他领域,特别是在新民主主义革命、党的建设和思想政治工作、革命军队建设和军事战略、社会主义革命和社会主义建设等方面,对马克思列宁主义的发展都有重大贡献。

3. 缔造人民共和国。从1921年中国共产党成立到建国,只有28年的时间;从1927年的"8·7"会议到建国,只有22年的时间;从1935年的遵义会议到建国,只有14年的时间。在这短短的历史瞬间,毛泽东和中国共产党人完成了前无古人、后无来者的伟大事业!其工程之浩大,条件之恶劣,情况之复杂,难度之高险,都是我们今天身处和平建设时期的人们所无法想象的。如果没有马克思主义哲学和毛泽东思想的指导,中国共产党人根本不可能从手无寸铁到拥有百万大军,并从游击赣南山区到建都北京,在很短的时间里就取得如此重大和全面的胜利。

4. 恢复发展国民经济。中国共产党1949年夺得全国政权时,在经济建设方面所面对的是比一穷二白还要糟糕的局面。一张白纸好画画,可是要在一张破烂不堪而且被涂抹得乱七八糟的纸上作画,难度可想而知。同时要面对的,还有帝国主义的侵略威胁和经济封锁、国民党反动派的反攻叫嚣和颠覆阴谋,以及国内各阶层的复杂想法和不同态度,可谓难上加难。那是一个缺少钢材、没有石油的年代,国家困难没钱去买,而且西方敌对势力也不允许别的国家卖给我们,更不要说生活物资了。就是在这样的形势下,毛泽东运用马克思主义哲学的武器,科学地分析并抓牢主要矛盾和主要矛盾方面,创造性地解决各类问题,使政权日趋稳定,经济逐步复苏,顺利地完成了由新民主主义革命到社会主义革命的转变。在社会主义制度建立后,毛泽东又根据马克思历史唯物主义原理提出了一系列具有战略意义的思想路线和工作方针,带领全党和全国人民艰苦奋斗,很快就建立起了独立并比较完整的工业体系和国民经济体系。

纵观毛泽东的光辉人生,我们可以清楚地看到,如果没有马列主义指引,他的人生道路就一定不会是这样,毛泽东思想也无法形成,所以也就谈不上发展马克思列宁主义了。与此相关联的,则是中国人的民主革命就不知道什么时候才能取得胜利,而中国共产党和中国社会、中国人民命运的历史也必将会被改写。

二、世界观是人生方向的“指南针”

每个人都有世界观,这是毫无疑义的,因为一个人不可能不对他所生存的世界有一个总体的和根本的看法。我们前面曾经说过,今天的绝大多数人都承认世界的物质属性,其余的人最起码也会承认自己生活在物质世界之中。当今人们的最主要困惑表现在世界观到底对人生、对命运有多大影响的问题上。如果不是在高中和大学里有哲学课程,有很多人可能一辈子都不会去想世界观的问题。但是,不去想的问题不等于不存在,想不明白的问题也不等于它就消失了。因为每个人出生、成长的环境以及接受教育(不仅仅是学校教育)的状况有所不同,势必导致他对世界的看法与他人会有所区别。所以,每个人的世界观是不尽相同的。在不同世界观调控作用下,每个人的价值观也会有所不同,并因此形成他自己的人生观。反过来,一个人的价值观和人生观在形成过程中,对世界观的整体形成又会产生反作用力。

根据马克思主义哲学的辩证唯物主义原理,承认了世界的物质统一性原则,就可以将人类的意识和思维纳入到物质反映和物质活动的范畴之中。自然世界是物质的,人体本身也是物质,人的大脑也是物质的,由人所构成的人类社会当然还是物质的。人的意识是物质世界在人的大脑中的映像,而人的思维活动则是由大脑物质对客观物质所进行的分析、判断和推理过程。世界观,就是客观世界在人的意识中的表现和人对客观世界思维的结果。这一基本原理对于一个人的人生走向极为重要。因为只有承认世界的物质统一性,才不会陷入宿命论的泥潭,也就不会形成消极的人生观了。而持有积极人生观的人,则不会相信“生死有命富贵在天”的理论。既然世界上的所有事物都是物质的,而凡是物质就都是可以改变的,况且物质自身也是在不断地运动、发展和变化着的。那么,人的命运就不会一成不变。只要我们能够正确地认识自己,科学地认识世界,准确地把握客观规律,灵活地运用唯物辩证法,命运的主动权就会紧紧地操控在自己的手上。

人生是不可以没有方向的!这犹如大海里行船,如果没有方向和目标,很可能会在漩涡里打转,或者会犯“南辕北辙”的错误,甚至会在惊涛骇浪袭来时葬身海底。在茫茫海面上,如果是阴雨天或者夜里,几乎是上下左右都一样的。怎么辨别方向？指南针、罗盘，会帮助舵手找到正确的方向。而我们这里所说的方向，既不是在大海里航行的前进方向，也不是单纯的专业、职业方向，而是以成为什么样的人为目标的人生方向。我们学习和应用马克思主义哲学，最重要也是最主要的目的，就是要解决这个问题，确定自己要成为一个什么样的人，确定自己人生之路要朝哪个方向走。如果我们小学、中学、高中、大学学了这许多年，等迈出校门时却不知道该朝哪个方向走，那就还要花费更多的时间和生命来寻找人生方向，这是可悲的。曾有人断言，寻找人生道路的成本是人生最贵的成本。

现实情况是，绝大多数年轻人在小学、中学阶段人生的方向和目标不但是明确的，而且是极其明确和集中的，那就是要成为一个大学生。这个方向和目标是家长、学校和社会帮助甚至是逼迫孩子确立的。可是一旦进入大学校园，很多人会先让自己轻松一下，因为没有了家长和老师的严格约束，更没有了那明确而又统一的目标的沉重压力。这一轻松和潇洒期可能会持续两年左右，一般情况下是到大学3年级时，多数人便开始了人生的第一个迷茫期，开始为再过两年毕业离校时向何处去的问题迷茫和焦虑。他们甚至开始怀疑读大学的价值，抑或开始怀疑人生。我们经常能听到的大学生、研究生自杀的资讯，就是这方面问题的极端表现。为什么会这样？这一方面是学生自身的问题，是没有认真地学习和研究哲学，并且没有理论联系实际地思考人生；另一方面则是学校和社会的责任，没有在哲学课的教授过程中有的放矢地帮助学生解决实际问题。

但是，大学生毕业之前，这个问题又必须解决。谁来解决？怎么解决？一方面是要自己解决。这时的青年人已经是成年人了，自己有责任去钻研、去思考、去解决自己的问题，自己去寻找人生的方向，自己来确定人生的目标。另一方面是学校和社会帮助解决。学校和社会都有责任去辅导、去指引、去敦促，帮助学生完成人生的第二次重大定向选择。我们相信，在一个以马列主义为指导思想理论基础的政党领导下的高等教育体系，解决这方面的问题应该有比西方国家更多更大的优势。

像每个人都有自己的世界观一样，每个人也都会有自己的理想，并会有相应的信念。而且，一个人对世界的看法，必然会和他的理想、信念相关联。在这三者之间，世界观处于最高层次，对理想和信念具有支配和导向作用。在世界观（包括价值观、人生观）的指引下，一个人会树立自己的人生理想，并形成要实现这一理想的信念。没有理想的人生,等于是没有灵魂地活着。有了理想,人生便会朝着这个前进,相应的信念也会帮助他排除诱惑和干扰,战胜困难和挑战,坚持不懈地去为实现理想而奋斗。这就是我们所说的人生方向。毛泽东的马克思主义世界观,使他树立了共产主义理想,并伴随着坚定的信念。为此,他又为之奋斗了一辈子。无数革命先烈为了推翻旧世界和建立新中国而抛头颅、洒热血,无数英雄模范为了建设和保卫新中国而不惜流血流汗,则表现了普通人的世界观和理想、信念。即使是在封建社会,也有于谦、文天祥、戚继光这样有理想、有信念、有气节的民族英雄,成为当世和后代人们学习的榜样。

三、认识论是人生路上的"导航仪"

前些年,一些大城市出现了一个新的行业、新职业,即在进入城市的主要干道边上,有一些举着"引路"、"指路"标牌的人。他们会有偿地帮助不熟悉该城市道路的司机,带领或指引他们到达市内的某个目的地。没几年,这一职业宛如昙花一现般地很快消失了,因为GPS、"北斗"等车载或手机导航设备更有效地代替了人工"指路"、"引路"。认识一个城市的道路尚且如此,那么要认识这茫茫宇宙、大千世界和漫漫人生,我们靠什么帮忙呢?老师、学校带领我们认识的是某一领域或某一专业,这只是我们人生中所需要认知世界的一个侧面而已。这仿佛是一个导航软件只能覆盖某个区域而不是整座城市,或者是只能覆盖某一个城市而不是一个国家或者整个地球。这样的导航设备就无法满足人们的实际需求。仅仅靠课堂上学来的专业知识,由于"带宽"狭窄,人生路上的很多问题是解决不了、解决不好的。如果没有全面的"导航仪"带领我们认识世界,我们谁的身上都难免会出现"盲人摸象"的笑话,进而出现人生方向上的迷误或者是重大事项上的失误。

马克思主义的辩证唯物主义认识论,就是我们认识世界的全方位、全天候的"导航仪"。它是既唯物又辩证的认识世界的理论体系。唯物,就是坚持世界的物质统一性原则,明确我们要认知的所有客体都是物质的;辩证,就是辨析、辨别、辩论,也是证明、证实、论证,从正反两个方面以及历史、现实、发展等多维度来辨析、思考、求证。

辩证唯物主义认识论主要内容包括"三论"和"三观":

“三论”是:可知论——客观物质世界是可知的,不但可以认识事物的现象,还可以认识其本质;反映论——客观物质世界是独立于人的主观意志而存在的,人的认识只是客观的、能动的反映;实践论——实践是认识的基础、来源、动力、目的和检验认识的真理性的唯一标准。

“三观”是:实践观——实践是认识的基础并决定认识,认识对实践具有反作用;真理观——真理是人们对客观事物及其规律的正确认识,而且是具体的和有条件的,其基本属性是客观性;认识观——认识具有反复性、无限性、前进性和上升性。

人们对客观事物的认识,是在实践基础上的有规律的辩证过程。这一过程也是分阶段的,即初级阶段和高级阶段。初级阶段叫感性认识,这一阶段认识的来源是人的感官对客观事物的直接感触,是对客观事物的现象和外部联系的反映,因而是一种生动、具体、直观、形象的认识。高级阶段叫理性认识,是对客观事物的整体和内部联系的反映,具有间接性和抽象性的特征,是对于事物本质和规律的认识。二者既有区别,又有联系,并且相互渗透,相互作用。

完整的认识过程应包括至少两次以上的飞跃。从感性认识上升到理性认识,是从实践到认识的飞跃,也是认识过程中的第一次飞跃,使人们对事物的认识从现象深入到本质。但是,仅有这一次飞跃,还没有完成认识的全过程,还必须由理性认识再回到实践中去,由实践对已有的理性认识进行检验,并进一步加深对事物的理性认识,实现认识过程的第二次飞跃,也是更有意义的飞跃。这是一个不断反复和无限发展的运动过程,这种飞跃更可能是要经历过多次反复的。这既是由事物整体的多重性、复杂性和事物本质的隐蔽性所决定的,也是由认识者自身知识基础、实践条件、思考能力的局限性所决定的。

当我们对某一事物的认识在经历了“实践—认识—再实践—再认识”的多次反复,实现了主客观的符合,并获得了预期的实践效果后,我们对该事物的认识即为完成。但是,这一已经被我们认识的事物自身还会继续运动、发展和变化,或者是引发新的事物,而自然世界和人类社会的其他万事万物仍然在运动、发展、变化着,并且是没有极限的。所以,人们的认识活动永远也不会完成。也就是说,客观事物的无限性,决定了我们的认识和实践必然也是一个无限发展和无限深化的过程。这也是我们前面提到的“活到老学到老”观点的哲学依据和认识论来源。

人们认识世界的目的是为了获得真理，然后用真理去指导改变命运、改造世界的实践。所谓真理，就是人们对客观世界及其规律的正确认识。它是客观的、有条件的和一元的，并且没有阶级性，人人在真理面前都是平等的。实践，只有实践，才是检验真理的唯一标准。理论是不可以用来检验真理的，即使是正确的理论，也不可以用作为检验真理的标准。

与真理相对应的概念是谬误。如果人们对客观事物的认识结果与客体不相符合，即为谬误。在确定的对象和范围内，真理与谬误是绝对对立的。但它们却是相互联系、相互依存的，在一定条件下还可会相互转化。由于客观事物本身是复杂和多样的，认识主体（我们）还要受各方面条件、状况的限制，而且认识过程又是长期和复杂的，所以认识过程中以及认识结果中的谬误是不可避免的。这些谬误的出现，对于整个人类来说是难免的，但是在局部上却是可以避免的；从普遍意义上说是难免的，但在个别问题上却是可以避免的；在一个人的整个人生中是难免的，但在某个阶段或在某个问题上却是可以避免的。

虽然当今多数汽车上都装载了“导航仪”，智能手机上也几乎都装有用来导航的app，但还有一个我们会用不会用的问题。虽然很多人都学过辩证唯物主义认识论，但那是为了积攒学分而学的，所以当遇到问题时依然不知道用或者是不会用这个“导航仪”，其结果和没有是一样的。既然世界和客观事物是可知的，那么书本上、课堂上的那些已知的知识我们怎么就学不会、学不好呢？既然认识是对客观事物的反映，那么我们却连反映都做不到，又何谈创新和创造呢？既然实践是认识的基础、来源、动力、目的和检验标准，那么我们在“职业学者”阶段又有多大比例的实践活动呢？试想，如果我们在认识事物、解决问题时，都能自觉地会用、善用认识论，那我们的人生路上将会减少多少困惑和失误啊！

四、方法论是撬动命运的“杠杆”

人生命运可谓庞然大物，很多人觉得在它面前似乎是无能为力、无可作为的，甚至被自己所不满意的命运压得透不过气来。其实，如果将构成人生命运的那些“大事”、“转折点”把握好、处理好，每个人的命运都会有很大改观的。那么，我们得靠什么去认识和把握人生的这些所谓“大事”、“转折点”呢？最有力、最有效的工具就是辩证唯物主义的方法论,即唯物辩证法,它就是我们撬动命运这个庞然大物的“杠杆”。唯物辩证法是关于自然世界、人类社会、人类思维的最一般、最普遍、最深刻、最基础的规律与本质的科学,是关于联系和发展的科学。它包含有一个基本方法、两个基本特征、3 个基本规律、5 个基本范畴、若干一般范畴。我们在这里再复习一下其基本概念和主要内容(见图 3-1),关于其在人生过程中的应用留在后面的篇章里去探讨。

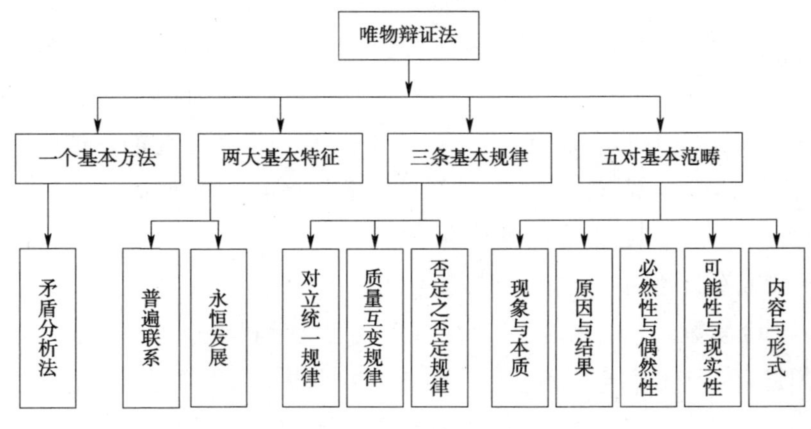

图 3-1 唯物辩证法构成示意图

一个基本方法——矛盾分析法

矛盾分析法。是在分析处理问题的过程中运用矛盾观点的哲学方法,是辩证法 3 个基本规律的综合和延伸。所谓矛盾,是指事物内部或事物之间对立统一的辩证关系。矛盾存在于一切事物的发展过程之中,每一事物的发展过程都自始至终地存在着矛盾和矛盾运动。矛盾是事物存在和事物运动、发展、变化的基本形式。每一个人就是一个矛盾的集合体,每个人的人生就是矛盾运动、发展和变化的一系列过程。我们在人生实践中解决问题、处理事情,就是在解决矛盾、处理矛盾。矛盾分析法的原则是要对具体问题进行具体分析。它的工作重点在于根据矛盾普遍性的原理,分析矛盾的来源和起因,区分出主要矛盾和次要矛盾、主要矛盾方面和次要矛盾方面,分析出矛盾的同一性和斗争性,找到矛盾的特殊性。只有经过这样的矛盾分析,才能得出正确结论,找到正确路径,应用正确方法,切实解决问题。

两大基本特征——普遍联系，永恒发展

普遍联系。唯物辩证法认为，世界是一个有机整体，其间的万事万物普遍联系，并处于互相影响、互相作用和互相制约之中。同时，事物之间的联系具有客观性、普遍性和多样性的特点。普遍联系是由万事万物构成的世界的基本特征之一。我们每一个人都同世间的万事万物有着广泛的和普遍的联系。

永恒发展。这是客观物质世界的另一个基本特征。其具体表现是：旧的事物不断消亡，新的事物不断诞生，世界在新旧事物的更迭中发展；任何事物都会经历从简单到复杂、从低级到高级的变化趋势和过程，世界伴随着事物的这种变化而发展；每个具体事物的发展都是一个有限的过程，而正是这些有限的过程组成了无限发展的世界；事物发展一般都是呈波浪式前进和螺旋式上升的，具体事物的前进和上升推动着世界的永恒发展。人的一生，也是伴随着世界的永恒发展而运动、变化和发展，并推动着世界的发展。

3 条基本规律——对立统一规律，质量互变规律，否定之否定规律

规律，就是事物本身所固有的、本质的、必然的、稳定的联系，是事物发展必然趋势的依据。因此，规律具有普遍性、客观性、稳定性、可重复性等特征，不以人的意志为转移，只要获得条件就一定会发生作用，既不能被创造，也不能被消灭。在唯物辩证法的 3 大基本规律中，对立统一规律居于主导地位，揭示事物运动、变化、发展的原由和动力；质量互变规律和否定之否定规律居于从属地位，揭示事物运动、变化、发展的表现和过程。没有原由和动力，自然就不会有运动、变化和发展，当然也就没有什么表现和过程了。

对立统一规律。这是唯物辩证法 3 个基本规律中的根本规律、核心规律，也可以称之为矛盾规律。这一规律的基本表述是：矛盾是事物存在的深刻基础，也是事物发展的内在根据。一切事物的发展过程之中都存在着矛盾，其发展过程自始至终就是一个矛盾运动的过程。事物就是矛盾，世界就是矛盾的集合体；没有矛盾就没有事物，也就没有世界，没有矛盾就没有事物的发展和世界的发展。当然，每一具体事物所包含的矛盾、矛盾群以及矛盾的各个方面都各有其自己的特点。事物内部以及事物之间的矛盾双方既统一又斗争，由此来推动事物的运动、变化和发

展。这一规律的核心是对立与统一:矛盾双方是对立的,否则就不成其为矛盾,也就不会有斗争,也就无法推动事物运动、变化和发展;矛盾双方又是统一的,统一于同一事物之中,否则该事物也就不成立、不存在了。我们认识事物,实质上就是在认识事物的内部矛盾以及与其他事物间的矛盾;我们解决问题,实质上就是在事物的矛盾之中寻求平衡,或使矛盾的双方实现平衡。

量变质变规律。它所展现的是事物变化过程的规律,也可以称之为质量互变规律。这一规律的基本表述是:在内、外部矛盾的作用下,事物一定会发生变化。这些变化可以概括为两种表现形式,即数量上的变化和性质上的变化。数量上的变化简称为量变,是事物及其特征在数量上的增加或减少,是一种不显著但却是连续性的变化;性质上的变化简称为质变,是事物渐进的量变过程的中断,是从一种质的形态向另一种质的形态的突变,是事物性质上的根本变化。这一规律的核心是质量互变:事物的变化从量变开始,达到一定界限时转化为质变,即出现事物性质上的变化,旧性质的事物变成了新性质的事物;这一转变完成后,新性质的事物又立即开始了新的量变。前一阶段是量变到质变的转化,后一阶段则是质变到量变的转化。量变导致质变,质变又引发新的量变,如此循环往复以至无穷,以此构成事物无限发展的过程。二者的辩证关系是:量变是质变的必须前提和必要准备,质变则是量变所导致的必然结果。在变化过程中,它们相互依存并相互渗透,量变中会伴随有部分质变,在质变时也会有量的扩张或缩减,最终导致相互转化。

否定之否定规律。这是揭示事物发展总趋势和全过程的一个规律,也可以称之为肯定否定规律。这一规律的基本表述是:事物的发展是通过他自身的辩证否定来实现的。世界上的事物都是肯定方面和否定方面的统一体。当其内部的肯定性因素处于主导地位时,事物将保持现有性质、特征和倾向的稳定;一旦其内部的否定性因素战胜了肯定性因素,成为矛盾的主要方面时,事物的性质、特征和倾向都会起变化,最终完成旧事物向新事物的转化。这一规律的核心是否定:事物发展进程中的否定,是对旧事物性质的根本否定,是促进事物消亡的因素。肯定→否定→否定之否定,便是事物发展的 3 个阶段,或者叫 1 个周期。每 1 个周期都是在肯定中开始,在否定中转折,在否定之否定时结束,同时成为下 1 周期的肯定。当然,唯物辩证法中的否定,并不是对旧事物的简单抛弃,而是既有变革又有继承的扬弃。事物被两次否定之后也不会回到原来的起点,尽管形式上可能有回归和重复,但内容和实质却一定是前进和上升了。

5 对基本范畴——现象和本质,内容和形式,原因和结果,可能性和现实性,偶然性和必然性

我们这里所说的范畴,其实是概念的一种特殊形式,是一种大概念。唯物辩证法的范畴,就是人们对客观事物之间辩证关系的反映和概括所形成的最普遍、最基本的概念体系。

现象和本质。这是揭示客观事物外在联系和内在联系相互关系的一对范畴。现象所揭示的是客观事物的外在联系,一般靠人的感官即可感知;本质则是事物的内在联系,是此事物区别于其他事物的根本性质,一般要靠抽象思维才能把握。现象和本质是对立的,又是统一的。其对立,表现在一个是表面的,一个是内在的;一个是具体的,一个是抽象的;一个是多变的,一个是稳定的。其统一,表现在现象由本质所决定,本质要靠现象来体现;现象和本质相互依存,任何一方都不能单独存在。

内容和形式。这是揭示事物所具有的内在要素和它们的结构及其表现方式的一对范畴。内容所揭示的是事物内在要素的总和,形式则是指事物内在要素的组织和结构。内容和形式也是既对立又统一的。其对立,是因为它们属于事物的不同方面,二者不能混淆;其统一,表现在二者既相互依赖,又相互作用,还会在一定条件下相互转化。内容决定形式,形式反作用于内容;同一内容可以有多种表现形式,同一形式也可以容纳或表现不同的内容;旧内容可以采用新形式,新内容也可以有选择、有批判地利用旧形式。

原因和结果。这是揭示普遍联系着的事物具有先后相继、彼此制约关系的一对范畴。原因是指引出了一定现象的现象,结果是指由于原因的作用而引出的现象。原因必定会造成某种结果,结果必定是来源于某种原因。一般情况下,原因在前,结果在后;在不同的条件下,同一现象可以是原因,也可以是结果,前一个原因的结果则可能是后一个结果的原因;一个原因可以引起几个结果,一个结果也可以由几个原因所引起。原因和结果也是既对立又统一的。其对立,表现在具体的因果关系中因就是因,果就是果,不可混淆颠倒,否则会引起混乱和危害;其统一,表现为二者的相互依存和相互作用,并可以在一定条件下相互转化。

可能性和现实性。这是揭示客观事物由可能向现实转化过程的一对范畴。可能性是指事物发展过程中所蕴含的种种变化趋势，是潜在的、尚未实现的东西；现实性则是已经实现了的可能性，即实际存在了的事物和过程。一个事物的内部，往往包含着相互矛盾的若干种可能性，但是只有一种可能性会在内外条件齐备的情况下转化为现实。可能性和现实性也是既对立又统一的。其对立，表现为可能性不等于现实性，可能性是尚未实现的现实，而现实性则是已经实现了的可能性；其统一，表现在二者的相互依存上，而且它们在一定条件下还可以相互转化。

偶然性和必然性。这是揭示客观事物发生、发展和灭亡的不同趋势的一对范畴。偶然性是事物发展过程中可能发生也可能不发生、可能这样发生也可能那样发生的趋势，必然性是事物发展过程中一定要发生的趋势。偶然性和必然性也是既对立又统一的。其对立，表现为地位不同，必然性居于决定地位，偶然性居于从属地位。它们的根源不同，必然性由事物内部的根本矛盾决定，偶然性由事物内部的非根本矛盾或外部矛盾造成；它们的作用不同，必然性决定事物发展的基本方向，偶然性则使事物的发展过程变得丰富多样或者不好预测。其统一，表现在二者的相互依存上，而且它们在一定条件下还可以相互转化。

唯物辩证法还有其他一些非基本的一般性范畴，比如整体和部分、个性和共性、相对和绝对等。

第十八章

人生“十成”

无论古今，我们中国人对汉字里的“成”字都是情有独钟、喜爱有加的，因为凡是和“成”字相关联的词语或事情，都是好事，比如成功、成行、成事、成婚、成才等等。其中，在整个人生过程中占有很重要位置的几个与“成”相连的词语，几乎是人们所离不开的，因为这些词汇标志着人生的一些状态和过程。在这里，我们将对成长、成绩、成人、成才、成器、成就、成名、成家、成熟、成功等 10 种状态和过程做一些分析和讨论。

一、成长是人类的生命常态

“成长”一词，既可以用来说明人的变化和发展过程，也可以用来说明其他生物生命的状态和过程，还可以用来说明事物的变化与发展。我们这里所取用的，当然是其对人和人生的词义。当我们用“成长”来说明人生时，它描述的则是人的各方面向成熟阶段发展的状态或过程。在地球上的生物界所有物种中，都有生理成长的状态和过程。但是只有人类，除了生理成长而外，还会有心理成长、品格成长、学识成长、能力成长和事业成长等状态和过程，其中有几类成长要用一生的时间来完成。这也是人类区别于其他生物的特有人生状态，也可以说是一种生命常态。

人的生理成长始于母亲受孕那一刻，直至 25 岁左右才能结束，是整个人生成长的物质基础。如果没有健康的体魄,其他方面的成长都将受到影响,也难以完成艰巨的人生使命。所以,当一个人从开始逐渐懂事的时候起,就应该得到相关的熏陶和引导,学会善待自己的身体和生命。比较重要的只有16个字:定时饮食,均衡营养,合理睡眠,适量运动。很多人在青少年时期往往做不到这简单的16个字,不吃早餐、偏食厌食、暴饮暴食、沉溺网络、熬夜少动,不但影响正常的生理发育和成长,并且一定会给未来的健康和寿命留下隐患。

心理成长,其实是一种思维方式和思想方法的成长。我们经常会说某某人心理很强大或某某人心理素质较差,说的就是这个人的心理成长程度或状态。而心理状态所反映的,恰恰是这个人在遇到事情时用什么方式去思考、怎么思考的问题。一般情况下,一个人的心理状态会与年龄的增长成正比,当然更与经历的事情多少、难易等因素紧密相关。中国有句成语叫做“少不更事”,是说人的年龄如果很小,自然就经历事情少,缺乏经验。一个什么都没经历过的人,哪里可能会有成熟的心理状态呢?所谓“穷人的孩子早当家”,“自古纨绔无伟男”,说的也是同样的道理。当家是需要能力的,其中最主要的能力就是心理素质,不论家里发生什么大事小情,都得责无旁贷地担当起来。穷人家的孩子更有机会得到这方面的历练,而纨绔子弟从小就丰衣足食,顺风顺水,当然也就没有了心智得以磨练成长的机会。在这方面,老天爷是很公平的。

品格成长,是道德方面的积累和提升。所谓品格,是人品、品行、品性的格调,是一个人道德水平的言行表现。品格高尚的人,必会受人尊重,必能做成大事。所谓大事,并不仅仅是指“蛟龙”下海、“神舟”上天这样的经天纬地之举,更多的是指脚踏实地对社会发展做贡献。雷锋只是一个汽车运输兵,他的工作岗位是极其平凡的,他的日常生活更是普通得不能再普通了。但就是这样一个平民百姓,靠着他不平凡的道德品格,成为几代中国人的精神和行为楷模。

关于学识成长和能力成长,我们在前面已有论及;关于事业成长,后面将有详细探讨。

二、成绩是某一时点的记录

人们在学习和工作中,经常会使用成绩一词。根据词典上的解释,成绩一词有两个含义:一个是指成功的业绩、成效,另一个是指工作或学习所取得的成就、收获。我们觉得仅此两点还不够全面,因为当今的人们也经常用来“成绩”来记录人生学习过程中某一时点的状态或结果,比如我们常说的“考试成绩”。每当考试结束,同学之间、师生或师徒之间、父母子女之间经常会问,你这次或者这科的考试成绩咋样、成绩是多少,等等。如果用词典上的两种含义来衡量,似乎有不通或者不当之嫌,但是如果将这里的成绩解释为人生某一时点学习、工作状态或结果的记录,就比较妥帖了。在这种解释下,成绩的词性也由褒义词变成了中性词。

通常情况下,学习成绩都是用分数来标定和记录的。比如各类学校的考试所记录的,100 分是成绩,60 分也是成绩,20 分还是成绩。这都是大家所熟知和经历过的。现在我国高等院校借鉴国外的做法,实行学分制,其中有一个参数叫“绩点”。这一称谓倒是比较科学的。不过它是用来评估学习成绩的,而非绝对值的记录。

千万不要以为“成绩”的概念只与学生有关,人生时时处处都会被记录成绩的。比学生阶段更严重的是,人生其他阶段一般不会给我们补考的机会。所以,每一时点的成绩只能终生携带了。

剔除人情和领导个人喜好的非正常因素影响,工作成绩一般是靠职务、职称来标定的。较快的职务升迁或职称晋升,表明该人的工作成绩很好;从不能得到升迁或晋升,则表明该人的工作成绩平平;若被降职使用,则表明该人的工作成绩是“负数”,出现了问题。

对于企业管理者来说,生意经营的成绩是用经济效益来标定和记录的。为企业运营的特点所决定,企业管理者的成绩完全可以量化,所以每天、每周、每月、每季、每年都有生意成绩单出来,或好或坏,或优或劣,都有记录。如果是国企或者是上市公司,这张成绩单是要接受公众检验的。

生意并不等于事业。做事业的人则应有事业成绩的概念。事业成绩的标定是以社会效益和公众利益为基准的。党和国家机关、行政事业部门、科教文卫等社会事业机构、影响国计民生的大型企业或企业集团,都是事业体系。对这些体系事业成绩的考核评定,记录的则是其社会效益和公众利益的大小。

三、成人是自立于世的开始

人是什么?有词典给出的解释是:人是由类人猿进化而成的能制造和使用工

具进行劳动，并能运用语言进行交流的动物。我们这里所说的成人，就是要通过十几、二十几年的成长，最低要达到符合“人”的定义的状态。它至少包括3方面的含义：一方面是说一个人的身体发育结束，生理成长完成；另一方面是说一个人已经具备了基本的生活自理能力；还有一个就是起码会使用一些工具进行劳动。关于这3方面的成人，似乎都不必多说什么的，但是又似乎有很多话需要说。

前几年的媒体上曾有过这样一条消息，说某高校的一位新生，居然要把在校穿脏了的衣物寄回家去，让妈妈给洗净、晾干、叠好后再寄给他。这虽然是一个特殊的典型案例，但可能的是类似问题并罕见，只是没有像他那么极端而已。

首先，这类现象反映出有些青少年的生理成长方面还存在着问题。日常劳动技能是人的基本能力，应该同人的生理成长同步。从穿衣戴帽、穿鞋穿袜到洗衣做饭、打扫卫生，应该像学说话、学走路、学游戏一样，从小就要学习。作为孩子的父母，也应该从孩子很小的时候就开始培养他们这方面的意识和能力。否则，孩子到什么时候才能长大成人呢？说得难听一些，这是父母尚在，他把脏衣物寄回去还能有人给他洗；要是另外的情形呢，他的脏衣物又该怎样处理呢？日常生活中的事情又绝不只是洗衣服这一类，其他的那些杂事琐事又怎么办呢？

其次，这类现象反映出有些青少年的心理成长方面也存在着问题。这位大学生既然有能力把脏衣物寄给妈妈，难道就没有能力自己把它洗干净吗？这表明有些中学生、大学生的心理状态可能还停留在小学生的水平上。人虽然已经离开了父母，却居然还没有一点点独立意识，十八九岁了还没有走出“断奶期”，那后面的人生之路怎么走，难道一辈子都要架着父母这副“双拐”过日子吗？这方面的问题应该是比较普遍的，并且尤其是表现在学习上，好多学生心底里有给爹妈学习、给老师学习的潜意识，所以才学得不积极、不主动、不认真、不踏实。这里还有一个怎么看待人际关系、社会关系的问题。当一个人成长到18岁以后，其实已经是大人了，不要说在家里，就是在社会上也都已经赋予我们公民权了。那我们应该怎么看待自己？难道我们还要把自己当成一个小孩子吗？我们应该怎么看待父母？难道我们还要继续把他们当成自己的仆人吗？我们应该怎么看待他人？难道我们还要认为别人帮助自己是天经地义的吗？这都是心理成长方面的问题。

再次，这类现象反映出有些青少年的能力成长方面也存在着问题。我们在这里仅谈生存能力的成长问题，还不涉及其他。成人的最基本标志应该是生活能够自理,即做到自己照顾自己,自己养活自己。读了那么久的书,有些同学可能会觉得自己已经才高八斗、学富五车了,可是自己的生存能力如何呢?在正常情况下自己能做到什么程度?如果出现特殊情况、极端情况又该怎么办?我们终将长大,父母终将老去,我们早晚必须自立。我们将来必定要面对的是自己解决自己的问题。所以,成人是自立于世的开始。

四、成才是迈向成功的基点

成才与成人的概念有很大不同。成人,是能够生活自理,自己养活自己;而成材或者成才,是成为有用的人甚至是成为出类拔萃的人。在人们的语言习惯中,经常是材、才混用,往往是忽略了二者的差别。

材者,材料也,即有用的物料,主要还是指未经加工的原料。人们常说的栋梁之材,是指一根原木可能可以用来做构建房屋的立柱或大梁,但是用不用它以及它能否堪当重任还不确定。人材,就是有用的人。但是,能有多大的用处,有没有人用,是要另当别论的。才者,是才识、才能、才干、才华的统称,喻其有超过普通人的知识、智慧和能力。这两者可以说是近义词,但却不能说它们就是同义词。它们既有相通之处,也有相近之义,更有相异之别。比如,因材施教、大材小用的"材",就不能写成"才";怀才不遇、天才、口才、奇才的"才",就不能写成"材"。所以,我们在使用人材或者人才时,如能有所斟酌会更好一些。

我们在这里取的是成材基础之上的成才之义。因为我们实现人生的目的、体现人生的价值、光大人生的意义、完成人生的实质,都需要能力,而且最好是比较卓越的能力。而拥有卓越能力的人,就是人才。说得再具体一些,拥有某一方面或多方面专业特长,能够独立负责地、创造性地完成某一项或者某一方面工作任务的人,就是人才。对人才的评估,有 3 点必须格外重视:专业特长,独立负责,创新精神。我们人生在世,必须要争取成为人才,这就是我们所说的成才。这是我们迈向成功的基点。

成才的途径很多,但将主要的概括起来不外乎 3 大方面:

第一条途径是通过上学和毕业后的实践相结合的成才之路。但是光读书是不可能成才的,还必须同社会实践相结合。之所以有很多考试的"高材生"毕业后没有成为“高才生”,其原由就在于他们没能将所学知识变为能力,在实践课上败北了。毛泽东并没有专门学过军事科学,但他为什么能够成为中国历史上前无古人、后无来者的伟大军事家?原因就是他将课堂上、书本里的文学、历史、哲学知识充分地运用到艰苦、复杂、丰富的革命斗争实践,结果是他领导共产党和人民军队战胜了军事专家云集、兵员规模庞大、武器装备先进的国民党军队。

第二条途径是跟人才学艺的成才之路。过去那种凡事都要拜师学艺的情况虽然已经不多了,但是这在很多特殊行业今天依然适用,拜师的形式依然存在。即使没有机会在特殊领域里发展,但是各行各业也都是照样可以成才的,这就是俗话所说的“行行出状元”。在工作中向已经成长为人才的同事、前辈、领导学习,是极其有效的成才方法。“三人行,必有我师”,说的就是这个道理。这就看我们成才的愿望是否足够强烈、成才的信念是否足够坚定了。

第三条途径是自学的成才之路。所谓自学成才,就是靠自己的学习、思考、实践、感悟、提高,而获得才识、才能、才干、才华,成为被人认可的人才。我国《宪法》已经明确规定:“国家……鼓励自学成材”,国家和地方政府也曾多次表彰过自学成才的先进人物,为更多的有志自学成材者树立了榜样。古今中外,自学成才的楷模都是大有人在,不胜枚举的。

五、成器是堪当重任的标志

成才不就是成器了么?不是,或者说不完全是。才,是才学、才智、才能;器,是有能力、有创新、有成就的人才。应该说两者是有关联的。成才,是成为人才;成器,是成为可以在某一方面堪当重任的优秀人才。所以古人说:“夫贤者,国家之器用也。”(宋·司马光:《资治通鉴·汉纪十八》)贤者,指的就是已经成器了的优秀人才。一个人在学校里学有所成,便可以算作人才;但是要想成器,则必须要经过实践磨炼和检验。

战国末期杰出思想家、哲学家韩非(前280~前233)在《韩非子·和氏》记述的“卞和泣玉”故事,早已为大家所熟知。相同的一块宝玉,却使卞和在楚国的楚厉王和楚武王两朝都被治以欺君之罪,分别失去左脚和右脚,直到楚文王执政时才被真正认识,并将此玉命名为“和氏璧”。问题出在哪里?因为那块卞和认为的宝玉还只是璞玉，没有被琢磨，不能为世人所赏识。

人才也是如此。没有经历过艰苦磨练和实践检验，是不可能成器的。与《四书》等并列为"十三经"的《礼记》，在其《学记》篇里有这样一句名言："玉不琢，不成器；人不学，不知道。是故古之王者建国军民，教学为先。"如果觉得自己是一块质地上乘的美玉、宝玉，就得甘愿接受生活和工作的打磨，弯下腰来勤奋工作，在实践中取得突出成绩，才能得到世人的认可。倘若真的成器了，就将在社会工作中发挥重要作用。

还是卞和当年献给楚文王的那块和氏璧，在400年后辗转到了赵国的赵惠文王手中，但秦国的秦昭王又要用15座城池同赵国交换和氏璧。为了应对秦国的强势，需要派遣一位有极强应变能力的人出使秦国。当时还在一个宦官家中做门客的蔺相如被选中，结果他不辱使命，精彩地上演了"完璧归赵"的故事，回国后被赵惠文王封为上大夫，其英名和故事也因此流芳千古。在这个历史故事中，和氏璧早已被雕琢成器，蔺相如通过出使秦国与秦昭王周旋的历练也成大器。

六、成就是事业发展的果实

有辞书上解释说，成就是取得的成绩，是业绩。这似乎不够完整，或者是不够确切。成就应该是包括已经完成、效果很大、超出预期等含义的，其适合范围也应该是用在描述比较重大的事情上。所以，不能因为这次考试某科得了90分、100分，就说自己取得了很大成就；也不能说今天的销售比平时多了一些，就自诩为取得了成就。这不仅是用词不当的问题，而是概念不清、逻辑混乱的问题。

人的一生，并不是谁都能取得成就的。这不仅要靠能力，也要靠机缘，要有参与或者创建、主持大事业的机缘才行。当然，这样的机缘又是时时存在、唾手可得的，就看我们有没有眼光识别，也要看我们有没有能力把握，更要看我们能将事业进行得如何。

马克思是人类历史上在社会科学领域取得成就最大的哲学家、经济学家和革命理论家，是马克思主义的创始人，是《共产党宣言》、《资本论》的作者。之所以说他成就最大，是有数据支持的：1999年，英国广播公司（BBC）评选"千年第一思想家"，马克思位居榜首，爱因斯坦第二；2005年，BBC又以"古今最伟大的哲学家"为题进行听众调查，马克思以27.93%的得票率再次居于首位，得票率是第二名苏格兰哲学家休谟的2.2倍。19世纪40年代的欧洲，以英、法、德国为代表的生产力和科学技术已经相当发达，产业革命方兴未艾，无产阶级已经开始以独立政治力量的身份登上了历史舞台，资本主义社会矛盾日益激化，无产阶级工人运动蓬勃兴起。这一政治、经济、科学背景，可以说已经为马克思主义的诞生提供了充分的客观机缘。但是，只有马克思和恩格斯把握并充分利用了这一机缘。马克思二十四五岁时就开始投身于现实的政治斗争、工人运动和科学研究，刚刚30岁时就出版了《共产党宣言》一书，宣告了马克思主义诞生。此后，他和恩格斯在坚持与各种反动思潮、哲学流派的斗争中不断丰富和发展马克思主义，并且无论在生活上遇到怎样的窘迫和艰难也不改初衷，最终完成了马克思主义哲学、马克思主义政治经济学、科学社会主义3大科学思想体系的创建，被世人用来指导全世界无产阶级革命运动100余年。至今，世界上仍有很多政党是以马克思主义作为指导思想理论基础的，包括有8000多万党员的中国共产党。

马克思的人生成就我们无法企及，毛泽东的人生成就我们也无法企及。但是，我们可以在人生的奋斗路上向他们学习，创建、主持或参与一些服务社会、贡献人类的事业，创造出属于自己的人生成就。科研、教育、文化、体育、卫生、环保、养老等社会事业领域，都给人们提供了大量的成就机会。互联网，特别是移动互联网的飞速发展，不但给亿万网民提供了学习机会、娱乐机会和生意机会，也给社会提供了多姿多彩的事业机会。今天的阿里巴巴已经远非生意的概念了，完全成长为一个规模庞大、覆盖面广、社会影响深刻的宏大事业。不管它未来的发展如何，但他的诞生和成长经历已经足以向世人证明，从生意到事业之间并没有不可逾越的鸿沟，普通人照样可以取得非凡的成就。

七、成名是社会认可的程度

成名，就是成为名人。成名与出名的含义是有所不同的。在某一方面或某一范围有名气、有名声，都可以叫出名，既可以是美名、芳名，也可能是恶名、臭名。当一个人在某一方面的成就足够大时，就会自然而然地成为一定范围内的名人。这就是人们常说的成名。而什么样的成就才叫足够大，并不是由我们自己来判定的，而是要由社会认可才行。一个人正面名气的大与小,代表着社会认可程度的高与低。我们在本节中所要探讨的,自然是怎样能够因为有成就而成为名人的问题。

成名的过程可以有主动和被动之分。

主动地成名,是自己有这方面的主观愿望,并且将其变为现实的过程。比如现在有很多人报考影视、戏曲、表演、传媒类院校或专业,就是奔着成名去的。因为每个报名的人心里都十分清楚,一旦考取,就等于踏上了成名的跳板。当然,最终能否成名还需要看其他方面的条件。但怀有成名梦想绝不是一件坏事,是上进心的一种体现,是非常积极的一种人生态度。有些人很内敛、很谦逊、很低调,不肯将自己成名的愿望表露出来,因为他们害怕被人说成好高骛远,更害怕实现不了被人嘲笑。其实这是大可不必的。一方面是有成名的梦想不是什么丢人的事,没有必要隐瞒,更没有必要否认,大声地讲出来,以向世人证明自己是一个有梦想的人;另一方面是将成名的梦想说出来之后,会增加自己达成这一梦想的外部压力,因而能增加自己践行诺言的动力。

被动地成名,则是自己的所言所行并没有以成名为目的,但因为某一些甚至只是因为某一件事而成为了名人。我们社会中的英雄模范人物几乎都是被动成名的。他们并没有刻意成名的主观愿望,但可能有的人只是因为一件事就成了名人,比如奋不顾身舍己救学生的黑龙江省佳木斯市第19中学教师张丽莉,就是在车辆失控撞向学生的瞬间,将学生推向一旁,自己却被碾倒在车下,失去了双腿。她的瞬间壮举,得到了社会的高度认可,使她成了享誉全国的名人:全国五一劳动奖章获得者、全国三八红旗手、全国优秀教师、全国教书育人楷模、全国见义勇为模范等。但英雄瞬间的惊人感人举动,一定是有渊源的。她的教育世家出身和对教育工作、对自己学生的挚爱,都是她舍己救人的思想基础。还有的人是因为一系列事情而成名的。雷锋短暂一生中的每一件事,如果单独拿出来都不足以使他成名。但将他每一件闪光的小事聚集到一起,也得到了社会的高度认可,使他变成了全国人民学习的榜样。

孔子说:“善不积,不足以成名;恶不积,不足以灭身。小人以小善为无益而弗为也,以小恶为无伤而弗去也。故恶积而不可揜,罪大而不可解。”(《易传·系辞传下》第五章,揜,读 yǎn,古通掩)。孔子的意思是说,不积累善德,就不足以成就美名;不叠加罪恶,就不至于身败名裂。品德卑下的人认为小的善行对自己没什么益处,就不屑去做;还认为小的恶行不会给自己带来什么伤害,也不肯去除。所以,他的恶行就会积累到无法掩盖的程度,他的罪过也会扩大到无法解脱的地步。圣人的名言警句,2000 多年后依然掷地有声,振聋发聩。

在信息业高度发达的今天,出名已经变得极其容易了。一张照片或者一个帖子,都可能使人芳名远播,或者恶名天下。我们应该追求的是有实质内容的有成就的成名,而不是一不留神的臭名昭著。每个人都应该时刻谨记孔夫子上面这段话,先积德行善,然后再出名、成名。

八、成家是专项成就的累积

贵州有位只会写自己名字的“老干妈”陶华碧,因为 10 多年生产经营“老干妈“辣酱的成就,成了享誉全球的女企业家;1916 年毕业于唐山工业专门学校的茅以升,后来成了中国首屈一指的桥梁专家、土木工程学家、工程教育家;15 岁因交不起学费而在上海中华职业学校退学的华罗庚,一生只有一张初中毕业文凭,却被清华大学聘为助教和讲师,并成长为世界著名数学家,担任了中国科学院副院长、全国政协副主席;毛泽东只有中等师范学校的学历,更没有读过军事类院校,却成为伟大的无产阶级革命家、战略家、政治家和理论家。

从伟人及各界成功人士的成长经历、个人成就和社会贡献来看,人的一生中是否成名并不重要,但是如果能够成为某一方面的专家,却是十分值得追求的。也就是说,不论我们在做什么,都是有资格、有机会成为专家的。只要我们能在勤奋工作的基础上潜心研究、见解独到、自成体系、高屋建瓴,就可以成为某一方面的专门家。不论我们个人是否有这方面的企图心,但社会是需要的,国家是需要的。特别是实现中华民族的伟大复兴,迫切需要一批又一批有真才实学本领、脚踏实地作风的专家型人才。

成名者不一定能够成家,但是成家者一定成名。那么,专家是怎样成长起来的呢?在他们身上,我们无一例外地看到的是用心、用脑、用力和用时。

用心,就是专心致志,心无旁骛。“世上无难事,只怕有心人”。如果一个人几年、十几年、几十年只琢磨一件事,不可能不成为专家的。陶华碧没有任何文化,却能缔造出一个强大的“辣酱帝国”,创造出“老干妈”管理模式,把自己打造成身价几十亿的企业家,就是因为她用心地坚持做这一件事,不受任何干扰,不受任何诱惑,所以才能够有所建树,创造奇迹和神话。我们在后面的创业和创造章节里还会进一步介绍她。

用脑,就是勤于思考。学而不思则罔,做而不思更昏。专家的大脑量不可能比常人多,但他的大脑利用率却一定比常人高,也就是说他们会比平常人更喜欢思考、更善于思考、更习惯思考。大数学家陈景润的思考甚至可以达到痴迷的程度,穿衣服扣错了纽扣、穿袜子不是一双的,都是他经常出现的状况。能成专门家者毕竟是少数,而不能成为专门家的人则是多数。因为多数人是连自己学的东西、自己做的事情都不肯去多思考、多问几个为什么的。

用力,就是肯花精力。人的精力是有限的,做这件事占用了精力,自然就没有精力去做另外的事。如果把心思、精力全都扑在一件事情上,结果一定会是与众不同的。有成功学研究者认为,人与人之间事业成就上的差别源于他们业余时间的利用状况不同。上班时间大家都是一样的,但多数人业余时间不再考虑工作上的事,而少数人业余时间也在考虑甚至还在做着工作上的事,谁的业绩会更好一些呢?答案不言而喻。专家一定是没有业余时间这一概念的。

用时,就是长期积累。专家是不可以速成的,不可以只用三年五载就能够炼成,而是需要日积月累的。没有十数年或者数十年的功夫,不论大家怎么追你捧你,也不论哪个权威如何封你赏你,你都千万不要昏了自己的头。演一两部得奖的戏就妄称表演艺术家,唱一两首听众比较喜欢听的歌就妄称青年歌唱家,似乎都有名不副实之嫌,倒不如像港、台那样称为艺员感觉更靠谱一些。堪称专门家者,一定得是在某一特定方面有专门研究、有独到见解、有高深造诣、有丰硕成果的人。只有当一个人在某一领域中的理论知识、实践经验、工作成就都积累到一定厚度的时候,才可能成为真正的专家。

九、成熟是真正成功的保证

现代汉语对于成熟的解释包括 3 方面的含义:物的成熟,是指生物体已经成长发育到可以采摘或收获的状态;事的成熟,是指事物的发展已经达到了完备的程度;人的成熟,是指其思想方法、观念态度、品德修养、为人处世、解决问题等方面都已经达到了完善圆满的境界。人的成熟是一个漫长的过程。身体的成熟至少要25年左右的时间，心理的成熟应该要40年左右的时间，思想、品德、能力的成熟恐怕不能少于60～70年的时间吧。孔子说的"四十而不惑"、"五十而知天命"、"六十而耳顺"、"七十而从心所欲"，可以作为我们迈向成熟的一套参考坐标系。我们在本节所说的成熟，是指人的心理、思想、品德和能力方面的成熟。

成熟是一种人生状态，更是一种人生境界。人要实现成熟，唯一的途径是历练：经历，磨练，甚至是磨炼。

人生要遇到的事情很多，从小到老，不计其数。一旦没有经历过的事情发生了，心理承受能力如何，会决定当时的心态和生理状态，也会影响后面将要发生什么样的事情以及其性质和程度。发生令人懊恼的事情时会是这样，发生令人喜悦的事情时也会是这样。打麻将时和大牌是好事，但是有人却可能会因此导致心脏病突发或者是脑溢血死亡；买彩票中大奖是喜事，但是有的家庭却可能会发生妻离子散的悲剧。亲人离世是人生之大痛，但又是不可抗拒的自然法则。虽然常人很难用击缶而歌的方式为亲人送行，但也不要给活着的人带来雪上加霜的伤害。人生之中起起落落的事情只有经历过了，经历的次数多了，才可能达到宠辱不惊、不为物喜和不以己悲的境界。

当一件事情发生时，要用正确的方法去思考，寻找到妥善处理的最佳途径，确定切实可行的处理方案。在这里，正确的思想方法尤为重要。什么是正确的思想方法？辩证唯物主义认识论和唯物辩证法，就是我们正确思想方法、科学思维模式的理论基础。具体事情具体分析，找到并抓住主要矛盾和主要矛盾方面，集中主要精力解决主要问题等等，都是非常实用的普遍真理，而非空洞的理论教条。解决各种复杂问题、处理各种复杂局面的经历多了，再加上自觉感悟、及时总结，才可能达到处变不惊、临危不乱的境界。

品德的修为，更是人生中之大事。"人之初，性本善。"但是，社会是有阴暗面的，会对人产生负面影响，稍不留神就可能由善变恶；人是有私欲的，遇到一定条件可能会膨胀，稍不留神就可能物欲吞噬理性。因此，唯有不断地修炼自己，时时刻刻坚持做到防微杜渐，才能不被社会的阴暗面所笼罩，不被膨胀的私欲所扼杀。"不以善小而不为，不以恶小而为之"，就是品德成熟的经典境界。

世间事物千差万别，大小难易各不相同。在这些事物面前，不同的人自然会有不同的处理方法,不同的方法自然就会得到不同的结果。把好事办砸,多为经验不足所致,是幼稚青萌的表现;把坏事扭转,或减少其危害,或使其向好的方面转化,则是老手和高手的标志。人们就是在这样一次次汲取教训、获得经验的成长中成熟起来,使自己进入大智若愚、举重若轻的境界。

人人都渴望成功。但是,如果没等成熟便取得了所谓"成功",却是一件极其危险的事情。人在未成熟之前的成功,不能算是真正意义上的成功。因为这样的成功可能会导致有的人判断力和自控力都出现夸张性扭曲,后面就有可能会发生毁灭人生的恶劣事件。纵观那些因腐败而断送性命或锒铛入狱的贪官污吏们的犯罪过程,可以看出他们当中的多数人是在未成熟的状态下获得了世俗所认为的"成功"。那么,他们走向人生的反面也就是一种必然了。

十、成功是人生终点的结论

什么叫成功?这可能是现代汉语词汇释义中最具不确定性的单词之一了!特别是近些年国内市场上成功学培训时尚流行,更是给成功的概念和理论增加了很多内涵和外延,见仁见智,门类众多。但是,不管人们怎样给成功的概念增添新意,其基本定义是无法改变的。成功可以用来说明事物,指事情、事件的进展达到或实现了某一价值尺度,获得了预期结果;成功也可以用来描述人,指一个人在某一方面或某一阶段比身边人、比一般人的成绩更大;成功还可以用来判定人生,指某人的整个人生达到了功德圆满、福寿双全的境界。本书是以探讨人生规律为主旨的,自然要侧重于成功人生的研究。

成功的人生是一个大概念,甚至可以说是一个要耗时几十年才能完成的系统工程。我们上面是用"功德圆满"、"福寿双全"来概括的,其中包含了功、德、福、寿4大要素。

功,是指人的一生中对社会的贡献。贡献不在大小,而在于是否尽心尽力。这种社会贡献先是要将自己打造成一个有贡献能力的人,即经营好自己的人生,不要成为社会的负担;同时还要经营好自己的家庭,不要给社会增加麻烦;最重要的,就是有能力真正为社会做了一些有益的事情。我们在第一篇中曾经谈到,人生的意义在于创造物质财富和精神财富,人生的实质是不停地解决问题,人生的价值在于奉献付出。将创造财富、解决问题和奉献付出综合起来，就是我们一生的功劳。

德，是指人的一生中没有大的或故意的失德行为，并且在弘扬中华民族传统美德、维护社会公德、遵守职业道德等方面有所作为，最好是有所建树。当然，也不能去做貌似在创造，实质在破坏；貌似在解决问题，实质是在制造麻烦；貌似在奉献付出，实质是在掩人耳目的事情。比如一个地区在创造较高 GDP 的同时破坏了资源，破坏了环境，危害了人类健康和生命，何功之有呢？比如用违法的手段解决社会问题，自然是遗患无穷。比如巧取豪夺占有了大量不义之财，然后又为了求得心理安慰去搞捐献、修庙宇等等。这样的人不仅无功，也是无德，并且有罪。

福，是指人的一生真正地获得过并且能经常地感受到幸福。人生的目的就是追求幸福。不管是否能够理解幸福的真谛，大家都在希冀和祈祷着获得幸福；不管能否得到，大家也都在穷毕生之精力奋勇争先地追求着。其实幸福很简单，它仅包含有平安、健康、自由、快乐 4 项指标，与财富多寡和权势大小无关。幸福更是一种心里感觉，可以随时随地地感觉到它。不论是无忧无虑的青少年时期，还是压力如山的壮年阶段，以及垂垂暮年的老迈状态，只要我们能有自己是平安、健康、自由、快乐的感觉，那还有什么不幸福的呢？如果 4 项指标已经不够完整了，但只要我们还活着，那也是一种相对的幸福。

寿，是指人的一生寿命已经达到或超过了本民族人口平均寿命的指标。健康长寿是人类的共同愿望。一个成功的人生，也不能缺少这一指标。

综上所述可以看出，人的一生是否成功，真的无法过早就下结论，“盖棺定论”的古语是有道理的。有的人可能曾经辉煌过，被世人或自己都认为很是成功了，可是如果或者无德，或者无福，或者无寿，似乎也不能算作是成功的人生。

第四篇　信仰与道德

第十九章

信仰的力量

信仰是一个纯粹精神层面的概念，是一个比较复杂的话题，但又是一个不得不说的话题。因为像生命离不开阳光一样，人生也离不开信仰。它虽然貌似纯粹属于精神层面，但与物质世界，特别是与物质形态的人生如影随形，相互作用，须臾也不会分离。所以，我们将本篇本章放在比较靠前的位置上，以彰显其重要。

什么是信仰？按照辞书上的解释，信仰是指人对圣贤的主张、主义，或者是对神的尊崇仰视、自觉敬畏和无条件信服。信仰分为原始信仰、宗教信仰、哲学信仰和政治信仰 4 大类别。其中，原始信仰主要包含有远古神话、各种原始崇拜和图腾、巫术、禁忌等；宗教信仰在全世界主要有佛教、基督教和伊斯兰教 3 大宗教，在中国除此而外还有道教；哲学信仰主要是通过哲学分析建立起来的理性信仰，是有自然法则和客观规律依据的信仰；政治信仰是某一政治团体为实现某种政治目的在团体内部所确立的信仰。

信仰既是人类的一种超现实理想，也是人生的精神支柱，还是人生的大方向、言行的总纲领和成功的原动力。因此，信仰也就具有了非常的力量！

一、信仰是人的超现实理想

每个人都有自己的理想，也就是都有对人生目标的自觉确认和美好向往，以及对家庭、社会和世界所能达成的完美境界的由衷期望。理想不是幻想，更不是空想和妄想。它是基于客观现实基础和事物发展运动态势所作出的理性想象，是可以或者可能实现的。

信仰则不同，它远远高于理想，并且信仰者今生不见得能够实现，也不见得能够看见，但是却笃信不疑，并且据此确立自己的理想。因为有了信仰，理想才变得更有层次，更加高尚；因为有了理想，信仰才变得更加真实，更加可信。所以，理想是现实版的信仰，信仰则是超现实的理想。如果没有信仰，理想就是无源之水，无本之木；如果没有理想，信仰也无处落地，无处安身。

孔子就是一个有坚定信仰的人。他说："君子有三畏：畏天命，畏大人，畏圣人言。"(《论语·季氏篇》)即贤德之人要有必须敬畏的3件事情：敬畏天命，敬畏德高望重的人，敬畏圣人说过的话。孔子接着还说，那些不贤无德之人不懂这些，所以他们不但不敬畏天命，还轻慢德高望重的人，也侮辱圣人的言论。孔子所说的"三畏"，就是他的信仰。

天命为首，是孔子的核心信仰。他所说的天，是一个至高无上的道与德之神；他所说的天命，就是这个至高无上的道德神的意志和力量。孔子说："天何言哉？四时行焉，百物生焉。天何言哉？"(《论语·阳货篇》)他的意思是说，上天何曾说过话呢？但是，一年四季却依照他的安排有序运行，世间百物也顺从他的意志自然生长。上天说过什么吗？一句也不用说。这就是天命、天意，不可违拗。天地运行，世事变易，都是由上天安排的，是有其自身规律的。

在孔子心中，《周易》就是讲述上天意志和自然法则的"天书"。据司马迁的《史记》记载，"孔子晚而喜易，序彖、系、象、说卦、文言。读易。韦编三绝。"(司马迁：《史记·孔子世家》)说孔子在晚年阶段特别喜欢研读《周易》，并且详细地注传了《周易》中的《彖辞》、《系辞》、《说卦》、《文言》等篇章。由于他的勤奋刻苦，以至于把串编《周易》书简的牛皮绳子都磨断了数次。孔子说："加我数年，五十以学易，可以无大过矣。"意思是如果老天能再给我几年时间，而且如果能从五十岁就开始学习《周易》，我便不会出现大的过错了。司马迁在《史记》中还记载了孔子说过的另一段话："假我数年，若是，我于易则彬彬矣。"(司马迁：《史记·孔子世家》)意思是说，假如能让我多活几年，我就完全可以掌握《周易》的文辞和义理了。

《周易》为什么会有这么大的威力？所谓易，就是变化。《周易》就是研究和阐述世界和事物变化规律的。《周易》里所演化的变易、简易、不易，是世事变化的不同形态，体现了中华民族的高超智慧，也表达了先哲的古朴唯物理念以及辩证法观点。在《周易》诞生和传世的过程中，有3位圣人做出了不可替代的重要贡献。第一位是伏羲氏。他是传说中的中国第一个氏族首领，也是公认的中国符号文化之父和易经八卦的创始人，是他发明了先天八卦图。第二位是周文王姬昌。他是商代纣王时期西方诸侯之长，因布德于政、广纳人才、创建周礼、发展农业，使国力日渐强盛，引起商纣王的嫉恨和恐惧，将其关入商朝监牢7年。在这7年中，周文王潜心研究伏羲氏的先天八卦，并在此基础上创造了后天八卦，也被叫做文王八卦。第三位是周公姬旦。他是周文王姬昌的第4个儿子，周武王姬发的弟弟，周成王姬诵的叔叔。他辅佐周文王发展了周国，后又协助周武王灭掉了商朝，晚年则辅佐周成王兴盛了西周。周公旦在其父亲的文王八卦的基础上为《易经》撰写了文字，并且制礼作乐，形成了中华民族历史上第一个盛世的社会秩序。

孔子认为，伏羲氏、周文王、周公就是“大人”，《周易》就是“圣人言”，尊崇他们和他们的理论，就是尊崇天命。所以，当他有一次率领弟子去陈国路过匡，被匡人拘困5天，弟子们害怕极了时，孔子满不在乎地对弟子们说：周文王去世以后，周朝的文化不就传到我们的手上了吗？如果上天要毁灭这些文化的话，就不会让我们这些后死的人能够掌握它。既然上天没有要消灭这些文化，匡人又能把我们怎么样呢？还有一次卫灵公的大臣王孙贾问孔子：“与其媚于奥，宁媚于灶，何谓也？”子曰：“不然。获罪于天，无所祷也。”翻译过来是王孙贾问：“有人说，与其对位于屋内西南角的奥神献媚奉承，还不如对司管烹饪做饭的灶神献媚奉承。这话是什么意思呢？”孔子回答说：“这话说得不对。如果上天认为你有罪了，无论你再向其他什么神灵去祷告，都是没用的了！”这两个故事足以说明，孔子对天命的信赖、信仰、尊崇、畏惧已经到了无以复加的程度。所以，当孔子到了风雨飘摇的生命末年时，他都把梦不到周公作为人生尽头将至的征兆了。“甚矣，吾衰也！久矣，吾不复梦见周公。”意思是我衰老得已经很严重啦，我很久都没有梦见周公了。

在这样的信仰指引下，孔子逐步明确了自己的理想——为政以德，克己复礼，即施德政、仁政，恢复西周时期的礼乐制度。因为孔子认为周文王和周公旦都是天意的代言人，所以，他们所创建的周朝仁治、礼治社会，就是一种理想的社会状态。而孔子感觉自己的使命和价值就是帮助各国的君王治理好国家，结束春秋时期的混乱局面，使社会状态变得清明太平。所以，每当把孔子当作复辟的靶子攻击时，“开历史倒车”就成了他的第一大罪状。其实，这是对孔子理想和信仰理解上的偏差。他的理想是要在大乱之年恢复较为理想的社会秩序。所以他说：“苟有用我者，期月而已可也，三年有成。”意思是说如果有人用我来治理国家，1 年便可以见效，3 年就一定会有成就。可见他是多么期待能有机会实践先贤的治国方略，变现个人的政治主张，实现自己的崇高理想。他一生坎坷，在鲁国推广自己的政治主张无望之后，55 岁开始率众弟子周游列国，四处碰壁 14 年，年近 70 岁时才返回故国故乡。孔子一定会感到遗憾的是，上天并没有给他实现理想的机会，所以他的理想也没有在其有生之年变为现实。但是，孔子值得庆幸和自豪的是，他的思想理念却流传了 2000 多年至今，特别是在汉代以后成为中国封建社会历朝历代治理国家、约束官员、教化民众的基础理论，并且影响已经波及全世界。1978 年，美国应用物理学家、普林斯顿天文学博士麦克·哈特在编著《历史上最有影响力的 100 人》时，将孔子排在第 5 位。在入选的 8 位中国人中，孔子排在第 1 位。

孔子的信仰，就是一种超现实的理想。因为他坚信有上天——道德神的存在，虽然伏羲氏、周文王、周公旦不可能再生，但是人们经过努力依然是可以恢复西周盛世的。可以断言，如果没有崇高的信仰，孔子也就无法树立起如此宏伟的理想；如果没有强大信仰力量的支撑，孔子也就无法战胜一生的艰难困苦去实践自己的理想。

二、信仰是人生的精神支柱

人活着，需要有足够的物质支撑，衣、食、住、行，哪一样也离不开物质。但是，当人们的温饱问题解决了之后，甚至是已经实现了富足之后，反倒会觉得空虚了，经常会有不知道为了什么而活着的感觉。由此可见，人生光有物质是不够的，还必须有坚实的精神支柱。没有精神的支撑，人就会感到活着没有奔头，在社会上没有归属感，当然也会缺少战胜困难、解决问题的勇气和力量。精神的支撑来源于哪里？它一定是来源于信仰，或来源于因信仰而形成的理想。信仰虽然无形，但却能够支撑人生。所以，我们在当今社会可以看到两类现象：一方面，有很多物质生活还很贫乏或是生活中遇有困顿的人，都要找到一种信仰作为精神寄托；另一方面，有很多物质生活已很富足或是生活中顺风得意的人,一样在虔诚地信奉着某一教规。在平凡的生活中,人们需要有信仰的支撑,否则就很难感受到生活的意义;在出现困难时,人们需要信仰的支撑,才能获得渡过难关的勇气和信心;在面对死神时,人们需要信仰的支撑,或者是战胜死亡的威胁,或者是视死如归。

在和平建设和发展时期,人们的物质生活大同小异,即使是在普通人和富豪权贵之间也没有本质上的区别。每日 3 餐虽然吃的内容不同、数量不同,但本质是相同的,不外乎碳水化合物、蛋白质、脂肪、维生素、矿物质、纤维素的混合物而已;睡的床铺可能面积大小不同,床垫的松软或者坚硬程度不同,但都只是睡觉的工具而已;穿的虽然品牌不同、款式不同、价格不同,但都是遮羞御寒的衣服而已;出行的方式虽然有自驾、租车、公交或步行的不同,但都能到达目的地,只不过是交通工具的不同而已。

但是,有信仰和没信仰的人,或者是有理想和没理想的人,精神世界却有着很大的差异,而且这种差异并不是根据物质财富的多少来划分的,精神世界的强大与否以及强大程度高低,也不会与物质财富的占有量成正比例关系。

不管穷富贵贱,所有的人都有活着的目的、意义、实质和价值的问题。为了更好地解决这些人生的基本问题,很多人都求助于信仰。不同的信仰,会使人得到不同的答案,帮助信仰者加深对人生的理解。多数信仰都会鼓励人们更有目的、更有信心地活下去:或为今生,或为来世;或为他人,或为自己;或为物质,或为精神,等等。

在解决了上述基本问题之后,不同的信仰还会帮助人们掌握认识事物、处理问题的法则,比如怎样看待人与世界的关系,怎样理解人与人之间的关系,怎样处理世间事物,怎样约束自己言行,等等。

人生的旅途中,会一直与艰难困苦相伴随。当困难出现时,战胜它不但需要能力,更需要信念与信心。要成就一番事业,更是要战胜常人无法想象的巨大困难。靠什么去战胜?信念!信念哪里来?信仰!

为了粉碎西方敌对势力对新生共和国的经济封锁,为了甩掉贫油落后的帽子,我国在上世纪 60 年代初开始开发大庆油田。王进喜(1923 ~ 1970)以拥有 10 年经验的钻井工人身份,带领着他的 1205 钻井队从玉门油田开赴天寒地冻的松嫩平原。没有起重设备和拖拽机械,他们硬是靠撬棍撬、滚杠滚、大绳拉的办法卸钻机、竖井架;没有开钻用水,他们居然用脸盆端、用水桶挑的最原始方法,人工运水50多吨。发生井喷时,他不顾腿伤,带头跳进泥浆池,以身体代替搅动棒,制服了事故。除了生产上的困难以外,生活上的艰苦更是常人难以想象。最后,他把生命也献给了新中国的石油事业,享年只有47岁。但是,他留下了宝贵的“铁人”精神:“为国分忧,为民族争气!”“宁可少活20年,拼命也要拿下大油田!”“有条件要上,没有条件创造条件也要上!”“干工作要经得起子孙万代检查”,“为革命练一身硬功夫、真本事!”“甘愿为党和人民当一辈子老黄牛!”

以王进喜为代表的新中国第一代产业工人为什么会有那么强大的精神力量,就是因为他们具有崇高的共产主义信仰。有这样的精神支柱,就没有什么战胜不了的困难。

当一个人必须面对死亡的考验时,更会凸显精神支柱的力量。惧怕死亡,是人的本能,因为人有思想。一方面,人们对人世有太多的眷恋,哪怕是生命质量已经很差了,也还是舍不得离开;另一方面,人们不知道死了之后到底是去了哪里,那里是比人世间好还是差,只知道或者是躺在冰冷的棺材里被埋入湿凉的地下,或者是被推进火炉中烧成灰烬。所以,几乎所有的人在一般情况下都不愿意死亡。

但是,大自然的法则是残酷的,并不会因为人们对死亡有恐惧、不喜欢就改变规律。无奈,人们只好到信仰当中寻找答案。在宗教信仰中,有“生死轮回”、“死亡救赎”之说;在哲学理念中,也有“精神不朽”的信条。这些,都为信众提供了能够正视死亡的精神支柱。

具有共产主义信仰的人,会以唯物主义世界观及其死亡观来看待死亡。毛泽东早在70年前就曾说过:“要奋斗就会有牺牲,死人的事是经常发生的。”“人总是要死的,但死的意义有不同。”“我们想到人民的利益,想到大多数人民的痛苦,我们为人民而死,就是死得其所。”“为人民利益而死,就比泰山还重;替法西斯卖力,替剥削人民和压迫人民的人去死,就比鸿毛还轻。”(毛泽东:《为人民服务》,《毛泽东选集》第三卷)

除了正常死亡之外,有时人们还可能或者必须要面对非正常死亡,比如在战争中。对于有共产主义信仰的人来说,他们会对这种特殊意义的死亡有着特殊的理解。因此,才会有狼牙山五壮士跳崖、东北抗联8女投江、董存瑞舍身炸碉堡、黄继光奋勇堵枪眼等惊人壮举,才有了歌剧《江姐》中江雪琴的“黎明之前身死去,脸不变色心不跳”,歌剧《洪湖赤卫队》中韩英的“砍头只当风吹帽”。无数革命先烈认为,这是为人民的利益而死,不但重于泰山,死得其所,而且是一种无上的荣耀与自豪。

三、信仰具有超现实的力量

1921 年 7 月下旬,在上海法租界贝勒路树德里 3 号(现兴业路 76 号)的一间屋子里,有十几个人举行了一次秘密会议,后来因安全缘故将会议改在浙江嘉兴南湖的一条船上继续进行。参加这次会议的正式代表为 12 人,平均年龄只有 28 岁,除其中一人当时 45 岁外,其余人员的年龄在 20 岁至 35 岁之间。就是这样一个年轻的团队,代表着分散在全国没有到会的另外 40 人,用 7 天的时间研究了如何改变中国命运的大事情。他们凭什么有如此胆魄和雄心?就是因为他们都认同马克思主义的理论,拥有了一个共同的信仰——共产主义。这,就是果真改变了中国命运的中国共产党第一次全国代表大会。这次会议,宣告了中国历史上第一个无产阶级政党——中国共产党的诞生,也宣告了中国新民主主义革命的开始。而共产主义信仰的超现实力量,也由此在中国这片古老沧桑的大地上开始体现。

在这次会议上,这群青年知识分子是打算怎样改变中国的命运呢?他们给自己的党制定的工作目标是:第一,推翻资本家阶级的政权;第二,承认无产阶级专政;第三,消灭资本家私有制;第四,消除阶级区分。他们在会议中所确定的行动纲领是:无产阶级与革命军队结合,援助工人阶级,联合第三国际,即共产国际。(参考资料:《中共党史参考资料》第 2 册)

在当时的历史条件下,这简直就是不可思议的天方夜谭。一是资本家阶级的政权已经运行了 10 年时间,已经有了比较成型的统治机制,就凭几十个青年知识分子的力量要推翻它几乎是不可能的;二是辛亥革命虽然推翻了封建王朝,但却也将中国推进了军阀割据的混战之中,百姓民不聊生,社会秩序混乱,即使推翻了军阀政权,国家治理也是极大的难题;三是工业革命催生的中国资本家阶级已经成为国际资本主义和帝国主义势力的代言人,他们不会甘心被无产阶级所消灭,国外势力也不会眼睁睁地看着他们被革命。帝国主义、封建主义和官僚资本主义犹如 3 座大山,死死地压在中国人民的头上,也横亘在年轻的中国共产党人面前。要掀掉这3座大山的压迫，谈何容易啊？

但是，中国共产党在成立之初，就将马克思列宁主义奉为全党的共同信仰，承诺为共产主义奋斗终身也一直是对新党员入党的重要条件。到了抗日战争时期，“为共产主义事业奋斗到底”已经成为入党誓词的重要组成部分了。由此可见，中国共产党人从来就没有认为共产主义是可以一蹴而就，很快就能实现的简单理想。如果共产主义那么容易实现，干几年就能成功，它也就不会有那么高的价值了，更用不着要那么多人要为之奋斗终身，甚至要洒热血、抛头颅了。同时，中国共产党人也没有只是将信仰当做口号来对待，而是依据马克思列宁主义的基本原理，确定了全党在新民主主义革命阶段的共同理想——实现中华民族的彻底解放，建立人民民主专政的共和国。近30年的革命历史实践证明，共产主义信仰在中国新民主主义革命胜利的过程中，发挥出了超现实的力量。

中国共产党的诞生，是马克思列宁主义的普遍真理同中国革命的社会实践，特别是同中国工人运动相结合的产物。从太平天国到“五四”运动，中国人民用70年的时间进行了反对帝国主义和反对封建统治的艰苦斗争：太平天国的农民政权，洋务运动的催生民族资产阶级，戊戌变法的改良维新，清朝末年的君主立宪和民主议会选举尝试，推翻封建王朝的辛亥革命等等。将近一个世纪的漫长历史摸索证明，旧民主主义革命没有解决也不可能解决当时中国社会的根本问题。因此，中国共产党应中国革命发展的客观需要而诞生，新民主主义革命随着中国共产党的诞生而开始，是历史发展的必然结果。

欧洲一些国家社会主义革命的胜利，并不代表着照搬照抄就可以在中国复制。从1921年建党，到1949年建国，中国共产党也一直在摸索中前行，在摸索中壮大，在摸索中获胜。但是，这一摸索与旧民主主义革命的尝试有着本质上的不同。马克思列宁主义的国家与革命理论已经形成体系，并且已经在欧洲的一些国家得以验证和完善。中国共产党的摸索实践，就是在这一理论体系的指导下完成的，而非毫无章法的东碰西撞。

在被称为“大革命”的第一次国内革命战争时期，中国共产党与中国国民党进行了第一次合作，取得了北伐战争的胜利。1927年蒋介石发动反革命政变，标志着国共第一次合作的结束，也拉开了第二次国内革命战争（又称10年内战或土地革命战争）的大幕。在长达10年之久的内战中，中国共产党拥有了自己的武装力量，而且在南昌起义、秋收起义、广州起义的斗争中不断发展壮大，同时创建了革命根据地，成立了中华苏维埃共和国临时中央政府。当然也经历了挫折，中央苏区的第5次反围剿失败，中央红军被迫实行战略大转移，但也创造了25000里长征的奇迹和价值无限的长征精神。

1931年九一八事变后，“中华民族到了最危险的时候”，中国共产党人深知，如果不把日本侵略者赶出中国，自己的主张是无法实行的，自己的理想是无法实现的。所以，他们不顾自己深陷国民党反动派残酷清剿的危重处境，一方面积极领导东北抗日联军在白山黑水之间艰苦抗战，在七七事变前已歼敌十几万，牵制敌军几十万。另一方面，积极准备派出先遣队北上，并于1934年7月发表北上抗日宣言，明确了在民族危亡关头要联合一切力量共同抗日的态度和决心。长征胜利后不久，中国共产党开始施行抗日民族统一战线政策。1935年底在北平（现北京）领导了一二九运动，组织大学生进行大规模示威游行，呼吁国内各方军事力量停止内战，一致对外打倒日本帝国主义。这次学生运动展示了中国人民的抗日决心，打压了国民党政府的“攘外必先安内”政策，鼓舞了全国人民的抗日热情。1936年底，斡旋和平解决张学良、杨虎城发动的扣押蒋介石的“西安兵谏”（后称西安事变），促使蒋介石接受“停止内战，联共抗日”主张，实现了在民族矛盾面前的国共第二次合作，抗日民族统一战线开始形成。所以，近代中国人民的第二次抗日战争，应该从1931年算起，共有14年之久。而1937年7月7日发生的卢沟桥事变，则引发了全国抗日战争。

抗日战争的胜利，又唤起了蒋介石独裁统治全中国的野心。但毕竟是国内、国际的形势都已经发生了很大的变化，不论是忽视或者轻视共产党及其武装力量的存在都已经是不可能的了。所以，就有了以中国未来发展前途和建设大计为主题的国共两党“重庆谈判”。蒋介石当然不甘心给共产党以应有的地位，一面煞有介事地和毛泽东谈判，一面暗自印发抗战前的《剿匪手册》，进行内战准备。在长达43天的谈判结束时，形成了一份《政府与中共代表会谈纪要》（即《双十协定》），但不久就被国民党单方面撕毁了，第三次国内革命战争（亦称解放战争）爆发。也正是蒋介石的背信弃义，给共产党独立完成“推翻资本家阶级政权”的目标提供了空间和舞台。但是，双方的武装力量对比是十分悬殊的，抛开装备和经费的天壤之别不说，仅在人数上就是860万比120万的巨大差别，几乎是国民党7个人打共产党

1 个人的比例。但是,经过战略防御、战略进攻、战略决战 3 个阶段之后,特别是经过了最后的辽沈、平津、淮海 3 大战役之后,双方的武装力量对比已经发生了戏剧性的反转,国民党军队仅剩约 200 万人,而人民解放军的总人数却已经增加到了 400 万之巨。所以,打过长江去,解放全中国,也就成一种历史的必然了。

1949 年 10 月 1 日,中华人民共和国中央人民政府在北京成立,天安门广场上冉冉升起了鲜艳的五星红旗。从 1921 年 7 月至 1949 年 10 月,当年十几个青年人策划于上海里弄和嘉兴木船上的宏伟设想,竟然只用 28 年又 2 个月的时间就变成了现实。全国的中共党员人数也从建党时的 50 几人,发展到了今天的 8700 多万。8700 多万是一个什么样的概念？相当于曾经的“亚洲 4 小龙”——韩国、新加坡、台湾、香港,再加上一个新西兰的人口总数！如果没有共产主义信仰的无穷力量作支撑,如果没有马克思列宁主义的科学理论作指导,这是无论如何也不可能实现的齐天大梦。更为重要的是,在 28 年的艰苦实践中,马克思主义的普遍真理同中国革命的具体实践实现了完美结合,形成了攻无不克、战无不胜的毛泽东思想,最终将中国的新民主主义革命引向了胜利,将中国的历史航船推进到社会主义革命和社会主义建设的新时代。

第二十章

共产主义信仰的魅力

中国共产党已经诞生90多年了,中国共产党所领导的新民主主义革命胜利已经60多年了,但是实现共产主义理想一直是全党的共同信仰。在2012年11月14日经中国共产党第十八次全国代表大会修改过的新党章里,第一段话仍然十分明确地写着:"党的最高理想和最终奋斗目标是实现共产主义。"为什么这样一个强大的政党走过了近百年的风雨历程之后还是不改变初衷、不改变信仰呢?这只能说明共产主义信仰有价值、有魅力。

共产主义信仰,就是对共产主义原理的崇拜、景仰和笃信。作为一个具有近百年历史、拥有8700万党员、领导着全世界1/5人口大国的政党,绝不会盲目地崇拜或信服什么。它所遵从的学说和理论,一定具有严密的科学性、高度的前瞻性、明确的革命性和独特的实践性。

一、共产主义信仰的理论和实践

1848年,马克思和弗里德里希·恩格斯(Friedrich Von Engels,1820~1895)共同起草的《共产党宣言》在伦敦面世。这是国际共产主义运动的第一个纲领性文件,也是马克思主义诞生的标志。也就是说,马克思主义从诞生到现在,已经有将近170年的历史了。

马克思主义是关于全世界无产阶级和全人类彻底解放的学说，由马克思、恩格斯所创立。他们批判地继承了、吸收了全人类关于自然科学、思维科学和社会科学的优秀成果，科学系统地分析资产阶级和无产阶级的历史、现状和未来，形成了马克思主义哲学、马克思主义政治经济学和科学社会主义3个不可分割的理论体系。这一理论体系创立之后，经由此后各时代、各国家、各民族继承者的不断实践、完善和发展，已成为放之四海而皆准的普遍真理。

马克思主义理论，是具有明确阶级属性的理论。它所研究的，是无产阶级争取自身解放并解放全人类的斗争性质、目的，以及获得解放的条件。所谓无产阶级，指的是资本主义社会中丧失了生产资料并要靠出卖自己的劳动力而被雇佣谋生的劳动者阶级。这里所说的无产，指的是不拥有生产资料，而非指个人生活财产。这一阶级只有上升为掌握国家政权的领导阶级，才能真正摆脱被压迫、被剥削的社会地位，获得彻底的解放。因此，无产阶级专政学说就是马克思主义的精髓。所谓无产阶级专政，就是无产阶级领导的，以工农联盟为基础的社会主义国家政权。但是，“工人阶级不能简单地掌握现成的国家机器，并运用它来达到自己的目的。”（马克思：《法兰西内战》，《马克思恩格斯全集》第17卷）无产者作为一个阶级，人数更多，所以必须要通过代表本阶级根本利益的无产阶级政党来实现专政。中国共产党就是代表中国无产阶级根本利益的工人阶级先锋队，用28年时间实现了“推翻资本家阶级政权”、在中国实行无产阶级专政的政治目标。

共产主义学说，是马克思主义科学社会主义理论体系的重要组成部分，既是一种理论，也是一种理想社会状态，还是一种思想信仰。马克思和恩格斯在充分研究了人类社会的历史发展规律之后得出结论，认为资本主义社会必将灭亡，经由社会主义社会的长期发展，最终过渡到共产主义社会是一种历史的必然。

在理论层面上，实现共产主义的前提是无产阶级革命取得胜利，实现无产阶级专政，进行社会主义国家所有制的建设。然后，再从国家所有制过渡为全民公有制，实现人民群众的“各尽所能，按劳分配”。最后，商品经济和货币经济消亡，阶级和国家都不复存在，人类社会进入到世界大同的共产主义时代。

从理想社会状态上看，共产主义社会是一个生产力高度发达、物质财富和精神财富极大丰富的社会，是消灭了阶级、是取消了国家的社会，是一个社会上所有财产归全人类所有、所有人都平等地享受社会经济权利的社会，是一个人们不再将劳动作为谋生手段的“各尽所能、各取所需”的社会。

作为思想信仰，共产主义学说从诞生的那一刻开始到现在，就一直吸引着全世界无产阶级的目光，成为无数无产阶级先进分子的精神寄托、人生理想和奋斗方向。在它的感召下，一些无产阶级政党在各国纷纷成立，世界各地的共产主义者在它的旗帜下聚集，一批又一批革命先烈为之付出了青春、鲜血乃至生命。

世界上第一个以科学社会主义作为指导思想的无产阶级政党——共产主义者同盟，1847 年 6 月在英国伦敦成立。以此为发端，国际共产主义运动由空想到科学，由理论到实践，由理想到现实，由一国到多国，经历了风起云涌的 170 年。这期间，发生过两次世界大战，战火硝烟几乎弥漫了整个地球，但国际共产主义运动一天也没有停止过，既获得了成功的经验，也有失败的教训。这些，都是对共产主义思想的实践，也是对其科学性的检验，更是对其理论体系的完善和发展。

共产主义思想在指导共产主义运动走向胜利的过程中，有 4 个标志性事件：

一是巴黎公社成立。这是世界上第一个通过武装暴动建立的无产阶级政权。虽然它仅存 72 天，但是却对丰富和发展马克思主义关于阶级斗争和社会主义革命学说有着重要意义，是国际共产主义运动史上伟大、光辉而又悲壮的一页。后来的马克思主义者认为，这是社会主义的早期实验；而马克思则认为，这是对他共产主义理论的一个有力证明。

二是俄国 10 月革命胜利。10 月革命因发生于俄历 1917 年 10 月 25 日（公历 11 月 7 日）而得名，是一次由列宁及俄国布尔什维克所领导的武装起义。起义胜利后，人类历史上第二个无产阶级政权——俄罗斯苏维埃联邦社会主义共和国成立。1922 年年底，俄罗斯、乌克兰、白俄罗斯等 15 个加盟共和国和 20 个自治共和国正式组成了苏维埃社会主义共和国联盟（简称苏联）。

10 月革命是人类历史上第一次取得胜利的无产阶级革命，苏联也成为人类历史上第一个无产阶级专政的社会主义国家。社会主义革命在这样一块拥有 2240 万平方公里面积和接近 1.5 亿人口的大地上取得胜利，不但沉重地打击和震撼了资本主义世界，同时也强有力地证明了共产主义学说的正确性、科学性和可操作性。更为重要的，是它极大地推动了国际共产主义运动的深入发展。

毛泽东在纪念建党 28 周年时曾经说过：“在十月革命以前，中国人不但不知道列宁、斯大林，也不知道马克思、恩格斯。十月革命一声炮响，给我们送来了马克思列宁主义。十月革命帮助了全世界的也帮助了中国的先进分子,用无产阶级的宇宙观作为观察国家命运的工具,重新考虑自己的问题。走俄国人的路——这就是结论。"(毛泽东:《论人民民主专政》,《毛泽东选集》第四卷)

三是中华人民共和国诞生。新民主主义革命在中国的胜利表明,共产主义运动不仅可以在资本主义国家进行,也可以在半封建半殖民地国家展开。解决了中国的问题,就解决了世界1/5人口的问题。

四是社会主义阵营组建。第二次世界大战结束后,西方资本主义国家联合在一起,形成了以美国为首的资本主义阵营。他们采取军事上威胁和入侵、经济上封锁和围困、政治上遏制和渗透等手段,企图扼杀一些新生的社会主义国家政权。而社会主义国家则针锋相对,在政治、经济、科技和军事等方面强化联系,组成了以苏联为首的12个国家参加的社会主义阵营,后来发展到17个国家,共拥有全世界1/3的人口和1/4的土地,并连接成片,横跨欧亚大陆,形成了较大规模且相对完整的红色区域,不但有效地保卫了各自的安全、主权和利益,而且将共产主义的影响从意识形态转化为现实力量。十几个社会主义国家的紧密合作,也从现实的角度说明,全世界无产者是可以联合起来的。

如同世界上的所有事物都不可能一帆风顺地向前发展一样,国际共产主义运动也经历过挫折和失败,其中最为典型的事件是苏联解体。1991年12月25日,时任苏联总统的戈尔巴乔夫宣布辞职;第2天,苏联最高苏维埃通过决议,宣布苏联停止存在。至此,长达69年之久的苏维埃社会主义共和国联盟正式解体。随着苏联的解体,社会主义阵营也不复存在了。苏联的解体,给国际共产主义运动造成了巨大挫折和损失,但是也从反面提供了深刻的教训。因为当一个人驾驶着车况正常的汽车在完好的道路上行驶,却发生了翻车事故时,是没有道理抱怨道路和车辆的。或酒驾醉驾,或疲劳驾驶,或超速行驶,或技术低劣……都可以导致翻车,这与道路、车辆有什么关系呢?列宁和他所领导的苏联共产党,可以用共产主义学说和社会主义机制将15个加盟共和国和20个自治共和国整合为一体,并且成功地运营了几十年,成为与资本主义阵营对垒的中坚力量,安德罗波夫、契尔年科和戈尔巴乔夫3个人用加到一起9年多的时间就把车开翻,到底是路的问题,还是车的问题呢?对此,我们应该全面地、历史地去看,否则一定会得出违背事实的结论。

二、共产主义信仰没有过时，也不会过时

在人类社会发展的浩瀚历史长河中，有很多人的思想和行为影响到了全人类，影响了几千年。卡尔·马克思就是其中及其重要的一位。1978 年，美国著名学者、作家麦克·哈特（Michael H. Hart）博士编写了一本书，书名为《影响人类历史进程的 100 名人排行榜》，马克思因为与恩格斯共同创建了马克思主义而被排在第 11 位。

为了总结人类历史上公元第 2 个 1000 年的思想发展历程，英国剑桥大学的教授们于 1999 年发起了一次“千年第一思想家”的评选活动，结果是马克思得票最多，名列榜首，而爱因斯坦、牛顿和达尔文都屈居其后，名列第 2、3、4 位。同年 9 月，也是在英国，BBC（英国广播公司）同样以“千年第一思想家”为题，通过互联网面对全世界公开征询投票，结果仍然是马克思位居榜首，爱因斯坦屈居次位。2002 年，又是在英国，路透社邀请政界、商界、学术界、艺术界等领域里的名人以“千年伟人”为题进行评选，马克思以 1 分之差逊于爱因斯坦。

2005 年，还是在英国，BBC 又以“古今最伟大的哲学家”为题，对 3 万名听众进行调查，结果是马克思以 27.93% 的得票率位居榜首，比名列第 2 位的苏格兰哲学家休谟高出 15 个百分点，更是远远超过柏拉图、康德、苏格拉底、亚里士多德等人。

麦克·哈特的排行和英国大学、媒体 6 年间的连续 4 次评选，足以说明马克思主义影响力之深远，更足以证明其生命力之强大。

也有人曾经对当代中国大学生的思想状况做过调查，结果是有 44.4% 的人选择了信仰共产主义和社会主义，有 39.6% 的人还没有明确的信仰，有 10% 的人选择信仰资本主义，有 6% 的人选择信仰宗教。

为什么在国际共产主义运动遭受了重大挫折后，世界上还会有那么多的人追捧马克思主义，信仰共产主义？

首先，是因为它代表了绝大多数人的愿望和理想。

几千年来，思想家层出不穷，哲学家也不鲜见，可谓江山代有才人出，各领风骚若干年。但是，真正为穷人而思想，替百姓而理论的，却是屈指可数。马克思主义研究的主要对象则是社会最底层的无产阶级，研究他们如何从被剥削、被压

迫的境地中解放出来的问题。共产主义社会,是天堂一样的理想社会,人人平等,人民群众当家作主,没有阶级,当然也不存在阶级压迫。这样的社会谁会不喜欢,谁会不向往呢?尤其是那些占人类绝大多数的长期被剥削被压迫的无产者。因此,在以共产主义为最终奋斗目标的共产党的旗帜下,才会聚集起成千上万的革命志士。

进入社会主义社会,标志着资产阶级政权已经被推翻,无产阶级取得了政权,广大人民群众获得了实现最终理想的基础条件。但是,从那个年代走过来的人不能因为吃饱饭了就放弃了共产主义理想,而且更要有使命感,将先烈们用生命所维护的这一崇高理想传承下去;没有经历过艰苦斗争考验的人们,自然是有选择新理想和新信仰的自由,但是能不能找寻到比共产主义更崇高的理想、更科学的信仰呢?估计很难,最起码目前是不可能的。

第二,是因为它揭示了人类社会的发展规律。

160 多年前,马克思和恩格斯曾经在肯定了资本主义对颠覆封建政权和发展社会生产力的重要作用之后,对当时的资本主义社会进行过鞭辟入里的描绘:“它使人和人之间除了赤裸裸的利害关系,除了冷却无情的‘现金交易’,就再也没有任何别的联系了。它把宗教虔诚、骑士热忱、小市民伤感这些情感的神圣发作,淹没在利己主义打算的冰水之中。它把人的尊严变成了交换价值,用一种没有良心的贸易自由代替了无数特许的和自力挣得的自由。总而言之,它用公开的、无耻的、直接的、露骨的剥削代替了由宗教幻想和政治幻想掩盖着的剥削。资产阶级抹去了一切向来受人尊崇和令人敬畏的职业的神圣光环。它把医生、律师、教士、诗人和学者变成了它出钱招雇的雇佣劳动者。资产阶级撕下了罩在家庭关系上的温情脉脉的面纱,把这种关系变成了纯粹的金钱关系。”(马克思、恩格斯:《共产党宣言》,《马克思恩格斯选集》第一卷)所以,绝大多数人绝不会喜欢这样的社会状态。一种并不为绝大多数人所喜欢的社会制度迟早是要退出历史舞台的。马克思和恩格斯因此预言,“现代资产阶级所有制必然灭亡”!(同上)

在漫长的原始社会中,人类大体上走过了近 200 万年;奴隶社会大约有 2000—6000 年的历史,各地情况不一,有的国家甚至并没有经历过奴隶社会;中国的封建社会经历了 2000 多年,欧洲则不到 1000 年;资本主义社会从在世界上出现到今天只有200多年，而中国几乎是没有经历过资本主义社会，直接从半封建半殖民地的社会状态过渡为社会主义社会；社会主义社会的诞生，从1917年的俄国10月社会主义革命胜利至今，也才刚刚接近100年。当今世界，是一个多种社会制度并存的时代，资本主义社会所占的比重最大。

在原始社会里，估计没有人能够预测出未来还会有什么奴隶制、封建制出现，那时没有文字，所以也没有留下记录。在奴隶社会和封建社会，谁也不会想到人类将来会坐在火车上奔驰，更无法想象还可以驾驶飞机上天、乘坐航天器登月。但是，工业革命后的科学技术进步将这些都变成了现实。可见资本主义对于发展社会生产力的促进作用是不容小觑的。当资产阶级和资本主义出现百年、方兴未艾的时候，身处资本主义发祥地英国的马克思和恩格斯就揭示了其本质，得出了社会主义和共产主义终将取代资本主义的结论，敲响了资产阶级的丧钟。马克思主义所预示的这种重大社会变革，既是人类社会历史发展规律的体现，也是史上难度最大的革命实践，其难度可想而知，其时限更不会指日可待，其过程也一定会充满困难和挫折。我们没有理由因为看到挫折或需要很长的历史过程而否定其科学性。

活在今天的人们，不论分属于资产阶级还是无产阶级，不论是唯心论者还是唯物论者，都一致认同承载我们的是一个大球体，地球在自转的同时以太阳为中心进行公转。这在今天似乎不是什么问题，而是一种客观存在的自然现象。可是就在并不遥远的500年前，地球上第一个提出这一观点的波兰天文学家、数学家尼古拉·哥白尼(Nicolaus Copernicus，1473～1543)为此却要冒着被杀头的危险。因为日心说被认为否定了教会的权威，违逆了对自然、对自身的原有看法。他40岁时所创立完成的学说及其代表著作《天体运行论》，直到他70岁逝世时才算正式得见天日，但自己却死无葬身之地。在他逝世462年后，人们才找到他的遗骸，并在他的忌日重新安葬。但是，真理就是真理，它不会因谬误的诋毁而失去光辉，更不会因遇到挫折或失败而失去魅力和威力。

第三，共产主义信仰正在发挥着巨大的现实作用。

中国共产党第十八次全国代表大会修改通过的《中国共产党章程》中，有下面这样两段话，可以加深我们对马克思主义理论和共产主义学说重大现实意义和深远历史意义的理解：

“以毛泽东同志为主要代表的中国共产党人，把马克思列宁主义的基本原理同中国革命的具体实践结合起来，创立了毛泽东思想。毛泽东思想是马克思列宁主义在中国的运用和发展，是被实践证明了的关于中国革命和建设的正确的理论原则和经验总结，是中国共产党集体智慧的结晶。在毛泽东思想指引下，中国共产党领导全国各族人民，经过长期的反对帝国主义、封建主义、官僚资本主义的革命斗争，取得了新民主主义革命的胜利，建立了人民民主专政的中华人民共和国；新中国成立以后，顺利地进行了社会主义改造，完成了从新民主主义到社会主义的过渡，确立了社会主义基本制度，发展了社会主义的经济、政治和文化。”

“马克思列宁主义揭示了人类社会历史发展的规律，它的基本原理是正确的，具有强大的生命力。中国共产党人追求的共产主义最高理想，只有在社会主义社会充分发展和高度发达的基础上才能实现。社会主义制度的发展和完善是一个长期的历史过程。坚持马克思列宁主义的基本原理，走中国人民自愿选择的适合中国国情的道路，中国的社会主义事业必将取得最终的胜利。”

中国共产党之所以要坚持共产主义的理想信仰，是由其性质和宗旨所决定的。因为它是“中国工人阶级的先锋队，同时是中国人民和中华民族的先锋队。”党的宗旨是全心全意为人民服务。“党除了工人阶级和最广大人民群众的利益，没有自己的特殊利益。”(《中国共产党章程》)

我们之所以在这里用这么大的篇幅原文转录《党章》中的一些内容，就是想强调在当今世界上，有这样一个政党仍在积极地实践着马克思主义。这是一个拥有8700万党员的大党，他们在党旗下宣誓：“拥护党的纲领，遵守党的章程，履行党员的义务，执行党的决定，严守党的纪律，保守党的秘密，积极工作，为共产主义奋斗终身，随时准备为党和人民牺牲一切，永不叛党。”他们代表着全球1/5乃至更多民众的根本利益，正带领着13亿人民积极地向着共产主义的宏伟目标迈进。中国共产党人的实践同时也极大地丰富和发展了马克思列宁主义。所以我们说，只要有中国共产党在，国际共产主义运动就没有失败，就不会消亡！

三、共产主义信仰与中国梦

2012年11月29日，中国共产党第十八次全国代表大会闭幕后的第15天，新当选的中共中央政治局7位常委全员到国家博物馆参观《复兴之路》展览。在参观过程中,中共中央总书记习近平同志正式向全国人民解读、向全世界人民宣布了“中国梦”的定义和内涵。习近平说:“实现中华民族的伟大复兴,就是中华民族近代以来最伟大的梦想”。中国梦的内涵是一个分“两步走”的核心目标,即“两个100年”的目标:到2021年,中国共产党成立100周年的时候,在中国全面建成小康社会;到2049年,中华人民共和国成立100周年的时候,把中国建设成富强、民主、文明、和谐的社会主义现代化国家。这一奋斗目标,既是未来几十年全国人民的根本利益所在,也是中国共产党人执政为民的神圣职责所在,更是共产主义运动在当代中国的继续和发展。对于中国梦同共产主义信仰的关系,我们可以从以下几个方面来加深理解:

1. 中国梦是马克思主义同中国革命实践进一步结合的产物。

在新民主主义革命时期,中国社会的主要矛盾是帝国主义同中华民族的矛盾,以及封建主义和人民大众的矛盾。在马克思主义关于无产阶级革命思想指引下,中国共产党人及其所领导的人民军队,通过28年艰苦卓绝的浴血奋战,成功地解决了这两大矛盾。中国新民主主义革命的胜利,体现了马克思列宁主义的崇高价值和巨大威力。其崇高价值在于可以汇集亿万民众的梦想和信仰,并将他们发动和组织起来,进行一场目标一致的伟大革命运动。其巨大威力在于运用它的基本原理,结合本国本民族实际情况,便可形成滔滔洪流,摧毁腐朽落后社会制度及其政权。

人民群众当家作主之后,如何在巩固无产阶级政权的同时,尽快实现国富民强,解决好落后的生产力同人民群众日益增长的物质文化需求的矛盾,就成为执政党的首要任务。共产主义革命如何继续,社会主义建设如何进行,是中国共产党人一直在探索和实践着的重大课题。所以,毛泽东说:“夺取全国胜利,这只是万里长征走完了第一步。”“革命以后的路程更长,工作更伟大,更艰苦。”(《在中国共产党第七届中央委员会第二次全体会议上的报告》,《毛泽东选集》第四卷)中国共产党人运用马克思列宁主义的辩证唯物主义和历史唯物主义原理,战胜了来自于国内外的一系列困难和挑战,用大约60年的时间,使社会生产力得到了较大程度的解放和较快的发展。

进入21世纪后,中国进入了全面建设小康社会、加快推进社会主义现代化的新的历史时期。但是,社会的主要矛盾仍然是人民日益增长的物质文化需要同落后的社会生产之间的矛盾。将进一步解放和发展生产力、逐步实现社会主义现代化作为当前社会主义建设的根本任务,确定"两个100年"的奋斗目标,不但完全符合亿万中国民众的根本利益和中国社会发展的实际需要,也完全符合马克思主义基本原理和共产主义学说,是马克思主义同中国革命实践的进一步结合。共产主义社会的客观基础是生产力的高度发达和物质、精神财富的极大丰富。没有这些前提条件,要消灭阶级,要实现按需分配,都是不可能的。而要创造这些前提条件,也绝不是能一朝一夕一蹴而就的。中国梦的提出,是将全民族的梦想凝结为党的奋斗目标,更充分、更完美、更具体地体现了党的纲领和宗旨。

2. 中国梦是实现共产主义远大理想的现阶段任务。

实现共产主义理想是一个宏伟的系统工程,是要经过十几代或者几十代人的持续努力才可以实现,而且要每一代有每一代的任务,每一代要完成每一代的任务。在中华人民共和国建国之前,党的具体任务就是要把4万万劳苦大众从帝国主义、封建主义、官僚资本主义的压迫下解放出来;建国之初,党的具体任务是要让社会秩序稳定下来,让刚刚被解放的亿万民众能吃上饭,过上太平日子;改革开放以后,党的具体任务是要让已经发展为十几亿规模的人们都能吃饱饭,并且要使一个泱泱大国逐步走向富强;现阶段,党的具体任务是让全中国人民实现共同富裕,并且要实现国家的现代化。中国梦,就是实现共产主义远大理想的现阶段任务。

改革开放事业在走过了将近40年的历程之后,已经使中国的综合国力有了很大提升,经济总量跃居全球第2位,一部分先富起来的人也进入了各种名目的排行榜。但是,由于多种因素的影响,发展的不平衡性也带来了地区发达程度上的差异,分配的不平衡性也带来了个人收入水平上的差异,而且"两极分化"的现象还有加重的趋势。

分享改革红利,实现共同富裕,是全国绝大多数人民的现实愿望。中国的经济发展成果,是全体中国人民创造的。这里所说的共同富裕,绝不是可以不劳而获的平均主义,也不是同时富裕、同步富裕或者同等富裕的理想主义,而是全体人民通过辛勤劳动和互相帮助最终实现生活水平的富足,是消除贫穷和避免两极分化的普遍富足。

我们的党和政府,就是要给绝大多数人创造机会、提供条件,不仅要让更多的人能够直接参与到深化改革的大潮中来,也要让更多的人在参与深化改革的伟大实践中获益。这是一个艰巨而又复杂的重要任务。所以习近平一再强调:“中国仍处于并将长期处于社会主义初级阶段的基本国情没有变,实现13亿多人共同富裕任重道远。”(《在庆祝中华人民共和国成立65周年招待会上的讲话》,《人民日报》2014.10.1)

3. 中国梦将在马列主义和毛泽东思想的指导下完成。

在领导长期革命斗争和社会主义建设的实践中,中国共产党形成了自己所特有的“三大作风”——“理论和实践相结合的作风,和人民群众紧密地联系在一起的作风以及自我批评的作风”。(毛泽东:《论联合政府》,《毛泽东选集》第三卷)毛泽东将这“三大作风”誉为中国共产党区别于其他任何政党的显著标志。在新的历史条件下领导全国人民实现中国梦,这“三大作风”依然是必不可少的重要法宝。

毛泽东说:“我们的党从它一开始,就是一个以马克思列宁主义的理论为基础的党,这是因为这个主义是全世界无产阶级的最正确最革命的科学思想的结晶。马克思列宁主义的普遍真理一经和中国革命的具体实践相结合,就使中国革命的面目为之一新”。(同上)理论和实践相结合,就是要将马列主义理论、毛泽东思想同现阶段中国的具体实践紧密地结合起来。马克思主义的辩证唯物主义和历史唯物主义理论,是我们认识中国梦实现过程中若干问题的思想理论基础;而其辩证唯物论,则是我们解决中国梦实现过程中若干问题的重要方法利器。

中国梦是谁的梦?是整个中华民族的梦,是全体中国人民的梦。因此,要实现中华民族伟大复兴的宏伟梦想,不坚持群众路线根本不可能成功。而保持和人民群众的密切联系,既是党的优良传统和作风,更是中国共产党的根基所系。毛泽东早在70年前就对群众路线与工作成果的关系有过精辟论述:“只有领导骨干的积极性,而无广大群众的积极性相结合,便将成为少数人的空忙。但如果只有广大群众的积极性,而无有力的领导骨干去恰当地组织群众的积极性,则群众积极性既不可能持久,也不可能走向正确的方向和提到高级的程度。”(毛泽东:《关于领导方法的若干问题》,《毛泽东选集》第三卷)只要牢记毛泽东的教导,从群众中来,到群众中去，一切为了群众，一切依靠群众，中国梦就一定能如期实现。

构建和实现中国梦，是一件前人没有做过的大事，其难度可想而知，出现偏差或者失误也是在所难免。重要的是在出现问题的时候，怎么对待，怎么解决。必须要及时地、真诚地进行自我批评，主动解决。如果文过饰非，讳疾忌医，就一定会失去民心；如果壮士断腕，刮骨疗毒，就一定会追随者众。

4. 中国梦将为共产主义学说的完善和发展做出贡献。

马克思说："人们自己创造自己的历史，但是他们并不是随心所欲地创造，并不是在他们自己选定的条件下创造，而是在直接碰到的、既定的、从过去承继下来的条件下创造。"（马克思：《路易·波拿巴的雾月十八日》，《马克思恩格斯选集》第一卷）我们今天正在创造的实现中华民族伟大复兴的历史，是历史所赋予的机会和使命。我们要将中国梦变成现实，还有很长的路要走，还有很多的事情要做，更为重要的是还有很多困难要去克服，有很多挑战要去战胜。在未来光荣而又艰苦的圆梦实践中，我们积累的经验，吸取的教训，都将对共产主义学说的完善和发展做出重要贡献。

第二十一章

道德是信仰的表现

道德,是人类社会约定俗成的人们在共同生活中所必须自觉遵守的言论和行为的不成文准则或规范。它是一种特殊的社会意识形态,属于上层建筑的范畴。它没有铁定的条律,也没有统一的细则,只是以传统的风俗习惯、当代的是非标准、社会的舆论评价、人们的善恶判断为支撑,但是却有相当强的约束作用,并且不以个人的意志为转移。接受社会公众的或个人自我的道德评判,是每一个人一生都必须要面对的课题。人们在社会生活中随时随地都会感受到来自于外部环境的道德熏陶或者压力,同时,每个人也都能随时随地地表现出自我的道德水准。而一个人的道德水准,必然是其道德观的自然流露和具体体现。

一、信仰决定着道德观念

道德在其基本属性之外,还具有一定的时代属性、地域属性、民族属性、阶级属性和个人属性。道德的基本属性是,上层建筑领域中的一种特殊社会意识形态,对社会成员的言行进行评判和约束的约定俗成的标准。但是,道德既然属于上层建筑领域中的社会意识形态,其具体标准就必然会由与之相关联的经济基础所决定。所以,不同时代、不同阶级和社会阶层、不同地域、不同民族,乃至不同的人,都会有不同的标准。其中,尤以时代属性和阶级属性最为明显。

在不同的时代，具有不同的社会经济基础，自然也会形成与之相关联、相适应的道德观念以及道德规范。随着阶级的出现，道德的阶级属性也凸显出来。

在原始社会中，由于极其简陋和稀少的生产资料公有，人们共同劳动且平均分配，没有剥削和压迫，所以那个时代的基本道德就是维护所在氏族和部落的共同利益，其行为规范是共同劳动、相互关心、维护平等，其高级水准是勇敢、刚强、坚毅、诚实等。

进入奴隶社会之后，奴隶阶级和奴隶主阶级的出现使道德打上了阶级的烙印，第一次具有了阶级属性，并将人类原有的统一道德分化为奴隶主阶级道德和奴隶阶级的道德。奴隶主阶级的道德基准是维护其世界主宰地位，视奴隶为自己的私有财物和工具，并在奴隶阶级中倡导对奴隶主绝对服从的道德标准；而奴隶阶级连人的起码尊严都没有，更不懂得联合起来争取自由和解放的道理，所以他们的所谓道德除了绝对服从之外便也再无它念。奴隶主阶级的道德在奴隶社会的道德体系中占据着主导地位。

封建社会是在奴隶社会生产力发展到一定水平之后诞生的。与这一生产力状况和社会制度相适应，封建社会的道德主要表现为对立的地主阶级道德和农民阶级道德。地主阶级道德的基本原则是维护宗法等级制的尊卑秩序，并通过地主阶级政权、封建教育或宗教组织将封建人伦关系加以规范，将道德体系变成控制本阶级下层成员和农民阶级精神状态的工具。农民阶级的核心道德则是人性本能的勤劳节俭、逆来顺受、尊老爱幼和忍辱负重，当阶级压迫达到极限值时也可能会萌发出均贫富、等贵贱等反抗封建剥削、挑战等级特权的斗争因素。地主阶级的道德在封建社会的道德体系中占据着主导地位。

当工业革命将人类刚刚推进到资本主义社会，便出现了资产阶级和无产阶级的尖锐对立，两个阶级的道德体系也表现出了冰火不容的矛盾和斗争。资产阶级道德的基本原则是维护私有制，极端的个人利己主义，疯狂地追逐金钱，同时虚伪地将自由、民主、平等和博爱标榜为适用于全人类的道德标准。而无产阶级道德则大力倡导集体主义、爱国主义、国际主义，集中表现为严密的组织纪律性和勇于抗争、坚定勇敢、团结友爱、大公无私等精神。资产阶级的道德在资本主义社会的道德体系中占据着主导地位。

俄国 10 月革命胜利和中华人民共和国成立之后，全世界有 1/3 的人口开始生活在社会主义的发展环境中。社会主义道德的基础,是无产阶级自发形成的朴素道德。在中国,随着社会生产力的逐步发展和社会主义制度的不断完善,朴素的无产阶级道德在马克思主义世界观指导下得以升华,爱国、敬业、诚信、友善成为全国人民的基本道德规范,同时成为社会主义核心价值观的重要组成部分。爱国,所约定的是个人在处理与国家关系方面所应表现出的道德规范;敬业,所约定的是个人在处理与职业、事业关系方面所应表现出的道德规范;诚信,所约定的是个人在做人、做事方面所应表现出的道德规范;友善,所约定的是个人在与人相处、交往方面所应表现出的道德规范。

不同时代、不同社会、不同阶级的人为什么会主张不同的道德理念,表现出不同的道德操守呢?这是由他们的道德观所决定的。所谓道德观,就是对道德体系中的那些不成文的准则、规范的看法和认识。它来自于一个人的信仰。在一个多元化的世界里,人们自然有着不同的信仰。即使在社会主义社会中,人民也享受着充分的信仰自由,其中有人信仰共产主义,有人信仰哲学,有人信仰宗教,还有人号称什么都不信。其实,什么都不信本身就是一种信仰。

由于信仰上的不同,自然会有不同的世界观、人生观和价值观。当然,这里所说的信仰,指的是灵魂深处的真实信仰。这些被人们习惯地称为“三观”的东西,会在一个人的心中构架起他的道德观念体系,形成他自有的对正与邪、善与恶、公与私、荣与辱、美与丑的评判标准,进而左右他的言谈和行为,决定他是否会遵从主流的社会道德约束。

二、道德折射出价值取向

一个人为什么决定做某件事情,或者为什么决定不做某件事情,最根本、最基础的依据是什么?价值!价值观!价值观体系!我们已经在前面讨论过这 3 个问题,并据此研究了人生的价值。在社会的和公众的道德准则面前,自己是否认同、是否遵从、是否主动,对他人的言行如何评判等等,也都是自身的价值观在起作用。所以,一个人的道德水准及其在道德方面的实际表现,时时都折射出其人生的价值取向。

由于个体差异的缘故,不同的人有不同的价值取向。就是同一个人,对不同的事情也会有一个自我价值排序,形成自我价值观体系;或者因为时间、地点、角度的不同,同一个人对同一件事情的价值判断也会有所不同,有时甚至可能会有很大差异。个人的欲求和言行,即想要获得某种利益,想要说某些话而不是说另外的话,想要做某件事而不是做另外的事,多是在当时条件下自我价值观体系的表现,既可能符合社会道德系统约定俗成的准则和规范,也可能是有所偏离,甚至还可能会完全相悖。不论是哪种情形出现,都会使人面临着一个取舍的问题。这时,个人的信仰便会发挥调节控制作用,帮助行为主体做出判断和选择,做出相应的决定。

如图 4-1 所示,社会道德准则与个人认定的言行价值会将人生欲求、言行划分为 4 种类型,分属于 A、B、C、D 等 4 个象限。其中,个人认定价值与社会道德准则一致的事物属于 A 象限,个人认定价值低于社会道德准则的事物属于 B 象限,个人认定价值高于社会道德准则的事物属于 C 象限,个人认定没有价值并且有悖于社会道德准则的事物属于 D 象限。我们仔细研究此图还可以发现,即使是在同一象限中,不同坐标点上的个人认定价值和社会道德值也是有所不同的。如果我们将要做的事情放在这一坐标系中去评判,则会立显其善恶美丑。

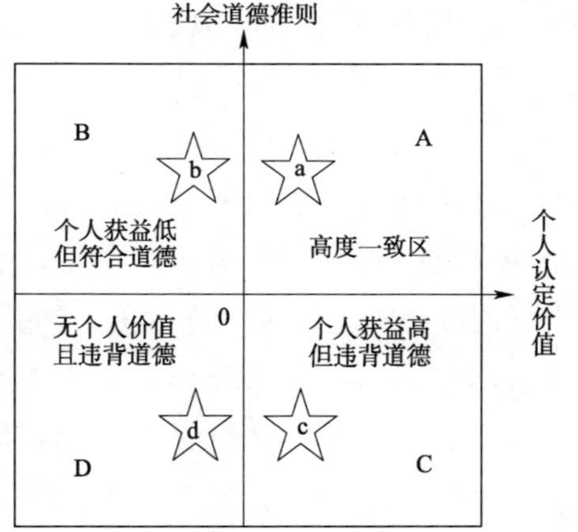

图 4-1　道德准则与个人价值取向关系示意图

现在有这样几件事情摆在我们面前:倡导或参与公益慈善事业,在公交车上给老幼病残孕乘客让座,乱扔垃圾或随地吐痰,在旅游景点刻写“到此一游”。在上面的坐标图中,我们很容易就能找到它们所应归属的象限。假如用带有星形标记的 a、b、c、d 来代表这 4 种事物,我们也很容易对它们进行排序,先做哪件,后做哪件,或者不做哪件,都会有一个清晰的概念。很显然,倡导或参与公益慈善事业属于 A 象限,应用星 a 来标记;在公交车上给老幼病残孕乘客让座属于 B 象限,应用星 b 来标记;乱扔垃圾或随地吐痰属于 C 象限,应用星 c 来标记;在旅游景点刻写“到此一游”属于 D 象限,应用星 d 来标记。我们同时也清楚地看到,c 和 d 所在的 C、D 象限都在横坐标线以下。从遵从社会道德准则的角度来看,凡属于横坐标线以下的事情都是不应该做、不可以做的。

三、道德是一种心理品质

人之初,性本善。善字有很多含义。我们这里取其良善、仁善、友善、慈善之意。这样的善,就是道德的根基,也是道德的起源。不管我们可以赋予道德多少含义,都离不开这个善字,也都紧紧地围绕着这个善字。用最通俗的语言来解释道德,就是要对别人好、对社会好、对国家好。倘若做不到心存善念,就会时时抱怨他人,天天抱怨社会,处处抱怨国家,也就无法自觉地做到这"三好"了。所以,一个人的道德水准便是他心理品质的外在表现。是善是恶,是美是丑,一目了然。

自私,是人的一种天性。但是,只要这种天性不被肆意放大,只要不伤害他人、不伤害社会、不伤害国家,道德是允许其合理存在的。可是有的人往往把握不好这个"不肆意"的分寸,不合理地放大了自己的私欲,便会产生恶念。同时,人又具有群居的社会属性,会被有恶念的人勾引、挟迫去帮助他们做恶事从而满足自己的私欲,也会学着那些有恶念、恶心的人去做一些不该做的事情。由此,恶念产生了,恶行出现了,善的本性被削弱了,甚至被阉割了,道德也被践踏了。近年来被查处的一些贪腐官员,起步之初并不都是奔着钱用力的,还有的曾经信誓旦旦要为人民、为社会、为祖国做出很大的贡献。但是,在钱财和美色的诱惑下,他们的私欲一点点膨胀,防线被一点点突破,道德一点点丧失,最后量变导致质变,滑入犯罪的深渊。

严格控制自己的私欲,需要有很强的定力。除了外部的约束,这定力还要靠两方面内力来支撑:一方面是信仰,一方面是源自个人内心世界深处的那份原始纯净的仁善品质。

一个人如果没有信仰,就不会有敬畏之心,在一些可以诱发个人私欲膨胀的事物面前就失去免疫力。一个人如果信仰不正确,比如信奉金钱、享乐主义,那就会为个人攫取钱财、为个人享乐而罔顾道德与法律。人们常说万恶淫为首,其实并不准确和严密。就破坏道德体系的强度来说,钱比淫更可恶。从一定的角度去看,说万恶钱为首似乎更准确、更严密一些。就社会犯罪比例来说,因贪财而犯罪的比因色而犯罪的要多很多。而有些因色出事儿的人,也是先有钱后有色的,因为没钱就无法贪色。至于有些女性出事儿,多是为了钱和权而出卖色相的。所以民间有“男人有钱就变坏,女人变坏就有钱”的说法,并且已经流传很久了。

仁善品质,本是每一个人与生俱来的。但是,随着涉世越来越深,个人心灵中的那份原始纯净就可能被污染,家传的德训、师长的教诲、曾经的志向、铿锵的誓言等等,都会慢慢被淡忘,最终在私欲的放大中迷失了自我。一个真正有道德的人,其符合道德规范的言行一定是建立在自我意识的基础之上的。心地不干净,怎么能控制住自我的私欲膨胀呢?所以,必须要每日“三省吾身”,经常打扫自己的内心世界,保持纯净的心理品质。如果能终生如此,方能真正有德、守德。毛泽东说:“一个人做点好事并不难,难的是一辈子做好事,不做坏事,一贯的有益于广大群众,一贯的有益于青年,一贯的有益于革命,艰苦奋斗几十年如一日,这才是最难最难的啊!”(毛泽东:《吴玉章同志六十寿辰祝词》,《新中华报》1940.1.24)

四、道德是日常言行规范

道德,并非仅仅是简单的自然人的自我善良。在中华民族悠久的发展历史、源远流长的汉文化形成和进步过程中,道德准则经过几千年的发展、传承和沉淀,形成了自有的特点和模式,但一直打有阶级的烙印。特别是在长达2000多年的封建社会阶段,形成了一套完整的带有封建意味的道德体系和标准。比如,女人要遵守“三从四德”。“三从”就是要幼从父,嫁从夫,夫死从子;“四德”就是要讲究妇德、妇言、妇容、妇功。所有的人都要遵守“三纲五常”。纲,就是纲纪,是不可违犯的律例。“三纲”,就是君为臣纲,父为子纲,夫为妻纲;“五常”就是仁、义、礼、智、信。后来还衍生出温、良、恭、俭、让,忠、孝、勇、谦、廉等道德信条。这其中,有精华,也有糟粕。其中的精华部分,已经进入到我们当今社会所倡导的道德准则之中,而其糟粕部分,多数已被时代所逐步淘汰,但在少数人的头脑当中也还有残存。社会主义历史新时期道德的准则,在继承中华民族传统美德的同时,也都有了新的内涵和表述形式,成为人们的日常言行规范。

社会公德。社会公德是对全体公民在公共生活和社会交往活动中的道德要求。在整个社会的道德体系中,社会公德具有基础性、民族性、全民性、稳定性、传承性、时代性、开放性等特征。我国现阶段所提倡的社会公德包括4个方面的主要内容:爱国,敬业,诚信,友善。这一表述,来自于中共中央办公厅 2013 年 12 月底印发的《关于培育和践行社会主义核心价值观的意见》。《意见》将爱国、敬业、诚信、友善确定为现阶段我国公民个人层面的价值准则。而道德,恰恰所折射、所反映的是一个人的价值取向,一个国家全体公民的社会公德也应该是他们共有的价值准则。

职业道德。在社会公德的大前提下,每个人在自己的工作岗位上也应该有与职业活动密切相关、符合职业特点要求的道德规范。人们常说,军人以服从命令为天职。这个"服从命令"就是军人所应全力践行的职业道德。敬业,是职业道德的基础。在这一基础上,从事技术工作的人,就要刻苦钻研,勇于创新,保守机密;从事医疗工作的人,就要尊重患者,珍爱生命,救死扶伤;从事教学工作的人,就要学而不厌,诲人不倦,有教无类;从事商业工作的人,就要货真价实,童叟无欺,买卖公平;从事党政工作的人,就要廉洁自律、行政为民,克己奉公……。社会上的行业、职业、岗位不胜枚数,职业道德的表述也不尽相同,但都是既包含着对工作人员在执业活动中的道德要求,也都包含着该职业应该对社会所承担的道德责任和义务。

家庭美德。人们在家庭生活中,处理长幼、夫妻、邻里等方面问题时,也是有道德准则的。尊老爱幼、男女平等、夫妻和睦、勤俭持家、邻里团结,被誉为新时期家庭美德的 5 个主要表现方面。除了男女平等之外,其余 4 条都在很大程度上继承了中华民族的传统美德。尊老的关键之一是赡养,这既是对长辈的回报,也是在给子女作出的表率,更是在替社会承担责任。处理好婆媳关系是尊老的另一个关键所在。爱幼的关键是教养,言传身教,把孩子培养成对家庭、对社会有用的人。如何处理好夫妻关系的学问更大,相互忠诚、相互尊重、平等相待、和睦相处,无一不体现着家庭道德的光辉。当然,勤俭持家和邻里团结也是家庭美德的重要标志。

个人品德。家庭是由个人组成的,社会上的机关、企事业单位是由个人组成的,民族和国家是由个人组成的。所以,个人品德是构成家庭美德、职业道德和社会公德的基本元素。我们每一个人都希望成长于幸福的家庭,工作于和谐的氛围,生活于尚德的国度。换言之,就是每一个人都期冀家庭、社会和国家道德环境良好。如果每一个人或者是绝大多数人都能从自己做起,自觉地在日常生活、本职工作和社会活动中坚持家庭美德、恪守职业道德,践行社会公德,不但会使个人的道德修养得以提升,也能促进道德环境的改善。

五、遵纪守法是道德底线

组织有纪律,国家有法律。遵守纪律,就不会犯错误;遵守法律,就不会犯罪。但是,遵纪守法并不是道德文明所倡导的主要内容,它只是道德文明的底线而已。什么叫底线?足球、篮球、排球等体育运动场地两端的边线,就是底线。如果把球弄到底线之外,那就是出界了。不违纪,不违法,这是一个组织成员或者一个公民最起码应该做到的。违纪或者违法了,也就不是道德范畴所能解决的问题了。

比如前些年被称作"第三者插足"现今被称为"养小三"、"包二奶"、"通奸"的现象,对于不同身份的人来说,就属于不同性质的问题。对于普通百姓来说,这是道德问题,会受到道德谴责和舆论谴责,也可以通过道德教育来解决。但是对于一些社会组织的成员来说,就不仅仅是道德问题了,因为这违犯了该组织的纪律,比如《中国共产党纪律处分条例》就对此类问题的纪律处分做出了明确规定。也就是说,中共党员如果出现上述问题,是要通过纪律处分来解决的,而不仅仅是依靠教育手段了。

父母不履行抚养未成年或不能独立生活子女的义务,以及子女不履行赡养无劳动能力或生活困难父母的义务,在没有触犯法律之前都属于道德范畴的问题,可以通过教育、调节的方式加以解决。一旦问题严重到诉诸法律的时候,那就要依法处理。这时的当事责任人不仅仅要接受道德和舆论谴责,而且还要接受法律的判决。

道德与法纪之间具有相辅相成的关系。

法制是社会管理的框架,其作用是保证社会不会乱,以及守法人的利益不受侵犯。其规定性是告诉公民不准做什么,或者是不准怎么做。纪律是组织管理的框架,其作用是保证组织机构的正常运转,而不至于混乱或垮掉。其规定性是告诉组织成员不准做什么,或者是不准怎么做。对于道德层位较低的人来说,法纪也具有一定的威慑力,以防范他们滑落进违法犯罪的泥淖。所以,从道德的角度看,法律是防范性和规定性的限制。

道德则是要引导人们在法律和纪律的框架内,把自己管理得更好,把事情做得更好,把社会风气建设得更好,并远离违纪和犯法的边缘。所以,道德具有倡导性的特征，它要告诉人们的是应该做什么，或者是应该怎么做。

2011 年 10 月 13 日下午，在广东省佛山市 2 岁女童小悦悦在马路上被一辆面包车撞倒，并两度惨遭碾压。肇事车辆逃逸后，另一辆货柜车又在女童的身上碾压过去。在事件发生的 7 分钟里，有 18 人路过现场，但都冷眼漠视，最后有一位捡废品的陈贤妹女士到来，将女童抱起并找到她的妈妈送到医院救治，但惨遭不幸的小悦悦还是不久就离开了人世。在这一事件中，肇事司机肯定是已经触犯了刑律，逃逸更显示出他们的道德水准已达负值的极限；18 名见死不救的路人显然并没有犯法，但是他们的道德水准并不比肇事司机高多少；倒是陈贤妹女士的见义勇为，彰显了普通劳动者的淳朴道德情操。据说陈贤妹女士基本上是个文盲，连自己读报的文化都没有，估计在她之前路过肇事现场的 18 个人应该都比她接受的教育多，可是道德水准却都比她低。后来，她还 3 次辞谢当地政府奖励给她的见义勇为慰问金。

小悦悦事件说明，道德文明的形成需要法制和纪律框架的保护，但法纪还不能完全解决道德问题；小悦悦事件也说明，人的道德水平高下，并不和他接受学历教育的多少成正相关关系；小悦悦事件还引发了社会相关层面的思考，是否有必要采取以“法”治“德”的措施。

六、信仰钱财者必然失德

综合本章所述可以看出，信仰对于道德体系的构建具有强大的引领作用。它们之间的关系可以构成下面这样一根链条：

虔诚信仰→内心强大→肯于自律→富有教养→道德高尚

这里最为关键的是要有信仰，并且是虔诚地笃信，而非做做样子自欺欺人。目睹每天都在发生的失德甚至违法乱纪问题，是当事人没有信仰，或者是假信仰导致的。信仰之所以具有无穷的力量，首先是因为它可以使人的内心变得强大起来。一个人的内心如果足够强大，那些钱、权、色等利益及其诱惑在他眼里就会变得极其渺小，甚至微不足道；一个人的内心如果足够强大，他就会自觉约束那些有悖于自己信仰的言行以及习惯；一个人的内心如果足够强大，他一定也会自觉地接受真、善、美的熏陶和教育，使自己时时、处处、事事表现出有良好的教养；一个人的内心如果足够强大,肯于自律,富有教养,不仅会自觉地遵守道德准则,而且一定会成为道德楷模。

有些人在口头上信仰宗教或者是信仰共产主义,骨子里却是地道的拜金主义者,真正的信仰却是钱财,仿佛钻进了“钱眼儿”。君子爱财不是错,取之无道方为过。共产主义理想要求人们不要有超出道德和法纪的自私自利之心。我们都有为社会创造物质财富的责任和义务,但在满足个人正常生活之需后,更应该回馈给社会。

人类的社会生产自从有了剩余产品,特别是在出现了货币以后,钱便具有了无限的温柔魅力,也与生俱来了不尽的杀伤力。它既可以帮助人们解决衣食住行和教育、医疗的基本生活需要,也可以吸引某些人为钱财奋斗或者犯罪,还可以引发争执、争端甚至战争。资本主义的诞生,愈发凸显了钱的力量。总共历时 10 年多的两次世界大战,都是钱惹的祸,造成了至少 8000 多万人的死亡和 6 万亿多美元的经济损失。清代的和珅,是中国历史上弄权敛钱的登峰造极者。他被革职时,家中查抄出的财物约为 10 亿两白银,超过清朝政府 15 年财政收入的总和。结果怎么样呢?他被嘉庆皇帝赐死时,还未满 49 岁。当今的很多不择手段敛财之人就是太健忘了。因为和珅自裁到现在,才只有 216 年。

钱是什么东西?唐朝政治家、文学家张说,在唐朝武则天、唐玄宗时期历经 4 朝,3 次为相,执掌开元盛世的唐代文坛 30 余年。他在 1300 年前曾写下过一篇小品文,叫《钱本草》。他认为钱就是药,没有它不行,取之不当或者用之不当也都是不行的。他仿照古代医家记述中草药的体式,从“药性药理”、“主治功效”、“服用禁忌”、“采摘方法”、“毒副作用”、“修炼原则”等 6 个方面加以剖析,仅用区区不足 200 字,便将钱的本质、价值、危害以及与人的关系描绘得入木三分。现转录如下:

钱,味甘,大热,有毒。偏能驻颜,采泽流润,善疗饥寒困厄之患,立验。能利邦国,污贤达,畏清廉。贪婪者服之,以均平为良;如不均平,则冷热相激,令人霍乱。其药采无时,采之非理则伤神。此既流行,能役神灵,通鬼气。如积而不散,则有水火盗贼之灾生;如散而不积,则有饥寒困厄之患至。一积一散谓之道,不以为珍谓之德,取与合宜谓之义,使无非分谓之礼,博施济众谓之仁,出不失期谓之信,入不妨己谓之智。以此七术精炼方可。久而服之,令人长寿;若服之非理,则弱志伤神,切须忌之。

(《全唐文》第 3 部,卷二百二十六)

钱的“药性药理”:钱,可以给人甜滋滋的感觉,也能给人以大热的滋补,同时也有毒。“是药三分毒”。钱也会让人头脑发热,“穷汉捡到了狗头金”,或者是在牌桌、赌场上和了大牌、赢了巨注,都有人像进补过了头一样而突发脑溢血或心脏病。

钱的“主治功效”:有了钱,人就会精神十足,所以会容颜润泽。帮助人祛除饥寒,摆脱困厄,解人燃眉之急,救人水火之中,是它最快捷、最有效的功能。同时,它既能有利于国家富强,还会使贤明之人或者达官显贵被污损。不过,它也比较畏惧清正廉洁之人。

钱的“服用禁忌”:人们都有贪婪的本性,所以在吸纳钱财时还是要以均和平缓为好。如果突然大富大贵,有如冻伤之人突然进入高温热室,不但救不了人,反而会适得其反,把人推向“挥霍之间,便致缭乱”的境地。

钱的“采摘方法”:获取钱财并没有时间上的限制,但一定要取之有道,绝不可以不择手段地攫取。否则,会伤害神灵,遭到报应的。

钱的“毒副作用”:钱财一旦流通运行,会产生很大的力量,甚至可以役使神灵,通达阴阳。如果不能有效地流通运行,或者是只聚积不散发,或者是只散发不聚积,都会招致祸患。前者可能会招来强者盗贼、水灾火患、败家子孙,后者可能会招致饥寒交迫、穷困潦倒、厄运艰辛。

钱的“修炼原则”:正确地积聚和散发就是道,不把它当珍宝就是德,获取和给予恰当就是义,使用时没有过分要求就是礼,广泛地接济民众就是仁,支出不违约定之期就是信,得到时不给自己带来麻烦就是智。钱这副药只有用这 7 种方法精炼才可以服用。精炼之后长久地服用,就可能会长寿。但如果不按着这些道理去乱用,则会弱化心志伤害心思,所以千万不可以那么做。

据史载张说一生嗜财好利,几经宦海浮沉后方才有所醒悟,写下了如此奇文。时过千年,似乎依然有振聋发聩之力,对世人仍不失为警示之作。积极为社会创造物质财富是好事,值得大力提倡和推动。但是,把钱财当作信仰来对待,不惜伤害他人、社会、国家和大自然的利益去疯狂地攫取,甚至以权谋钱、以色换钱,大搞权钱交易、钱色交易,也一定会出问题。大家都知道钱财乃身外之物,生不带来,死不带去,可就是常常忘了虽然人不能将钱财带到另外的世界去享用,但钱财往往却能将人送到另外一个世界去。在钱财面前,“不以为珍谓之德”!

第二十二章

个人的道德修为

道德与人生相伴,如影随形。如果每一个人都能自觉地强化道德修养,社会的道德环境就会不断进步,人类的生活环境就会更加祥和。变,是世界、社会和人生永恒的状态,而人又是环境的产物,个人的思想观念、精神意识也必然会处于不停变化的动态之中。因此,保持良好的个人道德修养就成为了每一个人的终生任务。

一、修德乃安身立命之本

人生旅途中,人们都在以不同的方式追逐着幸福,因为这是人生的目的。但是,我们要靠什么去追求才能获得幸福呢?几乎当今所有的家长都希望自己的孩子将来比祖辈、父辈更幸福,所以拼命地让孩子去学这个、学那个,以为会了这些东西孩子将来就能幸福了。其实,那些东西本身并不是幸福,会了那些东西将来也未必就能幸福。为什么?因为那是"术",那只是孩子,或者说只是一个人的安身立命之术而已。

关于安身立命的概念,有广义和狭义之分。广义的安身立命,就是生活上有了着落,生命能够得以存留。而狭义的安身立命,则是在社会上找到最适合个人条件和愿望,又能适应社会发展需求,并且可以不断提升的位置,然后再通过个人的不懈努力奋斗去改变命运。显然后者是较高层次的安身立命。不论是普通意义还是较高层次,都是要在社会上生存,也都希望获得较好的生存质量。要达到此目的,就要有安身立命的根本。德,便是这一根本之所在。

1957 年,毛泽东第一次明确提出了新中国的教育工作目标:“我们的教育方针,应该使受教育者在德育、智育、体育几方面都得到发展,成为有社会主义觉悟的有文化的劳动者。”(毛泽东:《关于正确处理人民内部的矛盾》,《毛泽东选集》第五卷)后来又有表述增加了美育和劳动的内容,似有重复和交叉,因为美育已涵盖于德育和智育之中,劳动则与德、智、体都有交叉。但不论哪种表述,德育永远都是排在第一位的。由此可见,道德、品德对一个人的一生、对于一个民族的命运、对于一个国家的发展,都是具有极其重要意义的。从个人一生的发展历程来看,在保持好身体健康的前提下,德永远为本,智只能为术。如果个人或者家长犯了本末倒置的错误,都会贻误个人或孩子的终生。

据人民网 2015 年 5 月 28 日报道,在当月 26 日召开的全球教育盛会——国际教育工作者协会大会(NAFSA)上,美国厚仁教育机构发布的《2015 年留美中国学生现状白皮书》披露,2014 年被美国院校开除的中国留学生总数约有 8000 人。其中,因学术表现差或者学术不诚实被开除者约占被开除总人数的 80.55%。而被开除的并非都是“差生”,来自排名前 100 的名校生超过了 60%。这一资讯在国内引起了很大的舆论反响。很多人都是从国情、标准、技术等方面去寻找原因,而从道德、品德教育方面反思的却很少。不可否认,被开除的留学生中因客观缘由“躺枪”者一定有之,但更不可否认的是家庭、学校和社会在品德教育方面是有责任的。

联想到国内中考、高考中的一些作弊问题,其中有些案件是学生自己为之的,但也有一些是由家长、教师或其他成年人参与的。正因为如此,才把原本可以神圣、纯洁的“大考”搞得如临大敌一般。从某种意义上说,那些被家长引导作弊的学生,等于是在特定条件下受到了舞弊教育。这种负面教育,一次就能抵销百次正面教育,对孩子的一生都会产生久远影响。

再联想到随着近几年参加境内外旅游人数的不断增加,旅游过程中的不道德现象也千奇百怪地花样翻新出来:在排队的场合插队,在文物古迹上涂鸦,在公共场所喧哗,在风景名胜随地大小便,为逃票翻墙越栏,吃自助餐浪费或偷走,大闹客运航班,卢浮宫的水池里泡脚,退休县委书记出境游一路随地吐痰,等等。这些行为的主体,多数是为人父母者。他们的言谈举止,不知能给他们的孩子,还有孩子的孩子们以什么样的道德影响。

有一个历史很久远但也流传很广的故事,说明的就是这样的道理:一个偷盗惯犯终于在一次杀人越货时被抓获。执行死刑前,他要求见妈妈一面。妈妈来到刑场后,他提出请求要最后吃一次妈妈的奶。当他把妈妈的乳房吸进嘴里时,一使劲儿便咬下了妈妈的奶头。然后他哭着对妈妈说:我小时候无论做了什么错事,你都不批评我。哪怕是我偷了别人的东西,你还夸奖我聪明、机灵。现在我死到临头了,这都是你害的啊!

留学中学术不诚实,旅游中言行不文明,都严重地损害了我们国家和民族的形象。但是,这种损害并不是我们的国家或者是我们的民族做出的,而是某一些人、某几个人甚至只是某一个人的不道德、不文明所导致的。以此推理到一个自然人,如果他给别人的印象是少德、缺德、无德,哪个单位会愿意容留他呢?谁又会愿意同他交往呢?哪怕他在某一方面有很高超的技能,他也无法在所处的环境中立足,所以也就很难做到安身立命了。有人将品德修养比作人的第二身份证,这是很形象的。

什么叫品德?品德就是道德的个体表现,是一个人在社会活动中所表现出来的道德水准,也是别人对其道德品位、道德层次的评价。也就是说,道德是社会现象,是外在的规定性,是时代、国家、民族、阶级、社会对成员公德、职德、家德、人德的外部规定,是一种客观要求。不管某一个或者某一部分成员是否认同和遵守,它都客观地存在着,并在绝大多数情况下对绝大多数人发挥着引导和约束作用。品德则是个体现象,是内在的规定性,是其所处时代、国家、民族、阶级、社会的道德准则在其内心世界的转化,是存在于人的心灵深处的道德观和道德修养,以及他在生活、工作、社交中的道德表现。正是由于品德的个体化属性,所以才会在相同的客观条件下,人与人之间的品德存在着一定差异。

我们所说的修德,指的就是个人品德的修为。在我国古代教育理论经典《大学》中所列举的成功人生 8 件事中,有 3 件属于修德的范畴:诚意,正心,修身。其中,尤以修身更为直接,更为集中。2000 多年过去了,还有很多人将此奉为信条,可见其价值之高。树无根不活,人无本不立。在我们学习安身立命之术的同时,千万不可忽视了对个人品德的修养。所谓修养,就是修为、修行、修炼,就是培养、涵养、蓄养。个人品德是一株大树,不修不养就难以成材;个人品德也是一门硬功,不修不炼就难以成器;个人品德还是一种习惯,不修不为就难以成形。

二、“上德”是最高境界

中国道家的鼻祖老子曾经说过:“上德不德,是以有德;下德不失德,是以无德。上德无为,而无以为;下德无为,而有以为。”老子的意思是说,品德层次较高的人并不表现为外在的有德,但实际上他是有德的;而品德层次较低的人外在表现并不失德,但却无法体现真正有德。“上德”之人因为不刻意去表现,所以好像没做什么;“下德”之人不努力去做,但是他又确实是有很多事情应该去做的。我们不应该将老子的话理解为他把品德分出了高低上下,因为真正的德本无高下之别的。我们可以把老子在这里说的“上德”理解为“真德”——真正有品德,而他做说的“下德”是“伪德”——虚假的品德、“作秀”的品德。

在浙江省宁海县就有这样一位“上德”之人。只知道他是一位 40 多岁的企业家,平时不抽烟、不喝酒、不打麻将、不穿名牌。他“顺其自然”地做“上德”之人该做的事情,委托宁海县关心下一代工作委员会成立了“爱心助学金”管理机构,自 2012 年以来每年捐赠 100 万元人民币用于帮助家境困难的学生,已累计捐赠 315 万元。他提出的唯一要求,就是不上电视和报纸,所以至今也没有媒体和受益人知道他的真名实姓。截止到 2015 年上半年,宁海县已有 4000 多人次的学生受益于他捐赠的助学金。

近年纪检机关和媒体披露的一些贪官,平日里也极尽简朴生活之能事:贵州省贵阳市原市长助理樊中黔平时不吸烟,不滥酒,一双皮鞋换了 3 次鞋底还要接着穿,但受贿的赃款却塞满了 5 个保险柜,其中包括 1005 万元人民币,4 万美元,50 根金条,还有几百万元的财物不能说明合法来源。国家能源局煤炭司原副司长魏鹏远穿着朴素,骑自行车上下班,但在他被带走时,家中发现了上亿元的现金,办案人员不得不从银行调去 16 台点钞机数钞票。毫无疑问,同样也是生活简朴,可樊中黔、魏鹏远所表现出来的“德”,同宁海的那位“四不”企业家相比,那就是伪德与真德之别。

世人的品德,大体上可以分为 5 个层次:

伪德。被老子谓之“下德”,是最可怕的一种所谓的“德”。操伪德之人,会装出一副道貌岸然的样子,给人以大善大德之感,或能获取上级赏识,或能骗取民众口碑,然后在私下里攫取个人利益,或向上爬,或猛捞钱,或包“小三”,即使已经罪孽深重了,还能“面不改色心不跳”地在台上高调反腐,台下大搞腐败。正是这样的“双面人”给党、国家和人民造成了极大地损失。中共广西壮族自治区党委原常委、南宁市委原书记余远辉被查处的前4天,还以《以“三严三实”为准绳,铸就“忠诚干净担当”之魂,为打造“花样南宁”、奋力提升首位度作出新贡献》为题,为党员干部讲专题党课。他还在有关会议上声色俱厉地提出要求,“要以决战决胜的勇气、坚决果敢的态度、务实有力的举措,坚决打赢党风廉政建设和反腐败斗争这场攻坚战、持久战!”其实,近几年落马的贪官多数都是像余远辉一样的“伪德”之人,是“披着羊皮的狼”。

缺德。这本是一个骂人的词。如果是对恶作剧玩笑的回敬,它只是一个贬义词而已。但如果不是当作玩笑话说出来时,其指责对方言行有违道德准则的意味是十分明显的。因为只有做坏事的人,才被指为缺德。前几年,有人在互联网上列出了“国内10大缺德行业排名”,点击量上百万次。榜上有名的10大缺德行业依次为教育、煤矿、医疗、制药、食品、娱乐、房地产、股票投资、保健品、烟草。我们姑且不去论及这一排行是否足够科学与权威,但这里所使用的“缺德”一词,不可谓分量不重,是对相关行业中一些不顾道义、损污道德、伤害民众的“缺德”行为的愤怒声讨。

无德。无德自然也就不会有功,因为功与德是相伴而生的。有德之人一定会做出对他人、对社会有益的事情,这就是功;无德之人虽不做坏事,但也懒得做好事、做正事,于家于人毫无益处。如果是国家公职人员,那可能就不仅仅是毫无益处的问题了,因为你的存在很可能会误国误民呢! 所以古人说:“无德而禄,殃也。”(左丘明:《左传·闵公二年》)意为没有道德而享受俸禄,是要遭祸殃的。俗话说,拿人钱财,与人消灾。拿着国家的俸禄,用着丰厚的民脂民膏,却“占着茅坑”不作为,无功于人民、社会和国家,甚至会给国家带来灾害。

有德。这是懂道德、守公德、有品德的缩略语,也是对这样的人的评介语。如果社会上的绝大多数公民都能做到这样的一个水准,那些在国内害人、在国外丢人的丑事就会少很多。有德,在今天的表现就应该是爱国、敬业、诚信、友善。谨记爱国,就会时时、处处、事事念着自己的一言一行与国家利益紧密相连;谨记敬业,就会将自己的努力看做个人人生和社会事业的组成部分，全力做好手中的每一件事；谨记诚信，就会从自我做起，使人与人之间多一些真诚和信任，少一些欺诈的陷阱；谨记友善，就会主动地关爱他人，在生活和工作中构建起和谐与温暖的人际关系。

真德。被老子谓之上德，是个人品德的最高境界，我们在上面已有所论及。怀有真德之人，高尚的品德已经与其心灵、生活、事业融为一体，成为其人生不可分割的重要组成部分。在有关品德的是非面前，他们不需犹豫，没有纠结，顺势而为，全力以赴，既不声张，更不做作。这就是真德与有德的区别。战争年代的张思德、白求恩、董存瑞、黄继光、邱少云，建国初期的雷锋、王杰、欧阳海、刘英俊、向秀丽，改革开放以来的殷雪梅、武秀君、王顺友、杨怀保、徐丽珍，领导干部中的焦裕禄、孔繁森、牛玉儒、谷文昌、王伯祥，沈浩等，都是真德的典型代表，更是世人学习的楷模。

三、以史为鉴，以人为鉴

从两千多年前老子撰写《道德经》，一直到今天我们大力倡导社会主义核心价值观与精神文明，中华民族的道德史诗在不断续写，正反两个方面的事例不胜枚举，名言警句成为教育后人的金科玉律。进入到近代、现代社会以后，也不乏相关的典型人物和故事。这其中，有人给我们做出了榜样，也有人给我们趟出了前车之鉴。以史为鉴和以人为鉴，都是我们加强自我品德修养的重要方法。

1. 由衷崇尚。

崇尚，就是要在思想上要高度重视品德修养。“大学之道，在明明德，在亲民，在止于至善。”这是《大学》的开卷之语，意思是博大学问的宗旨是弘扬高尚的品德，使人们能够弃旧图新，弃恶从善，直至达到最完美的品德境界。《大学》中还写道：“德者，本也；财者，末也。”即品德是一个人安身立命的根本，财物是枝梢末节的东西。这正应了《易经》里“厚德载物”的箴训。所以孔子说：“弟子入则孝，出则弟，谨而信，汎爱众，而亲仁。行有余力则以学文。”(《论语 · 学而篇》)他建议一个人，尤其是学生、青少年，回到家里就要孝顺父母，出门在外就要尊师敬长，寡言少语，诚实守信，博爱众人。这才是接近仁德。把这些都做到了之后，如果还有富余精力的话，再去学习诗、书、礼、乐等文化知识。这些，都反映了古代贤哲对品德修养的崇尚。

2. 学会慎独。

也就是说,要严格自律。所谓“慎独”,就是哪怕在没有任何人能听到、看到自己言行的情况下,也能谨慎行事,严格控制自己的欲望和言行。“慎独”一词出自孔子的嫡孙孔伋(前483～前402)所著《中庸》一书,原句为“君子戒慎乎其所不睹,恐惧乎其所不闻。莫见乎隐,莫显乎微。故君子慎其独也。”意思是说,正人君子因为担心有自己看不到的地方,所以必须时时保持戒备,谨慎从事;也因为担心有自己听不到的地方,所以必须处处诚惶诚恐,心怀畏惧。没有什么事情可以因为隐秘而不会被发现,也没有什么事情可以因为微小而不会被显露。所以君子在自己一个人独处的时候也须十分谨慎小心。

东汉时期的名臣杨震曾做过荆州刺史。当时他发现秀才王密很有才学,便举荐他做了山东昌邑县令。后来杨震改迁东莱太守,赴任途中路过昌邑,王密热情招待,照顾得无微不至。为了报答杨震的知遇之恩,王密还特备10斤黄金,在夜深人静之时前往杨震住处酬谢,被杨震严词拒绝了。杨震说:“以前我之所以举荐你,是因为了解你的才学和为人;可是今天你这样做,说明你还很不了解我的为人啊!”王密说:“现在已是深夜,没人知道的。”杨震正色道:“天知地知,你知我知,怎么能说没有人知道呢?”王密听了后,深为感动,十分羞愧,只好告退。

能否做到慎独,是对一个人道德水准的深刻检验。在公共场合,绝大多数人都能够较好地控制自己,一般不会做有违公德的事,也不会做给他人留下不良印象的事。但是,在自己独处时,没有了他人的监督或旁观,是否也能表现得像在公共场合一样,就不好说了。在现实生活中,我们经常看到的是很多人做不到这一点。生活中的一些小事,多数人做不到人前人后一样;在大是大非的原则问题上,有些人也是“双面人”。要做到没外人在和有外人在一样,需要有很高的自制力。因为所有人都是有利己倾向的,所以慎独是需要学、需要练的。

3. 养成习惯。

客观世界中的物体都是具有惯性的。无论是其保持静止状态,还是其保持匀速直线运动状态,都是其惯性的表现。人也是一样。除了其作为客观世界中的一个物体,具有与其他物体一样的物理惯性之外,人的思想观念、行为方式也具有其特殊的惯性。1911 年辛亥革命胜利后,大清王朝虽已不复存在,可是代表满清政治文化的辫子剪与不剪,却又折腾了 10 多年。在当时,反对剪辫子的不仅仅是满清的王公贵族、八旗子弟,汉族的官员也有反对的,民间的满族、汉族百姓也有抵制的。在剪与不剪的内心纠结和行为抗争中,人们最后不仅是丢掉了辫子,甚至还有很多人为此丢掉了脑袋。本来理发剪辫都是生活中不值得一提的小事,为什么最后却演变成了一场惊天动地的大运动呢？就是人们的思想观念、行为方式的惯性所导致的。

个人的道德观与品德,也是一种思想观念和行为方式,同样具有着惯性。物理学中的惯性定律(牛顿第一定律)告诉我们,如果没有外力作用在物体上,物体的惯性会保持其原有运动状态不变,或静止,或继续匀速直线运动;当有外力作用在物体上时,物体的惯性将表现为外力改变物体运动状态的难易程度。在生活、工作和社交的日积月累中,人们不知不觉地养成了自己的品德习惯。有的人习惯好一些,有的人习惯差一些。当我们的人生进入到一个新阶段时,新的道德环境不适应可能会对我们的道德提出了新的要求,或者是我们自己有进一步提高品德修养的新打算,都需要我们修正自己原有的一些想法和做法,形成新的品德习惯。

可能过去我们已经习惯于在公共场所吞云吐雾,但是从 2015 年 6 月 1 日起恐怕是不行了,因为北京市实行了号称史上最严的控烟法规。原来在某些公共场所吸烟可能是天经地义的,不存在道德问题。但是新法规颁布施行后,在那些禁止吸烟的地方吸烟就涉及道德问题了,甚至还要接受违规的惩处。作为北京本地或外地到京的烟民,就要调整自己的思想方式和行为习惯,以适应新环境的要求。

可能过去我们已经习惯于乱扔垃圾、随地吐痰、擅闯红灯、穿着随意等等,但是当我们决定要做一个懂道德、守法纪、讲文明的人时,就要从这些小事做起,严格要求自己,没有他人在场时也不要随地吐痰、乱扔垃圾,十字路口无人值守时也不要闯红灯,日常穿戴也要符合学校、职场或公共场所的基本要求。

可能过去我们已经习惯于“多一事不如少一事”的思维理念,对类似于“小悦悦”事件中的冷漠现象有些熟视无睹、见怪不怪了。但是如果我们害怕自己有一天“被冷漠”,那就要自己首先做到别冷漠处于危困境地的他人,然后才可能有助于整个社会风气的转变,以保证自己遇到困难时也好有人帮助我们。

可能过去我们已经习惯于办理公务过程中的吃、拿、卡、要,但是“八项禁令”和“纠正四风”来了,那我们就必须彻底改变,不要再把不回家吃饭当作荣耀,不要再下基层非得带点土特产,不要不给送礼就卡住人家要办的事情,不要帮人家解决一点问题就非得要点儿好处。

“勿以恶小而为之,勿以善小而不为。惟贤惟德,能服于人。”(裴松之:《三国志注·蜀书·先主传》)这是三国时期蜀国昭烈皇帝刘备给儿子刘禅遗诏中的两句话。人之将死,其言也善。征战一生的刘备在生命最后时刻告诉儿子的,一定是他认为最重要的人生体会。1800 年后的今天,我们似乎还经常犯这样的错误。有时候我们会认为有些小事虽然违背道德准则,但偶尔做一次也无伤大雅;或者认为有些小事虽然属于善举,但做不做都意义不大。每当有这样的想法时,想一想刘先主的话吧,小恶也要拒,小善也要为,将自己的品德建设变为生活习惯。

4. 经常自检。

自检,也就是自查,自我批评。现在连小孩子都懂得是非对错,道德准则也是尽人皆知。如果能经常自己对照检查一下,做到“吾日三省吾身”,看看我们的品德状态如何,发现问题及时调整,就不会偏离品德的主航道。批评,除了有对错误言行的指责、责备、批判之意外,也有判定和评价、评议、评论的含义。自我批评,当然也包含对自己思想和言行的判定、评价。对自己品德上的错误,要严格剖析,深刻反省,立即改正;对自己品德上的不足,要深刻认识,及时调整,努力加强。

作为中国共产党的 3 大优良作风之一,无论在历史上还是在现实中,自我批评都发挥了重要作用。毛泽东说:“有无认真的自我批评,也是我们和其他政党互相区别的显著标志之一。我们曾经说过,房子是应该经常打扫的,不打扫就会积满了灰尘;脸是应该经常洗的,不洗也就会灰尘满面。我们同志的思想,我们党的工作,也会沾染灰尘的,也应该打扫和洗涤。‘流水不腐,户枢不蠹’,是说他们在不停的运动中抵抗了微生物或其他生物的侵蚀。”(毛泽东:《论联合政府》,《毛泽东选集》第三卷)作为世界上最大的政党,都要通过经常性的自我批评来进行自我清洁,我们个人的思想品德建设就更离不开自检自查和自我批评了,“就好像我们为了清洁,天天要洗脸,天天要扫地一样”。(毛泽东:《组织起来》,《毛泽东选集》第三卷)

2013 年6 月 18 日,习近平在党的群众路线教育实践活动工作会议上讲话时指出:“这次教育实践活动借鉴延安整风经验,明确提出‘照镜子、正衣冠、洗洗澡、治治病’的总要求。这4句话、12个字,概括起来就是要自我净化、自我完善、自我革新、自我提高”。对党员和党员领导干部提出的解决形式主义、官僚主义、享乐主义和奢靡之风的12字要求,也同样适用于我们个人提高道德水准。如果我们每天都能照照镜子、正正衣冠、洗洗澡,一定可以少得病;如果一旦得了小病赶紧去治,也就不至于累成大病,成为道德的敌人。

第二十三章

公众人物应该成为道德楷模

在任何社会，都会有一些人拥有较高的知名度和较大的影响力。因此，他们的言行被社会各界民众所普遍关注，他们的言行结果也与社会公众利益密切相关。这些人就是人们所说的公众人物。公众人物有多种类型，可以从行为人的主观愿望上来划分，也可以按行业领域来划分，还可以依据时间和地域来划分。

我们在这里所说的公众人物，就是在较大范围内有较高知名度和较大影响力的人。大和小，高和低，都是相对的概念。比如一所小学的校长、教导主任对整个社会来说算不上公众人物，因为所在范围不够大，社会知名度不够高，影响力也不够广。但是在他们所工作的学校，他们却是典型的公众人物。再比如一个县长或者是县委书记，在全国来说，哪怕是在其所在的省份来说，都算不上公众人物。可是在他们所任职的那个县却是不得了的公众人物。一个普通企业的所有者或领导者，在一般情况下也算不上公众人物，但是当他的企业做到一定规模、工业或商业品牌开始具有社会影响力的时候，那他们也就成了名副其实的公众人物。至于高级领导干部、社会活动家、文体明星、权威专家学者、行业领军企业领导人，更都是典型意义上的公众人物。

成为公众人物不管是不是自己的个人意愿，但成为公众人物后所拥有的一切特殊待遇都是社会和民众所给予的。因此，公众人物应该用他们所持有的公用权力和公用资源，为社会公共利益服务。社会道德体系建设是社会公众利益的重要组成部分，与社会中每一个成员的利益都密切相关，当然也包括公众人物自身。所以，不断提升个人品德修养水平，努力成为社会道德楷模，既是每一位公众人物的人生必修课，也是其义不容辞的社会责任。如果想成为公众人物，或者是一不小心成了公众人物，就必须有这样的担当，否则就只能沦为反面典型。

一、领导干部应是道德楷模

各级领导干部在社会上具有举足轻重的地位和作用，每一个人都是公众人物中的公众人物。这是尽人皆知的事实。因此，对领导干部的品德要求，应该高于、严于普通民众，也应该高于、严于其他公众人物。因为中国共产党是中国工人阶级的先锋队，同时是中国人民和中华民族的先锋队，所以先锋队里的领导干部，也应该是先锋队里的先锋，或者说是先进分子队伍里的先进分子。怎么个先进法？首先就应该是个人品德先进吧！党、政、军各级领导干部的道德、品德不出问题，其他层面公众人物的问题就好解决，整个社会风气也会随之焕然一新。

俗话说，上有所好，下必甚焉。基层的一些领导干部之所以敢于肆无忌惮地吃拿卡要、接礼受贿，是因为他的上级吃过他的请、收过他的礼；县处团级干部之所以敢说一套做一套，是因为他看到上级领导受他贿赂之后，还敢“脸不变色心不跳”地在台上做廉政反腐报告；军队的少数文艺工作者之所以也会“出事”，是因为有将军级的首长好财、好色；一些领导干部的以权谋财、谋色，使更多的企业老板在不择手段地“租赁”权力后违法获利，糟蹋资源，破坏环境，坑害民众，偷税漏税。

由于领导干部所具有的特殊社会地位和作用，所以品德优秀应该是其得以任用和提拔所必须具备的基本条件。否则，按理说是不可能当上领导干部的。中共中央是有《党政领导干部选拔任用工作条例》的，各级党委及其组织部门是要进行任前或提拔前考察的，近年来还普遍实行了公示制度。对干部考察的主要方面是德、能、勤、绩，新颁布的《条例》还把“廉”单列了出来，变成了德、能、勤、绩、廉。而实质上，廉是包含在德之中的，是德的重要组成部分。对德的考察，始终是排在第一位的。

一个人之所以被任用为领导干部，首先是因为他的思想品德要比别人好，甚至是要好很多，最起码是不应该存在品德问题，或者是不应该存在大的问题。当然，有的人可能“伪德”功课做得特别好，有关部门的考察工作也可能会有疏漏，任用对象的道德品质还可能会变，等等。这些因素，都可能会影响到党的干部队伍的纯洁性。

清正廉洁，不但是任用党政领导干部的最起码条件，也是考核党政领导干部工作表现的最低标准。因此，清正廉洁是党政领导干部品德水准的集中体现。可是近年的反腐战绩表明，恰恰是这方面的问题比较严重，甚至到了危害党和国家安全的严重程度。在继续以“零容忍”态度和“高压”态势进行反腐，坚决剔除用“伪德”欺骗党和人民的腐败分子的同时，要严格把住提拔任用关，并且还要强化领导干部的道德“保鲜”工作，保持干部队伍的先进性和战斗力，防止新的腐败现象和腐败分子产生。

道德的“保鲜”，既要有内功，也要有外力。内因是指事物发展变化的内在原因，是变化的根据，是使事物变化的决定性因素。有人将今天一些领导干部的道德问题归结为经济社会作用的结果，这是不懂马克思主义的浅薄之见。如果内在品质不好，再好的环境也没办法阻止它从里面向外腐烂。在艰苦斗争年代，也有叛党之徒；在财色诱惑面前，也有坚强战士。所以，不用为一些人的信仰缺失和道德沦丧找借口，而是要帮助绝大多数领导干部强化道德“保鲜”的内功。同时，我们也不能忽视外因的条件作用。对党、政、军领导干部进行强有力的品德管理，也是爱护和保护他们的必需之举。

二、宣誓制度是领导干部品德“保鲜”的必须形式

宣誓并不是什么新鲜的形式，自古就有，民间也称之为起誓。在新中国，人们参加少先队、共青团或入党时，或在婚礼上，都可能有过宣誓的经历。从形式上讲，宣誓就是宣誓者在加入某一组织、就任某一职务或开始某一重大行动时，通过最郑重、最庄严的形式，当众大声表白出对受誓者的忠诚，以及将相关事情做到最好程度的决心。从作用和意义上讲，它是双向的。一方面是表现了宣誓者同意承担受誓者所交代的全部任务或是所委托的全部责任，另一方面是表现了宣誓者同意将自己的相关言行完全置于受誓者的监督之下。对活动的所有参与者和知情者来说，宣誓是一种教育；对宣誓者本人来说，是一种约束和警示；对受誓者来说，是一

种托付动作的完成,也是开始监督的依据。但是,如果监督和制约机制跟不上,也容易流于形式,变成自欺欺人的作秀。

在此之前,领导干部任用或提拔并没有实行宣誓制度,多数情况下所实行的是谈话制度,然后在一定场合宣布、表态。如果再加上宣誓制度,会使领导干部的任用、擢升、调转的就职链条更加完整和严密。为此, 2013 年 2 月笔者在自己的博客上提出了相关建议:建议在凡是召开有选举任务的党代会和人代会时,或者是在宣布领导干部任职决定的会议上,都要有当选的党政领导就职宣誓仪式。宣誓仪式应该在选举结果生效后立即举行,宣誓人可以在会场面对党旗、国旗和选举他的全体代表宣誓,也可以到本地的革命烈士陵园或革命烈士纪念碑前举行宣誓仪式。其场面和内容应通过当地各种媒体广为宣传,誓言应制作成图片硬性要求悬挂于宣誓人办公室和住宅的醒目位置。

宣誓仪式不仅仅是一种形式,更是为内容和目的服务的一种措施,同时也是慎独和自我约束的一种手段,并且可以为组织监督、群众监督和舆论监督提供依据。

建议誓词的参考内容如下:我宣誓,在××××工作岗位上做到全心全意为人民服务:勤政——不懈怠,讲效率,踏实为民,任劳任怨;廉政——不贪财,不贪色,不谋私利,倡导简朴;建政——善继承,能创新,务求实绩,立业建功。我欢迎组织、群众及媒体监督,如有违背誓言的行为立即辞职,并接受党纪、政纪或法律的惩处。

很多领导干部入党时间很早,入党宣誓多为集体进行,誓词内容也是对普通党员的要求。而在走上领导岗位或担任新的领导职务时,应该对他们有更高的要求,并且要有专门的宣誓,这样才会更有针对性。有一些非党领导干部可能从未宣誓过,任职宣誓也是一次必要的补课。这种宣誓,首先是对自己的宣誓,同时也是对人民、对媒体、对组织的宣誓。如果践行不了自己的誓言,就请你不要接受即将就任的职务;如果你宣誓了、接任了,却在那么多人面前说话不算数,不知道你还能有什么威信,又怎么能带领群众完成各项工作任务。

为了保证宣誓制度不流于形式,检查与制约机制必须跟上。制约机制中要包含自我检查、组织检查、公开述职等内容和措施。实行宣誓制度的具体办法可以由有关部门制定草案,并在广泛征求意见修订后实施。建议在适当的时候,应为领导干部的就职宣誓制度立法。

令人欣喜的是,就在本书截稿前不久媒体有消息称,2014 年 10 月召开的党的十八届四中全会提出建立宪法宣誓制度，2015 年 7 月 1 日第十二届全国人大常委会第十五次会通过了《全国人大常委会关于实行宪法宣誓制度的决定》领导干部宣誓制度的法制化已经变成现实。（《中国日报》中文网，2015 年 7 月 1 日）

三、领导干部必须要有更高的道德底线

领导干部品德“保鲜”的内部因素主要是自律。那些关于提高认识、强化观念的道理，他们都比常人懂得多得多。所以，对领导干部的品德“保鲜”教育要更多地体现提醒和警示的含义。从制度建设的角度，必须为领导干部设定更高的道德底线。我们在前面曾经谈到，遵纪守法是道德的底线。但那是对普通党员和公民百姓而言的。对于党、政、军各级领导干部来说，应该有也必须有更高的道德底线。否则，就无法区别他们与普通党员、普通公民，也无法与他们所占有的社会地位和作用相匹配。同时，还要经常提醒他们切莫触碰底线。

2015 年 5 月上旬，中共中央政治局常委、中央纪委书记王岐山在浙江省调研时指出：“党纪与国法不是一个概念，不能混同。党纪严于国法。党是政治组织，党规党章保证着党的理想信念宗旨，是执政的中国共产党党员的底线；法律体现国家意志，是全体中华人民共和国公民的底线。党章规定，党员必须自觉遵守纪律、模范遵守法律。全面从严治党，就要抓全党的纪律，使纪律成为管党治党的尺子、党员不可逾越的底线。”（搜狐新闻网 2015.5.11）

宪法是公民的底线，党章是党员的底线。那么，党员领导干部的底线应该在哪里呢？是不是应该比普通党员要高一些呢？《中国共产党党员领导干部廉洁从政若干准则》所规定的 8 个方面的 52 个不准，就是党员领导干部的底线。2015 年 1 月 12 日，习近平在同中央党校第一期县委书记研修班学员座谈时强调：“做县委书记就要做焦裕禄式的县委书记，始终做到心中有党，心中有民，心中有责，心中有戒。”（《人民日报》2015.1.13）所谓心中有戒，就是要时刻自我戒备，坚决不能触碰底线。

1927 年 10 月，毛泽东在秋收起义后亲自主持了一次 6 名新党员的入党宣誓，誓词是：严守秘密，服从纪律，牺牲个人，阶级斗争，努力革命，永不叛党。那时的中国革命处于低潮，加入共产党是有被杀头危险的，所以“永不叛党”是入党誓词的

核心所在。入党誓词在后来20多年的战争岁月中虽然几经修改,“永不叛党”都一直是其核心内容。因为在那样的外部环境下,有人叛党就意味着党的组织会被出卖,会导致严重的损失。

执政以后,新党员入党誓词不但写进了《党章》,而且对誓词内容也做过几次修改调整,但“永不叛党”4个大字却从未变动。党的十八大修改的新《党章》中,这4个字仍旧赫然在目。按常理,在和平建设时期,党员叛党投敌、出卖党的机密和组织的情况几乎是很少有条件再发生了,那为什么还要保留这样的要求呢?唯一的解释就是“叛党”问题依然存在,只不过是其具体内容和表现形式有别于战争年代而已。

那么,在新的历史条件下,究竟有什么样的情况发生才够得上叛党的问题呢?目前尚找不到具体说明。在《中国共产党纪律处分条例》中,只有第6章第53条涉及了相关问题:“投敌叛变的,给予开除党籍处分。向敌人自首的,给予开除党籍处分。”除此之外,还有128种问题要给予开除党籍处分。这128种问题中,是不是有很大一部分具有叛党性质呢?最起码党员触犯了国家的刑律,大概应该够得上叛党了吧?如果是党员领导干部呢?党员领导干部除了要自觉遵守党的纪律、模范遵守国家法律之外,他还负有管理、教育和带领党员的责任。除了像触犯了国家刑律的普通党员一样,够得上叛党罪之外,是不是还应有更高的要求,比如背叛了共产主义信仰,背叛了为人民服务的宗旨,背叛了对党永远忠诚的入党誓言,个人的言行污损了党的形象等,都应该算作什么性质的问题,都需要有界定的办法和细则,并制定出相应的惩处标准。总之,是要体现要求领导干部成为道德楷模的严格标准。

四、校园必须是一片道德净土

虽然我们常说父母是孩子的第一任老师,可是我们也发现,自从孩子上学以后,就不再那么听家长的话了,学校里甚至是幼儿园里老师的话在孩子们的心目中成了金科玉律。为什么?因为老师懂更多的道理,能教给孩子更多的东西,老师的表扬或个人在班级、在学校的荣誉等,也就都成了孩子们的向往。在校园中,每一位老师、每一位领导都是进入孩子们视野和心灵的第一批公众人物。孩子们在学校里成长,不光是从书本上学习知识,更要在与这些偶像的朝夕相伴中形成世界观、人生观和价值观。如果校园不能成为一片净土,校园里的公众人物们不能给孩子们施以正确的影响,就会使他们原本十分纯洁的心灵遭受污染。所以,校园什么样,师长什么样,就决定了学生们的未来什么样,也决定了国家和民族的未来什么样。

但是近年来人们所看到、听到的一些资讯确实是不容乐观,令人担忧。

人民网 2015 年 4 月 24 日转发了一篇《教育"回扣门"腐败账本:一件校服也要吃干榨净》的文章,披露出的校园腐败问题令人震惊:校长在学校基建项目中按比例提成,教学设备、图书采购时校长和老师利益均沾,海南海口部分中小学校长、副校长、区教育局长等 49 名教育干部因此类违法违纪问题被查处。据称在广东、浙江、吉林等地也都出现了教书育人的"圣洁之地"沦为"受贿温床"的校园腐败现象:广东深圳 1 年多就有 7 名中小学校长因拿回扣腐败落马,辽宁本溪第十二中学原校长、曾经的全国优秀教育工作者、省"五一"劳动奖章获得者、"本溪市功勋校长"张晓霞接受学生家长贿赂款达 1000 万元,浙江永康中小学的学生午餐费腐败居然也撂倒了 12 名中小学校长。

中小学一般规模都不大,经济活动项目和标的额也极其有限,那么动辄筹几千万、几个亿搞基建的大学又会是什么状况呢?据财经网 2015 年 4 月 8 日载,四川省各级各类学校从 2013 年以来已有 98 人因腐败问题被移送检察机关,其中包括多名高校领导干部。高校腐败案件频发,在四川省纪委查办的重点行业腐败案件中居于首位。本应是进行人才培养、学术研究的"象牙塔",却也无法抵挡权钱交易的侵蚀,而沦为腐败的高发区。

除了严重的经济问题之外,还有学校领导或教师乱搞男女关系的问题、性侵女学生甚至是小学女生的问题、学术科研造假抄袭甚至搞潜规则的问题,等等。

校园腐败案高发的直接后果是带来了 3 方面的严重问题:一是严重地影响了教育质量。学校的主要领导不务正业,忙着抓钱,自然没有精神全心全力地去抓教学管理,也没有精力去抓教师队伍建设。群众的眼睛是雪亮的。学校领导不但是学生心中的公众人物,也是教工队伍中的公众人物。他们自身不干净,自然在教工管理和教学管理中难以服众,教育质量的下滑也就变成了一种必然,尤其是对教工的师德教育和对学生的品德教育一定会严重缺失。二是严重地污染了学生的纯净心灵。那些天真无邪的学生在课堂上听到的是“五讲四美三热爱”，幻想着“长大后我就成了你”的人生追求，可是当他们有一天看到自己曾经崇拜的校长、教导主任或者老师被押上了警车时，心中的圣殿可能会轰然坍塌，甚至可能会影响他们一生。大学生的校园腐败问题已经出现，一些学生为了成绩记录、评优、入党、进入社团、就业推荐等方面的个人目的，向领导、老师、学生干部送礼行贿，甚至进行性贿赂。也就是说，腐败有向学生群体蔓延的迹象。这是更可怕的问题。三是严重地助长了社会不良风气。校园不圣不洁，必然会吸引社会上的不良风气向校园渗透，并且又反过来直接助长社会腐败现象。校园腐败必然涉及学生家长。没有人情愿给别人送礼，但是当他们看到“象牙塔”不再洁白而不得不送时，更会丧失抵制社会腐败的决心和勇气。学生们最终会以每年千万人以上的量级一批又一批地走上社会，如果他们的心灵已被污染，走上社会后就不能明辨是非，甚至会变本加厉地参与腐败，危害之深之远不言而喻。

有人将校园腐败的根源归罪于教师的心理不平衡、社会大染缸的浸染、教育用人机制的不合理、教育主管部门的官员腐败等等，应该说有一定道理，但是并不够全面和准确。还是像剖析一些党政领导干部腐败的原因一样，校园腐败的主题人群还是内因出了问题。同在一所学校，或者两个乃至多个学校同在一所城市，为什么你腐败了，而别人没腐败？还不是你自己的问题吗？

如果说是心里不平衡，那是原本就不该有攀比之心，更不该选错了攀比的参照系。通过中央及地方政府多年来的一系列调整措施，今天教育系统工作人员的工资和福利待遇已经很不错了，是社会上薪酬较高、工作稳定的行业之一，是令很多人羡慕的职业。只跟比教育系统收入更高的行业比，难免失衡。还有一个比什么的问题。人生在世，如果仅仅追求物质上的利益，那和动物就没有什么区别了。孔子之所以被推崇为“大成至圣先师”，被尊为“万世师表”，并不是因为他多有钱。恰恰相反，以他的才学来衡量，他当时的日子过得可能是最惨的了。

为了一个民族的发展，为了一个社会的进步，虽然没有物质财富的创造是不行的，但是没有对人才的成功培养、没有对下一代的有效教育就更不行。所以，选择教育工作，就是要耐得住寂寞。在推动历史发展和社会进步的过程中，总是要有一部分人牺牲掉一些个人利益的。如果非要追求更多的物质利益，那么只有远离那个圣洁之地，免得耽误自己，更不要误人子弟。就像选择当领导就不能追求发家致富一样,选择做教育也不能有非分的追求。从事教育工作的真正价值和乐趣,在于看到自己的学生不断成长进步,看到他们将来为人民、为祖国做出了更大的贡献。

如果说是社会大染缸的浸染,那正好说明了学校教育的责任重大。如果我们的教育工作者不能有效地帮助学生抵抗住社会腐败和丑恶现象的影响,甚至因为自己的腐败让学生更早、更直接地受到污染和伤害,那可真是罪莫大焉了。至于什么教育系统内用人机制不合理、教育管理机构腐败在先等问题,更不是自己腐败的理由和借口。

这些情况都说明,解决校园腐败问题不能只从外部环境去找原因,关键问题在于学校的领导和老师是不是常怀塑造灵魂、塑造生命、塑造人生的使命感和责任感,能不能严格自律,成为学生学习做人的榜样。2014 年 9 月 9 日,习近平在北京师范大学师生代表座谈时发表了题为《做党和人民满意的好老师》的重要讲话。他在讲话中说:“一个人遇到好老师是人生的幸运,一个学校拥有好老师是学校的光荣,一个民族源源不断地涌现出一批又一批好老师则是民族的希望。”他同时也指出,好老师没有统一的模式,可以各有千秋、各显身手,但有一些特质却是共同的、必不可少的。第一要有理想信念,第二要有道德情操,第三要有扎实学识,第四要有仁爱之心。(《人民日报》2014. 9. 10)要将校园变成道德的净土,就必须从学校的领导做起,从每一位教职员工做起,从习近平提出的好老师的要求做起。

五、名人必须注意个人言行的放大作用

除了上面论及的党政军领导、学校领导和教师外,社会上还有其他各界的名人,比如文体明星、各类专家、先进典型等。名人的特点就是一定会有很多崇拜者,形成阵容庞大的“粉丝团”。因此,名人的言行具有很特殊的放大作用,他们的一举一动,甚至一颦一笑,都备受关注,都会产生社会影响。除了先进典型之外,名人并不是因为品德的高尚才成为名人的。但是,一旦成为名人之后,因名人效应而产生的放大作用便成为了一种客观存在。特别是某些名人的“粉丝团”多由青少年所组成,而这些青少年的模仿习惯和能力又极强,名人的品德言行也会成为渗透到他们心灵深处的“模板”。做好自己,促进社会道德体系的建设,便成了社会赋予各界名人的历史责任。

所谓名人效应,多是应用于商界的概念和做法,说的是利用名人的形象来推广某一品牌或某一商品所产生的引人关注、强化影响的效应。现在,名人效应已经在社会生活的各个方面都有表现,除了商业活动外,也有慈善活动、公益广告等方面在应用名人效应。多数名人都很注意保护自己的形象,积极传播正能量,发挥了很好的正面的名人效应。但是,也有些名人或得意忘形,或利欲熏心,或道德败坏,或违法乱纪,形成了很坏的负面的名人效应。必须指出的是,正面的名人效应可以放大正能量,促进社会道德体系的建设;负面的名人效应放大的则是负能量,会阻碍甚至破坏社会道德体系的建设。

随着各类社会活动的日益丰富多彩、人们价值观体系的多元化趋势和信息传播渠道的快速增加,当今社会制造名人的效率也越来越高。说不准通过什么途径、一不留神就可能成为名人。当然,当今名人的"名人周期"也越来越短,说不准一个什么偶然事件就可以让曾经的名人身败名裂。在信息高度发达的社会条件下,在某些领域或方面成为名人可能已经变得比较简单了,但要保持名人的身份、地位、荣誉、收益却变得比以往任何时候都更难了。

近年来,常有名人的负面新闻见诸媒体,诸如名人偷逃税款、在文体或学术教育界大搞潜规则、服用兴奋剂、酒驾或醉驾、戏谑侮辱人民领袖和革命先烈、傍大款或傍高官、虚假代言、嫖娼、赌博、吸毒、斗殴、罢演等现象,都产生了极坏的社会影响。名人们的有些行为,如果发生在普通人身上,可能算不了什么,怎么处理也不会引起太多人的关注。可是如果发生在名人身上,就可能成为传播很广的重大新闻,甚至会在社会上引发一种什么潮流。比如奢侈品消费问题,在很大程度上就是由名人带动的,包括一些明星和领导干部;某明星在某影视作品中的服装,很可能就引发某一色系或者某一类款式的流行;有人酒驾不是新闻,而某名人酒驾就是新闻;超市的经理对营业员搞潜规则不是新闻,如果是专家学者、校长教授对下属或学生搞潜规则,就会轰动一时。

名人也是人,但又绝不是一般人、普通人。一方面,社会不能要求他们成为完人甚至圣人;另一方面,名人自己也要严格自律,最起码要坚持做一个好人,像苦练专业技能那样刻苦修炼自己的品德,以不负亲友和粉丝们的热望,更不负社会的重托。名人言行放大作用的例子比比皆是,不一而足。既然想做名人,或者一不留神已经成了名人,就必须正视这种放大作用的客观存在,更要正视自己所肩负的社会责任,敢于面对,勇于担当,别无选择。做了名人,就要时刻提醒自己必须“夹着尾巴”做人,处处注意严格要求自己的一言一行、一举一动。

成为名人之后,要切记4个万万不可:

一是万万不可得意忘形,目空一切。人外有人,天外有天。我们自己的那点技艺和成绩是有限的,更何况尺有所短,寸有所长,始终保持谦虚谨慎的心态,就不会居功自傲,鄙视他人,更不会无所顾忌,惹火上身。名人越是谦逊,博得的尊重就越有可能会翻倍。这是名人言行放大作用在自己身上的体现。

二是万万不可利欲熏心,见利忘义。一般来说,名人已不再缺钱,只不过是再多一点和略少一点的区别而已。如果成为名人之后还在“钱眼儿”里不肯出来,一定会遭到鄙视;如果见利忘义,取财无道,那就一定会遭人唾弃,很快就将失去名人的光环和往日的风采。

三是万万不可涉足丑恶,败坏道德。因为名人既有名又有钱,所以有一些败坏道德的社会丑恶现象会竞相追逐于名人的身前身后。身为名人者必须要保持高度的警觉,远离那些会污损自己名节和声望的东西。成为名人之后的最重要选择就是流芳百世还是遗臭万年,水能载舟亦能覆舟的道理也同样适合名人。

四是万万不可触碰底线,违法乱纪。公民言行的底线是不能触犯法律。归属于某一组织或行业的人还有另一条底线,那就是不能违反纪律。名人如果能做到不违法乱纪,就说明是一个最低意义上的公民和组织成员了。这不但是一个普通人的做人底线,也是做名人所必须把握的最低的底线。

名人做到了上面的4个万万不可,也才只是做到了洁身自好的“正负零”。对于做不到这4条的名人,应该予以严厉惩戒。特别是做不到后两条的,要坚决予以封杀,千万不能姑息养奸,贻害世人。

由于很多名人只是在某一特定的方面有所成就而成名的,而其他方面还远远没有成熟,有的甚至还没有完成严格意义上的成人。所以,我们的社会也要给名人的成长和成熟以足够的空间和必要的关注、扶持。这既是对他们的最有效保护,也是在帮助他们延长“名气周期”,提高他们的正能量放大功效,推动社会的文明与进步。

要适当地给他们补课。突然成名后的补课、接受再教育,对于名人的成长和成熟是十分重要和必要的。与名人相关的政府部门、社会团体、企事业单位有责任积极主动、有计划地做好这方面的工作,尤其是要帮助他们补好品德修养课,而不是一味地将他们当成赚钱的工具。

要加强对他们的监管。这里所说的监管,绝不是限制名人的人身自由和窥探他们的隐私,而是相关部门、单位以及家长对他们一些倾向性、趋势性的变化要多观察,勤指导,帮助他们未雨绸缪,防微杜渐。

要指导他们多做正放大。有关部门、机构和团体要多提供一些机会给名人,用他们的影响力实现正放大,传播正能量,同时也能使他们得以进一步施展魅力,进一步提升知名度,进一步自觉地修炼个人品德。

要引导他们增强自觉性。在做到4个万万不可的基础上,如果还有意愿、有精力、有能力,一个名人更应该积极主动地为社会道德体系完善做一些建设性工作。要引导他们在不能总想着自己是名人的同时,还要时时想着自己是名人。是名人,就有较之普通人更大的社会责任,就要利用自己言行的放大效应做更多的有益于人民的事。比如有明星做义务献血、预防艾滋病、关爱失学儿童、救灾慈善基金的代言人、形象大使等,都取得了很好的效果。

第五篇　婚恋与家庭

第二十四章

爱情的真谛

在人类社会的历史长河中,关于人生有两大谜团至今无法解开。一个谜团是——命运是什么?另一个谜团则是——爱情是什么?关于命运,我们在前面的篇章中已有探讨,这里将集中探讨爱情问题。

人是这个世界上感情最丰富、最复杂的动物。因此,人生的绝大多数言行都与感情因素相关,感情在人生重要经历中所占的比重不容忽视。人的感情主要表现在两个方面:一方面是对自身以外客观事物比较强烈的心理反应,即喜悦、愤怒、悲哀、欢乐、惊骇、恐惧、爱怜等,比如观看影视作品时的开怀大笑或者掩面而泣,听到重大事故时所表现出的震撼和惊恐等;另一方面则是对与自己相关的人、事、物的关切、喜爱心情,比如对家庭成员和亲属的亲情,对同学、同事、朋友的友情,对异性的爱情,等等。我们这里所要探讨的,是异性之间的爱情。因为爱情不单是人类感情中最为复杂、最为神奇、最为瑰丽、最为美妙的感情,而且是对个人人生、家庭、社会和子孙后代影响最大、最深、最为久远的一种感情。人在一生中所见识的全部风景中,爱情是其中最美的一道风景。

一、爱情是一种人生选择

虽然爱美之心人皆有之,但是一个人不可能喜欢所有的花朵,在千姿百态的美丽风景面前也会仁者见仁智者见智。当爱情季来袭时，人们毫无疑问地要有所选择，也会必然地加以选择。而根据爱情在人生中的价值、地位和作用来衡量，选择爱情的实质是在选择命运、选择人生。

爱情貌似以感觉兴趣为精神前提，以性欲性爱为物质基础，但实质却是个人世界观、人生观、价值观的集中体现。爱情的选择，完全是相似或相近的世界观、人生观和价值观的找寻，因为世界观、人生观和价值观决定了一个人的爱情观。什么是爱情观？就是一个人对爱情的看法。一个人在世界观、人生观和价值观尚未成熟和定型之前，是不可能形成正确的爱情观的。在解决了世界是物质的这一世界观的根本问题之后，正确地认识一个人与世界的关系就变成了世界观的核心问题。爱情，将使一个人在原有基础上构建起与世界的新型关系。

现代社会已经鲜见近亲结婚的现象了。所以，爱情首先的表现，就是这个世界里将有一个原本并无关系，甚至都不认识的人，走进自己的生活，使自己与世界的联系多了一个新通道、新窗口。这个原本的陌生人，很可能会成为自己的终生伴侣，与自己携手共历人生风雨，共享人生的喜怒哀乐，共同将两个生命单体融合并延续为新的生命。这是爱情带给人与世界关系的最大变化。爱情一旦缔结为婚姻，将使两个原本可能没有任何关联的家庭连接在一起，构成一对新人的新的社会关系。一般情况下，爱情之花还会结出果实，缔造出新的生命个体，构建出一个新的完整的社会细胞——家庭。从此，以恋爱双方和他们的家庭为基本元素，便同社会开始了新的联系。一方面，爱情中人要通过这些新的联系从社会获得家庭存在和发展的各种必需条件；与此同时，新的家庭也会通过这些联系为社会发展做出贡献。

下面图 5-1 分别展示的是个人同世界的关系和家庭同世界的关系。从左右两幅图的对比中不难看出，以婚姻为目的的爱情是人生中最重要的选择，它的实质是在选择自己同世界的深层关系。一个人在没有恋爱特别是没有婚配之前，同世界的关系还处于游离状态，或者说是不完整、不固定的。恋爱关系一旦确定，哪怕还没有结婚，自己与世界的关系便开始发生变化了。而且这种选择一旦确定，通常情况下是终生不变的，将影响到整个家庭以及子孙后代。从个人同世界的关系看，恋爱和婚姻只是多了一个配偶，以及未来可能有的子女。但是如果把夫妻及子女组成的新家庭作为一个整体来看时，我们将清楚地看到自己同世界的联系通道增加了一倍以上。假设恋爱对象的家庭背景和社会关系相对比较优良的话,增加的与社会联系通道可能还不止于一倍以上。

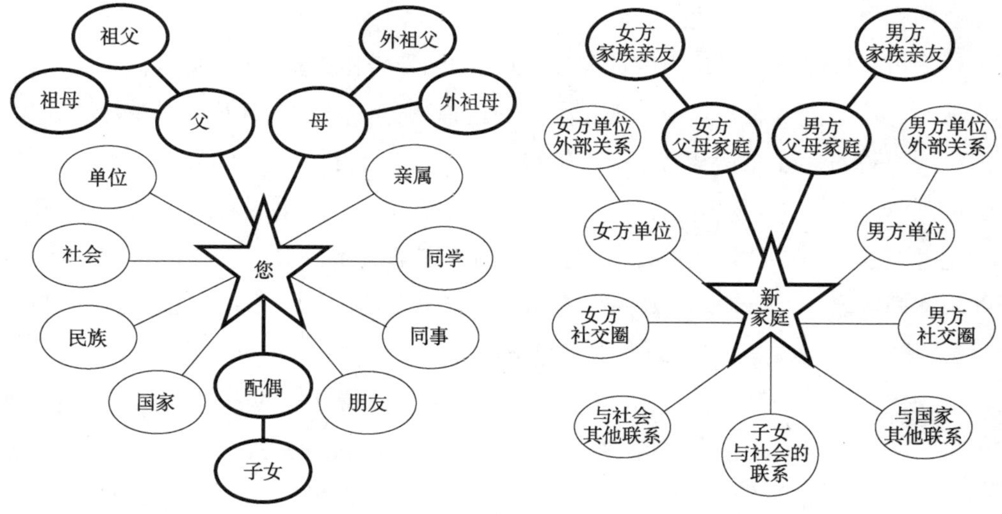

图 5-1　个人及家庭与世界关系对比图

恋爱是人生的选择,主要体现在 4 个方面:

一是给自己选择终生的伴侣。

终生伴侣的含义就是风雨同舟,福祸共当,至死不变。这是热恋中人第一个要考虑的重大问题。在中国,绝大多数人并不会信奉独身主义的理念,因为父辈、祖辈传承下来的理念就是人必须要有家有业。没有父辈、祖辈的家业观念,也就不会有我们的生命来到这个世界了。

父母的家庭并不是我们自己的家,那只是父母提供给我们生长的地方。伴随着我们的成长和成熟,父母会逐渐变老,最终也会有一天离我们而去。假如到他们离世时我们自己还孑然一身,首先是父母很难阖上他们那苍老而又充满忧虑泪珠的双眼,其次是我们也将变成一个没有家的孤独者。家的完整概念是上有父母、中有配偶、下有儿女,光有房子是不能称其为有家的。

恋爱,就是在选择一个能和自己组成一个属于我们自己的家庭的人,是在选择搭伙过日子,而且最好是能过一辈子的人。这个人,就是我们常说的终生伴侣。凡是以婚姻为目的的爱情,不论起点、出发点有多么的不同,也不论过程有多么浪漫、多么花俏,最后的落脚点一定还是在过日子上。

所以,热恋中人必须经常提醒自己思考这样一个问题:他(或她)和自己生活一辈子可以么?过日子是一个漫长的过程,既会有卿卿我我的恩爱,也会有和和美美的温馨,还会有磕磕绊绊的不快,甚至会有风风雨雨的艰难,没有人能预测出未来的人生路上将会遇到怎样的挑战。所以,西方婚礼上证婚的神父都会分别询问一对新人同样的问题:不论是贫穷还是富有,不论是疾病还是健康,不论是快乐还是忧伤,你都能与他(或她)风雨同舟、相濡以沫、至死不渝么?而且必须得到双方分别给予的肯定回答后才能确定礼成。改革开放以来,这一方式也越来越多地被应用到中式婚礼之中了。

二是给子女选择父母,给后代选择祖先。

丁克家庭并不是多数人的选择,也就是说经过恋爱和婚礼之后,两个人的新家庭一般都会在适当的时候开始孕育新的生命,即开始复制自己。从这个意义上看,选择恋爱对象就是在给未来的子女选择父亲或母亲,给自己的子孙后代选择祖先。人们常说,热恋中的人智商会相对下降,可能会忽略很多重大原则问题,但是千万不要忽略这样一个至关重要的大问题。毫无疑问,给未来的子女选择父或母、给遥远的后代选择祖先,的确属于婚恋的重大原则问题之一。

有一个大家耳熟能详的笑话最能形象地说明这一点。英国现代杰出的现实主义戏剧家、诺贝尔文学奖和第 11 届奥斯卡最佳改编剧本奖得主萧伯纳(George Bernard Shaw,1856~1950),是世界级的语言大师,最以幽默和讽刺见长。他成名以后,被很多美女追求。据说美国著名舞蹈家伊莎多拉·邓肯(Isadora Duncan,1878~1927)曾写信给萧伯纳说:如果你和我结婚,生出来的孩子头脑会像你一样聪慧,面孔会像我一样美丽的。这是多么美妙的事情啊!萧伯纳却认真地给邓肯回信说:要是生出来的孩子头脑像你,面貌像我,那岂不是糟透了吗!

热恋中人必须考虑的第 2 个重大问题就是对方可以做你孩子的父亲或母亲吗?智力、能力、性格、健康等因素均在主要考察范围之列。不要光看对方自身,了解对方的父母及家庭是更重要的考察内容和考察方法。有一位朋友走上社会 30 年后回母校参在座谈会时说:我感谢母校给了我一个专业使我有了一份职业,也感谢母校给了我一大群同学使我学友遍天下,更感谢母校给我儿子培养了一个妈妈。

话音落后，老师和同学席上响起了一片会心的笑声。

三是给自己父母的家庭选择新成员。

一旦走进婚姻，就等于自己原有的以父母为核心的家庭多了一位新成员。除了上面谈到的智力、能力、性格、健康等因素外，这位新成员的为人处事方式是十分重要的，尤其是在独生子女的家庭中，几乎具有四两拨千斤的重要意义。无论男方还是女方，当你走进对方家庭时，都会引起这个家庭出现一系列的重大变化，不仅仅是家庭人数的增加，更重要的是家庭结构的改变。

如果是仍旧和父母生活在一起，那就意味着原有的这个相对比较稳定的家庭将会发生重心转移，从老两口身上转移到小两口身上。在这一转移过程中，能否顺利，能否和谐，往往取决于这位新成员的世界观、人生观和价值观。

现今的青年人一般结婚就开始独立门户、独立生活了。双方的父母虽然并不和这对新人共居在一个屋檐下，但是小两口的生活状态，以及与双方父母家庭的来往走动，都会因这对新人各自的为人处事方式不同而出现不同的局面。

对方的进入，将给我们原有的家庭结构和家庭氛围带来什么样的改变，是热恋中人必须考虑的第 3 个重大问题。合适的选择，会使父母原有的家庭增长活力，增加欢乐，增添幸福；不合适的选择，会破坏父母原有家庭的和谐，甚至会增加很多麻烦。这两方面的事例在现实生活中可以说是俯拾皆是的。

父母作为至亲，而且又都是过来人，他们对我们恋爱人选方面的意见和建议具有极高的参考价值。

四是给未来的家庭选择联系世界的新通道。

图 5-1 已经比较直观的说明了这个问题。我们必须清醒地看到，爱情和婚姻给未来家庭所带来的不仅仅是联系社会、联系世界通道数量上的增加，更重要的是还有通道质量的问题。虽然爱情应该是高雅、纯洁的，但是爱情能给人生带来重大改变的现实也是不容忽视的。古今中外屡见不鲜的门当户对观念和经常出现的政治婚姻，便都是给新家庭选择联系世界通道的例证。

门当和户对本是中国古建筑门面上两种装饰物品的名称，代表着宅院主人的身份、地位和家境，常常同称并呼为门当户对，后来几乎专门用来形容婚配双方家庭状况等基本条件的相等或相近，演变成了封建等级制度在婚姻方面门第观念的代名词。著名的罗密欧与朱丽叶、梁山伯与祝英台等故事，都是这种封建门第等级观念所酿就的爱情悲剧。所谓政治婚姻，则是某一方或双方所属集团政治利益的产物。诞生于西汉时期的和亲制度，便是政治婚姻的典型。

无论是体现封建等级观念的“门当户对”婚姻，还是为了缓解民族矛盾的“和亲”政策，所体现的完全是通过婚姻来保护或改善与世界的联系。历史发展到今天，这类婚恋方式或者与当今的时代无关了，或者与普通的黎民百姓无关了。但是，选择恋爱和婚姻就是在选择未来家庭与社会、与世界的关系，却是一个不争的事实。这是热恋中人必须考虑的第 4 个重大问题。

二、神奇的爱情荷尔蒙

从字面上看，爱情似乎是比较容易解释的。所谓爱情，就是两个人相互爱恋的热情、激情和感情的总和，即：

$$爱情 = 热情 + 激情 + 感情$$

但如果进一步展开探讨我们可以看到，构成爱情的热情、激情和感情，都是具有其独特内涵的。爱情中的热情，是恋人之间不由自主的热情向往；爱情中的激情，是恋人之间难以抑制的激情亲近；爱情中的感情，是恋人之间难舍难分的感情依恋。而恋人之间的忘我奉献和持久专一则成为了爱情的甜美系数：

$$爱情 = (热情向往 + 激情亲近 + 感情依恋) \times (忘我奉献 + 持久专一)$$

从上面两个公式可以看出，爱情是一种感情状态，是一种心理状态，是一种精神状态。尽管当今社会中有很大一部分爱情已经被标签化、物质化，但它的情感、心理和精神属性仍然无法被抹杀。大家都明白，凡是涉及心理的、精神的和感情的事物，都是极其复杂和难以说明的，这也就是爱情能够成为至今未解之谜的缘故。

就像每一个人的人生都是一部长篇小说一样，每一个人的爱情故事也是一部中篇甚至是长篇小说。全世界几千年来上千亿人的爱情故事汇集起来，该是一部什么样浩繁的文学长卷啊，岂是上面一个简单公式所能概括、所能表达的吗？但是，我们不要忘记唯物辩证法中有一对基本范畴叫做现象和本质。不管多么复杂的爱情，我们所能直接看到的都是现象，即可以通过感官感知的事物的外部联系和表面特征。人们在面对爱情故事时，多是感性思维在起主导作用；而爱情故事的当事人，往往会在某一特定阶段被淡化理性思维能力。

那么，爱情的本质是什么呢？通过深度剖析爱情的构成便可以看出，爱情首先表现为热情。有一种可能是这种热情会碰壁遇冷而夭折，但也有另外的可能就是为爱慕的对方所接受并回应以热情。两团热情相遇、相撞，便会迸发出激情。这种激情具有强大的能量，会演变出或轰轰烈烈或缠缠绵绵的爱情故事，或震惊世人，或传诵千古，最起码会震撼自己。炽烈灼人的激情过后也有两种可能，或者分道扬镳，感情终结；或者牵手婚姻，感情延续并且开始转化。人们不禁要问，构成爱情的热情、激情和感情源自何处？世界是物质的，人体也是物质的。爱情虽然属于感情、心理、精神层面，却毫无疑问地是由人体产生的。所以，爱情是物质的产物。

生理科学研究结果证明，当一个人进入青春期以后，体内便会开始分泌一些可以被称作爱情激素的物质，主要有 5 种：苯基乙胺（phenylethylamine，缩写为 PEA），多巴胺（dopamine），去甲肾上腺素（norepinephrine），内啡肽（endorphin），脑下垂体后叶荷尔蒙（vasopressin）。激素是什么？激素的英文是 Hormone，音译叫荷尔蒙，是人体内的一种化学信息物质。它由各种内分泌器官合成并分泌出来的，然后通过血液输送到靶器官或靶细胞，调节人体内相关组织细胞的代谢活动，进而影响人体的生理和心理活动。所谓青春期的爱情萌动，就是这些物质作用的表现。爱情的作用对象也是物质的，作用于那个被我们爱慕的人。

所以，爱情的基础首先是人体内一种物质能量的释放。人们受上述这些激素的刺激，便会对异性产生好奇心和兴趣。这种好奇和兴趣如果表达不当，便会被人冠之以“好色”的恶名。殊不知，由于人人体内都有上述激素的存在，所以无论男女，“好色”便是人的基本属性之一了。但是，只有在恰当的场合、找到合适的对象、以合理的方式表达，才是正常的。如果这种好奇心和兴趣一旦集中到一个对象身上，就会形成对他（她）的热情，如果进一步发展，就会摩擦出爱情的火花。

当然，这种火花多数情况下可能会一闪即灭，也有一些可能会发展成为真正的爱情。一见钟情虽然存在，但并不是普遍现象。所以，处于青春期的中学生不要把这种火花当成真事儿，既不要因此耽误学业，更不要因此寻死觅活。而真正的爱情，是要成年以后才可以产生、才能够形成的。未成年人之间偶尔迸发出的感情火花，被称作情窦初开。家长和老师遇到孩子们早恋也不要大惊小怪，只要加以正确疏导,会随着时间的推移,会随着他们的毕业而分手的。其实,绝大多数家长和老师在中学阶段也都有过类似的经历。想想自己当年的青萌与可笑,也就知道该怎么对待眼前的孩子们了。身处青春期的青少年更要正确地认识自己所处的生命阶段,要懂得此时萌发的好奇和兴趣远远不是真正的爱情。

火花、火苗和火焰、烈火是不可同日而语的。欧洲文艺复兴时期的英国戏剧家威廉·莎士比亚(William Shakespeare,1564~1616)笔下的罗密欧17岁,朱丽叶13岁,他们相识、相恋、相爱和殉情就发生在少不更事的青春期。所以,他们酿成爱情悲剧是一种历史的必然,也就不足为奇了。在中国民间传颂1800年的梁山伯与祝英台化蝶故事,据说他们同窗共读时是17岁,18相送时也不过20岁。还有曹雪芹笔下的贾宝玉和林黛玉,不足10岁相见,十二、三岁相恋,十五、六岁终结。由此可见,如果沉溺于年龄过小时的所谓爱情,极易导致悲剧的发生。随着年龄的增长,真正的爱情迟早会由我们的身体里产生,也迟早会降临到我们的身上。人生之路漫长,急什么呢?

激情则来自于PEA、去甲肾上腺素和多巴胺。

去甲肾上腺素能有效地增强心肌收缩力,使心律加快,使心脏输出血量增多,所以会使恋爱的人有怦然心动的感觉。

PEA即苯基乙胺,是人体自身合成的一种神经兴奋剂。它能使人产生极度兴奋的感觉,使恋爱的当事人有如进入无他和不知疲倦的境界,在一定的时期内忽略爱情以外的其他因素,似乎具有了无穷的信心和不尽的力量,整个身心都处于一种亢奋和痴迷的状态。处于激情状态的恋人,满眼看到的都是对方的优点和长处,似乎对方没有任何缺点和毛病;满心期待的,都是和对方在一起时的亲热和缠绵;满脑幻想的,都是将来共同生活的温馨和幸福。在PEA的作用下,他们可以鄙视世俗的偏见,可以忽略亲人的质疑,可以承受生活的窘迫,甚至可以离家私奔。

多巴胺则是一种神经传导物质,是一种传递亢奋、愉悦信息的激素。恋爱的双方大脑中分泌的多巴胺越多,两个人所得到的感觉就会越愉悦,情绪也就会更亢奋。

恋爱中的人不光是爱,也还会恋。这是因为两人在热情和激情的交流与碰撞过程中会产生感情。这种以爱情为主要表现形式的感情会将恋人引导到婚姻和家庭的阶段中去。

内啡肽的作用则正好与上面所列举的3种激素相反,它极力使处于热恋中的人能够心情平静下来,情绪安定下来,爱情稳固下来。而脑下垂体后叶荷尔蒙的作用则是促使恋爱中人能够忠诚于对方,强化责任和使命心理,最终将浪漫的爱情转化为基于责任和使命的感情,携手走进婚姻的殿堂。

那些使人心动情迷、如幻如仙的激素,会随着时间的推移,浓度逐渐降低。比如作用最猛烈的PEA,其高峰浓度平均约为2.5年,持续最久的也只有4年。如果PEA浓度下降了,多巴胺再多也没有用了,因为没有东西可传递了。激情过后,最长久的就是基于爱情的感情了。无私奉献和持久专一这两个爱情甜美系数越大,爱情就会越长久、越幸福。

在爱情激素等物质和追求幸福心理的双重作用下,不同历史时期和不同政治、经济、文化背景下的芸芸众生们将爱情演绎得如梦如幻。但不管人们用怎样的方式去爱,也不论文学艺术作品把爱情描写得多么美妙,爱情最终所体现出来的一定是生理的需要、心理的需要、家庭的需要和社会的需要。

生理需要,即男女身体发育成熟后所表现出来的性激素和爱情激素的作用。人体内的各种激素,尤其是性激素,促进了人体的发育和成长,特别是促进了人体生殖系统的发育。当人体的发育达到一定程度的时候,便为萌发对异性的好奇、兴趣和爱情提供了前提条件。这时如果再加上PEA等激素的作用,人的体内自然就会涌动起爱的情愫和力量,就需要找到合适的对象作为接收、接受这些情愫和力量的载体。

心理需要,是人的群居属性和求偶欲望所致。无论是在群居的社会之中还是在个人男欢女爱的感情世界里,爱与被爱都是人们正常的心理需求。当一个人从孩童成长为青年之后,首先会自我否定原来对父母那种“跟屁虫”似的依恋,个性独立成为这个时期的情感变化的主体。经历了一段时间的“独立”,却又会产生孤独的感觉。这时,对异性的好奇、兴趣和追求便开始萌生。不管是主动还是被动,喜欢与被喜欢,爱与被爱,都会缠绕着他们的心灵,都会使人产生梦幻般的幸福感。我们在前面说过,人生的目的就是追求幸福。既然爱与被爱会使人感受到幸福,人们就一定会自动自发地去追逐。爱,能表明自己具有火一样的激情;被爱,能体现自己存在的价值。激情释放也好,体现价值也罢,都会使心理需求获得满足。

家庭需要,是每一个人都体会极深的感觉。儿女在20岁以前,父母唯恐怕他们早恋,怕因之影响学业,怕因之酿成终身遗憾;儿女25岁以后,父母唯恐他们不恋,怕因之变成“剩男剩女”,怕因之影响家庭发展。但是有很多青年人总是强调恋爱和结婚是双方个人的事情,这其实是激情状态下的一种偏激情绪。任何人在任何情形下都不要脱离家庭和社会来看待自己,更何况恋爱与婚姻有着直接的因果关系,婚姻与家庭有着相互的因果关系。去看看现在一些相亲会、大城市公园里的相亲角,更有助于大家理解爱情是家庭的需要这一观点。有些相亲会参与现场活动的大多数是老年人,而公园相亲角里则是清一色的老年人。他们的面前都摆着自己儿女的基本情况简介,替未婚或已经离异的子女“代相亲”。徜徉在这样的场合之中,仿佛是在逛旧书或旧物的交换市场,让人难免有啼笑皆非的感觉。但由此可见的是,爱情绝非是当事人双方的个人事情,而是不可逾越的家庭需要。

社会需要,更是显而易见的一个结论。我们无法想象,满天下全都是孤男寡女,各自宅在家中玩儿迷人的的网络游戏,那将是一个什么样的世界啊!那样的世界,不但没有了生气,而且也不会再有未来。毫不夸张地说,那就是世界的末日来临了。人类社会是由高级生物组成的世界,人与人之间需要感情,社会成员之间需要爱。而具体到一对恋人,则更是不能没有爱。没有爱,家庭就难以组成,即使组成了也难以为继。所以,爱情和婚姻不仅是个人和家庭的需要,更是社会的需要。没有个人,就没有家庭;没有家庭,就没有民族和社会;没有民族和社会,就没有国家;没有国家,就没有世界,也就没有了人类的未来。

三、爱情的阶段性特征

爱情是美好的,所以人们都喜欢将爱情比作艳丽的花朵。但世间万事万物都是有始有终的,而且其过程中又都分有若干个阶段。不论多么鲜艳美丽的鲜花,也不是突然从天上掉下来落到树枝上的。因为每一朵艳丽夺目的鲜花,都一定是有其萌发期、蓓蕾期、盛花期、结实期的。爱情也不例外。它确实真的很像一朵鲜花,有其向往追求期(萌发期)、亲密热恋期(蓓蕾期)、同化成熟期(盛花期)、稳定转型期(结实期)。尽管每个阶段并没有明显的边缘和界限,但大致上还是分得出来的。

向往追求期

当一个人进入青春期以后,因为性腺、性器官和体内内分泌系统的发育和日趋成熟,对异性的兴趣开始具有了物质基础。但是恋爱又不仅仅是生理方面的动物性追求,还有更大比重的心理因素作用。递进的心理活动可以连接成下面的一根链条:

结识→好感→吸引→向往→追求→相恋

向往追求的前期心理活动集中体现在幻想上,因为此时能看到的并不是对方的全部,对方给自己留下的好感还仅限于容貌、体型和言谈举止上。如果相识留下的印象是美好的,就会转化为相互的或者单向的吸引与向往。什么叫吸引?就是全力关注对方或想办法引起对方的关注。什么是向往?就是因喜爱或羡慕某人、某事、某物、某种境界而希望得到、希望达到。当把向往诉诸行动时,便是开始了追求。成功的追求必然会产生相恋的结果。一见钟情的情况有没有?答案是肯定的。但那只是将结识、好感、吸引等三个环节合并为一步而已,还必定要经历向往和追求的过程,才能真正走进相恋的阶段。

亲密热恋期

如果双方能够达成相互的基本认同,便会进入亲密热恋期。这是整个恋爱过程中最为温馨最为甜蜜的阶段,因为上面列出的 5 种爱情激素在这一时期会大显身手,充分发挥作用。这些物质会使恋人产生怦然心动、精神亢奋、心情愉悦等感觉,甚至会上瘾。所以有人说,“热恋如吸毒”。有科学研究表明,沉溺于热恋时的人有些生理反应与吸毒人的某些生理反应是相近相似的。在 PEA 等激素的作用下,恋人之间一想到对方就会心跳加速,兴奋不已,变得魂不守舍。他们之间还会形成强烈的依恋感,有的人甚至会表现得像小孩子眷恋父母一样。此时的一对恋人恨不得一刻也不分开,彼此间有了无限大的包容心,可以无条件地接纳对方,甚至可以做到毫不在意对方的缺点,十分渴望表达自己对对方的爱,更无比渴望得到对方对自己的爱。因此也有人说,这一阶段的热恋中人智商会降至极低的水平。

同化成熟期

随着时间的推移,恋人间的好奇心会消失,新鲜感会减弱,体内的爱情激素浓度会下降,所以亲密热恋期的那种激情也会随之变淡,当事人双方的智商开始回升,理智逐渐恢复。像世间的所有事物都是矛盾的集合体一样,每一个人也都是一个矛盾的集合体。当双方的接触越来越多之后，我们就一定会发现对方身上还有一些与我们不一致的方面，抑或是缺点和不足，两个人之间也可能会出现想法、做法不一致，甚至会发生矛盾、摩擦的状况。这时的恋人便会开始反思和自问：这个人是我的理想伴侣么？他（或她）与自己相伴终生合适么？他或她给我的孩子做爸爸或者做妈妈能行么？我们的恋情是否还要继续下去呢？

在这样的情形面前，人们往往有3种选择：或者是果决地结束这场感情游戏，或者是继续交往并进行深度考察，或者是坚定地走下去并尽快实现双方的同化。

当我们产生这些想法时，必须要先搞清楚的基本问题是：自己到底是想找一个正常人为伴，还是想找到一个完美的人。毫不夸张地说，这个世界上根本就没有完美的人。一个不允许别人存在缺点和不足的人，这本身就是自己最大的缺点和毛病。所以，反倒是认为自己没什么缺点的人被剩下的几率更高。有专业机构在调研某一线城市的"剩男剩女"状况时发现，学历越高、职业越好的人被"剩下"的可能性越大。该调查显示，"剩男"中有硕士及以上学位的占37%，"剩女"中有硕士及以上学位的则高达48%。这一数据表明，学历越高的人可能懂得越多，最起码是拥有的信息量更大一些吧，所以不但对对方的要求更高，而且更容易发现对方身上的缺点。殊不知，挑来挑去就挑花了眼，到头来却把自己剩下了。

人们在选择恋爱对象时，往往强调的是要有感觉。这里的所谓感觉，应该就是所谓的"怦然心动"。这本无可厚非，因为没有感觉就没有动力，自然也就会少了热情和激情。但是过于强调感觉，缺少了理性，也难免失于偏颇。更为重要的是，所谓的感觉一定是有时效的，是短暂的，是会淡化、转化甚至消失的，坊间流行的"左手右手"的感觉是迟早都要发生的。这是规律和法则，并不是谁变心不变心的问题。深陷于热恋不能自拔的人如果不认同这套理论，可留意观察一下身边亲友的恋爱、婚姻和家庭状况，便知此言之不谬了。姑且不说那些轰轰烈烈结婚然后又打打闹闹离婚的人，就是那些平平和和的家庭，也不可能是靠感觉和激情过日子的。

所以，当亲密热恋的激情逐渐平和之后，一定要正视两人之间存在的差异。就像世界上没有完全相同的两片叶子一样，也不可能有两个完全相同的人。没有差异就没有世界，没有矛盾就没有家庭。恋爱的人不外乎两个目的：或者是单纯的感情体验，或者是为了走进婚姻殿堂，而且以后者为绝大多数。我们这里所要研究的也是后者。

把握原则,相互同化,求同存异,才能修得正果。所谓把握原则,就是看着顺眼,为人正派,懂得付出,肯于担当;所谓相互同化,就是自我修正,扬长避短,减少摩擦,悦人悦己;所谓求同存异,就是大处着眼,融通观念,统一方向,共建人生。当两人经过努力基本上实现这些之后,爱情也就基本成熟了。这样缔结的婚姻才是稳定的、长久的。当然,过去比较常见的先结婚后恋爱的现象,现在虽然并不多了,但可能性和可行性也是存在的,也是有其合理价值的。

稳定转型期

经历了向往追求的憧憬梦幻,也经历了亲密热恋的激情燃烧,又经历了同化成熟的矛盾锤炼,爱情便进入了稳定的时期,也预示着转型开始了。相互关爱、相互付出则成为这一时期爱情的主旋律,并将相互付出作为爱情的真谛突出出来。这里有两个关键词:相互,付出。爱情是两个人共同的事情,“剃头挑子一头热”是不能被称为完整、完美爱情的。当然,开始时往往可能是一方追求另一方,但结果必须是这一追求被对方所认可和接受,并且是触发了对方的热情和激情,将单向的追求变为相互的爱恋。付出则是爱情的主线,将要贯穿于此后生命的全过程。这种相互的付出被双方共同认可之后,爱情才可以稳定下来,逐步开始向婚姻和家庭转型。

第二十五章

婚姻是爱情的拐点

爱情是一个过程，必然也会有始有终。在正常情况下，以婚姻为目的的爱情一般都会从向往追求期开始，经过亲密热恋期和同化成熟期之后，便进入稳定转型期，向着婚姻的方向发展，恋爱的双方最终会携手走进婚姻的殿堂。曾经灿烂浪漫的爱情之花，将在婚姻里得以升华。可是，很多恋人一旦结为夫妻，却少了往日的缠绵，感情日渐淡漠，摩擦日渐增多；也有少数婚姻甚至走到了濒于崩溃的边缘。因此，便有人得出了一个耸人听闻的结论——婚姻是爱情的坟墓。显然，这是不符合逻辑的一种推断。

一、婚姻不是爱情的坟墓

视婚姻为爱情坟墓的人，似乎是忘记了事物螺旋式上升、波浪式前进的原理和规律。尤其是那些正在婚姻“围城”里挣扎的哀男怨女们，在冲动情绪的驱使下，更容易发出这样的慨叹。那么，婚姻到底是不是爱情的坟墓呢？如果是，那人们还恋爱或者结婚干嘛？如果不是，为什么又有那么多的“城里人”想逃出来呢？要回答这一问题，我们就得先弄清楚婚姻到底是什么。

关于婚姻的起源和发展历史，我们在这里就不作阐述了。我们这里要探讨的，是当代社会条件和法律框架下的婚姻形式和内容。其形式，是男女两性互为配偶，共同组建家庭;其内容,是在新家庭的框架下开始新的过日子的人生。婚姻,是人生上一个阶段的结束,也是下一个阶段的开始。婚姻所结束的,是一个人没有配偶的生活;婚姻所开始的,是两个没有血缘关系的异性的家庭生活。所以,婚姻是人生中的大事,有的人更是将其视为人生最大的事。在有些地方和有些人的习惯语言中,经常会用“大事”来代替结婚,比如问:“你的人生大事办了没有?”意思就是问你结婚了没有,或者是问你举办婚礼了没有。由此可见,婚姻在人生中的地位和意义有多么重大。在当代社会,婚姻通常都是以爱情为发端、为前提、为基础的。可是由于多种原因所致,有些恋人的感情在婚后开始出现问题。当这些问题不能被及时正确地解决,并且越累越多而积重难返时,有些人便惊呼“婚姻是爱情的坟墓”,这也就不足为怪了。但是我们不得不指出,这样的结论太偏激,太武断了,更不符合事物的本来面目。这说明我们认识问题的角度不正确,解决问题的做法不得当。

我们都知道,世界上的事物都是具有普遍联系特征的,并且都是处于发展变化的动态之中。婚姻也不例外。我们今天的婚姻从哪里来?多数情况下,或者说一般情况下,是我们恋爱的结果。但是爱情并不可能永远保持在一种状态和水平上。如图5-3所示,不同的人爱情最高峰值出现的时间点并不相同,有的恋人可能出现在婚前,有的恋人也可能出现在婚后;有的峰值持续时间较长,有的峰值持续时间较短。不过有一点是相同的,就是爱情在不同的人生阶段会呈现出不同的状态,一定都是波浪式前进的,并且会有始有终。终结点在哪里?也是因人、因家庭而异的。就像水在不同的温度下会呈现固体、液体、气体等不同状态一样。但不管是什么状态,并没有改变其本质,其分子式 H_2O 也没有被改变。所以,我们绝不能将爱情的不同状态理解为消亡或死亡,更不能简单地结论为“婚姻是爱情的坟墓”。当脑子里闪现出这样的念头时,一定要考虑好以下5点:

一是不要轻易否定自己。当年的对象是自己相看的,最终的选择是自己作出的,“拜堂成亲”也是自己亲历亲为的,怎么忽然就走进坟墓了呢?这无论是从逻辑上还是在道理上都讲不通的。难道我们谈恋爱是在选择坟墓、办婚礼是在自掘坟墓吗?难道我们在谈恋爱和筹办婚礼的时候“脑残”了吗?我们相信,每一个人在回答这两个问题时,都会持否定态度的。既然我们没有“脑残”,前面我们也没有自选坟墓、自掘坟墓,怎么结了婚却忽然出现了坟墓、突然走进了坟墓呢?凡是得出“婚姻是爱情的坟墓”结论的人，都是在做一种武断的自我否定。他们忘记了客观现实的历史连续性，更忽略了事物发展的相对阶段性，尤其是否定了自己既往言行的正确合理性。这样认识问题的人，无论和谁结合都不会得到幸福的，无论做什么事情也不会成功的。正是先吃到一颗酸葡萄的人四处嚷嚷葡萄是酸的，所以才吓得好些怕酸的人不敢去吃葡萄了。正是许多人不懂得如何正确地认识爱情、婚姻和家庭，大肆渲染“坟墓论”，才使得社会上多出了好些个剩男剩女。

二是承诺不可须臾忘却。曾几何时，我们在花前月下信誓旦旦，说出了无数句感动对方、感动自己甚至感动世人的甜言蜜语。这些话，都是要终生兑现的诺言。婚姻是一种具有法律效力的合约，婚前的甜言蜜语便是双方要用几十年时间来践行的条款，结婚登记证则是给这一约定打上了一个法律的印记。热恋中人在 PEA 的刺激下，一般胆子都会比平时大很多，敢于说一些平时不敢说的豪言壮语，也敢于说一些平时羞于说的甜言蜜语。从筹备婚礼开始，便进入了践盟履约的新的历史时期。有些人把自己以前说过的话忘记了，也有些人是以前把话说大了，还有些人是以前把话说假了。总之，是有些人不能兑现自己婚前的诺言，给婚姻生活带来了阴影。所以，婚前不要把话说得太过，婚后不要忘记自己曾经作出的承诺，双方也要理解对方因条件不具备而不能兑现一些诺言的苦衷。

三是感情必将发展变化。如图 5-2 所示，当温度降到 0℃以下时，液态的水将会变为固态的冰；当温度升到 100℃以上时，液态的水将会变为气态的水蒸汽。想要获得固态的冰，就得持续地给水降温；想要获得水蒸汽，就得持续地给水升温。人们进入中学以后，谁也不会再对学习小学的课程感兴趣；进入大学以后，谁也不会再对学习中学的课程感兴趣。但是，想要在中学获得好成绩就必须学好小学的课程；要想考入理想的大学，在小学和中学阶段就必须勤奋上进，不可丝毫懈怠。

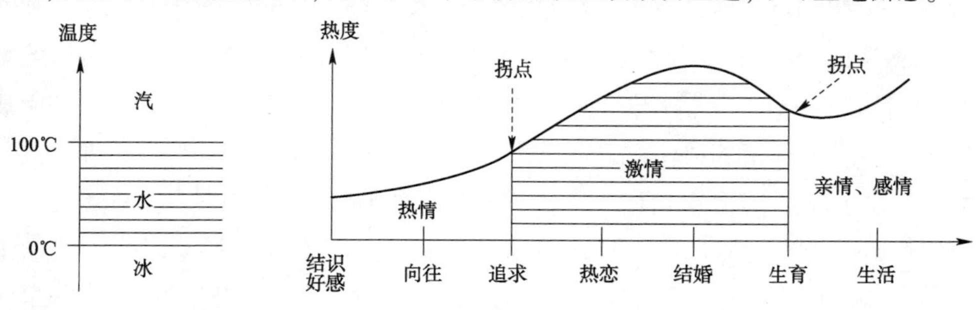

图 5-2　水的 3 态示意图

图 5-3　人生爱情曲线及拐点示意图

这都是客观事物发展的必然规律。恋人们在经历了亲密热恋和同化成熟等阶段之后,会如愿以偿地进入婚姻阶段,共同期冀着幸福的降临。但是,“幸福不是毛毛雨,不会自己从天上掉下来”。所以进入婚姻阶段以后,就要拥有这个阶段的心态,掌握这个阶段的本领,做好这个阶段的事情。否则,真可能就会“自掘坟墓”。

四是矛盾无时无处不在。世间任何事物的发展都不会是一帆风顺的,婚姻也是如此。在两个原本毫不相干的人走到一个屋檐下以后,尽管可能有过婚前的磨合与同化,但毕竟还会有一些方面相互了解得不够透彻,而且所要面对的生活状态和原来相比也将要有很大差异。所以,会有新的问题出现,会有新的矛盾产生。这是极其正常的。走进婚姻的人们必须要时刻牢记的,就是我们不论和谁生活在一起,都是会产生矛盾的,只不过是表现形式可能有些不同而已;还必须要时刻提醒自己的,就是人生的实质就是解决问题。没有恋爱对象之前,要解决的是找到合适的、双方都认可的恋人;有了恋人之后,要解决的是如何能真正牵手的问题。现在走进婚姻殿堂了,要解决的是如何能相互包容、白头偕老的问题。有一对老夫妻金婚庆典之时接受记者采访,老太太眉飞色舞地大讲经营婚姻的成绩,老先生则在一边神态安详地闭目养神。记者便要求老先生也讲讲如何实现幸福婚姻 50 年的。老先生微微睁开了双眼,白了记者一下,淡淡地吐出了两个字:“熬呗!”用这两个字来概括 50 年的风风雨雨,足见他们在婚姻的路上化解了多少尖锐的矛盾,解决了多少复杂的问题。

五是婚姻责任相伴终生。婚姻,是一对恋人创造幸福的殿堂。在创造幸福的路上,是要二人相互搀扶一起走过的。所谓搀扶,就是不要让对方摔倒。也就是说,一方是否会摔倒,是否能够幸福,是否会产生挣扎在坟墓里的感觉,另一方是有着不可推卸责任的,而且不分男方还是女方。爱情是双方相互的,责任也是。凡是以为婚姻不需要负责任或者认为责任是单方面的人,不可能经营建设好自己的婚姻,更不能在婚姻中获得幸福。幸福要靠两个人共同创造,困难要靠两个人共同战胜。当一方有缺点时,另一方有责任帮助其克服;当一方有错误时,另一方有责任帮助其改正;当一方有困难时,另一方有责任帮助其战胜。这就是新人在婚礼上一定要作出保证的道理所在。而且这样的保证要终生有效。很多人认为爱情是两个人的事,婚姻也是两个人的事。如果有爱,俩人就可以亲亲热热地在一起;如果没有了爱,俩人就应该潇潇洒洒地分手。这种想法,就是忘记责任的表现。上一章的

图5-1“个人及家庭与世界关系对比图”清楚地告诉我们，爱情和婚姻不单纯是两个人的事情，也是两个人和孩子们共同的事情，它还是男女双方父母两个家庭的事情，更是与社会紧密相关的事情。如果有人不同意这样的观点，我们不禁要反问，有谁盼望自己的父母离婚吗？有谁支持自己的子女离婚吗？如果答案是否定的，那又有什么样的理由来放弃自己的责任呢？不管是在爱恋中或者在婚姻中，我们都必须时刻铭记：既然自己选择了爱情，选择了婚姻，那么就要对与之相关的各个方面负责，那才是对自己负责。

二、婚姻是爱情的拐点

既然婚姻不是爱情的坟墓，却又有那么多人在“围城”内外犯晕，那么婚姻和爱情到底是什么样的关系呢？

物理学中有一个概念叫临界点，指的是某种物质由一种状态转变为另一种状态的节点，即待变所必须具备的最基本条件。比如使冰变成水、或者使水变成冰的最起码温度是0℃，如图5-2。这个0℃便是冰与水的临界点，当然也可以称其为临界温度。后来，临界点也被引申为客观事物发展变化过程中待变的转折点，因为人世间的很多事物也都是具有临界点的。

向往与追求是爱情的一种状态，缘其充满了未知元素而更显神秘与浪漫。当两个恋人已经相互确认关系后，爱情便进入了亲密依恋状态。朝思暮想，如胶似漆，形影不离，耳鬓厮磨，便是这一状态的具体表现。相互确认关系，便是爱情从向往追求状态向亲密依恋状态转变的临界点。磨合同化是爱情的一种状态，可能会相互发现一些差异，也会因对一些问题的看法不同而产生矛盾。但求同存异、求同尊异或者反复权衡之后，必然会作出决定，或者结婚，或者分手。当领证结婚的决定作出后，爱情便进入了过日子状态。作出决定，便是爱情从恋爱状态转变为过日子状态的临界点。过日子也是爱情的一种状态。如果没有爱情，谁能拿出大半辈子来陪另一个人过日子呢？

数学中的拐点理论似乎能从另外的角度更清楚、更形象地说明婚姻在爱情进程中的位置。所谓拐点，在数学领域指的是凸曲线和凹曲线的连接点。它标志着曲线方向上的变化，或者是凹曲线开始变为凸曲线，或者是凸曲线开始变为凹曲线,因此也被称为反曲点。在现实生活中,拐点常被用来借指转折点或者契机,即那个标志着事物发展趋势开始改变的位置、时刻和状态。

婚姻,就是爱情进程中的拐点。经过这一点后,爱情的发展方向将会发生改变,或向上,或向下,或螺旋式上升,或波浪式前进。总之,变是绝对的,不变是相对的,即一定是要变的。我们在图 5-3 上标出了人生爱情曲线中的两个拐点,供读者参考。

经过婚姻特别是生育的拐点后,多数夫妻的爱情曲线可能会有一段下滑,但最终还是会继续向上,发展为爱情的本质回归和感情升华。

何谓本质回归?爱情的本质是恋人之间的相互付出。在婚前的亲密爱恋过程中,所谓的付出不外乎你陪陪我或我陪陪你,你送给我什么礼物或我给你买点纪念品。这些,还不能算作真正意义上的付出。而在进入婚姻以后,我们的生活恢复了本来的面目,必须面对的是柴米油盐酱醋茶和吃喝拉撒洗漱睡,还有老人的照顾赡养、自身的病痛医疗、子女的孕育抚养、忙碌的工作操劳、复杂的社会交往等。当我们在梦幻般的婚期完结时,忽然发现爱情生活似乎开始少了某些浪漫,代之而来是不尽的琐碎和繁杂。其实,这才是真正的生活,是婚姻和家庭的本来面目。恋爱的目的不仅是要感受它的甜美,也是要找到将来能和自己携手走进真正的生活的另一半,即找到能和自己共同面对人生顺境和逆境、健康与疾病、富有与贫穷的终生伴侣。所以,结婚才是相互付出的真正开始。正因为如此,爱情从这一时点起才逐渐回归其本质。

在生活的磨砺中,梦幻逐渐转化为真实,浪漫逐渐转化为踏实,空虚逐渐转化为充实。伴随着这些转化,爱情也在不断升华,升华为真实质朴的亲情和感情。亲情,一般是指具有血缘关系的亲属之间的感情,比如父母儿女之间、兄弟姐妹之间的感情。因为血缘关系的作用,这样的亲情是不以人的意志为转移地客观存在着的。亲情一经建立,无法废止。民间对此的形象解读是:“姑舅亲,辈辈亲,打折骨头连着筋;两姨亲,不是亲,死了姨娘断了亲。”姑舅亲尚且如此,更不要说父母儿女之间了。而爱情和婚姻的双方原本是毫不相干的。两个人结为夫妻后,虽然具有了貌似不可分割的家庭形式和法律关系,但还没有形成具有血缘意义的亲情。随着时间的推移,二人开始孕育子女,这样的男女之情则逐渐增加了血缘色彩。两人共同孕育的子女,被大家形象地称之为“爱情的结晶”。如图 5-4 所示,新生命的诞生不仅仅是增加了小家庭的稳定性，还使夫妻间的感情具有了客观上和法律上的亲情意义，真正地融为了一体。即便是有一天离异了，解除的也只是夫妻间的法律关系。哪怕是会有关于儿女抚养权的界定，但并没有解除父或母与儿女之间的法律关系。由于客观的血缘关系无法被法律解除，解体后的家庭依然还会有千丝万缕的联系。在某种意义上和一些特定的客观条件下，夫妻间的这种间接血缘关系亲情，有时甚至还要浓于儿女与父母以及兄弟姐妹之间的直接血缘关系亲情。否则，就无法理解有些父母儿女之间、兄弟姐妹之间因为财产或其他事情反目成仇、对簿公堂的现象了。夫妻间这种原本并无直接血缘关系的特殊亲情的形成和发展，便是爱情升华的结果。

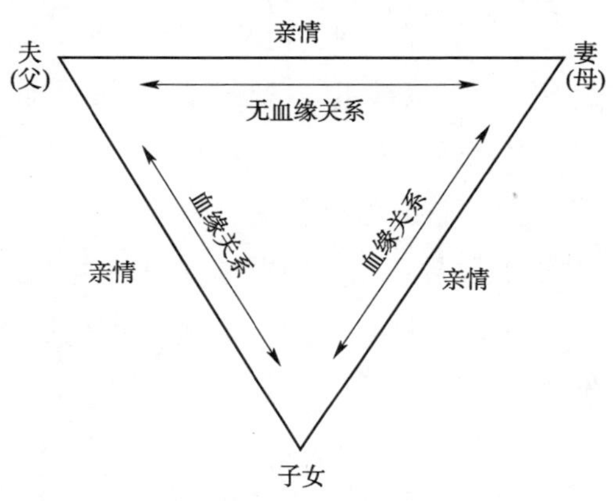

图 5-4　夫妻子女亲情关系示意图

经过拐点，有些爱情曲线的方向可能会出现反转，开始向下滑落，导致爱情的部分缺失或暂时缺失，甚至是彻底瓦解。

婚后如果出现爱情的部分缺失或暂时缺失，会使婚姻生活变得不和谐，一些小矛盾、小摩擦不断，甚至会因之引发大的冲突。不能因为有争吵、有冷战，就断言爱情已经进了坟墓。如果处理得好，可能会大事化小，小事化了，恢复正常；如果处理得不好，则可能会小隙酿大怨，多日之寒导致冰冻三尺。但是，当家庭面临较大困难时，夫妻俩又会捐弃前嫌“一致对外”，共同战胜困难和挑战。经过这样的多次反复和磨砺之后，有些夫妻的感情会日趋稳定，达到历久弥坚的境界；也会有少数夫妻的爱情、亲情和感情会在经历多次敲打之后会达到“疲劳极限”，出现“断裂”的可悲结局。

我们知道，金属材料一般都具有很好的抗拉伸、抗弯曲、抗挤压、抗扭转或抗剪切强度，被广泛地应用于人类社会经济建设的很多领域。但是，再好的金属材料也都有其疲劳极限。金属材料的所谓疲劳极限（或称疲劳强度），是指某种金属材料或金属构件所能承受交变载荷长时间重复作用的最大数值。虽然铁丝的抗拉伸、抗剪切的强度都很高，可是如果在铁丝的某一点上反复弯折，一般用不了几次就会将其折断。这个弯折次数便是该铁丝的弯曲疲劳极限。

爱情犹如一根抗拉伸能力很强的铁丝,拉上几十年可能都不会断裂。但是如果经常受到那些因爱情部分缺失或短暂缺失而产生的“交变载荷”反复“弯折”,恐怕有一天就会被折断,这就是爱情的彻底瓦解。所以,尽量避免“弯折爱情铁丝”,或尽可能地减少“弯折”次数,将发生这样小问题的几率降至最低,是每一对夫妻都要注意的重大问题。比如有的人嗜酒,并有酒后少德或者失德的表现;还有的人喜欢赌钱,导致家庭出现经济问题或子女教育缺失,成为夫妻龃龉争吵的导火索。夫妻间发生战争时,动不动就把离婚挂在嘴边上,等等。这些问题,都是经常“弯折爱情铁丝”的“交变载荷”,不可小觑。

三、拐点后的方向选择权在自己手上

俄国批判现实主义作家列夫·托尔斯泰(Leo Nikolayevich Tolstoy,1828 ~ 1910)在他的名著《安娜·卡列琳娜》一开篇,便抛出了一个被全球读者传诵了 100 多年的论断:“幸福的家庭都是相似的,不幸的家庭各有各的不幸。”除非极特殊情况,每一对夫妻都是抱着相同的目的携手走进婚姻的,那就是共同创造和享受幸福的家庭生活。但是为什么又会有幸福和不幸的巨大区别呢?如果抛却非常的不可抗拒的客观因素,这种差别主要来自于恋爱双方在经过结婚这一拐点时所作出的选择。选择爱情曲线向上的,就要坚持去做向上该做的事情。当然,基本上不会有人在结婚时就选择促使爱情曲线向下,但却经常去做“弯折爱情铁丝”的动作,导致家庭不幸的结局也就变成了一种必然。近年来有一句比较时髦的话,说成功的人生不是赢在了起点,而是赢在拐点上的。如果能拥有成功的婚姻,人生也就至少成功了一半。而婚姻是否成功,就在于如何选择和操纵拐点后爱情的走向,关键的是要解决好怎么看、怎么想和怎么做的问题。

我们在《观念与命运篇》中曾反复论证过一个观点:观念决定命运!爱情和婚姻是人生的主要组成部分,其走势如何直接关乎本人和子孙后代的命运。而决定其走势的根源性因素,就是双方对于爱情和婚姻的看法,即我们在前面所提到的爱情观。如果将情爱视为感情游戏,将性爱视为肉体游戏,就等于是在游戏人生。亘古不变的规律和法则就是游戏人生的人必将被人生所游戏,所以也就不可能获得美满的婚姻。其实,如果我们通观人生的整个过程,婚姻不仅仅是爱情的拐点,它也是人生的转折点,还是人生的提升点。

之所以说它是转折点,是因为它标志着我们的真正成人和真正独立。在成婚之前,无论我们年龄已经有多大,似乎还不需要独立去承担家庭的责任,几乎所有的事情都由父母扛着。结婚以后就大不相同了,我们必须学会独立面对,自我担当。这是人生的一个重大转折。

现在流行的婚礼形式,是新娘的父亲牵着女儿的手走到新郎面前,将女儿的手递给女婿,并予以托付。当新郎从岳父的手里接过新娘的纤纤玉手时,等于接过的是一份沉甸甸的责任,因为岳父向其托付的是一个女人的一生。我们既然有胆量接过来,就一定要有能力托住。如果能力还不具备或者不完整,那么就要赶紧提升自己的能力。所以,婚礼也是人生的一个重要的提升点。

其实,这样的婚礼形式似乎也可以改革一下,将单方面的托付调整为新娘父亲带领女儿向新郎托付、新郎的母亲带儿子向新娘托付相结合的形式。唯此,才能使婚恋的双方同时建立起责任来。一方面,是新娘的"娘"字包含有母亲的释义,新娘子有从婆婆手中接过照看这个"大男孩"继续成长的责任;另一方面,不论多么刚毅坚强的男人也都有其脆弱的"软肋",更有照顾自己生活上的能力欠缺,所以"郎"字只有儿郎和郎君的解释,而无"父郎"或"郎父"的含义。

婚礼只不过是一种形式,应该服从于婚姻的内容,并为婚姻的内容服务。有很多婚姻不完美、不幸福,甚至不得善终,其主要原因就是对责任的认识有偏差。而这种认识偏差的根源,可能与婚礼形式上的不完善不无关系。对于一个普通人来说,可能一生之中这是所接受的最大的一次托付了。我们何德何能呢,人家可以将自己的一生托付给我们?爱情的真谛是终生的相互付出,所以责任也必然是双向的。因此,婚礼更应该成为"婚誓",成为人生的一场重要宣示典礼。如果谁将婚姻也视为儿戏,那么婚姻也必将把谁游戏。很多人都参加过接力赛跑。当我们从上一棒队友的手中接棒之后,只能有一个信念,也只能有一个动作,那就是全力以赴冲向前方。一次可能并不重要的体育比赛尚且如此,那么在人生的跑道上我们接棒之后,还能有别的选择吗?我们唯一要做的就是义无反顾,勇往直前!

拐点,其实也是新的起点,不论对于自然科学还是对于社会科学来说都是如此。毫无疑问,婚姻不只是爱情的拐点,也是人生的一个新起点,因为后面 50 年乃至70年的人生要在婚姻框架下走完。在明确了爱情的实质就是相互付出、婚姻的实质就是相互负责这一看法之后,我们又该做如何想法呢?这个想法,就是谋划、策划、计划、规划、筹划,就是要打算好未来的人生之路怎么走,家里的日子怎么过。说得形象一点,就是当我们从对方的父母手中接过接力棒之后,要有这是最后一棒的心态,要盘算好这最后一棒怎么跑我们的人生才能赢。

家里造一处住房,一年半载便可竣工;公司做一个项目,两年三年便可见效;国家实施一项计划,四年五年便可完成。可我们接过这最后一棒之后,是要用几十年时间来跑完的。没有想法,也没有打算,又没有准备,想把日子过好是很难的。即使我们是这个"二代"、那个"二代",可能也是没用的。当今的新人,文化水平都不是很低,有一大部分还是具有高等学历的知识分子,如果想做出一份《婚后生活计划书》应该是没有文化上障碍的。如果说没有经验,那就更好办了——看看自己的长辈和祖辈,看看自己的同学朋友,借鉴他们的经验教训,编制好自己的计划书。古人云,凡事预则立,不预则废。每一对走进婚礼庆典的新人都是想立的,一生中也可能要写好多种计划书,那为什么不为自己写一份呢?父托女、娘托儿,标志着新人对相爱付出、对婚嫁负责的认识;《婚后生活计划书》则标志着一对新人对未来相互的付出和负责的承诺,更是未来家庭和自己以及后代的人生发展蓝图。

尽管各家的情况不尽相同,各人的想法更可能是千差万别,但是过日子的实质并无大的差异。为什么列夫·托尔斯泰说幸福的家庭是相似的,不幸的家庭各有各的不幸?原因就在于那些幸福的家庭都遵循了过好日子的基本规律。夫妻过日子的规律是什么?不同的人可能也会给出不同的回答,甚至会被认为是无章可循的。其实,这是一种逃避责任的说法,因为世间万事万物都是有规律的,充其量可能是我们还没有发现而已。最普遍的现象就是每对夫妻都希望两人能够风雨同舟,荣辱与共,鸾凤和鸣,白头偕老。那么,这些可不可以不再当口号来喊,而是要将其逐项分解,逐条落实。比如两人是否决定要相伴终生,相互之间的位置如何摆布、关系如何处理,怎样做到有福同享、有难同当,如何履行孕育子女和赡养老人的义务等等。

爱情是浪漫的,而婚姻则是现实的。当我们从爱情的云端回到婚姻的地面时,怎么做便成了最重要的现实问题。这将最直接最有效地检验出双方对爱情和婚姻的认识是否到位、计划是否可行。美满夫妻的幸福婚姻,双方必须做到的就是要负起责任,践行誓言,各有侧重,共同担当。

很多恋人之所以会在婚后出现感情危机甚至破裂,有一条很重要的原因就是有一方甚至双方都不负责任。这里所说的负责,其实就是要扮演好各自的角色。在人生这出大戏中,结婚之前两人都是扮演配角的。当这出戏搬到婚姻这个大舞台上之后,两人的角色同时上升到了主角的位置,分别成为了"男一号"和"女一号"。主角的最主要责任,首先就是把自己该说的台词说圆满,把自己该做的动作做到位。因为自己的台词必须要自己来说,自己的动作必须要自己来做,别人是替代不了的。这就是对自己负责。同时,这也是对对方负责,还是对众多的配角负责。

践行誓言,就是不但要时刻牢记、永不忘记自己过去给对方和给自己的承诺,尤其是要积极践行自己曾经面对婚姻的誓言。真正的爱情是不需要承诺的,因为双方应该是心心相印的,即相互能够读懂对方,深知对方的心里在想着什么,所以任何承诺都是多余的。但是婚姻却不能没有承诺,这种承诺也是一种誓言。这些誓言,就是自己努力建设好家庭的动力。我们一直强调人是这个世界上最复杂的矛盾集合体,所以这些誓言也是对自己有损婚姻家庭言行的一种限制约束。

各有侧重,是因为内外有别,男女有别,所以两个人在婚姻生活中要各有侧重,把自己该做的事情做到位。不论我们所建设的是带有传统韵味的中国式婚姻,还是经营着带有西方色彩的时尚婚姻,夫妻之间都应有一个大致的分工,所担当的角色应该是各有侧重。从某种意义上来说,家庭也是社会上的一种特殊组织形式,也具有企业或其他社会机构的某些性质特征。有些家庭就是因为没有分工,没有侧重,职责不清,任务不明,所以会积累出很多问题。

共同担当,则是由家庭的独特结构和双方在家庭中的地位所决定的。所以,各有侧重地担当家庭事务和责任是相对的,而整个家庭荣辱兴衰的共同担当则是绝对的。一般情况下,男女双方的能力并不均衡,某一方依赖于另一方也是正常的。所以,我们这里所强调的主要是心态,是双方对婚恋相互付出、相互负责的意识上要同步。把婚姻建设经营好是双方共同的目标,所以要共同去担当和解决实现这一目标过程中的一切问题。

第二十六章

婚恋 20 问

爱情和婚姻不仅是浪漫美丽的故事，也是十分复杂的人类社会现象，更是一门高深莫测的学问。其高深程度到底如何，没人能说得清楚，最起码是从古至今没有哪个学校敢于正视开设这门课程来培训学生，尽管人们十分需要，而且几乎是每一个人都十分需要。据说近年来有的高校尝试着开设了相关的选修课，也有一些地方的工会和妇联等社会机构尝试着举办相关讲座，但根本没有完整地将其纳入到正规教学体系之中。由于系统婚恋教育的缺失，适龄青年在这样的人生大事上得不到有效指导，结果是很多人读了十几、二十年的书，却不懂怎样谈恋爱，不知如何过日子，满脑子的疑惑得不到解答，一大堆的问题得不到解决，少数人甚至做出极端的行为。所以有人慨叹，要是能有一本《婚恋 10 万个为什么》就好了。我们在这里筛选出了 20 个比较典型的问题予以探讨，希望能对有困惑的朋友有一定的参考意义。

一、早恋了怎么办

顾名思义，所谓早恋就是还没到应该谈恋爱的年龄过早地出现了恋爱的想法和行为。那么，多大年龄以前算是“过早”呢？严格地说，在高中没毕业之前的恋爱行为都属于早恋，都存在着“过早”的问题。

为什么这样说？有4点理由：

一是我们前面讲过，人生是分阶段的。想要获得成功而又幸福的人生，最好的办法就是在什么阶段做什么事情，而且要把该阶段该做的事情做好。中小学是人生的重要阶段，但这一阶段最重要的事情不是谈恋爱，而是长身体和学知识。

二是中小学生还没有什么人生知识，更谈不上社会经验，世界观、人生观、价值观都刚刚开始萌芽，更谈不上成熟和成型，所以不可能有正确的爱情观，自然也就不可能有成功的恋爱。

三是自己的人生定位还处于未知阶段，未来将考入什么样的高中或大学，学习什么样的专业，将在哪座城市读书、工作和生活，都是未知数，这样的恋爱当然也就充满了变数。

四是早恋带来的心理负担会影响身心的健康，更会影响未来的正常恋爱和家庭生活。

一般来说，早恋几乎没有什么成功率可言。随着双方年龄的增长和学业、职业上的变化，绝大多数都会不了了之，等于绽放的是一朵无果之花，或者是瞬间凋败的昙花。所以，这种既不会有结果，又会干扰自己身心成长和学习进步的事情最好是不要让它发生。如果一旦发生了，也要让它及早结束。

二、追求不成功怎么办

现实生活中，多数情况是恋爱双方中的一方率先产生好感，开始对另一方有所追求。其结果可能或者是被接受，或者是被拒绝；有的是一开始就被拒绝，还有的是相处一段时间后被拒绝。不论被接受或者是被拒绝，都是正常的，因为所有事物都具有正反两个方面，成功与失败的可能性都是存在的。而且所有事物的发生与存在又都是有条件的，爱情也不例外。

虽然爱情应该是纯粹的情感行为，但是感情的载体却是生活在物质社会里的，所以必然要受到来自于物质上和社会上的影响。追求不成功的原因只有一条，就是条件不合适。如图5-5所示，不论将爱情描写得多么圣洁，自然条件、个人素质、社会背景都会制约着爱情的成与败，左右着爱情的长与短。某一方在发动爱情攻势之前，必须要将这些条件考虑清楚，看看匹配度到底有多高。并不是说条件不般配就不可以追求,就不可以相恋,而是要有解决不匹配问题的措施,还要有被拒绝的心理准备。

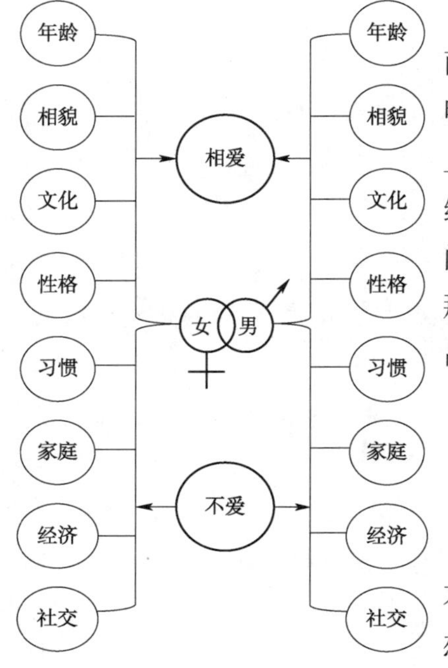

图 5-5　爱情成立必备条件匹配示意图

如果追求不成功,应该认为是好事,一方面因为强拉硬拽凑成的不是爱情,另一方面说明我们又有了新的更多的机会。在人生的路上,如果世界对我们关闭了一扇窗,就一定会给我们再打开一扇门。既然窗子关上了,既然门比窗更宽敞、更通畅,那我们就赶紧去寻找那扇属于自己的门吧,千万别在一棵树上吊死!

三、失恋了怎么办

世事难料,变化万千。今天追求成功,并不见得就一定能走进婚姻殿堂;今天的亲密依恋,也不代表相爱永远。个人感觉、感情或客观条件的变化,都可能会改变爱情的走势,出现一方"变心"一方失恋的局面。对于失恋者来说,这是一件令人痛苦的事情。有些人容易走出来,可也有些人却沉湎于抑郁和纠结中不能自拔,甚至是付出了生命的代价。这是比失恋本身更可怕的事情。

就像追求不得一样,爱了一段却失去了,也是很正常的。这说明两个人再继续下去已经不合适了。分手是会带来痛苦,但这只是暂时的痛苦。如果比起不合适婚姻可能造成的终生痛苦来,这可能是一种及早的解脱。在失恋的痛苦面前,要常想着这样一句话:一切都会过去。

如果从另一个角度去想,我们真爱一个人,就应该希望、祝福和帮助 TA 幸福。TA 不爱你了,说明 TA 和你在一起就不会再有幸福可言了,那么我们就应该放手,并祈祷 TA 获得幸福。否则,只能说明我们并不是真正地爱 TA。

解除失恋痛苦的最好办法就是开始新的恋爱,这并非我们无情无义。人家不爱你了,你却或者要死要活地纠缠,或者自暴自弃地自我作践,这是毫无道理的事情。在祝愿TA幸福的同时追求自己的幸福，是天经地义、无可厚非的。如果暂时找不到合适的恋爱对象，也可以通过多多参与或从事其他活动来分散精力，尽快地走出失恋的阴影。

四、不爱了怎么办

世界上根本就没有一成不变的事情，爱情也不可能总是保持着一个恒定的温度，甚至还有可能会完全丧失，就是不再爱了。不爱的原因有很多，我们这里不去做探究，只是想要回答不爱了怎么办的问题。不爱，可能发生在婚前，也可能发生在婚后。不同时段的不爱，也应该有不同的处理方法。

如果不爱发生在婚前，就应该尽早地明明白白告诉对方，不要继续往前将就，否则会越陷越深，不好了结。既不要耽误自己，更不要耽误别人。需要弄清楚的是到底不爱了，还是遇到了问题、出现了矛盾需要解决。这是性质完全不同的两回事儿。如果真是不爱了，那就早说话，好聚好散；如果是出现了问题，那就尽快加以解决。在真正相爱的两个人之间，没有解决不了的问题。

如果不爱发生在婚后，则应该想办法维持住家庭的完整，两个人继续相互陪伴着一起变老，因为我们曾经相爱过、承诺过，甚至宣誓过。尤其是如果不爱发生在有了孩子之后，那就更不可以轻易离婚。尽管有很多人批评无爱的婚姻是不道德的，是残忍的，但是离婚对那个依旧爱着自己的人以及孩子岂不是更残忍么？更无法确定的是，离开了这个自己已经不爱的人，也未见就能找到另一个自己会爱的人。即使找到了，结合了，如果再陷入不爱的状态又怎么办呢？按照7年之痒的规律，富有激情的爱一般就是那么几年，一个正常的人总不能7年就离一次婚吧？其实，婚后的不爱是正常的，因为爱情已经转化为亲情和感情，进入了一个新阶段——过日子！

五、情场遇到竞争对手怎么办

如果我们的恋爱对象比较优秀，那我们在情场中遇到竞争对手就是一种必然了。怎样保持住自己的霸主地位，也是一种学问，其攻略有5点需要把握：

传递信心。男人自信才值得依靠,女人自信才更有魅力。当竞争对手介入时,我们一定要保持坚定的必胜信念和信心,并不断将这一信心传递给恋爱的对象,以期增加 TA 的信任感,收到 hold 住对方的效果。

展示优势。要进一步将自己的优势展示给恋爱对象。在没人竞争的状况下,可以让 TA 慢慢体会。有了竞争对手,就必须要有目的地尽快加以展示,并要有意识地扬长避短,以己之长攻对手之短。

增加预期。恋爱,是两个人的梦境,营造的是当下的温馨甜蜜和对未来人生的美好愿景。当竞争对手出现时,要适度提高对未来家庭生活和人生质量的预期值,以增加自己胜出的筹码。当然,这种增加要适度,要量力而拟,不可说大话、夸海口,以免后患。

加倍温暖。现实是最可信的,所以要有一些可以当下见效的动作,让恋爱对象即时就能感受到和我们在一起时的温暖度是独一无二的,是不可替代的,

胜利姿态。要让对手感觉到我们已经胜券在握,在 TA 的眼中已经获得了比对手更重要的位置。要通过这样的姿态展示来打击对手的信心,给自己加分和提气,迫使对手主动退出竞争。

但是,要切记不可在恋爱对象面前说对手的坏话。将这些都做过了之后,把决定权交给和自己恋爱的另一半,是最明智和最主动地选择。因为问题的关键不在于竞争对手有多强悍,而在于自己的恋人到底有多爱你。

六、大学期间恋爱合适么

现在,大学期间恋爱的现象十分普遍,已经不是合适不合适,而是怎么恋的问题了。但是在大学期间恋爱的成功率很低,也是不争的事实。所以,如果以婚姻为目的的恋爱,最好是不要在大学里谈。可以在大学里多结识几位异性同学,待走上社会以后再根据彼时的实际情况定夺。

大学生恋爱,大体上可以分为 6 种类型:①以结婚为目的,可能双方也都情真意切。但是,由于恋爱到结婚的过程时间太长,变数太多,特别是毕业后的去向、职业等重大问题遥不可定,最终以分手收场也就不足为奇了。当然,也有少数最后能够成为终身伴侣。②以情感体验为目的,给自己增加一些经验,以便毕业后正式恋

爱时不至于太过青涩。③以性体验为目的，被好奇心驱使，在性激素和爱情激素的刺激下，通过恋爱的手段实现性尝试和性满足。④以排解寂寞为目的，打发因不积极上进而出现的寂寞时间、寂寞心境和寂寞情感。⑤以获得物质利益为目的，在同学中或在社会上找到合适的人选，通过恋爱的方式谋求物质回报。⑥以满足虚荣心为目的，让同学和亲友感觉到自己有魅力、有能力，能够在大学里找到对象。

以上情况中的后5种，几乎都很难会有好的结果，而且其负面影响甚至可能会延伸到当事者的一生，给未来的爱情生活和家庭幸福留下隐患。大学生都有很高的智商和学识，面对在校期间的感情世界，一定会做出正确的选择。

七、如何看待网恋

与现实中的人际交往相比较，网络社交软件是一个虚拟的便捷平台。正是因为有了这一平台，使得很多空虚的人不再空虚，很多寂寞的人不再寂寞，很多孤单的人不再孤单，甚至还有一些人通过网络谈起了恋爱。其中，有少数人通过网恋找到了自己的另一半，但是因为网恋而被骗财骗色的也大有人在。所以，网恋是一把双刃利剑，必须格外谨慎对待。

陌生人之间网聊的主要问题是虚和伪以及与虚伪如影随形的欺骗。所谓虚，是看不见摸不着，不知真假，甚至有时候都可能会怀疑对方的性别。所谓伪，是伪装。由于网络存在着一定的不安全因素，人们在其交流平台上公布个人资料时往往要做一些伪装，与陌生人沟通时更是不敢什么都如实披露。这种虚和伪会给人以雾里看花的感觉，一经见光可能与心里曾有的感觉大相径庭。这种心理上的巨大落差，既可能来自双方出于自我保护意识的刻意隐瞒，也可能来自于某一方为了抬高自己的善意谎言。不论源于什么动机，造成的客观效果就是欺骗，这还不包括原本就是要骗财骗色的网络陷阱。

在利用网络交友相对于现实婚介相亲的多种优势时，最好的办法就是把网络只作为相互认识的一个工具，而不要将其当作恋爱工具。通过网络了解了对方的一些基本情况后，尽快通过现实中的见面沟通交流进行核实，然后再决定是否继续交往。

八、背景不同可以恋爱吗

答案自然是肯定的。只要不违背法律，两个真心相爱的人可以不用考虑背景因素而自由恋爱的。但是这一问题似乎从古至今都没能真正解决好，特别是一些传诵久远的爱情悲剧故事，多与恋爱双方的家庭社会背景密切相关。我们在图5-5中，给出了8组必备条件，其中有3组属于背景条件，诸如家庭、社交、经济等。

如果双方的这些背景条件有较大差异，会产生两类问题：

一类是恋爱中的沟通可能会出现障碍，或者是引发相处中的矛盾。有一位蜗居家庭条件下长大的男孩在和女友相处时，曾多次有直接坐到女孩床上的习惯性动作。女孩也曾几次提醒这样的动作不卫生、不礼貌，并且还有几次是不想小题大做而一忍再忍，但终于在又一次提醒男孩时引发了"战争"，间接地导致了两个人的分手。男孩的这种习惯动作就是在其原有的生活背景下形成的。

另一类是婚后的共同生活可能会出现不和谐，导致家庭中产生摩擦。有一位大学教授的女儿嫁给了一位普通市民家庭出身的同学。在一次女方家族的聚会上，这位新女婿喝汤的过大声音，招来了女方亲属的惊诧目光和私下议论，使这位教授女儿倍觉颜面无光，回家之后小夫妻为此大吵了一架。

一滴水可以映出大海狂澜。这两件小事足以说明，不同背景的恋爱将要面临更多的考验和磨炼，不但要有足够的思想准备，更要有应对的措施和能力。

九、性格不合怎么办

婚恋中的性格不合其实是一个伪命题，只是人们对恋人之间、夫妻之间发生分歧、产生矛盾原因的一种误读、误解，也是恋人分手、夫妻离婚所占比例最高的一种堂而皇之的理由和借口。

性格是人们对与自己相关的人、物、事的习惯性心理反应和相对稳定的语言、行为风格。如同世界上没有两片完全相同的叶子一样，世界上也不可能有两个性格完全相同的人。正是由于性格上的差异，才有了人与人之间的区别，也有了每一个人存在的价值，更有了每一个人独特的魅力。

所谓性格不合,就是不同性格的人不能和谐相处。这与性格并没有相对应的直接关联,也不存在某种性格与某种性格和谐,而与另一种性格就格格不入的问题。我们的父母之间性格相同、和谐么?我们与父母之间性格相同、和谐么?恐怕多数人都会得出否定的结论。但我们却发现,父母之间已经携手走过了几十年的风雨人生,并且还创造了我们;我们与父母之间也一直保持着浓烈的亲情,并且越处越亲。既然性格不合就不能继续相处,就应该分手,我们的父母为什么不分?我们与父母之间为什么还要继续相处?原因只有一个,那就是亲情。亲情告诉我们,就算是性格不合,也还得继续,况且这世上到底有没有性格不合一说并无定论。

恋人相处,夫妻相伴,分歧时有发生,矛盾在所难免,容、让、忍、恕便是解决问题的金科玉律。

十、经济条件重要吗

当然重要。因为不论古今,也不管中外,经济条件在恋爱和婚姻中都占据着十分重要的位置。人们对此的看法分歧,主要表现在它是否应该成为婚恋前提条件的这一关键点上。抱肯定态度的人认为经济条件是前提,是基础;抱否定态度的人认为经济条件不是前提条件,更不是基础条件,只有纯真的爱情才是婚恋的前提和基础。

纯真的爱情,就是不在乎任何外在条件的感情交流和依恋。人们都渴望纯真的爱情,但是又都存有物质上的享乐之心和攀比之心。同时,我们赖以生存的社会又是物质、商品的和经济的。因此,如果不以物质享乐为目的,纯粹的爱情是有存在空间的。如果以婚姻为目的,恋人们在确定关系的同时考量对方的经济条件,也就无可厚非了。但是,如果把经济条件当作为唯一条件或者是前提条件,也是不值得提倡的。

拥有至真至纯的爱情,是人生最高层面的精神享受之一。所以,我们依然推崇不附加经济条件的纯真爱情。因为只有纯真的爱情才是唯美的。对经济条件的态度,也是考察爱情是否纯真的"试金石"。"山无棱,天地合,乃敢与君绝!"(《乐府·上邪》)仅仅是经济条件差一点就要"跑路",哪里有什么爱情可言呢?如果有了真正的爱情,条件再苦也阻挡不住恋人的脚步,两人也完全可以通过共同奋斗改善经济条件。经济条件在人生旅程中是重要的，但不是最重要的，在婚恋问题上也是如此。

十一、缘分是什么

在婚恋中，两个人走不到一起就说是无缘或者是有缘无分，两人走到了一起就说是很有缘分，分手或离婚时则常说是缘分尽了。但缘分究竟是什么呢？似乎并没有几个人能说得清楚。

由于人是群居动物，具有社会属性，所以在人生旅途中必然与其他一些人、事、物产生联系。发生这种联系的机会就叫缘，如人缘、血缘、情缘等。虽然有缘结识某人，但只是一面之缘，擦肩而过，并没有发生以后的交往，就叫有缘无分。结识以后多次交往，联系越来越紧密的机会就叫分。这样的结识和多次交往则叫有缘有分，也就是人们常说的缘分。人们更多地会将婚恋方面的相识、交往和结合喻为缘分。

究其实质，缘分是两个人命运线交集的结果。我们在《观念与命运篇》中曾经说过，人的命运可以表现为由很多命运点连接而成的一条命运线。当一个男人命运线的婚恋点与一个女人命运线中的婚恋点相互靠近时，缘分便出现了。如果交往继续，效果可人，两人的婚恋点便会交集在一起，开始恋爱，直至结婚。

如图 5-6 所示，两个人相遇、相识、相知和相爱，是两人命运的交织，是两人命运线的交集，是两人婚恋命运点的重合。这是不浅的缘分。因为在重合点之前任何一方的任何一点上发生了偏差，两个人几乎都不可能相遇，也就没有了后来的一切。所以，已经相爱的人千万要珍惜缘分。

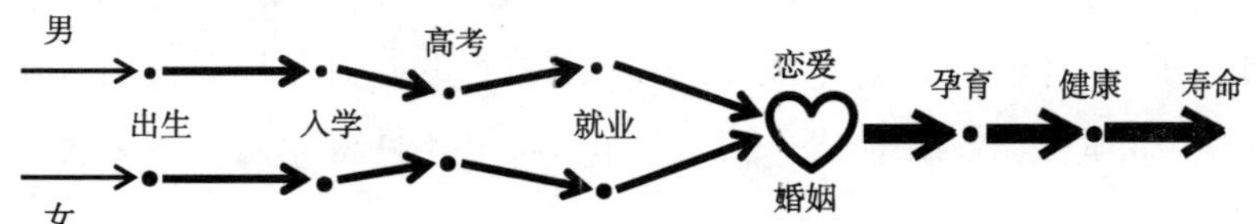

图 5-6 婚恋双方命运线交集示意图

十二、异地恋靠谱吗

异地恋虽然是近年才出现的新名词，但是这种现象却并不是新生事物。

在中国实行改革开放之前，异地恋乃至婚后的两地分居现象比比皆是，而且当时的通讯和交通十分不便，普通信函要 3 至 7 天才能到达，特快列车走行 1000 公里的距离要用 20 个小时左右的时间，全国不论什么行业和职业都没有双休日。但是，那时的异地恋成功率却极高，两地分居也没有导致离婚率上升。为什么？因为那时的社会环境没有如今这样复杂，诱惑和选择的机会没有如今这样多，社会的宽容度没有如今这样灵活。

最近 30 多年来的经济发展，实现了通讯即时，飞机、高铁方便快捷且四通八达，城市之间似乎都没有了距离。但是，异地恋却很难成功，因夫妻分居而导致的离婚现象也越来越多。为什么？因为社会风气变了，环境复杂了，诱惑几乎无处不在，选择的机会和空间变大了，社会对各种光怪陆离的婚恋现象包容度提高了。

在这样的社会现实面前，如果选择异地恋，需要付出的代价会很大，但成功的几率却很低；需要承受的痛苦会更多，但获得的回报却很少；需要经历的考验会更严，但结果可能是痛心疾首的失望。因此，如果没有极其深厚的感情基础，选择异地恋则必须双方（而不是单方）都要有极大地勇气和耐力。现在就业和创业方便灵活，如果一旦异地恋成立，就要尽快地到同一座城市去工作和生活，这样才能更好地保护住爱情，保护住婚姻。

十三、试婚值得提倡吗

试婚，就是一种婚姻试验，是因为对未来的婚姻是否合适而进行的婚姻生活实战演习。这与婚前性行为不是相等的概念。很多人看到同学、亲友中有人先是卿卿我我恋爱，继而轰轰烈烈结婚，然后吵吵闹闹离婚心有余悸，对自己未来的婚姻缺乏安全感，所以非要先试试不可。

其实，这一试可能会试出几种结果来：一是双方都看到了真实的对方，并认为正是自己梦想的人选，然后携手走进婚姻的殿堂。二是双方都不满意，或者是单方面不满意，导致分道扬镳。三是矛盾大暴露，但是双方找到了解决这些问题的方法，认为可以共同生活在一起。四是问题没有得到妥善解决，小摩擦引发了大矛盾，结果是难得的姻缘因为试婚而终结。五是试婚的不成功，会给双方未来的人生留下长久的阴影。由此可见，试婚是一种利弊都很突出的社会现象。

试婚带来的最大问题是上面所说的第4条,就是本来两个人很般配、很合适,但是因为试婚而提前开始了家庭框架下的相处,却没有法律框架的约束,出现矛盾、摩擦后又不善于处理,一想反正也没领证呢,分开算了,结果是牺牲了大好姻缘,可能是一辈子再也找不到那么满意的人了,也可能造成剩男或剩女。如果从这个角度来看,试婚的弊是大于利的。

我们在决定做一件事情之前,要分析清楚其利弊,比较出是利大还是弊大;还要预测判断出可能的结果,看其最好的结果是不是我们所需要的,最坏的结果是不是我们所能承受的。两利相权取其重,两害相权取其轻。凡事皆有利弊两个方面,不可能只有利或只有弊。但是一件事情的利与弊又不可能是对等的。提倡不提倡,做与不做,要权衡该事物的利弊关系。是否走试婚这条路,完全是要看双方的实际情况谨慎决定。

十四、如何参考家长的意见

很多年轻朋友在初恋时家长会提出意见或建议,而且容易出现意见相左的情况。由于两代人的世界观、人生观、价值观和爱情观上的差异,双方出现意见分歧是必然的。那么,到底该不该听取家长的意见和建议呢?

由于家长和子女的根本利益是高度契合的,所以家长提出意见的出发点是不容置疑的,即为了子女的人生更美好、更幸福。但恰恰是这句熟透了、俗透了的话,会引起子女的反感,往往会影响父母建议的有效性。

当下青年人的文化程度多数都比父辈高很多,因此家长在一般情况下是不会轻易对婚恋期子女指手画脚的,特别是对于进入大学以后的子女更是如此。他们开口说出的话,一定都是经过再三掂量、深思熟虑、不可不说的意见。

虽然父母与子女的年龄差至少都在20岁以上,貌似有着明显的代沟。其实,在信息和通讯高度发达的今天,父母未见就一定会比子女要out很多。多数家长在子女婚恋问题上的认识和态度,基本上是能够跟上时代潮流的。

作为家长,他们都是过来人,对恋爱、婚姻、人生都已经有了切身的体验,并且悟出了一些道理。他们十分清楚地了解自己的子女,在一定程度上也很清楚地知道自己子女需要什么样的人。同时不可忽视的是,子女的婚恋也是在为双方的家庭选择新成员。

综上所述,家长的意见应该得到子女的高度重视和认真参考。

十五、女人是嫁给谁都会后悔吗

这种现象确实存在,但并非是所有女人的感受。如果这个男人没有违法乱纪、伤天害理的恶行,凡抱怨自己嫁错了男人的女人基本上嫁给谁都会后悔的。因为这样的女人具有抱怨的天赋,还有专门盯着别人缺点的嗜好,或者是有专门挑剔别人与自己不同之处的习惯,所以她嫁给谁都会后悔。

嫁给有权有钱的男人吗?后悔!这样的男人太容易招蜂惹蝶,也更容易以忙事业、忙工作为借口,暗置外室,金屋藏娇,自己好像一个被打入冷宫的皇后。

嫁给有才有闲的男人吗?也后悔!这样的男人天生就极富女人缘,身后的粉丝成营成团,又有多少男人能够抵御住诱惑,真正达到坐怀不乱的境界呢?

嫁给英俊帅气的男人吗?还后悔!这样的男人看久了也就没有什么稀奇之处了,可是在别人眼里他依然是潘安、宋玉,投怀送抱者络绎不绝。

嫁给朴实憨厚的男人吗?更后悔!这样的男人往往能力有限,无法满足一个怨妇的物质需求和虚荣心,甚至都羞于带他参加同学或亲友聚会。

所以,爱抱怨的女人嫁给谁都后悔。其实,对于女人的后悔和抱怨也可以不必太在意,因为唠叨是她们的一种排毒方式。她们一定也知道人无完人的道理,也知道自己的条件在什么层位上,所以抱怨完了还得继续过日子。

十六、男人是娶了谁都会厌倦吗

所谓厌倦,就是对某一人、事、物的兴趣部分丧失或完全丧失。在恋人或夫妻之间,由于审美疲劳或言行的不和谐也会导致兴趣减弱或丧失。因此,有些女人就会得出男人娶了谁都会厌倦的结论,或者责骂这样的男人喜新厌旧,是当代“陈世美”。

其实,喜新厌旧是人之常情,并非男人在夫妻关系上的专利。

人们为什么那么热衷于旅游?那就是典型的喜新厌旧。有很多人本来就住在景色秀美的名胜风景区,但他们还是会不辞辛劳地花费真金白银去外地旅游,哪怕他们去的旅游目的地远远不如自己的家乡。所以有人给旅游下了新的定义:一群在自己家乡住腻了的人到另一群人住腻了的家乡去看看。

女人为什么那么爱买衣服和鞋子?那也是典型的喜新厌旧。不论衣橱里有多少新潮的衣服,也不论鞋柜里有多少时尚的鞋子,有些女人在出门之前还会抱怨没有满意的衣服穿、没有合适的鞋子配,或者会在逛街的时候不由自主地走进服饰商店。除了喜新厌旧,还能有什么合适的词汇来给这样的情况作注脚呢?

不可否认,现实生活中的花心男人确实是大有人在,但多数男人对女友、对妻子并不是真正的厌倦或厌烦,而是进入了一个新的阶段,正如我们在前面所描述的爱情拐点那样。

十七、男人真是没一个好东西吗

“世界上的男人没有一个是好东西”,虽然是好多女人常说的一句话,但并非是对男人世界的真实认识和描述,因为无论从逻辑上还是从客观上,这样的结论都不能成立,还没有开始恋爱的女孩儿千万不要将这句话奉为真理。

从逻辑上说,一个女人一生所经历的男人应该是很有限的,不能仅凭对几个男人的认识就得出这样绝对的结论。同时,自己的父兄和爱子也都是男人,这样的辱骂岂不是等于在说自己也是一个“坏东西”的后代,或者是一个“坏东西”的母亲。还有,这样评价男人一般都是在指责男人们抛弃妻子和别的女人鬼混。殊不知,一个“不是好东西的男人”背后,最起码要搭配上一个乃至多个“不是好东西的女人”,否则他和谁去鬼混呢?君不见社会上的“小姐”现象和有些贪官、大款的情人是若干个甚至是两位数以上么?

从客观上说,这也不是事实。在这个世界上,不论社会风气怎样恶劣,总归还是好人多坏人少,否则好人怎么活呢?看看我们身边的绝大多数家庭吧,相信大家也就明白了。很难想象,每个家庭里都养着一个“不是好东西”的男人,那他家的日子怎么过,街坊邻居又如何会得以安生呢?

问题的关键在于这样的话说出来后的社会效果会是怎样的呢?首先是会误导一些未恋或未婚的女性,使她们对婚恋望而却步,因而可能使“剩女”群体扩大;其次是如果被孩子听到,会在他们尚未成熟的心里留下阴影;同时也会有火上浇油的间接作用,使一些本来就已经很敏感的夫妻关系更趋紧张。

十八、对方“劈腿”了怎么办

据说“劈腿”一词来自于台湾,虽然词面略有淫秽之嫌,但用来形容恋爱中的感情出轨、脚踏两船或多船以及婚外恋还是很简明、很形象的。劈腿既可能发生在男人身上,也可能发生在女人身上;既可能发生在婚前,也可能发生在婚后。但不论发生于哪一方,也不论发生在哪一时段,其个人危害、家庭危害、社会危害却都是显而易见、客观真实的。

婚恋或家庭中一旦出现这样的问题,双方都必须积极地去面对,认真地加以解决。所谓积极面对,并不是要立即去处理,因为这时的心态和情绪一定是不平静的、不正常的,所以最好的办法是稍微放一放,让双方都冷静一下以后再做处理或者决定。这里所说的决定,就是要在作出正确判断之后决定取舍——是继续保持恋人关系或者维持现有家庭,还是结束现有的关系。一般来说,一个人在情绪激动状态下的决定和言行都是比较缺乏理智的。所以要等自己冷静下来,将已经发生的事件放在两人相互关系及整个人生的大体系中进行评判和考量。这样得出的结论和作出的决定才能相对地接近正确与合理,以避免在错误的事情发生后又错误地去处理。

待双方心平气和地进行讨论之后,如果同意继续,就要开诚布公地找出发生劈腿事件的潜在原因,努力去消除,以免重蹈覆辙,并承诺以后不得以此为把柄来敲打出事方。如果双方决定结束,就要想清前因后果,勇于承担后面的一切,并友好地分手。

十九、如何看待离婚

2015 年 6 月,国家民政部官网公布的《2014 年社会服务发展统计公报》称,全国 2014 年依法办理离婚 363.7 万对,比 2013 年增长 3.9%。363.7 万对是什么概念?那就是 727.4 万人,这已经相当于欧洲一个中等国家全国的人口规模。这个

363.7万对的数据还表明，包括节假日在内，中国差不多每天都有1万个家庭解体。再和2014年1306.7万对登记结婚的数据相比较，离婚结婚比高达27.8%。从绝对数上看，这是一个庞大得吓人的数字；从离婚率、离婚结婚比上看，这也是一个居高不下的比例。另据《央视新闻》报道，自2003年以来，我国离婚率已连续12年递增，结婚3年内申请离婚的超过40%，80后已正式成为离婚大潮中的主力军。

上面这组数据是应该引起人们震动和深思的。毫无疑问，离婚是人生的一大悲剧。即便是有特殊理由应该结束的婚姻，那也说明当初的结合就是悲剧的开始。虽然不幸的家庭各有各的不幸，离婚的理由可能也有千条万种，但归根结底一句话，就是婚姻不幸福。离婚的目的就是结束目前的不幸，去寻找自己心中的幸福。但是，离婚绝不是结束目前所谓不幸福的唯一方法或最好方法。在离婚率颇高的当今社会，看看那些走出“围城”的人们，我们似乎应该明白很多道理的。

先看看那些已经结束了所谓不幸婚姻的人们，究竟有几人真正结束了所谓不幸？离婚后的一系列、一大堆麻烦怎么解决？而且所有问题都要自己扛，其中有些问题甚至可能会伴随自己直至生命的尽头。

也看看那些逃出一个“围城”又钻进另一个“围城”的人们，究竟有几人是找到了真正的幸福？究竟有几家不是强颜欢笑给世人看？因为他们实在是不好意思再次否定自己，只能把打掉的牙吞进肚里。

再看看因子女离婚而惴惴不安的父母，还有因父母离异而惶惶不可终日又不得不在单亲家庭中艰难成长的孩子，都是因为某一个人要追求所谓的幸福而被推入不尽的痛苦之中。遑论当事者是否能够找到幸福，就算是真的偶尔有幸运者暂时获得了貌似幸福于前次的婚姻，那也是建立在子女和父母痛苦之上的。享受这样的所谓幸福，于心何忍、于情何堪啊！况且这种幸福究竟能够维持多久更是一个未知数。

因此，除非是经常发生家庭暴力使自己的人身安全得不到保证，或者是有一方违法乱纪使家庭的安全受到威胁，否则离婚真是一条不应该走的死胡同。

二十、如何挽回“濒死”的婚姻

就绝大多数家庭来说，使婚姻走到穷途末路的真正原因，并非重大原则问题，往往都是一些鸡毛蒜皮的小事累积所致。如果从恋爱一开始就防微杜渐，婚姻就不会走到“濒死”的边缘。这是挽救婚姻的治本之策。所谓重大原则问题，不外乎3类：家庭暴力，违法乱纪，劈腿出轨。对于有前两者重大原则问题的婚姻，可以采取法律手段解决；而对于因婚外恋和生活琐事累积所造成的婚姻危机，则最好不要采取“断腕”之策。

面对并非一日之寒所造成的三尺之冰，我们可以从两个方面入手加以解决：一是感情融之；二是哲理化之。

很多人都有豢养宠物的经历，并对自家的阿猫阿狗产生了深厚的感情。而对于陪伴自己一路走来的TA不可能是没有感情的。当婚姻亮起红灯时，动之以情是最管用的妙方良药。双方可以一起回味感情经历，回想共同的婚誓，重读《婚后生活计划书》，找出偏离既定轨道的原因，说不定坚冰会在这一系列的感情交流中迅速融化。

人生之路，夫妻之道，大事小情尽显哲理。所谓打江山难守江山更难，那么推理到一个家庭，成就婚姻难，守住婚姻也就更难。但是话又说回来，如果我们连自己呕心沥血缔造的婚姻和家庭都守不住，还能在社会上做好什么事情呢？婚姻之所以能走到“濒死”的边缘，自有违规悖理之事。其中，一个最普遍的问题是绝大多数新婚夫妻没有面临人生转折、爱情拐点的意识，认知能力、思想逻辑和行为方式仍然停留在恋爱阶段。这就好比一个人已经走上社会了，说话办事还像在家里、在学校一样，怎么会不出问题呢？所以，把双方各自的问题找出来，动之以情后再晓之以理，从相伴人生到抚育后代，从孝敬长辈到携手变老，从战胜困难到建设家园，通过方方面面的探讨，使婚姻重新回到应有的正确轨道上来。

第二十七章

家庭是亲情的港湾

在中国,家的概念很重,也有小大之别。所谓小家,是由一对小夫妻和他们的孩子组成;而大家,则是由若干个小家组成的,包括双方父母的小家,也包括双方兄弟姐妹小家。如图5-7所述,无论大家还是小家,都是由亲情相互关联所组成的,所以宛如是一个亲情的港湾。亲情在这里汇集,同时也在这里复制,更在这里发展,所以家庭又是亲情的制造生产基地。人生在世,如果缺少了亲情,甚至是没有了亲情,那将是极其可悲的。因此,经营好自己的小家,建设好自己的大家,是人生的重要职责。

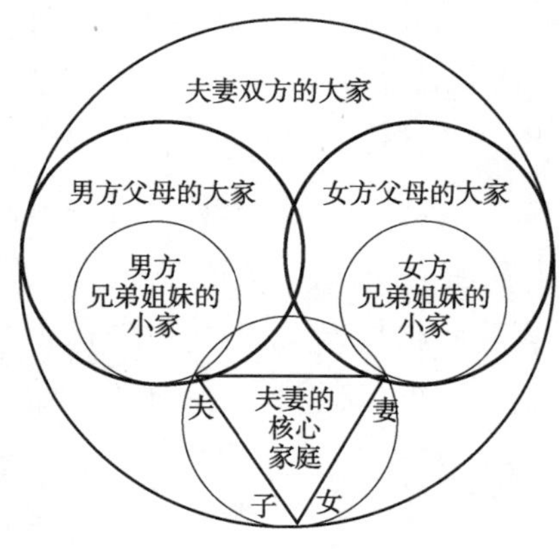

图5-7　大小家庭亲情关系示意图

一、夫妻相处之道

在夫妻之间,情爱和性爱都不可能与我们的生命共始终。婚姻则不同。婚姻将情爱和性爱置于责任、道义和法律的框架之下,即使爱情变淡了,性爱没有了,但夫妻的感情在婚姻中还可以不断地得到延伸,夫妻间的亲情也会在婚姻中逐渐变浓。所谓“围城”,乃是感情、责任、道义、法律之城,是情爱和性爱的最佳归宿。两个人分别从各自父母之城中走来,构建起属于自己的新城,相互陪伴,一起变老,岂不快哉?但是,“过日子”中又难免会有些磕磕碰碰。经营好自己的小城,保持夫妻间的和睦相处,便成为婚姻生活中的第一要务了。总结古往今来夫妻相处之道,如果能做到容、让、忍、恕 4 个字,应该就可以实现和谐美满的境界了。

容 即包容、相容。

两个原本并无联系,甚至是可能都互不相识的人走到一起,要生活在一个屋檐下,或者性格不同,或者脾气不同,或者习惯不同,如果没有高度的包容心、包容度,想要和平相处并要把日子过好,其难度是可想而知的。所以,相互间的包容便是夫妻相处的第一法则。

两个人共同组建了一个新家庭,不能要求对方只将优点和我们喜欢的方面带进来,毫无例外的是对方一定会将其缺点和自己不喜欢的习惯也一起带进来了。同理,我们自己也一样,也是带着缺点以及对方可能不喜欢的习惯走进这个家庭的。夫妻相伴,有一点一定要明确,那就是两人的优点、缺点要一起相伴的。

对方的性格、脾气、习惯可能是终生都不会改变的。我们这里所说的包容,并不是说对方有恶习也睁眼闭眼地不加劝阻,而是在强调要允许双方有不一致的情况存在。这就是人们常说的求同存异或求同尊异。

有人可能也会说,恋爱的时候也没发现对方有这样或那样的缺点啊,现在怎么变成这样啦?这其实也很容易理解,恋爱时双方都会尽可能地展示自己的优点和长处,有意无意地规避和隐藏(不是隐瞒)自己的短板和缺点。我们有谁不是这样做的呢?所以根本不用大惊小怪。

另外,我们在学校或者在单位,经常有可能会遇到同学或同事说出自己不喜欢听的话、做出自己不喜欢的事。但是,碍于情面,我们都得包容。恋爱的时候,对方即使有什么我们看不惯的地方,我们也都包容了。既然外人可以相容,难道与自己同床共枕的挚爱亲人就不可以相容了吗?既然婚前可以相容,难道走进了婚姻,走得更近了,反倒就不可以相容了吗?这是毫无道理的。

让 即谦让、礼让。

在家庭生活中,夫妻之间能否做到让,关键在于前面的谦。这个谦,是谦和、谦逊,是夫妻平等、相敬如宾的标志。如果一方总想凌驾于另一方之上,那谦让就只能是单方面的了,很难长久,并且容易酿成婚姻危机。

清朝康熙年间的文华殿大学士张英在京为官期间,曾收到来自安徽桐城老家的一封信,说家里因修院墙与邻居发生纠纷,请他干预解决。张英写了一首诗寄给家人:"一纸书来只为墙,让他三尺又何妨?长城万里今犹在,不见当年秦始皇!"家人见信便主动退让3尺,感动得邻居也学着退让3尺,在两家院墙之间出现了一条6尺宽的小胡同,这便是举世闻名的桐城"6尺巷"。

无论在外做人做事,还是在家为夫为妻,让是必须的、绝对的,不让只能是暂时的、相对的。不让,必然会惹起事端,引来麻烦。张英虽官居相位,已在一人之下万万人之上的高处,还能要求家人先谦后让,不仅化解了邻里间的一场纠纷,并留下了警示后人的千古佳话。其子张廷玉之所以能继承父位,辅佐了雍正和乾隆父子,成为满清王朝唯一配享太庙的汉臣,当与张英的影响训导有关。这种谦让的美德,在夫妻间更是须臾不可缺少的。

日常的家庭生活中,夫妻间往往会因一两句话的不顺遂而起争执。如果我们能像在外面对同学、对同事、对领导那样,谦逊一些,谦让一点,事情的发展可能就是风和日丽、天下太平的景象了。

中华民族是礼仪之邦,讲究礼数是我们的传统美德。但是,人们往往强调的是在外面、和别人要有礼貌,而在夫妻之间更强调的则是自由与自我,似乎也无大错。但是,过于随便也可能会导致一些毫无意义的纷争。汉朝隐士梁鸿与夫人孟光举案齐眉、相敬如宾的故事人们都早已耳熟能详了,并且艳羡不已。要是我们在夫妻生活中能够引为借鉴,家庭的氛围一定会更加祥和。

忍 即隐忍、忍耐。

夫妻间的忍,是"容"的表现,是"让"的升华,而非无人格、无原则的低声下气和忍辱负重。这里说的忍,就是在生气的时候要忍住,别发火;在争吵的时候要忍住,少说一句。

要做到这样的忍,要有隐忍的修养。可能对方的言行已经使自己不快活、不开心了,但是最好能将这样的不快隐藏住,不要表现出来。虽然自己的隐忍会有些痛苦,但是却可能避免一场家庭战争。如果将小隐忍带来的苦闷同爆发家庭战争带来的大麻烦相比,应该就不算什么、不值得一提了。

要做到这样的忍,还要有耐受的能力。这种能力也是锻炼出来的。一个处女座女孩嫁给了一个射手座老公,两人经常因挤牙膏问题拌嘴。女孩每次都是从底部向上顺序地将牙膏挤出,并且要求老公也要这样做。可老公呢,自小挤牙膏都是顺手捏到哪里就在哪里用力挤一下。女孩是见一次唠叨一次,老公则是屡教不改,或者是屡次认错屡次再犯。久而久之,女孩不再为挤牙膏的问题唠叨了,因为她知道没有任何作用和意义了。虽然她每次看到那被老公捏得奇形怪状的牙膏时仍然觉得不爽,但她学会了忍耐,并且有了越来越强的耐受力。

要做到这样的忍,也要有一定的幽默感。据说古希腊著名哲学思想家苏格拉底(Socrates,前469~前399)的太太极其泼辣,有时候会把他吵到不得不逃离家门的程度。有一次他刚跑出家门,又被太太泼了一盆脏水。他自我解嘲地说:我就知道嘛,响雷过后一定有大雨啊!他还曾经幽默地说过,我娶的是天底下最难对付的女人,难道我还会在乎遇到什么难对付的人吗?有他这样的气度和智慧,还有什么家庭小事不能忍受呢?

恕　即宽恕、容恕。

人非圣贤,孰能无过?更何况是天天“炒勺碰锅沿”的夫妻呢?所以,无论是丈夫还是妻子,在日常生活中也会有说错话、做错事的时候。如果是没有过错的夫妻“磨牙”,可以容、可以让、可以忍,但是如果某一方有了过错时还要再容、再让、再忍吗?其实,一旦出现了这样的情况,这些已经不够了。这时所需要的是恕,是宽恕和容恕。

《论语·卫灵公篇》记载有这样一段话:子贡问曰:“有一言而可以终身行之者乎?”子曰:“其恕乎!己所不欲,勿施于人。”说的是子贡向老师提出了一个很特别的问题。他问,有没有那么一个字,可以用来让我们一辈子都要照着去做的呢?孔子回答说:那大概应该就是恕字吧!凡是自己不想要、不想做的,就不要让别人要,也不要让别人做。如果我们将“己所不欲,勿施于人”视为孔子对“恕”的解释,那就是恕己及人的意思。己所欲,施于人。如果自己做错了事,是不是特别希望能得到别人的宽恕呢?如果是,那我们为什么不可以容恕别人的过失呢?

在和我们相处的过程中,我们的同学、朋友可能会有过错,我们的同事、领导也可能会有过错。怎么办?不宽恕他们吗?那同学或朋友的关系可能就要崩溃,那现有的工作单位可能就容不下我们。因此,我们往往都会退让一步,宽恕他人的过错。在家庭生活中,我们的父母和兄弟姐妹,还有我们的孩子,也都可能会说错话、做错事。怎么办？宽恕不宽恕他们，结果都是一样的，血缘在延续，关系断不了。唯独夫妻，这既是世界上最亲密的关系，同时又是世界上最薄脆的关系。一旦一方有错，另一方又死也不肯原谅，这关系就算是走到了头，不管有没有那张法律文书都无济于事了。为了自己的幸福，为了那个自己曾经深爱着的人、也深爱着自己的人的幸福，为了我们双方的那做梦都在期望儿女幸福的父母的幸福，为了我们后代的幸福，请宽恕、原谅对方的过失吧！

所以，恕不仅是增益婚姻的最有效法宝，更是保护婚姻的最有力武器。

二、生育后代是使命和职责

家庭是什么？是社会的细胞，是民族的细胞。它以婚姻关系、血缘关系或者收养关系为构建基础，以维持成员生计和繁衍后代为基本功能，以创造财富和幸福为发展目标，在人类社会存在了几千年，构成了滔滔不绝的历史长河。尽管因社会变迁或时代更迭有过一些形式上的变化，但家的基本属性并没有发生过实质性的改变。这其中的创造财富，当然也包括了人口的再生产。因此，生养儿女并抚育他们成长，一直是家庭的主要使命和职责。否则，血缘关系怎样产生和维系？创造财富又有何意义？追求的幸福又在哪里？

其实每个成年人都知道，生儿育女绝非小事，要历经千辛万苦，甚至要面对生命危险。但是，古往今来的绝大多数家庭却都心甘情愿地去完成这一使命。什么叫使命？就是与生俱来的责任、任务。当然也不可忽视的是，人们在完成这一使命的过程中也可以获得自己的乐趣和幸福。所以，生育后代不光是为社会、为人类，更多的是在为自己——

为永生克隆自己　几乎所有的人都期盼自己长寿，也曾有人幻想长生不老。但是，长寿是有限的，最多也就是百十岁而已；长生不老是不可能的，秦始皇、汉武帝也都枉费了心机。1996 年 7 月 5 日，一只被称作“多利(Dolly)”的小绵羊在来到了我们这个世界上的同时，也给我们带来了一个新概念——动物克隆(Clone)，震惊了全球科技界乃至全人类。这是一种利用动物体细胞(而非生殖细胞)进行的无性繁殖技术。说得形象一点，就像孙悟空拔一根汗毛就能变出一群和它一样的猴子一样。近 20 年来，虽然这项技术有了长足的进步，但是克隆人还不行，因为伦理和法律的关隘一直无法打通。不过,在一般情况下,我们每个人却都有克隆自己的能力。如果把自己的生命复制了,而且再一代又一代地不停复制下去,应该是延长自己生命的最好形式了,除非认为自己的基因太差而不值得复制。如何复制?而这种复制的最好办法,就是生育出像自己一样优秀,甚至比自己更优秀的后代。就算未来的事情我们不去操心,但是今生的晚年如何度过却是不得不考虑的。近几年来,失去独生子女的家庭越来越多,已经引起了社会的关注,也应该引发更多人的深思。

为人生带来希望 有时候,我们对自己确实不够满意,或者是对自己的命运不够满意。因此,我们可能会悲观,会颓废,甚至会自暴自弃。但是,如果有了孩子就不一样了。首先是为了把孩子抚养成人,客观上已经不允许我们有悲观、颓废、自弃的权利了,因为我们必须要乐观、积极、自强,否则我们拿什么去战胜困难,把孩子生下来,把孩子抚养大呢?其次是也要给孩子做出榜样,让他们在我们身上感受到力量,学会坚强,和我们一起去追求梦想。最重要的,是孩子会给我们的人生带来新希望、新梦想。看到自己的生命得以延续,这便是最大的希望所在。我们一定会希望孩子比我们生活得更好,所以我们就会去努力奋斗,改善现有条件,创造更幸福、更美满的家庭生活。正是因为有了这样的新希望、新梦想,所以很多父母才会不惧艰难,不怕困苦,坚定地在人生的路上走下去,并且越走越好。所以,很多人都会有这样的感觉:20 岁以前是为父母活的,20 岁到 40 岁是为自己活的,40 岁以后是为儿女活的。还有一个不可忽视的问题是,夫妻双方的父母也会在隔代人身上看到未来,看到希望。在多数情况下,他们往往会比自己的儿女更热切地盼望新生命的降临。特别是在特定历史条件下形成的 4 +2 +1 的家庭模式,更增添了他们对隔代人的热盼,而当他们看到家庭发展的最终是 4 +2 +0 的格局时,内心的失落严重程度是儿女们无法理解的。

为夫妻制造亲情 我们在第 25 章里曾经说过,一对原本并不相识的男女结婚以后可能会产生亲情。但是,如果没有血缘关系的作用,夫妻间的亲情很难建立,即便建立了也不容易持久,因为它经不住各种各样的诱惑和考验。过去曾经有一句话,叫兄弟如手足,女人如衣服。抛开其中男尊女卑的腐朽意味不谈,我们可以看出,兄弟之所以被视为手足,就是因为他们与手足一样同自己血脉相连;女人之所以被视为衣服,就是因为没有血缘的关联。而子女作为爱情的结晶诞生以后,将夫妻的血脉融为一体,在两人之间建立起了血缘的桥梁,成为连接两人间接血缘关系的纽带。至此,夫妻双方原本与各自父母的血缘关系在这个新的小家庭里得到融合、复制和延伸。随着子女的相继出生和逐渐长大,这种间接的血缘关系会变得越来越浓烈,直至上升为整个家庭、家族中最近的亲情。如果没有子女的参与制造甚至是强迫提升,夫妻间的亲情可能就会很薄、很脆、很弱,家庭的稳定性也就会大打折扣。

为家庭加固维稳　社会在发展变化过程中,家庭以多种方式存在着:① 中国传统大家庭,多代同堂;② 核心家庭,由一对父母及其未成年子女组成;③ 单亲家庭;④ 丁克家庭;⑤ 重组家庭;⑥空巢家庭;⑦单亲家庭。在这些家庭形式中,唯有第②种核心家庭最为稳固,最为长久,因此成为各类家庭中的主要形式。为什么?这一方面是由这样的家庭形式成员利益高度集中和重合所决定的,另一方面则是由三角形的稳定性结构原理所决定的。现在连小学生都知道,只要三角形的三条边长度确定了,那么这个三角形的形状(各个角的角度)和面积大小就完全确定了。核心家庭的结构正好符合三角形的原理,因此也就具有了相对的稳定性。这正如本章开头图 5-7 所呈现的那样。夫妻结合后,生养和抚育子女其实就是在加固家庭结构,维护家庭稳定。如果没有孩子或出现单亲情形,三角形就不成立。所以,单亲或丁克家庭的结构风险就比较高。而重组家庭因为成员利益的不够集中和缺少重合,也同样具有结构上的风险。当然,选择什么样的家庭形式完全是个人的权利和自由,都应得到尊重。

为生活增添乐趣　我们一直都在反复强调事物都是具有两重性或多重性的矛盾集合体,孕育和抚养孩子也是一样的。很多人可能只看到或者是只片面地强调了其艰辛,却忽略了这种艰辛的反作用力,忽略了孩子给家庭生活增添的乐趣。而这种乐趣、这种欢乐,是被绝大多数人称之为"天伦之乐"的,是上苍赋予给我们的,是无法替代和无与伦比的。成家之后,夫妻间的爱情逐渐变淡,逐渐转化。但是,人是需要爱的,包括爱与被爱。孩子,既是爱的受体,也是爱的主体。TA 可以在父母的关爱下成长,同时 TA 也会用爱来回报父母。这种爱,无疑地会给父母带来新的愉悦,弥补了情爱变淡的缺憾,找到了转化的载体。人们称颂父爱如山,母爱如海,父母之爱至高至伟。我们从父母乃至祖辈那里领受了太多的爱,有责任将其传承下去。付出是爱的主要表现形式,也是人生的价值所在。对儿女的付出,是父母最为心甘情愿的付出，因而也是最无私的付出。所以，绝大多数父母在为儿女付出时所感受的并不都是辛劳与痛苦，多数情况下倒是“越苦越累心越甜”的滋味儿。在对儿女付出的过程中，父母在家庭中的价值体现达到了最大化的程度。

为社会发展尽责 社会的发展和时代的进步，都是以人口的再生产为前提的。不敢设想，人类的繁衍如果在某一天终止，社会的发展还有什么价值，时代是否还需要进步，甚至这个世界是否存在都似乎没有了意义。那么，这个繁衍的任务靠谁来完成？别无选择，靠的就是我们这些芸芸众生。一个人出世之后，已经从自然世界和人类社会获取了太多太多，否则哪个人也不可能活到今天。在自己的家族和大家庭里，我们同样也获取了很多。最重要的，是我们从父母那里获得了生命，获得了抚养和教育，否则我们也不会有今天的能力和幸福。对于这个世界和社会，对于自己赖以生长的大家庭，我们要有感恩之心，要有回馈之念。为民族繁衍做贡献，为社会发展担责任，为家族兴旺尽义务，便是一个人对社会和自己大家庭的最好回报。人活着总归是要做些事情的，并且要有所担当。而生育后代，便是现存人类必须要做的事情之一，便是人们必须担当的责任之一。有人可能会说，天下几十亿人呢，这责任让别人去担当吧。可是如果全天下的人都做如此之想，那岂不是到了世界末日吗？

三、百善孝为先

善字有很多含义，我们这里取其好的品质和行为的意义。所谓好的品质和行为，一方面是不存恶念，不做坏事，不能坑害他人；另一方面是要多做善事，帮助他人。人的一生，应该是行善的一生，自然要常做善事，多行善举。古老的中华文明传授给我们的信条是：百善孝为先！即不论做多少善事，都要把行孝放在各项善事的首位。

百善孝为先一语源自清代学者王永彬的《围炉夜话》，原句为“常存仁孝心，则天下凡不可为者皆不忍为，所以孝居百行之先。”也就是说，王永彬的原意是比现在的流行说法还要严格的，即一个人不论一生当中要做多少事情，行孝都是应该首先要做的。为什么“天下凡不可为者皆不忍为”？因为我们如果做了不该做的事，会给父母带来麻烦，会使父母操心。作为一个孝子，我们怎么会忍心做这样的事呢？

什么叫孝？就是对父母以及其他需要我们照顾的长辈敬重、顺从、侍奉和赡养。为什么要将尽孝放在百行之先的位置上？因为我们的生命来自于父母，我们的成长有赖于父母，我们的成就受恩于父母，如果感恩世界、回馈社会，第一个需要感激和回报的便是我们的父母。古往今来，人们对孝道的议论很多，典型人物和事件不胜枚举，我们在这里只择其3点稍作探讨：

一是要做好自己。

很多人一想到尽孝，首先想到的是如何对待父母。殊不知，父母抚育儿女并不是以获得回报为目的的。他们含辛茹苦的最大愿望，就是儿女能够健康成长。也许在儿女还很幼小的时候，会千方百计地强迫孩子去学一些他们并不喜欢的东西，被誉为“望子成龙”或者“望女成凤”。但是等孩子们长大成人之后，父母们的期望大多已经集中在儿女的平安、健康、能自立和有出息这4个方面上了。而作为子女，在回报父母时最首先应该想到的反倒是自己，而最好的尽孝方式就是先把自己的事情做好。

俗话说，儿行千里母担忧。忧什么？担忧出门在外的孩子的安全啊！所以，保护好自己的安全，别惹事儿，别摊事儿，别出事儿，就是给父母的最大回报。某家有一儿子，公出时因同事的3元钱理发费与人发生纠葛，争执中被对方一刀毙命。当时，遭此沉重打击的他父母还不到60岁，此后却一直生活在思亲念儿的痛苦之中，精神萎靡不振，健康每况愈下，老年阶段的生命质量十分低劣。老年丧子，乃人生之大悲。我们连自己都照顾不好，孝从何来呢？

作为父母，他们会把子女的健康看得比自己的健康还重要。如果我们去儿童医院或者综合医院的儿科看看，或许对此会有更深的理解。人们在进行传统美德教育时，常用“子欲孝而亲不在”的话来激励为人子女者行孝要尽早，这是很有必要的。但是，我们也应该看到问题的另一种情形，那就是“亲需孝而子不在”，岂不是更加可悲。就算子还在，但是比年迈父母的健康状况还差，又哪有尽孝的能力呢？

还有自立问题，即生活上的自立。我们或上大学了，或参加工作了，或成家过日子了，却有好多生活上的事情自己解决不了，还需父母操心，那到底是该谁孝敬谁呢？2014年全国“两会”期间，国家邮政局市场监管司负责人爆料：高校有些学生把积攒的脏衣服寄回家，让父母给洗好后再快递回学校，已经成为邮政的一种新业务。我们不禁要问：这样的孩子会在什么时候通过什么样的方式来孝敬父母呢？

每一位为人父母者也都深知，“成龙”、“成凤”并不是人人可为的目标。但是，希望孩子比自己更有出息却是普遍的想法。所以，想尽孝者，要先把自己的学业学好，把自己的工作做好，使自己成为一个有出息的人。什么叫有出息？就是比一般人上进，比一般人有本领，而非强迫你比一般人成功，最起码要让父母和亲友在我们身上看到希望，而不是失望。如果我们自己不努力，蹉跎岁月，挥霍青春，甚至还在浪费着父母的血汗钱，有何孝可言呢？

所以我们说，做好自己是行孝的基本前提，特别是在父母的精力和身体尚好阶段尤其如此。

二是要付出时间。

在父母跟前尽孝，是需要条件的：既要有孝心，还要有能力，更要有时间。没有孝心，就不会主动去做；没有能力，就只能喊喊口号；没有时间，就只好等到“树静风止”了。关于孝心和能力，大家都已经谈论很多了。但是关于行孝与时间的关系问题，似乎还没有引起人们更为足够的重视。很多人总是觉得父母身体尚好，等以后自己不怎么忙了，一定会拿出时间好好陪陪他们。殊不知，这只是我们的一厢情愿。一方面是因为我们的父母没有时间等我们不忙，另一方面是因为我们也根本就没有那么忙。

在今天这个忙碌时代里，人们的学习压力、工作压力、生活压力都很大，总觉得时间不够用，总嫌交通工具慢。嫌汽车慢，就走高速公路；嫌火车慢，就修高速铁路；嫌地上慢，就乘飞机……，可还是没有时间。因此，每个人都应该很好地反省自己，扪心自问我们到底在忙什么？其实，就是把哪件事情看得更重要的问题。有人曾经举过这样一个例子来说明人的忙与不忙。说一个人在他的下属面前总说自己很忙，在他的上司面前也总是表现出自己在忙，但是有一天一个更高级别的上司找他，问他忙不忙，有没有时间帮自己办点私人事情。他立即告诉这个更高级别的上司说：不忙，有时间。我们没有必要指责这个人的庸俗和势力，因为这种情形在每个人身上都可能存在的。所以，我们不要总是强调自己忙。记住，总说自己忙，那是没能力的表现，最起码说明自己连支配时间的能力都没有。如果有人再深入一个层次来探究,很可能会觉得你的工作能力很差,工作效率很低。

在孝敬父母的问题上,只要我们想做,就一定能安排出时间来。就算我们的能力有限,但只要有孝心在,父母就会感觉得到,就能受到感动。就算我们没有其他能力,但是陪父母说说话、给父母做顿饭的能力总还是有的吧。这说说话、做顿饭,是需要时间的。还有,父母需要出去走一走、转一转,需要有人陪;父母生病了,住院了,也需要有人陪。这些,都需要我们拿出时间来。俗话说,久病床前无孝子,足见能拿出多少时间来陪伴父母,是对一个人孝心的最大考验。

三是要以顺为先。

在谈到孝道时,人们常常使用孝敬、孝顺等词汇,可见孝道与敬、顺是紧密相连、不可分割的。没有敬就不可能有孝,没有顺也不可能成孝。敬,自不必说了,因为父母的养育之恩大家都深有体会,尊敬父母、尊敬老人也都能自觉地做好。顺,则是要遵从父母的意愿,以赢得老人家的舒心。但很多人容易忽略顺的问题。其实,顺是孝的重要组成部分,是孝的重要内容。

顺从,就是尊重。一般来说,父母和子女之间是没有什么大是大非问题的,尤其是父母已到古稀或耄耋之年时更是如此。但由于在性格、经历、视角、价值观等方面存在着差异,所以对家里的一些事情会有看法上的分歧。哪怕是子女孝敬父母要给他们买什么样的东西、给他们做什么样的饭菜、是否出去吃饭等等,也会有不同的想法。事先征求他们的意见,尽量按着他们的想法去做,就会使他们更加开心。当他们感觉到自己的意见受到重视并被采纳了,就会觉得自己在儿女面前还有分量,在家里还有地位。

顺从,也是认同。儿女在孝敬父母时,要尽可能多地认同他们的意见。父母说话时要认真听,要频点头,以表示同意他们的想法和看法。即使遇到不得不提反对意见的情况,也要先认同后解释,或者是先肯定后引导。这样的认同,会使父母进一步体会到自己的价值,心情更加愉悦。有一富豪,将一直住在乡下的老母亲接到城里安度晚年。但没想到的是老母亲竟然迷上了在小区里翻垃圾箱,捡废品。儿子想劝阻,但恐惹妈妈不快,便先肯定了她的勤劳和节俭,并且抽空陪着去捡废品,同时从卫生、健康、自己的时间、儿媳妇的感受、孙子的成长环境等方面引导妈妈,终于使老太太改变了爱好,去和邻居的大妈跳广场舞了。

顺从,更是鼓励。人一旦退休赋闲,便会产生沉重的失落感。他们的社交圈子会不断缩小,与外界的联系也会越来越多地依靠儿女。此时,他们最需要通过儿女的鼓励来减少心理失衡。顺从老人的意愿,便是一种鼓励他们的方式。在儿女的鼓励下,他们还可以做很多事情,真正实现老有所为和老有所乐。就绝大多数父母来说,他们晚年有一件事情是最不情愿做的,那就是给儿女增加了麻烦和负担。所以,顺从他们,鼓励他们多做一些力所能及的事情,对他们愉悦身心是大有好处的。

第六篇　修养与做人

第二十八章

教养　涵养　素养

习近平2015年6月1日会见中国少年先锋队第七次全国代表大会代表时强调:“世界上最难的事情,就是怎样做人、怎样做一个好人。要做一个好人,就要有品德、有知识、有责任,要坚持品德为先。”所以他寄语全国各族少年儿童“要从小学习做人”。(新华网,2015年6月1日)习近平的讲话,道出了做人之不易和品德之重要。本篇将用5章篇幅来专门探讨做人的问题。

人们在描述人生的一些基础问题时,经常会见到、听到或者用到这样几个长相相近、含义相关的词汇:教养、涵养、素养、修养,却又常有区分不清、理解不透的感觉,因此很难明确它们在人生中的定位和意义,但我们也发现人生还真离不开这些概念。那么,它们究竟是什么?它们与人生到底又有怎样的关系?本章将就此做一些探究,以期和大家一起明确一下。

一、教养是做人的基础

某先生去朋友的公司看望他,被朋友的秘书挡驾。漂亮的女秘书表情冷漠地坐在她的办公台后面,让他等着与老板电话联系。等老板从办公室里笑容满面地走出来迎接老朋友时,女秘书才站起身来,面庞也挂上了笑容。后来这位先生遇到了那位老板的另一位朋友时谈及此事,说那位老板那么高的品位,怎么用了那么没有教养的一个秘书啊？等这位先生再去朋友的公司时，发现老板秘书已经被换掉了，便问朋友：你原来那个美女秘书呢？朋友回道：辞了。你不是说那个女孩没教养么？那不等于也是在骂我嘛，我怎么还敢继续用她啊？

这个事例涉及3个问题：1. 什么是教养？2. 原来的那个女秘书怎么就没教养了？3. 这位公司老板为什么说朋友是在骂他？

辞书上对教养一词有多种版本的解释，基本意思都差不多，归纳起来大体上都是说教养就是指一个人的文化修养和品德修养。这样的解释，听起来还是有以文解文、以词解词的感觉。如果剖析开来我们会发现，教养首先包含着一个人文化方面的修养状况。文化又是什么呢？肯定不能只是简单的认字和算术。这里所说的文化，是指一个人所获得的各方面教育和这些教育对其个人言行改善程度的综合表现。教养同时还包含着一个人品德方面的修养状况。品德的概念我们在前面的篇章中已有探究，它是社会道德准则在某个人心中的认同度和在其言行中的表现力的综合体。修养在这里指的是程度、水平。通过这样的解析，我们是否可以给教养一词以这样的定义：教养，是指一个人接受各方面教育的结果以及个人品德水准在其言行中细节中的表现。

原来的女秘书怎么就表现出没教养了呢？我们分析她当时的言行有3点缺陷：一是表情冷漠。在职场中，不论自己的心情、身体和周边环境处于什么状态，与人打交道时面带微笑都是必须的，特别是接待外来客人时更需如此。表情冷漠地与客人说话，会给人以蔑视或不耐烦的感觉。二是不起身待客。根据客人和秘书的身份分析，两人应该有一定的年龄差别，客人可能是年长于秘书很多的。面对客人，而且是位相对年长的客人，站起身来，热情招呼，应该是必须的动作。三是没有先让座后联系。先请客人在合适的位置坐下，倒上一杯水，然后再和老板联系，貌似耽误了分把钟的时间，但给人的感觉却是大不一样的。当今时代，能被老板选作秘书的人怎么也应该是大专以上学历了吧，并且走上社会以后也应该是有所历练了的。可是这位美女秘书的表现却如此地让人难以接受。

教养作为一种行为方式，它所体现的接受各方面教育的结果，包括来自于家庭、学校和社会各个方面的教育。人们在使用这一词汇时，往往也会特指父母调教和家庭影响。《三字经》里有“养不教，父之过”的警句，民间骂人时“有娘养没娘教”的俗话，都是在强调父母对子女的教养职责。所以，如果因为自己的某些不检点言行而被人指为“没教养”，等于是被人骂了祖宗的。那位老板感觉到朋友说他的秘书没教养等于是在骂他，应该是有两方面因素的作用吧。一方面是说他的品位有问题，居然聘用如此没有教养的员工，并且选作自己的秘书；另一方面是说他教育培训员工的工作不到位，没有调教好自己的下属。总之，他的“近臣”被人称为“没教养”让他挺没面子，所以只好换人。

我们说教养是做人的基础，是因为教养具有深刻的内涵和广泛的外延。

教养的核心内涵是文化和品德。所谓内涵，就一个人来讲，那就是他骨子里的东西。一个人的教养中所蕴含的文化，是对人类物质文明和精神文明成果的凝聚和演绎，是对本民族优良传统文化的继承和弘扬；一个人的教养中所蕴含的品德，是对所在家族若干代人积累的家俗家风的展现和传承，是对当代社会道德准则的理解和遵从。一个人骨子里蕴含了多少文化和品德，就会表现出一种相应程度的教养。

教养的广阔外延包含了很多内容。其中较主要的是懂道理、通情理、守规矩和尊德礼。不能读了很多书，貌似很有文化，却连做人做事的一些起码道理都不懂，把“任性”当品位，把胡来当时尚，惹人厌恶；也不能不顾及具体情况，不论何时何事都坚持以自我为中心，以自己的感觉为尺度，完全不通情理地表现自我主张；还不能做事没有底线，故意破坏既有的规章制度，将自己的所谓幸福快乐建立在他人的痛苦之上，甚至不惜以伤害他人利益为代价来实现自己的目的；更不能置社会道德准则和他人尊严于不顾，恣意而为，违法乱纪，伤天害理，损人害己。

教养的外部表现则是多方面的，也因人而异地表现为多种形式，比如通情达理，言行得体，关爱他人，真诚有礼等。通情，指的是知晓事物的实际情况，理解相关人员的心理情感；达理，是很透彻地明白道理。在处理各种情况时如果能够做到通情达理，方能显示出一个人的教养内涵中有文化修养的一面。言行得体，就是说话办事要让绝大多数能能够认同和接受，不说惹人厌恶的话，不做招人唾骂的事，更不能有那些触碰道德底线的事情。做到言行得体，方能显示出一个人教养内涵中有品德修养的一面。而关爱他人，真诚有礼，则是文化和品德内涵高度统一的表现。关爱他人，是一个人善良心地和宽广胸怀的体现，待人真诚更源自于对他人的尊重。唯有尊重，方能真诚；唯有真诚，方显尊重。谦逊有礼，也是一种尊重与真诚。

前面提到的那个女秘书的“没教养”,仅仅是几个并不过激的小情节而已。在生活和工作中,我们身边属于这类“没教养”的典型事例,可以说是屡见不鲜,顺便列举若干如下:

①进别人的房间前不敲门,或者是不等应答就推门进去;

②别人给自己斟茶倒水时,翘着“二郎腿”,既无动作,又没表情;

③听别人说话时东张西望,目光游移;

④粗鲁地打断别人说话或者随便插话;

⑤在背后议论他人;

⑥在外聚餐时有公筷不用,或者是在公用菜盘里肆无忌惮地翻拣;

⑦随便使用别人的茶杯喝水;

⑧去别人家里作客时,直接坐到人家床上;

⑨在公共场所大声喧哗;

⑩随地吐痰,当众放屁;

⑪喜欢抱怨,总是挑剔别人的毛病;

⑫乘公交车时争上争下,乘电梯时抢进抢出。

这些多是工作、生活中的小事,或称细节,但却又都实实在在地折射出一个人的教养。有人可能会说,这些事好像都是文明礼貌方面的问题啊!对的,接人待物是否文明有礼,就是一个人是否有教养的最常见、最直接的表现,是教养表现形式的一个重要组成部分,但不是全部。有教养的人,一定会在接人待物时发自内心地彬彬有礼;而貌似彬彬有礼者未见得就是有教养之人,因为礼貌是可以训练出来的,甚至是可以装出来的,而教养是骨子里的东西。在接人待物时,教养是内容,礼貌是形式。内容决定形式,形式服从并服务于内容。

不可否认,有些人的内心世界并不肮脏,但是却缺少礼仪知识,在一些场合言行不够得体,使得他的教养得不到真实体现或者是完美体现,即形式没有很好地为内容服务,这就需要尽早补上这一课。近些年礼仪培训的盛行,给这些人提供了很好的补课机会。当我们拥有了足够的礼仪常识之后,能在各种不同场合自觉地严格约束自己的行为举止,形成习惯,反过头来也会促进自身教养水平的提升,实现从量变到质变的升华。

总之,教养是做人的基础,也是在与人交往中所获得第一个最重要评价。要做一个好人,首先就得做一个有教养的人。一个人在日常言行中表现得是否有教养,既标志着个人素质的优劣,也体现着家庭品位的高下,还代表着单位风气的好坏。如果让别人感觉到你“没教养”了,那就不论你长得多么漂亮,也不论你的衣着是多么时尚,还不论你的学历是多么高深,更不论你的职业职位多么珍贵,人家也不会再买你的账了。同时,人家自然也会联想到你的父母和家庭教育状况,联想到你曾经就读过学校的教育质量,联想到你所在单位领导的能力和水平。

二、涵养是处世的情怀

在汉语体系中,涵养一词有多重含义,诸如积蓄保持水分、滋润养育、品德修养、控制情绪的能力等。人们在谈及个人修为时使用这一词语,多数是指一个人控制情绪的能力。涵,就是包容、包涵;养,就是培养、修养。涵养,就是在别人做了对不起自己的事情时,能够包容、包涵别人,能够控制住自己的情绪的能力。

人的一生中会遇到许多许多不遂自己心愿的人和事。每当遇到这些人和事时,不同的人会有不同的对待态度和处理方法。即便是同一个人,在不同的心态驱使下,也会有不同的处理方法。

这些不遂自己心愿的人和事大概可以分为 4 类:①对方的言行并没有错,只是与自己的意愿和习惯不一致而已;②对方的言行并没有错,至少是对我们没有什么过错,而是我们自己看错了,其实是一场误会;③对方确实是有错,可能是有负于我们,甚至伤害到了我们,但不属于原则问题,也不伤大雅;④对方不但有错,而且属于原则问题。我们平日里遇到比较多的都是第 3 种情况。

如何处理这 4 种情况,是对一个人是否有涵养、涵养度大小、涵养水平高低的考试和检验。若是第 1 种情况,我们就必须包容,因为我们没有理由更没有权力要求别人说话办事都符合我们的意愿和习惯。如果我们不包容,那就不是有没有涵养的问题,而是有没有教养的问题了。若是第 2 种情况,那其实不是人家的错,而是我们自己的错,不是我们要包容别人,而是要求得别人对我们的包容。如果我们还不依不饶,那就是无理取闹了。若是第 3 种情况,我们也必须包容,因为这样无伤大雅的非原则问题太多了。如果我们不包容,斤斤计较,事事纠缠,就会使自己变成“事儿妈”,甚至沦为孤家寡人。若是第 4 种情况,则不需要包容,但要处理得当,要在合适的条件下表明自己的是非观点和原则立场,或者是根据事情的严重程度采取其他的合适办法。不过对于普通人来说,这样的事情并不多见。

涵养的实质是对人、对事的理解。在多数情况下,一个人的涵养集中地体现在如何处理上面所说的第3种情况上。面临这类问题时,不以物喜,不为己悲,临危不乱,宠辱不惊,是有涵养的最高境界;该怒不怒,该急不急,泰然自若,一笑了之,是有涵养的常规状态;无事生非,小题大做,沾火就着,没完没了,是完全没有涵养的典型表现。但我们所提倡的涵养,并不是一味地无原则忍让,而是一种建立在仁德基础之上的由衷理解,是一种建立在理解基础上的真心包容。

为什么我们需要并且能够理解他们?是因为我们比他们多明白一些道理,多知晓一些规律,多洞察一些人心,所以我们才能明白他们为什么会那样做。

有弟兄俩同时各买一套房子,然后一起装修,弟弟为某企业总工程师,因工作忙便委托哥哥代为装修事宜。哥哥请了装修队,采购了原材料,监督装修进度和质量。弟弟差不多每天下班后都会到新房转一转、看一看,自然也一定要以他总工程师的眼光挑一挑毛病,而且每次挑完毛病后还都要带上一句"这帮民工的素质太差"的抱怨。哥哥有一天终于被弟弟挑得不耐烦了,便回应道:他们要是和你一样的素质,不都去当总工了吗?那还怎么能显示出你的高素质呢?再说了,要是你去给别人家装修的话,说不定还没他们做得认真呢!我们把装修工费交给工头,工头给他们按工日发薪,剩下的就是工头的利益和公司的利润,你还想让工人们做到什么程度你才能满意呢?弟弟被问得无言以对,想了想后说道:可也是啊!其实,弟弟的表现就是小题大做,无事生非,而且还没完没了。仔细想来,装修质量只要大体上说得过去就行了,因为即使弄得再好,不出3年也会陈旧,也会落后,何必鸡蛋里挑骨头,弄得大家不愉快、不安生呢?

要能够正确、恰当地理解世界、理解他人,最重要的是要认知世界和理解人性。

有人可能不喜欢秋天的肃杀或寒冬的严酷,也有人可能不喜欢春天的风沙或夏日的阴雨,但是一年四季的轮换却无人能够更改。怎么办?我们难道会因此就不活着了吗?相信不会有人做出这样的抉择。我们能够做也是必须做的,是适应四季的气象条件,找到我们最喜爱的方面去尽情地享受:我们可以尽情地享受春日的阳光,在万物萌发的生机中汲取向上的力量;我们可以尽情地享受夏天的雨滴,在湿凉清新的空气中躲开烈日对生命的蒸腾;我们可以尽情地享受秋天的气息,在果满枝头的喜悦中领略成熟的感召；我们可以尽情地享受冬天的瑞雪，在漫天皆白的宁静中期待新春的来临。面对自然世界，我们能够做也是必须做的，就是要发自内心地去“爱每一片绿叶”。

世界上的每一个人，也包括我们自己，都是大自然的作品，是自然界创造的有思想的生命。没思想的物质世界有其特定的规律，有思想的人则有其特定的人性。人性的最突出特点是首先关注自己。人们常常用看合影照片时先找自己、先看自己来说明这个问题。要理解别人，就要知晓他的所言所行，一定是从他的角度去看、去想、去说、去做的。如果我们能够做到设身处地地认同他们，就一定会很容易地理解他们了。对人、对事理解了，在我们自己的言行中自让而然就会体现出涵养了。

涵养也标志着一个人的成熟度。我们每个人都不想被人认为是幼稚的，因为幼稚的人无法被人信任，别人也无法与之正常交流和交往。而缺乏涵养，恰恰是一个人不够成熟的标志之一。

同样一件事情放在不同的人身上，自然会有不同的包容度表现出来。为什么会这样呢？是因为他们经历的事情多少、对事物的看法不同。经历的事情多了，经验教训也就多了，对事物的看法自然也会趋于正确和正常了。孔子为什么说“六十而耳顺”？因为经历了那么多年的磨练之后，什么事情都能看得开了，什么样难听的话也都能听的进去了，能够包容得下了。“四十而不惑”是一种成熟，“五十而知天命”又是一种成熟，“六十而耳顺”才是完整意义上的成熟。人只有达到“耳顺”的境界，涵养才达到最高峰值。

事物的发展都是渐进的，没有量变的累积是不可能出现质变的。有些事情的突变只是一种表面现象，只是我们没有看到它的量变而已。没有涵养的人，到 80 岁也不会“耳顺”，因为在他身上从未发生或者很少发生“耳顺”的量，所以也就不存在量变；而有涵养的人，可能从小就开始有“耳顺”的萌芽，然后随着年龄的增长、阅历的丰富、品德的提升，“耳顺”的事情越来越多，最终进入了全面“耳顺”的境界，甚至根本就不需要等到 60 岁。

前面我们曾强调过读史的重要性。如果一个人想少一些幼稚、多一些成熟，多读历史就是一条捷径。在浩如烟海的历史长卷中，人们争来斗去的无非是名和利，权则是名和利的集合体。可是一切都将成为过去，也只能成为过去。一切都会过去，我们正在老去，生命终将逝去，眼前那点芝麻绿豆大的事情还值得我们去计较么？理解了，包容了，标志着我们又成熟了一点儿。

涵养更是一个人处世的情怀。情是感情，怀是胸怀。

人生很长，世界很大，事情很多。在我们的一生中，要遇到、要面对、要处理的事情无数。如果凡事都要计较，将不胜其累；如果别人对我们也凡事计较，那我们自己将会不胜其烦。

一般情况下，我们怎样对待别人，别人也会怎样对待我们。每个人来到这个世界上之后，都希望能得到更多的关爱。想要获得这样的结果，唯一的办法就是我们先要去关爱别人，关爱这个世界。

有了关爱之心，自然会有包容的胸怀。这是一种建立在关爱之情、理解之心基础上的胸怀。有了这样的情怀，我们就会变成一个洞察世事的人，一个胸襟宽阔的人，一个富有爱心的人，一个善于自控情绪的人，一个真正有涵养的人。因此，身边的人一定会对我们高看一眼，我们的情商会大大提升，在处理各方面人际关系时也自然会如鱼在水，游刃有余。

三、素养是从业的能力

素养与教养、涵养都有很大不同。教养所标明的，是一个人文化和品德方面的积累和修炼水平；涵养所标明的，是一个人容人、容事的处世情怀；而素养所要标明的，是一个人在某一方面或某些方面的素质和能力。

素养与素质也是有区别的。辞书上给“素质”的注释是：人的生理上原来的特点，事物本来的性质，完成某项活动所必需的基本条件；而有的辞书给“素养”的注释是“平日的修养”，也有的辞书给出的注释是“修习涵养”，还有人将其解释为“由训练和实践而获得的技巧或能力”。很显然，素养和素质有很密切的联系，但又不是一码事。素质是先天的、原有的、基本的条件，素养是在原有条件基础上后天修炼、培养出来的能力，是先天条件和后天提升的综合体。综合辞书上的多种解释，结合人们在说话、行文时的使用习惯，我们认为素养应定义为“素质和能力的综合表现”。

人们在处理某一事物或从事一项活动过程中，会表现出他对该事物或该活动的认识和理解,也会表现出他解决问题的能力和水平。这些都来自于他的素养。因此我们说,素养所表现的是一个人的从业能力。用人单位也会对应聘者进行素养方面的考量,并参考其结果决定取舍。

素养可以分为基本素养、职业素养和专业素养等门类。

基本素养 基本素养是一个人融入社会所必备的基础条件,包括身体素质和应激能力、科学文化素质和学习能力、思想品德素质和自律能力等。

人的身体素质一般应包括5个方面的内容,即速度、力量、灵敏、柔韧和耐力。在常规状态下,大家的区别并不大,但是一旦外部条件发生巨大或剧烈变化时,不同身体素质的人则会有不同的表现和不同的结果。不同的身体健康状况,会使人的心态、情绪、能力发生连带反应,直接影响学习、工作和生活。

科学文化素质是一个人在从事某一活动前已经拥有各方面知识的总和,包括曾经接触、学习过的自然科学、社会科学的多学科知识。比如一个销售人员去登门拜访一位酷爱音乐的重点客户,但该销售人员对音乐却一窍不通,其他方面又很难与这位客户沟通,销售工作自然会受阻。当然,一个人不可能什么都懂,什么都会,但只要有良好的学习能力,再加上原有的科学文化素质,也会具备很不错的基本素养。

思想品德素质是基本素养的重要基础条件。在多数情况下,品德低劣的人业务能力越强可能会造成的危害越大。现在IT技术在各行业、各单位的应用越来越多,如果一个品行极差的人掌控着单位的IT命脉,一旦他个人闹将起来,所造成的后果可能就会极其严重。国家机关公务员的很多职位,都是具有权力性质的。如果没有良好的政治素养、品德素养和自律能力,也容易给国家和人民造成损失。

职业素养 这是一个人在他的职业生涯中能否做好,能否取得出色成就的重要条件之一,包括职业道德、职业信念、职业技能、行为习惯等内容。

职业道德的概念我们在第21章里曾经有所涉及。所谓职业道德,就是在社会公德的大前提下,每个人在自己工作岗位上所具有的与职业活动密切相关、符合职业特点的道德表现。敬业爱岗、钻研业务、勇于创新、甘于奉献等,都是职业道德的具体体现。它既属于自律和约定俗成的职场行为准则,也可以是通过公约或守则公之于众的职场行为规范,并且是行业、单位对社会所承担的道德责任和义务。

职业信念是人们对一个行业、一个系统、一个单位的价值认定。什么是信念?信念就是人们对自己所从事的活动、对自己所追求的目标正确性的认同和坚信,因而在一些不利因素出现时还能毫不动摇、坚持不懈。一份职业,少则几年、十几年,多则几十年,没有坚定的职业信念,天天抱着怀疑态度做事,天天认为自己在做没用的事,是不可能把一件工作长久地做下去、做出成绩来的。

职业技能是方法,是工具。不懂方法,没有工具,同样不可能把事情做好。对客观规律的认知,渊博的科学知识,高超的专业技术,解决问题的方法技巧,卓越的创新和创造能力等,都是职业技能的重要组成部分,也是职业素养的重要内容。没有这些,不但业务工作做不好,而且职业道德也无从体现,职业信念更无处生根。

行为习惯决定着执行力的大小,决定着一个人的工作成果。办事雷厉风行和工作拖泥带水,是两种截然不同的行为习惯,也一定会产生两种不同的行动结果。诚实、守信、勤奋、踏实、求质量、讲效率等等,都是很好的行为习惯,如果在工作中逐渐养成,使其变为一种自动化的行为方式,个人以及所在单位乃至关联客户都会因此受益的。

专业素养　职场中的某一个或某一类具体岗位,都有其独特的专业性。除了上面谈到的基本素养和职业素养之外,同样也要求从业者具有良好的专业素养。专业素养主要是指精湛的专业技能。

有些工作岗位是技术性岗位,专业技能所代表的专业素养比较容易评估;而有些岗位专业技术性不强,或者是没有专业技术性质,似乎不好评估和判定从业者的专业素养。这是管理者的认识误区。因为任何一个有用的岗位,即便是没有技术性,但也一定会有其专业性。

比如公司的前台,几乎没有什么技术性可言,但是它照样有着独特的专业性。在这个岗位上的员工,每天都要迎来送往,时时刻刻代表着公司的形象;要和公司的各个部门以及全体员工打交道,关系到公司的环境氛围;可能会涉及业务的方方面面,像大机器上的一颗螺丝钉一样影响着公司的运转秩序。怎么能说这样的岗位就没有专业性呢?

某外企中国总部的一位前台职员,某一天接待了一位来自外地的客户代表,但这位客户代表所要接洽的部门已经迁往另一座城市。她如实相告并提供了那个部门的新地址、新电话,已经算很好地完成了接待工作。但是她还是要求那位客户代表留下了必要的资料,然后转给了在本地的另一个关联部门。结果是这个关联部门认为该客户代表提供的资料信息具有很高的价值,立即与迁往外地的那个业务部门联系,主动联系那位客户代表,促成了一个很大的合作项目。这位前台职员所表现出的就是良好的专业素养。在各行业、各单位、各岗位上的从业者,也都应该具有这样的专业素养。

第二十九章

修养是一种人生境界

修养,一直是人们所关注的人生大事。从古代圣贤哲人到当代革命导师,从老子的《道德经》到刘少奇的《论共产党员的修养》,人们一直在强调着修养与人生的重要关系。因此,有关于修养的定义,有关于修养的理论,有关于修养的实践总结,可谓源远流长,令人目不暇接。人类历史发展到今天,我们到底应该怎样定位修养的概念,到底该怎样明确修养与人生的关系,到底该怎样在多元化现代社会强化自己的修养,都是必须要解决的重大问题。否则,说起来模模糊糊,做起来无所适从,修养就会变成偶尔能够看见但是永远也摸不到的海市蜃楼。

根据古往今来思想家们给出的概念,参考各类权威辞书字典对"修养"词条的注释,我们觉得可以得出这样一个简洁的定义:修养,是一个刻苦学习、潜心修炼、自觉培养、全面提升个人品德和素质能力的过程,同时也是这种学习、修炼、培养和提升后的结果。

一、修养是人生的必修课

修养的话题由来已久。

采编于周朝的中国最古老的诗歌总集《诗经》中,就有歌颂君子修养的诗句:"有匪君子,如切如磋,如琢如磨。"(《诗经·国风·卫风》)说的是有文采、品德修养的谦谦君子，是像雕刻骨器、象牙、翡翠、玉石一样，经过切、磋、琢、磨多种磨炼才成型的。

而差不多与《诗经》同时代的伟大哲学家、思想家、道家学派创始人老子则对君子、圣人的修炼生活做了极为精细的描绘："五色令人目盲，五音令人耳聋，五味令人口爽，驰骋畋猎令人心发狂，难得之货令人行妨。是以圣人为腹不为目，故去彼取此。"（《道德经》第十二章）他说，色彩太多会使人眼花缭乱，音调嘈杂会使人失去听觉，食物丰盛会使人品不出滋味，纵情狩猎会使人心情放荡，稀世珍品会使人正常行为受到阻碍。所以，圣贤之人只求吃饱肚子即可，不会去追求声色犬马之乐，而是自觉地摒弃物欲的诱惑，保持着清净的状态。

作为大成至圣先师，孔子说得更是直截了当："君子有三戒：少之时，血气未定，戒之在色；及其壮也，血气方刚，戒之在斗；及其老也，血气既衰，戒之在得。"（《论语·季氏篇》）他明确地提出了人生3个时期必须戒除的事情，即少年要忌色，青壮年要忌斗，老年要忌贪。

曾子作为孔圣人的得意门生又对如何严于律己做了详尽的阐述："吾日三省吾身：为人谋而不忠乎？与朋友交而不信乎？传不习乎？"（《论语·学而篇》）他说他每天都要多次地反省自己，检查一下替别人做事时是不是尽心竭力了，跟朋友来往是不是做到诚实守信了，要求学生做到的自己是不是首先做到了。

在有人认为也是曾子所作的"四书"之一《大学》里，卷首篇章论证完格物、致知、诚意、正心、修身与齐家、治国、平天下的关系后严肃地写道："自天子以至于庶人，壹是皆以修身为本。其本乱而末治者，否矣！"（曾参：《大学》第一章）意思是说，上至天皇老子，下至草民百姓，所有的人都要以修养品性为根本。如果这个根本被扰乱了，却希望那些枝梢末节能够得到治理，是不会有这样的事情的。

两千多年过去了，物质世界已经逐步现代化了，但是人的修养的话题依然是警钟长鸣。可见修养一直是人生的必修课。尽管在这门必修课面前，有人是主动的，也有人是被动的。但不论是主动也好，还是被动也罢，反正大家是谁都逃不过这一关的。

因为绝大多数人都是向善、向上的，都有提升个人品德和素质能力的良好愿望，所以会自觉地学习和潜心地修炼自己。我们来到这个世界上以后，越是长大，就越是感觉自己不懂、不会的东西太多。"学而知不足"，也是越学越觉得知道得太少。但是,几乎每个人都希望自己成为一个品德高尚、富有能力的人,成为一个对社会有用、受人尊敬和欢迎的人。怎样才能实现这些?从一无所知的浑噩到才高八斗的渊博,从恣意妄为的任性到温厚谦恭的儒雅,从手心向上的索取到倾心尽力的贡献,唯一的通道就是学习、修炼、培养与提升。有愿望,自然会有行动,这便是我们说的主动修养。

因为社会是要发展进步的,要弘扬真、善、美,抑制假、恶、丑,犹如滚滚向前的历史车轮。那些跟不上社会主旋律的人必然要被社会所约束,要求他们甚至是强迫他们进行自我修养。当一个人因为自我修养不够而被人们厌恶、唾弃时,他如果还有廉耻之心,一定会幡然悔悟的。对那些一意孤行的人,轻则批评教育,重则劝诫惩罚,触犯法律法规的还有铁窗高墙的等待。酒驾就是要扣分、拘留,涉黄、涉赌、涉毒就是要判刑,官员腐败就是要"双规"、罢官、法办,罪大恶极者甚至还要掉脑袋。这些,都是强迫相关者自我反省、悔过自新,目的是帮助他们重新做人。即使是被处以极刑的,杀他们也不是目的,而是为了警示更多的人勿蹈覆辙。这便是我们说的被动修养。

一般情况下,伴随着知识量的积累和人生历练的增加,人的成熟度应该是越来越高的。人的成熟度,应该是全面的,而不是单一的。某一方面的所谓成熟,只能说是某种能力的增强。比如某人的计算机技术应用可能是很在行、很熟练了,甚至会被他圈内的人认为是老练、成熟的,但是他在为人处事方面却青涩得很,周边的人际关系处理得很不和谐,我们就可以认定他的成熟度不是很高。因为一个人的成熟度是一项综合指标,是一种人格魅力的形成与完善。成熟度与年龄有关系,但并不一定完全成正相关。在生活中,我们也经常能看到有些比较年长的人成熟度反倒不如有些年轻人高。

修养,就是帮助人们走向成熟的催化剂。被习近平誉为"对党忠诚、对人民热爱,任劳任怨为老百姓干好事、干实事"(新华网,2010.7.1)的时代先锋、优秀共产党员沈浩,40 岁时告别耄耋娘亲、娇妻爱女和安徽省直机关的工作环境,只身到凤阳县小岗村担任党支部书记。他 6 年如一日,租住民房,忘我奉献,病逝在工作岗位上。2009 年,沈浩被评为"感动中国十大人物",事迹被拍成电影《第一书记》,骨灰被农民留葬在村里。是什么让沈浩变得如此强大,居然能够感动十几亿人?

我们在拜读沈浩日记的过程中发现,他在学生时期就已经具有了与众不同的修养,其世界观、人生观和价值观就已经达到了非同一般的高度。沈浩在他 18 岁时的一篇日记中写道:“人生的价值并不是由拥有物质财富的多少来确定的。如果精神空虚,即使物质财富再多,也无法感受人生的真正幸福。”他在同年的另一篇日记中又写道:“蒋筑英算得上是一位大知识分子,但他并不鄙薄日常的小事。……他并没有因为自己是一个丰富知识的拥有者,对人民有贡献,不屑做一些‘凡人小事’。在他身上,知识的丰厚与道德的高尚相映生辉。在我们同学中,就有这么一些人,可以花很多时间去闲聊,却不愿意用几分钟时间打扫一下寝室,更不愿意去替别人打瓶水。教室的窗户开着,寒风阵阵透入,宁愿自己受寒也不伸手去关一下。你道这些都是小节吗?不是。这也可谓是一面面小小的镜子,从这里同样可以窥见一个人的灵魂。”20 年之后,他在小岗村支书任上的日记中再写道:“作为一个人活在世上,官是当不到头的,钱也是难以挣尽的。那么,考虑的应该是怎样活得有价值。就拿自己在小岗村来说吧,虽然吃苦受累有委屈,但作为丰富人生的一个平台,使自己得到锻炼,这是花钱也难以实现的。”(《沈浩日记》,科学出版社,2010.4)这,就是一个只有 40 岁却已经很成熟人的“不惑”。

相比之下,我们也看到那些“血气既衰”的 50 岁、60 岁贪官们,就是不肯“戒之在色”,当然更不肯“戒之在得”,终落得身陷囹圄、人财两空的下场。翻检他们的所作所为,实在是看不出什么修养来,当然也看不出他们的成熟来。“铁烧红了别摸”,不义之财面前“莫伸手,伸手必被捉”这样浅显的道理都不懂,何谈修养,又哪来的成熟?

人人都渴望拥有成功的人生。但是,人若没有成熟,成功反倒是一种危险,获得的所谓成功也是建立在沙滩上的。修养既然能够催化我们成熟,自然也会助推我们成功,而且这种成功一定是稳固的。

1921 年 7 月在上海参加中共一大的 12 位代表,都是中国当时最进步的青年,都曾表示坚定地信仰马克思列宁主义和共产主义,但最终实现人生成功的只有 6 个人。在另外的 6 个人当中,有两个人走上了退党叛国、甘当汉奸走狗之路,抗战胜利后一个被处决,一个被判无期徒刑病死狱中;有两个人脱党,其中一个被反动军阀杀害,另一个在建国后重新入党;还有两个人被开除出党,其中一个是因为参加派别组织,另一个是因为搞分裂党和红军活动。坚持走革命道路的 6 人中,何叔衡、邓恩铭、王尽美、陈潭秋为了党和人民的事业壮烈牺牲,只有毛泽东和董必武

(1886～1975)坚持领导中国新民主主义革命运动到新中国成立。建国后,毛泽东一直是党、军队和国家的最高领导人,董必武则担任过国家副主席和代主席。那些半途而废甚至走向反面的人,不光是信仰出了问题,修养上的问题也一定不小。

毛泽东之所以能领导中国革命走向胜利,一方面是靠他的共产主义信仰。在21年的时间里,他的夫人、弟弟、堂妹、侄子、儿子等6位亲人相继为革命献出了生命,另外还有1个儿子失踪。这都没有动摇他的信仰,也没有改变他的目标。这不是一般人可以做到的。另一方面是靠他的个人修养。正是他卓然超群的修养能力,使他在政治、军事、组织、理论、文化、经济等多方面素养都达到了极高的境界。就是在极其复杂的革命形势、极其严酷的斗争环境和极其艰苦的生活条件下,他将自己修养成为举世公认的伟大的马克思主义者、无产阶级革命家、战略家和理论家,使自己具备了团结并带领全党、全军和全国人民共同奋斗的能力。20世纪60年代初,我国遇到了严重的自然灾害,毛泽东给自己定下"三不"的规矩:不吃肉、不吃蛋、吃粮不超定量。他连续7个月没有吃一口肉。由于长期缺乏营养,他和许多群众、干部一样得了浮肿病。他的衣服鞋帽,许多都是补了又补,一件睡衣打了73个补丁,一条毛巾被也打了54个补丁。(曹前发:《学习毛泽东勤俭节约的思想与风范》,《求是》杂志,2013年第12期)

董必武年长毛泽东7岁,所以中国工农红军长征开始时,他虽然已经快到50岁了,却还是坚持和年轻的红军战士一样爬雪山、过草地,走到了陕北。新中国成立后不久,他成为党和国家领导人之一,但仍然坚持严格要求自己。1958年他回家乡湖北红安视察,看到当地领导为接待他准备了8个菜,便很不高兴地要求撤掉一部分。他说,当干部的就是不能脱离群众,不能搞特殊化,要在勤俭节约上带个好头。吃饭绝不能铺张,一定要从简,否则我是吃不下去的。当地领导只好按照他的意思将这顿饭撤成了简单的4菜1汤。(求是网,2013.9.16)

二、享乐于修养的人生境界

经常出去旅游的人,都喜欢空山鸟语、溪流潺潺、曲径通幽、柳暗花明的意境,但要能读得懂才行。具有较高地理、历史和文化修养的人与普通人在旅游中的感受是不一样的。人生也是一次旅游。不同的修养水平,会营造出不同的人生境界。

能否在人生旅途中享受到欢乐，就在于我们自己能否进入到修养的人生境界之中。

修养是不是很痛苦呢？这关键在于自己怎么去看。面对这样的问题，我们更想反问的是：你吃海鲜痛苦吗？可能是有人觉得痛苦，有人觉得快乐。有痛风或有其他海鲜过敏症的人吃了就痛苦，没这方面顾虑的人吃着就快乐。还需要反问的另一个问题是：你赚钱痛苦吗？可能也是有人觉得痛苦，有人觉得快乐。如果只看到赚钱的艰辛和风险，那就一定觉得痛苦；如果看到获得的回报，就一定觉得快乐。这就是事物的两重性。修养由 4 个方面组成：学习，修炼，培养和提升。同理，做这 4 件事情也一定是有人觉得痛苦，有人觉得快乐的。自觉修养的前提，是希望自己成为一个品德高尚、富有能力的人，成为一个对社会有用、受人尊敬和欢迎的人，同时还要认同学习、修炼、培养和提升是实现上述愿望的唯一通道。有了这两个前提，就一定能够享乐于修养的境界之中。

子曰："学而时习之，不亦说乎？有朋自远方来，不亦乐乎？"孔子说，学到了并且经常去练习和实践，不是很开心的事情吗？有志同道合的朋友从远方来看你，不是很令人快乐的事情吗？学习为什么会开心？因为学习使我们知道了原来不知道的信息，懂得了原来不懂的知识，会做了原来不会的事情。学习本身就是一种境界，学习也使我们得以进入新的、更高的境界。不要说学习科学文化知识、人生典故哲理了，就仅仅是学习汽车驾驶技术不也是乐在其中么？虽然风吹日晒雨淋很辛苦，可是当你能让车前进、转弯、后退、停下，那种快乐很多人都是深有体会的吧！再说远方的朋友为什么会不辞辛苦地来看你？还不是因为你比他更有学问，处于一种较高层位的人生境界里吗？如果我们不学习，学问从哪里来？没有学问，又哪来的境界？你的境界还远不如其他人，还会有人来看你吗？虽然这句话说的是古代，不过现代也不见得没有类似的事情发生。

修炼更是一种境界。很多人耳熟能详的"台阶与佛像的对话"，说明的就是这个道理。有一座地处大山峰巅的寺庙，几百级方方正正的石条台阶和高高在上的石雕佛像在某天夜深人静的时候聊了起来。石条台阶用抱怨的口吻对石雕佛像说：这世界太不公平了！你看，咱俩同出一门，同是来自后山，出自同一块山石，怎么我就沦落到千人踩、万人踏的悲惨境地，而你却每天都是轻松自在、神态安然，接受着虔诚香客、达官显贵、万千民众的顶礼膜拜呢？石佛回答石阶道：其实世界是公平的。咱俩虽然出自同一块山石，但是被切、磋、琢、磨的经历却大不相同。石匠师傅对你只是简单地敲打几下,便把你放到这个位置上了;可是我却被他们劈、凿、雕、磨了几十遍,当时那可是粉末飞扬,火花四溅,伤筋动骨,疼痛难忍的啊!不同的经历,当然应该有不同的结果。记得你被加工好放到山坡上时还嘲笑我太痛苦了呢,现在怎么又觉得不公平了?不过要是仔细想想,咱俩都应该快乐才是。被加工使我们改变了形状和价值,所以我们才能得以从后山脚下来到前坡山顶,看到了另一个世界和无数香客、游人。如果没有那个被加工被修理的过程,我们就只能永远默默无闻地守在那山沟里了。所以,修炼本身就是一种境界,修炼的结果更使我们享受于新的境界。

如果我们所在单位的领导要送我们去进修、去深造,说明什么?说明我们是可塑之材,说明领导对我们重视,说明领导对我们寄予期望,说明领导可能要对我们委以重任。这是被培养。在日常生活、学习和工作中,更多的成长来自于自我培养,而且这方面的需要和机会也更多,只是我们可能没有明确地意识到而已。比如培养品德、培养情操、培养习惯、培养能力、培养情绪、培养感情等等。通过一系列的被培养和自我培养,我们一直处于成长进步的动态过程之中,就像旅游一样,一步一景,步步有景,岂不乐哉?人活于世,貌似是在为自己活着,其实很多时候、很多情况下,我们是在为别人活着。我们要把自己的事情做好,以获得他人和社会的认可,我们要将能力提升得更高以便能为他人和社会做更多的事。做好自己是一种境界,为他人、为社会做更多的事更是一种境界。这些,都来源于修养。

学习、修炼、培养,都是为了提升。提升什么?提升素质能力,提升品德修养,提升人生境界!

孔子有一次夸赞其弟子颜回道:“贤哉回也。一箪食,一瓢饮,在陋巷。人不堪其忧,回也不改其乐。贤哉回也!”(《论语·雍也篇第六》)他说,颜回的品德是多么的高尚啊!他居住的小房子极其简陋,家里只有刚刚够吃的饭和刚刚够用的水。别人都忍受不了这样的贫寒清苦,可颜回却不改其追求真理的乐趣。颜回的品德是多么高尚啊!孔子在这里所夸赞的是颜回的境界。这不是孔子第一次夸奖颜回。一个能得到孔子多次赞美的人,可见其品行境界绝不是一般的高尚。

及至1200年后的唐朝,刘禹锡(772~842)因参与政治革新运动被贬到安徽和州当了一名相当于现在科级干部的小官。据说当时的和州知县见刘禹锡是被朝廷贬派下来的,就故意刁难于他。先是安排他住到城南,面江而居。刘禹锡不但没有抱怨反而是很高兴，并写了一副对联贴在门框上：面对大江观白帆，身在和州思争辩。和州知县听说了便很生气，又吩咐衙役将他迁到城北，房子由 3 间缩减为 1.5 间。刘禹锡还是没有计较，又写了一副对联贴在门上：垂柳青青江水边，人在历阳心在京。知县听说了更为生气，便再将他迁到城中的一间仅能放下一床一桌一椅的小屋子里。半年不到，刘禹锡被迫搬了 3 次家。虽然房子越住越小，但他的境界却越来越高，终于写出了千古流芳的《陋室铭》："斯是陋室，惟吾德馨。""谈笑有鸿儒，往来无白丁。"并联想到孔子对颜回的赞誉，联想到孔子要搬到偏僻落后地方居住时的豪迈，借用了孔子的一句话："孔子云：何陋之有？"今天想来，当年如果没有那个和州知县的刁难，可能就永远也不会有那脍炙人口的《陋室铭》了。

人生境界，是人对自然、社会、人际关系及自我的认知和感觉的高度，表现为人所做的各种事情的全部意义的集合。虽然它属于纯粹意识形态的抽象概念，但却紧密地依附于客观物质世界，并且以实践为形成基础和根据。就像刘禹锡的《陋室铭》，如无陋室，缘何有铭？

我国近代和现代相交时期的著名学者王国维（1877～1927）曾经说过：古今之成大事业、大学问者，罔不经过三种之境界："昨夜西风凋碧树。独上高楼，望尽天涯路。"此第一境界也。"衣带渐宽终不悔，为伊消得人憔悴。"此第二境界也。"众里寻他千百度，蓦然回首，那人却在灯火阑珊处。"此第三境界也。（王国维：《人间词话》）他所说的第一境界，是认识的境界——"独上高楼，望尽天涯路"，站在别人达不到的高度，看懂了世事和人生；第二境界，则是实践的境界——自动自觉、自愿自发地追求自己的理想，"人憔悴"却"终不悔"；第三境界，是达成的境界——勤奋实践，不断积累，最终量变产生质变，实现了自己的人生目标。

我国当代著名哲学家、教育家冯友兰（1895～1990）则将人生境界分为 4 层：一是自然境界，即顺着自我本能或风俗习惯做事，并无觉解或不甚觉解，所做之事于自己并无意义或很少意义；二是功利境界，意识到自己的存在，为自己而做各种事，虽然动机是利己的，有功利的意义，但并不意味其不道德，因为其做事结果有利于他人；三是道德境界，意识到社会的存在，自己是社会的一员，社会是一个整体，自己是整体的一部分，为社会的利益做各种事，"正其义不谋其利"，所做的事都是符合严格的道德意义的道德行为；四是天地境界，有超道德价值，意识到宇宙的存在，自己既是社会的一员，也是宇宙一员，自觉为宇宙做各种事情，并理解自己所做事情的意义。

三、人生必将与修养相伴始终

我们曾在《学习与成长篇》里说过，学习将是我们终生的任务。既然一个人毕生都要学习，而学习又是修养的重要内容之一，那是不是意味着一个人终生也都要进行修养呢？答案自然是肯定的，因为修养包括学习，因为修养比学习更重要，而且必须终生坚持方能圆满完善。

据说有一位佛教大师的某弟子十分爱学习，大学毕业后又接连读了硕士和博士。等他拿到博士学位后，回到大师身边问师傅：我现在已经得到博士学位了，您看我以后还需要再接着学什么呢？大师回答说：学习做人。大师的回答说明了两个问题：一个是学习做人的重要，另一个是基础教育和高等教育中的人生科学教育缺位。学习做人，远比学习科学文化知识更重要，但是又真的没有学习知识、技术来得实际和现实。这还不算，更不好办的是学习做人又远比学知识、学技术更难，最关键的是没有系统教材，没有独立专业，没有专职老师。

修养，就是做人的学问。对于一个人来说，它也是一个庞大的系统工程，既具有很强的理论性，也需要很强的实践性；既要符合时代潮流，也要不失个性魅力；既不能轻视一时一事，更要坚持躬行终生。人生修养中的大部分内容是要靠自学、自悟、自修、自炼的。有很多事情，既没学过基础理论，又没有过亲身经历，那就只好等到有了经历才能体会，有了体会才能感悟，有了感悟才肯修炼。这就是要终生修养的原因之一。

在学生时代，我们的主要任务就是学习，这也是人生修养的重要方面。但是不要死抠书本，把自己变成“书虫”，更要注重多懂一些道理。所谓道理，就是联系、规律、逻辑。不懂道理，或懂得很少，就不知道该从哪些方面修炼自己、培养自己。语言文学、中外历史都蕴含着许多道理，马克思主义哲学就是专门讲道理的，数学、物理、化学都是讲逻辑和关系的。如果能从道理上感悟到一些东西，一定会对知识的掌握和运用大有好处。在学校，正确处理与老师、与同学、与室友的关系，就是对走上社会后与人交往的“实习”。在人的一生中，除了家人之外，能同居一室三四年的，只有我们的那几个室友，所以理当要好好珍惜。

迈出了校门，除了父母就不会再有人继续把我们当孩子、当学生了，人生也不会相信眼泪。我们必须要独立，要担当，要经历，要坚强；我们要坚持青春和梦想，也要正视历史和现状；我们要去适应社会，因为社会不可能反过来适应我们；我们要懂得去谦虚谨慎地继承，同时还要努力地去创新、创造和创业。这些，都离不开修养。也就是说，我们还必须继续学习，还必须自我修炼，还必须自我培养。

恋爱、结婚、做父母，学问更大，所需修养更高深。恋人之间相处，没有修养肯定不行。夫妻之间相处是这个世界上学问最大、修养最深的人生课题，不修炼怎么能行？一旦有了孩子，我们还得教育子女、延续梦想、寄托希望。这是不是应该首先看看自己咋样？是不是得先检查和反省一下自己的修为，看看够不够为人父母的资格？高考替考，犯罪分子当然是罪不可赦，但是没有家长和孩子的参与、配合，犯罪分子还哪来的市场？“苍蝇不叮无缝的蛋”。替考闹剧的结果破坏的是秩序、法纪和公平，受害的却是当事人自己和孩子。如果没有东窗事发，危害则更加严重。你今天敢带着孩子干这样的勾当，将来你孩子一定敢犯更大的罪过。

如果我们恰巧当上了领导干部、企业家或者其他名人、公众人物，那就更需要提高修养的层次和等级，使其与自己的身份相符。对此，我们在前面已有论述。这里所要强调的是，如果做不到更严格地修炼自己，那当官比不当官还惨，当老板还不如不当，成名人还不如默默无闻。这类的反面例子太多了，不再赘述。

人过中年，子女当婚。又有了新的人生课题。或儿媳，或女婿，还有亲家公、亲家母，两家人要合成一家人。但是有好多人不懂这个道理，非要把关系弄得像敌人似的。如果大家多懂一些道理，多一些自身修养，真正把对方当亲人、当家人，许多矛盾就不会出现，即使出现了也很容易化解。

2011 年，有一位辞世不久的老人入选全国道德模范候选人，并被评为当年“感动中国十大人物”之一。他 61 岁在地委书记的领导岗位上退休时，省委书记找他谈话，告诉他可以搬到省城居住，并且还可以在省人大常委会工作一段时间。但是被他谢绝了，他说“要回到家乡种树，为家乡百姓造一片绿洲”。从此，他扎根家乡的深山 22 年，一直到 83 岁生命的最后一天。在深山里，他住的是油毡纸格子房、茅草房，照明用的是“马灯”，吃的更是简单到了极点。但是，到他去世前，他却将自己带领大家创造的 5.6 万亩山林、价值 3 亿元的林场无偿地捐献给国家。他就是全国优秀共产党员杨善洲。民间有一种说法，叫作“平安着陆”，是用来描述领导干部直到退“二线”或者退休,没被发现什么腐败方面问题的。但杨善洲追求的不是这么低俗的境界,而是在退休后继续着他的个人修养。他继续学习——学习种树护林和林场管理;他继续修炼——修炼自己的思想和行为,给世人留下了无数催人泪下的故事;他继续培养——培养自己的品德能经受住时间和金钱的考验;他继续提升——提升自己的价值和社会贡献度,不仅仅是物质财产,更有精神财富,成为广大党员和领导干部的楷模,也会让那些狗苟蝇营者相形见绌,无地自容。如果用冯友兰的标准衡量,杨善洲已经达到了天地境界。他的事迹和精神告诉我们,人的一生都离不开修养,哪怕是到了晚年,也照样可以在修养中获得快乐并提升价值。

第三十章

做人的准则

教养、涵养、素养乃至修养,谈的都是如何提高做人的质量。但是,提高到什么标准才能符合人生的要求呢?换言之,做人到底有没有相应的准则呢?

准则,就是标准和原则。标准,所标明的是此事物与彼事物的区别;原则,所标明的是说话和做事的界限。做人的标准和原则,就是做人的准则。根据人的品行,可以将人划分为3类:好人,普通人,坏人。好人,就是能够自觉地管理好自己,随时肯帮助他人,一生都热衷于贡献社会的人。普通人,就是能够基本上实现自我管理,但在某些方面还需要社会对其进行管理,有时也会帮助他人或服务于社会的人。他们既有进步为好人的基础条件,也有蜕变为坏人的危险因素。坏人,就是需要社会对其进行严格管理,一旦照看不到就可能会危及他人、危害社会的人。

人类的进步和社会的发展,是要靠好人来带动的。我们常说的做人准则,就是指好人的标准和原则,是好人与普通人、与坏人的区别之所在。千百年来,人们根据其所处时代的特点及其对人生的感悟,从不同角度提出了做人的若干准则,可谓名目繁多,见仁见智,五花八门,难得要领。那么,是否可以归纳出一个适应现代人生的精炼简洁的做人准则呢?

一个好人,首先是必须要有信仰、有道德、有理想的。在具有正确信仰、高尚品德和远大理想的基础上,他的心地、语言和行为还必须符合责、善、诚、谦、勤、俭、慎、乐的准则。

一、责

人生于世,责任是第一位的。与生俱来,至死方休。所以,做人的第一准则便是有责任心,并且很胜任地完成了自己的责任。什么叫责任?就是应该和必须担当的事物,就是那些我们可能不喜欢做但又必须去做的事情。每个人都有自己的人生责任,毫无例外。根据责任的范围,人生责任可以分为自我责任、家庭责任和社会责任3大板块。

人生责任中的自我责任包含4项内容:

①保护好自己的生命,主要是平安,不惹事,少遇事,别出事;

②管理好自己的健康,像管理自己的钱财和生意一样规划好,管理好;

③培养好自己的能力,包括生活能力、学习能力、工作能力、尽责能力;

④安排好自己的事情,年轻时少让父母操心,工作中少让领导操心,生活中少让妻子或丈夫操心,年老时少让子女操心。

人生责任中的家庭责任也包括4项内容:

①维护好夫妻关系,保护好婚姻的稳定性、完整性和持久性,给自己和家人以和谐的生活空间,给后代以快乐地成长空间;

②赡养好父母及其他需要赡养的长辈,并尽心尽力地孝顺他们;

③抚育子女健康成长,并接受良好的家庭教育和学校教育;

④保持家庭生活达到或超过社会平均水平。

人生责任中的社会责任也包括4项内容:

①努力做好本职工作,促进国家经济建设和社会发展;

②积极倡导或参加社会公益活动,为他人、为社会做善事,献爱心;

③自觉维护社会道德秩序,弘扬社会主义核心价值观;

④在需要的时候挺身而出,保护国家、民族和人民的利益。

能否自觉地履行这些责任,关键在于我们是否有肩负着责任的感觉。这种肩负责任的自我感觉,就是人们常说的责任感。很多人不但有这样的感觉,而且还十分强烈,所以能够自觉地做好上面所列出的每一件事;也有的人责任感不强,做的就不够自觉,经常要被社会或他人提醒;还有的人根本就没有责任感,恣意而为,甚至胡作非为，不计后果，然后由他人或者社会替他承担责任。比如有些青少年并不把学习知识、提升能力作为自己的责任，蹉跎了比黄金还宝贵的青春年华，长大成人以后自然难以承担更多、更大的责任。

责任心与责任感既有联系，又有区别。它们都是关于人生责任在我们头脑中所形成的主观意识，但责任感更多体现的是责任主体对有无责任、责任大小和是否必须履行的感觉，而责任心则主要体现的是履行责任的热心、决心和信心，是对于履行责任的主动性表现。能否完满地履行好自己人生的每一份责任，起源于责任感，实现于责任心。"国家兴亡，匹夫有责"，不是一句空洞的口号，而是一条实实在在的法则。国家是由家庭组成的，家庭是由人组成的。所以，国家兴亡、家庭盛衰、个人进退，责任都在我们自己肩上。

二、善

做人之善，即仁善之心，和善之言，良善之行。古人云：人之初，性本善。这应该是人的天性。

仁善之心源于爱。仁者爱人，没有爱哪里来的善？所以仁是善的源泉，善是仁的表现。世界在造就人的同时，还赐给人类以山河大地、万千物种供我们享用，同时更赐给人类以同伴与我们同行。对此，我们必须要有亲善、友好之情，从心里喜爱、感谢他们的存在。那些为一己私利而损毁资源、破坏环境的人，是毫无仁善之心可言的。而人与人之间的勾心斗角，甚至夫妻之间、亲属之间的离心离德，都是仁善之心不足甚至完全失去的标志。在人们日常生活、学习和工作中，仁善之心更多地体现在人与人之间的相互友爱、同情和帮助上。孟子说："君子所以异于人者，以其存心也。君子以仁存心，以礼存心。仁者爱人，有礼者敬人。爱人者，人恒爱之；敬人者，人恒敬之。"(《孟子·离娄下》)古人经常使用的"君子"一词，大约和我们今天所说的"好人"相近。看来早在两千多年以前，古代圣贤们就已经把人分成了好人和普通人。孟子的意思是说：君子之所以不同于普通人，就是因为他们的内心世界不一样。君子内心想着的是建立人与人之间相互亲善友爱的和谐关系，也想着人的社会行为规范。心中有仁，所以就能关爱别人；心中有规范，所以才能尊敬别人。关爱别人的人，就能更长久地得到别人的关爱；尊敬别人的人，也能更长久地得到别人的尊重。

和善之言源于仁善之心。战国末期思想家荀子(前313~前238)说过:“憍泄者,人之殃也;恭俭者,偋五兵也。虽有戈矛之刺,不如恭俭之利也。故与人善言,暖于布帛;伤人之言,深于矛戟。故薄薄之地,不得履之,非地不安也。危足无所履者,凡在言也。”(荀况:《荀子·荣辱篇》)荀子的意思是说,骄纵傲慢,是人的殃祸;恭俭谦逊,可以屏退兵器的伤害。即使有干戈矛戟的尖刺利刃,也不如恭俭谦逊更有杀伤力。所以,和善地与别人讲善意的话,给人的温暖超过棉布丝绸;用恶语伤人,比长毛利戟刺得还深。面对无限宽广的大地却无可立足,并不是大地不安稳,实在是因为平日里伤人的话语说得太多了。到了明代,荀子的这段话被后人用更凝练、更生动的语言表述了出来:“好言一句三冬暖,话不投机六月寒。”(《增广贤文》)由此可见,“和善地与别人讲善意的话”是很重要的。没有仁善之心,就讲不出和善之言,即使讲出来也是假话。还有一点需要注意的是,即使是好话,也得用和善的态度去讲,否则好话也会伤人,即形式一定要为内容服务。

良善之行是要求我们的行为要对别人、对社会有益处,最起码是不能有害处。不坏即为良,有利方为善。有人将一个人的良善行为分为4个等级:最高级,利人利社会,但不见得利己;次高级,利己利人利社会;普通级,利己利人,但对社会意义不大;较低一级,利己不利人但也不伤人。舍身为国、舍己救人的人,都属于最高级别这一群体。英雄们之所以英雄,就是因为他们的壮举并不是为了自己的利益才去做的,甚至是要损害或者牺牲个人的利益,完全是为别人、为社会、为信仰而心甘情愿、自动自觉地去做。比如我们上一章所列举的杨善洲,以60多岁的退休年龄为新起点,持续22年去做一项只为他人、只为社会、只为信仰的事业,怎能不令人对他肃然起敬呢?保护环境、维持秩序、扶老携幼、助人为乐等,都属于次高级的范畴。行为的结果对他人、对社会有利,自己的利益也包含在其中。我们要坚持良善之行,就是要多做这两大类的事情。

至于孝顺、包容、感恩、宽恕等,也都是善的重要组成部分,因前篇已有论及,故此不再复述。

三、诚

“诚者,天之道也;诚之者,人之道也。”(孔伋:《中庸》第二十章)这是2400年前孔子之孙孔伋对“诚”的理解和注释。意思是说,真诚是上天所规定的原则,做到真诚则是做人的原则。由此可见“诚”在天地人寰中的显赫位置。今天我们研究“诚”的含义,可以从诚心、诚实、诚信3个方面来理解,就是对人要真心真意,要诚实守信,要开诚布公,要光明磊落,而不是阳奉阴违、两面三刀、鬼鬼祟祟、蝇营狗苟。

诚心,就是待人的真诚、真切和真挚。我们在服务工作中,经常能看到这样的标语口号:“待顾客如亲人”,“顾客就是上帝”,“宾至如归”等,都是从心理上来调整角度的,即要求己方对彼方要有真诚的心意和诚恳的态度。怎么表现出这样的诚心呢?最好的办法就是换位思考,将心比心,将心换心,就能产生真实的心意,并形成诚恳的态度。有一位出生于1915年的老革命、老共产党员,如果活到今年整好100岁了。可惜的是,他在65岁时就被癌症夺去了生命。可感叹的是,在他辞世后的35年里,他曾经工作过的那个县的老百姓年年清明节都会到他的墓前祭拜,献上自采的花束,祭上自制的食品,点燃一支送给他的香烟,表达无尽的怀念,甚至在那个县里形成了“先祭谷公,后祭祖宗”习俗。这位“谷公”,就是1950年至1964年在那里工作过的福建省东山县原县委书记谷文昌。50年前的老县委书记,竟然被今天的普通百姓还尊称为“公”,年年祭拜,凭什么?那就是他用真心为人民服务,为百姓做事。2009年,他被评为“新中国成立以来100位感动中国人物”之一。习近平曾撰文称赞他“在老百姓心中树起了一座不朽的丰碑”。(习近平:《“潜绩”与“显绩”》2005.1.17)

诚实,既是一种心态,也是一种品质,更是一种行为。20世纪60年代,大庆石油职工在会战期间曾总结出一套后来被推广到全国的工作作风,叫作“三老四严”。其中的“三老”,就是对待革命事业要当老实人,说老实话,办老实事。2014年3月,习近平又对全党提出了“三严三实”的作风要求,其中的“三实”就是“谋事要实、创业要实、做人要实”。所谓说老实话,就是要说真话,不说谎话。这是诚实的最基本表现。说谎话不但是对人的大不敬,而且也特别容易误事,所以在战场上谎报军情是要被直接处死的。在现实生活中,说谎话的还大有人在。有的是为了缓解事态,有的是为了所谓面子,有的是为了升官政绩,有的是为了骗财骗色等等。除了第一种情况外,后几种都属于欺骗。“纸是包不住火的”。为了将火包住,就还得用更多的纸去包,其结果是欲盖弥彰,最终引火烧身。这就是大家常说的,为了掩盖一句谎言,就得用无数句谎言去遮挡、去掩盖。一旦被戳穿,失去的决不仅仅是一次机会或一个面子,而是可能永远会失去对方对自己的尊重与信任。谋事也好,创业也好,乃至做人的全部,也都要诚实。不诚实的人,是不可能成什么事儿的。

诚信,即诚实守信。诚是诚实,信是说到做到,不打诳语。诚信被当代人誉为“第二身份证”,代表着一个人的信用等级。一方面是不能说假话、大话、空话,另一方面是不轻易许诺,一旦许诺就必须兑现。一诺千金的人一定是被人信赖的。三国名将关羽本是一介武夫,为什么备受后代尊崇,拜为帝圣,与文圣人孔夫子齐名?是因为他的骁勇善战吗?不是!他对后世的影响,完全是因为他的忠义诚信。有人将诚信对于人生的意义归结为5各方面,称之为立世之本、处友之根、齐家之法、为政之道、经商之宝,是很有道理的。

四、谦

以“谦”为核心,可以构成很多概念,例如谦虚、谦恭、谦让等等。自古以来,我们中华民族历史上的一些有学问、有能力的人,多以谦虚、谦恭、谦让为美德,留下了很多为人称道的故事。但是总结他们的进步与成功的历程之后我们发现,谦虚、谦恭、谦让不仅仅是为人的美德,也是做人的准则。与谦虚相悖的是自满,而自满之人那种目空一切的样子是没人喜欢的;与谦恭相悖的是狂傲,而狂傲之徒那种盛气凌人的做派更是让人避之唯恐不及;与谦让相悖的是侵夺,而侵夺恶行带给人的心理伤害和利益损失则会将人激怒。不论是没人喜欢,还是遭人唾弃,或者是惹人恼怒,都是无法长久立足于世的。

谦虚的前提是谦,重点在虚。谦是自谦,能够正确地认识自己,能够觉察到自己还有很多不足之处;虚是虚心,因自觉不足而虚怀若谷、虚心求教、虚己以听。人生是一个学习的过程、实践的过程和进步的过程。如果一个人学到一些知识就骄傲自满,会做一点事情就沾沾自喜,有了一点进步就忘乎所以,那他的人生是绝不可能取得成就、获得成功的。“即使我们的工作得到了极其伟大的成绩,也没有任何值得骄傲自大的理由。虚心使人进步,骄傲使人落后,我们应当永远记住这个真理。”(毛泽东:《中国共产党第八次全国代表大会开幕词》,《中国共产党第八次全国代表大会文献》）我们作为普通人，很难取得极其伟大的成绩，那么取得一点小成绩就更没有值得骄傲的资格和理由了。“满招损，谦受益。”说的也是这个道理。

谦恭是指对人的态度。在与人相处时，要尽可能地将自己的心理位置放低。“三人行，必有我师”，对方很可能会教给我们点儿什么呢，我们要是摆出比对方高的架子来，人家还会诲人不倦了吗？除了可能需要向对方学习的因素外，就是从尊重生命、尊敬人格的角度，我们也要懂得恭敬他人，不要盛气凌人、颐指气使。哪怕是我们身为师长、领导、老板，对自己的学生、下属、员工也要做到谦恭。名望和权威不是装出来的，也不是吼出来的。不要动不动就问人家“你听懂了吗”，而是要先问问人家“我说明白了吗”。如果我们身为学生、下属、员工，当然更应自觉地做到谦恭，因为对方贵为师长、领导、老板，和我们相比，一定会有更多的过人之处。

谦让是指对事、对物的态度，当然其实质也还是对人的态度。妇孺皆知的孔融让梨的故事成为千古佳话，而曹丕兄弟相煎逼迫曹植“七步成诗”的故事却贻笑大方，前面提到的安徽桐城“六尺巷”的故事一直在警示后人，都是值得我们深入思考的。孔融让出的是梨，曹丕怕弟弟抢夺的是权，张、叶两家让出的是土地，但最后都反映了对人的态度，留下的是名声：孔融对哥哥的态度，曹丕对弟弟的态度，张英对邻居的态度。事和物呢？梨子已不知轮回几百次、几千次了，江山天下姓魏也只有46年，六尺巷两侧的宅院也早就不再姓张、姓叶了。

五、勤

勤学、勤思、勤劳、勤奋，构成了勤的内涵。唐代杰出的文学家、思想家、哲学家韩愈（768～824）说过：“业精于勤，荒于嬉；行成于思，毁于随。”（五代·刘昫、赵莹：《旧唐书·列传一百一十》）与勤相对立的是懒，慵懒，懒惰。做人如果慵懒、懒惰，必将一事无成。《左传·宣公十二年》中也有“民生在勤，勤则不匮”的名句。

勤学，说的是在学习方面的努力程度。人的一生都在学习，不学此，便学彼，想要不学习是没有可能的，当然也是办不到的，但要想学出优秀成绩来也是不容易的。“书山有路勤为径”，告诉我们的就是取得优秀学习成绩的唯一办法。学习上的勤，既要有勤学苦练，相同的内容反复学反复练的劲头；也要有博览群书，博采众长的视野。这些都是要花工夫、花气力的，不勤是不可能达到预期目的的。勤还有补拙的功效。有的人在某一方面或某一科目上可能反应不够机敏，怎么解决？唯有勤能补之。

勤思，是要多体会、多感悟、多思考。人生的许多道理不是学出来的，而是边学习、边实践、边思考出来的。18世纪曾在生物学界诞生过一种理论，叫作“用进废退”进化论，说的是生物体上的器官如若经常使用，就会越来越好用，甚至是越来越发达；反之，不经常使用的器官会越来越不好用，甚至会退化。我们人类的大脑本来就是动物界之冠，其主要功能就是思考。如果不用，或者是不能使其效能最大化，岂不是有些可惜了么？所以，我们不能把大脑当眼睛用：大脑好比是计算机，眼睛好比是扫描仪或照相机。

勤劳，是做事不怕辛苦，勤快尽力，不偷懒，不耍滑。这是我们中华民族的优良传统，是我们的民族得以生存、延续和发展的重要因素。所以，勤劳与否也是检验一个人品德的试金石。不勤劳，就无法创造物质财富和精神财富，不勤劳也不可能会有成就和成功。我们今天所享有的一切，都是前人辛苦劳作创造出来的；我们的人生理想和目标，也必须要靠我们勤劳的双手去创造。勤劳毕竟会有些辛苦。但恰恰是这勤劳才能锻炼人，也是这辛苦才能磨炼人。就算是为了自己的健康和寿命，人生也必须要勤劳一些。

勤奋，是勤劳的“比较级”。除了兼具勤劳的勤快尽力、不怕辛苦之外，更包含了奋发、奋斗、奋勇、奋飞的意味，就是要把事情做得更好、做到最好，同时还隐含着创新和创造的意思。勤劳，更多的是说一个人身体上的辛勤劳作，当然是既包括肢体的工作和体力，也包括大脑的工作和智力。勤奋，则更加强调思想上、精神上和意志上的努力。一个勤奋的人做事，一定会表现出坚定不移、坚持不懈、坚忍不拔的精神状态，同时也会表现出践行理想、勇攀高峰、争创一流的思想境界。

六、俭

“历览前贤国与家，成由勤俭破由奢。”（唐·李商隐：《咏史》）这是大诗人李商隐写于晚唐时期的诗句。他说，纵观历史上贤明君主所领导的国家以及贤明人士的家庭，成功是因为勤奋和俭朴，破败则是因为生活奢侈和挥霍无度。一个国家会如此，一个家庭会如此，再到一个具体人的身上，又何尝不是如此呢？所以，“俭”

就成了做人的主要准则之一。

古人一直非常重视节俭、俭朴对品德的培养作用。孔子就曾说过:“奢则不孙,俭则固。与其不孙也,宁固。”(《论语·述而篇》)这里的“孙”,通逊。意思是说,人一旦奢侈了就会不守规矩,但要是坚持节俭又会显得固陋。相比较破坏规矩的害处而言,我宁可固陋了。古代圣贤不但严格要求自己不奢靡,并以俭朴教育警示后人。诸葛亮在他的《诫子书》里就留下了“君子之行,静以修身,俭以养德”,“非淡泊无以明志,非宁静无以致远”的千古名句。宋代政治、史学、文学和思想大家司马光(1019~1086)居然以俭朴为题,专门给儿子司马康写了一篇文章,叫《训俭示康》。他在文章中表示了对“古人以俭为美德,今人乃以俭相诟病”现状的鄙视,根据自己对人生和历史的深刻感悟,列举出许多典型人物和典型事例,谆谆教诲司马康要牢记“由俭入奢易,由奢入俭难”,“以俭立名,以侈自败”的道理,而且不但要自己做好,还必须“当以训汝子孙,使知前辈之风”。

中共中央近年来所倡导的反对形式主义、反对官僚主义、反对享乐主义、反对奢靡之风的“反四风”活动,符合国情,顺应民意,继承了中华民族的传统美德,弘扬了中国共产党的优良作风,得到了全国人民的热烈称赞和积极响应。在人们的消费观念和习惯都发生了很大变化的新形势下,每一个人更应该谨记“成由俭,败由奢”的古训,从自身做起,从现在做起,养成节俭的习惯,推动社会风气的转变。特别是各级领导干部,要给人民群众做出表率,要珍惜国库里的每一分钱,花公家的钱要比花自己家的钱更仔细、更心疼。其他公众人物也要时刻提醒自己的言行具有放大作用,不要为奢靡之风推波助澜。

享乐主义是奢靡之风的根源所在,是一些人的世界观、人生观、价值观扭曲的表现。有些人在酒色香风的吹拂下忘记了自己的劳动人民出身,忘记了自己曾经的信仰,忘记了自己在党旗下的誓言,将奢侈当成就,将奢靡当品位,将享乐当目的,一步步地滑出了道德底线。这样的社会风气对青少年的影响是严重的,这样的家长对子女的成长是不负责任的。享乐主义和奢靡之风又是拜金主义泛滥的诱因。在人们的价值观体系中,如果享乐为耻,奢靡为辱,很多人也就不会如此疯狂地追逐金钱了。

七、慎

在人的一生中，每个人都在不停地讲话，不停地做事。有很多话、很多事促进了历史发展和社会进步，也促进了个人的成长、成熟和成功；但是，也有无数事例证明，说错话或者办错事产生了严重的后果。前不久就有一位国家级名嘴因为出言不慎，惹起了一场很大的社会风波，给自己也带来了不小的麻烦。因此，每个人在人生中都要时刻谨慎，说话要慎重，行动更要慎重，这样才能保证我们的人生平稳，不至于大起大落，甚至落下就再也起不来了。

我们这里说的"慎"是说人生路上要谨慎，无论说话还是做事，都要慎重小心，千万不要恣意妄为，或者用现今时尚的话说叫不要"任性"。无论在什么场合，说话一定要慎言；无论遇到什么情况，做事一定要慎行。用一句俗得不能再俗的话来形容，就是要"夹着尾巴做人"。这话听起来很残酷，但是却很形象，也很准确。

怎样才能做到谨慎和慎重呢？

一是要深思熟虑。在比较郑重的场合说话，首先要考虑的是自己当说不当说。不该说的时候千万不要说，哪怕你的意见再正确，你说了都会出现问题。大家都见过两国领导人会谈的场面吧？两个国家的元首各带一队随员，那都是副国级、正部级的高官啊！哪个不是文韬武略、才华出众呢？但是我们发现，他们都一言不发，只是在听、在记。我们在生活和工作中，也会遇到一些不可以发声的场合，那就要绝对地噤声不语。如果确认当说或者是必须说了，才要考虑说什么和怎么说的问题。做事情也是一样，如果不是"火烧眉毛"的急事，一定要"三思而后行"。

二是要少说多做。言多必失，容易招惹是非。言多的另一个问题是容易给人以"光说不练"，或者是"理论上的巨人行动上的矮子"的感觉，所以孔子早就告诫人们要"讷于言而敏于行"（《论语·里仁篇》）。当然了，多做、快做并不是说可以"瞎做"、"胡做"，还是要考虑周详才行。

三是要注意后果。在一般情况下，我们说出去的话和做过的事情都会产生后果的。所以，说话和做事之前都要尽可能想清楚会引发什么样的后果，这样的后果是不是我们想要的。如果是不好的后果，我们是否能够承担得起，等等。说话、做事不计后果，是严重不成熟的标志，也是做人不谨慎的表现。

四是要考虑细节。做事的方向、目标、原则确定之后,已经要做和正在做的事情的成败,与细节是否严密就有很大关系了。“千里之堤溃于蚁穴”,就是细节出了问题。一个做事严谨慎重的人,会把细节都考虑到、安排好的。人们常说的“细节决定成败”指的就是在这种情况下的细节。

八、乐

翻检很多关于人生准则的说法,并没有将“乐”作为准则之一提出来的。但是我们认为这又确实是人生不可或缺的准则之一。所谓“乐”,就是乐观,乐道忘忧;达观,心胸旷达。

人生是不可能没有忧愁、哀伤、麻烦之事的。但以什么态度待之,则源于其知识、修养、品性水准或胸怀尺度。乐观者,不论见到什么样的人、事、物,都会感觉很开心很满足,并且能持久地拥有这样的心态。

坊间有一个小故事的主人公,就是这样一位乐观“达人”:古代有一小国宰相的口头禅是“太好了”,不论遇到什么事情他都会说一句“太好了”。国王舞剑,不小心将自己的手指削掉一根,他说“太好了”;国王以为他幸灾乐祸,将他关进了天牢,他又说“太好了”;国王出去狩猎,被食人族抓去后发现他手指残缺,便没有吃他,回到国都先去天牢看宰相,听到的第一句话还是“太好了”。国王说冤枉你了,你怎么不怨恨我呢?宰相说,如果你不把我关起来,我就得和你一起去打猎。被食人族抓到后,我身上并无残缺,那放掉的是你,被吃的就得是我了。

在不同的时间里,从不同的角度去看一件事情,得到的结论可能是不一样的。“太好了”这个小故事告诉我们的就是这样的道理。我国古代“塞翁失马”的故事和上面这个小故事有异曲同工之妙,所不同的是这位宰相比塞翁还要乐观一些。悲观也是观,乐观也是观。悲观会使我们心情沮丧、情绪低沉,更会影响我们去做好其他事情;乐观则会使我们忘掉忧伤或烦恼,尽快地从低迷的情绪中解脱出来,然后轻装上阵做好后面该做的事情。

当然,我们也不是推崇盲目的乐观,而是要有乐道忘忧的境界。我们所说的乐道里的“道”,是指道义、道理、道德,是信仰、理想、目标。当这些崇高的东西在我们心里占据主要空间时,还有什么忧伤不能排除,还有什么打击不能承受呢?当我们遇到困难、挫折、失败时如果能够把道理想通，悲观的情绪也就不会再左右我们的大脑了。毛泽东在21年间失去了7位家人，其忧伤、悲痛的心情不难想象，恐怕常人也无法承受。但是，他心中装着的是全国人民，装着的是天下大事，所以悲伤的泪水并没有淹没他的斗志，也没有阻挡住他继续前进的脚步。在人生路上，我们谁也不会比他老人家困难更多、损失更大吧？所以，我们更有理由要保持乐观和达观的心态，努力去创造精彩的成功人生。

或许人们还会找出许多可以作为做人准则的条款，但是太多了会让人难得要领。责、善、诚、谦、勤、俭、慎、乐8个字，基本上概括了人的心态、语言和行为的主要原则。如果我们能在这8个方面做出努力并取得成效，人生的境界也就会大有不同了。

第三十一章

做人的哲学

哲学，是一门研究各种各类关系的学问，包括思维和存在的关系、精神和物质的关系，也包括自然、社会和人类思维及其发展中的一些规律性关系。人生这一辈子都在干嘛？就是在处理各式各样的关系，解决各种各样的问题。从这个意义上说，哲学即是人生，人生即是哲学。每个人的人生，都是在自觉不自觉地实践着前人的哲学智慧，同时也是在有意无意地丰富和完善着既有的人生哲学。关于世界观、人生观和价值观等基本问题，我们已经在前面的章节中有过专门论述，这里仅从做人的角度谈一谈人生中要正确认识和处理好的 4 大类关系：

一、对己

人的思想存在于大脑之中，永远都是真实的。而人的言行则是对外公开的，有时并不见得是自己主观意识的真实表现。正确地认识和处理好与自己的关系，就是要认识和处理好自己的思想和言行之间的关系。

自知者明，自胜者强

人们常说，人贵有自知之明，可见这一哲理早已深入人心，为古贤今人所认同。但是，能真正做到、长久做到，却不是一件容易的事情。所以老子才说“知人者智，自知者明。胜人者有力,自胜者强。”(《老子·第33章》)他的意思是说,真正了解、认识别人是智慧的,而真正了解、认识自己则是一种高明和英明。能够打败别人说明有力量,而能够战胜自己才是真正的强大。

如果想要使自己成为一位高明、英明的人,首先必须做到的就是要了解和认识自己。很多人,甚至可以说绝大多数人之所以做不到,就是因为我们总是不能让自己的思想跳出自己的身体和言行。“不识庐山真面目,只缘身在此山中”。如果我们能把自己看成别人,把自己摆在自己的面前,把自己摆放在同学、同事中间,去审视自己的言行和言行所表现出的品德、学识、能力、成绩,可能结果就不一样了。假如我们是自己的老师、领导或者同学、同事,再看看我们自己,可能也就会一目了然了。

我们常说要战胜自己,但是并不知道到底要战胜自己什么,也不知道怎么样才能战胜。其实我们所说的战胜自我,主要是抑制和克服自己一些有碍于成长和发展的天性或习惯,其中比较主要的有懒惰、懦弱、物欲、自谅4项。不克服懒惰,就无法做到勤奋向上;不战胜懦弱,就不可能实现坚强;不抑制物欲,就会把手伸到不该伸向的地方;不抛弃自谅,就一定会无法进步、无法成长。如果我们能够从心底里将此4项视为人生的敌人,以抑制和克服为武器,并不是不可以战胜它们的。

自强不息,厚德载物

这是大家都烂熟于心的自我激励用语,分别出自于《周易·乾卦》中的“天行健,君子以自强不息”,《周易·坤卦》中的“地势坤,君子以厚德载物”。这两句话的核心在于其中的“自强”与“厚德”。自强方能不息,厚德方能载物。

自强,就是通过自我努力,使自己强大起来。天体的运行刚健遒劲,并不在意哪个物种的强弱。同样,人类社会的发展,也不取决于某一个人的态度。我们来到世上一遭,命运的主动权一直掌控在我们自己的手中。活得有价值、有意义,是大家的共同愿望。但是否能够实现,就要看我们是否努力,而且要看我们是否足够的努力。古今中外凡是有成就者,毫无例外地都是自己努力的结果。我国古代关于越王勾践“卧薪尝胆”的故事脍炙人口,他不但自己重返越王宝座,更把一个几近灭亡的国家拯救于水火之中。勾践的故事,就是自强不息的最生动事例。中华民族历经劫难,为什么还能生生不息?就是因为我们是一个自强的民族。作为这一民族之一份子,也应自觉地做到自强。

厚德,既可以理解为厚崇道德,也可以理解为品德修养达到一定的厚度和高度;“载物”,也不能仅仅理解为可以获得更多的物质回报。这里的“物”,应为事物、成果、成就。敦厚的大地所承载的是这些,我们的品德修养所承载的也是这些,而且创造量和承载量与品德的修养高度、厚度成正相关关系。厚德为因,载物为果。没有品德,不守道德,是不可能取得重大人生成就的。即使有的人貌似在某一时取得了一些成就,但因无德,其个人也很快就会被社会否定和唾弃。

穷理正心,修己治人

宋朝理学家、思想家、哲学家、教育家朱熹在他的《四书章句集注》中说过,《大学》通篇所教的,就是“穷理正心、修己治人之道”。这也是我们正确认识和处理自己的思想和言行之间关系的重要方面。

所谓穷理,就是要通过深入探究世间万物之理而得到真理,而非一般的道理;所谓正心,就是要修炼出公正无私的品德。今天我们很多家庭为了培养自己的孩子上学读书,几乎已经是倾其所有了,但是读书的目的却没有弄清楚,只是将其局限于获得知识、学到技能上。但是结果呢?走上社会才发现,由于知识更新太快,在学校里学到的很多知识已经过时了;由于专业不对口,用非所学,有很多技能根本就用不上。但是,道理是不会过时的,道理也是相通的,因为隔行并不隔理。所以,学生上学的实质,是去学道理的。蕴含于各学科专业知识中的道理,会反映出客观世界的普遍真理。做人的学问,就蕴含于这些普遍真理之中。掌握了真理,也就知道为什么要修养品德了。

我们的人生目标,都是想为社会、为人类做出较大的贡献。也就是说,将来我们可能要去管理一个部门、一个单位、一个企业、一个地区、一个行业。世间的所谓管理工作,都是通过对人的管理来实现对事物的管理的。如果自己不行,恐怕很难获得这样的机会而走上管理岗位;即使由于某种原因坐到那个位置上了,恐怕也很难胜任。所以,格物、致知、诚意、正心、都是在做修身的工作,是在为齐家、治国、平天下做准备。不管将来是不是有机会去管理别人,我们还是要有所准备,况且机会都是留给有准备的人的。

见素抱朴，少思寡欲

这是老子《道德经》里的两句话，说的是一个人要呈现本来的纯洁，保持真实的淳朴，少一些私心杂念，控制住自己的不正当欲望。

见，就是显现、呈现和表现；素，是没有经过染整的生丝，比喻还没有被世俗、利欲所污染的品德与情操。小孩子为什么比大人可爱？就是因为他们的心灵是纯净的。随着年龄的增长，要在言行中呈现出这样的品德情操是非常不容易的。现在很多家长总喜欢让自己的孩子在很小的时候就参加成年人的活动，说成年人说的话，唱成年人唱的歌，做成年人做的事，使他们过早地被世俗和人欲所熏染，是很危险的。

抱，就是存放、保持在心里；朴，是未经加工过的原木，"无刀斧之断者谓之朴"（东汉·王充：《论衡·量知篇》）。我们可将这里的朴理解为淳朴和朴素。有人很喜欢攀比，和别人比权力、地位、名气、财富，那就是没有做到"抱朴"。攀比之心人皆有之，但不可太盛，而且最好是去和别人比成就、比贡献。

少思，并不是说要少思考，而是说要使自己的思想有所归属，不要胡思乱想。否则，与"学而不思则罔"的通理就尖锐对立了。人不可能没有思想，否则也不成其为人。老子本身就是大思想家，不可能不明白这个道理，所以他也不会要求人们什么都不想。他所提倡的是不要胡思乱想，也不要总是想着自己的私利，因为那会扰乱心志的。

寡欲，并不是要禁欲，而是要有一个合情合理的范围。人的欲望是心理和生理活动的必然产物，禁欲是不可能和不道德的；同样，纵欲也是不理智和不道德的。我们今天所处的社会环境同上古时期相比，不知诱惑多了多少倍。人是环境的产物，存在又决定意识，自然也会引发人们的更多欲望。对现代人的品德修行来说，这是更为严峻的考验。

志存高远，见贤思齐

诸葛亮曾写过一篇《诫外甥书》，志存高远，就出于这篇文章。诸葛亮说："夫志当存高远，慕先贤，绝情欲，弃凝滞，使庶几之志，揭然有所存，恻然有所感。"（清·严可均：《全三国文·卷五十九》）他的意思是说，一个人心中所追求的理想和志向一定要高尚远大,倾心仰慕前贤先哲,戒绝情欲,抛弃郁结在心中的俗念,把自己已经接近先贤的志向很好地保存起来,反思时也能有新的感悟。志存高远,并不是百分之百可以实现的理想,但是却可以使人明确前进的方向。如果没有高远的志向,得过且过,随遇而安,人生也不可能有什么成就。成功者都是想要成功的人。

"见贤思齐",出自《论语·里仁篇》,原句是"见贤思齐焉,见不贤而内自省也。"是说见到贤明的人时,就应该向人家学习,向人家看齐;见到不贤明的人时,就要对照他的言行反省自己,并引以为戒,免得重蹈其覆辙。每个时代都有先锋模范人物,他们以自己的光辉事迹甚至生命给人们做出了表率。我们只要自觉地认真地向他们学习,就会一点一点地向他们靠近,使自己的品德不断地得以提升。当然,每个时代也都有反面典型。他们既不愿"慕先贤",又不肯"绝情欲"、"弃凝滞",自然要掉进万劫不复的罪恶深渊,成为人们引以为戒的"镜子"。

二、对人

这个世界是所有人共同拥有的空间,地球上和我们同时期的人都是我们的同伴。如果没有他们,我们就变成了真正的孤家寡人,即使地球上的所有财富都归属于我们自己,那又有什么意义呢?估计吓也把我们吓死了。正因为有了他们的存在,我们的人生才会变得更有意义,更加精彩。一生中,我们做的所有事情,都是直接或间接地与人打交道。这些能够直接与我们的人生相关联的人,都是来帮助我们的密切同伴。我们在正确地认识和处理好同这些人的关系过程中,要注意把握好以下4点:

己所不欲,勿施于人

在惜字如金的《论语》中,记录了孔子两次谈及"己所不欲,勿施于人":

一次是《卫灵公篇》里的记载。子贡问曰:"有一言而可以终身行之者乎?"子曰:"其恕乎?己所不欲,勿施于人。"还有一次是《颜渊篇》里的记载。仲弓问仁。子曰:"出门如见大宾,使民如承大祭;己所不欲,勿施于人;在邦无怨,在家无怨。"说的是仲弓向孔子请教怎样才能做到仁。孔子回答道:出门办事如同去会见贵宾,指挥民众如同承办大型祭祀活动,都要郑重认真;自己不想要的,就不要强加给他人。如果能做到这些,在朝廷上就不会招人怨恨,在自己的封地里也不会被人怨恨。

孔子为什么要反复强调“己所不欲,勿施于人”?因为他认为这是一个人与他人相处的第一要义。所以学生问什么是“恕”,他用此加以解释;学生问什么是“仁”,他也用此来作为注脚。可见其在孔子心中的位置。2013 年 6 月,习近平在墨西哥参议院演讲时,就引用了孔子的这句话,用以说明人与人之间、国与国之间都应该相互尊重、相互理解和相互支持。

自己不想要的东西却要塞给别人,自己不想做的事情却要别人去做,首先就表现出了自己的不道德,同时也表现出了对他人的不尊重,其结果必然是伤人害己。你如果不喜欢被别人辱骂,那你干嘛要辱骂别人?你如果不喜欢别人向你借钱,那你干嘛要向人家借钱?你如果不喜欢吃含有有害添加剂的食品,那你干嘛还要加工生产出来让别人吃?

需要注意的是,这一论点还不能反推为“己所欲,施于人”。自己喜欢吸烟,你不能非要别人也和你一起吸;自己喜欢喝酒,你也不能非要别人和你一起喝;自己喜欢赌钱,你不能非要别人和你一样去赌。

海纳百川,有容乃大

世上之人,各有特点,各有长短,各有性格。即使是一奶同胞的兄弟姐妹,也是各有不同,正如俗话所说:“一娘生九子,九子各不同”。人生在世,与人相处,都希望有很多人能够帮助到自己,其前提条件就是得与人相容。古今凡成大事者,都是心胸宽广,能容人容事之人。为什么说“宰相肚里能撑船”?就是因为他的心中要能装得下天下大事,否则他就当不上也当不好这个宰相。

清代民族英雄林则徐(1785 ~ 1850)在担任两广总督时,曾为总督府衙写过一副对联:“海纳百川,有容乃大;壁立千仞,无欲则刚。”他的意思是说,大海为什么那么广博宏大,就是因为它能够吸纳和包容千百条江河;高山为什么那么刚毅挺拔,就是因为它没有人间的那些不尽私心和无边欲望。

有些人经常会有朋友不够多、自己不够强的感觉。原因何在?就是因为我们自己的心胸不够宽广,容量不够博大。除去对知识的吸纳、对理想的追求不够之外,容人方面做得不够也是问题的症结所在。怎样才能像大海容纳百川一样容纳我们身边的人呢?上面所说的“娘生九子”的俗语可供借鉴。过去不实行计划生育时,绝大多数母亲都生育多个孩子。孩子们的情况各不相同,各有优点,也都有缺点。但是,每个孩子她都喜欢。为什么?这不仅仅是血脉相连的缘故,更在于她有宏博的母爱胸怀。如果我们都能将自己身边的同学、同事看成是“自己的孩子”,还有谁是我们不可以包容的么?

容人被人们习惯地称之为雅量,可见容人是一种高雅、文雅、优雅的器量,是一种美德。容人的要点在于能用包容的心态去看待身边人的缺点,看待和自己不一致、不协调的言行。梧桐没有必要嫌弃青松叶片的纤细,菊花也没有理由嫌弃牡丹花瓣的丰腴。正是因为松针的纤细,它才能在桐叶落尽的严冬给世界留下一片翠绿;也正是因为牡丹的雍容华贵,方显出菊花的高雅清秀。

至清无鱼,至察无徒

看过《大汉天子》、《汉武大帝》等电视连续剧的人,估计都会对那位机智、诙谐的东方朔印象颇深,但是知道“水至清则无鱼,人至察则无徒”这一名言出自他笔下的人可能并不太多。大约在公元前138年,他写下过一篇精美的“设难体”(也称对问体)文章《答客难》,留下了这极富浪漫诗意的词句。2000多年过去了,这一名言的哲理光辉依然灿烂。

很多人都有这样的生活经验:供人饮用的水井里没有鱼。为什么?水太清了。家里的观赏鱼也不能用纯净水来养。为什么?水太清了。这就是“水至清则无鱼”的典型事例。这是对立统一的一对矛盾。“鱼儿离不开水”,没水鱼就不能活;养鱼的水不能太浑浊,否则鱼也很难活;水也不能太纯净,清澈到一点营养物质都没有,甚至连氧气都不足。只有水、氧气、养分和鱼统一平衡了,鱼才会自在地生存,健康地成长。

人与人之间相处也是这个道理。不要时时、处处、事事都显示自己的精明,似乎自己的眼睛能够洞察别人的一切,不给人留下一丁点儿隐私的空间,而且指责别人时又极尽苛刻严厉之能事,不留一丝情面,让人家和你在一起时感到害怕,甚至感到毛骨悚然,那还会有谁愿意和你做朋友,或者是和你共事呢?这同样体现着对立统一的矛盾关系。同学、同事、亲人、朋友乃至领导都是凡人,都会有缺点、有过错,如果是大是大非的原则问题,我们如果不及时指出,那就是纵容他在错误的路上越滑越远,是在害他;但如果是鸡毛蒜皮的日常小事,我们还时刻盯着人家不放,那就叫求全责备,难免会将自己孤立起来。有些老板能把生意做得很大,就是因为深谙此道,给下属留有合适的活动空间,让他们得以自由成长,这样才能保持住他们的工作热情和创造精神,保持住企业的旺盛活力。

待上以敬,待下以宽

所谓上,既包括长辈,也包括老师、领导,以及其他比我们年长的人,都必须要时刻保持对他们的尊敬。并不是说对比我们年龄小的人就不需要尊敬了,而是说这些比我们年长的人是我们尤其要重视的。

年轻人尊敬年长者,是我们的民族传统。虽然现在我们的对外交流越来越多,但是民族的传统也不能不要,外国的很多东西并不适合我们。比如在国外可以直呼一些长辈的名字,在中国恐怕就不行,哪怕是同辈的哥哥姐姐,一般也不会直呼其名。

待上以敬,首先要有尊称,同时在言语上、行为上也都要有一种由衷的尊敬。这既是一种有教养、有品德的表现,同时也是一种心意的传达。因为在以往的日子里,年长者可能已经给过我们以教诲或帮助,尊敬他们也是一种感恩和答谢。即使某位年长者过去对我们还没有过什么恩惠,但年长者必定要比我们多一些人生的阅历,在他们身上我们今后也还会学到东西的。还有一点不可忽视的意义,就是我们的所作所为是有示范效应的,有一天都会回敬到自己身上的。如果我们做得不够好,也会报应到自己身上的。

所谓下,就是我们的身边还有更年轻的群体,包括弟弟妹妹和晚辈,或者还会有我们的学生及下属。对他们,就是要格外的宽容。我们的父母及其他长辈是怎么对待我们的,我们的老师、领导以及年长的同事是如何对待我们的,我们每个人心里都很有感触。令我们感动、让我们满意的做法,我们都要积极效仿、认真复制;如果我们对某人的某一做法感觉不妥,那就正好可以吸取教训,不要再用来对下。

在对下时,一定要时刻提醒自己,我们也曾经从年轻时走过,我们也曾有过幼稚和青涩。要以关爱的情感去温暖他们,也要以奖掖的心态去帮助他们,还要以欣赏的眼光看待他们。做到了这些,就是做到了待下以宽。

三、对事

人生虽然漫长，但是用“放大镜”仔细观察，发现它就是由无数件事情连接而成的。如果能够把人生的每一件事情都做好，人生自然也就成功、辉煌了。要做好一件事情，必须要把握好4大要素：对事情的看法、前期的准备、做事的态度、做事的方法。

事皆关己，为即有益

世上的事情千种万种，并不都是需要我们去做的，因为其中有些事我们没有机会去做，有些事我们没有资格去做，有些事我们没有能力去做；但也有很多事情是摆在我们面前绕不过去的，是我们必须做的。正是这些我们必须做的事情，构成了我们丰富多彩的人生。一般情况下，面对自己个人和家里的事情，我们都会不遗余力地把它们做好，但工作上的事情就不尽然了。有的人做自己份内的工作会很自觉、很勤奋、很认真，而必须做非本职工作时，可能就会表现得很反感、很被动、很敷衍；而对一些貌似与个人、家庭、工作不搭界却又必须做的事情，则干脆就不想做、不去做、不好好做。

我们这里想要强调的是，凡是在我们的生命中所遇到的、绕不开的、必须由我们自己去做的事情，那就都是自己的事，不管它貌似什么，也不管我们做与不做，它都是我们人生的内容之一了。

在《信仰与道德篇》里提到的小悦悦事件，共涉及22位当事人和相关人。除了小悦悦和两名肇事司机外，还有18名路过却没有救助行动的人，以及最后到来并救起小悦悦的陈贤妹。对肇事司机来说，这本来就是他们自己的事，但是他们逃逸了、躲开了，最终受到了法律的惩处。对那没有伸出援助之手的18位路人来说，绕过去就没事儿了吗？就算没有社会舆论的谴责，那种可能要相伴终生的良心自责、那种对将来自己遇难时也可能没人援助的担忧能躲得开么？陈贤妹把本来也可以绕过去的事情当做自己的事情来对待，却收获了很多。

工作中的那些必须由自己来做的非本职事务，其实就是我们在此时此刻的本职工作。做了，并且把它做好了，我们就可以得到锻炼和成长，甚至还会使我们的心灵得到一次净化和升华,同时也会给本部门、本单位的事业添砖加瓦,也可以得到同事、领导的好评。这样的好事,我们何乐而不为呢?由此看来,我们在人生旅途上遇到的所有必须要做的事情,可谓事事都与我们相关,件件都对我们有益。

事预则立,不预则废

这句话出自孔子之孙孔伋的《中庸》,原文是:"凡事豫则立,不豫则废。言前定则不跲,事前定则不困,行前定则不疚,道前定则不穷。"豫,古通"预";跲,音 jiá,窒碍,语言不通畅。这段话的意思是:做任何事情如果事先有充分准备就容易成功,而没有准备则会失败。讲话之前有准备,就会说得很流畅;做事之前有准备,就会少遇到一些困难;行动之前有准备,就会不再事后疚悔;走路之前有准备,就会避免走进死胡同。荀子在他的《荀子·大略》中也阐述了相同的观点:"先患虑患谓之豫,豫则祸不生。"即先于祸患到来就考虑防范祸患,这就叫做"豫"。能够预先做好准备,祸患就没有发生的机会了。及至宋朝的苏轼,则说得更加明确:"事豫则立,不豫则废,此古今不刊之语也。"(宋·苏轼:《奏浙西灾伤第一状》,《苏东坡全集·卷五十七》)他说这是古往今来已经被反复验证过的不可更改的真理。

事预则立,不预则废,蕴含着深刻的哲学内涵,一直被广泛地应用于实际生活的各个方面。毛泽东和中国共产党之所以能领导中国人民的抗日战争和解放战争取得胜利,就是预先设计好了总体战略和重大战役。1938 年五六月间,毛泽东在延安抗日战争研究会上所作《论持久战》的演讲,就是中国人民夺取抗日战争胜利的战略大纲。毛泽东说:"由于战争所特有的不确实性,实现计划性于战争,较之实现计划性于别的事业,是要困难得多的。然而,'凡事预则立,不预则废',没有事先的计划和准备,就不能获得战争的胜利。"(《毛泽东选集》第二卷)

今天,我们经常惊叹于摩天大楼的外观雄伟和内部精致。但是,没有哪一幢辉煌的建筑不是先在纸上规划、设计出来的。圆明园、颐和园的巧夺天工,首先也是"样式雷"的笔下纸上预先设计。如果我们所做的事情都能预先有周详的思考,人生就一定会少很多跲、困、疚、穷。

知所先后,则近道矣

在做事情之前的筹划和准备诸事项中,应该包括要弄清事情的程序。就像造房子一样,总是要先挖地基,打桩立柱,然后从下面一层层地向上建。虽然现代科技也有从上往下建的,但并没有脱离自下而上的基本原理。我们做任何事情,都要遵循它的固有规律。但是规律往往是抽象的,在我们还没有掌握它的时候,可以先了解该事物的顺序、程序。

《四书》之一的《大学》第1章里有这样一句话,叫做"物有本末,事有终始。知所先后,则近道矣。"意思是说,每样物体都有它的根本和末梢,每件事情也都有它的开始和终结。如果能掌握做事情时应该先做什么、后做什么,就离该事物的自有规律很近了。

有人可能会说,谁还不知道做事该先做什么后做什么吗？一般来说,我们熟悉的事情或一些较小、较简单的事情,我们是知道先后顺序的,比如穿衣服,要先穿内衣后穿外衣,先穿袜子后穿鞋。但是当我们遇到不熟悉的事情或有些比较大、比较复杂的事情时,情形往往就大不一样了。比如现在年轻人创业,面临着项目、技术、资金、人才、设备、原料、市场等一系列重大事项,先做哪个,后做哪个,并不是随便就能分清的。不同的人、不同的项目、不同的条件,可能其先后顺序也会有所不同。一旦操作有误,其结果就会与我们的预期大相径庭。

懂得程序,按序操作,是我们做事的应有方法。现在大多数人都有过操作计算机的经历,大家也都深知程序对于操作计算机的重要性。但是在做其他事情,特别是做非技术性、非工程性的事情时,往往会忽略程序的价值和意义。这恐怕是很多人做事成功率较低的一个重要原因。

我们在重复地做相同或相似的事情时,要有探究其规律的意识。所谓规律,就是该事物内在的、本质的、稳定的规定性以及它与外部事物之间可以反复表现的关系。这就是古人所说的"道"。规律是客观的,是不可以被发明和创造的,只能是去发现和利用。我们既要尊重前人已经发现的规律,坚持按规律做事的原则;又要敢于探索,勇于创新,去发现新的规律,把事情做得更完美。

勤能补拙,熟能生巧

我们在前边讲过,"勤"是人生的基本准则之一。"勤"的最主要、最经常、最直接的表现形式,就是做事时的勤奋。没有勤,便没有成。最关键的是,勤能弥补我们在某些方面的不足。对于生理和智力发育正常的人来说,"拙"的概念基本上是不成立的。我们承认人与人之间是有差别的,所以在同样一件事面前大家的感觉会不一样,认识会不一样,表现会不一样。但这只是人们关注度、喜爱度、兴奋度的差别,而不是智商的差别。所以,我们要将勤能补拙理解为勤能补缺,即通过勤奋的实践,补上我们对某件事情关注、喜爱和兴奋等方面的欠缺。

勤的本意是做事尽力,不偷懒。而能够补拙、补缺之勤,则更倾向于多次重复去做的含义,即勤学苦练之勤。大家都知道"台上一分钟,台下十年功"的道理,可见在真功夫面前,并无拙巧之别。不论是谁,台上一分钟的精彩表演,都是台下若干年勤学苦练的结果。我们要把某一方面的事情做得比别人更好,唯一的办法就是要比别人多做。

同样的事情做得多了,就会从生疏发展为熟练;熟练了,就能从中发现一些规律性的东西。能够灵活地运用这些规律性的东西去做事,就是所谓的"巧",熟能生巧的道理也就因此形成了。巧并不是什么窍门,而是对事物规律的准确把握和恰当运用。在学生时期,老师和家长为什么要求我们要多做习题,就是希望我们在勤奋练习的过程中去掌握和运用规律,达到熟能生巧的效果。

在我们的生活和工作中,有很多超乎常人的技能也都是这样练出来的。大家所熟知的"庖丁解牛"故事,就是一个十分典型的熟能生巧的例证。在已宰杀并解牛数千头的庖丁眼里,已经没有整头的牛了,而是一堆可以拆卸的零部件;他看牛骨之间的连接,也有很大很宽的缝隙。"以无厚入有间,恢恢乎,其于游刃必有余地矣。"(《庄子·养生主》)庖丁说,用我薄薄的尖刀插入宽宽的牛骨缝隙之中,感觉到十分的宽松。我的尖刀在其间翻转回旋,还有很大的余地呢!从他的语气中听得出,他的解牛技术已经是炉火纯青了,而且其技巧也已达到了登峰造极、出神入化的境界。

四、对世

我们尽管只是一个独立的自然人,但却不是孤立地存在于世界上的。我们是社会的一成员,是国家的一公民,是人类的一份子。社会发展、国家强盛、人类进步,都与我们的个人生活息息相关,我们的行为也可能会对社会、国家和人类产生影响。

在不同的社会制度下,人们的生活状态有着明显的差异。生活在资本主义社会中,资产阶级就有压迫和剥削无产阶级的机会和条件,而劳动人民就只能经受阶级压迫和剥削的痛苦;生活在社会主义社会中,劳动人民的权利会得到充分的尊重和保护,按劳分配成为获得社会报酬的主要渠道;生活在共产主义社会,各尽所能,按需分配,所有社会成员享有人人平等的权利和自由。不同的社会形态和制度,哪一桩、哪一件不与社会成员的日常生活息息相关呢?

国家的强盛,不但关系国民的日常生活,也关系到国民的安全和尊严。1964年10月16日,中国第一次核试验成功;1967年6月17日,中国又成功地进行了首次氢弹试验。中国成功地拥有核武器,打破了超级大国的核垄断,也极大地提升了中国的国际地位,改变了世界格局。接下来的1972年美国时任总统尼克松访华、中日邦交正常化和建立外交关系、1979年1月1日的中美建交,不能不说与中国拥有核能力密切相关。再接下来,中国设立香港、澳门特别行政区,在两地恢复行使主权,与台湾地区实行“三通”,又不能不说与中国国际地位的显著提高密切相关。这些国家级、世界级的大事件,哪一桩、哪一件不与中国公民的日常生活息息相关呢?

整个人类世界的文明与进步,更是渗透到地球上的每一个角落。中国古代的“四大发明”,引发工业革命的蒸汽机,后来的火车、汽车、飞机、照相机、电灯、电话、留声机、抗生素、计算机、互联网等等,哪一桩、哪一件又不与人类的任何一份子的日常生活息息相关呢?

上述所有的这些,都是由人来创造、来完成的。作为社会成员、国家公民、人类份子的我们,就有一个如何正确理解和处理好与社会、国家、世界关系的问题。

社会发展,人人相关

社会的变革,往往都是从某一件事物的出现开始的。如果这一事物符合社会发展的总体需求、总体趋势,它就会表现出强大而又旺盛的生命力,然后从一地到多地,从局部到整体,从量变到质变,最后完成一次社会变革。

有谁能想到,90多年前在上海和嘉兴东躲西藏开会的12个青年知识分子能改变960万平方公里国土上的社会制度呢?就是因为他们的主张符合社会发展的历史规律,代表了几亿人的根本利益和心声,所以才能获得广大人民群众的积极响应。为了人民当家做主的主张,为了共产主义的理想,他们追随中国共产党,聚集在马克思列宁主义和毛泽东思想的旗帜下,浴血奋战28年,取得了改变整个人类社会发展进程的伟大胜利。特别值得称道的是,这场工人阶级和农民阶级的革命,竟然还感召和吸引到一批又一批资本家阶级、地主阶级的成员,与其原来所在的阶级决裂,投身到无产阶级革命的历史洪流之中,与无产阶级一道革原来所在阶级的命。

中国人民解放军和中华人民共和国缔造者之一的朱德(1886~1976)元帅,就是这样的一位典型。他1922年赴欧洲寻求革命真理前,已经进入当时中国的上流社会,1917年任滇军的旅长,1921年任云南陆军宪兵司令部司令官、云南省警务处长兼省会警察厅长等职务,应该算是统治阶级的成员了。但是,他在德国加入了中国共产党,后又到苏联学习军事,1926年回到中国,1927年参加并领导了"八一南昌起义",打响了中国共产党武装反抗国民党反动派的第一枪。后来,他担任了中国工农红军总司令、八路军总司令、中国人民解放军总司令等职务。

总之,每一个人的生活都会受到社会变革的影响,每一个人也都应该成为社会发展的参与者、推动者和受益者。因此,我们不仅仅要享受和感谢社会发展带给我们的幸福,更要努力提高自己的素质、能力和奉献精神,把握或创造推动社会发展的机会,更多地参与到社会变革的伟大实践中来。

国家兴亡,匹夫有责

在上一章的"责"里,我们曾提到"国家兴亡,匹夫有责",是说这是人生的责任之一。这里,我们再从人与社会之间关系的角度解读一下。

责任一定来源于相互间的关系。父母对子女的抚养、教育责任,来源于相互间存在着的血缘、法律等社会关系;职工对所在单位的责任,来源于相互间的劳动关系;公民对自己国家的责任,来源于国家的性质、权利及资源分配形式、社会保障制度以及公民的基本权利和义务。

《中华人民共和国宪法》规定,中华人民共和国是工人阶级领导的、以工农联盟为基础的人民民主专政的社会主义国家,一切权利属于人民,各民族一律平等,实行依法治国。在社会主义初级阶段,坚持公有制为主体、多种所有制共同发展的基本经济制度,坚持按劳分配为主体、多种分配方式并存的分配制度;禁止任何组织或者个人用任何手段侵占或者破坏国家的和集体的财产，依照法律规定保护公民的私有财产权和继承权；国家厉行节约，反对浪费，逐步改善人民的物质生活和文化生活，建立健全同经济发展水平相适应的社会保障制度；国家发展社会主义教育事业、自然科学和社会科学事业、医疗卫生和体育文化事业，加强社会主义精神文明建设；国家维护社会秩序，镇压叛国和其他危害国家安全的犯罪活动，制裁危害社会治安、破坏社会主义经济和其他犯罪的活动，惩办和改造犯罪分子；国家的武装力量属于人民，任务是巩固国防，抵抗侵略，保卫祖国，保卫人民的和平劳动。《中华人民共和国宪法》同时还规定，公民在法律面前一律平等，国家尊重和保障人权，任何公民享有宪法和法律规定的权利，同时必须履行宪法和法律规定的义务。

国家要为公民做如此多的保护和保证，我们作为公民自当为祖国作出应有的贡献。在和平建设时期，我们要努力工作，促进祖国的繁荣昌盛；如果发生战乱，我们则应挺身而出，保卫祖国的安全和尊严。理解并能时刻牢记个人与国家的关系，也就明白我们自己应该怎么去做了。

人类进步，你我有份

就像中国的社会发展和国家富强我们人人都有责任一样，整个人类的进步也不仅仅是联合国的任务，也不单纯是某一个国家的任务，而是地球上全人类的共同任务。中国是一个规模很大的国度，更应该对世界有较大的贡献。

早在1956年11月12日，毛泽东写了《纪念孙中山先生》一文，以此来纪念孙中山先生诞辰90周年。毛泽东在文章中描绘了50年后的中国："一九一一年的革命，即辛亥革命，到今年，不过四十五年，中国的面目完全变了。再过四十五年，就是二千零一年，也就是进到二十一世纪的时候，中国的面目更要大变。中国将变成一个强大的社会主义工业国。中国应当这样。因为中国是一个具有九百六十万平方公里土地和六万万人口的国家，中国应当对于人类有较大的贡献。"（《毛泽东选集》第五卷第311页）在中国人民的抗日战争和世界人民的反法西斯战争胜利70周年之际，我国于2015年9月3日在北京举行了纪念大会和阅兵式，其盛大场面震撼全球，再次向全世界证明了毛泽东的预言已经实现，也进一步唤起每一位中华儿女热爱祖国、建设祖国、反对战乱、保卫和平的澎湃激情。

我们常常使用平均数、平均值的概念,比如人均收入、商品房均价等等。如果按照平均数值的概念,中国的人口占世界的1/5,如果贡献值能够达到1/5,那就是合格;如果能超过1/5,那就是有了较大贡献;如果能超过1/5很多,那就是有了很大贡献。2014年,全球的经济总量约为100万亿美元,中国为10万亿美元,贡献率约为10%,还有很大的提升空间,还需要几代中国人的继续努力奋斗。国家统计局局长马建堂说:"我们的经济总量确实在不断扩大,但是人均水平还是很低的,我国人均GDP在世界上还是在90名左右的,我们仍然是一个发展中国家。"(中国网,2015年1月20日)当然,除了经济总量外,我们还有科技领先程度、GDP质量、人均收入水平、国民幸福指数等方面需要进一步提升。

人类要进步,我们的祖国在努力,我们国家的绝大多数人在努力,我们怎么办?答案似乎只有一个:人类进步,你我都有份。我们大家要一起努力!

第三十二章

做人的禁忌

古人云,君子有所为,有所不为。说的是人的精力有限、条件有限,或者是由事物的性质所决定,一生中不可能什么事都做。只有恰当地放弃某些事情,才能集中精力在更该做的事情上做出成绩来。在做人方面,也同样存在着有所为和有所不为的问题。在前面,我们谈了做人的应该和必须;这里,我们再集中讨论一下做人的一些禁忌。做人的最大禁忌,或者说做人的底线,是不能违法乱纪,不能伤天害理,不能损人损己。我们这里所要讨论的禁忌,是在了解了最大禁忌之后,正常人的做人禁忌。

一、忌妄自菲薄或自以为是

每个人来到世界上都是有意义的,上帝(如果有的话)对每个人也是公平的。所以,不论今天我们在什么位置上,也不论我们当下的处境如何,我们都没有理由怀抱自卑心理,过分地看轻自己,甚至是作践自己。

自卑的表现是不自信,认为自己什么都不行。别人与我们交往,都是希望能从我们身上学到东西、汲取力量、得到帮助,没有人愿意找一个窝囊废做朋友,因为谁也不愿意找一个包袱背在身上。如果我们去应聘,人家问什么我们都说自己不行,人家还会要我们吗?如果是在工作中,上级无论交待什么事情我们都说自己不行,那就不是把任务交给我们与否的问题了，而是该请我们走人的了。

其实，这个世界上没有什么事情是学不会的，只要我们的智力正常。我们在这里说的并不是一定要有高智商，而是说智力正常。因为世界上现有的事情都是人来发明的，也是由人在做的。为什么别人行，我们就不行呢？只不过是他们比我们早一些学到了相关知识和技术，只不过是他们比我们早做了一段时间而已。妄自菲薄是自己先看不起自己了。试想一下，如果有一个人他看不起自己，你还会看得起他么？反过来，人们看待我们也是如此。

还有一些人的做人风格与妄自菲薄者恰恰相反。他们认为自己什么都行，认为自己什么都是正确的。思想上的自以为是，必然导致做法上的一意孤行，其结果在多数情况下都不会理想。因为智者千虑必有一失，百密一疏，何况我们不见得就是智者呢。

自负，是对自以为是者的最精准描述。他们认为自己很了不起，高人一等，所以自己的意见就是正确的；或者是自认为意见正确，所以才高人一等。负，有仗恃、依靠的含义。自负就是仗恃、依靠自认为的聪明与正确，所以时时、处处、事事都要表现得居于身边人之上。

容易出现自以为是毛病的，大概有3类人：

一是年轻人。“初生牛犊不怕虎”，还没尝过失败的滋味儿，所以会以自己的推论为依据，来表现自己的高明与正确。自以为是的人比起妄自菲薄者来，危害性更大。前者如果造成损失，可能是危及他人或者危及事业的，而后者所造成的损失往往局限在自己失去发展机会上。

二是领导人。一般来说，已经位居领导职务的人，都是曾经有过一些较好业绩的人。以前的一些正确决策，会使人觉得自己什么时候都会是正确的，走上领导岗位后如果不注意，很容易犯自以为是的错误。还有一种因素是领导人自己要维护所谓的领导权威，下属们有时为了巴结讨好领导，明知有问题也不肯明确指出来。有一位从某大学校长过渡到某市市长岗位上的领导被问及两个职务的差别时，曾经风趣地回答说：当校长时说得再对，教授们也可能说你是错的，因为真理具有相对性；当市长后说得再错，下边人也肯定说你是对的，因为权力具有绝对性。

三是老年人。老年人最容易犯的是经验主义的错误，动不动就拿“我吃过的盐比你吃过的米都多”、“我走过的桥比你走过的路都多”来唬人，殊不知此一时彼一时也,“老皇历”有时候真的就是“翻不得”的。

所以,我们做人既不能妄自菲薄,又不能自以为是,要找好平衡点,做到恰到好处才行。

二、忌好高骛远或急功近利

所谓好高骛远,就是做事不脚踏实地,喜欢追求虚无缥缈、不着边际的过高、过远、过大的目标。做事要有目标,但是所确定的目标要符合客观规律。比如人们常说的有一句话叫做“不想当将军的士兵不是好士兵”,可结果却是很多想当将军的士兵并没当上,倒是少数没想当的反倒当上了。什么原因?就是因为很多做梦都想相当将军的人,没有脚踏实地地做好当士兵应该做好的事情。现在很多年轻人创业,上来就想做中国的盖茨或者乔布斯,可能连一个小门店、小网店都没开好,怎么可能成为盖茨或者乔布斯呢?

好高,就是喜欢高,这原本并不是什么坏事,我们不也是经常劝告年轻人要有远大的理想抱负么!骛远,就是追求远,这更无大错啊!现在好高骛远具有了贬义,完全是因为它的潜台词是目标不切实际、不符合规律,行动上不肯脚踏实地,不肯从基础做起。

历史上的刘邦和项羽都有追求皇帝宝座的远大理想。刘邦在一次送兵源去咸阳途中遇见秦始皇的出巡车队,十分羡慕,喟叹道:“嗟乎,大丈夫当如此也!”项羽在看到秦始皇东游会稽船渡钱塘江时,对他叔叔项梁说:“彼可取而代也。”吓得项梁赶紧捂住项羽的嘴,并说道:“毋妄言,族矣!”他们两人也都有推翻秦朝政权的奋斗目标,都曾率兵浴血奋战,以败秦军。但是为什么后来一个做了大汉的开国天子,一个兵败垓下自刎乌江呢?4 年的楚汉战争中,刘邦脚踏实地,知人善任,招贤纳谏,反败为胜;项羽自以为是,刚愎自用,疑神疑鬼,弹尽粮绝,终取灭亡。两相对比,自分高下,可见不脚踏实地是好高骛远的潜台词。

所谓急功近利,就是急于看到眼下的功效,获得近期的利益。这正好与好高骛远相反,是目光短浅的表现。功利主义也是人的天性之一,无可厚非。但是,如果为了眼前的一点利益而放弃或影响长远目标,那就有铸成大错的可能。

近几年来,在我国的一些地区频频出现“城市看海”现象,就是有些地方上的几任领导干部急功近利所留下的祸患。2015 年夏天，在主汛期还没到来的情况下，南方又有多个城市遭受不同程度的内涝灾害。改革开放以来，我们国家的基础建设投资规模不可谓不大，工程量不可谓不多，但是城市排水问题就是解决不好，"城市看海"成了新常态，动不动就将其归罪于"厄尔尼诺"。不就是因为它在地下，因为它不能显示政绩吗？哪里没出现"看海"景观那是幸运，因为这样就不会暴露出"重面子轻里子"和"重地上轻地下"的问题来。

解决领导干部急功近利问题的办法，就是要延长其同地同职的任期，不满任期不得调转或提拔，并辅以其他监管制度和措施。领导干部的问题，自有组织和纪检部门去解决，而我们普通百姓也要有防范意识，不要只顾眼前利益，忘记了自己的梦想、理想和目标，犯了"丢西瓜拣芝麻"的低级错误。现在连在校的大学生都有急功近利的问题存在，应该引起大家的警觉。

三、忌坐井观天或盲人摸象

我们在前面曾经说过，在人的一生中，见识很重要。为什么会妄自菲薄？因为见识不够，所以不能正确地评价自己，无法给自己定位。为什么会自以为是？因为见识不够，所以不知山外有山，天外有天，以为自己就是"天王老子"。为什么会好高骛远？因为见识不够，所以不知道世界上没有谁可以随随便便成功。为什么会急功近利？因为见识不够，所以不知道登高望远、更上层楼是一种什么样的境界和感觉。坐井观天和盲人摸象是连学龄前儿童都知晓的两个成语，也是两个故事，说的都是见识不够的问题。前者说的是见识不够宽，后者说的是见识不够全。

坐井观天者的最大问题，就是把自己的事或者是能接触到的事看得像天那么大。由于没有更为广博的见识，就难以有相对宽阔的胸怀，当自己遇到困难、遇到麻烦时，就会感觉事情像天那么大。事物都是相对的。当我们的心中装着更大的事情时，一些自己平时或其他的人认为很大的事情就会变小。

坐井观天者的另一个问题是，不可能有较为远大的梦想和理想。新中国建国初期，为什么湖南、湖北、江西籍的将军和高级干部多，就是因为他们在艰苦的战争年代较早地有机会见识了毛泽东、朱德等人的革命实践，认同了他们所传播的马克思主义真理，所以树立了共产主义远大理想，投身于革命战争的滚滚洪流，最终取得了新民主主义革命的胜利。而见识少的人,做的梦都不会太离奇;见识多的人,做的梦都和别人不一样。

盲人摸象者的最大问题是不能全面地、历史地看问题,特别容易犯以偏概全的错误。他们在认识学习、婚恋、家庭、职业、事业等问题时,不会全面地、历史地去看,更不会将这些重大问题放到人生、社会、历史的大格局中去评判,所以很容易得出错误的结论,更难以把事情办好,把工作做好,把人生经营好。

人生,就好比是一头整体的大象,学习、婚恋、家庭、职业、事业等等,都是大象身体上的一部分。世界上的事物是普遍联系着的,大象身上的各个器官、各个系统也都是普遍联系着的,一个人一生中的所有事情更是联系紧密,不可分割的。学习,关系到婚恋、家庭、职业和事业;婚恋,关系到家庭、家族以及所有至亲的幸福感觉;家庭,关系到职业或事业的成就和成功;职业和事业,关系到家庭的稳定和幸福,也关系到人生的成功度和成功概率。

我们做事,更要看清事物的实质和整体,并要弄清它的来龙去脉,最好还要将其放到更大的背景下进行考量。比如我们要策划一项促销活动,如果仅仅从商品本身来考虑,可能策划案实行之后效果就不会理想,因为我们的眼睛只盯在商品本身上是不行的,还必须要考虑市场需求空间、重点客户群体、客户心理状态、售后服务水平、促销手段应用、同类商品比较等因素,并将诸因素加以综合平衡,形成的促销方案才可能是有效的、理想的。

四、忌叶公好龙或纸上谈兵

叶公好龙的典故是大家都早已熟知的,它所表现出来的寓意是有的人根本不知道自己想要什么,或者是不知道自己想要的东西是什么;还有一层寓意就是做人不能表里不一,与人交往时也不能言不由衷。

我们经常会有一种很奇怪的感觉,就是我们朝思暮想的恋人,我们苦苦追求的专业或职业,一旦达成了目标才发现,这并不是自己想要的。就像两千多年前那个名叫沈诸梁的叶公一样,那么喜欢龙,等到龙真的来了,他才发现这不是自己心里所想象和喜欢的东西。是叶公口是心非么?似乎不全是。因为他以前没有见过龙,也不了解龙。只不过是看到大家都那么尊崇龙,所以他觉得自己也不能太 out

了，便想象着自己也是喜爱龙的，而自己到底喜欢什么、想要什么，并不完全清楚。还有一种可能是他幻想的龙乖巧可爱，而真龙却是庞大凶猛，与自己的想象反差太大。学习上、工作中、生活里，这样的情形难道还少么？这就是不知道自己想要的东西是什么所导致的结果。

现实中还有另外的情形，那就是自己心里什么都清楚，但是为了达到某种目的，故意将不喜欢说成喜欢，或者故意将喜欢说成不喜欢，以骗取别人的好感甚至信任。这就是被所有人鄙视的表里不一和言不由衷。即使是有这方面毛病的人，也不喜欢再被别人所骗。普通人不能表里不一，公众人物和领导干部更不能表里不一。普通百姓如果表里不一，就很难取得别人真正和长久的信任，自然是很难成事；公众人物如果表里不一，就会伤透粉丝们的心，丢尽粉丝们的脸，还会被公众所唾弃；领导干部如果表里不一，就会辜负民众和上级的重托，甚至会给社会造成灾难。

纸上谈兵虽然与叶公好龙并不完全是同一类的问题，但也都有不真实、不踏实、不务实的性质。纸上谈兵侧重说的是崇尚空谈、会说不会做、理论与实际脱节的问题。作为普通百姓如果喜欢纸上谈兵，那就会贻误终生；作为领导干部如果也喜欢纸上谈兵，既会给党的事业和国家的利益造成损失，最终也会贻害百姓。

我们身边有很多这样的人，甚至我们自己在某种情况下或者某件事情、某些方面也会有类似的问题出现。在劝告别人时，我们往往都能说得头头是道，从基本道理到典型事例，从传统理论到社会现实，旁征博引，口沫横飞，大有将死人说活、将活人说死的气势。可是一旦自己事到临头时，他的表现比当时被他劝过的人还差。这是纸上谈兵在普通百姓以及普通事情上的表现。

有的领导干部认为开会、发文件就是落实，这是纸上谈兵在现代社会管理上的表现。其实，开会和发文件所能起到的作用只是通知和强调，而落实是要脚踏实地去工作、严肃认真去检查的。比如已经严重危害人类生活和社会发展的环境污染问题，绝不是 3 年、5 年就能搞成现在这个样子的。但是为啥会累积到如此严重的程度，就是一些地方领导干部纸上谈兵的结果。污染现象早就存在，干部群众有目共睹，但是文件没少发，会议没少开，费用没少花，问题也没解决。腐败问题也是如此，终于累积到威胁党和国家生死存亡的严重程度。不论是抓环境还是反腐败，都不能纸上谈兵，否则就会使环境、腐败等问题的“雪球”越滚越大。

五、忌患得患失或放浪不羁

孔子很喜欢与学生讨论人生问题。有一次他对学生说："鄙夫，可与事君也与哉？其未得之也，患得之；既得之，患失之。苟患失之，无所不至矣。"（《论语·阳货篇》）孔子将那些一心想当官、想往上爬、想捞好处的人称为"鄙夫"。他的意思是，不要和鄙夫一起为君主做事。那些家伙在没有得到官位等好处时，总是担心得不到；一旦得到了，又怕失去。如果他总是担心失去，那他就什么事情都能干得出来。这就是患得患失这个成语的由来，本意是担心得不到，得到了又担心会失掉。后来多用作形容个人对得失看得很重，一味计较个人的利害得失。

人生路上所患得患失的东西，不外乎名和利。人们常说名利乃身外之物，生不带来，死不带去。说明道理大家都是懂的，能不能做到就是另外一码事了。既然名利都不是从娘胎里带来的，说明那就不是自己的。偶然得之，那也是暂时保管或者支配而已，终究还会失去的。所以，为得不到名或利而忧虑是没道理的，得到了之后又担心会失去更是没有必要的。因为不论你怎么担心失去，它终究一定会失去的。

患得患失的结果是不能放下包袱轻松地做事、轻松地活着，同时也无法取得更大的成就。可能有人会说，既然得与不得、失与不失都是一样的，那我们还追求更大的成就干嘛？其实我们所应该追求的是对人类的更大贡献。前面提到的加拿大医生诺尔曼·白求恩来中国支援抗战，是为名来的吗？不是。是为利来的吗？也不是。所以，他不会患得，也不会患失。他最终所实现的，是在中国的抗日战场上多救活若干名伤病员。

还有一类人，是既不患得，也不患失。他们什么都不在乎，似乎这个世界上的所有事情都与他不相干，所以他们不会受名或利的束缚，任性地放纵着自己的言行；而一些已经获得名或利的人，会表现得更加任性和放纵。对这类人，我们姑且称之为放浪不羁者。

当今社会，有 3 种人有资格或者是有能力任性：

一是有一些有钱的人。吸毒、嫖娼、豪赌、飙车、醉驾……，因为有钱，死了又带不走，就任性地去"享受"。这些事，没钱的人就算是既有那个心，也有那个胆，可就是没那个钱。所以,对于有了钱却管不住自己的人来说,没钱还可能是好事儿呢!

二是有一些有权的人。贪污、受贿、通奸、嫖娼、赌博、吸毒、成群地养女人……,因为有了权,"过期还作废",就任性地去胡作非为。甚至在有的一个人身上,就能集中多种"任性"的劣迹,真可谓登峰造极,惊世骇俗。所以,对于有了权却管不住自己和家人的人来说,没权也可能是好事儿呢!

三是有一些年轻的人。逃课、挂科、泡吧……,因为有青春,因为"一个人吃饱了全家不饿",就任性地去挥霍时间。其实,这才是最大的浪费,也是代价最高的任性。所以,对于正当青春韶年却又管不住自己的人来说,早些成熟才是真正的好事儿呢!

六、忌讳疾忌医或饮鸩止渴

人非圣贤,孰能无过？就像人吃五谷杂粮必然会得病一样。但是,身体上有病,一般都会主动自觉地去医院、找医生。而思想和行为上有病了、有过错了,却都不喜欢被批评。甚至为了避免被批评,还要把自己的过错掩藏起来。这就是所谓的讳疾忌医。

一个正在成长中的青少年,明辨是非的能力还不是很强,容易在思想上、行为上出现一些偏差,这是很正常的。但是,有了偏差和过错,必须要有接受批评的勇气。过去在家里有一群孩子时,父母管教孩子倒是件很容易做的事情。实在说不听,还有对孩子动手的。现在一家只有一个孩子,反倒是说不得、管不得了。4+2+1的家庭模式,有4位祖辈的老人在护着孩子,做父母的管教子女经常是"隔靴搔痒",不得要领,不能奏效。更何况最近几年初为人父母者,多数自己就是独生子女。现在学校对学生的批评教育,特别是中小学,也经常受到学生的反抗和家长的干扰,老师在批评教育学生时多是谨小慎微、噤若寒蝉。一个人在青少年时期一旦养成了批评不得的习惯,那么他的成长本身就会受到影响;待其成人之后,就更不容易能够自觉地接受批评、改正错误。

一位员工或者职员,工作中也难免出现差错,思想上有时也会出现迷惘。如果讳疾忌医,那就可能小错累成大错,最后不得不承受更严重的后果。这就是俗话说的“小洞不补,大洞受苦”。反过来,如果在有小差错时能够做到不讳疾忌医,及时修正自己的思想和行为,很可能就会把差错消灭在萌芽状态,以避免给组织、单位和个人造成损失。

在某一地区、某一部门、某一单位达到权力顶峰的人,一般是最容易犯讳疾忌医毛病的。当他手中的权力得不到有效制约时,他也听不得批评了,别人也不敢批评他了。其结果是越没有人给他治病,他就越觉得自己的健康没问题,所以有些人最后走向了党和人民的对立面。有多少曾经的位高权重者,因贪腐身陷囹圄之后,都留下了悔恨的泪,捶胸顿足地悔不当初啊!

还有人出现错误后,再用错误的办法去解决或者平息事端,等于是干渴至极时喝毒酒止渴,这就是所谓的饮鸩止渴。

2008 年 9 月 8 日,山西省襄汾县新塔矿区发生特别重大溃坝事故,造成 277 人死亡、4 人失踪、33 人受伤的惨剧。但是这样一起违法违规开发生产导致的重大责任事故,在最开始却被描绘为“暴雨引发泥石流”的自然灾害,伤亡人数也被刻意隐瞒、谎报。直到国务院调查组查清事故真相后,才得到严肃处理。在这一事件中,谎报、瞒报事故性质和人员、财产损失情况,就是当事领导者饮鸩止渴的典型案例。结果是真相大白以后,省、市、县一大串领导干部或被免职,或被判刑。

我们在学习、生活和工作中千万不可做饮鸩止渴的傻事,因为那是要喝死人的。比如高考时找“枪手”替考,那就是找人者在用“替考毒酒”来解决平时学习不努力之“渴”,“枪手”是在用“替考毒酒”来解决缺钱花之“渴”。到最后,可能是双方一辈子都失去了接受高等教育的机会,还会有些责任人甚至要为此付出坐牢的代价。

七、忌人云亦云或自欺欺人

2014 年年底,韩国《教授新闻》周刊搞了一个“2014 年度 4 字成语”的问卷调查,结果是“指鹿为马”当选。推荐选举者们认为,2014 年的韩国是指鹿为马的一年,社会被各种谎言所充斥,让人看不清真相;从“世悦号”沉船惨案和“幕后红人干政”丑闻,政府都在试图掩盖事件的本质;政界的各种矛盾冲突混淆了总统朴槿惠的视听,让总统指鹿为马。(中新网,2014. 12. 21)为什么会出现“指鹿为马”的现象,就是因为有很多人在做人云亦云的动作。

人云亦云者有 3 种情况。

一种是自己毫无主见,听风就是雨,不但人家说什么就信什么,而且还会跟着说,继续传播自己也弄不清真假的消息。在马航 MH370 客机失联一年多以后,我们还能经常收到"MH370 失联惊天内幕"、"MH370 失联客机黑匣子找到了"等网络信息。其实像这样的重大事件,我们收到私人信息时只要到主流媒体网站上看一眼,很简单地就能知道私人信息的真伪了,干嘛要轻信、要再传呢?现在在朋友圈里被转来转去的,有很大一部分都是这类东西。

另一种是怀有阴暗目的,要达到、得到某种结果,或者是为了保护某种既得利益,故意跟着说假话。司马迁在《史记·秦始皇本纪》中记载了这样一个故事:秦朝宰相赵高想要篡夺秦二世胡亥的政权,又恐群臣不服,就设立一个圈套对各位大臣进行测试。有一天,他牵着一只鹿上朝,说是要将这匹宝马献给二世。胡亥笑道:丞相错了吧,怎么把鹿说成是马呢?并问身边的大臣们。大臣们有的低头不语,有的说是鹿,有的说是马。事后,赵高就在暗中陷害那些在朝堂上指鹿为鹿的忠臣,所以那些曾经保持沉默或指鹿为马的大臣们就更加害怕他了。此事给后人留下了一个"指鹿为马"的成语。

第 3 种是不懂什么意思,跟风从众,看大家都这么说也就跟着说。比如有些词语并不文雅,像光棍儿、跑腿儿、入洞房等,以及现在某些时髦的网络语言等,自己也弄不清其来头和说出去的效果,就人云亦云了。

我们在生活和工作中经常会遇到需要辨明是非、需要表明立场的事情,如果总是没有自己的主见,人云亦云,慢慢就会失去我们独立的人格,成为一个没有灵魂的行尸走肉。想要有独立的思想,就必须要有足够的知识和见识,要有足够的品德修养和是非标准。这样,在"人云"之时,我们才能做到不"亦云"。

倘若人云亦云的情形多了,往往会使自己失去了明辨是非的意识和能力,甚至会养成一种不再思考和辨析的习惯,进入自欺欺人的境地。我们小时候就熟知的"掩耳盗铃"、"隐身草"等故事,就是自欺欺人的典型。

我们在做事过程中一旦遇到自己并不想要的结果时,可能会难以面对现实。这时,我们就会幻想这不是真的,用以欺骗自己、麻醉自己。其实,欺骗自己比较容易做到,就像"掩耳盗铃"里那个塞耳朵的家伙,或者是像"隐身草"里那个拣树叶想隐身的家伙一样。但是,想欺骗别人就没那么容易了。塞上耳朵偷人家的铃铛,或者举着树叶拿人家的货品,都是要被抓的。

自欺欺人的实质,是不肯或不敢面对现实,因为现实往往是残酷的、不讲情面的。但是,现实并不会因为我们不敢或不肯面对就不存在了。我们人生的任务就是解决问题。既然已经发生了、出现了,那就正视它的存在,找到化解、改变、替代的办法。如果用假象来欺骗自己,可能还会对付一阵子;如果用假象来欺骗别人,很快就会被识破,甚至当场就会被揭穿。这可能是比现实本身更可怕的现实。

八、忌捕风捉影或飞短流长

捕风捉影,飞短流长,是人生的大忌。因为这不但会损毁自己的声誉,也会严重地伤害他人利益、公众利益乃至国家利益。

人与人相处,免不了会谈及社会上的人和事。如果一个人总是说话没根,即把道听途说的一些消息当作事实依据来说话,就难免出现捕风捉影的问题,会使自己的人品和可信度都大打折扣。风和影子都是抓不住的,以风和影子做根据也肯定是不靠谱的。所以,说话办事都要以事实为依据,而不是仅仅凭借虚无飘渺的迹象。

现在电子互联网络已经是无处不在了,这不但给我们了解瞬息万变的世界提供了便利,同时也使我们每一个普通的人都有机会借助一些网络平台打造个人的"自媒体",向外界发布自己制作的信息,当然也包括自己亲眼所见、亲耳所闻的事件。所以在这样一种电子化、网络化的现代信息传播条件下,如果在"自媒体"上再犯捕风捉影的错误,就可能构成网络谣言,甚至会产生严重的社会后果。

2011 年 3 月份在全国出现的辐射恐慌和抢盐风波,大家一定还记忆犹新。其实,那就是一次典型的捕风捉影和人云亦云事件。捕的是同年 3 月 11 日日本发生强烈地震引发福岛核电站出现核泄漏之风;捉的是核泄漏会污染海水和海产品、影响海盐生产之影。浙江杭州某数码市场里的一个普通网民在 QQ 群里发出这样一条捕风捉影信息,后面再跟着千万百万网民的人云亦云,抢盐风波就这样顷刻之间在全国上演了。近几年来,类似事件频频发生,什么地震、爆炸、毒气泄漏等等,都引起了严重的社会后果。

有的捕风捉影者有时并没有什么明确的目的,并不是一定要伤害谁,或者是引起什么效应、后果,只是好奇心驱使,是在搞恶作剧。但飞短流长者就不一样了,因为他们就是要故意造谣、传谣,以达到搬弄是非、中伤他人的目的。

人生在世,当以仁善为本;而飞短流长者,则是以恶为基。俗话说,善有善报,恶有恶报。这句话比较符合作用力和反作用力原理。每个人都不想尝到恶果,那最好的办法就是别存恶念,别做恶事。制造谣言、搬弄是非、中伤他人,早晚是要被人所识破的。就算对方不再用同等手段来回敬你,但你总是多了一个和你对立的人。如果是性质恶劣、后果严重,还可能要承担法律责任。如何对互联网上制造、传播谣言诽谤他人的人依法进行惩处,2013 年就已经有了明确的司法解释。《最高人民法院、最高人民检察院关于办理利用信息网络实施诽谤等刑事案件适用法律若干问题的解释》已于当年 9 月 10 日起施行。

一个有一定品德修养水平的人,是不屑于做飞短流长、造谣生事的下作勾当的,而且这也是与做人的 8 项准则格格不入的。责、善、诚、谦、勤、俭、慎、乐,都严格要求我们不能做伤害他人的事情。“多个朋友多条路,多个冤家多堵墙”;“赠人玫瑰”,才能“手留余香”。飞短流长者面前多的是一堵墙,手上更不可能留有什么余香。

第七篇　规律与做事

第三十三章

道可道——规律可以被认知

习近平于 2015 年 6 月中旬在贵州省调研时告诫各级领导干部,要“善于运用辩证思维谋划经济社会发展”。(央视网,2015. 6. 18)既然这样大的一个国家、这样复杂的经济建设和社会发展问题,都可以用辩证思维来谋划,那么具体到一个人的发展、一件事情的运作,是不是也可以用辩证思维来谋划呢?当我们弄清了什么是辩证思维之后,答案自然也就出来了。

辩证思维,即运用唯物辩证法的观点、范畴和规律等基本理论进行思维的方式和过程,是一种与逻辑思维有很大不同的思维方法。唯物辩证法是马克思主义哲学的重要组成部分,既是世界观,也是认识论和方法论。它坚持唯物论和辩证法的统一,以自然界、人类社会和人的思维发展的一般规律为研究对象,是建立在彻底的唯物主义基础上的辩证法。唯物辩证法认为世界上的事物是普遍联系和不断运动变化的,而且这种联系和运动变化是有其基本规律的,即对立统一规律、质量互变规律、否定之否定规律,以及一系列基本范畴。运用这些规律和方法去认识问题、思考问题,就是辩证思维。

辩证思维运用的是唯物辩证法,而唯物辩证法又是研究自然界、人类社会和人的思维的,毫无疑问,如果我们能用辩证思维来谋划人生、谋划人生中需要解决的一些重大问题、谋划我们日常需要处理的每一件事情,我们的人生一定会与众不同。唯物辩证法的核心是三大规律,所揭示的又是事物运动、变化和发展的基本规律,我们要把人生中遇到的一些重大事项处理好,就必须运用这些规律,去找到某一事物的自身规律,然后再佐以正确的方法,就会事半功倍,无往而不胜了。

一、规律远比方法更重要

人活着总是要做事情的,而且每一个人都希望把每一件事情做好。多数人都认为,要做好一件事情,最重要的是要找到正确的方法,因此在做事之前千方百计去寻求方法,总是想找到一个最佳的解决方案,但结果往往是事与愿违。为什么会这样?可能是思路错了,因为凡事皆有其运动、变化和发展规律。如果与事物本身所固有的规律相悖,再好的方法也不可能奏效,甚至还会越弄越糟。

规律是什么?是事物运动、变化和发展过程中所固有的联系,是本质的联系,是固有的联系,是必然的联系。它决定了事物的发展的方向和必然趋势。

比如我们的身体,由8大系统构成,每个系统又由若干个器官组成。各个系统相互协调配合,各个器官尽职尽责,生命才会得以维系,并且使人体具有运动、劳动和创造能力。各个器官、各个系统之间的联系,是它们的本质的联系。当某一器官的工作出现问题时,人体就会呈现病态。这可能是主人的不良生活习惯、病菌病毒感染、外伤、遗传等众多因素所导致,也可能是由其他系统、其他器官的不正常工作所导致。一个器官的问题如果不能及时解决,可能会牵累到其他器官甚至是一个系统出现问题,也可能会危及生命。阑尾就被多数人认为是人体中最没用的器官,但是因阑尾发炎没有得到及时医治而丧命的也不少见。随着年龄的增长,也伴随着各种疾病的不断侵扰,人体的绝大多数器官都会逐渐老化,直至衰竭,生命也终将结束。这就是人体的发展方向和必然趋势。所有这些,就构成了人体的生理规律和法则。

规律是客观存在着的,是不以人的意志为转移的。人类只能认识它,也可以掌握它,但是却不能创造它。列宁说:"当我们不知道自然规律的时候,自然规律是在我们的认识之外独立地存在着并起着作用,使我们成为'盲目的必然性'的奴隶。一经我们认识了这种不依赖于我们的意志和我们的意识而起着作用的(如马克思千百次反复说过的那样)规律,我们就成为自然界的主人。"(列宁:《唯物主义和经验批判主义(之四)》,《列宁选集》第二卷)

在人类还没有掌握战胜天花、疟疾、结核等疾病的规律之前,只能做它们的“盲目的必然性”的奴隶,就像我们现在在艾滋病、癌症面前一样。但是一旦认识并掌握了其规律,就可以实现有效的预防或者治愈。

方法是什么?是人在解决某一问题过程中所有动作的总和。它包括对要处理事物的认识、对相关规律的把握、为获得某种结果或达到某种目的所运用的手段等。

比如人们要提高健康水平,要提高免疫机能,要延缓衰老,便采取了加强体育锻炼、改善膳食结构、均衡地增加营养素的摄入、科学合理地休息、积极地调整心态等方法;人们为了预防感染天花病毒,所以就采取了在孩子很小的时候接种天花疫苗的方法;当代医学已经找到了很好的预防和治疗疟疾的方法,按相关方法预防和治疗就可以解决问题;过去被称为“痨病”的结核病,现在也有了很好地预防和治疗方法。这些,都属于方法。

但是,对人类生命威胁最大的癌症,到现在为止还没有系统有效的预防方法,也没有全面彻底的治疗方法;艾滋病被正式发现30多年来,至今尚未研发出有效的预防疫苗,更没有能够可以根治艾滋病的特效药物;现在很普及的被称为富贵病的一些慢性病,如糖尿病、高血压等,也都难以预防,患病后也无法治愈。

为什么人类对这些疾病还做不到像对待天花一样去有效预防,还做不到像对待疟疾、结核一样去有效治疗?仅仅是因为没有找到合适的、有效的方法么?那又为什么就找不到这样的方法呢?原因很简单,就是对这些疾病的病因、病理等还不清楚,或者说是还没有认识或掌握其内在规律。

某一事物的表现会是多种多样的,但是决定其发展变化的规律,会稳定、长久地存在于事物内部以及其与外界的联系之中,并且会以同样的方式多次重复出现。比如人对于冷和热的感觉,不论在室内还是在室外,不论是在飞机上还是在汽车里,不论在今年还是在明年,不论是年轻还是年老,只要环境的温度低于身体适应度的最低值时,人就会感觉到寒冷;相反,只要环境的温度高于身体适应度的最高值时,人就会感觉到燥热。人对于冷和热的这种感觉,就是人的生理规律之一,也是大自然的法则之一。它客观存在着,不能被制造,也不能被消灭,更不依人的意志为转移。

我们要解决过冷或者过热的问题,就要在不违背规律的前提下,找到恰当的方法:去室外如果怕冷,就要多穿衣服;坐飞机如果怕冷,就要找空姐要小毛毯;在室内如果怕冷,就要开暖气,等等。总之,冷的问题只有一个,解决这一问题的方法却可能会有很多很多种。有人在夏天会给雪糕盖上厚被子,以隔离热空气对它的侵害。可是如果有谁夏天怕热,也穿上厚厚的棉衣出门,一定会吃尽苦头,并要贻笑大方的。因为这是不同本质的两种事物,所以不能用雪糕的规律来解决人的问题。

天气有冷热,以及人有怕冷或怕热的感觉,都是规律,即人们常说的“道”;提高或降低个人所在小环境的温度,找到一些辅助物品御寒或者纳凉,是方法,即人们常说的“术”。两相比较,孰重孰轻,立分高下。显而易见,规律比方法重要得多,道比术重要得多。道是轨道,术是轨道上面跑着的列车。列车的载重多少、速度快慢,都必须依道而定,否则就会出现问题甚至事故。

老子在《道德经》的《道经》里写下的第一句话是:“道可道,非常道”。对这句话的理解一直就没有定论,多数人比较能接受的解释是:能够说出来的道,就不是真正的道、永恒的道。至于老子所说的“道”到底是什么,也有多重含义和不同的理解,多数人比较能认同的含义是:宇宙万物发生、存在、运动和发展的规律、法则。

那么为什么能够说出来的道就不是永恒的道呢?是不是可以做这样的理解:一种可能是因为人类对客观世界的认识是不断发展变化的,今天能够说出来的规律和法则会被明天发现的新规律、新法则所推翻;另一种可能是受认识条件和认识能力的限制,在那个年代确实是有好多自然现象、规律和法则是无法解释清楚的。老子生活的年代是公元前500年前后,到哥白尼提出日心说的公元16世纪初,整好相距2000年。在那个时代里,地球是圆是方、太阳为什么东升西落、月亮缘何阴晴圆缺等,都是没人能说清的问题。所以,我们没有道理要求老子等先哲们把所有规律都认识透彻并表达明白。因此老子才说“道可道,非常道”。

人类对宇宙和世界的认识,是从日心说确立才开始走上正确轨道的,并从那以后逐步深化,得以升华。从哥白尼到现在,又是500年过去了,人类认知世界的能力和条件又有了新的质的飞跃。虽然尚有很多规律和法则在等待我们去认知,但已经有很多规律被人类所发现、所认识、所掌握。卫星上天、飞船登月、海底探秘、极地考察等等,都是充分而有力的证明。像太阳东升西落这样的不科学说法,早就应该废止了。如果在2500年后的今天,还有谁捧着老子的“道可道,非常道”来蒙人,那就等于是在说这25个世纪科技没有发展、人类没有进步。如果当年老子留下的是一道谜语题,今天的人类也该能解开其中一大部分了。人类社会发展到今天,已经进入到“道可道”的时代,很多规律是可以认识并且能够说明白的了!

二、客观规律和自然规律

现如今,规律一词已经是人们嘴边上的常用语了。但是,能把规律说清楚的人恐怕并不多。特别是在给规律的前面加上定语,变成××规律,那就更让人难以把握了。其中最常用的,也是最不容易区分的,恐怕就是客观规律和自然规律了。人们在很多场合将二者通用,但仔细探究后我们就会发现它们之间是有很大区别的。其中一个最重要的区别就是大概念和小概念的区别。

所有的规律都是客观规律

既然所有规律都是客观的,都是不可能带有主观色彩的,所以即使是人类社会的发展规律,那也是客观的。尽管在社会变革过程中有人的促进因素和导向作用,但并没有改变其客观性。封建社会为什么要必然地为资本主义社会所取代,那是因为封建社会发展到一定阶段以后,其生产关系严重地阻碍了生产力的发展,社会变革就成为了一种历史的必然。在这里,起决定性作用的是生产关系一定要适应社会生产力水平的社会规律,关键人物或社会团体的促进作用、导向作用,也都是要顺应历史潮流和发展规律的。那为什么还要加上“客观”两个字呢?那是为了强调规律的客观性。也就是说,“客观”是世界上所有规律的统一定语。

什么是规律的客观性?客观,是指人的意识以外存在着的东西,不是我们想它有就有,想它没有就没有的,也不是我们想它啥样它就啥样的。规律如果失去了它的客观性,那它就不是规律了。或者是反过来说,客观性是检验规律真伪的唯一标准。规律的客观性表现在两方面:

一方面,规律的存在是客观的。不管我们愿意不愿意,它就是存在着,就在那儿呢。我们既制造不出规律来,同时也不能将其消灭。当我们在山坡上种田或者栽树的时候,我们多么希望山脚下的河水能够没有“水往低处流”的规律啊,我们想让它往哪儿流它就能往哪儿流!可是不论我们怎么想,它还是“东流到海不复回”。有人会说,我们可以用水泵把它弄到高处去啊。是的,但那不叫改变规律,而只是改变了水的存放位置。到了新位置，它所遵循的还是固有的"往低处流"的规律。

另一方面，规律是否发生作用或怎样发生作用是客观的。当我们觉得日子过得太快，我们衰老得太快时，就希望地球能停下来，或者转得慢一点。但是我们的想法并不管用，地球照样会不舍昼夜地自西向东旋转，按着它自己的方式展示着它固有的规律。

自然规律是客观规律的主要部分

什么叫自然？宇宙中所有非人类实践活动的结果而存在着的事物及其运动、变化的现象，都属于自然。我们称其中的物质为自然物质，称这些物质运动、变化的现象为自然现象。它们的存在、运动、变化、发展有没有规律？当然有！这些规律是不是客观的？当然是！所以严格地说，宇宙间所有自然物质和自然现象运动、变化和发展所固有的、本质的联系就叫做自然规律。它是世界上所有客观规律中的主要部分。

自然规律的主要特点是与人类的各种活动无关。比如太阳系运行、太阳黑子活动、日食、月食等，地球上的四季、冷暖、火山、地震、飓风、海啸等，是人类活动造成的吗？显然是一点关系都没有的。因为在人类出现于地球上以前，这些物质和现象就都早已存在于宇宙之中或者地球之上了。所谓"天行健"，所谓"地势坤"，说的就是这些。它们都不是人类的思想意识或者实践活动所能影响到的。

自然规律一旦被人类所认识、掌握和利用，倒是可以避免一些自然灾害对人类的伤害，也可以使一些自然物质或自然现象为人类服务。比如太阳能源、风力发电、煤炭发掘、石油开采、雨水收集等，都已经成为人类赖以生存的重要条件；再比如利用阳光、空气和水发展种植业和养殖业，利用空气动力发展航空运输，利用水的浮力和流动性发展船舶运输等，都使人类的生活效率和质量有了大幅度提升。

客观规律具有不可违抗性

长期不吃不喝，就会被饿死渴死；下雨天出门不带雨具，就会被淋湿；拔苗不但不能助长，反而会把禾苗害死；……无数事实都证明，规律是不可违抗的。达尔文(Charles Robert Darwin, 1809～1882)是举世公认的生物进化论创始人。但是，这位伟大的科学家却在婚姻问题上感情战胜了理智，违背规律，与表姐爱玛结为连理，结果是他们所生的10个子女都有健康问题，其中有3个很小就夭折了，存活下来的7个都不同程度地患有疾病，并且只有3个生育了后代。规律面前人人平等，违背者就要受到惩罚，像达尔文这样的科学家也不例外。所以，我们在规律面前要有敬畏之心。

所谓敬畏之心，就是尊重、尊敬与畏惧、畏服。我们常说要尊重客观规律，但是在学习、生活和工作中又常常不拿规律当一回事。比如人的“日出而作，日落而息”，是根据地球自转、公转和人体运动休息、新陈代谢等规律形成的一种生活常态，可有些人就是不尊重这样的规律，没有合理的作息时间，甚至是反其道而行之，“日落而作，日出而息”，身体内的平衡便会被打破，免疫力就会下降，一些慢性、退行性病变就要找上门来，结果是韶年早衰，甚至是英年早逝。

我们常说“举头三尺有神明”，所以要常怀敬畏之心。其实这神明是什么？就是规律和法则。如果我们做事违背了规律和法则，就会受到惩罚。在过去科技不够发达，很多现象解释不通的时候，人们就以为人的不好行为被神仙知道了，然后受到了上天的惩罚。据说清朝乾隆年间的河南巡抚叶存仁离任时，有下属在深夜来送谢礼，使他颇有感慨，便写下一首诗表明自己的态度：“月白风清夜半时，扁舟相送故迟迟。感君情重还君赠，不畏人知畏己知。”他说我不怕别人知道，但是我怕自己知道。他怕自己知道什么？他一定是怕知道自己违反了为人为官的规律和法则！

虽然客观规律具有不可抗拒性，但是人类在它的面前并非是完全的无可奈何、无计可施、无能为力。我们可以努力地去了解、认识并掌握规律，然后根据规律产生作用的条件和形式来运用规律，发挥自己的主观能动性，有目的地改造客观世界，实现自己的理想与梦想。

三、成长规律及人生规律

人生就是一个人的生命过程。对于生命体本身来说，它是由主观的思想意识和客观的身体及其社会行为构成的；但是如果站在宇宙、社会和他人来看，我们自己的人生就是一种纯粹的客观事物。凡是客观事物，就都有其内在的、本质的规律。人生自然也不例外,也有着自身的规律。探究人生的基本规律,然后加以正确的运用和把握,就会提高人生的效率,提高生命的质量。

人生规律由 4 大分支规律组成,它们分别是:

①由生命诞生、代谢、发育、成长、疾病、死亡构成的生理规律;

②由学习、实践、积累、调整、提高构成的成长规律;

③由衣、食、住、行、乐和吃、喝、拉、撒、睡构成的生存规律;

④由梦想、策划、创造、失败、崛起构成的成功规律。

这些分支规律相互交织、相互渗透、相互作用,共同构成了人生的整体规律,并使人生呈现出以下一些规律性特征:

人生是充满矛盾的运动变化过程

世界上的所有事物都是对立统一的矛盾体。但是,其矛盾的多样性和复杂程度恐怕还没有能超过人生的。也就是说,人是世界上最为复杂的矛盾集合体。

人生中生与死的对立统一,从组成受精卵的那一刻起就开始了,其矛盾斗争一直延续到生命结束;健康与疾病的对立统一,从来到人世那一刻起,也是一直矛盾斗争到生命终止的那一瞬间;发育、成长也在与疾病、死亡的对立统一中持续进行着,直到发育成熟,又转化为另一种形式的对立统一。

来到世界上的人,总是要做事情的,而做事情又是需要能力的,所以人需要有品德修养、知识积累和实践能力上的成长。人的精力有限、懒惰天性、学习兴趣等主体因素,知识的浩繁无垠、复杂精深、不断更新等客观因素,构成了学习上的对立统一体;人的认知局限性、能力有限性,客观事物的多样性、复杂性,构成了实践上的对立统一体;人的自我约束、自我识别、自我调整素质,社会实践对能力提高的客观要求,构成了主体能力与客观需求的对立统一体。

就算是没有什么远大抱负,人也还是要努力生存的,而生存是必须要有物质条件支持的。柴、米、油、盐、酱、醋、茶等物质需求与获得这些生活物资所需要的通货——钱的矛盾斗争,可能会伴随多数人的一生。

人又都是有梦想的,梦想着成功,梦想着幸福。但是,梦想与现实是有矛盾的,主观愿望与实际情况是有差别的,创造与能力是有距离的,失败与成功是相伴相生的,成功也不是每一个人都可以实现的,等等。人生可能就要在梦想的甜美与失败的痛苦交替作用下度过。

所以,不论怎么活着,人生都要运动、变化,而其动力就是存在于我们身体里和意识中的所有对立统一着的矛盾。

阶段性特征体现出质量互变规律

依据人生的生理规律和成长规律我们可以看到,人生是一个漫长的动态变化过程。在不同的生命阶段中,其运动、变化和发展的状态,有着很大不同,呈现出明显的阶段性特征。这些阶段性特征的根源,是因为不同生命阶段中的人生规律有所变化。

如果将20岁设定为人生步入社会的基础年龄,大体上可以将人生的运动、变化和发展划分为4个阶段:

20岁之前是索取阶段。当人的生命以受精卵的形式形成并存在于母体之中时,人生的索取阶段便正式开始了,胚胎向母体并通过母体向外界索取营养物质;脱离母体之后,便开始了直接索取:索取包括阳光、空气、食物在内的各种营养物质,索取生存、成长、发育所需的各种条件,索取各个方面的知识和能力。

20岁至30岁是实习阶段。走上社会之后,能力还很有限,大体上要用10年左右的时间来进一步获取和积累,并且主要是通过实践和再学习来获得。过去有学徒制,现在有见习期,都表明从事某一项新工作都是要先实习一段时间的。就整个人生来说,实习10年的时间并不算长,有些人甚至可能终生都不能“出徒”呢!

30岁至70岁是贡献阶段。大约到30岁左右,不管是否“出徒”都必须要“转正”了,因为人一旦到了这个年龄段,一般情况下都要开始承担责任了,当然也会有人早些或晚些,但是不管怎么样,都要对家庭、对社会有所回馈、有所贡献了。贡献阶段的长短也是因人而异的。有些高级领导干部、企业家、专家学者,60岁以后还要继续为社会做贡献,即使是普通百姓在退休后也还要给儿女带孩子、帮助子孙料理家务,继续贡献着自己的知识和能力。

70岁以后是平衡阶段。多数人到了这个年龄段便开始回归,重新向家庭和社会索取,索取儿女的赡养和社会的供养,同时也仍有付出和贡献,大体上处于一种平衡状态。有些老年人即使不再为儿女或社会做些什么,但是他们的存在会使儿女子孙的心境获得安宁,会使社会更加祥和,这也是一种贡献。因为“60岁有个家,80 岁还有妈”是让儿孙幸福的更高境界。

围绕着这 4 个生命阶段,人生在量变和质变的过程中不断前行着。索取阶段中,身体的正向量变使一个婴儿成长为成年人,实现了生理上的第 1 次完整质变;在贡献阶段的末期,身体的反向量变使一个成年人衰变为老年人,又构成了生理上的第 2 次完整质变。修养上的量变,也可能使我们在做人方面发生质变,或者是成为道德楷模、感动某一区域乃至感动中国、感动世界的人物,或者是成为违反乱纪、坑人害己的“人渣”。能力上的量变所引起的质变,将使我们从索取者成长为贡献者,从普通人手变成专业人才,甚至成为专业人物。

我们在人生的肯定与否定中成长

当我们在做某一件事情时,都是持有肯定态度的,即认为我们应该做、能够做,并且做得很好,所以我们才全力以赴去做的;当我们做完一件事情时,多数又多是持否定态度的,因为我们会从那一具体事务中跳出来,看到我们做得还不够圆满、不够完美。比如一场婚礼,尽管事先我们想得细而又细,事中我们做得精而又精,但事后我们还是会觉得有很多遗憾。类似的感觉我们会在人生过程中有多次体验。当我们从一个生命阶段进入到另一个生命阶段时,往往会看到自己前面的幼稚甚至是可笑等问题,对前面的过程和结果予以否定,心想如果从头再来,一定不会那样做而会这样做。可是人生并不会给我们从头再来的机会,所以我们只能是举一反三,努力把后面的事情做得更好。再做下一件事情时,我们又开始了新一轮的肯定与否定循环。

唯物辩证法三大定律中的否定之否定规律,也叫肯定与否定规律。它所描述的肯定与否定都不是绝对的,而是辩证的。恩格斯说,“在辩证法中,否定不是简单地说不,或宣布某一事物不存在,或用任何一种方法把它消灭。”(恩格斯:《反杜林论》,《马克思恩格斯选集》第三卷)任何肯定一切或者否定一切的观念和做法都是形而上学的,不符合马克思主义哲学的基本原理。任何事物的内部都存在着肯定因素和否定因素,人和人生也是如此。没有肯定因素的存在,“我”就不能成其为“我”;没有否定因素的存在,“我”就无法改变现状,也就不能前进和发展。

否定,是一种内心深处的自我批评,是需要勇气的,同时也是需要眼光的。没有勇气,就不敢否定自己的过去,也不敢开始新的未来;没有眼光,就看不到需要否定之处、之事，只能沉湎于“自恋”的情结之中。“负负才能得正”，“旧的不去，新的不来”！那些追求梦想、实践理想、迈向成功的人，一定都是积极地勇于自我否定的人，同时也是有眼光看到自己和自己所做之事不足的人，甚至是以否定为乐的人。人生在肯定、否定的不尽循环中前行，生命在否定之否定的快乐伴随下成长。

人生的波浪式前进和螺旋式上升

人的自身矛盾的对立统一、人与他人及社会事物间矛盾的对立统一、人生事物质量互变所形成的阶段性特征、人生的否定之否定状态等等，都推动着人的运动、变化与发展，也决定了人生的历程会呈波浪式前进和螺旋式上升的态势，而且这种波浪式前进和螺旋式上升会呈现出周期性变化的特征。正如毛泽东 1957 年在省市自治区党委书记会议上所说的那样，“世界上的事物，因为都是矛盾着的，都是对立统一的，所以，它们的运动、发展，都是波浪式的。”(《毛泽东选集》第五卷)

如图 7-1 所示，所谓波浪式前进，是说任何人的人生都不可能一帆风顺，我们的生理、心理、爱情、生活、事业等方面，都会像江河里的波浪一样，都会有高峰、有低谷，用民间的俗话说，叫“三穷三富过到老”，这个比较好理解。

图 7-2 所表示的是人生的螺旋式上升。在生活中，人们常会有原地打转的感觉。其实，那不是在原地打转。从横坐标上看，我们本来已经从 D_1 点前进到了 D_2 点，却好像是又回到了原点 D_1；但是再看纵坐标就不一样了，我们已经从 C 点上升到了 C_1 点，并继续上升到了 B、B_1、A、A_1 点。所以列宁说：“发展似乎是在重复以往的阶段，但它是以另一种方式重复，是在更高的基础上重复(‘否定的否定’)，发展是按所谓螺旋式，而不是按直线式进行的”。(列宁：《卡尔·马克思传略和马克思主义概述》，《列宁选集》第二卷)通过这样的不断攀升，我们的人生就从 C 点稳步提高到了 A_1 点，甚至更高。

现在很多年轻人多次变换自己工作的过程，就是很典型的肯定否定过程。最初所选定的那份工作是肯定，以后的每一次“跳槽”都是对前一次肯定的否定。当走上新的工作岗位上时，貌似回到了原点，一切又都从头开始了：要重新熟悉环境，重新熟悉领导和同事，重新熟悉业务，重新熟悉客户。但是，这一次的重新开始，与上一次的开始是不可同日而语的，因为我们的心态可能比上一次更稳了，我们的经验可能比上一次更多了，我们的能力可能比上一次更强了，我们的水平可能比上一次更高了。

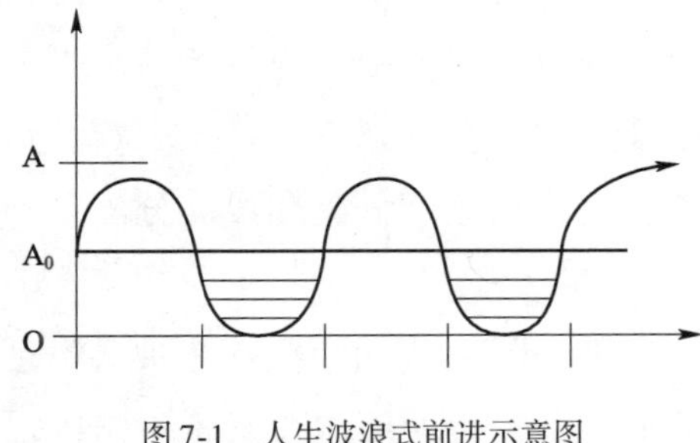

图7-1　人生波浪式前进示意图

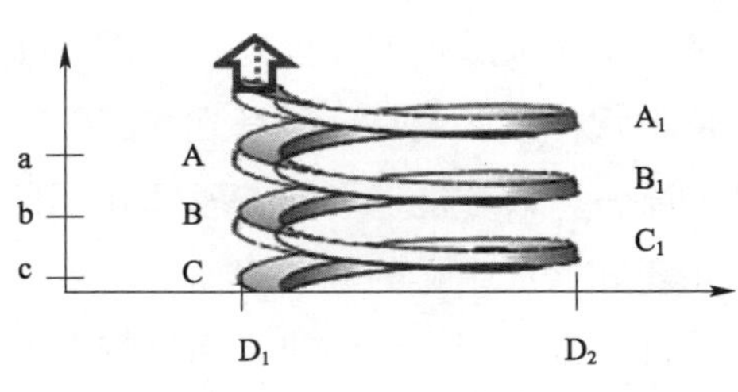

图7-2　人生螺旋式上升示意图

四、经济规律、价值规律、市场规律

今天，我们已经无可选择地生活在经济世界之中，不论我们正在做什么，也不论我们将来可能做什么，都应该对经济规律、价值规律和市场规律的基本概念有所了解，以便能够更好地理解社会、理解他人、理解人生。特别是有些年轻人有创业的理想，更需要深刻认识这些规律，方能明白我们将要去做什么。虽然很多人都似曾学过，但在这里再温习一下似乎也很有必要。

经济规律

在经济世界里，我们满眼看到的都是各类各种的社会经济现象，比如物价的涨落、银行存贷款利率的调整、股市的涨跌、楼市的冷热等等。这些经济现象之间，有着千丝万缕的联系。其中有些是外在的非本质的联系，比如我们去商场买一双鞋子，属于我们个人的经济行为，就整个社会来说它还构不成经济现象；但是每天都有成百万上千万的人在商场里购物，就是一种经济现象了。而股市的涨跌也是一种经济现象，这二者之间不能说是没有联系的。但是，股市涨不涨和你买不买鞋子没什么必然联系，你买不买鞋子不能决定股市的涨跌。它们之间的联系只是外在的、非本质的联系。而作为另外一种经济现象的银行存贷款比例的调整，与股市的涨跌就有着非同一般的联系了，因为他们不但同属于资本和金融的范畴，而且有着内在的和本质的联系，前者对后者的运动、变化和发展具有决定性的意义。

经济现象之间的这种内在的、本质的联系，就是我们常说的经济规律。经济规律是一种重要的社会科学规律。根据发生作用的历史范围，经济规律可以分为共有经济规律和特有经济规律两大类。所谓共有经济规律,就是不论在什么样的社会形态下都能够形成并发挥作用的经济规律,比如生产关系必须与生产力水平相适应的规律。所谓特有经济规律,就是只能在某一种社会形态或者是某一社会形态的某一阶段才能够形成并发挥作用的经济规律,比如按劳分配和按需分配是社会主义和共产主义的分配规律。

经济规律同其他规律一样具有客观性,即不以人的意志为转移,不能被人类创造、改造或者消灭;也一样具有条件性,即它的形成和发生作用需要具备一定的前提条件;还一样具有发生作用的必然性,即不管人们是否愿意、是否需要,只要条件具备,它就会产生作用。经济规律与自然科学规律的不同之处在于它具有历史性特征。经济条件是在人类社会的历史进程中形成或消失的,这就是经济条件的历史性。经济规律会随着经济条件的形成而形成并发挥作用,并且在同样的经济条件下会不断重复地出现,也会随着经济条件的消失而消失。

像对待自然科学规律的客观性一样,人们在经济规律的客观性面前并不是无计可施、无能为力、无可奈何的。我们可以发现、认识和利用经济规律,获得更高的经济利益,为发展社会生产力和提高人类的物质文化生活水平服务。

价值规律

价值规律也叫价值法则,是决定商品生产和交换的经济规律。

在通常情况下,商品生产是以用于交换为目的的。现在的交换形式是把自己的产品销售出去,收回货币,再用货币去购买自己所需要的生产资料及其他商品。为什么要生产此产品而不是生产彼产品,又按什么价位去销售此产品,再按什么价格去购买彼产品?是什么因素在左右着人们的这一系列经济活动?那就是价值。

价值是商品的本质属性,它和使用价值一起构成了商品二因素,而使用价值是商品的自然属性。衡量价值的标准,是人们制造单件商品当中所要付出的劳动量。人们相互交换的商品有很大的差别,体量、材料、样式、结构不同,使用价值不同,生产所需劳动量不同,所以价值也不同。不同的商品之间怎样进行比较呢?必须要有一个共同的计算和比较的基础数值。这一数值被称作价值量。

价值量是商品所体现的社会必要劳动量,就是社会所承认的生产某一商品所必需的劳动量。但是不同的生产者在制造同一类型商品时所依赖的生产条件、主要工具、技术水平、劳动态度、工作效率都是不尽相同的，所以所付出的劳动量也不会相同，还必须要有一个公认的必要劳动量作为衡量标准。这个体现商品价值量的标准叫做社会必要劳动时间。

社会必要劳动时间是确定商品价值量，进而确定商品价值的社会标准。它是指在当前应有的通常生产力水平下，制造生产某一单件商品所需要花费的平均劳动时间。比如制造一把普通木椅，有的企业平均需要一个工人 6 小时完成，有的企业需要 10 小时，但是绝大多数企业一般需要 8 小时。那么最后被市场所公认的社会必要劳动时间可能就是 8 小时。你的企业如果用时低于这个数值，说明你那里的劳动效率高，经济效益就会好一些；你的企业如果用时高于这个数值，说明你那里的劳动效率低，经济效益就会差一些。

社会必要劳动时间决定了商品的价值量，价值量决定了商品价值，再加上材料价值、使用价值、品牌价值、供求关系等因素，就构成了商品的价格。价值规律就是指导市场依据商品的价值量来进行等价交换的规律。它通过 4 个调节作用来推动经济发展：一是调节商品生产和商品流通；二是调节生产资料获得正确流向；三是调节社会劳动量和劳动力资源再分配；四是调节社会生产力水平和发展速度。

有人说，价值规律就是财富规律。既要有效地减少自己所生产经营商品的社会必要劳动时间，同时还要大幅度提高它的价值。这是一对不容易解决的矛盾。处理好这对矛盾，是一种艺术。财富，也恰恰就蕴藏在这艺术的运作之中。

市场规律

我们按照价值规律去生产商品，也要按照价值规律去进行交换。这个进行商品交换的场所，就是市场。所以说，市场就是价值规律发挥作用的地方。市场有狭义和广义之分：狭义的市场指的是固定的交易场所，如农贸市场、百货商场、股票市场等；广义的市场是指所有的交易活动，因为今天人们的交易活动已经可以在固定的区域以外进行了，如电子商务、房地产市场、企业的销售团队等。我们今天谈论经济活动时所说的市场，一般都是指的后者，即能够实现商品交换关系的所有交易活动。

市场的根本任务和基本特征就是商品交换。市场的主体是人。他们既包括商品的生产者、所有者，也包括市场的经营者、管理者，还包括商品的购买者、消费者，而且这些人在市场中的角色还会不停地转换，或者是同时拥有多重角色。比如商品生产者也会到市场上购买生产资料，或者是购买生活用品；有人购买商品成为商品的所有者之后，但不是为了用，而是为了卖；有些企业前店后厂，既搞生产，又搞经营，自己操控着市场；市场的经营者和管理者同时也是商品的购买者或消费者，而这一类商品的购买者、消费者可能又是另一类商品的生产者或经营者。市场的客体是商品。它会以各种不同的方式在市场主体各个角色的手中流通，直到最后一位购买者使其停止。我们研究市场规律，其实就是在研究人的购买、消费心理和行为及其规律。

在社会整体经济规律的作用下，通过价值规律的主体调节作用，市场规律像一只无形的大手控制着商品交换活动。市场规律由价格规律、供求规律、竞争规律所构成，相互联系，共同作用，决定着市场的有机、有效运转。

价格规律指的是商品价格与市场之间的内在和本质联系。事实上，商品的价格并不完全是由其价值所决定的，价格只是在偶然情况下才会与其价值一致。在一定意义上来说，商品的价格是由市场来决定的。它的具体表现，就是商品价格的波动。所以，在多数情况下，商品的价格与其价值并不等同。生产或销售企业为了吸引消费者，可以给某种或某类商品确定较低的价格，或者实行打折促销、多购优惠、消费返券等措施；反过来，也可以通过提高价格来限制消费者在某一时期对某种或某类商品的消费量，比如旅游旺季名胜景点提高门票价格的现象。

供求规律指的是供求状况与市场之间的内在和本质联系。当市场上某种或某类商品供大于求时，就会呈现出买方市场的状态，该商品价格就会下降，供应者就会减少；反过来，当市场上某种或某类商品出现紧缺时，就会呈现出卖方市场的状态，该商品价格就会上升，供应者又会增加。当供求关系相互适应时，价格就会相对稳定，相关产业的生产也会相对稳定。最近几年一些地区鲜蛋和生肉市场的供求波动、价格波动，都是很明显的例证。

竞争规律指的是不同企业的同类商品销售与市场之间的内在和本质联系。当一个企业的商品在竞争中处于劣势时，市场会逼迫其提高劳动效率，降低生产或经营该商品的社会必要劳动时间，同时提高产品质量或服务质量，以提高自己的竞争力。竞争规律还会促进商品价格更加趋于合理,并且实现商品的优胜劣汰,推动技术进步和企业创新。

在创业之初或者是既有企业的运营、管理过程中,我们必须将市场规律作为决策的重要依据,站在一个较高的层面上来规划自己和企业的未来,多一些理性思考,少一些感性行为;多一些前瞻性,少一些盲目性。这样,就可以有效地规避风险,提高胜算的几率。

第三十四章

事物的联系与发展

我们学习和研究事物发展变化规律的目的,是为了掌握和运用这些规律,把事情做得更好。但是在要做一件事情之前,首先要认识这件事,了解这件事,形成对这件事情的完整看法。这就像我们要和一个人交往一样,首先得认识这个人,要形成对这个人的看法,然后才能决定是否与之交往和怎么与之交往。因为观念决定命运,当然也决定着做一件事情的成与败。在本章,我们将着重探讨一下如何认识事物的问题。

一、任何事物都不是孤立存在的

某建筑安装企业负责人看好了有机农业的发展前景,想要投身该领域,但是不知道该从哪里下手,便找到一位搞策划的朋友咨询。朋友告诉他,这事可以做。他问为什么,朋友便从食品安全、环境保护、循环经济、农民收入、国家政策等方面进行了讲解。他听了半天,感觉到不得要领,就问朋友:你说了半天,也没说这事怎么做、能不能做成、效益如何啊!朋友告诉他,这么多方面都需要这样的项目,自然也会支持这样的项目,你觉得它可做还是不可做呢?他说,我认为当然可做,所以才找你策划呢!朋友又问他:你自己懂么?会做么?钱够么?他说不懂,不会,钱也不够。朋友接着说:所以啊,问题不在于这个项目具体怎么做,而在于这个项目有多好。如果足够好,那就是应该做、必须做。至于怎么做,很简单,找到懂行的人,找到会做的人,找到有钱的人,不就一切都 OK 了吗!

这个事例说明的问题是,任何事物都不是孤立存在的。这是我们认识事物时首先要解决的一个问题,即不仅要弄清楚它的本质特征和内部规定性,也要弄清楚该事物与其他事物的联系,因为这样更有利于看清该事物的价值,以便做出正确的判断和选择。在我们的头脑中要牢固而又明确地树立一个概念,那就是世界上的所有事物都是有联系的,或者直接,或者间接。大家所熟知的"蝴蝶效应"就是证明这种普遍联系理论的最夸张但是也是最生动说法。据说美国气象学家洛伦兹曾经说过,如果亚马逊雨林里的一只蝴蝶扇动几下翅膀,说不定半个月后德克萨斯州就会因此而刮起一场龙卷风。他本来是以此来说明空气系统理论的,但是也从另一个角度说明了事物普遍联系的规律。

某一位学生的学习状态和成绩,就不是孤立存在的事物。TA 的早期智力开发、学前教育、家庭氛围、学校风气、教师水平、要好同学以及所处时代的社会状况等,都会对其产生影响;同时,TA 的学习成绩也会反过来影响家长心态、家庭气氛、班级成绩、学友状态、未来命运等。所以,要解决一个学生的问题,必须要有个人、家庭、学校、社会多方面、多角度地协调动作、共同发力才能奏效。

年轻人找对象、谈恋爱,这绝不是像有些当事者自己所想象的那样,只是两个人的事情。是当事者两个人的事情固然不假,但这同时也是两个家庭的事情,还是未来一个新家庭的事情,更是子孙后代若干个家庭的事情,并且也与社会相关。TA 的健康水平、性格特征、人生态度、未来发展等,都可以从 TA 的家庭环境、身边好友、受教育程度等方面考察出来。如果再扩大到社会层面,则是社会细胞裂变的结果,而且这种裂变还会继续下去。所以,恋爱是会产生结果和后果的,当然就不再简单的是两个人的事情了。社会为什么要限制近亲结婚,就是其繁育后代的结果会给家庭带来不幸,也会给社会带来麻烦,达尔文和他表姐的悲剧不能再继续上演。恋爱的双方既然已经开始,就要对必将产生的结果或后果负责,对两个家庭和新诞生的家庭负责,对子孙后代负责,对社会负责。

当我们需要在几份工作或职位中间进行辨别、选择时,更要将它们放到一个系统甚至是整个人生、整个社会、整个世界的大系统当中去进行考察。我们要弄清楚某个职位在某一个系统(如部门、单位、企业、行业等)的位置,弄清它是否与自己人生的发展方向和目标相吻合,以及它在社会、国家、世界这些大系统当中的位置。这种将某一具体事物放在一个大系统当中进行考察和评判的方法,就是哲学上系统观的表现形式之一。所谓系统观,就是用系统的观点去看世界。因为世界上的所有事物都是以系统的方式存在着的,即它一定是存在于某一系统之中的。

上述种种现象说明,事物之间相互影响、相互作用、相互制约的普遍联系是客观的、普遍的、多样的,并且是有条件的。

联系具有客观性。一事物与他事物的联系,一事物内部各要素之间的联系,是事物本身所固有的,不是人们强加给它的,所以是一种客观现象,不以人的意志为转移。山坡上的一块石头貌似是孤立的,好像和什么都没有联系。但是,这石头是哪来的呢?它又为什么会在这儿而不是在那儿呢?它和山坡是什么关系呢?它将来又会到哪儿去呢?它现在和周围的人、畜、植物是什么关系呢?如果发生地震或者泥石流,它将会出现什么状况呢?……所有这些,都是客观存在的。人们如果改变了它的形状或者位置,它又将和另外的一些事物发生联系。这就是联系的客观性,即联系一定是要有的。我们可以将某种联系改变,但是却并不能将联系消灭。

联系也具有普遍性。世界上没有任何一件事物是孤立存在的,每一件事物都有着与其他事物的联系。在某一具体事物内部,各个要素之间更是相互联系着的。构成学生学习这一事物的要素很多,诸如前面所提到的学生的观念态度和学习方法、学校的条件和风气、老师的水平和敬业精神、学科配置的合理和科学等等。如果单独将学习内容这一项拿出来,它的构成要素就是所有学科。都说"学好数、理、化,走遍天下都不怕",但是不学好语文行么?连课本上的论述、定理、例题、习题和考试的题目都读不懂,怎么能学好数、理、化?不上好体育课行么?不要说将来考试时它会占有一定学分,就是当下身体素质下降也会影响其他学科学习的。不学好思想品德课或者是"马哲"课行么?不掌握正确的认识论和方法论,怎么能正确地认识人生、认识世界,又怎么能学好数、理、化?即使是数、理、化各科之间,也都有着密切的联系,哪一科学不好都会影响到其他学科。

联系还具有多样性。世界上的事物千差万别,不同的事物或现象之间的联系方式也自然不同。事物间相互联系的基本形式大体上有 5 种:本质联系和非本质联系,主要联系和次要联系,内部联系和外部联系,必然联系和偶然联系,直接联系和间接联系。即使是确定的两个事物之间的联系,或者是相同的关系类型,也会有不同的联系形式和特点。以人与人之间的联系为例,可以有陌生人、熟人、亲属、家人、同学、师生、同事、恋人、情人、夫妻等多种不同的关系类型,联系的性质和方式、方法也会大相径庭。其中夫妻之间的联系,在不同社会、不同时代、不同家庭中就会有不同的表现,当然其生孩子、过日子的实质是不会改变的,因为这属于本质联系,而那些对家庭关系、夫妻关系不会产生重大影响的联系都属于非本质联系。作为一个事物的两个方面,夫妻之间的联系是内部联系,但是夫妻一方或双方共同与其他人、事、物发生的联系就是外部联系了。

联系更具有条件性。因为事物的存在是有条件的,所以事物之间、事物内部各要素之间的联系也是有条件的。那些与该事物相关联并影响该事物的存在和发展的因素,就是该事物的条件。这些条件,同时也就是事物之间联系的条件。因为相互联系的事物是彼此互为条件的。对方没有存在的条件,自然对方也就不会存在。没有对方的存在,就不可能有与对方的联系。恋人之间之所以能够建立以恋爱为本质的联系,是因为双方都具备了作为恋爱对象而存在的基本条件,比如性别、年龄、相貌、文化、婚否等。再经过其他条件的作用,比如他人牵线搭桥、学习或工作中相互产生好感等,恋爱关系就可能建立起来。这种关系一旦确定,相互间就有了以恋爱为本质的联系,而且双方的恋爱都是以对方恋人身份的存在为条件的。正是由于联系具有这种互为条件的特性,所以就会使相互联系的事物彼此相互制约。还是以一对恋人为例,相互间恋爱性质的联系一经确立,相互间的制约关系便随之产生,彼此都会限制对方再和别人恋爱。但是,和其他人就不会形成这种制约关系,其他人谈不谈恋爱,和谁谈恋爱,都不会受到我们的制约。同学关系也是这样。同学之间互为条件,才能建立起同学性质的联系,并且会相互制约。某人和我们这个班的同学构成同班同学关系时,就不可能和其他班上的同学是同班同学,除非他转班;他在我们这所学校读书成为我们的校友时,就不可能再同时成为另一所学校的校友,除非他转学或升学。

二、事物的运动、变化和发展

事物不但不是孤立的,而且也不是静止的。事物间的相互联系,体现在事物间的相互影响、相互制约和相互作用上,进而使事物处于不停的运动状态之中。事物在运动的过程中发生变化,运动和变化的结果使事物得以发展。

运动与四维时空

对一项事物的完整认识,既包括它的内部、外部联系,也包括它的存在条件,还包括它的存在形式和状态。运动,是世间所有人、事、物存在的形式,也是它们的固有属性。所以,我们无论如何也不能用孤立、静止或片面的眼光去看待任何事物。

就一个人来说,他不光是物质运动的产物,更是一个终生都在运动着的生命体。他的新陈代谢、大脑思维、生活工作、体育锻炼,都是生命运动的具体形式。即使是植物人状态下的生命,也还保持着一定的运动状态。

就一桩事情来说,它的出现本身就是其他事物运动的结果。比如一个企业的诞生,既与某一行业运动、变化和发展相关,也与某一位或某一些人实现价值、实现梦想、创新创业的思维相关。企业诞生后,更是要进入高速运动状态,人员聚集、资金流动、物品进出、市场运营、企业管理,都会紧张地持续进行着。

就一件物品来说,就算它相对于周边环境来说是静止的,但也会随着承载它的物质的运动而运动。当承载它的物质相对静止后,它还会随着地球的转动而运动。比如火车上的餐桌、飞机上的座椅、山坡上的石头等等。

这个世界上没有不在运动的事物,绝对静止的事物是根本不存在的。即使是貌似静止的事物,那也是相对的静止,是一种特殊的运动形式。比如股市,相对于每周开市的 5 天来说,闭市的 2 天没有任何交易行为发生,股市是静止的。但是,上市的所有企业都还在运转,相关的一些机构还在工作,很多股东、股民们还在进行着与股市相关的一些动作,所以才会有下一周开盘后的涨涨跌跌。再比如人,睡着了以后貌似是静止的,但是体内的所有系统和器官都还在运动,只不过是有些系统和器官的运动形式与人醒着的时候有些不同罢了。据此可以得出的结论是,事物的运动是客观的、绝对的,静止是相对的。

事物的运动,是在时间和空间里进行的。所以,时间和空间是事物运动的表现形式。时间所表现的是事物运动的持续性和顺序性,空间所表现的则是事物运动的广延性。像运动同事物不可分离一样,时间和空间也具有客观性,与运动着的事物也是不可分割的,即离开运动着的事物的时间和空间是不存在的,离开时间和空间的事物运动也是不存在的。时间的特点是它的一维性,空间的特点是它的三维性。两者相互联系，便构成了四维时空，世间的所有事物便在这四维时空中运动。我们研究分析和策划运作某一事物，必须要考虑其时空因素。成语南橘北枳说的就是这个道理："橘生淮南则为橘，生于淮北则为枳，叶徒相似，其实味不同。所以然者何？水土异也。"(《晏子春秋·内篇杂下第六》)今天餐桌上的美味佳肴，放到明天就有可能会变成有害食品；10年前比较先进的586台式个人电脑放到今天，就是电子垃圾。铁路调度不能光知道列车的位置，还必须知道列车什么时刻在什么位置，这就是《铁路旅客列车时刻表》为什么不叫"时间表"的道理所在，也是时间和空间相联系的意义所在。

变化无处不在

离乡闯荡的游子，每次回到故地都能感受到家乡的变化；多年不见的亲友、同学再次相见，都能感受到对方的变化；一件长久置于柜橱中的衣物再拿出来看时，似乎它也有了变化，等等。是的，我们的感觉没有错，确实是世界上的一切都在变，就像人们常说的那样，世间唯一不变的就是一切都在变。我们在面对一件要处理的事物时一定要清醒地认识到，该事物正处于变化之中，并且还会继续变化，甚至还会出现质变，由新的事物代替旧的事物。也就是说，只要该事物存在，变就是绝对的、客观的，是任何人都没有能力阻止的。

事物为什么会变化，而且会不停地变化？其原因主要来自于两个方面：一是事物自身的运动所致，二是事物之间的相互影响、相互制约、相互作用所致，而且这两个方面的作用永不间断、永不停歇。一个企业是不是始终都处于变化之中呢？答案当然是肯定的。它自身的生产销售、新品研发、经营管理，所有的工作都会一直处于动态的变化之中，它也会因为具有与市场、与社会的联系而受到影响并发生变化。特别是在市场瞬息万变的当代社会，作为企业的管理者如果看不到或者考虑不到这种变化，不采取相应的措施或者是措施不力，沾沾自喜地躺在已有的成绩上睡大觉，就一定会出问题。还有一个相对运动的问题，就是商海搏浪如逆水行舟，不进则退，我们自己不前进，别人前进了，那我们就会落后，就会被市场和时代所淘汰。

人生又何尝不是如此呢？随着时间的推移，随着社会的发展和时代的变迁，我们的年龄在增长、阅历在增加、能力在提高，我们的思维、行为以及其他各个方面都一直在变化着。我们就职一个企业,这个企业在变;我们谈了个对象,这个对象在变;我们组建了一个家庭,这个家庭在变;我们生育了一个孩子,这个孩子在变。如果我们只是以最初的心态和状态去面对我们的工作、我们的家人,也一定会出问题,企业可能会要我们出局,恋人可能会离去,家庭可能会出现危机,子女成长可能要面临不利。要避免这些问题的出现,我们只能更快速地改变自己,使自己的变化与上述这些变化相适应,或者是还要超前一些,让自己的变化去影响这些相关的人和事。

事物的变化能给我们带来幸福,也可能会给我们带来麻烦。我们既然不能阻止事物的变化,那我们就因势利导,利用变化,并促进变化朝向于与有利我们的方向。大禹治水之前,他的父亲鲧领命治了9年没有效果,因为用的是“堵”的办法,想阻止河水的流动变化,当然是枉费心机。禹领命之后,用的是“疏”的办法,帮助河水流动,促进它的变化,结果是大获全胜,拯救了天下苍生。这样的道理在今天继续适用,在治理水患以外的领域中也照样适用。

上升的、前进的变化才是发展

我们都希望自己的人生能够不断发展,我们也都希望自己的后代能有发展,我们还希望自己所从事的事业能够有所发展。那么,什么才是发展呢?发展,就是“事物由小到大、由简到繁、由低级到高级、由旧物质到新物质的变化过程。”(《辞海》第六版,上海辞书出版社)也就是说,发展是一个过程,是事物运动的过程,也是事物变化的过程。但是,并非所有的运动和变化都是发展。它们与发展之间有共同点,并且有密不可分的联系;它们之间又有区别,各有所指,各有侧重。

它们之间的共同点表现在3个方面:①它们都在表明事物不可能绝对静止不变;②它们都起源于事物内部各要素和事物之间的相互联系、影响、制约、作用;③它们都是辩证唯物主义发展观的构成要件,共同说明了事物普遍联系和永恒发展的真理。

它们之间的区别也表现为3个方面:一是定义不同。运动,是事物的存在形式,也是事物的固有属性;变化,是事物运动过程中数量、位置、状态的改变,甚至是性质的改变;发展,是旧事物的消亡和新事物的诞生。二是指向不同。运动所强调的,是事物并没有静止,正在以多种多样的形式运动着;变化所强调的,是事物在运动中发生了改变，包括量变和质变；发展所强调的，是事物运动和变化中那些上升与前进的因素，特别是新事物的诞生。三是程度不同。运动是事物存在的一种普遍形式，变化是运动的结果，发展是上升中与前进着的运动和变化。

个人的发展，并不是要用一个新的生命体来代替原有的生命体，而且无论是谁也做不到；企业的发展，也不是要把原有的企业停业，再开办一个新企业，尽管这在有时是必须的，但这并不是普遍意义上的发展。我们要谋求个人或企业的发展，就要在运动、变化的过程中注意增加那些具有上升或前进性质的因素，抑制那些束缚我们上升或前进的因素，即增加积极因素，抑制消极因素，为新事物的诞生创造条件。

比如思维习惯、行为习惯是我们人生运动和变化的重要组成部分，但原有的一些习惯可能不利于我们的学习进步和个人成长，那就要有意识地去加以调整，注意培养新的好习惯，努力抛弃旧的坏习惯，逐渐用积极的习惯去取代消极的习惯。消极的思维或行为习惯，就是我们人生中的旧事物；积极的思维或行为习惯，就是我们人生中的新事物。我们人生中的限制个人发展的旧事物消亡了，具有进步意义的新事物诞生并成长了，我们个人就发展了。

在企业运营管理中，成本的增高或降低、产成品的积压与畅销、现金流的紧张与充盈、员工的消极与积极等现象，都是市场环境下企业人、财、物运动和变化的结果。只要企业管理者能够从这些运动和变化的趋势中，发现问题，采取积极的措施，促使那些不利于企业发展的旧事物快速消亡，孵化催生有利于企业发展的新事物快速成长，就可以保持企业旺盛的发展活力，达成企业之树长青的发展目的。

三、发展是人类永恒的主题

自从人类诞生以来，大约已经走过了 300 万年的历程。发展一直伴随着人类的成长。今天的人类社会已经达到了高度发达的阶段，但是还要继续发展，也必须继续发展，更重要的是也只有发展这一条路可走。因为这是没有选择余地的事情。

我们今天谈发展，并不仅仅是说人口数量的发展，还有人口素质的发展，更重要的是整个人类社会中各个领域、各个地区的协调发展。我们必须继续发展第一产业——农业，否则就无法解决人类的吃饭问题；我们必须继续发展第二产业——

工业,否则就无法解决人类的衣、食、住、行等问题;我们必须继续发展第三产业——服务业,否则就无法解决社会分工更加细化后的人类生存问题;我们必须继续发展科学技术事业,否则就无法解决进一步开发和利用自然资源的一系列问题;我们必须继续发展文化艺术事业,否则就无法解决人类与物质需求同步增长的精神需求问题;等等。

人的发展是决定性的发展

人类社会的时代变迁,源自于生产关系不能满足生产力的发展需要,因而产生巨大的社会变革。生产力由3大要素构成,即劳动资料(工具)、劳动对象(如土地等)和劳动者(人)。在这些要素中,只有劳动者是有思想、有诉求的,而劳动资料和劳动对象不可能对生产关系不满意,更不可能提出改变生产关系的诉求。劳动工具是由人制造和使用的,劳动工具对劳动对象的动作是在人的操纵下完成的,所以是人造就了生产力,也是人决定了生产关系。因此,推动人类社会发展的只能是人。毛泽东说:“人民,只有人民,才是创造世界历史的动力。”(《论联合政府》,《毛泽东选集》第三卷)要实现社会的发展,就必须先解决人的发展问题。

我们这里所说的人的发展,并不单纯是指青少年在成长发育期的发展,而是指全人类的全面发展和不断进步。全面发展,就不是一个人或一部分人的,也不是单方面的,而应该是绝大多数人的,是毛泽东所倡导的德、智、体全面发展;不断进步,就是要一代人接着一代人地持续发展。

品德的发展进步,是人的最重要发展。如果一个人少德、缺德或者无德,他的智力发展越得快、越高,可能造成的社会危害就越大。特别是在今天这样一个全球互联互通的时代,高智无德的人更容易给更多的人带来伤害。同时,如果没有全社会、全人类的思想品德进步,其他方面的发展也是难以持续和平衡的,更为先进的社会制度也会变得更加遥远。2015年7月2日中国青年网刊载了新疆某大三学生为了炫耀自己的能力,利用学校教务管理系统的漏洞,为挂科同学修改成绩并收取费用,并联系该校一学院的学生会主席帮他介绍“客户”,结果被一审判处有期徒刑5年。近年来,时有高校发生类似案件,可见品德发展紧迫程度之一斑。

智力的发展进步,包括知识和能力,直接与更先进的社会生产力相关联。今天人类所发明、所运用的先进工具和技术,就是千百万年来人类智力的发展成果。但是，现有的技术和工具还远远不够，人类还需要更高端、更先进的技术和工具；人类对于自然世界的认知和利用也还远远不够，还需要通过人类智力的发展来向自然科学更深、更广的领域进军；人类的物质生产水平也还远远不够，还有着广阔的发展空间。

体质的发展进步，对于品德和智力的发展来说是在提供载体，但同时也是在直接提高生产力水平，提高社会发展进步的意义。没有好的体质，就无法更好地参与社会发展实践，也会失去更长久地享受社会发展成果的机会。中国体育的大球和主要田径项目为什么很难在世界体坛上争锋称雄，恐怕身体素质问题也是不容忽视的重要或主要因素。

我们在探讨发展问题时，不论是企业的发展，还是国家和民族的发展，乃至整个人类社会的发展，都应该将人的全面发展放在首位，因为这是具有决定性意义的发展。只有绝大多数人具备了优秀的品德素质、高超的智力和能力素质、良好的身体素质，才会形成更先进的社会生产力；也只有形成了更先进的社会生产力，才会出现更进步、更合理、更科学的生产关系。

经济发展是人类社会发展的物质基础

经济一词有很多释义，我们这里所说的经济是指人类的物质产品生产、交换、分配、消费等活动的总和，以及人们在从事这些活动时所构成的生产关系。这既是关乎人类生存的大事，也是人类社会发展的主要内容，同时还是人类社会其他方面发展的前提条件。

经济发展是一个具有复杂内容的概念，因为它不仅仅包括经济总量的增长，也必须包括经济结构的改进与优化，还必须包括经济质量的改善与提高。所谓经济发展，应该是一个国家或地区在经济总量长期、稳定、合理增长的同时，经济结构逐步优化、经济质量不断提高的运动和变化过程。只有实现了经济的合理发展，人类社会的总体发展才能获得坚实稳固的物质基础。

虽然目前世界上的局部战争和小范围摩擦还时有发生，但总体状态还是以和平建设与经济发展为主基调的，我国更是处于以经济建设为中心的蓬勃发展阶段。在这样的大环境中，我们绝大多数人的个人发展目标和路径，都必须紧紧围绕着这一中心，或者是直接参与经济建设与发展活动，或者是为经济建设与发展服务，通过个人发展方向、目标同国家经济建设与发展趋势的有机结合，来实现自己的价值。这样的历史条件为我们个人或企业大显身手、获得成功提供了千载难逢的发展良机。

在2014年，习近平曾5次提到一个新概念，即“经济发展新常态”。同年年底召开的中央经济工作会议，对中共中央政治局提出的“主动适应经济发展新常态”的要求作了系统的解读：①在资源配置模式和宏观调控方式方面，既要全面化解产能过剩，也要通过发挥市场机制作用探索未来产业发展方向；②在消费需求方面，“模仿型”、“排浪式”消费阶段基本结束，个性化、多样化消费渐成主流；③在投资需求方面，传统产业相对饱和，但基础设施、互联互通和一些新技术、新产品、新业态、新商业模式的投资机会大量涌现；④在出口和国际收支方面，全球总需求不振，但我国出口竞争优势依然存在，高水平引进来、大规模走出去正在同步发生；⑤在生产能力和产业组织方式方面，新兴产业、服务业、小微企业作用更加凸显，产业小型化、智能化、专业化将成新特征；⑥在生产要素方面，人口老龄化日趋发展，农业富余人口减少，要素规模驱动力减弱，经济增长将更多依靠人力资本质量和技术进步；⑦在市场竞争方面，逐步转向质量型、差异化为主的竞争，统一全国市场、提高资源配置效率是经济发展的内生性要求；⑧在资源环境约束方面，环境承载能力已达到或接近上限，必须顺应人民群众对良好生态环境的期待，推动形成绿色低碳循环发展新方式；⑨在经济风险方面，各类隐性风险逐步显性化，风险总体可控，但化解以“高杠杆”和“泡沫化”为主要特征的各类风险将持续一段时间。（新京报网，2014.12.12）

什么叫“新常态”？所谓新，一定是与过去有所不同；所谓常，就是经常的和稳定的；所谓态，就是一种状态和态势。“新常态”就是不同以往的、相对稳定的一种状态和态势。我们投身经济发展的大潮，不可不认真研读这9种中国经济发展的新常态，寻找商机，规避风险，实现发展。

全面发展才是真正进步

人的发展，要实现德育、智育、体育的全面发展，否则就可能发展成病人、废人、罪人；经济的发展，也要实现全面与均衡，否则就可能发展出贫富悬殊、两极分化，引发社会问题；社会的发展，更要实现全面和协调，否则就可能发展为经济繁荣但信仰缺失、道德沦丧、风气败坏的畸形社会、病态社会。习近平说，人都是有惰性的，物质是有惯性的。在经济发展上也不能那么任性了，否则靠什么可持续发展？（中国新闻网，2015 年 3 月 6 日）

一个企业的发展，也应力求全面和均衡。虽然企业的核心任务是从事经济活动，主旨目标是实现良好的经济效益，但是如果没有对员工的有效人文关怀和系统的企业文化建设，企业就难以有长久的生命力。有报道称中国的中小企业平均寿命仅为 2.5 年，只有美国中小企业平均寿命的 1/3 多一点；而中国每年关张的企业约为 100 万家，是美国的 10 倍。为什么会有如此大的差距？就是很多企业缺乏全面成长和发展的战略，甚至是先天不足的“畸形儿”，怎么可能实现长久的可持续发展？如果我们正在某一个企业里供职，或者是在经营着一个企业，抑或正打算创办一个企业，一定要树立起全面发展的战略思想，做出合乎规律与潮流的战略规划。

我们之所以在这里大谈规律和发展，用了这么长的篇幅来谈论企业、经济和社会的全面发展，就是想让告诉人们在思考自己的人生之时，或者是在做人之中、做事之前，都能够将自己置身于时代和社会的大背景、大环境下，看到我们和我们所面对的事物并不是孤立存在的，而且始终处于运动、变化和发展之中。这样，我们的思维和行为才能变得更加客观、更加符合实际一些，少走些弯路，少犯些错误，将人生经营得更美好。绝大多人的人生美好了，整个社会和世界也一定会变得更加美好。

第三十五章

做事就是认识问题

人活着为什么非得要解决问题呢？这世界上要是没有问题该多好啊！这么多问题都是打哪儿来的呢？……这是人们孩童时期经常躺在床上萌生出来的天真想法。可是当几十年过去之后，人们又发现，要是没有问题需要解决，我们这一辈子岂不是没事可做了么？那还活着干什么呢？所以，解决问题就成了人生的实质，也是人生的全部内容。既然人生非得做事，既然做事就是解决问题，那就让我们先来正确地认识问题吧，因为认识问题是解决问题的重要组成部分。

一、问题就是矛盾

在我们的人生路上，每天都会遇到问题。那么问题到底是什么呢？就学习而言，我们还不懂、不会，却又必须要掌握的那些知识就是问题；就生活而言，我们每天必须要做的事情、经常要改变的生活状态就是问题；就工作而言，我们必须要完成的任务、必须要实现的目标就是问题。这些都是所谓问题的现象，是问题的表现。那么问题的实质又是什么呢？是矛盾。矛盾是产生问题的根源，矛盾是问题的实质，问题是矛盾的表现。

问题的产生原因是什么呢？当人们的主观想法与客观现实之间发生矛盾时，就会出现问题；当客观事物内部的矛盾激化时，也会出现问题；当旧事物与事物的总体发展需要发生矛盾时,更会出现问题,等等。也就是说,事物是矛盾运动的产物,也是矛盾的表现。

前面提到的某建筑安装企业老板想投身有机农业所遇到的问题,就是他的主观想法和客观现实之间出现矛盾所导致的。他想赚钱,经营建筑安装企业就是为了赚钱,但经常是承揽到一个工程千难万难,而工程做完了却有一部分钱迟迟要不回来;他想要发家致富,更有尊严地做人,却不得不在承揽工程时低三下四,也不得不在结算尾款时"求爷爷告奶奶";他想多吃些有营养、无公害的"绿色"食品,但在餐桌上没有一点儿知情权,食物到底是不是"绿色"有机无从知晓、无法判断;他想为家乡做点事情,却不知从何处着眼,从何处入手。所以,当他的一系列想法与客观现实不断碰撞之后,问题就来了。他要尝试投身有机农业,就必须开始面对想做却不会做的矛盾、需要行家里手却找不到人的矛盾、需要大额投资而自己的钱却不够的矛盾。这些矛盾,就形成了他必须要面对的问题。

事物的内部本来也是始终存在着矛盾的,即构成事物的主要因素之间会有矛盾和斗争。比如在一个企业内部,有些员工想多拿些薪水,但是却不想多做事,甚至还想少做些事;老板呢,想让员工多做些事,少拿些钱,最起码要少提或者不提涨薪的要求。这样的矛盾是一直就存在着的,没有激化时虽然暗流涌动却也能相安无事,但是一旦爆发就会出现问题,小则员工消极怠工,大则出现劳资纠纷,甚至会导致对簿公堂、申请仲裁。每个已婚的人都回想一下自己家庭的组建和发展,是不是从一开始就与矛盾相伴至今,大家都在解决问题的岁岁年年中慢慢地变老呢?而且问题还在继续发生着,因为旧的矛盾解决了,新的矛盾就又出现了。

企业的现有产品不论当下是否畅销,都属于旧事物。如果一成不变就会与市场需求及科技进步形成矛盾。某一产品的诞生,并不是哪个人头脑发热想出来的,而是人们的物质生活进步需求逼迫出来的。它刚一诞生时,毫无疑问是新生事物。但也就是从它诞生的那一刻开始,它也就变成了旧事物,迟早会消亡,迟早会被新事物所取代。从上个世纪末到现在,只有短短的20年时间,人们所使用的电子视听设备不断上演着"总把新桃换旧符"的"车轮大战",让人目不暇接。今天,人们已经找不到家庭用录放像机、CD机、VCD机、SVCD机的生产与销售了,谁也不会再以拥有一部iPod、iPad或者iPhone而自豪了。所以,现有的事物会消亡,这就是问题;新生的事物会变成旧事物,这还是问题。

问题的实质是什么呢？也是矛盾。矛盾是无处不在的，它普遍地存在于世间万物之中，即每一事物都是矛盾的载体和集合体，而且同一事物中往往还包含着多种或多重矛盾。也就是说，问题本身就是矛盾，问题即矛盾，矛盾即问题。认识问题，就是在分析和认识矛盾，也只能从分析和认识矛盾入手。

人们都喜欢看电影、电视剧、戏剧、小说等文艺作品，有时还会跟着剧中人物或哭或笑。为什么？就是因为这些文艺作品将现实生活中的问题集中起来了，也就是将矛盾和冲突集中起来了。剧中每一个激动人心的故事情节，都是一种尖锐复杂的矛盾被铺垫好之后出现，然后再予以解决。剧中的高潮，就是主人公所面临的最大问题被解决了，或喜剧结尾，或悲剧收场。剧中的悬念，就是那个或者那些问题已经提出来了，但是还没有解决，还在吊着我们的胃口，好吸引我们明天接着看。人生不也正是如此么？如果把一个人一生中所面对的矛盾、所解决的问题集中起来，凝聚在 50 个小时的时间里，哪个人的人生都是一部复杂跌宕、情节感人的连续剧。

1942 年，毛泽东在延安的一次干部会上演讲时说过："什么叫问题？问题就是事物的矛盾。哪里有没有解决的矛盾，哪里就有问题。"（毛泽东：《反对党八股》，《毛泽东选集》第三卷）最为重要的是，问题是解决不完的，它会连续不断，层出不穷。因为矛盾在不断产生，此伏彼起。中国共产党在新民主主义革命时期，要解决的是领导权的问题。新中国成立后，领导权的问题解决了，是不是就没矛盾、没问题了呢？恰恰相反，"夺取全国胜利，这只是万里长征走完了第一步。""中国的革命是伟大的，但革命以后的路程更长，工作更伟大，更艰苦。"（毛泽东：《在中国共产党第七届中央委员会第二次全体会议上的报告》，《毛泽东选集》第四卷）这是 1949 年 3 月毛泽东在建国前半年时说的话。那时，他就提出了农业现代化的问题："占国民经济总产值百分之九十的分散的个体的农业经济和手工业经济，是可能和必须谨慎地、逐步地而又积极地引导它们向着现代化和集体化的方向发展"。（同上）在那时，他和党中央已经清楚即将要面对的新问题，并且开始着手解决这些问题了。

其实，关于怎么去解决即将面对的新问题，特别是关于革命胜利后的经济建设问题，毛泽东早在抗日战争还没有结束时就已经开始了思考。在 1945 年 4 月党的"七大"政治报告中，他就提出了"城镇化"的思想。他说"将来还要有几千万农民进入城市，进入工厂。如果中国需要建设强大的民族工业，建设很多的近代的大城市，就要有一个变农村人口为城市人口的长过程。”“农民——这是中国工业市场的主体。只有他们能够供给最丰富的粮食和原料，并吸收最大量的工业品。”他同时还提出了“在若干年内逐步地建立重工业和轻工业，使中国由农业国变为工业国”的目标。（毛泽东：《论联合政府》，《毛泽东选集》第三卷）至今，我们仍在继续解决这些问题的路上。

问题就是矛盾的表现。在现实生活中，事物的矛盾运动达到一定程度时，就会显露出来，甚至还可能会激化，可能会升级。这些显露、激化、升级了的矛盾，就表现为我们常说的问题。

体热发烧，标志着我们的身体健康出现了问题，说明体内的生理矛盾已经到了白热化的程度。但这一问题并不是病菌、病毒或支原体的入侵单方面原因引起的，如果没有人体免疫系统对入侵者的奋起反抗和殊死搏斗，就不可能有发烧的症状出现。是双方激烈的矛盾斗争，表现为体温上升的现象。毫无疑问，发烧会使人体的感觉十分难受，但是如果病情恶化更会危及生命。所以，免疫系统同病菌、病毒、支原体的矛盾斗争是必须的，所引起的身体不适也是暂时的。恰恰是发烧同时也给我们报了警，提醒我们采取措施，帮助自身的免疫系统取得胜利。

孩子逃课，标志着他的学习态度上出现了问题，说明他的学习目的、方法、成绩同他的耐力、兴趣、能力之间的矛盾升级了。他并不是不知道逃课的严重后果，但是他思想上的矛盾斗争结果使他铤而走险，选择了逃课。他不知道为谁而学，自然会耐力有限；他方法不对，自然难以产生兴趣；他成绩平平，自然会认为自己不行。如果只看现象，不去解决实质问题，即使把他强按在课桌前，他也会上边一本教科书，下边一本课外读物地继续着自欺欺人的游戏。

员工跳槽，标志着劳资双方的平衡出现了问题，说明跳槽者与现在供职的企业之间的矛盾暴露出来了。员工对企业的要求总体上有 4 个大的方面：发展空间、人格尊重、薪金福利、工作环境。当企业这 4 个方面的现状与员工的心理预期出现一般性矛盾时，员工会有所忍耐，因为他也深知辞职是有成本和风险的。但是一旦这种现实与忍耐的平衡被打破，当然也可能会有其他诱因的触发，跳槽的问题就被摆到桌面上了。

2015 年 1 月 23 日，第十八届中共中央政治局进行第 20 次集体学习。这个领导着 8700 万党员和将近 14 亿人口的最高领导团队也还在继续学习辩证唯物主义基本原理和方法论的课题。习近平在这次学习时要求各级领导干部,要坚持运用辩证唯物主义世界观和方法论,提高解决我国改革发展问题的本领。他说:“问题就是事物矛盾的表现形式,我们强调增强问题意识、坚持问题导向,就是承认矛盾的普遍性、客观性,就是要善于把认识和化解矛盾作为打开工作局面的突破口。”(新华网,2015.1.24)这么大的国家和这么高级别的领导人尚且如此,我们多学一学辩证法,用以指导人生,一定会大有裨益的。

二、认识问题就是认识矛盾

有这样一家企业,其产品及核心技术都属于高科技的范畴,是国内该行业的创始企业和领军企业。创业之初,夫妻俩携手打拼,丈夫是董事长兼总经理,负责全盘管理并分管技术、研发、设备和生产;太太是副总经理,管人事、财务和销售,是天造地设的黄金搭档。但是当企业发展到一定规模的时候,问题出现了,主要表现在人才流失严重和销售难以突破瓶颈两个方面。这时的董事长兼总经理想做出一些改革,却遭到了副总经理太太的强烈反对。名义上说是老公全面管理公司,但实际上还是太太说了算。其实,无论是在家庭中,还是在企业管理运营中,这对夫妻始终都是矛盾的共同体,只不过是在企业改革问题上他们的矛盾激化了、升级了而已。

作为矛盾的双方,他们之间有着内在的、有机的和不可分割的联系。

这种联系表现为他们的方向一致、目标相同,相互依存,相互贯通,并且有相互同化、相互转化的愿望、行动和趋势。这就是我们常说的对立统一规律中矛盾的同一性原理。老公是公司的创办人,持有公司主要产品的核心技术,并且拥有与该技术及该系列产品相关的多项专利,但是在市场运营、企业管理方面有短板;太太则兢兢业业、精打细算,并且带头销售、率先垂范,但是在团队建设、市场战略方面有短板。他们都想把企业建设得更好,都在各自分管的领域努力工作着,相互间也会时有认同、时有让步,而且根据当时的企业状况,他们之间谁也都离不开另一方。

但是,他们在对企业、市场、人才、团队的认识上却一直有着很大的分歧,矛盾和斗争从未间断。在工作中,他们的矛盾也会显露出来。这让和他们一起创业并且和企业一起成长起来的人才感到窒息,所以不断有人才流向多家市场竞争对手的企业,使老公率先感觉到危机就在眼前。他们的产品在国内具有很大的市场发展空间,也有进军海外市场的可能。但是,由于市场运营团队迟迟不能形成规模、体系和战斗力,眼看着市场被后起的企业一点点瓜分,也使老公经常表现出焦虑和不安,偶尔也会冒出请太太出局的想法。这就是矛盾的斗争性原理,矛盾的双方表现出相互排斥、相互分离的倾向。

像这家企业一样,矛盾构成了世界,矛盾也构成了企业,矛盾还构成了问题。我们认识问题本质,其实就是在认识和分析事物内部的矛盾。而构成某一事物的矛盾所具有的同一性和斗争性,恰恰又是该事物存在的条件和形式。同一性不可能离开斗争性而存在,因为没有斗争性就不叫矛盾;斗争性也不能离开同一性而存在,相互没有直接联系的因素不可能共存于一个事物之中。就像大陆某一山坡上的石头和南极的冰盖没有直接联系一样,它们之间没有同一性,也没有斗争性,所以不构成矛盾。而且同一性是相对的,斗争性却是绝对的。所谓相对,就是有条件的,是相对于其他事物的;所谓绝对,是没有条件的,是始终存在着的。深刻解析矛盾的同一性和斗争性,会便于我们找到解决的正确方法。

那么,是不是或者老公或者太太有一个人离开了企业的主要领导岗位就天下太平了呢?也不是的。假如是老公出局,这个企业就可能不复存在了,那问题就更大了;假如是太太出局,那么新换上来的人是不是能得到他们夫妻的信任、能力和业绩是不是能让他们夫妻满意、为人处事的风格是否能与董事长合拍等问题可能就会出现。问题也是有惯性的,原有的问题并不可能一下子就彻底解决,而更重要的规律是旧的矛盾可能还没有完全解决,新的矛盾就会出现,因为矛盾具有普遍性的特点。毛泽东说:"矛盾的普遍性或绝对性这个问题有两方面的意义。其一是说,矛盾存在于一切事物的发展过程中;其二是说,每一事物的发展过程中存在着自始至终的矛盾运动。"(毛泽东:《矛盾论》,《毛泽东选集》第一卷)任何人在任何情况下,都不要指望自己的面前乃至人生路上能够没有问题、没有矛盾。

但是,矛盾和矛盾是有所不同的。这样,我们才能显示出它是此事物,而非彼事物。也就是说,矛盾在具有普遍性特征的同时,也还具有特殊性的特征,即每一具体事物所包含的矛盾以及构成每一矛盾的各个方面都有其自己的特点。上面说的这对夫妻在企业管理上的矛盾,与其他企业不同,也与其他夫妻不同,其不同之处就是他们的特点；他们在团队建设问题上的矛盾、在市场开发问题上的矛盾、在财务管理问题上的矛盾，也都各有特点，不尽相同；他们各不相同的人生阅历、知识积累以及看问题的立场、角度上的差异，也是矛盾的双方各有其独自的特点。这些，都是矛盾特殊性的表现。

他们夫妻间的矛盾很多，什么是基本矛盾，什么是主要矛盾，什么是主要矛盾方面？这是需要有所分析和甄别的。这就涉及一个矛盾分类的问题，这也是矛盾特殊性的重要表现。分清了主次、大小、轻重、缓急，先解决哪个，后解决哪个，用什么样的态度去对待，用什么样的方法去解决，就都会有了清晰的概念。

在这对夫妻之间，他们的基本矛盾在于把企业建设发展成什么样的问题：老公的想法是要按现代企业管理模式，将企业建设成为一个社会企业；太太的想法是差不多就行，自己家人管总比让外人管更踏实。像这样贯穿于事物的过程始终，决定着矛盾运动过程本质，能使此过程区别于其他过程的矛盾，就是基本矛盾，也被称之为根本矛盾。其他的那些矛盾都是非基本矛盾，或称非根本矛盾。

他们的主要矛盾在于谁说了算的问题：老公的想法是要分工明确，责任清晰，副总的权力不能等同或者超过董事长、总经理；太太的想法是自己家的企业，反正都是为了发展，没必要还得分出个层次来；员工的想法是，两个人都说了算，又都说了不算，我们无所适从，不要说谋求更大发展，就是连做人都感觉到两面为难，只能一走了之。在一系列矛盾中，这个谁说了算的问题，处于支配地位，对企业的发展具有决定性作用，就是主要矛盾。由于这个问题的存在和变化，决定或影响着其他矛盾的存在和变化。而那些处于次要位置或者服从地位的矛盾，都是次要矛盾。

他们的主要矛盾方面还是在于老公，因为他是这个企业的创建者和法定代表人，是核心技术的拥有者，是企业的董事长和总经理，他只是不想因为企业的事情影响到夫妻感情而已。所以不论怎么说，老公还是处于支配地位，是起着主导作用的关键人物，是这一矛盾中的主要矛盾方面，而太太则属于非主要矛盾方面。

我们认识事物，首先要考虑到这一事物本身就是一个矛盾的载体、集合体，因为矛盾无处不在，这是由矛盾的普遍性所决定的。这是绝对的，也是世界上所有事物的共性。同时，我们还要考虑到这一事物的自身矛盾运动特点，以及与其他事物的联系还具有一些特殊性。这种特殊性则是相对的，也是该事物所特有的共性。由此不难看出，矛盾的普遍性和特殊性的关系，就是绝对和相对、共性和个性的关系。

还是以上面这对夫妻为例，夫妻之间有矛盾，是共性的；从很多家庭、家族企业中的经营管理实际情况来看，他们的矛盾也具有共性的特征。但从矛盾的性质和内容来看，他们的矛盾又具有其个性，因为他们的矛盾是夫妻一起经营管理自己的企业所产生的，而那些家里没有企业，或者是家里有企业但不是夫妻共同管理的家庭中，夫妻不会发生这样的矛盾；再同其他一些家庭、家族企业中家庭成员之间的矛盾相比较，他们的矛盾也会和别人家有很大不同，这就是他们这一组矛盾的个性。通过这样的分析不难看出，矛盾的普遍性寓于矛盾的特殊性之中，特殊性因与普遍性的联系而存在。在他们的矛盾中，既表现出了夫妻矛盾、家族企业中家庭成员矛盾的普遍性，也表现出了他们自己所独有的矛盾的特殊性。

为什么矛盾的普遍性（即共性）不能脱离矛盾的特殊性（即个性）而存在？那是因为世界上的所有事物都是单个的、具体的和特殊的事物，而且也不存在那种没有特殊性矛盾的事物。就像人一样，如果没有了他的特殊性，我们还能认得出他是谁么？在这对夫妻的矛盾上，也首先是有了其个性，所以这一矛盾、这一事物才存在。也正是在他们富有个性的矛盾中，才反映出夫妻间的矛盾、家庭企业管理上的矛盾等共性问题。毛泽东说："共性个性、绝对相对的道理，是关于事物矛盾的问题的精髓，不懂得它，就等于抛弃了辩证法。"（毛泽东：《矛盾论》，《毛泽东选集》第一卷）只有懂得矛盾普遍性与特殊性的辩证关系，做到具体问题具体分析，才能找到解决该问题的有针对性的方法，把放之四海而皆准的普遍真理同我们解决具体问题的实践结合起来，推动事物和事业的发展进步。

三、矛盾的功与过

严格地说，"矛盾"一词是有多重含义的，它所表示的既可能是思维或语言在逻辑上的自相否定，如我国古代寓言"自相矛盾"中那个既卖矛又卖盾的人叫卖的逻辑；也可能是两个或多个相互对立的人、事或物品，如那个兵器商贩手中的矛与盾；还可能是事物之间或者事物内部要素间的既对立又统一、既排斥又依赖的关系，如健康与疾病、水利与水害、运动与静止、化和与分解等关系。我们在本篇章所谈及的矛盾，指的都是反映事物之间、事物内部要素之间矛盾关系的概念。事物的矛盾性质，不但构成了事物，而且也构成了世界。我们在认识事物、分析和解决问题时，所面对的就是这些矛盾关系。

矛盾造就了人类。按照进化论的观点，生物的发展所遵循的是从低级到高级、从简单到复杂的进化规律。人类之所以能从动物界脱离出来，是因为矛盾。首先是环境与生存的矛盾。人类的远祖要在恶劣的自然环境中生存下来，就必须得解决食物和御寒这两大问题，那么就得劳动。劳动使人类的祖先学会了直立行走，解放了前肢；劳动也使人类学会了将自然界中的一些物品当作工具来使用，并且发展到后来的自己制作工具；劳动还使人类创造了语言，拥有了自然界独一无二的交流工具；劳动更使人类的大脑得以发展，逐步完成了从动物到人的转变。所以恩格斯指出："政治经济学家说：劳动是一切财富的源泉。其实，劳动和自然界在一起它才是一切财富的源泉，自然界为劳动提供材料，劳动把材料转变为财富。但是劳动的作用还远不止于此。它是一切人类生活的第一个基本条件，而且达到这样的程度，以致我们在某种意义上不得不说：劳动创造了人本身。"（恩格斯：《自然辩证法》，《马克思恩格斯选集》第四卷）如果没有矛盾，人类的先祖就不需要劳动，也就不会有后来的一系列变化和进化。

矛盾也给人类带来了无穷无尽的麻烦，甚至灾难。

在人类的早期历史上，矛盾所造成的最大麻烦是天灾，比如飓风、地震、海啸、山火、暴雨、洪水等。这类自然灾害，并无人类活动的因素影响，当然人类更无法控制和预防，因为它们都是自然界各种矛盾运动所形成的自然现象。

但是自从人类的智力和能力变得高度发达之后，情况就不一样了。人类过分的物欲需求同自然界的生态平衡之间形成尖锐矛盾，人类自己导演了一场又一场巨大的灾难。特别是最近几百年间，全球人口数量的急剧增加，人类对大自然经过亿万年变迁所沉淀积累的资源的掠夺性开采，对水产生物的过度捕捞，工业"三废"的大量排放和农业生产的"面源污染"等等，都加剧了人类社会同自然世界的矛盾，所以不得不接受自然规律的一次次重大惩罚。恩格斯早就告诫过人类："我们不要过分陶醉于我们人类对自然界的胜利。对于每一次这样的胜利，自然界都对我们进行报复。每一次胜利，起初确实取得了我们预期的效果，但是往后和再往后却发生完全不同的、出乎预料的影响，常常把最初的结果又消除了。"（恩格斯：《自然辩证法》，《马克思恩格斯选集》第四卷）今天的气候变暖、都市雾霾、水源污染、土质恶化等，都是人类过度索取和自然环境保护的矛盾失衡的表现。最糟糕的是，极少一部分人为了攫取高额利润而酿造的这种种恶果，却要很多很多人乃至全人类来共同承受。

人类社会的矛盾运动，也是麻烦和灾难的源泉。每天每日、时时刻刻的小麻烦自不用说，最大麻烦和灾难是人类历史上绵延不断的战争。在原始社会末期，生存条件的差别使氏族部落之间产生摩擦，并引发出部族间的局部战争；随着生产力发展、劳动产品剩余和奴隶制社会到来，就有了争抢奴隶和掠夺财富的战争；自此以后的阶级社会中，不同阶级、不同民族、不同国家、不同政治集团都将战争作为解决矛盾冲突的顶级手段加以运用。无论是古代、近代还是现代战争，或者是相关方面政治矛盾的升级，或者是相关方面经济矛盾的激化，总之都是人类社会矛盾运动的结果。

尽管事物的矛盾运动给人类社会带来了数不清的麻烦，但是刀耕火种终为往事，结绳记事也成历史，人类社会还是一步步走进了今天的现代化。那么，是什么力量推动人类社会发展进步的呢？也还是矛盾。矛盾就是事物发展的动力，自然也是推动人类社会进步的动力。构成事物的主要因素会在事物内部形成矛盾运动，促进了事物本身的变化，最后是新事物取代旧事物，实现了事物的发展。这种决定事物变化发展的内在根据，就是我们常说的内因。而事物的变化和发展必须同时具备两个条件，那就是内因和外因。

比如前面例举的那对夫妻所经营的科技公司，虽然夫妻间的磕磕碰碰从未间断，但是企业还是在从无到有、从小到大地向前发展着，也前进在由弱到强的路上。其前进的动力就来源于夫妻二人推进企业发展的共同愿望和勤奋实践，以及他们在双方意见一致、分歧、统一的不断循环往复。这样的内因，是这家企业存在的基础，也是该企业区别于其他企业的内在本质。这就是该企业不断向前发展的源泉和动力，它规定了这家企业运动、变化和发展的基本趋势。

我们前面说过，世界上的所有事物都不是孤立存在的，每一件事物都会有与其他事物的相互联系和相互影响。这些联系和影响就是事物变化和发展的外在原因，就是我们常说的外因。这家企业的存在和发展，同国内外市场对该行业的需求度有关，也同该企业在该行业中的位置有关，等等。这些都属于外因，只是该企业变化和发展的外部条件。这些外部条件只有通过该企业的管理者作用于企业的变化和发展上，才能起到加快或延缓企业的运动、变化和发展的作用。但是，外因并不具备改变事物根本性质和发展基本方向的能力。这也是大家所熟知的鸡蛋、鸭蛋、石头在相同的条件下，鸡蛋只能孵出小鸡而孵不出小鸭，鸭蛋也只能孵出小鸭而孵不出小鸡，石头则什么也孵不出来的道理。但是如果没有相应的条件，鸡蛋和鸭蛋便都与石头一样，什么都孵不出来。在所以，内因是事物发展变化的第一位原因，而外因则是第二位原因。

无论是事物内部的矛盾还是事物之间的矛盾，都是因为有同一性的存在，所以彼此才联为一体的。一个企业也好、一个区域地方也好，领导班子成员之间意见不一致的情况是经常出现的。只不过是夫妻间表达意见的方式更随便一些而已。如果没有不同意见的存在，事物就失去了矛盾运动和变化发展的条件。如果以不存在私心杂念为前提的话，往往是意见分歧越大越有利于事物的发展。各方在讨论中会互相吸取有利于自身的因素，使自己的意见得以完善和发展，最后各方的意见相互贯通，确定了事物发展的基本趋势。

推动事物发展的矛盾如果没有斗争性的存在，也就不成其为矛盾了。在矛盾同一性的条件下，夫妻意见不一致的斗争性会使双方的力量对比发生变化，有时是老公的意见占上风，有时是太太的意见占上风，结果是某一方的意见被否定，也标志着某种管理行为的减弱或停止，新的管理方式和实践开始实行。运行一段时间之后，一些新思想、新观念又可能会促使事物中的矛盾实现转化，会有更先进、更科学的管理办法将原有的东西淘汰，使旧事物灭亡和新事物产生。

人类社会的变化和发展，是由两类基本矛盾所推动的。人类社会的这两大类基本矛盾就是生产力和生产关系的矛盾、上层建筑和经济基础的矛盾。当生产关系不适应生产力的发展要求、当上层建筑与经济基础不相适应的时候，就会引发社会变革，推动社会发展。

功耶？过耶？应该说是成也矛盾，败也矛盾。矛盾创造了世界，矛盾改变了世界，矛盾发展了世界。我们虽然无法阻止矛盾的出现，但是我们却希望事物向前发展。在客观规律面前，我们唯一能做的事情就是因势利导，通过促进事物上升的和前进的运动，推进事物朝着有利于我们完成既定目标的方向转化，进而实现事物的全面发展。唯物辩证法就是解决一切问题的方法论。它的实质和核心，是对立统一规律。对立统一规律也可以称之为矛盾规律或者是对立面的统一和斗争规律。

而对立统一规律所揭示的,就是事物发展的源泉和动力在于内部的矛盾性。毛泽东说:“事物矛盾的法则,即对立统一法则,是自然和社会的根本法则,因而也是思维的根本法则。”(毛泽东:《矛盾论》,《毛泽东选集》第一卷)如果我们能在分析事物、认识问题时坚持唯物辩证法的思想方法,自觉运用矛盾分析的认识方法,就可以做到全面地、历史地、辩证地认识问题的,从而得出正确的结论。

第三十六章

做事更是解决问题

我们在上边谈了那么多关于认识矛盾、认识问题的内容，目的是要解决问题，因为认识问题是解决问题的重要组成部分。而人生的全部活动及其实质就是解决问题，所以人生做事的核心就更是解决问题了。问题就是矛盾。认识问题，就是认识矛盾；解决问题，就是处理矛盾。要卓有成效地解决好人生旅途上所要面对的各种各样问题，我们应注意把握好以下 4 点。

一、决心、信心和勇气

不论做人还是做事，我们都必须要有充足的信心。还是那句老话，如果一个连自己都不相信自己的人，怎么可能把事情做好？谁又肯于把事情交给不相信自己的人去做呢？所谓信心，就是我们一定能够把事情做完、做好的意识和信念。这一意识、信念肯定不应该是拍脑门的想当然，也不应该是拍胸脯的说大话，还不应该是拍大腿的“马后炮”。信心应该是建立在正确评估、科学依据以及合理推论上的一种判断。

当一件事情摆在面前需要我们去做时，首先要作出的判断是我们能不能做。如果是经过我们全力以赴努力去做也没有可能完成的事情，就属于我们不能做的事情，那就要另想办法去解决了。比如有人让你徒手搬起一块约有上吨重的大石头,再比如有人让一个男人像女人一样去生孩子,等等。除了这些强人所难的而外,其他的就都属于能做的事情了。既然是能做而且必须做的事情,我们就一定要充满信心地去面对。

信心首先来源于做事决心。在生活中,我们会经常会有这样的感觉:当还没有开始做某件事情时,会有一种惶恐的心理,比如去见某一位陌生人,特别是去见一位比自己地位高、比自己有成就的人之前。但是,当我们别无选择地必须去见了以后,我们发现见了就见了,并没有什么可怕的事情发生。原来,是我们自己在吓唬自己。所以,当一定要做某件事情的决心足够强大时,信心也就会随之产生了。决心可分为两种类型:主动决心和被动决心。主动决心是因为完成某事物是自己的主观愿望,自己想要做,自己要求自己必须去做。比如为了追求时尚,我们选购最新款式和功能的手机,我们并没有因为害怕不会使用而放弃购买欲望和行动。我们一定要买、一定要用的决心,使我们拥有了充足的自信。追求自己心仪的异性,是有很大的被拒绝风险的。但一定要去追求的决心会使我们的内心充满了自信,所以我们才有了不懈追求的行动。还有很多要去做的事情并非是我们的主观愿望,而是被命令、被驱使、被裹挟去做的,但是当我们义无反顾的时候,我们也是决心满满、信心百倍的。这种决心就是被动决心。比如工作中的一些事情,多数是被老板或领导所命令的;生活中的一些事情,多数是被家人或者是客观条件所驱使的;群体活动中的一些事情,多数是被同伴或者气氛所裹挟的。尽管是被动的,但只要是我们决心去做的时候,哪怕是一次游戏,我们也会很有信心地将其做好。

信心同时来源于正确评估。正确地评估什么呢?即正确地评估自己,正确地评估要做的事情,正确地评估外部环境和条件。我们不但要清楚自己的现状,知道自己现有的“半斤八两”;同时也要清楚自己的潜力,知道自己能够发挥到什么程度。假如自己目前还是某个建筑工地上的力工,就是对某位当红明星再怎么心仪也是没用的,因为连见到TA都不可能,怎么去追求,又怎么能成功呢?所以就更谈不上什么信心了。我们还要对将要做的事情有一个正确的认识,运用对立统一规律去分析其内部各要素以及与他事物的联系,区分出内部矛盾和外部矛盾、基本矛盾和非基本矛盾、主要矛盾和次要矛盾、主要矛盾方面和次要矛盾方面,把握其性质,了解其核心。假如我们要开发一个房地产项目,土地和资金就是其核心问题。能否解决土地问题是外部矛盾,能否筹集到足够的资金是内部矛盾;在土地问题没有解决之前,它是主要矛盾;在土地问题解决之后,资金问题是主要矛盾;在解决土地问题时,国家的土地政策、房地产开发政策、当地的土地资源和政府主管部门是矛盾的主要方面;在解决资金问题时,项目的含金量和开发运作团队是矛盾的主要方面。对于该事物的来龙去脉、外部环境、具备的条件等,也是必须要做到心中有数的。

信心也还来源于合理推论。这是需要战略眼光的。当我们手里握有雄厚的资本不知投向哪里的时候,就需要有合理的推论。据说在马云还没有成气候的时候,很多已有一定成就的 IT 业大佬是有投资阿里巴巴机会的,但是很多人都错过了。如果当初其中有几个人能够预见到阿里巴巴的未来而投资马云,今天中国的 IT 业格局就应该是另外一番景象了吧?不过日本软银集团的董事长孙正义预感到了希望和未来,先后 4 次共计投资给阿里巴巴 14.7 亿美元,使软银成为持有阿里巴巴 34.4% 股份的最大股东。人们盛传马云用 6 分钟搞定孙正义的神奇故事,其实并非那么简单,而是另有背景。1999 年,在一次互联网项目评价会上,孙正义认为马云提出的互联网将由“网友”时代向“网商”时代跨越的想法很有潜力,当即表示了强烈的投资意向,虽然马云当时出乎意料地没有接受,不过孙正义也没有放弃。20 多天之后,他们重谈投资事宜,马云在深思熟虑 6 分钟后,答应了孙正义的 3000 万美元投资额度,后来又改成 2000 万美元的融资计划。(参见百度百科:孙正义)由此可见,孙正义投资阿里巴巴的动作是建立在合理推论基础之上的,并非是 6 分钟头脑发热的结果。

俗话说,狭路相逢勇者胜。人生需要勇气,生活需要勇气,工作需要勇气,做事更需要勇气。所谓勇气,就是敢于面对困难、勇于战胜困难的气魄。与历次国内革命战争、抗日战争、抗美援朝战争的艰难程度相比,我们今天没有什么工作任务会超过那时的困难程度;与建国前的艰苦生活和建国初期的经济困难相比,我们今天也没有什么生活上的困难会严重于那样的岁月。但是,就是在那样艰巨的历史任务和艰苦异常的困难环境下,毛泽东等老一辈无产阶级革命家也从未动摇过革命意志,也没有丧失过胜利的信心和勇气。毛泽东的勇气就来源于他在战略上对敌人的藐视,将帝国主义和一切反动派都看成是纸老虎,所以他敢于同蒋国民党反动派斗,敢于同日本帝国主义斗,敢于同美帝国主义斗,并且都取得了全面胜利。

毛泽东说:对于全世界帝国主义和中国蒋介石反动集团的统治,“我们有理由轻视他们,我们有把握、有信心战胜中国人民的一切内外敌人。但是在每一个局部上,在每一个具体斗争问题上(不论是军事的、政治的、经济的或思想的斗争),却又决不可轻视敌人,相反,应当重视敌人,集中全力作战,方能取得胜利。”(毛泽东:《关于目前党的政策中的几个重要问题》,《毛泽东选集》第四卷)

一个女孩在中考前,家长的朋友送给她一句话:“在战略上要藐视敌人,在战术要重视敌人。”女孩不太理解,家长的朋友就给她讲,这是毛泽东带领共产党夺得天下的“法宝”,意思是从总体上要轻视甚至蔑视敌人,但是在同敌人斗争的每一件具体事情上都要重视敌人。参加中考是一件大事,但是千万不要被这件所谓的大事吓倒,要藐视它,没什么了不起的,不就是一次考试嘛,与平时的考试没有本质的差别。但是,在战术上,也就是在每一个选择、每一个问答、每一步运算、每一个句子,甚至是在每一个标点符号上,都要认真对待,不可轻视,不可马虎。女孩似懂非懂地记下了,但过几天她又打电话要求把这两句话给她写下来,并小心翼翼地压在了写字台的水晶板下面。中考成绩出来后,她被该省的一所重点高中录取。这张写有概括毛泽东战略思想的纸条接着又在她的面前摆放了 3 年,结果是她以优异的成绩高中毕业,被上海的一所名校录取。

我们做事的勇气,既来源于做事的决心,也来源于对困难的藐视。如果做不到这一点,我们的决心就会动摇甚至丧失,也就会被困难所吓倒、压垮,当然也就无法把事情做完、做好了。

二、立场、态度和角度

有了决心,有了信心,有了勇气,是不是就一定能把事情做好了呢?非也!张飞、鲁智深、李逵都是从来不缺少决心、信心和勇气的,但他们恰恰也是经常出乱子、惹麻烦的人。要做好一件事,或者是要做好一生的事,决心、信心和勇气只是前提,还有很多更重要的因素在起作用。其中,立场、态度和角度就是不可忽视的重要因素。

在面对某人或某事、某物时,我们当时所处的位置就是所谓的立场。形象一点说,就是我们当时站立的场所和地点,也是我们做事时的出发点。要处理的事物本身是客观的,所以我们所处的位置就决定了我们与该事物的关系,包括距离、角度、利害等内容。一般情况下,在职场中面对相同的一件事情,老板、中层管理人员、一般员工3者的立场是有明显不同的:老板会毫无疑问地认为这是自己的事情,因为整个公司都是自己的;中层管理者则会根据这件事情是否在自己的职责范围之内,来判断该事物和自己工作的关系,来决定管还是不管;一般员工考虑的则是该事物是否属于自己的本职工作,以及与自己的利害关系,再决定做还是不做。

过去人们一谈到立场,多是特指阶级立场,即指站到哪个阶级的利益上去思想、说话和做事。我们今天这里所谈及的立场,是一个更宽泛的概念,包括个人立场、家庭立场、企业立场、事业立场、阶级立场、民族立场、国家立场等。怎么去对待某一人、事、物,与我们的立场关系极大。比如上面谈到的企业内部事物,站在不同的立场上去看,得出的结论是不一样的。老板、管理人员、员工都可以持有不同的立场,但是也可能持有相同的立场。如果都是从个人立场出发,三者会有很大不同;如果都是从企业立场出发,三者会比较接近,总体趋同;如果都是从国家和民族的立场出发,三者则会基本相同。

一个人的世界观、人生观和价值观决定着他在所有事物面前的立场。有些人将供职于某企业视为谋生的手段,那他做事的出发点便是物质利益原则,能直接或间接增加收入就做,否则就不做,或者不全力以赴地好好做;有些人将供职的企业视为自己学习的课堂、发展的平台,那他做事的出发点便是学习、成长、提高的原则,什么事情都抢着做、努力做、认真做;有些人将供职的企业以及老板、同事都视为生意、事业上的人生合作伙伴,那他做事的出发点就是合作共赢的原则,只要是有利于企业发展的事情,就都积极去做。从这个意义上说,立场标明了为什么做此事、为谁做此事的出发点和落脚点,自然也会决定着做事的态度。

态度是什么?我们在第一篇中就已说过,态度就是语言和行为,是人们对人、事、物的看法、想法在其言行中的体现。立场左右着人们的看法和想法,所以也就决定了人们对某人、某事、某物的态度,即会有相应的言行表现。当然,更为重要的是人们的言行表现将直接影响和决定着做事的效果。

按照社会心理学的观点来分析,人们在多数情况下对指定的人、事、物的看法和想法以及由此产生的态度,是具有倾向性和持久性特征的。比如某位学生对某位老师的看法,在一定时期中会保持一种比较稳定的状态,或者认为这老师好,或者认为这老师不好;或者认为这老师对自己好,或者认为这老师对自己不好。与这种看法相应的态度，就会在其与老师的接触中表现出来，甚至是在学习该老师所教授的课程时表现出来。有的学生对某门课程没有兴趣、学得不好，有时是因为不喜欢授课老师所导致的。再比如对网游的看法和态度、对某个或某类游戏软件的看法和态度等，也都会有倾向性和持久性的表现。

我们在人生中所面对的事物，有些事我们必须要做的，有些是可以不做的。而在那些必须要做的事物中，有一部分原本就是我们份内的，是按着家庭分工、职业分工、社会分工就应该由我们来做的；有一部分并不是我们分内的，是可做可不做的，但是从道义上讲又是应该做、必须做的。按常理，人们在做自己的事情时，一般都是愿意去做、主动去做、全力去做，并且千方百计地努力将其做好。这是很正常的，无可厚非。但是如果能将必须做的事情都看成是自己的事情，虽然有一定的难度，但是如果真能做到了，我们做事的态度就会大为改观。这就有一个我们前面提到的立场及其表现出来的出发点和落脚点的问题。

其实，我们每一个自然人都是属于家庭的、单位的、社会的、国家的和民族的。探究人生的实质，并没有什么是真正属于我们个人自己的。如果说有，那也是相对的、暂时的，终究还是不会属于我们自己。既然如此，只要是必须做的事情，就没必要去计较你的我的或者分内分外了，而是应该积极主动地去做，在做的过程中享受个人成长、事物发展、帮助他人、贡献社会的快乐！

假如事物的主要客观参数在某一时刻是不变的，但我们面对事物时所持有的立场和态度不同，就会使我们同事物之间所形成的角度有所不同，就如同从俯视、侧视等不同的角度去看一只玻璃水杯，我们会分别获得正圆形、等腰梯形和立体图形一样，如右图所示。玻璃杯的形状、尺寸并没有丝毫改变，但我们看它的立场和角度变了，得出的结论竟然有天壤之别。类似的例子在我们的生活和工作中俯拾皆是，不胜枚举。例如太阳的位置和温度恒久不变，可我们的立场变了，我们同太阳的角度也就变了一样，我们所感受到的太阳就会有远近之分，光亮就会有明暗之别，温度就会有冷热之差。

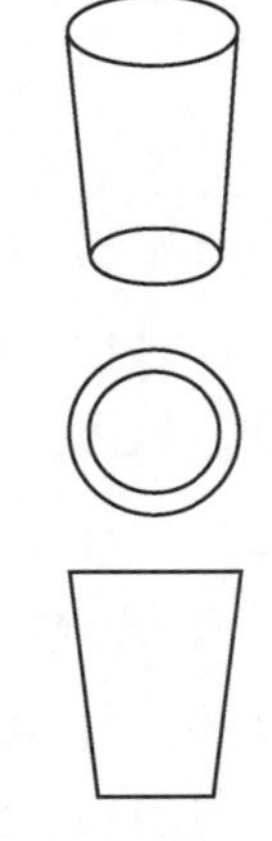

图 7-3 玻璃杯三视图

正是基于这样的原理，我们在认识事物时一定要多角度去审视，千万不可以自以为聪明，以为什么事情我们都一目了然。就像图 7-3 中，观察玻璃杯一样，一般情况下不应少于 3 个角度。苏轼说庐山“横看成岭侧成峰”，只是一横一侧两个角度，所以最后也没有告诉世人庐山到底是岭还是峰，看来还是角度不够所致。不过他倒是揭示了一个真理，那就是“不识庐山真面目，只缘身在此山中”！（宋·苏轼：《题西林壁》）跳出事物之外，多角度观察，方能得出正确的结论。

换位思考，是多角度观察事物的最高境界。因为这要求我们站到对立面的立场上去看问题。在我们日常的所思所为中，除了纯粹的技术、设备性工作之外，绝大多数都是与他人相关的。所谓换位，其实就是换立场，将自己的立场同与事物相关的另一方立场对调，站在一个可能是相反的位置上去看、去想。两相比较，得出的结论才能更加公允。这对于理解对方的想法和做法尤为重要。

这里需要强调的是，调整角度不仅仅是观察事物的重要参数，也是把事情做好的重要策略。“扬汤止沸”和“釜底抽薪”就是从不同角度去解决问题的，效果截然不同。两者同是要达到制止锅里水沸腾的目的，一个是从上面将沸水舀起再倒回去，通过这一舀一倒来降低水温，但这不可能从根本上解决问题；另一个是从灶膛里将正在燃烧的薪柴抽撤出来，使锅里的水彻底停止沸腾。当我们在生活中、工作上遇到解决得效果不好的问题时，不妨检查一下解决问题的角度是否合适。有时，只需简单地调整一下角度，可能就会使问题迎刃而解。

三、规律、方法和路径

本篇之所以定名为《规律与做事》，并且在首章里陈述了客观规律、自然规律、人生规律、经济规律、价值规律和市场规律，就是想集中说明做事是和规律密不可分的。只有尊重并遵循客观规律，选择并坚持正确的方法，才可能将必须做的事情做好。当然，懂规律、有方法，也还不能有效地解决问题，因为还必须要有正确的路径。

万事万物皆有规律，问题在于我们是否懂得去认识、掌握和运用。其实规律并不神秘，而且无处不在，只是我们总是想不起来还有规律这么一码事。中学和大学里学习的《马克思主义哲学》知识和课程，就是一门专讲规律的科学，只可惜很少有人像学数、理、化那样认真地去学习，其实它远远比数、理、化重要得多。在我们的日常学习、生活和工作中，规律也无处不在，只可惜很少有人去留意、去研究、去实践。我们小时候都学过缘木求鱼、南辕北辙、刻舟求剑、守株待兔、削足适履、曹冲称象等成语或故事，那都是在讲哲学、讲规律的，宣传的都是一些朴素的人生哲理。

人类社会的发展进入到公元19世纪以后，马克思主义哲学诞生了，从此人类有了最为科学、最为完整、最具有实践意义的哲学理论体系。马克思主义哲学的理论体系，论证了自然界、人类社会和人类思维的一般发展规律。这里所说的一般，不是很普通、价值不高的一般，而是涵盖一切事物的意思，或者是指众多个别的、特殊的事物所从属的那一类事物，也是指事物的共性。唯物辩证法是马克思主义哲学的核心组成部分，是一整套关于世界观、认识论和方法论的科学思想体系。它科学地说明了世界上所有事物存在的状态：即普遍联系与永恒发展；揭示出了事物联系和发展的3大规律：对立统一规律，质量互变规律，否定之否定规律；总结出了可以应用于任何事物的最普遍的最高级的概念——范畴。

唯物辩证法的基本原理，对于我们做任何事情都有指导意义。其3大规律，就是我们做事的基本法则。我们在数学中解二元一次方程时，必须首先要用加减法或者代入法消元，然后才能求解；我们在解一元二次方程时，必须使用直接开平方法、配方法、公式法、因式分解法或图像法进行求解。这些被称为“法”的东西，其实已经不仅仅是方法了，而是已经变成了法则。我们读书做习题时都知道要遵循法则，那么我们在走上社会以后做事情是不是更应该尊重规律呢？

“道”固然重要，“术”也不是可有可无。事情不是想出来的，而是做出来的，而且做事情必须要有正确、恰当的方法。我们反复强调规律的重要性，是说要以尊重和遵循规律为前提，这样再有合适的方法，就可以达到事半功倍、促进目标实现的效果了。

所谓方法，就是人们为了获得某件物品或者解决某一问题、达到某种目的所做的一连串有逻辑关系的动作的总和。比如我们的目的是从北京去广州，用什么方法来实现呢？准备钱，定时间，选车次或航班，购票，进站上车或进港登机，下车出站或下飞机出港。这一连串动作，便是我们实现从北京去广州的方法。坐车或者坐飞机只是方法的一部分，是选择交通工具，而非方法的全部。

我们在人生过程中要解决数不清的各类各样问题，应该秉持什么样的方法才能够提高效率和成功率呢？马克思主义哲学的方法论告诉了我们这样几条原则：

一是要一切从实际出发。这里所说的实际，就是客观存在着的实际事物。从实际出发，就是要从事实出发，而不是从书本上的理论或是我们自己头脑中的想象出发。也就是说，要根据客观事实来确定我们解决问题的方法，来决定我们的实际行动。有人可能会说，谁会不根据客观事实来确定工作方法呢？可是，在我们的生活和工作中，这样的错误还真是不少发生，教条主义、本本主义、机会主义的错误都是其表现和例证。到一个陌生城市，看街道的走向与自己要去的目的地方向一致，就想当然地朝着那个方向走，谁知却走进了一条“断头路”，还得返回来再找正确的道路。这样的事情在很多人身上都发生过。如果停下来查看一下地图，或者是向路人打听一下，就会避免这种情况出现。这个查看地图或者求助路人的动作，就是调查研究。

二是要具体情况具体分析。这是马克思主义哲学的重要基本原则之一，被誉为马克思主义活的灵魂。根据这一原则，我们在想问题、做事情时，都要根据事物的不同情况选择不同的方法，采取不同的措施，不能一概而论。经验主义的错误，就是违背具体情况具体分析原则的。年龄大、经历多的人，自恃有经验而不肯作分析，更容易犯这样的错误。年轻人更容易犯的是懒得花时间而不肯去分析，草率行事，鲁莽行事，结果是事与愿违。矛盾分析法是对立统一规律的重要组成部分，也是我们认识事物、解决问题的基本方法和主要工具之一。它包括对具体问题进行具体分析、用一分为二的观点看问题、坚持两点论和重点论的统一、坚持矛盾的普遍性和特殊性相结合等内容，十分值得我们重视和应用。

三是实事求是。这是人们最常说的一句话，但是绝大多数人在绝大多数场合下只是将其作为求得事情真相的代词。其实，它的真正含义是很丰富、很深刻的：“实事”，就是客观存在着的一切事物，“是”就是客观事物的内部联系，即规律性，“求”就是我们去研究。（毛泽东：《改造我们的学习》，《毛泽东选集》第三卷）实事求是，就是要通过实践去找寻规律、获得真理。这不仅是做事的方法问题，而且还涉及做事的目的问题，从而提升了我们做事的意义。探求规律，获得真理，才是实事求是的真正含义。

路径，就是达到某一目标的道路、途径，现在这一词汇多用于计算机技术开发和程序操作中。路径本是包含在方法之中的，我们之所以把它单独提出来加以强调，是因其在方法之中具有十分重要的地位，旨在提请人们予以重视。

从北京去广州就有多条路径。选择走哪条路，决定了时间、资金成本的高低，也决定了效率的高低。如果路径选择错误，可能还会遇上极端的气象问题、自然灾害、交通事故，或者是南辕北辙，甚至会无法成功到达。

当年的中国革命，如果照搬照抄俄国社会主义革命的做法，走他们成功走过的城市辐射农村的道路，就很可能会走进一条死胡同。中国共产党人在进行初步尝试之后发现，我们必须从中国革命的实际出发，具体情况具体分析，把马克思列宁主义的普遍真理同中国革命的具体实践相结合，另辟蹊径，胜利地走出了一条有中国特色的农村包围城市的革命道路。

我们今天在处理各种事物时，也要充分考虑路径问题。如图7-4所示，从入口到出口有A、B两条线路，一条简短便捷，一条遥远复杂，很像我们平时处理事物、解决问题时的情形。毛泽东说："研究任何过程，如果是存在着两个以上矛盾的复杂过程的话，就要用全力找出它的主要矛盾。捉住了这个主要矛盾，一切问题就迎刃而解了。这是马克思研究资本主义社会告诉我们的方法。列宁和斯大林研究帝国主义和资本主义总危机的时候，列宁和斯大林研究苏联经济的时候，也告诉了这种方法。万千的学问家和实行家，不懂得这种方法，结果如堕烟海，找不到中心，也就找不到解决矛盾的方法。（毛泽东：《矛盾论》，《毛泽东选集》第一卷）如果我们知道选择，善于选择，确定出最佳路径，不要走偏，更不要走错，就一定能把事情办得更精彩。

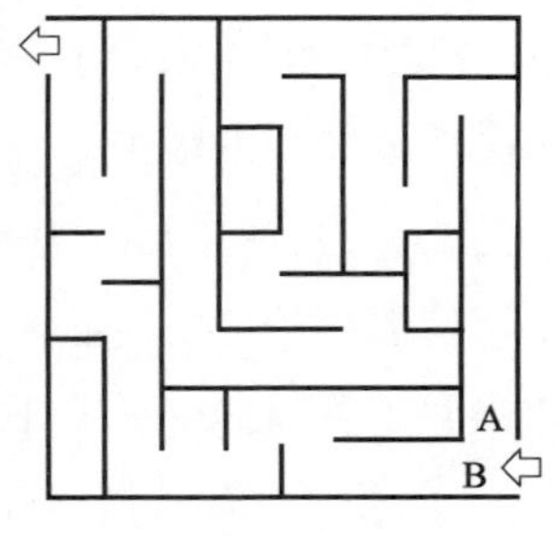

图7-4　路径示意图

四、能力、耐力和助力

同样的事情，不同的人去做，会有不同的结果。这是由多方面因素所制约和决定的。除了前面我们论及的诸多因素外，个人的能力、耐力以及可以获得的助力，也都是不可忽视的重要原因。

关于能力，我们虽已在《学习与成长篇》中有过大量论述，但在这里也还有必要再强调一下，因为很多人对这一问题的认识不够、感悟不深。所谓能力，就是一个人在处理事务、解决问题时所表现出来的技能和力度。技能通过方法和技巧表现出来,力度通过魄力和效率表现出来。所以,我们在本篇讨论如何做事情,没有办法不谈及能力。人生至少需要8大能力:学习能力、专业能力、表达能力、行动能力、适应能力、协调能力、管理能力、创新能力,条条都与做事有关。这些能力,不是学出来的,更多的是练出来的。学校是学习知识的地方,而不是学习能力的地方。获得并提升能力,是要在社会大学里历练才能实现的。因为能力是知识和经验的"和"或"积",而不是读书的多与少。

但能力是可以训练出来的。比如竞技体育运动员的能力多数都是后天训练的结果。与某一位运动员基础素质相同的人绝不会不存在,但是为什么这些人没有成为优秀选手?原因很简单,就是这些人没有被发现,没有得到相应的训练,所以也自然不会形成相应的能力。在日常的学习、生活和工作中,每个人都应该注意训练和提升自己的能力,使自己成为一个有用的人。提升能力的最有效方法就是多做事,这与本书坚持倡导的把所有必做的事情都当成自己的事情来做是相辅相成的。做事的客观成果并不见得能管一辈子,但提高能力的效果却是会令我们受益终生。

不过一个人的精力是有限的,所以其能力也必然有限。一般情况下,每个人都有相对于他人、相对于自己其他能力来说较强的某项或多项能力。在实际生活中,就要尽可能多承担一些自己能力相对较强那些方面的工作。对于自己,这叫发挥优势;对于自己的领导者,这叫用其所长。我们常说扬长避短,就是要扬自己的能力之长,避自己的能力之短。当然也还要注意扬长补短,即在发挥自己某一方面能力优势的同时,有意识地补上自己的短板。

世界上的绝大多数事情都是有一定难度的,没有难度的事情也不叫事情。是否有耐力去经受并战胜艰难困苦的考验,也决定着做事的成与败。耐力应该分为两个方面:一方面是生理上的耐力,即体力上的抗消耗能力;另一方面是心理上的耐力,即精神上的抗打压能力。有些事情做起来可能会需要很长的时间,没有足够的体质耐力和良好的心理耐力是完成不了的;有些事情可能暂时不为世人甚至是亲人理解,没有足够强大的心理素质也是很难坚持到底的。

古今凡成大事者,都有着惊人的毅力和超凡的耐力。司马迁便是最值得后人推崇的楷模之一。为了完成《史记》的写作,他忍受的身体、精神屈辱和工作困难是常人难以想象也难以承受的。他自己都说:"仆以口语遇遭此祸,重为乡党所笑,以污辱先人,亦何面目复上父母之丘墓乎?虽累百世,垢弥甚耳!是以肠一日而九回,居则忽忽若有所亡,出则不知其所往。每念斯耻,汗未尝不发背沾衣也!”(司马迁:《报任安书》,汉・班固:《汉书・司马迁传》)他说,我因说话而遭遇这场宫刑大祸,既会被乡亲和朋友耻笑,又使列祖列宗蒙羞,还有什么脸面去给父母上坟扫墓呢?而且这耻辱的污垢会越来越深重,哪怕是再过百代也是如此。这种耻辱的感觉,每天都会在我的肠子里多次回转;坐在家里,精神恍惚,总感觉像丢了什么东西;出门在外,则不知是在往哪里走。每当想到这一奇耻大辱,我就没有脊背不冒冷汗而沾湿衣裳的时候。从遭受宫刑到完成《史记》,司马迁就这样忍辱负重地坚持了十三四年,终于给世界留下了一部52.6万字的鸿篇巨著。司马迁的话感人至深,振聋发聩,而我们今天无论做什么事情,似乎都不再需要接受如此艰巨的考验了。

专注,是提高耐力的有效方法。其实,每个人都有很强的耐受力,但是很多人不能坚持把事情做完、做好的主要原因是不够专注。要做好一件事情,必须专注于自己的既定目标,只有专心致志、全神贯注地去做事,才不会觉得自己是在忍受什么痛苦,而是会觉得自己在享受着一种快乐,一种别人享受不到的快乐。

每当谈及古代的一些发明创造,我们都能找到相应的发明人,比如蔡伦发明了造纸,毕升发明了活字印刷,爱迪生发明了电灯,贝尔发明了电话,瓦特发明了蒸汽机,等等。但是在科学技术高度发达的今天,再想找出某一个人有什么重大发明是比较困难的,因为今天几乎每一项重大的发明创造都是多学科、多技术、多团队的集成,团结与协作就变成了当今世界的潮流。如今汽车的方向盘、工程中的机械手都是有助力的,我们在处理事物、解决问题时,也要注意协调各方面的力量,争取获得助力,避免单打独斗所造成的能力不足、方法不当、措施不力等问题。

有助力和没助力,做事的情形会大不相同的。过去在北方一些城市有一种自由职业叫做“拉小套”,就是一些人携带着带有搭钩的绳套等候在坡道的起点或者是桥头,看到有人力车爬坡时便将自己带的绳套挂上,帮助车主将车子拉到坡顶。有了这一助力,人力车主爬坡就轻松了许多,因此也会给“拉小套”的力工一点赏钱。

助力可以来自于多个方面和领域,既可以有横向的,也可以有纵向的,还可以有综合的。所谓横向的助力比较好理解,同学、同事、亲友的帮助,业务伙伴间的合作等,都属于横向的助力;纵向的助力可以是领导或师长的点拨、提携,也可以是下属的推动;综合的助力,则是来自不同方面的支持和帮助。如果能获得合适的助力,将有助于我们做事,同时也有助于我们的人生。

第三十七章

做事也是制造问题

看了这样的标题,估计会有人感到十分诧异。其实,这正是人生做事的出发点和归宿,因为人类来到这个星球上就是来制造问题的,所以也发展成为了在地球上制造问题最多的动物族群。人类之所以能够脱离其前类(类人猿或者其他动物),就是因为制造了直立行走的问题,现在无法确切地知道人类解决这一问题花费了多少万年的时间。其他动物没有制造这样的问题,所以它们仍然归属于一般动物;而人类制造并解决了一问题之后,便从动物界里独立出来,变成了"高级动物"。可以说,前人类在制造问题的同时,也制造了人类自己。从此以后,人类就不停地制造各种各样的问题,然后加以解决。旧的问题解决了,新的问题也诞生了,那就再继续解决。就这样,人类在制造问题和解决问题的往复循环中发展,社会在这样的往复循环中进步,世界在这样的往复循环中变样。

一、制造并解决问题就是发展

原始人类为了解决生活物资不足的问题,发明了农耕的工具和狩猎的武器,结果制造出了物资剩余的问题。剩余物资的出现,又制造出了为抢夺剩余物资而展开的部族战争问题。部族战争又制造出了战争俘虏,使他们沦为胜利者私有的奴隶。拥有大批奴隶的奴隶主们,并不满足仅仅占有奴隶,结果是他们又制造出了土地私有制的问题,推动人类社会进入到封建时代。为了争夺土地,为了争夺政权,人们又不断地制造出各种各样的遍布全球的大大小小的战争,制造出杀伤力越来越大的各种武器。为了解决促进生产力发展的问题,人们也制造出各种各样的先进技术和设备,导致了工业革命的发生,推动人类社会进入到资本主义时代。工业革命在增加劳动生产的剩余价值过程中,制造出了资产阶级和无产阶级两大阵营,同时也制造出了两个阶级的尖锐对立和矛盾冲突问题,引发了社会主义革命和共产主义运动。

人类社会的发展历史证明,唯物辩证法所强调的事物存在状态都是客观真实的,因而也是无比正确的:即普遍联系,永恒发展。事物在普遍联系的过程中,不断会有矛盾产生,因而形成矛盾运动,促使事物发生变化。事物变化的结果就是旧事物消亡,新事物诞生。旧事物消亡的过程,就是酝酿新问题的过程;新事物诞生的时候,也就是新问题出现的时刻。

在现实生活中,人们做的每一件事情都是在制造新问题。

比如学习。不论是把小学课程学会学好,还是把中学、大学的课程学会学好,都会制造出新的问题。小学的课程学完了,就出现了上什么样中学的问题。接着是初中升高中、高中升大学,每一个新问题的出现,都是旧事物结束时制造出来的。终于大学毕业了,但是却制造出了更多、更大、更难的一系列问题:就业、婚配、住房、生育等等。但是,人们却乐此不疲。因为他们欣喜地看到,孩子们就是在制造出这一系列问题并逐个将其解决的过程中逐步成长起来,并且走向了成熟。

又如婚恋。男大当婚,女大当嫁,这是规律,是法则。长大了是好事,但是这长大所制造出来的恋爱、婚姻问题却更加难以解决,有的人终身都解决不了,或者是解决不好。没有恋爱对象的,拼命解决了这一问题之后,一定是又制造出了新的问题:或者是谈不来,有矛盾,面临着分手还是将就下去的问题;或者是如胶似漆,密不可分,面临着如何步入婚姻殿堂的问题。解决了结婚的问题,又制造出生孩子、住房子、买车子等问题,也有的家庭还制造出离婚的问题。但是,人们也乐此不疲,因为不制造这些问题,就一定会去制造出别的问题。倘若不信,那就到北京中山公园、玉渊潭公园去看看,看看征婚角里大妈、大叔们焦急渴望的眼神吧,就知道很多人在适龄时不肯制造那些问题,却制造出了比那更多、更大、更难的这些问题。

再如工作。“什么叫工作?工作就是斗争。那些地方有困难、有问题,需要我们去解决。我们是为着解决困难去工作、去斗争的。越是困难的地方越是要去,这才是好同志。”(毛泽东:《关于重庆谈判》,《毛泽东选集》第四卷)这是毛泽东在70年前说过的话,断言所谓工作就是解决问题。今天我们无论是在党政机关做公务人员,还是供职于某个企业、事业单位,面前的所有工作都是在解决问题。但是,仅仅满足于解决原有的、现有的问题是不够的,还必须要创新。这样,原有的问题解决了,就会制造出新问题;而创新的实质更是要发现问题、提出问题和制造问题。民间有俗话说,“拿人钱财,与人消灾”。我们不论是拿着国家的俸禄,还是拿着企业的薪酬,总归是要做事的,总是要为民众或是为企业解决问题的。所以,对绝大多数人来说还是乐此不疲,因为不工作就没饭吃,更严重的问题就会随之产生。

其实,绝大多数人并不喜欢解决问题,因为很累、很麻烦;更不喜欢制造问题,因为那会更累、更麻烦。但是,几乎所有的人都喜欢生存、喜欢快乐、喜欢发展。要获得这些,就必须去解决问题,而解决问题与制造问题在哲学上几乎是同义语,所以人生就只能在制造问题的过程中度过了。如果能在解决问题和制造问题的过程中寻找到乐趣,享受到快慰,那才是生存和发展的应有境界。

吃饭就是一个很麻烦的问题,但是有谁会怕麻烦而不吃饭呢?尽管并非人人都是美食家,但那也只是吃好与吃歹的区别,而不是吃与不吃的区别。不论俗雅贱贵,不论是嫌麻烦而简淡素餐还是经常大快朵颐的“吃货”,反正是为了生存人人都得吃饭,而且在解决摄取能量、营养的问题之后,又都同样会制造出收拾残局、排泄废物甚至沾染疾患等新问题。但是,人们之所以年复一年、日复一日地坚持一日三餐,就是大家都从饱腹感、美味感中获得了快乐与满足,更有人会从烹饪的创作中获得成就感。

孕育和抚养孩子更不简单,甚至还有安全与性命之虞。但是,绝大多数人都是很开心地去“制造”。为什么?就是因为在整个孕育抚养过程中都能找到快乐的元素,也能体会到自己的成就。孩子会笑了,孩子会叫爸妈了,孩子会走路了,孩子会奔跑了,孩子上学了,孩子……每一天的成长和变化,都会让父母无比欣慰,会使他们忘掉制造这一系列问题所带来的艰难困苦,也会忘掉生活中的艰涩、工作上的辛劳、生意上的不顺。

发展,是以新事物的诞生为标志的。这是人类社会成员的共同愿望,也可以体现在我们人生和人类社会的各个方面。当我们看到自己亲手设计的新软件代替了人们已经习以为常的旧软件时，当我们看到自己生产的新产品给消费者带来更高级享受时，当我们看到自己缔造的企业在社会发展中做出较大贡献时，那不舍昼夜的呕心沥血、那绞尽脑汁的冥思苦想、那坎坷漫长的创业历程，就都变成了醉人心脾的甜美回忆。所以，古往今来无数仁人志士以推动人类社会发展为己任，毫不留情地去消灭旧事物，敢为人先地去制造新问题，然后再不辞辛苦地去解决历史遗留的旧问题以及与时俱来的新问题，成为受人景仰爱戴的历史人物。

二、新问题在矛盾运动中孕育

我们说做事就是在制造问题，那么问题是什么时候产生的呢？其实，只要做，就在产生。但我们又不可能不做事，因为解决问题是人生的实质。事物内部有矛盾，或者是事物之间有矛盾，就不可能不斗争。而斗争的过程，就是事物运动的过程；斗争的结果，就会使事物发生变化。事物的运动会制造出问题，事物的变化也会制造出问题。

那位想投身有机农业的某建筑安装企业老板所遇到的新问题，就孕育于他经营原有企业的过程之中。原有产业、项目给他带来了烦恼，迫使他产生另谋出路的想法，于是他一边做着原有的事情，一边开始了投资有机农业的尝试。

在他下决心要做有机农业方面的新项目之后，遇到的第一个问题是选项问题。有机农业是一个大概念，涉及到毛泽东60年前所倡导的“农业八字宪法”的各个方面，即土、肥、水、种、密、保、管、工的诸多环节。他自幼生长在农村，对农业生产的工艺流程还是很熟悉的。经过多方考察论证之后，他决定从生产有机肥入手。他认为，改善现代农业的用肥状况，便可以使土壤、水质、种子得到改良，农产品的品质自然也就会得到大幅度的提升。在解决选项问题的过程中，第二个问题便开始萌芽了，那就是要找到与有机肥相关的技术和专家。

在寻找技术和专家的过程中，第三个问题开始便开始形成，即资金问题。因为专家给他开出的所需资金清单合计金额为3000万元人民币，而他能够调动使用的自有资金仅够满足20%的需用量，缺口不是很大的问题，而是相当的大。所以，他必须多管齐下：办执照，跑土地，要补贴，争贷款，找合作。办这些事情是需要人手的，新的问题即第四个大问题又出现了：新企业需要一批技术人才和管理人才……

新企业就是在制造这些问题、解决这些问题的循环往复中建立了，成型了，起步了，发展了。新的问题都是产生于原有问题的矛盾运动之中，具有连环效应，会发生连锁反应。有很多人会羡慕老板们的富有，其实是没有看到他们的压力、辛苦与付出。

多数人并不经营企业，对上面的情况可能并没有多少明晰明确的概念。但是家庭生活的经历却是人人都有的，对夫妻间的状况都是有所了解的，即使自己尚未婚嫁，但对身边人的情况不可能没有感觉。恋爱中的许多问题，其实是孕育于恋爱之前的；婚后生活中的许多问题，其实是孕育于结婚之前的。父母婚姻生活的状态，在孩子的婚恋观上会留下深刻的印记；个人青少年时期性格、修养的形成，对后来的恋爱和婚姻都有着如影随形的影响；婚后生活的一系列问题如何解决，更是直接关系到婚姻的走向和结果。了解了事物运动、变化的内在规律，对于有效地预防一些我们不希望出现的问题是大有好处的。

每年发生在高考后的离婚潮，并不是高考引起的，恰恰是为了子女的心态不受父母婚姻状况影响，有些父母把离婚计划推迟了数年。据有关资料显示，有的地方高考后20天的离婚案立案数为高考前20天的2.3倍，有的甚至是3.8倍。所有的火山都不是在喷发时形成的。有些为人父母者夫妻矛盾的火山，日积月累，直到子女高考后才得以喷发。这个问题是早就酝酿于夫妻之间了，只不过是一直在瞒着孩子而已。但是，离婚并不是问题的解决或事情的结束，更多、更大、更难的问题已经萌芽，譬如孩子就读高校期间的心情、孩子婚恋观的改变、孩子未来的婚姻生活、孩子再有了孩子后还有没有一个完整的大家等，都将与此时父母的分手形成连带关系，还有父母以后的生活问题、人生归宿问题等，也会给孩子造成沉重的精神负担。

多数夫妻的家庭是和谐的，至少是能维持完整状态的，也有很大一部分家庭是幸福的。那么，他们的和谐与幸福又是怎么来的呢？同样，也是在前面的夫妻矛盾中走过来的。但是，他们处理矛盾、解决问题的出发点、着眼点、落脚点与那些不和谐、不幸福的夫妻不同，结果自然也就不同了。他们的出发点是要营造祖父母、父母、子女的共同幸福，而不是个人的所谓幸福；他们的着眼点是平息或淡化夫妻矛盾，甚至是大事化小，小事化了；他们的落脚点是保持家庭的完整，不管孩子多大都给孩子保留一个完整的家，给自己保留一个安稳的归宿。

离婚是个人的权利和自由，应该得到理解、尊重和保护。我们这里只是从问题的来龙去脉、处理方法、未来衍化等方面做点滴分析，目的是为了说明今天的问题是昨天矛盾运动的结果，今天的问题解决又会产生新的矛盾运动，而新的矛盾运动又将衍生出更新的问题，人们做事都是在制造新的问题。解决问题时，也应该从分析和解决矛盾入手，方能有的放矢，事半功倍。

三、质变意味着新问题的诞生

在现代气象学上，通常是使用候温划分法来区分春、夏、秋、冬季节。古人将5天称为“一候”，现代候温划分法就是将候平均气温的某一稳定值作为某一个季节开始的标志。根据图7-5可以看出其法规定，候平均气温降低并稳定在10℃以下时，就是冬季的开始；候平均气温上升并稳定在22℃以上时，就是夏季的开始；候平均气温稳定在10～22℃之间时，就是春季和秋季。根据此法，候平均气温从10℃开始到达22℃之前的上升，候平均气温从22℃开始到达10℃之前的下降，都是量变的过程。从这个意义上讲，也可以将春天或秋天看成是夏、冬两个季节间的过渡。

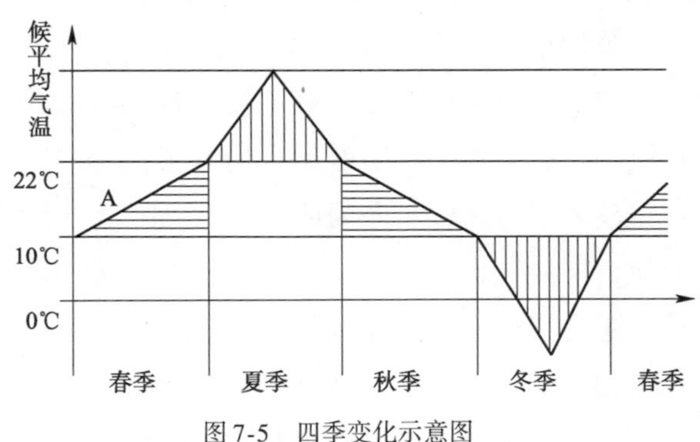

图7-5　四季变化示意图

如上图所示：从A到B的气温以量变的形式上升，到B点时实现质变，标志着春季结束、夏季开始；从B到C的气温又以量变的形式先上升后下降，到C点时实现质变，标志着夏季结束、秋季开始；C点以后的气温又以量变的形式逐渐下降，到D点时实现质变，标志着秋季结束、冬季开始；从D到A_1的气温又以量变的形式先下降后上升，到A_1点时实现质变，标志着冬季结束、春季重新开始，进入新一轮的四季更迭。

如果暂且不论引起气温变化的其他天文、物理因素，仅从季节的量变质变过程和交替循环规律上看，每一次质变都会意味着新问题的诞生。春季的到来，意味着万物复苏、柳绿花红；夏季的到来，意味着高温酷暑、雨骤灾频；秋季的到来，意味着天朗气清、果满枝头;冬季的到来,意味着天寒地冻、银装素裹。农业生产更是紧追四季,春种、夏长、秋收、冬藏,每个季节都有特定的问题需要解决。上面的四季变化示意图,形象而又清晰地展示了唯物辩证法质量互变规律的内涵,即事物的变化有两种基本形式:量变,质变。

量变表现为事物及其特征在数量上、数值上的增加或者减少,是一种并不显著的连续变化,但新问题、新事物就孕育在这量变之中。春季和秋季的气温变化幅度都很小,变化的上下极限差不超过 12℃;夏季的气温虽然很高,但在季节内的变化上下极限差一般也不超过 20℃;冬季的变化幅度会大一些,南北方的差异也很悬殊,季节内的变化上下极限差有时会达到40 - 50℃。但在季节内,这些变化都是并不显著的连续变化,所以人们是可以适应的。

质变是事物变化的渐进过程中断,是事物的根本性质发生了变化,出现了由一种质的形态到另一种质的形态的突变,旧事物被新事物所取代。一年四季的气温变化虽然貌似在逐步升高或者是逐渐降低,但在根本性质上却是有着截然的不同。为什么把候平均气温 10℃定位春季的开始,既不是 5℃,也不是 15℃,那是根据春季的实质所确定的,是根据自然万物的生长规律所确定的,是根据人类对大自然的认知和利用水平所确定的。

一年四季的温度差别只是表象,其内容实质有着巨大差异。每一次季节变化都会呈献给人类一系列新的问题。虽然问题的形式与以往年份的相同季节并无二致,但同上一个或隔一个季节相比,却是截然不同的。首先是人们的生活要面对新的问题。当然,我们在这一篇章里所用的“问题”一词,并不是与麻烦相同的那个概念,而是“情况”或“事物”的意思。在不同的季节里,人们的衣、食、住、行都需要做相应的调整。其次是人们的工作内容和形式会发生变化,尤其是农业生产或其他室外作业的工种。同时,人们的思想、情绪、欲望也会出现不同的反应。

一个新的季节到来之后,又开始了新的量变,开始了质变向量变的转化。这阶段的量变,是下一次质变的必要准备;下一次的质变,则是这一阶段量变的必然结果,标志着新问题的诞生。事物就是在这样的循环往复中运行和发展。

我们在日常学习、生活和工作中,要重视对量的把握,注意事物的细小变化。所以有人说细节决定成败,也是有一定道理的。

有这样一家人在谈论家中一女孩的男朋友学历问题,觉得一个本科生找一个中专生似乎不够合适。有的长辈觉得这不是重大原则问题,但少壮派觉得学历反映了一个人对自己负责的程度。他们的观点是,在高考录取率达 7 ~ 8 成的今天,如果连大专都考不上,其对自己负责的态度和自我管理能力都是无法让人理解和认同的。

他们的说法不无道理。大家都在一个屋檐下学习着小学、初中的课程,每个人都处于自己的知识积累的量变过程之中。但是待到初中毕业时,质变出现了:一部分人进入了重点高中,一部分人进入了普通高中,一部分人进入了职业高中或中专,一部分人流向了社会。进入各类高中的同学们开始了新的知识积累的量变过程。3 年之后,又一次质变到来:一部分人进入了本科大学,一部分人进入了专科院校,一部分人进入了中专,一部分人流向了社会。为什么说中考和高考是两次质变?因为按照我国现行的教育体制和用人机制,这两次考试都是人生路上的重要分类和分流,决定着一个人将来会被归类到哪个社会阶层的问题。

前面说到的那个中专毕业的男生,为什么没能进入大专院校学习?是不是他在小学、初中或者高中阶段,一直没有注重知识积累的量变所导致的呢?因为量变和质变是相互依存的,并且相互渗透和相互贯通。"不积跬步,无以至千里;不积小流,无以成江海。"没有量变,就不会有质变;没有质变,也不会有新的量变。中考、高考、大学毕业等一次次质变,都是由质变前的量变准备和铺垫而成的。我们要解决质变所表现出的问题,就应该在前期的量变中有所行动。

我们做事,就是在加快或者抑制量变,促使事物朝着我们希望的方向转化,其实质就是在制造问题再解决问题。学习并应用质量互变规律,会有助于我们有效地促进或抑制量变,实现预期的质变。在这些过程中,注意把握好事物的质、量、度,也是十分重要的。

质,是决定此事物不是彼事物的内在规定性。春季之所以是春季,是因为它有区别于夏、秋、冬季的内在本质。即使是它的候平均温度标定值与秋季完全相同,但它与秋季的本质也还是不同的。

量,是事物的规模大小、程度深浅、速度快慢、时间长短、位置高低等数量规定性。量是用来区别同质事物的。同质的事物可以有不同的量,比如同是春季,今春的平均气温比去年同期或高或低,但并不影响它春季的本质。

度,是事物保持自己质的范围、界限或幅度,可以用量来标定,是事物在质和量上的统一。比如在春末之际,如果比正常年景提前10天出现候平均气温22℃的情况,那就超出了春季固有的度,标志着质变提前发生,夏季提前到来。因此,度是有极限的。我们常说做事要适度,就是不能超出事物在度上的极限。这一极限也被称作关节点。超出关节点,事物的质和量的统一便会遭到破坏,会形成新的质和量的统一体,使此事物变成另外的事物。

四、否定之否定轮回制造问题

也被称作肯定否定规律的否定之否定规律,是唯物辩证法的基本规律之一,揭示的是事物发展的全过程和总趋势,是对立统一规律、质量互变规律的综合体现。任何事物都是肯定和否定的内在因素并存的。肯定,就需要我们解决如何继续保持该事物存在和发展的问题;否定,就需要我们解决促使该事物消亡和转化问题;否定之否定,就需要我们再重新去解决上面性质的问题也就是说,肯定和否定都在制造着问题,而否定之否定是在轮回地制造着问题。

肯定就是在制造问题

某一企业或某种某类产品为什么能够存在?那是因为其内部的肯定因素占据着主导地位。这里所说的肯定,指的是事物保持其存在的因素,与我们平日里所使用的肯定一词在概念上是有所不同的。如果没有肯定,等于这个事物就不再存在。肯定,就是在努力维持该事物的存在。但是,肯定之中一定会包含着否定,因此就会出现一系列肯定与否定相互矛盾斗争、对立统一的问题。

比如一个生产型企业,自然会有着它自己的核心技术、主要产品、员工队伍、管理机制等独特的东西。要维持这些东西的存在,就必须面对核心技术怎么才能不落后不泄露的问题、主要产品怎么才能不压库不贬值的问题、员工队伍怎么才能不散乱不懈怠的问题、管理机制怎么才能不滞后不低效的问题,等等。这些问题,都是肯定制造出来的。

再比如一种或一类产品,也自然有它们存在的道理,即它们内部有着充足的肯定因素,诸如科技领先、功能超前、结构新颖、适应市场等独特的东西。要维持这些东西的存在,就必须面对如何保持这些优势的问题。这些问题,同样也是肯定制造出来的。

否定也是在制造问题

某一企业或某种某类产品为什么会消亡？那是因为其内部的否定因素占据了主导地位。这里所说的否定，指的是事物内部所包含的促使其发展和转化的因素，也与我们平日里所使用的否定一词在概念上有所不同。如果没有否定，一个事物就将失去它的变动性，永远都是它原来的状态。这样的事物也是根本就不存在的。否定，就是事物中那些促使其消亡、转化的因素，是迫使旧事物变成新事物的因素。但是，否定之中也包含着肯定，因此就会出现一系列否定与肯定相互矛盾斗争、对立统一的问题。

一个人之所以能在一个岗位上工作，是因为肯定因素的存在。但从肯定因素成立的那一刻开始，便会同步出现否定因素，表现出一些不喜欢、不适应的问题。这些否定因素会影响这个人的精神面貌和工作状态，以致影响同事关系和单位整体。当否定因素的能量超过肯定因素时，就可能会导致这个人离开这一岗位。这样的问题，就是由否定制造出来的。

一桩婚姻也是这样。因为肯定因素的作用，两个人结为夫妻。但从肯定因素成立的那一刻开始，也会同步出现否定因素，表现出不和谐、不适应的问题。这些否定因素会影响夫妻间的感情交流和生活状态，以致影响夫妻关系和家庭稳定。当否定因素的能量超过肯定因素时，就可能导致这桩婚姻的解体。这样的问题，也是由否定制造出来的。

否定之否定更是在制造问题

我们在前面所例举的 VCD、SVCD、DVD、“随身听”录放音机等电子视听设备，为什么在前些年能够大行其道，近些年又销声匿迹，一些相关的生产销售企业也随之在商海中浮沉？前些年的技术先进、市场旺需、利润丰厚，便是保持其存在、发展的肯定因素；近些年的更新换代、市场转向、无利可图，便是促使其消亡、转化的否定因素。这里的否定，是对旧事物的质的根本否定。那些电子视听设备的质，是数字音频、视频信息的光盘刻录和播放技术。它们的出现和大行其道，是对其质的肯定的结果，同时也是对于传统唱机、唱片技术和后来的磁带模拟技术及产品的否定;VCD 等技术、产品的衰败和销声匿迹,是对其质的否定的结果,同时也是对更为先进的数字音频、视频信息的芯片存储播放技术、软件处理技术、网络传播技术及产品的肯定。从磁带技术到光盘技术,再从芯片技术到网络软件技术,音频、视频信息的录制、存储、播放、传播实现了一个完整的否定之否定轮回。

这里的否定虽然是对旧事物的根本否定,但并不是简单地抛弃,而是既有废除、抛弃,又有保留、发扬和提高的扬弃,变革和继承在这里实现了有机的统一。虽然激光唱盘取代了传统唱机、磁带,虽然 MP3、MP4 又取代了激光唱盘,虽然手机等移动终端又取代了 MP3、MP4,但我们在每一次技术和产品更新换代时都能看到上一代的影子。

上面的例子说明,在一次又一次的否定之否定轮回中,问题被不间断无休止地制造出来,人们又在解决一个又一个问题的过程之中实现了螺旋式上升和波浪式前进,完成了一次又一次的视听技术和设备革命,把人类的视听享受推向一个又一个高峰。绝顶聪明的大发明家爱迪生发明留声机时无论如何也无法现象,未来会有一天在指甲大的技术片上能存储数万首歌曲或乐曲,火柴盒大小的播放器能播放出音质纯美的各种音乐。

第三十八章

不可不知的做事概念

在人们的思想意识之中，都存在着一些关于事物的概念。比如手表，在人们思想意识当中，它的概念就是戴在手腕上的显示和计算时间的小型仪器。这是关于手表的本质属性的一种理性思维。但这一概念的涵盖范围比较窄，因为它只是描述了戴在手腕上的、小型的、显示和计算时间的仪器，而更多的显示和计算时间的仪器设备并未涵盖在内。如果将概念扩大到计算时间的仪器设备，那就可以涵盖所有的这类物品，包括怀表、秒表、电子表、座钟、挂钟、建筑钟等，并且可以将其统称为计时器。相对于手表的概念来说，计时器的概念扩大了许多，涵盖了所有带有计时功能的器具。这种反映事物本质和普遍联系的大概念，就被称之为范畴。手表是概念，计时器就是范畴；自行车是概念，交通工具就是范畴；大米饭是概念，主食及食物就是范畴；电灯泡是概念，照明器材就是范畴……凡此种种，不一而足。

世界上还有一类更大的概念，是反映各个学科、门类共同规律的最基本和最普遍的概念，被称之为哲学上的范畴。马克思主义的唯物辩证法，将这样的最基本、最普遍概念归结为5大范畴，即原因和结果，必然性和偶然性，可能性和现实性，形式和内容，本质和现象。范畴和规律之间既有相同的方面，即都在反映着事物的本质；也有不同的地方，即规律比范畴所反映的事物本质更深刻、更广泛、更丰富。范畴的价值和意义更多地表现为补充和完善对立统一规律上。这些基本范畴，既是哲学上的概念，也是做事的概念，更是人生的概念。正确地认识、理解和应用这些基本范畴，对于我们更全面地认识、理解和运用唯物辩证法的基本规律，卓有成效地做好人生的多数事情，具有十分重要的意义。

一、凡事皆有因果

我们今天为什么是这样的现状？一定是有原因的。由于客观世界的各种事物和现象都是普遍联系、相互制约的，所以客观世界中的所有现象都是由别的现象所引起的，同时这些被引起的现象还会引起其他的现象。我们在中小学读书时心不在焉的状态是原因，所以有了后来考不上大学或考不上重点名校的结果；我们谈恋爱时只注重对方外表而不注重其内涵的做法是原因，所以有了后来夫妻间无法琴瑟和鸣的结果；我们工作中拈轻怕重、得过且过的表现是原因，所以有了后来职位难升、薪酬难涨的结果。这种种现象，就是原因；这种因某种现象所引起的现象，就是结果。

上面的事例证明，原因总是出现在先，而结果总是出现在后，二者形成前因后果的关系。只有前面做到了认真学习，并且持之以恒，产生了作用，才有可能出现成绩上升的结果。认真学习在前，成绩提升在后，就是因果关系在时间上的先后相继性特征。但是需要注意的是，并非所有相继出现的事物都是具有因果关系的。比如两人约会，一个人先到，另一个人后到，但是构不成因果关系。而引起某人后到这一结果的，一定是另有原因，比如塞车、路遇其他人耽搁等等。也就是说，时间上的先后相继性并不是因果关系的唯一特征，更不是本质特征。

原因和结果是两个事物之间的内在的、必然的联系所导致的，是甲引起乙、甲产生乙的关系。比如先怀孕，后生孩子，就是典型的因果关系。而且原因上的任何变化，都会反映在结果之中。孕妇的营养不良，会引起胎儿的发育不好；孕妇服用禁忌药品，会导致胎儿畸形或病变等。事物因果联系的本质特征是一种现象必然引起另一种现象的联系。

既然原因是引起结果的事物现象，是不是二者之间就只有统一，没有对立了呢？答案是否定的，因为它们之间是辩证的对立统一关系。

原因和结果之间的对立，表现在两者之间的相互排斥上，即原因不可能同时也是结果，而且因果不能颠倒。既然在中小学读书时心不在焉的状态是原因了，那它就不可能同时又是这个原因的结果，只能是以后来考不上大学或考不上重点名校为结果。

它们之间的统一，首先表现在其相互依存上。谈恋爱时只注重对方外表而不注重其内涵的做法，与婚后的家庭生活不和谐是相互依存的。如果没有前者这个因，就不会有后面这个果；反过来，如果没有后面这个果，前面这个因也就没有任何意义了。

因果间的统一，其次是表现在一定条件下是可以相互转化的。这里所说的转化，并不是说原来的甲是原因、乙是结果变成了乙是原因、甲是结果，而是说乙可能会成为引起丙的原因。本来婚后家庭生活不和谐是结果，但是如果再往后一旦出现了婚姻破裂、夫妻离异的问题，它的身份就发生了改变，由结果变成了原因。

在一定条件下，两种事物现象还可以互为因果，这也是其统一的一种表现形式。这种互为因果关系的情况，一般是通过结果对原因的反向影响和作用来实现的。比如某生原来的学习状态为因，学习成绩为果，小学和初中时的学习心不在焉，导致了没有考上重点高中。这种结果使该生猛醒，改变了学习状态，等于是学习成绩变成了原因，学习状态反倒成了结果。

除了前面提到的次序相继性之外，因果联系还具有客观性、普遍性、多样性和复杂性等特征。

同唯物辩证法的其他规律和法则一样，因果范畴是一种客观的存在。惰性是人的天性，谁都想不用费太大的力气就可以把知识学到手，但是心不在焉的原因就必定产生成绩不好的结果，完全不以人的意志为转移。这就是它的客观性特征。

其普遍性更好理解，因为它无处不在。普遍联系和相互制约，使客观世界的事物状态和现象发生，都具有一定的引起原因；而任何事物状态和现象发生及其变化，又都会引出一定的结果。地壳运动，造就了高山和大海。前者是因，后者是果。而高山大海的出现，又会引发出一系列新的现象，从而改变当地的生态。原来是果的现象，已经成为新情况出现的因。因果联系揭示了自然界和人类社会所有事物和现象出现的理由。

如果将学生在校学习期间的心不在焉作为结果出现的原因，那么它所引发的结果就会不只一个，比如还会引起家长与子女的关系紧张、师生关系紧张、家长和老师关系紧张等后果。这就是因果联系的多样性和复杂性表现之一：一因多果。

因果联系还可以表现为一果多因。学生学习成绩下降这一结果,也可能是由多种原因引起的,比如学习目的不明确、学习方法不得当、身体健康出现问题、早恋、家庭变故等等。这就是因果联系的多样性和复杂性表现之二:一果多因。如果是一个班级的学生成绩整体下降,班级里的多数学生出现这个结果原因可能各不相同。这就是因果联系的多样性和复杂性表现之三:同果异因。如果班级里的学生成绩有提升的,也有下降的,还有维持原状的,作为结果来说,可谓不尽相同,而导致这种结果的原因也是多种多样的。这就是因果联系的多样性和复杂性表现之四:多因多果,也称复合因果。

我们在做事时,如果能正确地认识并利用因果联系,准确地推断出事物状态和现象变化后果,有效地控制或消除一些原因现象,就会更多地得到预期的结果。

二、必然性和偶然性如影随形

在北方,夏天总是要下雨的,冬天也总是要下雪的,这是地球表面上的水分在空气和温度等多重条件的作用下运动的结果,不依人的意志为转移,所以民谚有"天要下雨娘要嫁人,由他去吧"之说。这种由事物内部根本矛盾所决定的,在事物的联系和发展中合乎规律的并且一定要出现某种现象或结果的趋势,就是事物的必然性。但是,夏天的雨究竟是在哪一天下,冬天的雪花究竟是在哪一天飘,某一天或某一时段降水量到底是多少,却充满了不确定性。这种由事物的非根本矛盾和外部条件所造成的,在事物的联系和发展某一阶段中可能要出现也可能不出现,或者是出现方式不确定的趋势,就是事物的偶然性。

我们在做事情时,也会经常遇到必然性和偶然性的问题。比如从古至今人们一直在强调的"一分耕耘一分收获",说的就是在学习或者工作上联系和发展的必然性。它所反映的是事物内部或事物间的必然联系,在事物发展过程中居于主导地位,决定事物的发展方向。但是,有时相同的耕耘所获得的结果并不完全相同,就是因为有一些偶然性的因素干扰所致。偶然性所反映的是事物内部或事物间的偶然联系,在事物发展过程中居于从属地位。如果在中学时代某生与其他同学付出的辛勤汗水是不相上下的,但是在TA身上发生了早恋问题,意乱情迷干扰了心智,TA的收获肯定会大打折扣,白白浪费了宝贵的时间和精力。这一早恋问题,便是处于从属地位的偶然性事物。虽然在一般情况下它不会改变该生学习进步的主体发展方向,但却可能会使 TA 的前进过程出现摇摆或者偏差,延缓 TA 进步的速度。当然,有的偶然性因素也可能会加快事物的变化和发展进程,比如高射炮人工降雨和防雹。

必然性与偶然性是相互对立的。其一方面表现于我们上面所谈到的它们的地位和作用不同,一个处于主导支配地位,一个处于次要从属地位;一个决定事物的发展方向,一个影响事物的发展方向。其另一方面的表现是它们分别体现了事物发展的两种不同趋势:必然性体现的是事物发展中持久稳定的趋势,偶然性体现的则是短暂的、不稳定的趋势。

必然性和偶然性又是相互统一的。它们的统一表现在相互依赖和在一定条件下可以相互转化上。相互依赖是指必然性寓于偶然性之中,偶然性体现并受制于必然性。既没有脱离偶然性的纯粹必然性,也没有脱离必然性的纯粹偶然性。比如“一分耕耘一分收获”所体现的是勤奋会扩大学习及工作成果的必然性,但它是通过古往今来无数人勤奋学习或工作获得了好成果的偶然性表现出来的。如果每个人在实践这一古训后得出的是相反的结论,那么其必然性就不成立,这样的古训也就成了忽悠人的空洞口号了。高射炮人工降雨防雹,是一种偶然性行为,因为不可能长年累月靠高射炮过日子。但这一偶然性行为体现了必然性并受到必然性的制约。天空中有降雨云系存在,体现的是“天要下雨”的必然性。如果万里无云而没有降雨云系当空,有多少高射炮也没用。由此可见,凡是当偶然性出现时,都会有隐藏于其背后的必然性的支配和制约。

必然性和偶然性在一定条件下又是可以相互转化的。那么,这所谓的“一定条件”是什么样的条件呢?就是时间、空间和角度变化了时候。中学生谈恋爱是偶然性的事物,但是当时间推迟到七八年或十年之后,青年男女谈恋爱就变成了必然性事物,不谈恋爱反倒成了偶然性事物了。在极端气象情况下,旅客列车晚点是必然性事物,例如 2008 年 1 月京广线受冻雨灾害影响,有 40 列旅客列车约 4 万名旅客滞留在京广铁路线上。但是如果转换一个空间,即使是在天寒地冻的东北,旅客列车晚点又成了偶然性事物。学生沉迷于足球运动会影响学业,这是一般独生子女家长所认定的必然性大问题;但是如果换一个角度,站在从少年儿童培养足球人才的立场来看,全国这么多青少年中才有一少部分热爱足球运动,是偶然性的问题，不会影响国民整体文化素质的提高。时间、空间、角度的不同，是我们认知和运用的必然性和偶然性范畴的重要条件。

了解事物的必然性，是我们科学做事的前提。它能使我们遵循客观规律去实践，有效地减少盲目性，增加成功几率。注意事物的偶然性，就可以使我们有机会防止和消除不利的偶然因素影响，"防患于未然"。需要指出的是，偶然因素并非都是对事物发展不利的，很多偶然因素对于促进事物的变化和发展是有一定积极意义的。

三、现实性和可能性密不可分

现实性和可能性范畴，是客观事物和种种联系的综合，在唯物辩证法诸范畴里是反映客观世界发展中联系的最深刻、最全面的范畴。

人们都希望自己喜欢的、对自己有利的事情能多多发生，能长久存在。这种已经存在着的事物，如果具有存在的内在依据，并且符合继续存在的必然性要求，那就是具有现实性的事物。有关机构发行彩票和彩民购买彩票，是已经存在着的事物。它为社会公益事业筹集资金，并且能够满足彩民们"博彩"的欲望、爱好，能够筹集到大量资金并且有彩民中奖也合乎必然性的要求，因此是一件现实性事物。

但是，并不是所有已经存在着的事物都具有现实性，即现存不等于现实。某一事物或现象虽然存在，但是它已经没有继续存在的必然性了，那就不能说它具有现实性。比如情人关系，从它形成并出现的那一刻起，就已经丧失了继续存在的必然性。为什么？因为它没有存在的内在根据。首先是不符合社会伦理，其次是有违道德准则，其三是为双方家庭所不容。同时，情人关系也不具备继续存在的必然性。婚姻内部的情爱和性爱受多重保护都会有终止的那一天，而处于婚姻外部并没有任何约束机制的情人关系自然是没有天长地久的可能了。因此，不能把情人关系当日子过，而且要明确这种关系的两种关系的必然结果：或者是双方拆散原有家庭组建新家，结束情人关系，开始新的夫妻生活，然后重复原有家庭的一切；或者是两人分道扬镳，各自回归到原有的家庭和生活轨道上。如果说过去的情人关系还是以感情为主导因素的话，那么今天的情人关系更多的是靠经济利益来建立和维护的，多为纯粹的买卖关系，存在的时间则会更短。可见事物或现象的现实性与其必然性之间是具有内在联系的。具有现实性的事物,也是具有一定要发生的确定不移趋势的必然性事物。

值得指出的是,当某一现实性事物存在的时间、地点等条件发生变化时,它的现实性属性也可能会发生改变。就像前面所例举的 VCD、SVCD、DVD、“随身听”录放音机等电子视听设备产业一样,红火之时具有明显而又强烈的现实性,但是随着时间的推移和科技进步,它的现实性便丧失了,必然性也随之丧失,而更有生命力、更具现实性的新事物、新产品如 MP3、MP4 和手机移动终端则毫不客气地将其取代了。可见有一些事物或现象的现实性是有条件的,是会变的。

人们同时也希望自己喜欢的事情能够发生,而自己不喜欢的事情则最好不要发生。凡是掏钱买彩票的人都希望中奖,并且人人都希望多次中奖、中大奖,哪怕是每次都能中小奖也好,最起码这可以将投入收回。不中奖是自己最不喜欢的事情,最好就不要发生。那么,有人人中奖、人人中大奖这种可能吗？肯定是没有的。但是,每个买彩票的人又都有中奖的可能,也还有中大奖的可能。这种蕴含在事物之中,预示着事物发展前途的种种趋势,就是事物的可能性。而人人中奖、人人中大奖的可能性是根本就不存在的。因为在现实中它没有出现的任何依据,也没有它出现的任何条件。像这种某一事物或现象在任何时候、任何情况下都不会出现的性质,就是事物的不可能性。分析研究事物的可能性时,必须要首先将不可能性找出来,并将其排除在外。彩民买彩票时,就已经认同了人人中奖、人人中大奖的不可能性,所以才肯为中奖、中大奖这种可能性掏钱的。正确地区分出可能性和不可能性,是有效运用现实性和可能性范畴的一个基础环节。

事物或现象的可能性还有现实与非现实之分。在中国实现两个 100 年的奋斗目标,就具有明显而又充足的现实可能性,因为改革开放 30 多年来的经济发展和社会进步为实现这一“中国梦”的发展战略提供了充分依据和必要条件。而实现共产主义远大理想就属于非现实的可能性,它必须要经过十几代、几十代人的不懈努力奋斗才可以实现。我们现在的任务,就是要先把当下的事情办好,把中国的事情办好,为共产主义社会的非现实可能性向现实可能性的转变创造基础条件。在个人的生活和工作中也是一样,我们不能把现在应该办、能够办的事情推到以后再去办,也不能现在就去办只有将来才可能办到的事情。

对绝大多数人来说,读高中的目的是为了将来考大学,谈恋爱的目的是为了将来结婚。但是,读了高中之后面对的是两种可能性:可能考上大学,也可能考不上大学;和某人恋爱的过程中面对的也是两种可能性:可能结为夫妻,也可能分手。由此可以看出,在事物发展的过程中,一般都会存在着两种相反的可能性。这是由于事物内部代表着两种相互对立发展趋势的矛盾斗争的表现,并且还分别有相互对立的外部条件支持。矛盾斗争的结果,是一种可能性得以实现,另一种可能性同时消失。高考落榜,是今年考不上大学这一可能性变成了现实,同时今年上大学的可能性不复存在;如果还想上,就要开始复读,争取以后在高考中胜出,那就不是这一轮现实性与可能性的事情了。和某人恋爱失败,是分手的可能性变成了现实,同时在当下和该人结为夫妻的可能性消失;如果缘分未尽,就要再找机会重新开始,再争取成为夫妻,那也不是这一轮现实性与可能性的事情了。一般来说,恋人分手后再重新开始的可能性微乎其微,成功走进婚姻殿堂的几率就更低了。我们在分析事物的现实可能性时,一定要注意区分其好的可能性和坏的可能性,即有利的可能性和不利的可能性,在争取实现最有利可能性的同时,准备好面对最不利可能性的发生。

概率虽然是一个数学概念和名词,但是却可以对事物或现象的可能性进行量化测定或说明。最为典型的是我国曾在天气预报中使用过的“降水概率”预报,即对于某个区域某一天下雨的可能性有多大的预报。这个降水概率,是气象预报员根据各种知识、技术、设备和历史记录所提供的信息资料进行分析的结果。如果降水概率为0,即晴天,不可能出现降水;概率在10% ~20%之间,则降水的可能性也极其微小;概率在30% ~50%之间,则有机会出现降水;概率在60% ~70%之间,则降水的可能性比较大;概率在80%以上,则降水的可能性会很大;概率为100%时,则肯定会出现降水。也就是说,概率是0~1之间的一个实数。某一事物或现象的概率越接近0,则发生或出现的可能性越小;越接近1,则发生或出现的可能性越大;如果达到1(即100%),则必然会发生或出现。降水概率预报给人们的生活和工作带来了很大便利,但也因相关科学知识的普及工作不到位,没有发挥出应有的作用。如果我们在面临人生中的一些重要事项时,能够像气象部门分析降水概率一样,通过科学的方法对事物或现象的可能性进行预评估,我们做事的成功率一定会提高许多。

同其他唯物辩证法范畴一样,可能性与现实性也是对立统一的,现实是已经实现了的可能,可能是尚未实现的现实;但现实已不再是可能,而可能也还不是现实。它们之间密切联系,不可分割;在一定条件下,它们也可以相互转化。

四、内容和形式相互依存

企业是一种社会组织,其构成要素包括管理者和员工、主导产品或主营项目、固定资产和流动资金、市场开发和运营管理等,独立核算、自主经营、自负盈亏地为市场提供商品或服务,并据此来实现盈利的目的。这些构成企业的内在要素的总和,包括企业各种内在矛盾的构成和发展,便是企业这一社会组织的内容。

企业的组织结构、运营模式、管理机制等,将企业内容中的诸要素统一起来,构成了与企业内容紧密相关的对内容的本质的和内在的表现。这种表现方式便是企业的内在形式。而厂房车间的大小、办公场所的新旧、标语口号的多少等等,与企业的内容并无直接的内在的联系,属于企业的非本质的外在形式。也就是说,一种事物的内容往往是以双重形式存在着的,即内在形式和外在形式。

我们人也是这样,容貌长相、言谈举止是内在形式,衣着服饰、美容化妆是外在形式,它们组合在一起来表现一个人的内容。形式是内容的存在方式。

对于某企业或者一个人来说,都是以其特有的表现内容的形式存在着的。

内容和形式的表现,具有复杂多样的特点:

一是在不同条件下同一种内容可以有不同的甚至是多种多样的表现形式。企业可以有股份制的或有限责任制的形式,也可以有国有的、民营的、合资的形式,还可以有单体的、复合(如企业集团)的形式。

二是不同的内容可以用同一种形式来表现。比如股份制企业这样的形式,既可以表现工业企业的内容,也可以表现农业企业的内容;既可以表现生产企业的内容,也可以表现商贸企业的内容;既可以表现国有企业的内容,也可以表现民营企业的内容。

三是旧的内容可以用新的形式来表达。比如近年来一些传统企业纷纷采用O2O模式、“互联网+”模式来适应市场的新形势。

四是在一定条件下也可以有选择地利用旧形式来表现新内容。股份制或有限责任制并不是新的企业构建形式,无论在国内还是在国外都已经有几百年的历史了。所以,近年的企业改制,就是将一些企业发展社会主义市场经济的新内容有选择地用历史上曾经有过的形式来进行表现而已。

任何现实事物的内容和形式都是辩证统一的关系。世界上没有无形式的内容。一个企业如果没有其表现形式,实质上等于这个企业就不存在。世界上也没有无内容的形式。说一个企业形式俱全,就是没有内容,那就不是一个企业,可能只是一张打算构建的企业规划图而已。所有的形式都决定于内容,所有的形式也都依赖于内容,并随着内容的发展而改变。一个企业的形式,是由这个企业的内容所决定的。生产型企业、流通型企业或技术开发型等企业,由于企业类型的不同,所以企业的内容也是不同的,各自的形式相比较肯定会是有很大差别的。某一企业的主导产品或主营项目、固定资产及流动资金规模、管理者和员工的素质等内在的东西,都会对该企业的形式产生决定性作用。其形式也会依赖于企业的内容。一旦企业发展或萎缩了,其组织结构、运营模式、管理机制等内在形式都会随之调整,一些外在形式也会跟着发生变化,如车间厂房的增加或减少、经营场所和办公面积的扩张或缩小等。

如果企业的组织结构、运营模式、管理机制等形式是适合于企业内容的,它会对企业的发展产生强有力的促进作用;如果不适应,它就会起到严重的阻碍作用。"大锅饭"的分配形式,就严重地阻碍了企业的发展,所以当年企业改革时多数都是从改革分配制度入手的。后来,又有了股份制改造,形成了"人人船上有货,所以人人关心潮涨潮落"的喜人局面。"众人拾柴火焰高","众人划桨开大船",形式又反作用于内容,影响内容,为内容服务。

内容和形式的区分,也是具有相对性的。比如企业的组织结构、运营模式、管理机制本来是企业的内在形式,但是在企业管理学范畴里,它们就都变成了内容;企业的厂容厂貌、员工风貌等,本来是企业的外在形式,但是在企业文化建设过程中,它也变成了内容;而企业的主导产品或主营项目、固定资产及流动资金规模、管理者和员工的素质等内在的东西,本来是企业的内容,但在某些特定的场合,它们又成了标志着企业发展程度的形式。

在通常情况下,内容是比较活跃的,而形式是比较稳定的。企业的发展一般首先从内容开始,比如领导者、管理者以及广大员工素质的提高,主导产品或主营项目的调整,固定资产和流动资金规模的增减等,都会使企业的内容发生变化,但是组织结构、运营模式、管理机制等形式却不见得马上随之改变，多数情况是要等形式明显地不适应内容的状况出现时，才会对形式作出调整。

对于有创业想法或者正在创业的人来说，认真研究形式和内容的辩证统一关系，在观察和处理问题时就会更加注重内容，注意形式，避免或纠正形式主义、形式虚无主义的倾向，尽可能地稳定适合内容需要的形式，果断地调整不适应内容需要的形式，及时建立新形式，就能卓有成效地促进企业的建设和发展。

五、透过现象看本质

中国有两句俗话，都是人们常说的。一句是“知人知面不知心”，另一句是“路遥知马力，日久见人心”。这两句话是在说明一个问题的两个方面。

问题的一面是我们每天见到最多的就是人，可是我们所能看见的只是人的外部面貌，却看不见他的内心。内心是什么？就是他的所思所想。其实看不到的并不只是他的内心，也看不到他体内各组织、器官、系统的协调工作状态，还看不到他体内极其复杂的新陈代谢活动，更看不到他大脑里正在进行着的世界上最高级思维。这些看不到的东西，恰恰是构成人这一概念的最基本要素，也是人的根本性质。事物的根本性质和组成事物各基本要素相对稳定的内在联系，就是事物的本质。事实上，我们不光是不能直接看到人的本质，世界上的所有事物的本质我们都无法直接看到。现在人们在城市中能看到最多的事物有两样：一个是人，另一个就是车。无数的大小车辆载着无数的人，充斥于我们的视野之中。对于车的本质，我们也无法直接看到。以小汽车为例，我们只能看到4个轮子驮着铁箱子在奔跑，而它之所以能够奔跑的内在本质、车内各部件、系统的工作原理以及它们之间的内在联系，我们是无法直接看到的。

问题的另一面是我们如果和一个人接触久了，我们就能知道他是一个什么样的人了，能够达到“日久见人心”的境界。为什么日子久了、接触多了就能“见人心”呢？而且又是怎样看到的呢？我们所能直接看到的世界上的所有事物，都是它的外部联系、表面特征，都是事物的外在表现。这些就构成了我们常说的现象。即使是我们能直接看到的现象，也不见得就是事物本质的真实表现，因为还有真现象和假现象之别。某人可能对我们并不喜欢，但是他为了某种目的会表现得对我们极其热情。这种极其热情可能就是假象。而亲人或老同学、老朋友见面时的热情，多数就是真相。和一个人接触久了，我们就可以从他为人处事的一系列言行表现当中分辨出哪些是真相、哪些是假象，然后得出对其人品的概念性结论。这就是“日久见人心”的道理所在。这同时也说明，我们看事物的本质，是透过现象看到的，而且也只能是透过现象才能看到。我们在《观念命运篇》里曾经谈到过人生的实质就是解决问题。这一结论就是透过人的人生活动现象总结出来的。

现象和本质之间的关系也是对立统一的。

它们首先是对立的，因为有明显的差别和矛盾存在于两者之间。现象在外，本质在内，在外者可以给人以感性认识，在内者只能靠人的理性思维去认识，比如我们上面所例举的人和车。现象是事物个别与局部的表现形式，而本质则会在同类现象中有一般的和共同的表现。比如人的为人处事做法是现象，而且每个人都有其自己的表现形式，但趋利避害的内在本质却是人人相同的，它们也都会在不同人的言谈举止中表现出来。现象是很容易改变的，而本质则比较平静、比较稳定。恶人的生活现象可能会表现出善良与作恶交替的情形，但其邪恶的本质却轻易不会改变；反之，善人的生活现象中可能也会有做错事的情形，但其善良的本质也轻易不会改变。现象可以是丰富和生动的，即同样一种现象，可以用多种形式表现出来。比如一个本质善良的人，他可以通过财物捐赠、助人为乐、倾情公益等形式来完成，也可以通过严格要求自己的言行，给社会风气的转变增加正能量来体现，而本质则会比较单纯、比较深刻。比如善良人的本质只要求现象对他人、对社会、对国家、对民族有利，但是因为它持久和稳定，所以它要比现象深刻得多。

它们同时又是统一的。因为现象和本质是相互依存、不可分割的。人的吃、喝、拉、撒都是现象，这是由人体新陈代谢的本质所决定的。这些现象和人体的新陈代谢规律能分得开么？当人体的新陈代谢机能停止时，这些现象就都不存在了；当这些现象停止时，人体的新陈代谢机能也会停止。在两者之间，本质是决定性因素，是现象存在的依据，即现象是由本质所决定的。人体的新陈代谢进行到一定程度时，人就产生饥渴感，所以才会发生吃与喝的现象；再经过一定阶段的新陈代谢之后，有新的代谢垃圾产生了，所以才会发生拉与撒的现象。也就是说，事物的本质一定要通过现象表现出来，现象也都会从某一方面来表现事物的本质。这个世界上根本就没有不需要现象来表现的单独存在着的本质，也没有脱离了本质依据而独立存在的纯粹现象。上面说的是人的本质的一个方面,而整个人生的本质也是这样,要表现为解决各种各样问题的现象,而解决问题的现象不论大小和效果,都从一定程度上体现着人生解决问题的本质。

我们要把事情做好,就必须认识并把握事物的本质,可是又不能直接看到事物的本质,那么就产生了如何透过现象看本质的问题。一般来说,最起码要注意做到以下几点:

一是要尽可能多地拥有对现象的了解。虽然事物的本质不能被我们直接看到,但是它却存在于现象之中,而现象却是可以被我们直接看到的。只有较多地了解了与某一事物相关的各种各样的现象,我们才有了足够的看本质的第一手材料。千万不能只看到一次或一种的所谓现象,就以为是看到了本质,见到了真佛。

二是要真正做到穿透和越过现象。因为现象并不等于本质,所以要透过,就是不要为现象所蒙蔽。蒙,是蒙住了我们的眼光;蔽,是遮蔽了事物的本质。现象虽然会在某一方面表现本质,但现象永远也不可能等于本质。我们所要做的,就是在众多的现象中找到相同的反映事物本质的信息,使眼光穿透和越过现象。

三是要科学地分析现象所反映的本质。现象和本质之间是有矛盾的,现象又有真象和假象之别,所以要运用矛盾分析法来分析现象和本质之间的矛盾,又要用有效的方法来甄别现象的真伪,通过对现象中所表现出来的事物本质进行综合分析,获得对事物本质的完整认识。

四是要遵循由片面到全面、由肤浅到深化的认识规律。由于事物的复杂性和认识的有限性,我们对事物本质的认识也不可能一次完成。当我们从众多的事物现象中获得感性认识以后,就要通过抽象、概括等理性思维形式来认识事物的本质。开始时,认识的结果可能是不完整的,也是不够深刻的。但经历了多次这样的反复认识之后,就会实现飞跃,获得更深层次的认识结果。

我们对人类历史的认识,就是最完整的透过现象看本质的鲜活例证。到 19 世纪中期,人们认为人类历史只有几千年。直到 1856 年发现了德国尼安德特古人类化石,把人类历史延长至 5 万 ~10 万年;进入 20 世纪后,中国北京猿人化石和大量石器、用火痕迹的发现,才将人类历史扩展为 50 万年;1959 年在坦桑尼亚发现的 175 万年前的石器、在埃塞俄比亚发现的 250 万年前的石器,又将人类历史扩展为 250 万年以上。这种由浅入深的认识,就是占有现象的数量越来越多的结果。在这一过程中,1856 年德国尼人的发现,虽然拓展了我们对人类历史的认识,同时也蒙蔽了我们的认识。到了 20 世纪 70 年代,人们发现大猩猩、黑猩猩也会使用工具并能够制造简单的工具,便将“人是会制造工具的高等灵长类动物”的定义修改为“人是两足直立行走的高等灵长类动物”。这种由片面到全面的认识,把原来不属于人类范畴的南猿(南方古猿)囊括进来,同时使人类历史再度向前推进 100 多万年,总长度已接近 400 万年。我们有理由相信,随着科技进步和更多现象的出现,我们对人类历史的认识还会不断地得到深化。

第八篇　创新与创业

第三十九章

没有创新就没有发展

2015 年 3 月 5 日，国务院总理李克强在全国人大十二届三次会议上作《政府工作报告时》指出：要“推动大众创业、万众创新。这既可以扩大就业、增加居民收入，又有利于促进社会纵向流动和公平正义。”“个人和企业要勇于创业创新，全社会要厚植创业创新文化，让人们在创造财富的过程中，更好地实现精神追求和自身价值。”（观察者网，2015. 3. 17）也就是说，推动大众创业、万众创新已经成为中央政府的重要决策和政府部门的工作内容，同时也成为当今中国社会的新潮流。在本章，我们先重点讨论有关创新的话题。

一、创新的意义

所谓创新，是一个大概念，至少包含着 3 个方面的内容，即改变、更新和创造新的事物。改变，就是改变事物原来的状态，比如我们的学习状态、工作状态、生活状态，通过调整后与原来不一样了，这就是改变；更新，就是替换事物原来的形式或内容，比如我们经常说的思想更新、观念更新、方法更新、设备更新、产品更新、人员更新等；创造新事物，就是制造出原来在这个世界上根本就不存在的新事物，包括新思想、新概念、新知识、新模式、新关系、新物品等。改变和更新，都是在原来事物基础上的扬弃。改变或者更新后的事物，同原有事物既有一定联系，又有明显区别。

创造新事物则不然,它可以与原有事物有联系,也可以没有联系,是一种全新的创造。创新的起始点是“创”,即主动地开始、主动地行动;核心点是“新”,即与“旧”相对,从宏观上讲就是要用新思想来取代旧思想,用新事物来取代旧事物;落脚点是发展,即通过创新来实现个人的成长、企业的兴盛、社会的进步、国家的发展和民族的富强。

纵观人类社会的历史,就是一部波澜壮阔的创新史。如果没有创新,人类可能今天还生活在刀耕火种、茹毛饮血、结绳记事的蛮荒时代。中华民族更是具有悠久的创新传统,那些对人类文明进步产生过巨大推动作用的发明创造,都是我们的祖先勇于创新、善于创新的历史丰碑。在近现代史上,我们创新的最伟大成果就是建立了一个社会主义的新中国,改变了世界格局,也再一次改写了人类历史。

人生在创新中升华

分别诞生于 19 世纪的照相机和电话机,是两项风马牛不相及的物品,但是却在 100 多年后巧妙地结合在一起了,统一于一个小巧的盒子里,就是今天我们几乎人手一部的智能手机。照相机和电话的发明,本身就是创新的结果,改变了人类的生活。20 世纪后期的史蒂夫·乔布斯们在传统技术和现代技术的结合上进一步创新,就有了 21 世纪风靡全球的 iPhone,将智能手机的功能和效果推向了极致,进一步改变了人类的生活。

用手机自拍很好玩儿,但因为手臂的长度极其有限,所以自拍的画面太小,照片上的头和脸太大而且变形,并不能令人满意。于是又有人创新了,将原来的“袖珍相机支撑式伸缩扩展器”改头换面后做成了“自拍杆”,一下子就使手机成为了“自拍神器”,人们用手机自拍的乐趣也被无限扩展了。“自拍杆”只是一个极小的创新,便有尽人皆知的社会功效。由此可见,如果一个人在自己的学习、生活和工作中能够有所创新,哪怕是很微小的创新,都会使自己的人生价值有所提高,意义得以升华。

县委书记的好榜样焦裕禄有一句名言:“吃别人嚼过的馍没味道!”他把坐在办公室里听工作汇报比作“吃别人嚼过的馍”,极富哲理。其实在现实生活中,吃别人嚼过的馍不仅仅是没味道的问题,而且很恶心。如果把焦裕禄的这句名言应用于人生,把不肯创新喻为是终生都在“吃别人嚼过的馍”,这样的人生难道不恶心么？所以，人人在人生中都要有创新意识，为自我价值的提升寻找机会，为自己人生意义的升华创造条件。

企业在创新中成长

企业本身就是创新的产物。国有企业是国家和政府创新的产物，民营企业是个人创新的产物，网店、微店是网友创新的产物。但是，不论是什么性质的企业，诞生之后必须创新，否则就没有出路甚至是没有生路。为什么会这样？道理很简单，因为世界在变、社会在变、技术在变、市场在变，人们的观念和习惯也在变，我们只能跟着变。不变，就将被抛弃、淘汰；变，就是创新、创造。

严格剖析创新的实质后我们不难发现，创新就是在制造矛盾，就是在制造问题，然后予以解决，即打破事物原有的平衡之后使其实现新的平衡，进而达到新的境界和水平。如果我们恰好身在企业之中，就一定要意识到，现有的产品、商品一定会过剩、过时，现有的模式、机制一定会落后、淘汰，现有的顾客、市场一定会减少、转移。应对的办法只有一个，那就是创新。在产品还很旺销时就开始研发新品，在模式还很正常时就着手进行改革，在市场还很热时就开始构建新的市场。说得直接一点，就是要自己给自己找麻烦。解决了自己制造的这些麻烦，企业就创新了，企业就成长了。

企业的创新，并不是企业主一个人的事情。企业里的每一名员工，哪怕是更夫、保安，都有责任、有义务、有空间、有条件去做，只是要看我们有没有这个心愿和意识而已。我们为企业的创新做贡献了，老板会记得，同事们会感谢；我们对企业的创新不闻不问，说不定哪一天就得重新去找工作。企业就像是一个人，也像是一棵树，需要和它有关的方方面面来呵护，尤其是在创新方面。我们要充分发挥自己的聪明才智，去推动企业的成长与进步。

社会在创新中进步

社会是以一定的物质生产活动为基础而相互联系的人类生活共同体。这是《辞海》给“社会”概念的定义。也就是说，人是社会的主体，人类的生活是以劳动和物质财富的创造为基础的。人的劳动本身就是一种创新，物质财富的生产本身也是一种创新。正是在这样年复一年、代复一代的生产劳动中，生产力才得以发展和提高的。石器、木器、青铜器、铁器、人力机械、动力机械等生产工具，都是劳动中的创新。这些生产力上的创新，改变了人类生活的状态，也改变了社会结构，推动了社会进步。

人与人之间有3种关系形式，即生命关系、生活关系和生产关系。生命关系是由姻亲和血缘因素构成的，如父母子女、直系亲属等；生活关系是由生活因素构成的，如邻里关系、没有子女前的夫妻关系等；生产关系是由劳动（学习及工作，在一定意义上学习也是劳动）因素构成的，如同学、同事、上下级（管理者与劳动者）、商家与顾客等。某一社会中人与人之间的生产关系总和，就会构成这个社会的生产关系。生产关系由生产、分配、交换、消费4个环节构成，或者说生产关系包括3个基本方面：生产资料所有制形式，由此产生的各种社会集团的地位及相互关系，产品分配关系以及由其所决定的消费关系。当生产力水平发展到一定程度的时候，与原有生产力相适应的生产关系就无法再与新的生产力相适应，所以就必然会发生生产关系的变革。这一变革，就是生产关系上的创新。

同生产力在一定发展阶段相适应的生产关系总和，即为社会在同一时期的经济基础；建立在这一经济基础之上并为之服务的政治体系和思想体系，则构成了与经济基础相适应的上层建筑。当经济基础发生重大变革时，如果上层建筑没有实现同步调整，就会出现不适应的状况，也必须进行改革。这种改革，就是上层建筑领域里的创新。

国家在创新中发展

我们在本节开头曾说，中国近现代史上最伟大的创新成果就是建立了一个社会主义的新中国。这并非是政治口号。我们都熟知鸦片战争到抗美援朝战争结束这一百一十多年的中国历史。如果将中华人民共和国成立前后对比一下就会清楚地看到，生产关系的创新、上层建筑的创新，不但解放了生产力，更重要的是也改变了国人的精神面貌，提升了国家能力。其实抗美援朝战争期间，我们的国力并不强大，因为刚刚从国民党的手中接过了一个百孔千疮、百废待兴的烂摊子，但我们全国人民团结起来了，万众一心，硬是打败了美帝国主义侵略者。

此后，我们进一步调整经济结构，全面地解放生产力，同时在国防科技和国防工业方面大力创新，成功地完成了“两弹一星”试验，使国防实力大大增强，并且又在越南战场上打败了美国侵略者。从此,世界上再也没有人敢欺侮我们了,这为后来的经济建设赢得了较长的、和平的历史发展时期。如果没有创新精神,如果没有在创新精神鼓舞下的创新实践,国家怎么发展?国力怎么增强?被人欺侮的历史又怎么能够结束?

改革开放以来的三十多年里,我们继续探索、实践、创新,坚定地走出了一条有中国特色的社会主义之路,综合国力持续增强,国际地位不断提升,在解决全球性经济、政治等社会问题中发挥着越来越重要的作用。改革,就是创新;开放,也是创新。同时,我们还面临着国际、国内许多重大的问题需要解决。历史的经验告诉我们,要解决这些问题,我们还必须进一步深度推进改革和开放,继续走好创新与发展这条路。

民族在创新中圆梦

实现中华民族的伟大复兴,是中华民族近代以来最伟大的梦想。这一梦想的核心目标是在中国共产党成立 100 周年之际将中国全面建成小康社会,在中华人民共和国成立 100 周年之际将中国建设成富强、民主、文明、和谐的社会主义现代化国家,即实现“两个 100 年”的宏伟目标。中国梦的基本内涵是实现国家富强、民族振兴、人民幸福。习近平说:“中国梦是国家的、民族的,也是每一个中国人的。”“中国梦是我们的,更是你们青年一代的。中华民族伟大复兴终将在广大青年的接力奋斗中变成现实。”(习近平:《在同各界青年优秀代表座谈时的讲话》,新华网 2013.5.4)

全面建设现代化的社会主义国家并不仅仅是国民生产总值的增长问题,而是要实现政治、经济、文化、社会、生态文明各个方面的同步协调发展。“国家兴亡,匹夫有责”。匹夫之责,并不是非得到民族危亡的时刻才体现,在推动整个国家和民族兴盛的事业中也应该体现出来。这就要求我们每一个人都能在创新上做文章、做贡献。

中华民族是一个大概念,不仅包括大陆地区 56 个民族的中华儿女,也包括居住在世界各地的每一位炎黄子孙。中国梦是整个中华民族的大梦,怎么去实现?不断深化改革和实行全民创新肯定是一条重要渠道。大陆的现代化建设、港澳地区的繁荣稳定、台海两岸的共同发展等一系列的民族大事,都需要我们用心思、花气力去解决。任重道远,不创新怎么能行?即使是身在海外,也可以通过各种渠道、利用各种方式为实现中国梦献计出力。

二、创新的领域

对很多人来说,突然谈起创新会有些不得要领,冷手抓热馒头,不知从哪里下手。其实,事情远远没有我们想象的那么复杂。每个人现在在做什么,都要坚持把手中的事情做好,然后结合自己的本职工作找到创新点。也就是说,创新的领域首先就在我们本职工作的范围之内。

一是要在观念上创新。

我们在前面说过,观念就是看法,即对人、事、物的看法。

假如我们对某些事物的看法原本可能就是有偏颇的,但我们死抱着陈腐、僵化的观念不变,岂不是会落伍么?在今天的大都市中,一个上班族居然没有手机,是什么问题?是买不起么?根本不可能,小品牌、低配置的手机不过才几百元钱嘛,上班族更不会卖不起。是没有用吗?当然也不是,全世界几十亿人都在用的东西绝不可能是一点用处也没有的。那是什么问题?就是观念的问题,是对手机等现代电子产品的看法有误区。无独有偶,虽然拥有手机,但拒绝电商或社交软件的现象也并不少见。这些现象虽然有些极端,但却很有代表性,说明有些人对新型销售或购物模式、新型社交手段等都有偏见。这类原来就有偏差的观念不改变,会拖累社会进步的。而改变,就是观念上的创新。

假如我们对某些事物原本的看法是正确的,但现在该事物的内外条件都发生了变化,如果我们的思想观念不能随之调整,岂不会是误事么?比如我们对银行的存款业务是信任的,所以有了钱就去排队存,需要用时就再去排队往出取。可是现在银行又拓展了电子银行、自动柜员机等服务项目,如果我们不去利用,岂不是会既浪费银行的资源,又浪费自己的时间么?

这几个小例子说明,我们在思想观念上的创新,即对事物认识上的创新,还是大有空间的。把这种因思想观念上的落后而潜伏着的市场开发出来,也会增加很多社会财富的。

二是要在方法上创新。

我们在上一篇中已经谈到了方法问题,不过只是谈及了它的概念。人们在现实的学习、生活和工作中,对于方法都有很深的体会和理解。但不可忽视的是人们的思维和行为惯性,会导致在选择解决问题的方法时较易出现因循守旧的情况,所以办事的效率不高,做事的效果不好。这样的例子在我们的生活中几乎遍地都是。比如北京每年都有地铁新线路开通,可以使人们原来乘坐地铁去某一目的地的换乘方法多了一些选择。但还是会有很多人不愿意另辟蹊径,而是习惯于选择已经走熟了的线路出行。因为这样可能会比选择新的换乘路线省脑子,但是却无法实现省时、省事的效果。

方法问题涉及人生和社会生活的方方面面,诸如学习方法、工作方法、领导方法、生活方法等等。凡是有志于创新的人,再做曾经做过的事情时都应该思考一下,原来使用的方法是不是最好的。如果不是,我们能不能换一种新方法试试呢?这种试一试的做法,就是方法上的创新。不试,我们就不知道新方法有什么好处,也不容易看到原来的方法有什么问题,因为没有比较嘛,自然也就没有了鉴别。比如做销售工作,目的只有一个,就是增加销售数量,但办法却有无数种。或者说,问题只有一个,解决问题的方法绝不会只有一个。所以,方法上的创新是空间最为宽广的创新。

三是要在科技上创新。

科学技术是社会生产力的重要组成部分,其创造物质财富、推动社会进步的作用早已为人们所熟知。科学技术上的创新,是教学、科研、技术工作者的天职,他们一直在努力,我们在此也没必要多说什么了,要需要强调的则是其他人也都不要放弃自己在这方面进行尝试的权利。

像文学艺术作品是源于生活高于生活的情景再现一样,科学技术的进步动力也是来源于人们的日常学习、生活和劳动的。播种机和收割机出现的动力来源于农业生产劳动,是田间作业方面的创新;洗衣机和电饭煲出现的动力来源于繁重的家务劳动,是洗衣和做饭方面的革命;升降电梯和扶梯出现的动力来源于爬楼梯的辛苦,是高层建筑得以诞生的前提。

但重大的科技进步并不一定都是出自专业机构或者专业人士之手。荷兰人发明显微镜的过程,就是一个很典型的例子。1590年,算是比较专业的荷兰眼睛制造商詹森造出了类似显微镜的放大仪器,但是并没有受到重视,更没有应用于科技领域。直到八十多年后一个叫列文虎克的人才真正地发明了显微镜,又过了将近10年,他成为世界上第一个发现并看到细菌的人。据说列文虎克开始自己磨制镜片、研究显微镜时,他只是代尔夫特市政厅的看门人。这个充满好奇心的看门人的好奇,竟然引发并推动了生物学和医学领域的一场革命。我们无法想象,如果没有显微镜,这个世界的今天将会是一种什么样子。

四是要在产品上创新。

科技创新,是原理层面上的创新;产品创新,则是应用层面上的创新。无论是科技创新还是产品创新,其目的都是要实现生产力的发展。而生产力的发展水平,最终是要通过产品体现出来的。作为一个科研工作者,或者作为企业的管理者,或者作为企业的技术、生产、销售人员,都有机会也有可能在产品创新上动动脑筋。

作为生产和销售一线上的企业员工,每天都要和自己的产品打交道,他们对产品的熟悉程度甚至都超过了对自己孩子的熟悉。究竟它的长处在哪,它的优势在哪,他们都了如指掌。如果他们肯于变换一下角度,从一个审查者和使用者的身份出发,用挑剔的眼光去找产品的毛病,就可能会发现其问题,看到它的短处、劣势、缺陷。正像我们在前面说过的那样,发现问题,找出毛病,然后再想出解决问题、消除毛病的办法,这就是我们在促进产品升级上的一种创新。

产品创新的另一种方式是研发出现有产品的换代产品。任何产品都是有生命周期的,因为凡是有生命的东西都会有结束生命的时刻。我们对现有产品挑毛病、找问题,是为了延长它的"存活时间",而研发换代产品则是帮助其"投胎转世"。这是一种更有意义的创新,也是一种更加彻底的创新。没有文化和技术背景的列文虎克凭着显微镜的发明技术专利进了荷兰皇家科学院,我们如果能在企业产品创新和升级换代中有突出贡献,也一定会有更重要的工作虚位以待。

五是要在管理上创新。

在方法这一范畴中,管理方法是一个很大的门类。管理上的创新,其实是方法创新的一部分,但又有相对的独立性,所以我们将其单独提出加以探讨。根据管理的范围,我们所面对的管理实践又可以分为国家管理、社会管理、企业管理、家庭管理、个人管理等5个类别。

关于国家管理和社会管理方面的创新,其意义不言自明,不管理就会国将不国,社会乱套。同时,也必须创新,否则就会束缚生产力的发展,也会与经济基础形成矛盾。

企业管理上的创新,是管理创新的重头戏。据有关部门统计,全国共有各类企业四千多万家,其中中小企业约占企业总数的99%。这些企业的管理水平如何,直接影响着我们国家经济发展和社会进步的质量与速度。由于各种因素的影响,各行业、各地区、各类别企业的管理水平参差不齐,差别很大,尤其是多数中小企业的管理都不同程度地存在着问题。即使是有一定管理成效的企业,也存在着进一步创新的问题。其中一个比较普遍的问题是不能真正做到一切从实际出发,具体问题具体分析。有些企业负责人将国外的一些企业管理理念、措施生搬硬套到自己的企业上,结果自然不会理想。我们建设的是有中国特色的社会主义,我们的企业管理也应该是有中国特色的管理。国外的先进管理经验要学,但是要创新地学,而不能照搬照抄;好的管理经验不能丢,要创新地继承和发展。

我们提出家庭和个人的管理也要创新并非是无病呻吟,因为这两个方面都确实是存在着管理的任务和内容。在家庭中,有经济管理、感情管理、教育管理、家务管理等事项,只不过是很少有人去想、去说而已,更鲜有自己家人将其作为一个课题来对待和研究。最近几年,人们对人生需要管理的观点开始接受,但是相关的研究和人生管理科学体系的建立还有待时日。我们相信在不远的将来,家庭管理和人生管理两个学科都会登上大雅之堂,成为社会科学研究和高等教育领域中的新兴学科。我们这本书,就是在家庭管理和人生管理两个方面进行创新的一次实践。

三、创新的方法

我们在前面说要创新方法,其实创新本身也需要方法。大体上,创新可以按照以下5个步骤去进行:

怀疑

除了既有的规律、法则以外,其他的一切都可以怀疑。特别是已经持续使用了较长时间的物品和方法,更应该大胆地去怀疑它。比如,外裤一定要比里边的裤子长么？如果是在20年前有谁提出了这样可笑的问题,一定会被“拍砖”的,因为自打有裤子以来人们都是这么个穿法。但是就在前些年有人怀疑它了。怀疑的结果就是现在满大街都能看到将短裤穿在最外面的靓女辣妹。

拥有创新意识,是敢于怀疑、善于怀疑、勤于怀疑的基础。用通俗的语言来描述创新意识,就是不满足于现状并想改变它的心态。前些年,一个职场精英的手包里一般都要有手机、“商务通”、袖珍照相机,腰上还得别着一个“BB机”。那时,不知有多少人可能都怀疑过,难道这些乱七八糟的“机”就不能整合到一台机器之中么？结果是史蒂夫·乔布斯不但也怀疑了,而且是带领着他的团队去创新实践了,把更多的“机”都弄到手机里了。

创新意识是一种习惯,也是一种性格,还是一种品德,更是一种境界。它不应该是单纯地由经济等利益所驱动,更多的是来源于人生、家庭、社会和民族的责任。比如思想家,从来都是最有创新意识,并且是最敢于、善于和勤于怀疑现有事物的人,但是他们却都不是为了个人利益去思想的。因此,思想家一般都是物质生活并不富裕的人。据说马克思连抽雪茄的钱都不充足,总是挑比较便宜的买。

尝试

不论什么事情,光是在脑子里想是没有用的,那就是彻头彻尾的空想和幻想了。思想的意义在于它可以指导实践,当然其前提是它必须来源于实践。如果我们对某种现象、某个事物产生了质疑的想法,那就要找到改变它的方法和路径,然后大胆而又谨慎地去进行尝试。这种尝试,既是对我们的怀疑进行检验,也是对我们的创新想法进行检验。如果创新的想法还没有完整地形成,那么尝试也是一种寻找答案的手段,即尝试着去改变事物的原有状态,在尝试改变中完善创新思想。

比如我们原来的学习方法虽然没有感觉到有什么不好,所以学习成绩也还说得过去。但是,想要再上一个台阶的想法却一直实现不了。其实,我们这就已经完全有理由怀疑原来的学习方法已经出现问题了。那么,我们为什么不可以尝试着调整改变一下呢？如果尝试的结果是有效的,那就说明我们的怀疑是有道理的,同时也说明我们的新方法是可行的;如果尝试的结果并不理想,那也不见得就说明我们的怀疑是没道理的,很可能是新方法不对头的缘故所导致的。

选购商品时，我们都懂得“货比三家”的道理。创新中的尝试，至少也要选用3种以上新的方法去进行，否则我们就很可能被假象所蒙蔽，无法得出真实的结论。

突破

创新的实质，就是突破。

观念上的创新，就是要突破原有那些条条框框的束缚，改变思想僵化、因循守旧的陈规陋习。把短裤穿在长裤外面，不仅仅是穿法上的突破，更重要的是思想观念上的突破。

方法上的创新，就是要突破原有那些已经习惯了的做法，获得突破性的效果。企业发展遇到瓶颈，如果不是产品和市场的问题，那就一定是企业内部的运营模式和管理机制上出现了问题。但是管理者似乎看不到这种问题的存在，还自我感觉良好呢。这时如果能在组织架构、选人用人、分配机制等方面做出突破性的调整，突破瓶颈也就顺理成章了。

技术上的创新，就是要突破原有的设计思路和设计方法，另辟蹊径，可能会收到“柳暗花明又一村”的功效；逆向思维，就是使用倒推法来重新设计，其结果可能也会是另外一番景象；换位思考，就是抛弃设计者、生产者、销售者的立场，站在购买者、使用者的角度来审视我们的技术方案，其结果更可能会别有洞天。

产品上的创新，就是要突破原有产品让我们产生的“自恋”，要勇于否定，到市场上去寻找产品升级换代的新方案，反正就是不能躺在原有的产品上睡大觉。如果我们不能主动突破自己，那我们迟早是会被市场所突破的。

管理上的创新，就是要突破原有的模式和机制，去寻找更科学、更高效的管理手段。不论是国家管理、社会管理还是企业管理，大体上都表现为发展战略管理、组织架构管理和日常运行管理3个大的方面。一切从实际出发是在管理上创新的灵魂，赶时髦地照搬照抄别人的、舶来的模式，不能属于创新的范畴。

反思

在实现了突破之后，说明我们的创新尝试有了正面的结果，但还不要急于下结论，更不要急着去推广应用，而是要静下心来进行总结和反思，找出纰漏、缺陷，改进后再进行尝试。经过从客观实际到主观认识这样几轮反复之后，才可以认定我们的创新成果。这就是毛泽东所说的“一个正确的认识,往往需要经过由物质到精神,由精神到物质,即由实践到认识,由认识到实践这样多次的反复,才能够完成。这就是马克思主义的认识论,就是辩证唯物论的认识论。”(毛泽东:《人的正确思想是从哪里来的?》,1963.5,人民出版社)

反思的重点在于思,即思想、思考、思辨。“学而不思则罔。”创新中的怀疑也好,怀疑过后的尝试、突破也罢,其实都是一个学习的过程,是实践过程中的学习,是“在战争中学习战争”。我们创新的目的是使我们的做法更符合客观规律,所以我们创新过程中的反思,就是要检验新的做法和结果是不是更加接近客观规律了。如果比原来更接近了,就说明创新的方向是正确的,方法是有效的。

反思也还是一个检验、优选和寻找的过程,即检验我们的创新思路和方法,比较前后两种想法或方法的优劣高下,寻找到更好的方案,使创新的想法和做法在这样的反复思考中得以完善和升华。特别是一些有关人生走向、企业发展全局、国家前途命运的重大创新项目,必须要经过反复的思考、推敲、论证、尝试、检验、反思之后才可以推广实行。

应用

创新的目的是突破和改变。只有将创新成果应用到实践中去,我们的目的才能达到。但是我们也还必须要清醒地认识到,在新思想、新方法应用和新产品问世的同时,也标志着新一轮创新的开始。因为推动事物发展的矛盾运动和对立统一规律、质量互变规律、否定之否定规律还会继续发挥着它们的作用,事物也还要继续着它们的螺旋式上升和波浪式前进。

四、创新的禁忌

在创新的过程中,也有很多需要注意的事项,也有一些主要的禁和忌。概括起来说,至少有1禁3忌:

严禁违背规律

大家都知道,规律就是法则。法则就是不能触碰的红线、不能更改的准则和原则,或者叫纲领,是我们认识事物和做事的纲领。前面我们当笑话说给大家的"铁烧红了不能摸",就是规律、法则。自然有规律,经济有规律,人生有规律,我们无论怎么有创新意识,我们的思路无论怎么新、奇、特,都不能违背规律。北京到上海的高速铁路距离为 1318 千米,最快的高铁列车只需运行 4 小时 48 分钟,平均时速为 274 千米;北京到哈尔滨的高速铁路距离为 1331 千米,最快的高铁列车却需要运行 7 小时 8 分钟,平均时速只有 187 千米。为什么到这两座距京里程几乎相等城市的高铁速度和运行时间会相差这么多?自然规律!是自然气温、地质结构、基础设施等条件不同,规律和法则限制着京哈线列车的运行速度。所以,我们的创新一定要尊重和顺应客观世界的一切规律。

一忌眼高手低

想得太高,却又没有能力实现,是眼高手低者最常见的表现。其实,创新就在我们身边,而且也不需要脱离实际的幻想与妄想。眼睛紧盯住我们工作中的每一项事物、每一个环节,革除其不合理的因素,并用新的内容予以填充,就是很好的创新。某制板厂仓库管理员原来经常为产成品入库时码放不整齐而苦闷,因为这既有碍观瞻,也不利于清点数量。最后他想出了一个办法,就是在成品板材堆放区树立标杆,要求车间工人送来产品时依标杆码放,到一定刻度即另起一堆,将原来很麻烦的事情变得极其简单了。比眼高手低者更恶劣的是光说不练之人。有些人热衷于夸夸其谈,遇事比谁都明白、都能说,做事比谁都懒惰、都敷衍。这类人不但自己不肯创新,还特别喜欢对别人的尝试指手画脚,往往会干扰别人的创新思路,值得警惕,并在必要时对其予以"屏蔽"。

二忌急功近利

创新并不是一朝一夕的事情,而是与我们的学习、工作和生活始终相伴相随的一个长远大计。有些事情是牵一发而动全身的,所以千万不要为了创新而创新,应该是为了发展去创新;不要为了眼前的小功小利而创新,应该是为了长远大计去创新;不要为了虚名而创新,应该是为了解决实际问题去创新。要看准了、想好了再动手,免得出现旧的问题没解决,却制造出了一大堆新麻烦的局面。某老板看到企业近期业绩下滑,心急如焚,便听信财务人员的建议对原来的分配体系进行了所谓创新式微调。一个动作不起眼,结果使一大批员工跳槽而去,貌似压缩了工资总额,缓解了资金压力,但到后来有了新订单时,却不得不面对人手不够的尴尬,只好重新招聘。殊不知,企业换人的成本是极高的,而且是隐形的。有些企业老板并不是很懂这个道理。

三忌浅尝辄止

任何事物都不可能是一帆风顺的,创新更是这样。因为创新就是要突破一些经验和局限,甚至是要去做前人没有做过的事情,其难度可想而知。但是人类社会的发展又离不开创新,所以总得有人去做,而不论所面临的困难与挑战有多大。既然不可能是一帆风顺的,自然也不是尝试一下就能够大功告成的,浅尝辄止也就成了创新之忌。创建人生科学这一学科,编写《人生教科书》,就是一种创新,当然要同样面对巨大的困难和挑战。仅仅是在创意构思这一环节,就已经开始感受到艰难;尝试一下,遇到的困难就更多。怎么办?难道要放弃么?当然不能,唯一的出路就是勇往直前地走下去。想一想我们自己人生路上曾经有过的困顿和弯路,看一看年轻朋友的迷惘眼神,似乎就什么困难和挑战都不在话下了。世上的路就是因为走的人多了才形成的,我们为什么不可以起一个头,与有志同行的朋友一起走出一条新路来呢?

第四十章

创业，你准备好了么

在李克强“大众创业、万众创新”的号召鼓舞下，人们不但对创业一词早已不再陌生，而且已经有很多人早就投身于创业实践了，还有更多的人正在摩拳擦掌、跃跃欲试。在过去的30多年里，是考不上大学或者找不到理想工作的人才被迫去创业的，但是今天不同了，正在读书的人兼职创业，快要毕业的人准备创业，已经毕业的人正式创业，已经汇成潮流，并且开始成为青年人就业的新常态了。可以毫不夸张地说，中华民族一个新的创业时代已经到来。

创业，就是要开始创建一个企业，甚至是要开始创造一项事业。这是一项比创新要复杂得多的社会活动，是更高层面上的创新。对于一个人来说，不论是在大学读书期间开始创业，还是在毕业时就开始创业，或者是先就业后创业，创业都是人生历程中的一件大事。凡事预则立。所谓预，就是要有事先的谋划与准备。创业这样的人生大事，都需要在哪些方面进行准备呢？

一、要有充分的思想准备

人们常用“不想当元帅的士兵不是好士兵”这句话来激励普通人要树立远大理想，并持续为之努力奋斗。但是，元帅并不是那么容易就能当上的。

在第二次国内革命战争时期，中国工农红军的井冈山根据地遭到了国民党反动派的猖獗进攻和疯狂围剿,中央红军主力部队最后不得不进行战略大转移。有一位高级指挥员因转移前就身负重伤,不能同大部队一起长征,便留在赣南山区进行游击斗争。1936 年冬,因叛徒出卖,他险些被俘。撤回山上后,他在山莽草丛中潜伏了二十多天。敌人为了能抓到他,甚至放火烧山。他做好了最坏的打算,用旺盛的斗志和高昂的革命乐观主义精神写下了几首七言绝句,合称《梅岭三章》,然后藏于棉衣的里层。后来,他还是躲过了敌人的追捕,一直战斗到革命胜利。中华人民共和国成立以后,他成为 10 大元帅之一。这就是被誉为伟大的无产阶级革命家、政治家、军事家、外交家和诗人的陈毅元帅。他的经历告诉我们,元帅就是这样炼成的,我们能经受得住这样的考验么?

陈毅当年的诗篇,可以说是革命者在战争年代艰苦创业的生动写照:

梅岭三章

1936 年冬,梅山被困,余伤病伏丛莽间 20 余日,虑不得脱,得诗 3 首留衣底。旋围解

(一)

断头今日意如何?创业艰难百战多。此去泉台招旧部,旌旗十万斩阎罗。

(二)

南国烽烟正十年,此头须向国门悬。后死诸君多努力,捷报飞来当纸钱。

(三)

投身革命即为家,血雨腥风应有涯。取义成仁今日事,人间遍种自由花。

(《陈毅诗选》,外语教学与研究出版社)

陈毅的 3 首诗,告诉我们了关于创业的 4 个道理;

一是创业的过程艰难并且曲折。“创业艰难百战多”,是陈毅准备赴死时发出的慨叹。被围困在荒山野岭 20 多天,他知道随时都有牺牲的可能。所以他说,如果问我今天就要赴死了还有什么想法,那就是创业真的很不容易,要身经百战还不见得能够成功,甚至还要面对死亡的威胁。

我们今天的创业,虽然远远不会有 80 年前那样艰苦和危险,但也不是去捡钱,而是要去创造。关于创业的艰苦,必须在正式决定前就要弄清楚、想明白。人生的实质就是解决问题,就业和创业也都是要去解决问题。它们之间的差别在于,就业

是有人带领着、陪伴着我们去解决问题,创业是要我们自己去解决问题,并且是要带领着别人去解决问题。

必须清楚的是,选择走创业之路,不是会比选择就业的人更轻松、更自由、更潇洒,而是要比他们担更重的担子,负更大的责任,做更多的贡献。也许我们成功以后会比他们获得更多的物质回报,也可能还会有耀眼的光环和经常的掌声和鲜花。但是,我们也有不成功的可能……螺旋式上升和波浪式前进就是曲折的代名词。

二是要全身心地投入,不动摇,不后悔。“投身革命即为家”,“南国烽烟正十年”,告诉我们,从 1927 年参加南昌起义、湘南起义到这个时候,他已经以红军队伍为家整整 10 年了。而且很可能是“取义成仁今日事”,“此头须向国门悬”呢!再加上后来的 13 年,一共要有二十多年的时间生活在艰难困苦之中,辗转于生死两界之间。

我们决定创业,打算拿出多长时间来奋斗呢?是 3 年、5 年,还是 10 年、20 年?不同的人、不同的项目、不同的条件,可能会导致需要奋斗的时间不同,但要想成就一番事业,却绝不是三年五年所能奏效的。当然,如果只是开一个可以维持生计的小店,也可能是开张就可以赚到钱的。

还有,既然选择了,就不要动摇,就不要后悔。选择创业后的动摇和后悔,可能会毁掉自己一生的前程。青年时期创业的最高价值和最大意义是经历、锻炼和提高,增强的是毅力、耐力和能力。“知青”一代为什么有那么强的抗压能力?他们出生不久就赶上了全国性的严重自然灾害,该读书时赶上“文化大革命”,该参加工作了又赶上了上山下乡。正是因为他们 20 岁不到就远离父母的呵护,到边远的山区和乡村去锻炼,所以返城后的待业、下岗、失业他们都能扛得住。第十八届中央政治局的 7 位常委中,有 4 位是有知青经历的,占比高达 57% 。他们正肩负着带领全党和全国人民实现中华民族伟大复兴的历史重任,难道不也是新的创业、新的长征么?

三是战胜困难需要有大无畏的英雄气概。就算真的牺牲了自己的性命,那也没什么了不起,我们也不会认输,也不会停止战斗。牺牲了的人可以“此去泉台招旧部,旌旗十万斩阎罗”;活着的人也会“后死诸君多努力,捷报飞来当纸钱”。胸中志气如此豪迈,有什么样的困难不可以克服,又有什么样的敌人不可以战胜呢?

说老实话，今天我们无论选择什么样的创业项目和道路，也无法再有70年前、80年前那样的艰难与困苦条件了。如果我们的内心足够强大，如果我们选择坚强，我们就一定无往而不胜。当然，我们也不可以没有科学的态度、严谨的精神和慎重的选择。但是这些都没有勇气更重要，即我们前面所提到的信念、信心和决心。

我们还是要牢记毛泽东关于“在战略上藐视敌人，在战术上重视敌人”的战略思想，不要被创业将要面对的困难所吓倒。其实没什么了不起的，不就是要独立自主地解决问题么？从小到大，我们自己解决的问题还少么？自助者天助。创业者虽然没有了上级，可能会有些不习惯，但是我们还有政府、还有团队、还有客户啊！只要我们选择的方向和道路是正确的，只要我们的为人是正派的，我们就不用担心自己会沦为孤家寡人。

四是符合规律和有益于人民的事业一定会胜利。“血雨腥风应有涯”，“人间遍种自由花”。那时的共产党和红军才有多少人马，但是就敢喊出这样的断言。凭什么？凭信念！诗人这样的信念来自于他对共产主义的坚定信仰，来源于他对中国社会发展前途的科学分析和正确判断。所以，国民党、反动派必然失败，共产党和无产阶级民众必然胜利。因此，即使是牺牲了我们自己，也一定能换来人民群众的自由和幸福。

如果我们所选择的创业项目是符合客观规律和市场需求的，那就一定是有旺盛生命力的。这样的事业想不成功都难。社会的多元化发展，给我们提供了足够广阔的选择空间；国家的全面发展战略，更需要民众的创新智慧和创造能力。此时能够融入创业大潮，即便是被裹挟着、被推动着，也会走出很远。要是再加上个人的勤奋与智慧，成功的几率一定会是很高的。

在创业的思想准备方面，倘若我们能将陈毅的《梅岭三章》所昭示的精神内涵领会清楚了，也应该算是准备得差不多了。

二、要选择好方向和项目

创业，就是要开始独自奋斗了。往哪里走，是一个方向性和路线性的大问题。但也不复杂，如果能够把握住4个符合的原理，也就不会出现什么大的偏差了。

要符合客观规律和社会潮流

这样说,可能又会有人以为是在讲大道理,也有的人会不屑一顾的。但我们更想指出的是,如果有谁忽略了这一问题,不但一定会吃亏的,而且迟早是一定要补课的。

具体怎么做?最好是先编制出一份《商业计划书》来,然后去征询投资人和有经验的企业负责人的意见。因为规律和潮流的概念极其宽泛,对于一个社会阅历不多甚至等于零的人来说,很难拿捏得准。《商业计划书》本来就是必须写出来给投资人看的,早写比晚写更主动,更有意义。在编制它的时候,可以让自己更冷静地思考,同时也是对企业构建、运营、管理的预习。

不要怕自己的商业计划被否定。如果真的被否定了,那正好说明我们的项目真的不行。不行的项目诞生了,才是一件可怕的事情。有阅历、有经验的人,会从我们的商业计划中发现问题,或者是帮我们提出调整、改进意见,或者是将我们的项目计划否定,那都是极其重要和宝贵的。

想当然和自以为是的毛病是初为创业者的软肋,甚至是死穴。尤其是刚出校门的人,往往容易犯盲人摸象和井蛙看天的错误,并且不知为错,千方百计地想证明自己是正确的。论辩自己的正确是必要的,但尊重他人的意见、建议更是必须的。众人的眼光会帮助我们把好符合规律与潮流这一关。

要符合人生规划的总体目标

我们为什么要创业?大的理由至少是有4条:体现价值,贡献社会,增加经验,创造收入。但是人生是极其短暂的。我们这一辈子到底要朝哪个方向发展,到底要达成怎样的人生目标,应该有一个总体规划和设计。对此,后面将有专门的篇章来进行探讨。在这里,我们只是想强调创业与人生规划及目标应有高度的一致性。否则就可能要折腾若干年后再回头找路,浪费掉一段宝贵的生命。

最好的办法是在大学期间先把《人生规划书》做出来,因为它比10份、100份《商业计划书》都要重要得多。有了《人生规划书》,也就有了人生方向,同时也就等于有了创业方向。当然,《人生规划书》也可能有不切实际的地方,所以它不可能是一成不变的东西,可以修改,可以调整。为了提高人生效率,我们在决定创业之前应该先将《人生规划书》做出来,然后据此决定是否创业和怎样创业。

由于大学里没有专门的人生科学课程,所以有很多人可能在大学毕业时还没有做好自己的人生规划,那也不要紧,也可以先进行创业实践。这两者之间并没有根本的利害冲突。人生的定向、定位很可能在创业实践中会突出出来,会明晰起来,帮助我们找准人生的发展方向和目标。我们强调先做《人生规划书》,后做《商业计划书》,是希望能有更多的朋友在人生路上少一些来回折腾和返工的状况,拥有较高的人生效率。

要符合自有专长和兴趣爱好

在这个问题上,虽然并不绝对,但是创业的项目符合自己的专长和爱好依然是上上策。古人云:“闻道有先后,术业有专攻。”(唐·韩愈:《师说》)不论是专业技术型人才,还是专业技能型人才,有专攻者,就都具有对某一专业领域较多的了解以及较深入的研究,相对于外行人来说处于明显的优势地位。如果在自己熟悉的领域中选择项目,可控因素相对较多,成功的几率也会更高一些。当然,既有专业技术知识,又有组织领导才能,并且能将二者统一到自己的创业项目当中是最好不过的。

如果本人具有较强的综合协调能力和组织领导能力,又遇到了自己十分喜爱的项目可供开发,那么即使是和自己的专业不对口,也是可以尝试的。这也还算是上策。饭馆老板多数并不是学烹调的,但是他们照样可以将自己的餐饮企业经营得风生水起;搞房地产开发的老板,也不见得就是学建筑的。经营企业最重要的还是整合能力。将懂行的人整合到自己的团队当中,也照样可以成功。

在一般情况下,如果自己在整合能力和领导能力上并没有多少优势,再选择一个与自己所学专业无关的创业项目,那就应该算是下策了。这个世界上真的没有什么好专业、差专业之分,“360 行,行行出状元”是真理,我们完全没有必要在喜欢与不喜欢之间较劲、较真。最重要的是价值,不是行业的价值,而是项目的价值。选定之后坚持做下去,在哪个行业里都照样能取得成绩的。但在没有经历过之前,多数人是听不进这样的劝告的。

要符合现实条件及长远发展

任何事物的存在都是有条件的,创业也是如此。唯条件论者,基本上是什么事情也做不成的人;无视条件的作用和意义,也一定要吃苦头的。在选择创业方向和项目时,应认真审查自己已经拥有的条件,充分论证可以争取到的条件,然后加以权衡,看是不是可以选定,是不是可以开始,或者是什么时候才可以开始。在考察可以开始的条件是否具备的同时,也要考察论证现有条件的变化可能,还要考察项目在后续发展过程中对条件需求上的变化,弄清楚我们是否有能力及时妥善地加以解决。

这个道理在资金需求方面表现得最为直观。前期准备和开张运营都需要资金,最低需要多少,我们现在具备怎样的资金条件,能够支持多长时间,都要做到心里有数。预期多长时间会有营业收入,如果到期不能实现怎么办?后续发展是否还需要外部资金的支持,如果需要,怎么解决?即使是在家编程序、搞开发,最起码也还有一个生活费的问题,自己的能力可以支持多久,都要想明白,计划好。

不打无准备之仗,是取得胜利的前提与基础。毛泽东说:“我们的任务是过河,但是没有桥或没有船就不能过。不解决桥或船的问题,过河就是一句空话。”(毛泽东:《关心群众生活,注意工作方法》,《毛泽东选集》第一卷)桥或船,就是条件。事先准备好,过河也就比较简单了。从某种意义上来说,创业就是要去经历风雨的考验,所以应该在风雨到来之前就做好防范的准备。如果真正做到了未雨绸缪,就可能会避免半途而废现象的发生。

三、要落实好资金和团队

虽然钱不是万能的,但是没有钱也真的是万万不能的。不过,在社会资本空前充足与活跃的今天,如果有好的创意、好的项目,想要找到钱还真就不是什么难事。我们只是想提醒决定创业的朋友要做好这方面的准备。

首先是要能够把盈利模式说明白

这是一个貌似不是问题的问题,但它又确实存在,并且作用很大,影响很大。因为我们在现实生活中发现,有些人的创新思维能力很强,但表达和沟通能力相对较差,好的想法既说不明白也写不明白,又不善于创造合适的沟通渠道和条件,只能眼看着好创意、好项目胎死腹中,然后还抱怨自己生不逢时、怀才不遇。

我们在《学习与成长篇》里有两章是专门强调在校期间要学好文、史、哲,但是好多朋友可能并不以为然的,不到这样的时刻也不会落泪的。身为中国人,不能恰当、准确、精彩地用汉语表达自己的思想,是一种悲哀和遗憾。还有一个更现实的问题是,很多人玩儿电脑很熟、很溜,但是大学毕业时却连最简单的办公软件都不会用或者用不好,Word、Excel、Power Point 等等,这都是走上社会以后须臾不可缺少的工具,为什么不早些把它学会、用好呢?推介项目是离不开《商业计划书》、可行性研究报告、路演 PPT 等手段的,刚创业时可能还没有秘书代劳,自己再弄不好,只能是望洋兴叹了。就算是有秘书帮忙,但是一般情况下自己的思想还是自己才能表达得更清楚、更真实。形式是为内容服务的,如果这些表现形式不能很好地为项目服务,甚至因为某些基础表现形式的欠缺而被投资人看到更深层次的问题,那就很可悲了。

投资人最关心的是盈利模式,说白了就是我们的项目怎么能让他们赚到钱。我们创业项目的《商业计划书》、可行性研究报告、路演 PPT 等,都要围绕着这个核心问题展开论证、有效说明。尤其是自觉的盈利模式,更为投资人所关心、看重。如果项目的盈利是依靠市场自发形成的,其模式不清晰、不确定,就属于自发的盈利模式。如果项目的赢利是经过自觉设计、理性调整形成的,具有清晰、确定、稳定等特征,就属于自觉的盈利模式。创业者一定要将此说明白,讲清楚。

在众多融资渠道面前要理智择选

当下的融资渠道很多,创业者应根据自己的项目特点、已有条件、需求体量、个人意愿等因素全面考虑,理智选择。目前可供选择和吸引的融、投资主要模式有以下几种:

1. 股份合作。这是比较简单、也比较常见的一种解决创业项目所需资金的方式。它最大的好处是不但可以吸纳到资金,还可以吸纳到人才和经验。同时,所有投资人利益共享、风险共担的合作方式也可以,也可以将创业风险分散,实现创业者压力的最小化。

2. 银行贷款。相对于其他融资渠道来说,银行贷款的利率最低,是获得资金的较好渠道。大学生创业贷款是不错的选择,但额度相对较低。如果申请大额贷款,银行所要求的条件不是一般创业者所能满足的。就算是创业项目的可行性考察能过关,但是抵押和担保这两方面的要求可能初创业者就很难做到。

3. 政府补贴。近几年来,各地方政府都出台了鼓励大众创业、万众创新的系列性扶持政策,其中就有创业补贴方面的措施。有的地方开办了创客空间、大学生创业园等平台,鼓励创业企业向创业、创新基地聚集,实行税费优惠,并给予多种形式的创业补贴。作为创客,要多掌握所在地的此类信息。

4. 创新基金。其全称是“科技型中小企业技术创新基金”,是由国务院批准设立的,专门用于支持科技型中小企业技术创新的中央政府基金。该基金通过无偿资助、贷款贴息和资本金投入等方式支持科技型中小企业创新创业。

5. 风险投资。它被简称为风投。从字面上理解,一切具有高风险但又有潜在高收益的投资,都叫风险投资。这也是它的广义定义。而狭义的风险投资,则是专指向以高新技术为基础,生产与经营科技密集型产品的项目所进行的投资。

6. 天使投资。这是对正处于构思阶段的原创项目或小型初创企业的前期投资,虽然也属于风险投资,但又有明显差异。两者的动机不同、来源不同,投放的着眼点也不同。天使投资来源于对萌芽状态中项目的呵护,是民间资本,甚至可能是来自于亲属、朋友的帮助。

7. 股权众筹。公司出让部分股份,通过互联网进行融资,吸引普通投资者出资入股,就是股权众筹的含义和过程,也有人形象地称之为“私募股权的互联网化”。这是刚刚在我国资本市场上出现的快速小额再融资形式。

8. 典当借贷。如果救急,这不失为一条快捷的融资路径,因为通过这样的方式只需几个小时就能拿到钱款,被业内一些人士形象地称之为创业者融资的“方便面”。但前提是我们得有物可典、有件可当。

同时还要找到和你一起花钱的人

有了方向、有了项目、有了资金来源,还需要一个更重要的起步条件,那就是需要人,需要人手,需要人才,甚至需要人物,需要有一帮和我们一起把投资花出去的人。

当今世界,已经很难再有一个人就可以完成的重大发明创造了,所有的丰功伟业都是靠团队来成就的。就绝大多数创业项目来说,靠单打独斗几乎没有成功的可能性。网店、微店貌似是一个人在创业,其实质却是在某一个大的电子商务平台上自己开了一个小窗口而已。在一个个网店、微店经营者的背后，是一个巨大的团队在 24 小时不下班在为我们服务着。试想如果脱离了平台的系列化服务，我们的网店、微店还能成其为店么？

同理，我们要创业，也要有自己的团队。团队精神，是创业者必备的主要素质之一。在那些投资家眼里，往往会通过创业者的团队来考察创业者的素质和能力。团队是现象，明眼人会透过现象看到创业者的选人用人眼光、合作精神、领导力等内在要素，进而影响投资的信心、决心和行动。

刘备组建创业团队的经验十分值得研究和借鉴。“道不同不相为谋”，所以，志同道合是第一位的，即共同的理想、信念至关重要。刘、关、张桃园结义，证明他们价值观的一致性。其二是利益一致。通过营销“匡扶汉室”这一主打产品，刘、关、张都可以各得其所。世界上没有永远的朋友，但却可以有永远的利益。看在钱的面子上，大家也可以有一个较长时间的合作期。其三是优势互补。10 根手指并不是一样长、一样粗的，如果真的一样长、一样粗反倒不成其为手了。不要期望创业团队都是张飞一样的勇猛，也不要期望都像关羽一样忠厚。如果 3 个人的力量还不足以支撑兴汉大业，那就再去找到诸葛孔明，这样就将领导核心的班子配齐了。看到了这样的团队，孙权才敢投资，联手赤壁，借荆州，嫁胞妹，与曹争雄。

四、要懂点运营管理常识

事物的发生、发展，都是有其规律和法则的。创业，一般来讲多为创办企业。企业的创办与管理，自然也有其特定的规律与法则。没有经历过的人，在创业的起步阶段是应该恶补一下的。

按照业务性质来划分，企业的运营管理一般包括 9 大模块的内容：

战略管理

这是企业的灵魂所在。企业的发展战略，是对企业基础性、整体性、长远性发展的谋略、规划和设计。很多人在讲述企业管理课题或进行企业管理实践时，不认为它是灵魂，觉得太虚，没有实质意义，往往会予以简化或忽略，使企业从一“作胎”开始就丧失了灵魂。灵魂从来都是虚的，既看不见，也摸不着，但却又从来都是不可或缺的。在涉及非战争内容时，所谓战略，就是对重大问题诸如基础、全局、长远、高端问题的谋略和策划，可以广泛应用于政治、经济、文化、科技、外交等领域。所谓战略管理，就是对战略主体内容的科学分析、谋划决策和组织实施。企业的战略管理，主要涵盖发展战略、经营战略和管理战略3部分内容。发展战略主要研究和确定的是企业的发展方向、中长期目标和达成目标的战略战术；经营战略是根据自身能力和市场条件所确定的技术研发、商品生产和市场运营规划；管理战略是适应企业现有生产力水平的组织结构设计与完善、人事劳动管理与分配、业绩目标的确定与实现等。

研发管理

对于生产型企业来说，产品研发是“先行官”，也是企业在激烈的市场竞争中生存与发展的根据所在。这方面的工作做不好，等于创业企业的诞生是先天不足的。产品研发的立足点有两个：自有的技术力量和市场的需求。自有技术力量是可以调整的，但市场需求却是客观的，不以人的意志为转移的。如果市场的需求是真实的、旺盛的，自有技术力量不足则可以通过引进、协作等方式来解决；如果市场没有需求或需求不旺，这样的产品就没有生命力，不开发也罢；如果能超前发现市场需求，通过新产品去创造需求、引导需求、扩大需求，则会占尽先机；如果能做到“生产一代、试制一代、研究一代、构思一代”，则会实现持续性发展。对于经贸型企业来说，经营内容和销售模式是它的产品，也需要研发，不可太过随意。对于服务型企业来说，服务项目和服务方式是它的产品，有更大的研究和开发空间。

计划管理

企业的发展战略可以体现在中长期发展规划上，但更要落实在年度、季度、月度的工作计划上。不要把战略、规划、计划这样的名词和内容搞得太神秘化了，其实都是很简单的。很多人都学过高等数学，将微分和无限分割的原理应用到企业发展规划和年度计划乃至季度计划、月度计划、周度计划、日计划中，一切就都不复杂了。当然，要把计划变成现实并不是一件容易的事情。计划年毛盈利额1200万元，那每个月就必须完成100万元，每一天就必须要完成33333元。如果商品平均售价为200元，毛利率为20%，那么全年的商品销售总量应不少于30万件，即每个月不少于2.5万件,每天不少于834件。如果有10名业务员在跑销售,那么在他们每人所负责的销售区域和销售系统中,平均每天的销售量就不能少于84件。倘若按月计算没有完成当月计划,那就要找原因,调结构,增措施,上手段,想办法在下个月予以完成,并补齐上个月的缺失。这就是计划管理。其实也用不上高等数学,加、减、乘、除足矣!计划管理,就是计划的制定、分配、执行、检查、完成、调整等一系列过程。

生产管理

生产系统的建立和运行,生产过程中的技术、设备、工艺、质量、供应、进度等多项内容,都属于生产管理的范畴。待生产系统正常运行后,生产管理则以生产控制为主要表现形式。生产控制主要包括进度控制、质量控制和成本控制3大类。生产进度控制是以销售进度为导向的,以销定产,在保证满足市场供应的前提下尽可能减少产成品库存;质量控制蕴含于生产的各个环节之中,从构思设计、技术定型、工艺标准、设备配置、原料采购、人员定位、监督检验一直到成品库管都不能掉以轻心;成本控制直接关系到市场销售和利润空间,是企业能否实现利润最大化的直接相关因素。研发之后定型产品的技术管理,应该属于生产管理的范畴。

市场管理

我们这里所说的市场管理,不是政府工商部门所行使的市场管理职能,而是企业对自身在市场中所进行的有目的活动的管理,因此也可以称之为营销管理或者是市场营销管理。市场虽然在企业之外,并且有大部分因素不在生产企业的管控之内,但是,任何一个企业又都有进行市场管理的能力和空间。首先是要善于发现市场机会。今天的消费者具有多元化和个性化的特征。消费者就是市场的创造者。严格地说,任何一款畅销产品都是消费者帮助生产者制造出来的,即需求创造产品,需求创造市场,需求创造利润。多和消费者沟通,才会更早地发现市场机会。其次是要善于选择目标市场,进行深度开发。市场的空间是无限的,我们的能力和精力是有限的,所以要“集中优势兵力打歼灭战”。第三是要对市场进行科学规划及合理分工,将营销人员的责、权、利有机统一起来,多渠道、多手段地调动他们的工作热情和创造精神。第四是要有营销进度管理和预算管理,以实现对市场营销工作的有效控制。

财务管理

有人说财务管理是企业管理的核心所在,其实并不尽然。它很重要,这一点是毋庸置疑的。但说它是核心,会误导一些管理者。企业管理的核心是战略管理,是要企业发展战略的科学制定、顺利实行和及时调整。战略管理是灵魂,是大脑,是心脏,财务管理是血脉,管理的目的是要保证血脉畅通,不能乱,更不能断。财务核算和资金的合理流转调配,可以促进产成品销售收入最大化和利润最大化的实现,进而更好地促进股东财富的增值、企业价值的体现和相关方利益的保证。创业企业组建之初,一般规模并不大,但“麻雀虽小,五脏俱全”,尽管在财务管理上不能像上市公司那样完善和规范,却也要有规有矩,为下一步发展奠定良好的基础。同时要建立起内部监督机制,并树立风险意识,建立预警系统,保证企业的“循环系统”不出问题。人体的循环系统如果出现问题,人的心、脑、肝、肾便会有大麻烦。企业的财务管理如果出现问题,总体战略、发展规划、目标管理就都会出现大麻烦。

劳资管理

现在对劳资管理的时髦称谓是从国外引进的 Human Resource Management,即人力资源管理。人力资源管理也好,HR 也罢,并不比劳资管理贴切和准确。说到底,这项工作还是劳动力和工资管理,既包括对人的管理,也包括对分配的管理,两者密不可分。对于一个创业型企业来说,起步时可能老板即员工,员工亦老板,很多事情都必须由创业者自己动手去做,但这并不妨碍我们要有劳资管理的概念和意识,要为未来的劳资管理塑造好雏形。作为创业者本人,可能就是未来一个大型企业的董事长或者 CEO,所以对此不能不知,并且要强化企业管理即人心管理的意识。经理经理,就是经营和管理,经营商品,管理员工。而企业管理其实就是在管人,或靠人去管,或靠制度去管,或靠两者结合去管。分配制度是企业运行的润滑剂。合理、有效的分配、奖励、激励机制可以提高员工的劳动热情,自然也就提高了企业的生产力水平。

信息管理

我们正处于一个信息大爆炸的时代,据说现在一个人一天所获得的信息量相当于古代人一年所获得的信息总量。我们不知道这样的统计结果是怎样得出的,也不想去研究它的准确程度,但有一点是肯定的,那就是今天的信息量之大是极其惊人的,甚至有些人不得不屏蔽某些传媒窗口以图清净。对于一个企业来说,信息管理也是极其重要的,它是企业的眼睛和耳朵。但有些管理者却不够重视,也舍不得对此进行投资,连每年花几万块钱养一个信息员的钱都舍不得出。创业者可能在起步阶段不具备条件而只能自己管理信息,但是当企业稍有模样时就应该有专职人员或独立部门来管理信息。因为信息和人才、技术、资金等企业要素一样,也是企业的资源,而且是获得成本最低的资源,不可等闲视之。有专职人员或部门的企业,应该建立信息梳理、汇总和报告制度,定期向企业的管理高层及各部门提供与本企业、本行业相关的政策、形势、技术、市场等高关联度的信息。

人心管理

人心管理是企业管理之纲。古语云:纲举目张。有些企业领导人在管理实践中经常会感觉到企业管理这张大网没有张开,更会经常感觉到有些"网眼"根本就没有打开。缘故何在?人心管理缺失可能是主要因素,因为有些人信奉甚至是崇拜经济手段的作用,对人心管理不屑一顾,甚至嗤之以鼻。所以,在这样的老板领导下,企业的吸纳人才、留住人才、培养人才、依靠人才等方面都不尽如人意,人才危机也频频出现。有些企业家也懂得人心管理之重,并且把"以人为本"写在纸上、贴在墙上、挂在嘴上,但在企业冗杂的管理事务面前,这样的口号也很难落地,最终导致危机出现。创业者应牢记"得人心者得天下"的古训,从6个方面培养人心管理的意识和习惯:①视员工为朋友、为合作者、为生意伙伴;②保证应有的物质待遇;③给员工尤其是人才以成长空间;④让企业发展愿景融入员工的梦想;⑤坚持正确有效的教育和引导;⑥真诚的感情交流和心理沟通。

创业,既是人生的一个新起点,也是人生一个重大转折点,能做一些准备再起步才好,这样就会少走弯路,少摔跟头。当我们郑重其事地作出决定时,最好还要再问自己一句:创业,我们准备好了么?

第四十一章

老板是这样炼成的

如果选择了创业之路,对大多数人来说,等于是选择了当老板之路。那么,老板究竟是怎样炼成的呢?

一、想常人所不敢想

决定创业的人,一定是与平常人想法不同的人,或者说他们是一群想法不正常的人。那么,正常的人是什么样的想法呢?好好学习,顺利毕业,认真地研究去给谁打工,努力去找一份收入稳定、环境安逸、相对体面的工作,然后再找到相对满意的另一半,开始"老婆孩子热炕头儿"的温馨生活,接着就是孕育和抚养下一代,等孩子长大一些再教导他或她要好好学习、顺利毕业、找到一份比爸爸妈妈更安稳体面的工作。想要创业的人却是另外的想法:不但要好好学习知识,更要全面提升能力,争取顺利毕业,同时经常琢磨将来找什么样的人给自己打工。他们明知选择这样的路会比那些正常人的人生要辛苦得多,可是总觉得那条貌似不辛苦的路并不是自己想要的。他们为什么会这样?

首先是因为创业者有着一颗不安分的心。

所谓不安分的心,就是不想和别人一样的那种潜意识。说白了,潜意识里的东西就是骨子里的东西。在我们的生活中,在我们的身边,常常能看到这样的人。

有的人穿衣服要彰显个性,与众不同。正是因为有了他们,才推动了一波又一波的服装革命,否则我们今天可能还是长袍马褂加身呢。

有的人在思想上要独树一帜,惊世骇俗。正常的医生应该是悬壶济世,在医院或诊所里救死扶伤的。孙中山、郭沫若、鲁迅这3位都是医学院校出身,其中两位是留洋学医的,一位是在香港学医的。按正常思维,不要说在那个社会还比较落后的年代,就是在今天,他们的文凭也有足够高的含金量,混到中产阶级的生活水平应该是很容易的。但是他们却与正常学医的人不同,竟然选择了革命,并且都有惊世骇俗的政治或文化主张。正是因为有了像他们这样的人,推动了人类的思想文化乃至社会进步。

有的人做事情要另辟蹊径,标新立异。正是因为有了他们,世界上的一个又一个难题被不断解决。从古至今都不乏类似史蒂夫·乔布斯这样的人,否则我们今天可能还在茹毛饮血、住树洞披树叶呢。

同时还因为创业者有着十分强烈的企图心。

企图心,也可以称之为野心,是人生某些方面强烈欲望的表现。怀有强烈企图心的人,往往都想从这个世界上得到比别人更多的东西,比如名誉、地位、财富等等。人们往往习惯于将企图心用作贬义词,其实想通过个人努力后多获得一些回报也没什么不好,只要是“取之有道”又何尝不可呢?严格地说,企图一词确有贬义,但企图心应该算是一个中性词。企的意思是踮着脚看,是企盼、盼望;图的意思是谋划、谋取,是策划、计划、规划;心是心愿、意愿,是希望、欲望。一个希望自己的人生与众不同的人,自然会选择与众不同的路径去实现。当他的欲望足够强烈时,便会进行谋划,找到实现愿望的路径和方法。

几乎是人人都有企图心的。前面说过的买彩票的事例就是明证。据说中国现在大约有3亿多彩民,这是一个远远多于企业家数量的群体,并且在每个彩民的身上都充分地展现着他的企图心。因为他买彩票的行为是被中奖的欲望、野心所驱使的,绞尽脑汁地选号就是图谋。如果没有这样的企图心,而仅仅是爱心捐献,那他就会去选择慈善捐款了。

当老板,是很多人实现其企图心的重要路径之一,如果有所成就自然也会获得很多。就算业绩不理想,最起码是不用看着别人给自己做老板,也不用看着别人的脸色和眼神做事,拥有了一段独立自主的经历。试一下,就有了实现自己企图心的机会和可能;不试,就什么可能都不会出现。

更重要的是因为创业者有着与生俱来的责任心。

编纂《论语》并撰写《大学》、《孝经》、《曾子十篇》的曾参曾经说过:“士不可以不弘毅,任重而道远。”(《论语·泰伯篇》)意思是说,把自己看作君子的人,不可以没有宽广的志向和胸怀,不可以没有坚韧的品格和毅力,因为他们应该自知肩上的责任重大,未来的路途遥远。

2015 年 7 月 24 日,习近平在《致全国青联十二届全委会和全国学联二十六大的贺信》中引用了曾子的这句话,并语重心长地勉励全国的青年朋友说:“国家的前途,民族的命运,人民的幸福,是当代中国青年必须和必将承担的重任。一代青年有一代青年的历史际遇。我们的国家正在走向繁荣富强,我们的民族正在走向伟大复兴,我们的人民正在走向更加幸福美好的生活。当代中国青年要有所作为,就必须投身人民的伟大奋斗。同人民一起奋斗,青春才能亮丽;同人民一起前进,青春才能昂扬;同人民一起梦想,青春才能无悔。”(新华网,2015.7.25)

很多人创业的志向来自于他们的责任心和使命感。他们觉得必须对自己和家庭负责。要自立于世,使自己的人生与众不同;虽然自己无法选择成为富人的后代,但是却可以选择成为富人的祖先;要让父母和家人过上富足美满的幸福生活。他们也觉得必须对社会和国家负责。全国现有的 4000 多万中小企业主,大多数都有这样的责任心和使命感。国家的强盛、社会的繁荣、人民的富足,都需要企业家勇挑重担,促进经济发展;而创业者和创业型企业的前途命运,又有赖于大环境所提供的各种条件滋养。包括曾经创业过的人们,可能其中很多人并没有实现预期的目标,但是也都在对个人、家庭、社会、国家负责的路上进行了有益尝试,留下了宝贵的经验或深刻的教训。这些经验教训,也成为今天开始创业者起步的基石和阶梯。

平常人不敢想,而我们敢想,那是需要一定胆量的。这个胆量来自哪里?性格因素是一个重要的基础。除此之外,更多的则是知识的积累、信息的把控、能力的储备和心态的自信。

有些人天生胆子壮,有的人天生胆子小。胆大者不具备条件时都想尝试一下,表现出“初生牛犊不怕虎”、“无知者无畏”的气魄;胆小者则是条件具备了还“前怕狼后怕虎”,可能还是畏缩不前。

多数人的胆量来自于理性思维。相关知识的积累使其成为内行,因为懂行才没有了畏惧。比如外科医生给患者做手术,没有对人体结构的专业知识,胆子再大也都是不敢下刀的。充足的信息占有量会使人对未知领域多一些事先的了解,也会消除一些恐惧心理。人们为什么敢将车开上一条没有走过的高速公路?就是因为事先掌握了与这条高速路相关的信息。能力的储备,会最有效地增加人的胆量,正所谓"艺高人胆大"。武术、杂技、马术中的那些惊险动作,都是表演者能力储备达到一定高度时我们才能看到的。

自信的心态,也是多数创业者所具备的一种特质。这是一种对自己的信任,是成功者必备的特质之一。自信,是一种心理素质。想创业,想做老板,没有良好的心理素质肯定是不行的。正是因为有了这样的心态,他们才会敢于想平常人所不敢想的事情。

二、做常人所不肯做

做老板的想法出自一种或多种责任,所以这也是一种选择,即选择了担当更多、更大、更重的责任。普通人、平常人要承担起这样的责任,是必须要经历艰苦磨练,成为不普通、不平常的人之后才行的。而这些磨练,可能是平常人不肯接受、不肯去做的。那么,都要经历哪些磨练呢?2300年前的孟子作了如下归纳:"天将降大任于斯人也,必先苦其心志,劳其筋骨,饿其体肤,空乏其身,行拂乱其所为,所以动心忍性,曾益其所不能。"(《孟子·告子下》)虽然孟子的这段话大家已经是再熟不过了,但我们还是要引用到这里,因为他高度概括了想要当老板的人"做常人所不肯做"的5个方面磨炼:

苦其心志

这是对一个人心理素质的锻炼和考验。心志是什么?是心性、心意,是意志、志向。苦其心志的最集中表现是"心想事不成"。串联好的合伙人"撤梯"了,答应好的投资人变卦了,约会好要见面的人说有事了……自己像案板上的面团一样被揉过来又揉过去,而且有泪还只能流进肚子里,有气也只能和亲人撒。好不容易将公司组建起来开门纳客了,却发现事情也不像原来想象的那么简单、那么美好、那么顺利。在这样的考验面前,有的人选择退缩逃脱,有的人选择维持应付,有的人选择勇往直前。最后真正成为老板的人,都是在心志考验中胜利的强者,而不是什么幸运儿。没有经过这样的砥砺,内心是无法真正强大起来的,也无法成为一个真正的老板,一个名副其实的企业家。

劳其筋骨

这是对一个人身体素质的锻炼和考验。虽然现在没有多少体力劳动了,但人生的操劳是避不可免的。做老板更是一件比较辛苦的差事,尤其是在创业期。当别人休息的时候,老板不见得也能休息;当别人娱乐的时候,老板可能还得要想事;当别人清闲的时候,老板却需要继续奔波。就如同各个项目的运动员一样,即便是告诉我们将来一定能成为世界冠军,我们也不见得敢于去接受那种超极限的艰苦训练。只有那些不寻常的人才能经受住那极端的"劳其筋骨"。所以,想做老板的人,应该要有比平常人好一些的身体素质才行。员工讲究的是每天工作 8 小时,甚至更少;老板是不可以有工作时间概念的,早上睁开眼睛即开始工作,直到晚上进入睡眠状态,甚至是在梦中也会出现工作上的情节。

饿其体肤

这是对一个人耐受能力的锻炼和考验。今天的时代,远非孟子的时代可比了,所以"饿其体肤"的几率已经很小很小,但也不是一点没有的。来不及吃早饭,饿一上午,是常有的事情;晚饭要耽搁到很晚才吃,也是为老板们所司空见惯的。有些老板不注意自我调控,把创业时的"来不及"或者"没时间"变成了一种习惯,结果后来条件允许了也不及时纠正,久而久之,损害了身体机能,给未来的健康和寿命留下隐患,是一个很值得重视的大问题。创业期艰苦一些,不能按时定量就餐可以理解,也可以将其视为一种特殊的锻炼和考验,但这只应该是一种暂时的、临时的状态,而不应该将其变成老板人生的常态,更不能以健康和寿命为代价去换取生意上的成功。

空乏其身

这是对一个人协调能力的锻炼和考验。空,是空白、空洞、空虚和亏空;乏,是缺乏、贫乏、疲乏，也可以引申为物质财富短缺。空乏其身，即指让一个人经受贫困之苦。选择做老板，是为了实现物质财富的富有，怎么还要经受贫困之苦呢？事情有时候就是这样喜欢与人开玩笑的。一时的资金紧张，几乎是每个老板都曾遇到过的窘境，开着“大奔”借钱去给座驾加油者并非绝无仅有的个例。这种情况的出现，如果不是一时疏忽，那就肯定与老板的协调运作能力有关。这样的窘迫经历多了，协调关系、运作资金的能力也就随之提升了，而其他的控制全局、运筹帷幄的能力也会跟着增长起来。作为华商骄傲的李嘉诚22岁开始创业，到27岁的5年间，他和他的长江公司一直就生存在这样的窘迫之中。恰恰是这样的困境使李嘉诚和长江实业真正成长起来了。

拂乱其为

这是对一个人意志力的锻炼和考验。孟子原话说的是“行拂乱其所为”。行，在这里是行将、将要的意思。将要做什么呢？“拂乱其所为”，即扰乱那些将要做大事人的所作所为，让事情的进展和结果违背他本来的意愿，使他不能他太顺利。我们让小孩子做拼图游戏，都是先要“拂乱其为”的，即把原来已经拼好的图形打乱。为什么要这样折腾想担大任的人？就是要对他的意志力进行强化训练，真正得到提高。否则，后面那些更多、更大、更难的事情他怎么能够担当起来？如果做事太顺利，反倒是害了他。那么，又是谁在折腾他呢？规律和法则。个人的成长规律和事物的运动、变化、发展规律，都要求想做老板的人要有足够坚强的意志力。正如台湾音乐制作人李宗盛在《真心英雄》歌词里所写的那样：不经历风雨怎么见彩虹？没有人能随随便便成功！失败——努力——再失败——再努力——直至成功，这便是企业和企业家成长起来的必由之路。

经过这样的锻炼和考验之后，会是一种什么样的结果呢？孟子的结论是：“动心忍性，曾益其所不能”。曾，在古汉语里通“增”。即用这些办法来使即将要做大事人的内心受到触动、震动甚至惊动，性格变得坚韧起来，不再为外界阻力所扰，把要做、该做的事情做完、做好。同时，也会“曾益其所不能”，即增加他原本不具备或者不充足的才干、能力。一些内心不够强大的平常人，是不肯主动去做这些苦其心志、劳其筋骨、饿其体肤、空乏其身、拂乱其为之事的，当然也就不会有成为真正老板的可能了。

三、忍常人所不堪忍

做老板了,应该是别人要忍受他,怎么还会有他要"忍常人所不堪忍"的情况出现呢？道理很简单。如果是他手下的员工,假如他的脾气性格又很不温和的话,那么员工是要多少忍受他一些的。但是需要忍受的只是他一个人而已。而他呢？要面对的是外界的方方面面和内部的层层级级,他要忍受多少人呢？对外,他肯定是不敢乱发脾气的,因为他要是那样就没人买他的账,他和他的企业就会成为彻头彻尾的孤家寡人;对内,即便是他偶尔敢对下属发发小脾气,可那也不是他随便想和谁发就和谁发、想怎么发就怎么发的。所以,忍受、忍让和忍耐是老板的必须修养和常态。

忍受,是老板要面对的第一忍。忍是什么？是把自己的情感按捺住,不让它流露出来;受是什么？是接纳外来的人、事、物。忍和受组合在一起,所表述的就是即使自己并不十分情愿,也要接纳别人给予的一些东西,即很勉强地接受。这对于普通人来说,可能就会任性一些,不喜欢、不愿意、不高兴都可以表现出来。但是做老板不行,必须要忍受一些常人所不堪忍受的东西。

这些必须忍受的事物一部分来自企业外部,还有一部分来自企业内部。有一位从机关公务员队伍里下海经商的人曾经这样描述过他的感受:原来以为在机关里工作很不自由,不想被别人管着,所以挣脱出来当了老板。没想到当老板后比原来更不自由了,原来可能是一两个人管着自己,现在是外面有市场约束、政府监管,内部有员工的眼睛盯着,后面这么大一个企业拖着,更加不自由了。所以,千万不要以为当老板就可以天马行空了。一个负责任的企业家,必须要忍受方方面面的牵制。

做老板也要忍受孤独寂寞。在一个企业里,老板有时会有一种孤家寡人的感觉,因为下属和员工有时所持有的立场与自己是不一致的。老板很想企业里所有人都能和自己一样,急企业所急,做企业所需,但有时却觉得很失望。有时老板会有新的思路出现,却得不到下属和员工的理解和响应,那种孤独感更是难以言表。另外,老板也是普通人,也会有感情脆弱的一面,但是却不敢有所表现,还要保持刚毅与坚强的形象。有些女汉子老板就是这样由娇柔淑女炼成的。

忍让,是老板要面对的第二忍。忍让,就是容忍与退让。有人会问,都贵为老板了,还需要这样吗？事实上恰恰是因为当老板了,才更是必须要容忍和退让的。

容忍主要表现在容人上。不论对内对外,作为一个企业管理者,必须要和各色人等打交道,你若不容人,人亦不容你。所以,不论是对内还是对外,都要表现出容人的大度。这样,外边的人才愿意和我们打交道,内部的人才能和我们聚拢得更近。李嘉诚在做塑料花生意的时候,有一位美籍犹太商人订了一批货,后来却临时取消了订单。李嘉诚不但没有向对方索赔,还诚恳地和对方说:如果以后还能有其他生意机会,希望我们还能建立更好的合作关系。对方被感动了,便很卖力气地在美国推销李嘉诚的塑料花系列产品,帮助“长江”有效地开发出了美洲市场。

容事也是容人,因为事情都是由人做出来的。不光是企业外部的事情不以我们的意志为转移,就是在自己企业的内部也不是什么事情都按着我们的想法去实现的。员工或者没完成定额、业绩,或者做错了事情给企业造成一定损失,作为老板该怎么办？如果规章制度健全,在照章责罚的同时,也要正视已经发生的问题,给责任者以改过和弥补的机会。这样不但会感动当事者,也会让其他员工感受到老板的胸怀。“人至察则无徒”,讲的就是这个道理。

退让是企业之船在商海中航行经常会遇到的情况,也是企业管理者经常要作出的选择。尤其是在商业谈判中,几乎是没有退让就没有合作的。“以退为进”是一种策略,也是一种手段,更是一种姿态。但是有些人不懂得迂回之术,不懂得退让之法,视退让为耻辱,反倒是难以成事。

忍耐,是老板要面对的第三忍。所谓忍耐,就是要把痛苦的感觉和低落的情绪控制住,不让它流露表现出来,也就是说要在艰难困苦的考验面前坚持住、挺下去。

我们在前面探讨事物变化、发展规律时,反复提及的螺旋式上升和波浪式前进的现象,是客观事物发展的普遍规律。经营企业,就是将若干项复杂的事物汇集在一起以求发展,其难度可想而知,并且更会集中地体现螺旋式上升和波浪式前进的态势。企业在螺旋式上升的过程中,一定会有回旋的表现,似乎是事物又回到了原点;在波浪式前进的过程中,一定会有跌入低谷的时段,似乎是事物已经走了下坡路。这时,就是考验一个企业家耐力、定力、能力的关键时刻。

我们这里所说的忍耐,并不是消极的等待,而是要积极地坚持,但不能急于求成。毛泽东有句名言,很值得企业管理者铭记:“我们的同志在困难的时候,要看到成绩,要看到光明,要提高我们的勇气。”(《为人民服务》,《毛泽东选集》第三卷)如果能将一切困难都看成是使自己变得更加强大的动力和老师,忍耐就会具有更加积极的意义。而做不到这一点,则很可能会功亏一篑,前功尽弃。

四、能常人所不可能

在中国,被称为老板的人大体上可以分为4类:一是国有企业领导人,多由政府主管部门任命,所在行业带有一定的垄断色彩;二是民营企业家,所属企业已经具有相当规模,并在国民经济运行中发挥着重要作用;三是小微企业主,拾遗补缺于所在行业,并在完善和发展相关产业链条中体现着自己的存在价值;四是个体工商户,以自生自灭为存在状态,在服务民众日常生活中获得一定的利润,维持家用或略有剩余。其中的第一类因其性质特别,所以不在我们的讨论范围之内。我们在本章所说的老板,是指后3类中那些有良知、有道德、守法经营的企业所有者和经营者。他们不但具有着想常人所不敢想、做常人所不肯做、忍常人所不堪忍的特质,更重要的是他们还可以做到能常人所不可能。

没有读过一天书因而连自己的名字都写不好,50岁开始白手起家创业,仅用10余年的时间,就把自己的品牌做得与茅台酒齐名,使自己的企业年产值超过40亿元,这可能么?在常人看来,这是绝对不可能的。但是,有人就是将这不可能变成了现实。这个人叫陶华碧,是贵阳南明老干妈风味食品有限责任公司和贵阳南明春梅酿造有限公司两家企业的董事长。到2015年,她已68岁。

出生于1947年的陶华碧20岁时嫁给地质队的一名职工,几年后丈夫病逝,她带着两个孩子艰难度日。为了维持生计,她到外地打工、摆摊。41岁时,她在贵阳市郊的一条马路边上用捡来的砖头盖起一间简易房子,以平日省吃俭用攒下的那一点钱作本钱,开了一家专卖凉粉和冷面的小餐馆。就因为她自制的佐料——辣椒酱风味独特,生意十分红火。49岁那年,她租借当地村委会的两间房子,招聘40名工人,开办了专门生产辣椒酱的食品加工厂,1997年她50岁时,贵阳老干妈风味食品有限责任公司正式挂牌。

现在,从这家企业每天都会生产出约210万瓶的“老干妈”辣酱,由昼夜等候在厂区的卡车运出,然后被发往全国各地和海外的30多个国家和地区,几乎是在全球凡是有华人的地方,就有“老干妈”。2014 年,这家企业的年销售收入已达 41 亿元。

陶华碧的能常人所不可能,首先表现在她的企业直接解决了几千人的就业问题。截止 2015 年 5 月,该公司的员工总数已达 4100 人。这在很多大学毕业生还为自己就业发愁的形势下,其意义不同凡响。他们公司除了工资奖金在全贵阳市为顶尖水平外,公司还给予全体员工以包食包住的福利待遇。外界对这家企业员工的评价是“忠诚、勤勉、低调”。一位大字只认识 3 个的老太太,今天能解决那么多读书人的就业问题,不能不说是一个神话,一个奇迹。

陶华碧的能常人所不可能,也表现在她把企业建成了一个国家级的农业产业化重点龙头企业。如今,该公司在贵州省的 7 个县拥有 28 万亩的无公害辣椒种植基地,进而形成了一条从农民田间伸展到全球市场的产业链,带动 200 多万农民致富。

陶华碧的能常人所不可能,又表现在企业对国家税收和地方财政的贡献上。贵阳市税务部门给出的统计数字显示,仅 2010—2014 年的 5 年间,老干妈公司累计向国家上缴税款 22 亿元。22 亿元是个什么概念呢？如果按一般地区农村人均可支配年收入 5000 元计算,大约可以养活 44 万人 1 年。这相当于一个中等大小县份的人口总数。

陶华碧的能常人所不可能,还表现在她创造了一种模式,闯出了一条新路,打破了学院派关于企业管理的神话。据说她的公司没有《员工手册》之类的文件,只有一份成立初期时她儿子帮助制定的极其简单的规章制度,里面多是一些类似于长辈教诲晚辈的话语,诸如“不能偷懒”等等。其特有的企业管理模式,被称之为“老干妈”管理。

陶华碧的能常人所不可能,更表现在小微企业的成长和发展的典型意义上,即今天的一个小作坊,有朝一日可能是一个大财团;今天的一个小产品,有朝一日可能是一个大品牌;今天的一个小商贩,有朝一日可能会成为省人大常委、全国人大代表去参政议政;今天的一个文盲,有朝一日可能去统领一批有初中、高中、大学等学历员工的团队。

毫无疑问,“老干妈”的确是一个特殊案例。但其所反映出的“凡事皆有可能”的规律,是足够引起我们重视和深思的,同时也反映出了众多老板们“能常人所不可能”的历史成就。

五、得常人所不易得

同普通人相比，正当经营的老板们确实是付出了比较多的操劳与汗水，因此也获得了常人所不易得到的回报。还是以“老干妈”陶华碧为例，我们看看她都有哪些获得。

首先是物质回报。“老干妈”曾被列为全国民营企业50强排行第5位，2012年陶华碧就以36亿元人民币的身价登上了胡润中国富豪榜。而且她的企业还在继续发展，从正式成立至今已经连续17年保持着增长的势头。如果不是她坚决拒绝上市，否则她的身价应该早已超过100亿了吧？

这样的巨额回报，是绝大多数人连想都不敢想的，更不要说得到了。有人特别羡慕成功的老板所占有的巨额财富，但是却不肯像他们一样去用心做事，又受不得那样的辛苦，所以也只能过普通人的日子。

陶华碧最初开小餐馆时，购买原材料经常要步行到5公里以外的地方，买好后再背着差不多40公斤重的东西走回来。由于当时常年接触石灰，她的一双手受到了严重伤害，到现在春天时还会脱皮。

刚成立酱菜厂时，没有机械设备，所以捣麻椒、切辣椒、拌辣酱等所有工序全都是由人工来完成。因为十分辛苦，她就带头去干。她的10个手指甲也因长期搅拌辣酱而全都被钙化。

她开始做辣酱时因为量小，没人给她生产专用的玻璃瓶，有厂家只允许她提着篮子每次到厂里捡几十个回去用；起步阶段的销售，也是她提着篮子到各单位食堂和路边的食杂店去推销；食堂和食杂店不肯接受，她就和人家采用先销售后结账的方式进行合作。她换回今日丰厚回报的艰难历程是常人所难以承受的。

第二是精神回报。今天的陶华碧，精神世界已远非昔日可比。当年她打工、摆摊、开小餐馆，更多的是为了解决自己和两个孩子的生活问题，但今天她更多的想法是要多为国家做贡献、多为社会做贡献。

她所带领的“老干妈”公司是贵阳市的纳税信用A级纳税人，连续多年获得贵州省“纳税大户”称号，是该省民营企业纳税大户的典范。

有一次几个老姐妹问她:你赚了那么多钱,几辈子都花不完,还这样拼命干什么?这个问题几乎折腾了她一整夜也没想明白。第二天她在公司全体职工大会上讲话时,看到全厂的青年职工时一下子就找到了答案。所以,她突然转换话题说道:昨天有几个老阿姨问我,你已经那么有钱了,还苦哈哈地拼哪样哦?我想了一晚上,也没想出个味来。看到你们这些娃娃,我想出点味来了:企业我带不走,这块牌牌我也拿不走。毛主席说过,未来是你们的。我一想呀,我这么拼命搞,原来是在给你们打工哩!你们想想是不是这个道理?为了你们自己,你们更要好好干呀!

这些,就是“老干妈”陶华碧今日的精神境界。

第三是地位回报。由于陶华碧的社会贡献越来越大,她也获得了相应的社会地位,先后被推选为全国人大代表、贵州省人大常委会委员、贵阳市政协常委、贵阳市南明区政协副主席。也就是说,她已经从一个个体工商户成长为有资格代表人民说话的人了,参政议政、民主监督、政治协商等重要工作,已经成为了一位花甲老人人生的组成部分。对于像她这样起点的人,这是质的变化,是了不起的飞跃。

第四是名誉回报。有鉴于陶华碧的创业成就,社会上的各级各类组织也给予她以一系列的荣誉:贵阳市巾帼建功标兵、贵阳市“两个文明”建设先进个人、贵州省“三八”红旗手、全国巾帼建功标兵、全国杰出创业女性、中国百名优秀企业家、全国“三八”红旗手等。她的创业事迹,已经成为众多年老、年轻、有文化、没文化的创业者的楷模。

一分耕耘一分收获,有付出就有回报。陶华碧的所受所获和人生巨变,就是全国成百万、上千万老板们辛勤耕耘后“得常人所不易得”的缩影。“临渊羡鱼不如退而结网”。有志于改变自己和家人人生命运的人,就要尽早地把向往、艳羡化为创业的实际行动,去尝试,去拼搏,去创造!

注:本章后两节主要参考资料来源于多彩贵州网、贵州都市网。

第四十二章

创新与创业的最高层级

创新可以使事物的面貌焕然一新,创业可以催生一个企业或者一项事业,两者之中都含有创造的成分,但又都不一定是完整意义上的创造。所谓创造,就是发明或者制造出世界上从来没有过的新事物,它是创新和创业的最高层级。如果我们能在创新和创业中融入更多的创造性元素,那我们的创新和创业实践将会变得更有价值、更有意义。

一、中国制造与中国创造

曾几何时,我们为标有"MADE IN CHINA"的产品遍布全球而欣喜,因为"中国制造"让我们感到的不仅仅是自己国家的产品被世人所认可、接受和使用,更多的是感觉到自己的国家被世界所认同、接纳与合作。正所谓"三十年河东,三十年河西"。还不到三十年,我们今天的感觉就已经不一样了。现在出国,给自己或亲友选购纪念品或其他商品时,虽然牌子可能是国外大牌甚至世界名牌,但是在商标旁边的某一处不显眼的位置上,可能就会发现这些名牌产品居然也标着"MADE IN CHINA",有时想挑选一件没有这样标志的真正"洋货"已经是很困难的事情了。

回到国内,再看看我们城市集镇中几乎人手一部、农村普及率也已经很高的手机市场。有资料显示,中国的智能手机用户已超过 5 亿人,相当于美国的 3 倍,或相当于印度的4倍。但占据中国手机市场销售盈利主体的却是美国的iPhone和韩国的SAMSUNG,其产地虽然都是在中国,可品牌是人家的,知识产权是人家的,利润的大头也是人家的。尽管我们国家自己的手机品牌也不少,销量也不低,但盈利有限甚至是赔本赚吆喝。由于国产品牌手机的芯片、屏幕、模组、操作系统等核心技术用的都是人家的,不管赔赚还都得给人家专利技术使用费呢。我们经常能看到国内手机厂家推出新机型的资讯,但实质上多数都是给国外某一厂家的芯片和模组装上了不同的外壳而已。

与手机市场一样热闹的是小型乘用汽车市场。据有关部门披露,2014年全国共销售乘用车1970万辆,约占全球总销售量的27%。虽然其中的绝大部分也都是在中国本土制造出来的,但同手机一样,品牌归属、核心技术、主要部件等方面还是日、欧、美几大厂商的。当然也能见到一些我国的自主品牌,但其核心技术究竟又有多少我们自己的创造呢?

在个人电脑和互联网应用技术方面,同样存在着类似的情况。中国互联网信息中心公布的报告显示,截至2015年6月,全国网民规模达6.68亿,互联网普及率为48.8%,而城镇地区64.2%的互联网普及率与农村地区30.1%的互联网普及率之间相差34.1个百分点,标明着互联网的普及还有很大的发展空间。现在在国内制造个人电脑是没有任何问题的,但是我们在计算机制造和互联网使用方面的自主知识产权也不多。仅在互联网使用方面,我们每年都要向境外相关机构和企业支付相当规模的域名注册费、解析费、信道资源费以及一些设备和软件的费用。

借鉴和引进国外先进技术,是提高我们发展速度和水平的重要举措。电脑、互联网、手机、汽车等现代化工具的高度普及并与发达国家同步,也已经提前将我们的生活推进到了现代化阶段。但是,在这些应用范围极其广泛的新技术、新产品领域以及其他一些方面,我们创造力的有效提升幅度还不够高、不够大,贡献度与我们的大国地位还不是十分匹配,也是客观存在的不争事实。

如果从经济发展总量上看,我们的速度是相当可观的,仅仅用30多年的时间就成长为世界第二大经济体,可以说是史无前例和令人震惊的。开放初期,由于我们有大量的闲置土地、廉价劳动力和各种原材料吸引,使全球的资金、技术、品牌迅速地向我们这里聚集,“两头在外、三来一补”的合作模式很快就确立了我们的“世界工厂”地位,“中国制造”的产品也广泛地覆盖了各大洲的主要市场。凡事皆有利弊。这种既不用设计产品、又不用开发市场的生产方式,导致了我们自己的创新、创业和创造相对滞后。当“世界工厂”的优势正在逐渐减弱时,“粗放型”的经济增长必须要向“精细型”科学发展转变,所以我们不得不再补上创新、创业和创造的课程。

2011年8月,新加坡《联合早报》发表过一篇题为《从中国制造到中国创造》的评论文章。该文指出:创新不光是指科技上的新发现,还包括科学人文知识的突破,另类商业经营模式的诞生,各种新型的政治、经济、社会、司法制度的创建,在流行的文学、艺术、思想潮流外另辟蹊径等等。这些创新发明不但能为中国的进步服务,也同样可以丰富并促进人类的集体文明。作为一个有13亿人口、历史悠久、经济规模不断扩张的大国,新世纪的中国还没有在这方面有显著的贡献。该评论还指出:离开了这方面的显著贡献,任何关于“大国崛起”、“中国模式”的讨论,都将丧失核心意义。随着国际形势的消长变化,中国的世界角色会越来越吃重,也需要肩负起更大的国际责任。世人对中国的期许,已经超越了前些年“世界工厂”的定位。假若21世纪如同一些学者所言,是一个亚太的世纪,乃至于是一个中国的世纪,那么“中国制造”必须升华为“中国创造”,才能符合历史所赋予的使命。(中国新闻网,2011.8.3)

“中国创造”由谁来实现?当然是当代中国人,而且我们中华民族从来也不缺少创造精神和创造能力。

英国近代生物化学家和科学技术史专家李约瑟(Joseph Needham,1900~1995)曾耗时50年编著了7卷34分册2500万字的《中国科学技术史》,向世界证明了“中国文明在科学技术史上曾起过从来没有被认识到的巨大作用”,“在现代科学技术登场前十多个世纪,中国在科技和知识方面的积累远胜于西方”。(李约瑟:《中国科学技术史·序言》,科学出版社,1990)也就是说,中华民族的创造成果在历史上曾经领先于世界其他国家1000多年。

20世纪80年代,英国学者罗伯特·坦普尔在李约瑟的指导下,将《中国科学技术史》缩编为《中国的创造精神——中国的100个世界第一》,用简明通俗的语言介绍中国历史上的科技成就,并在该书的序言《西方受惠于中国》中高度评价了中华民族的创造精神和科技成果。他说:“现代世界赖以建立的种种基本发明和发现,可能有一半以上源自中国。现代技术世界正是东西方文明相结合的产物,东西方都必须承认和尊重中国的贡献。”(坦普尔:《中国的创造精神》,陈养正等译,人民教育出版社)他列举了现代农业、航运、石油、天文、音乐、数学等基础科学领域的“中国创造”,也列举了多级火箭、枪炮、降落伞、热气球、载人飞行等应用技术的“中国创造”,甚至连蒸汽机的基本结构也是“中国创造”的。

罗伯特·坦普尔在《西方受惠于中国》里激情地写道:“如果没有从中国引进的船尾舵、罗盘、多重桅杆等改进的航海和导航技术,就不会有欧洲人那些伟大的探险航行,那哥伦布不可能远航到美洲,欧洲人也就不可能建立那些殖民帝国。”“如果没有从中国引进马镫,使骑手能安然坐在马上,中世纪的骑士就不可能身披闪亮盔甲去援助那些落难淑女,也就不会有‘骑士时代’。如果没有从中国引进枪炮和火药,也就不可能有子弹穿透骑士的盔甲将他们射落马下,从而结束骑士时代。”

需要强调的是,在《中国科学技术史》中,李约瑟还提出了至今仍被中外一些学者和政治家所关注的重大历史问题:“尽管中国古代对人类科技发展做出了很多重要贡献,但为什么科学和工业革命没有在近代的中国发生?”他对中国科技停滞原因的疑问和思考,后来被命名为“李约瑟难题”。2014年6月9日,习近平在中国科学院第17次院士大会、中国工程院第十二次院士大会上也提出了类似的问题并作了回答。他说:“我一直在思考,为什么从明末清初开始,我国科技渐渐落伍了。”“明代以后,由于封建统治者闭关锁国、夜郎自大,中国同世界科技发展潮流渐行渐远,屡次富民强国的历史机遇。”“科学技术必须同社会发展相结合。学得再多,束之高阁,只是一种猎奇,只是一种雅兴,甚至当作奇技淫巧,那就不可能对现实社会产生作用。”(中国政府网,2014.6.9)

二、创造力是人的一种潜能

来到这个世界上的每一个人都是具有一定能力的。有些能力是先天的,有些能力是后天的;有些人的能力表现在这些方面,有些人的能力表现在那些方面。创造力,就是人发明或者制造出世上原来没有过的事物的特别能力,即从事创造性活动并获得创造性成果的能力。创造力是人的本能之一,与生俱来,存在于人的体内和思想中。但它又有潜在的特质,也需要后天的开发、挖掘、补充和提高。

创造力的与生俱来,充分地表现在人们的日常生活之中。每个人都可以从自己身上看到创造的光辉和可喜的成果。

我们首先是创造了自我。虽然我们的身体是由父母创造的,我们的成长也是依靠父母、家庭、国家、社会所提供的条件完成的,但是我们为什么会成长为今天的样子,当然这里指的并不是外形和相貌。一母所生的同胞兄弟姐妹,同一学校同一老师的同班同学,同等学历同一单位的员工职员,为什么后来的变化会有很大差别?毫无疑问,这完全是自我创造的结果。所有的创造都是依靠个人的思想智慧和对外部条件的利用来完成的,个人的自我创造也是如此。我们在每一次童年游戏、每一次战胜或者顺从父母的训导中创造了自己的性格类型,在每一堂课、每一道习题、每一次考试中创造了自己文化科技方面的知识水平,在每一项工作的完成、每一件事物的处理中创造了自己的能力等级,在每一次与人接触、每一次与人合作中创造了自己的为人风格。

其次,我们创造了家庭。正是由于我们通过 20 余年的自我创造,使这个世界上有了一个这样的自己。凭着既有的创造结果,我们在人生的旅途上遇到了一个适合自己的 TA,于是我们创造了自己的家庭。这是在世界上独一无二的一个家庭,组成这个家庭的自己和 TA,也都是独一无二的。

第三,我们创造了后代。创造后代,既是我们的责任,也是我们的能力。后代未来的发展我们无法预测,说不定我们就创造出了一个未来能对社会有较大贡献的某某家呢。就算 TA 不能成名成家,但是因为有了类似我们这样的创造,我们的家族、民族才会得以延续,我们的国家才会更加兴旺。

第四,我们创造了财富。在本书的第五章,我们曾经专门探讨了人生的意义,得出的结论是:创造,是人生的全部意义所在。创造物质财富,创造精神财富,创造新的时代,就是我们的创造内容。当我们创造的物质财富还比较少的时候,可能我们觉得是在养家糊口。其实,这是民间的、自谦的、通俗的说法。如果说得神圣一些,其实质也是在创造物质财富,只不过可能是创造得少一点,仅仅够自己家用而已。

第五,我们创造了生活。一般来说,当一个人在生活上完全独立于父母以后,衣、食、住、行就都是自己创造的了。在过去社会分工没有这样细化、社会服务没有这样完备的时候,人们自己种棉、纺线、织布,自己做衣服、做鞋帽;人们自己种粮、种菜、养鸡、养鹅，自己蒸煮、烹饪；人们自己伐木、脱坯、打草，自己建房造屋、制作家具；人们自己养马、养驴、造车，自行解决交通工具。这就是农耕时代普通人的创造，到上个世纪末期，在农村也还能找到这种创造的遗存。今天的人们，又在以另外的形式创造着自己的生活。苦瓜的吃法有很多种，比较常见的就是“苦瓜煎蛋”或者热焯凉拌，但是如果切成顺条而且不焯，用绵糖、白醋、干炸辣椒油或干炸辣椒生拌，融苦、辣、酸、甜4味于一碟，做成一道色、味、型俱佳的“品味人生”小菜，不就是丰富生活的一次创造么？

当然，人们和人类的创造远远不止这些，还有更多的、更高层级的创造活动和创造成果，诸如精神财富的创造、实用技术的发明、科学研究的成果、社会形态的进步等等。我们之所以在上面啰里啰嗦说了那么多生活中的事情，旨在证明每一个正常人都有着与生俱来的创造能力。

不过仅仅靠原始的、先天的创造意识、创造精神和创造能力，还不足以推动人类社会的进步，其成果只能是局限在解决温饱问题的水平上。但是，由于绝大多数人的创造意识是需要受到刺激才能萌动的，创造精神是需要环境来烘托和带动的，创造能力更是需要被人开发和挖掘的，所以很多人的创造行为是被动的。

创造意识，即人们打算从事创造活动的那种想法、那种冲动。比如男孩子们一般都很喜欢玩具枪，但是在物资匮乏的年代，既买不起也买不到。有创造意识的可能就会想到要自己制作一只，而缺少创造意识的孩子可能就放弃了拥有的欲求。一旦缺少创造意识的孩子看到有小朋友自己制造了一只玩具手枪后，创造意识可能就会被刺激出来。如果他是一个行动力很强的孩子，可能会马上付诸行动；如果他的行动力和创造力都比较差，可能会再次放弃自己的诉求。就这样，在人的社会实践中，创造意识可能会一直被遮蔽、被隐藏，一旦受到刺激或启发时，才会从潜意识里跳出来。

创造精神，是具有创造意识的人所经常表现出来的劲头和习惯。为什么有的发明家会有很多发明创造，甚至是能连成串地一个接着一个，并不是他比别人的智商要高出多少，而是他的创造精神要比常人强若干倍、无数倍。有的人可能一辈子也没想过要为这个世界、这个国家、这个社会创造出点什么，甚至都没想过要为自己的家庭创造点什么；但也有的人满脑子都是创造的想法，甚至有时会出现欲罢不能的状态。比如诗人或作家，就都是创造精神特别强的人。创造，在他们的工作实践中被称为创作,并且已经变成了习惯,不再需要意识来支配,完全是一种下意识的行为了。诗人看到能触动他们创作神经的场景,便会诗兴大发,把常人看似普通的东西创造升华为醉人的意境。作家听到能触动他们创作神经的故事,便会浮想联翩,把常人不以为奇的东西创造演绎成动人的故事。而对于大多数普通人来说,他们的创造精神需要由环境和气氛来烘托、培养。从某种意义上来说,演唱也是一种创造。KTV 里的很多“麦霸”,很可能就是多次参加应酬或聚会,被环境和气氛培养出来的。

创造能力,是制造新事物或产生新思想、新概念、新知识的能力。虽然每个人都先天存在着这方面的能力,但它一般情况下还是处于潜在、蛰伏的状态,需要“激活”;而且它也是原始的、基础的和低层次的,需要“升级”。创造能力大体上是由感知力、思辨力、想象力和实践力构成的。没有感知力,即使遇到了创造的机会和条件,却木然不觉、浑然不知,自然不会产生创造的冲动;没有思辨力,则无法透过纷繁复杂的现象去辨析事物的本质,创造的意识再强也找不到立足之地;没有想象力,就难以给既有的知识和经验插上翅膀,基本上无法获得创造性的思路;没有实践力,所谓的创造意识、精神就都失去了存在的价值,最多可能被称为“空想的巨人,实践的矮子”。感知力、思辨力、想象力和实践力都是可以后天训练、培养的,所以创造力也就是可以后天提高的了。“激活”,就是对创造力的开发和挖掘;“升级”,就是对创造力的补充和提高。

三、创业本身就是一种创造

如果我们将创业的概念确定为开始创建一个企业或者一项事业,那么它本身就是一种极有价值和意义的创造性活动。因为这个世界上原本并没有这个企业,某一位创业者创建了它,这是一种毫无疑问的创造;这个地区或者这个领域原本并没有这项事业,某一位创业者创建了它,这更是一种毫无疑问的创造。

创业的前提是对商业机会的发现。商机肯定是客观存在着的,而且是无处不在。问题的一方面在于我们能不能发现商机。了解和分析市场需求,就是发现商机的一条重要渠道;还有为科研成果和技术革新成果寻找转化方式,也是发现商机的途径。但发现商机并不等于进入创业阶段,它只能算是创业的前期准备或市场调研活动,更谈不到什么创造。问题的另一方面在于我们能不能把握和利用好商机。在这里,需要的是眼光、胆略和智慧。真正的创业,应该是从做出决定并开始行动那一刻算起的,创造也随之开始。

创造物质财富,是创办企业的核心目的。企业的所有活动,都必须紧紧围绕这一中心来展开。作为一个企业,确定核心产品、商品或者服务项目,是它的第一位任务。如果是生产型企业,能够开发生产出世界上从未有过的产品,那就是典型的创造,应有专门的机构和队伍研发设计,并且发动员工和客户参与;如果是生产市场上已有的产品,或者是代理经营别人的产品,也还可以创造自己的市场、创造自己的营销模式;如果是文化创意产业,每一种理念、每一个创意、每一件作品、每一项服务,无不是在创造;如果是服务型企业,创造新的服务项目、新的服务模式,更是保证企业立足市场持续发展的不二法宝。

搭建企业团队,是创业者的另一种创造。人们将散着的砂子、石块、水泥和水搅拌在一起,待其凝固后便成为坚如磐石的混凝土。如果再与钢筋等建筑材料配合,就可以建起摩天大楼,可以拦河筑坝,可以铺路造桥。创业者如果能将各级各类人才有机地聚合在一起,同样可以创造出人间奇迹。企业的创建和发展,离不开创意策划型、技术开发型、生产组织型、市场开拓型和运营管理型 5 大类人才。创业领导者不但要完成他们的聚集,更要创造出使每一个人效能最大化的机制,便可以收到 1 +1 +1 +1 +1 >5 的效果。创造团队社会贡献度,是远远要比创造产品大得多的。

创新管理模式,也是创业者的创造内容。我们的很多企业在管理上还处于粗放状态,因之效益不够理想,企业寿命不够长久。究其原因,并不是企业的创建者、管理者不想提高管理水平,但是或苦于没有时间和精力,或者苦于没有人才和能力,老板反倒成了哪里出事往哪里跑,疲于奔命的“消防队长”。初创业者或者是已经有较长运营历史企业的老板,都应该拥有自己的“智囊机构”,紧密结合本企业的实际,像研究产品、研究市场那样认真研究管理模式,尤其要注重新模式、新办法的创造,走出一条有自己特色的企业管理新路来。

建设企业文化,同样也是一种创造。我们的很多企业,特别是效益一般的中小企业,很少能将企业文化建设当成企业发展的长远大计来抓,甚至也不知道应该怎样去抓,偶尔有一点企业文化建设的活动多数也是流于形式。在革命战争年代,毛泽东曾经说过这样一句话:“没有文化的军队是愚蠢的军队,而愚蠢的军队是不能战胜敌人的。”(《文化工作中的统一战线》,《毛泽东选集》第三卷)军队是持枪弄刀和敌人打仗的,毛泽东还要倡导文化建设。在现代化的新时代,我们经营企业虽然不是参与战争,但却要参与竞争的。如果我们套用毛泽东的话,是不是可以说:没有文化的企业是愚蠢的企业,而愚蠢的企业是不能战胜竞争对手的。企业文化的核心是企业精神和价值观,它凝聚在企业的产品和人身上,最终体现在企业的市场竞争力和生存年限上。如果不能形成真正的企业文化,企业的寿命是不可能长久的。

准备创造奇迹,应是一个创业者所持有的梦想。我们之所以这样说,并不是在鼓动创业者思想好高骛远、行动不切实际。每一个创业者都应该谨记“千里之行始于足下”、“不积跬步无以至千里”的古训,踏踏实实地走好自己的每一步,尤其是要走好创业这关键的一步。但是如果真的能从“足下”的“跬步”而远行至千里,这本身就是一种奇迹。上一章我们介绍的“老干妈”陶华碧已经给我们做出了榜样,创造出企业奇迹、品牌奇迹和人生奇迹。如果我们常怀创造奇迹的意识,踩着成功者的脚印,说不定也会成为一位奇迹的创造者。

创业的结果并不见得就一定会获得成功,也就是说我们的创造不一定能实现理想的预期。我们在前面说过创业并不是完整意义上的创造,其根据就在于此。因为完整意义的创造是必须要有创造性成果的。但是这个开始创建的动作却是极其重要和有意义的。如果没能取得成果,那么创业就是一次创造性的尝试,可以使自己得到一次历练,也可以为自己或后来者提供经验及教训。

一次创业不成功,是不是就可以得出自己不适合创业,也不适合创造的结论呢?很显然,如果得出这样的结论那是十分荒谬的。小孩子学走路、成年人学自行车,没有哪个人没摔过跟头。当我们看到一个蹒跚学步的孩子跌倒时,当我们看到一个学自行车的人从车子上面摔下来时,是不是能够得出这个孩子完蛋了、这个人没希望了的结论呢?

俗话叫“三穷三富过到老”,高雅的说法是螺旋式上升、波浪式前进,都是在告诉我们事物的发展不可能会是一帆风顺的。一般民众和普通事物尚且如此,而创业和创造的价值更高、难度更大,经历几次反复岂不是再正常不过的么?如果我们选择了创业,亦即选择了创造。一个企业的成长历程,肯定要比一个人的成长更为艰难和漫长;一项创造,是在做前人没有做过的事情,肯定比“依样画葫芦”更为复杂和曲折。但是,选择创业的人一定会有与众不同的特质,是不应该缺乏战胜困难和挑战的勇气和信心的。同时,一个企业也一定要有自己的创造,这样才能更有效地推动社会的发展进步。

四、创造蕴含于创新之中

我们在第39章介绍创新的概念时,已经涉及到了创新与创造的区别和联系,两者之间是大概念和小概念的关系:创新是大概念,创造是小概念,创造蕴含于创新之中。

创新的理念和行动,源起于对既有事物的否定。其中,认为既有事物老旧过时,是对它的部分否定。比如有一件我们认为过时而不想再穿的衣服,多数情况下我们否定的只是它的颜色和款式,而不是它挡风御寒和遮羞蔽体的功能。认为既有事物不再适合自己,也是对它的部分否定。一件自己觉得过时而不想再穿的衣服,可能是自己主观上的审美疲劳所致,如果放在他人眼里,或许还会觉得颜色和款式很适合呢。认为既有事物失去了生命力,则是对它的彻底否定。不管这件衣服的颜色和款式多么时尚,但如果它已经破烂不堪,再无遮羞蔽体和挡风御寒的功效,那就只能将其扔掉,在过去的年代里就要再重新缝制一件,在当今的时代就要再去购买一件。自己动手缝制新衣,就是蕴含于创新中的创造;购买新衣则是创新范畴中的更新。

在干旱少雨的气象条件下,对土地和农林作物进行灌溉,是自古就有的重要农业生产项目之一。古人为变水害为水利,为战胜干旱对农业生产的危害,在人工浇灌的基础上进行了大胆的创新,开凿兴建了一系列水利工程设施,诸如春秋战国时期的楚国孙叔敖芍陂蓄水灌溉工程、魏国西门豹引漳十二渠、秦国李冰的都江堰,以及秦汉时期的郑国渠、龙首渠、程国渠等。这些水利工程就是创新中的创造,其中有的在两千多年后的今天仍然发挥着作用,产生着效益。新中国成立后,以大规模兴建水利设施为代表的农田基本建设更是取得了举世瞩目的伟大成就。

引河渠之水漫灌农田,是生产力的进步,但仍属于粗放型的状态,存在着麻烦、费力和浪费水资源的问题,几千年都没有解决。到了20世纪,出现了喷灌和微喷灌技术，以色列科学家还创造了更为精准的滴灌、渗灌等灌溉技术，完成了农林灌溉史上的又一次革命。为什么滴灌技术会在以色列出现？因为这个国家的版图中有2/3的沙漠和荒山，土地干旱贫瘠，水资源更是奇缺，据说只有世界平均水平的3%。上个世纪60年代初，一个农民关于水管漏水处附近的禾苗长得格外好的偶然发现，引起了更多人的兴趣和政府的重视，经过反复实验研究后，滴灌技术成型了，不仅改变了本国的面貌，还走向了世界。可见社会需求才是创新和创造的不竭动力，而且创造有时又表现得极其简单。说得通俗一些，所谓滴灌技术就是在向田间输送灌溉用水的管道上打出微孔，让水向外滴渗，而不是喷射而已。当然，与之配套的高科技控制设备还是必不可少的。

我国是在20世纪70年代引进滴灌技术的。在推广使用过程中，人们发现滴灌技术为了让滴水量更小、为了能实现长距离铺设管道，就要千方百计地缩小水的流道尺寸，不仅制造上有难度，而且在使用中也很容易出现流道堵塞的问题。2013年2月，坐落于湖北武汉的华中科技大学对外发布消息称，该校“痕量灌溉研究中心”历时10多年研发出“痕量灌溉”技术，变人工强制“灌水”为植物自主吸水、按需吸水，解决了滴灌的制造和使用难题，彻底打破了农作物“被动式补水”的传统灌溉模式。据该研究中心诸钧主任介绍，多年田间试验表明，痕灌比滴灌节水50%左右，即使在滴灌无法使用的地区也可以推广应用。（人民网，2013.6.4）毫无疑问，这又是创新中的又一次创造。

在不同的社会领域，创造有着不同的名称。在科学研究领域，创造被称之为发明或者发现，比如科研成果的发明、科学定律的发现等；在生产技术和加工工艺领域，创造被称之为革新，比如技术革新、工艺革新、工具革新等；在教育教学领域，创造被称之为培养，比如培养高材生、培养接班人等；在文化艺术领域，创造被称之为创作，比如文学形象的创作、文艺作品的创作等；在竞技体育领域，创造被称之为打破纪录，比如打破亚洲纪录、打破世界纪录等。总之，在任何领域中都存在着创造的需求、机会和空间，而且不论对它的称谓是什么，其实质都是一样的，即令新的事物诞生。

需要说明的是，就像创造是创新的重要组成部分一样，发明也是创造的一个门类，但它并不是创造的全部；创造包含着发明，但并不是所有创造都是发明。不过人们在谈论有关发明问题时，还是喜欢将发明创造连在一起使用。对发明的界定，要求其结果必须是前所未有的。如果已经有人在我们之前获得了相同的成果,即使我们在其后也有了成果,那么这个成果也不能算是我们的发明了。所以,发明是可以获得专利的,非发明的创造或创新是不可能获得专利的。

由于创造是对既有事物的彻底否定,甚至还可能在创造中完成某项发明,所以它的难度更大、意义更大,推动事物发展的作用当然也会更大。因此我们说,创造是创新和创业的最高层级。但这并不是说因为它的层级较高,我们就很难有机会和能力去创造了。丹麦著名童话作家安徒生(Hans Christian Andersen,1805～1875)曾写过一篇题为《创造》的童话,说有一位年轻人知道写诗也是一种创造,所以他的理想就是在这个复活节成为一名诗人。可是他又觉得自己不会创造,所以就开始抱怨,认为自己出生得太迟了,在他还没有来到这个世界以前,一切东西都已经被人创造出来了,一切可以被写成诗的东西也都被人写出来了。他悲怆地慨叹:"一千年以前出生的人啊,你们真是幸福!"他想,即使是在几百年前出生的人也是比自己幸福的,因为那个时候还是有些东西可以写的。可是现在全世界的诗都写完了,我还有什么可写,又怎么能够成为诗人呢?后来竟因此而抑郁成疾,还是一位给草场看门的老太太开导了他,终于使他认识到"一个人能创造的东西真多!"

第九篇　规划与奋斗

第四十三章

人生需要并可以规划

人世如同浩瀚的大海,人生如同无垠海面上的一叶扁舟。这是人们常用的比喻。但是,人们也从未见过没有方向、目标计划的出海航行,却常能见到盲目地来到世间、盲目地在人生海面上飘荡的人生。近些年来,人们开始更多地关注人生规划问题了,不过意见并不一致,问题的焦点有两个:一是人生是否需要规划,二是人生是否可以规划。其实两个问题的核心点只有一个,那就是人生到底是否需要规划。如果需要,就应该是可以做到的;如果不需要,即使能做到也是没有用的。

一、精彩人生是规划出来的

我们这个世界上有很多精彩建筑,都已成为各地永久的地标:巴黎的埃菲尔铁塔,伦敦的白金汉宫,纽约的自然历史博物馆,悉尼的歌剧院和港湾大桥,北京的故宫和颐和园建筑群,上海的和平饭店和东方艺术中心等等,不仅都能给人以叹为观止的感官享受,同时也为世人提供了顶级的使用和服务功能,并且成为见证沧桑和记录变迁的历史丰碑。但我们更想强调的是,它们无一例外地都是规划设计之后建造出来的。在科技高度发达的当代,不要说建筑这样的艺术杰作,就是建造一幢普通的民居,也离不开规划和设计。很难想象,开始建造的时候不知道要建什么,建造过程中也不知道要建成什么样子,想到哪就建到哪,这样的建筑能成为精品么？我们敢去住么？

那么，我们的人生呢？如果我们能像建造房屋、宫殿、桥梁那样精心设计，精心施工，就能够使自己的人生与众不同；如果我们没有规划，就会像不知道要搭建什么建筑、不知道要建成什么水准的房子那样，人生之路就只能走到哪算哪，混到头拉倒。其实，有没有那些地标性的建筑以及它们的相貌美丑、品质优劣，对于我们个人来说并没有十分重大的关系。但是，有没有精彩、辉煌、成功的人生，那可就是关系我们自己一辈子以及子孙后代人生的大事了。如果能通过科学合理的规划设计和管理，使庸庸碌碌的忙乱人生变得有方向、有目标、有节奏、有效率，我们原本可能会很普通的人生就将变得精彩起来，就像那些美轮美奂的建筑艺术一样。

一定有人会问，这世界上究竟有哪一位成功人士是规划设计出来的呢？有没有通过规划设计促成成功人生的典型案例呢？答案当然是肯定的。如果我们仔细分析一下就会发现，其实每一位成功者的人生都是规划出来的，只不过是我们不知道而已。他们之所以能够成功，就是因为他们都是有人生理想、努力方向和奋斗目标的。这些，都是人生规划的主要组成部分。一般情况下，他们并不会将自己心里想的这些东西告诉我们，他们只是按着自己的既定方向、路线、目标不断前行，等到他们已经与众不同了的时候，我们才能发现他们，然后慨叹：他们的命可真好！

由于人生科学作为社会科学的一个概念被提出来，是相对较晚的事情了。与之相关的基础研究、理论体系和示范推广工作还都处于刚刚起步阶段，甚至在有些方面还没有开始。所以，既往成功者的人生也可能在起步阶段并没有进行过系统规划。但他们在走过一段路之后，一定会有过思考、有过规划的。不过这类规划多数是阶段性规划，完整进行人生规划的理念出现得更晚。

毛泽东在他 18 岁背着行囊走出韶山冲的时候，一定是有想法的，但是还不可能规划到通过自己的努力来改变整个国家和民族命运的高度。当他后来接触并接受了马克思主义学说，决定投身于共产主义运动的时候，就有这方面的规划了。他 27 岁组建长沙共产主义小组、28 岁参加中共“一大”和表决通过《党纲》就是最好的证明。等到 1945 年他 52 岁参加中共“七大”并报告《论联合政府》的时候、抗日战争胜利的时候、国共开始谈判的时候，他的规划应该就是筹建一个人民民主专政的共和国了。再到他 56 岁在西柏坡主持中共七届二中全会的时候、在天安门城楼上宣布“中央人民政府成立”的时候，他所规划的应该又是如何把共和国建设成为民主、富强的社会主义现代化国家了。

虽然既有成功者并不见得有整个人生的全面系统规划，但他们阶段性规划的成功实践，以及他们无比丰富的阅历，已经给人生科学的正规化、系统化建设提供了宝贵的研究资料和典型案例。

人生是否需要规划，完全取决于我们对人生是否有精彩与成功的需求。如果我们希望自己的人生与众不同，希望能够精彩、成功，那就得像建造精品房屋那样，进行科学规划、设计和管理。如果没有什么特别追求，只是为了活着，那也确实没有必要在如此虚幻复杂的问题上伤脑筋、费心血。但是，让自己的人生相对来说更精彩、更成功、更有意义一些，又几乎是所有人的共同愿望，不过能自认为已经实现，并且对自己的人生很满意的，却又是极少数。为什么会是这样？就是人生科学研究、教育和指导体系一直没有建立起来，人们从小到老都没有接受过正规的人生规划教育和训练，人生轨迹的无序性、随机性、任意性太强，使很多人的人生价值没有得以充分体现。

人类进入文字文明时代已经很长时间，进入现代工业文明也已经有了几百年的历史，自然科学和社会科学成果不可谓不丰厚，但却迟迟没有建立起最为重要的人生科学体系，这是为什么呢？原因很简单，只有两条：一是人们太过浮躁了，将更多的精力和能力放在改善物质生活条件上，还没有顾得上人生科学的研究；二是片面地认为人生太过漫长和复杂，不确定性太大，实在是没办法研究，因而似乎形成了一种定律性的结论，即说明书没办法写，教科书没办法编，规划没办法做，管理也就更谈不上了。可能也有人想过类似的问题，但是在很多事情还没有经历过的时候，是很难想出所以然来的。及至能够想出一些道理时，或者已经功成名就，懒得再去费这个心思；或者是已经老态龙钟，精力不济了。

通过以上分析可以看出，人们并不是认为人生不需要规划，而是认为无法规划，并且就算勉强规划了也无法将其变为现实，那也就只能不去想它了。那么，人生到底可不可以规划呢？要回答这个问题，首先要解决将人生看成什么的问题。如果将人生看成是一种客观事物，那它就一定同宇宙间的所有客观事物一样，是有规律可循的。同时，也要看到人生与其他客观事物的区别，重视人的主观因素对人生产生深刻影响的特殊规律。我们研究人生，就是找到它的规律；我们认识人生，就是了解它的规律；我们规划人生，就是顺应它的规律；我们建设人生，就是表现它的规律。

当然,对人生规律的研究和认识,并不是这一本书就能解决的问题,也不是我们一两代人就能完成的任务。但既然是人生需要,是人类需要,就总得有人开头,并且应该是开始得越早越好。

二、职业规划只是人生规划的一部分

关于人生的概念,就是一个人从生到死的生命全程以及这一过程中所从事和所经历的全部事情总和,这是无需多说的。关于规划,更是当今社会人们常用的一个概念,即一个人或者一个组织对未来某一方面或某些方面事项所作出的长远计划。人生规划,则是对一个人一生的主要方面所作出的总体计划,至少应包括健康与寿命、学习与成长、婚恋与家庭、职业与事业、方向与目标等重要内容。我们这里所要研究的人生规划,是对整个人生的全面规划,与现在大家常说的职业规划是有很大区别的。现在也有人常说人生规划,但多数是属于职业规划的范畴,即择业、就业或创业、兴业方面的计划。这些计划很重要,但只是人生规划的一部分,并不是人生的全部,更不能用它来代替人生规划。

人生规划与职业规划的区别主要有 4 点:一是时限不同。前者所覆盖的生命长度大约为 60—80 年,而后者仅为 30—40 年。二是内容不同。前者几乎是涵盖了整个人生的方方面面,而后者所包含的只是人生历程中的一部分。三是作用不同。前者可以指导整个人生,后者只能指导工作。四是来源不同。前者一般应由父母拟定,自己高中或大学毕业时修订,此后每 5—10 年再调整一次,60 或 70 岁以后在子女帮助下继续完成;后者可以在家长、老师、服务机构、就职单位领导的帮助下产生,甚至也可以由他人代为拟定,到 50 岁左右即失去其指导意义,至退休时结束。

在丰富的人生实践过程中,人们对于规划的作用和意义是很熟悉的,尤其是在学习和工作中,经常要制定并执行各种各样的规划,比如学习规划、工作计划、发展规划等。如果我们能将这些计划同整个人生紧密地联系起来,如果我们还能给人生的其他一些重要方面也制订出计划来,再将这些计划有机地统一于自己的人生理想、发展方向、奋斗目标之下,不就是一份完整的《人生规划书》了么?

有人说，人生太过漫长，未来即是未知，是没有办法规划的。其实这种说法只是说对了矛盾人生的一个方面。因为人们常说人生短暂，如白驹过隙；又说人生漫长，苦海无边。那么，到底是长还是短呢？事物的长与短，本来就是一组相对的概念。同从北京到石家庄280公里的距离相比，从北京到武汉的1200公里很远，但是同北京到广州的2300公里相比又很近；同乘坐高速铁路列车从北京到石家庄的80分钟相比，到武汉的4—5个小时算耗时很长了，但同到广州的8个多小时相比，又感觉到时间很短。人生到底是漫长还是短暂，关键也在于从哪个角度去看，以及是以什么为参照物的。同探索宇宙空间奥秘以光年为单位来计算时间和距离相比，同人类历史的几百万年相比，一个人的一生可谓极其短暂。

也有人说，人生太过复杂，变量太多，也是没有办法规划的。人生规划只是规划一个人的，而且人生确实是比较复杂的。但是同一个企业相比，同一座城市或者一个地区相比，同一个国家相比，一个人的人生还算复杂么？一个企业少则几十人，多则几百人、几千人、几万人；一座城市少则几十万，多则几百万、上千万人；一个国家少则几百万、几千万，多则几个亿、十几亿人。那么多人的企业、城市、国家都远远要比一个人复杂得多，却都可以规划，而且也必须规划。到我们单独的一个人头上，反倒说不能规划了，这无论从理论上还是从实践上都是讲不通的。

还有人说，人是有思想、有意识的，千人千面，万人万心，怎么规划？这种说法是有一定道理的，但却忽视了万事万物皆有规律的定理。虽然人们的思想、意识不尽相同，但是人们的所思所想却是谁也离不开人生的基础愿望和根本欲求，即向往幸福生活，追求美好人生。其中的向往虽属于思想活动和主观意识范畴，但也不会脱离客观物质条件，更不会脱离人的思想活动规律；而追求则是通过个人的成长、奋斗来完成的，本身就是个人思想和意识支配下的社会实践和个人行为，即主观愿望指导下的客观活动，更是必须遵从规律和法则的客观事物。无论古今中外，大抵如此。

所以，时间漫长不是借口，太过复杂也不是理由，思想意识更不是挡箭牌，关键的问题是我们是否真的需要。

最近几年，人们已经逐步接受职业规划的理念了。为什么会出现和接受职业规划这样一种新生事物？原因很简单，就是需要。从计划经济时代的毕业包分配，到改革开放初期的“双向选择”，再到市场经济条件下的自主择业，人们的就业、从业形式发生了翻天覆地的变化。一方面是很多人大学毕业后找不到工作,很多人找到工作后频繁跳槽,折腾来折腾去,总是感到职业还是不够理想,预期的目标没法实现,人生的价值不能体现,所以就想要找到"明白人"去咨询和请教;另一方面是培训市场的方兴未艾,各种门类的培训公司如雨后春笋般地涌现出来,他们也需要找到目标顾客来增加培训收入和经营利润。择业者的人生需求和培训机构的经营需求相互融合,于是便催生了职业规划这一产业。

既然职业的理想、方向、目标需要并且可以规划,那么人生的理想、方向和目标难道就不需要、不可以规划么?以此类推,人生在健康、寿命、学习、成长、婚恋、家庭、事业、财富等方面,难道不可以也有理想、方向和目标么?甄别理想、选准方向、确定目标,再加上实现路径、保障措施、操控方法、时间管理等内容,一份《人生规划书》即可基本定型。

目前职业规划市场上常见的规划方法是有些偏颇和误区的。因为无论是规划者还是被规划者,都会将职业、职位、薪酬作为主要规划目标来对待,往往会在实践中出现规划脱离实际、目标难以达成的问题,造成人们对规划师、规划公司以及规划市场的诟病。其实,职业规划既是人生规划的主要内容,同时也是一个精缩版的人生规划。哪一行业、任什么职务、挣多少钱是职业规划的重要内容,但如果仅仅局限于此,容易流于形式,成为一纸空文。

虽然职业既是整个人生中的重要内容,也是人生价值在某一阶段中的表现形式,但究其实质,它仍然只是实现人生理想、价值、意义的一种手段、一个工具而已。所以,职业规划如果不能同整个人生、同人生规划有机地结合起来,就难以避免上述问题的出现。无论是职业生涯也好,整个人生也罢,最重要的还是要成为什么人的问题。那么,做职业规划也好,做人生规划也罢,都不应该偏离这一核心。

三、网格化人生规划管理的经纬编制法

当一个孩子还很小的时候,长辈们总是爱问他:你长大以后想干什么啊?孩子会回答:我想当一名科学家,或者我想当工程师,还有我想当明星,甚至是我想当大官,等等。这一问一答的核心,就是一个想成为什么人的问题,就是人生的理想、方向和目标问题。尽管孩子还不太懂得这些概念,也不太懂得长辈的问话、自己的回

答到底意味着什么。这就是一个人在年少之时家长代为进行人生规划的一个缩影。在东亚一些国家特别是中国民间，曾有过“抓周”、“抓福”的传统习俗，即孩子满周岁时在他面前摆放各种物品，看孩子最先抓取什么，以及最终都抓取了什么，来测试孩子的未来发展方向和前途命运。《红楼梦》里就有描写贾宝玉“抓周”的情景：说宝玉周岁时，其父贾政要“试他将来的志向，便将世上所有的东西摆了无数叫他抓。谁知他一概不取，伸手只把些脂粉钗环抓来玩弄，那政老爷便不喜欢，说将来不过酒色之徒，因此不甚爱惜。”及至长大一些了，他还果真是有了“女儿是水作的骨肉。男子是泥做的骨肉”的奇言，并声称“我见了女儿便清爽，见了男子便觉浊臭逼人”。（曹雪芹、高鹗：《红楼梦》第二回）“抓周”、“抓福”肯定都是毫无科学意义可言的，但却也寄托了家长们希望孩子成为“人上人”的一片苦心。

世间所有事物都是由矛盾构成的，而且都有主要矛盾或主要矛盾方面，作为客观事物之一的人生也不例外。人生的主要矛盾是个人欲望同客观现实条件之间的矛盾。成为什么样的人，是个人基本的、主要的人生欲望；人生起点、受教育程度、所处社会和时代背景，则是客观现实条件。在这对矛盾中，个人欲望是主要矛盾方面，因为有了它才能形成人生理想，也因为有了它才能决定着人生的方向和目标。它在整个人生中居于支配地位，具有主导作用。正像我们在前面讲过的那样，一奶同胞的兄弟姐妹其客观条件是最为接近的，但是却会有差异很大的人生际遇和人生状态，其根本原因就在这里。即使欲望目标相同，但如果欲望的强度不同，行动力即努力的程度便会不同，自然也会导致不同的结果。

我们进行人生规划时，就要把握住这一要点，围绕这一要点，体现这一要点，就是要回答这个问题，解决这一矛盾。所谓欲望，就是一个人要达成某一目标或者是获得某一结果的心理欲求和渴望程度。我们任何一个人如果想对自己的人生进行规划，前提是一定要弄清楚自己的人生欲望到底是什么，到底想在有生之年从这个世界里得到什么。同时还要弄清楚是不是必须得到，即梦想有多大，欲望有多强。我们经常遇到的情况是很多人不知道、不清楚自己究竟想要得到什么，更不清楚自己想要成为什么样的人。其主要原因还是对世事了解不够，即我们前面所说的见识问题。所以，当接近或者达成了模棱两可状态下所确定的目标时蓦然发现，这不是自己想要的啊！结果是白白浪费了生命。

成为什么样的人，是一个人对人生结果的总体欲求。它是人生规划的纲。与不同的结果相对应,是不同的实现过程、不同的对家庭和社会的贡献水平、不同的生存状态,以及达成的可能几率、难易程度、时间长短等因素。在人生的各个重要方面,也都有成为什么样人的问题要解决。比如在健康方面,就有成为健康或者相对健康人的问题;在寿命方面,就有成为长寿或短寿人的问题;在学习方面,就有成为博学之人或者薄学之人的问题;在成长方面,就有成为栋梁之材或者椽櫄之材的问题;在婚恋方面,就有成为有爱或无爱之人的问题;在家庭方面,就有成为幸福之人或者不幸之人的问题;在财富方面,就有成为富人或者穷人的问题等等。

人生规划的方法,应该是纵向分段法与横向分类法的有机结合,下面这张表9-1 网格化人生规划管理示意表所显示的就是两者的关系。

网格化人生规划管理示意表 表 9-1

颐养天年阶段	90 岁											
	80 岁											
	70 岁											
	65 岁											
创造贡献阶段	60 岁											
	50 岁											
	40 岁											
	30 岁											
学习成长	25 岁											
	20 岁											
	10 岁											
人生阶段		健康	寿命	学习	成长	婚恋	家庭	职业	生意	财富	事业	成功

从表 9-1 时间构成的角度来看,人生纵向延伸的时间过程,总长不过是 3 万天左右,并且已经自然分为若干阶段,即童年阶段、少年阶段、青年阶段、中年阶段和老年阶段。按照人生的纵向时间过程进行规划,就是纵向分段法。使用这种方法时,还可以将人生的自然过程进行整合,就是按照常人的人生规律,将人生在世大致分为 3 大阶段后进行规划:学习成长阶段 25 年、创造贡献阶段 40 年、颐养天年阶段 20 ~ 30 年。在 3 个大的阶段内部,还可以划分为若干小阶段。比如学习成长阶段,就可以细分为学龄前 7 年、中小学 12 年、大学 4 年、就业或创业实习 2 年等 4 个小阶段,其中前边的 20 年左右是由父母和社会代为规划的;创造贡献阶段,也可

以细分为职业起步5年、职业上升10年、职业辉煌20年、职业衰退5年等4个小阶段；颐养天年阶段，又可以细分为发挥余热10年、颐养天年10—20年或更长等两个小阶段。不同的人各阶段的用时长短会有些差别，但大体上离不开这个范围。

从内容构成的角度来看，人生需要规划的主要方面不外乎前面谈到的那5类10项。它们相互关联与交织，相互衬托与作用，用横向分类法进行规划，就是将这5类10项分别做出规划来：想成为一个健康的人，要做哪些有益于健康的事，要达到什么样的健康水平；想成为一个长寿的人，要做哪些保护生命的事，计划活多少年；想成为一个博学的人，要以什么样的状态去学习，要学到什么程度；想成长为栋梁之材，要怎样地去修炼自己，修炼到什么样的境界；想找到一个什么样的另一半，组建一个什么样的家庭；是想拥有职业还是要拥有事业，人生的发展方向和目标是定位在人手、还是人才，或者是人物；想创造巨额财富，就要确定目标、路径和方法。将这些都分门别类地规划好了，对人生主要事项的覆盖也就基本全面了。

人生发展的阶段性特征，决定了用分段法规人生的必然性；人生各个方面的独立性特征，也决定了用分类法规划人生的合理性。但是，人生又是一个不可分割的有机整体。人生中每一个方面、每一件事情都不是孤立存在着的，就像人体的每一个器官也都不是孤立地存在着和运行着的一样。所以，单凭分段法作出的人生规划是不可能深刻的，单凭分类法作出的人生规划也不可能有时效性。只有使用经纬编制法将纵向分段法与横向分类法有机结合起来，形成才能形成相对全面、比较完备的《人生规划书》。

表9-1便是根据经纬编制法绘制的一张人生规划中关于目标的示意图。图中的曲线，是一条综合人生理想、方向和目标表现的曲线，是按大约在50岁左右时达成来设定的。图中的A点，代表着人生的综合目标，即规划出的想要成为的那一种人。它的得出，应该是先做出9～10张单项曲线图，然后再进行综合的，这里只是示意一下。勾画出人生各个方面的发展曲线，是为了获得形象化的方向和进程的概念。在人生规划管理的实际操作中，更多的是要依靠网格化方式来进行，将微积分思维应用到人生的规划管理之中。

同样是设计建筑，不同的需求自然会有不同的设计方法和结果，摩天大楼和普通民居的设计方法不可能相同。在相同的规律和原理指导下，具体问题具体分析，设计出千姿百态的不同建筑来。人生规划的制定和执行，也同样要遵循具体问题具体分析的原则。由于不同的人对不同事物的欲望是有很大不同的，所以人生规划一定也如同生命个体一样，是每个人自己所独有的，不可能与他人相同，更不可以用他人的来替代。

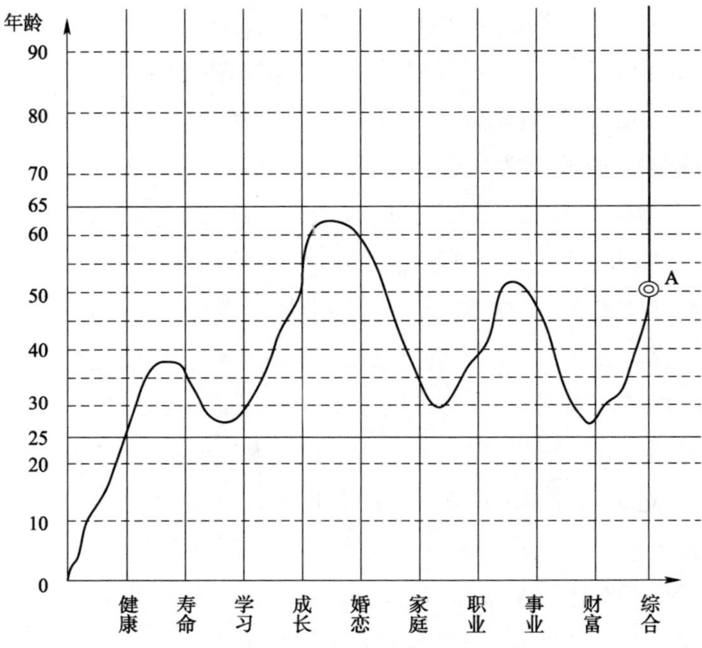

图9-1　经纬编制法人生规划(综合项)示意图

四、规划是人生管理的基础

做人生规划并不是我们的目的，它只是一种手段，是科学管理人生的手段，是变简单粗放式人生状态为周密集约型人生状态的手段。

现在，我们在媒体上常能见到“粗放式发展”这一说法，基本上都是用来描述经济发展方式的。一个地区的粗放式经济发展，是以资源的高投入、高消耗为特征的，甚至还有些地方是以破坏环境为代价的。一个企业的粗放式发展，是以生产经营的无序状态为标志的，所有决策都是靠老板的想当然来完成。无论是一个国家、一个地区，或者是一个企业，粗放式发展都是与可持续性发展相悖的，因而也不可能有很好的前途。与粗放式发展相对应的，是集约型的经济增长方式。所谓集约型，就是经济的发展以资源的低投入、低消耗为特征，通过提高生产要素的质量和利用效率来实现。比如农业生产的集约化经营,就是在单位面积的土地上比原来投入更多的生产要素(种子、肥料、劳动力等)进行精耕细作,以获得更高品质和更多数量的农产品。为了尽可能地减少粗放式发展的现象,一个国家、一个地区、一个企业,都必须做出科学合理、周密完善的发展规划。

那么人呢?似乎还没有人将粗放式发展和集约式发展的概念应用于人生管理的过程之中,但这两种方式却早就存在于此了。一般情况下,一个人的小学和初、高中阶段都属于集约化管理期,尽管这种集约化管理多数并不是由本人来进行和完成的;在大学阶段,人生处于集约与粗放结合的管理状态;走上社会以后,人生的管理则基本上进入完全的粗放式发展状态,并会延续很长一个时期。这种状态的典型标志是方向的迷惘、目标的丢失和时间的浪费,很多人还会付出健康的代价。为什么对学生时代就可以进行集约化管理,而成人以后却反而做不到了呢?原因很简单,就是因为学生时期有国家给制定的教育大纲和学校给制定的教育计划,个人可以依据这些来确定自己的理想、方向和目标,然后持续十几年为之拼搏和奋斗。

走上社会则不同了。因为长大成人了,因为学到知识了,因为长了见识了,所以家长的话便不再听了;因为择业自由了,因为跳槽方便了,因为有了一定能力了,所以就“信马由缰”了。常听到有人将“自我价值”挂在嘴上,有些人甚至是十分偏执地强调要体现、实现自我价值,却又拒绝接受他人的意见建议,以为“自我”和“任性”就是自我价值的体现。殊不知,除了自己的父母和真心爱你的配偶在不得已的情况下会戗着你的性子指出你的问题而外,其他的人是不会和你别劲较真的。进行人生规划,就是要从根本上解决人生的简单粗放式发展问题,为实现周密集约化发展提供导航蓝图。

那么,是不是经过规划、设计和管理的人生就会使人生失去自由发展的机会和空间,就不再精彩,也没有了乐趣呢?恰恰相反,我们的规划和设计,是为科学管理提供基础、创造条件,是为人生的自由发展确定方向和目标,不但会增加人生的精彩指数和乐趣,更重要的是可以提高人生效率。

效率是什么?效是效果,率是速度。它们合到一起,就是在单位时间里做事的多少和质量。人生效率,就是在人的有限生命过程中能做多少事,能把多少事做好,能取得多大的成就。人的生命极其短暂,去掉前面的学习、成长和后面的颐养天年,可供人们用来做事的时间只有那么30年、40年。如果不能将人生加以科学规划和有效管理,肯定会浪费掉一些时间。而这些被浪费掉的时间,正是人生中最宝贵的年华,正是我们生命最可宝贵的部分之一。每个人都有这样的经验,就是做一件事情之前如果规划过,并且规划得很合理,这件事情做起来就顺手,效率就高;反之,做起事情来就会麻烦百出,只能忙于东推西挡、疲于应付,哪还有什么质量和数量可言呢?人生更是如此,没有规划和管理的人生是难以获得较高的人生效率的。

曾有青年朋友问,我都被规划、设计了的,那人生是不是就没有什么趣味了呢?首先我们必须明确的是,被规划和设计是人生的一种必然。我们先是被父母规划和设计,"望子成龙"、"望女成凤"便是父母规划和设计子女的经典语言;接着我们被教育体制规划和设计,小学6年、中学6年、大学4年,这是绝大多数人都逃不脱的;后来我们是被所处社会以及人生规律所规划和设计,恋爱、结婚、生育、求职、工作、退休,这是所有人都绕不开的。既然这样的被规划和设计我们都必须接受,那我们何尝不自己主动规划设计一下自己呢?这就像我们要搬进一所新居之前一样,自己参与房子的装修设计,是不是主动权会更多一些,住起来更惬意一些呢?

也曾有青年朋友问,是不是对人生进行规划和设计以后就没有了自由发展的空间和机会呢?这个问题的关键在于要弄清楚什么叫自由。按照一般的理解,自由就是想什么、做什么都不会遇到阻碍、都不会受到限制。这种概念本来就是相对的,即任何人在这个世界上做任何事情都不会有绝对的自由。尤其是在对必然的认识还很不充分的时候,是没有自由可言的。毛泽东说:"自由是对必然的认识和对客观世界的改造。只有在认识必然的基础上,人们才有自由的活动。这是自由和必然的辩证规律。所谓必然,就是客观存在的规律性,在没有认识它以前,我们的行动总是不自觉地,带着盲目性的。"(《在扩大的中央工作会议上的讲话》,1962.1.30,《毛泽东著作选读》下册)必然,就是一定要发生、一定会出现的客观现象和事物,它们是客观规律的体现。比如人活着就必须要吃饭、睡觉,这就叫必然;什么时候吃,什么时候睡,可以根据个人的实际情况而定,这就叫自由。在人生的旅途上,我们必须接受必然的约束、限制。我们规划和设计人生,就是要指出重要人生方面的那些必然因素,并且要获得不违背客观规律的人生发展自由。同盲目的所谓人生自由发展相比,经过规划和设计后的人生发展将会有更多的机会和更广阔的空间。

特别需要说明的是,自由的内涵在很大程度上是自主,即自己做主。人生的设计与规划就是由个人自己作出的。如果有他人参与,那也是提供有关的咨询服务,最后拍板的一定是本人,即完全由本人认可和确定。所以,与其说是被别人规划和设计,倒不如说是被自己规划和设计,是完全自主的人生规划和设计。同时,规划制定以后并不是一成不变的,也不可能一成不变,每隔 5—10 年或遇有重大人生转折,都应对规划进行修订和校正。另外,规划的实施和执行也是自主和自由的,这与没有规划书却必须在家长和学校的监督管理下完成中小学学习规划是完全不同的形式。

国家的发展要有战略规划和长、中、短期计划,管理要有党纪、政纪和法律、法规;企业的发展也要有长远规划和年度、月度工作计划,管理要依靠健全的各种规章和制度。一个国家离不开管理,一个企业也离不开管理。但是,对于人这一国家和企业组成的最基本元素,还很少有人提及人生管理的问题,相关概念并不清晰,相关科学尚未建立,这是很可悲的一种现实状况。

有文字记载以来的人类历史,不是被战争的连天烽火所笼罩,就是深陷于比战争还残酷的经济争夺,人们一直在为获得更大的权力和更多的金钱忙碌着,因此鲜有人生科学方面的思想家出现。这就是人生科学没能系统建立的主要原因。

在这个世界上,只有人生是属于我们自己的,而且又是那么的短暂。按理说,我们都应该是按天来计算和管理我们生命的。如果我们能像研究工作、经营企业、管理钱财那样管理我们自己的人生,结果肯定会大有不同的。制定规划或计划,是管理工作的基础和前提。要有效地管理人生,就必须要将规划这一基础工作做在前面,并且一定要做好、做细、做扎实。

第四十四章

人生四境界

成为一个什么样的人，是人生发展的核心问题，当然也是人生规划的核心问题。孩提时代曾经说过的想当科学家、想当工程师、想当明星、想当大官等梦想，其实质说的还是职业，或是行业及职业的称谓，而人生规划范畴中的要成为什么样的人，指的是按人的本质和品质属性划分出来的类别，比如男人或女人，好人或坏人，君子或小人等等。

孔子曾把人分为两大类："君子喻于义，小人喻于利。"(《论语·里仁篇》)认为明白大义的人就是品格高尚的君子，只知道小利的人就是品格卑下的小人。到了宋代，司马光又把人分为圣人、君子、小人、愚人 4 个层次："才德全尽谓之圣人，才德兼亡谓之愚人，德胜才谓之君子，才胜德谓之小人。"(司马光:《资治通鉴·周纪一》)说一个人如果才能和品德两方面都达到高端极限的就是圣人，即品德最高尚、智慧最高超的人；既无德又无才的就是愚人，即愚昧、浅陋的人；德才兼备并且品行超过才能的就是君子，即人格高尚的人；才德皆有但才能超过品行或者有才无德的就是小人，即品格卑下的人。

从先秦诸子到北宋司马光，都已经过去了一两千年，我们今天不可以再简单地用君子、小人来划分世人了。但不论社会如何发展，时代如何更替，品德的重要地位和作用都是做人不可或缺的前提条件。在具备与所处时代和社会相匹配的道德水准基础上，根据一个人的才学、能力、贡献、影响，可以将社会人群分为人手、人才、人杰、人物四种境界，当然也可以称为四种状态或者四个层次。

一、人手

当我们想把一张桌子搬动位置，自己却又不能独立完成时，一定会想到要找个人帮忙。这个被找来的人，需要挑剔他的仪表是否端庄么？不需要。需要考察他的学历、学识么？不需要。需要检验他的组织领导能力么？不需要。那需要什么呢？需要他有力气，能和我们一起抬动桌子；需要他有时间，能过来帮这个忙。这个人，就是人手。

当我们想要打牌却“三缺一”的时候，我们也一定会想办法找个人过来“凑手”。这个被找来的人，需要谈吐优雅、气度非凡么？不需要。需要才高八斗、学富五车么？不需要。需要事业有成、名扬四海么？不需要。那需要什么呢？需要他会打牌，能陪我们一起玩儿，而且最好是牌技比较一般；需要他有时间，能过来凑这个局，来得越快越好。这个人，也是人手。“三缺一”时凑手凑的是什么？就是凑人手。

人手，就是有体力、有精力、有时间、有一点技能，并且能够用自己的体力、精力、时间和技能帮助别人做事的人。这一群体，在社会总人口中所占比例是最多的。人手的单体作用是很有限的，但却又是社会和组织中不可缺少的；人手的群体作用是很强大的，是推动社会进步或企业发展的重要力量。

一个人是不是属于人手的层面，并不取决于他的家庭出身和受教育程度，而是取决于他的思想观念和社会表现。还是我们前面说过的那句老话：观念决定命运。

有些人没有上进心和奋斗精神，还很可能就是他出身较好、家庭条件优越惹的祸。衣食无忧，使他们失去了创造意识；条件优越，使他们觉得自己天生就高人一等；来得容易，使他们对眼前的一切完全不懂得珍惜。较好的家庭条件，有时还可能扭曲一个人的思想观念。这样的人，恐怕连成为人手的可能性都很小。因为一旦他们对自己管理失控，就会滑进人渣的行列之中。在近几年的媒体披露中，不乏这方面的事例。

绝大多数人手是没有优越家庭条件，也没接受过正规高等教育的，但是其中有一大部分是因为见识不够，所以思想观念比较保守，不敢奢望比人手更高层次的人生状态,结果是埋没了很多人的天赋和梦想。其实一个人能否成为更优秀的人,和家庭出身以及受教育程度并没有必然的联系。我们在前面几次谈到的贵阳“老干妈”董事长陶华碧,不单出身贫寒,而且就是以“打工族”为起始点开始奋斗的。她极其费力地学会写出自己名字的那3个汉字,还是在当上董事长以后由儿子教会的。这样的基础条件和起点,不但没有影响她成为优秀人物,反而增加了她的传奇色彩。

有些接受过高等教育或者更高层次教育人,也可能会以人手的姿态行走于社会。这是他们思想慵懒、缺乏责任心的结果。随着高等院校招生规模的不断扩大,现在走进高校大门的难度越来越小、比例越来越大了,在普通劳动者的队伍中已经很容易见到有大专或本科学历的人了。他们并不是没有机会将自己打造成人才,但是打工者的心态已经把他们牢牢地定位在人手的范畴之中。高学历并没有帮助他们认清打工其实也是一种合作、一种创业的实质,只是简单狭隘地将工作视为挣钱谋生的渠道。

打工者的心态宛如沉重的桎梏,束缚和压制着很多人无法实现人生层位的跨越。什么是打工者的心态?就是认为自己在替别人做事,拿多少钱就干多少活。这是一个严重的观念误区。想要走出这一误区,应从以下3各方面来认识打工的实质:

打工的实质之一,是一种合作。老板攒起来一个项目,但是他自己完成不了,必须要找人来与他合作。合作的形式是多种多样的:投资人用的是资金的形式,技术和管理人员用的是专业技能的形式,普通员工用的是体力和时间的形式,等等。企业盈利了,就会按照事先约定的额度进行分配。所以,打工者拿到的工资、奖金以及其他福利待遇,都是某种意义上的利润分成。只不过是由于普通员工除了体力和时间外,再没有其他投入了,而且在一定的社会条件下劳动力价值标准可能会相对较低,所以获得的利润分成会相对比较少而已。既然是一种合作,那就不再是单纯地替老板做事,而是一定程度上在给自己做事。我们一再强调,在这个世界上凡是我们遇到的、绕不开的、必须做的事情,就都是自己的事情,做了就是给自己做的。工作中的事情也是如此。我们还必须要看到的是,企业的创办人和投资人在有些情况下可能还拿不到利润分成,但是员工的劳动薪酬这份分成是必须得按时支付的。有的老板在特殊情况下为了给员工发放工资,有时甚至会典房卖车来按时兑现。

打工的实质之二,是一种学习。在某一家企业工作的过程中,有心人都会学到很多东西。零距离接触老板,可以让我们看到一个创业者成长的艰辛和成功的坎坷;接受新的工作任务,可以让我们学会做更多的事情;留心企业管理的流程和每一个环节,可以让我们懂得经营企业的奥秘;与同事的相处与交流,可以让我们认识更多类型的人,学会如何与人共事,合作共赢;同客户打交道,可以提升我们的沟通、销售能力等。这是一种货真价实的带薪进修,3—4 年下来所能学到的东西,可能会远远胜于大学 4 年的苦读寒窗。如果一个人真有在社会这所大学校中再进修的心态,那就继续每天都做学习笔记,再坚持 4 年,肯定会使自己受益终生的。

打工的实质之三,是一种成长。打工的过程是一种社会实践,工作中的学习同学校里的学习也有本质的差别。在学校学习的是知识,在工作中学到和提升的是能力。陶华碧一天学都没上过,从接受正规教育的角度讲,她没什么知识。但是那些学得昏天黑地的莘莘学子们,可有谁学过如何创建和管理年销售收入 40 多亿元企业的知识么？两相比较,谁更有知识呢？做事情、管企业,不仅需要知识,更需要能力。一位年近古稀的老太婆管理拥有几千名员工企业的能力,不就是从她打工、开小吃部时开始积累,在她创办和经营“老干妈”的实践过程中形成的么？如果一个人能在打工的过程中将学习、专业、表达、行动、适应、协调、管理和创新等 8 大能力都提升一个台阶,说不定就会有很多人手、人才集中到你的麾下,与你合作了。

二、人才

2010 年 6 月 6 日,新华社播发了中共中央、国务院制定的《国家中长期人才发展规划纲要(2010—2020 年)》。在这一纲要中,国家是这样定位人才概念的:“人才是指具有一定的专业知识或专门技能,进行创造性劳动并对社会作出贡献的人,是人力资源中能力和素质较高的劳动者。”国家关于人才的这一定义,在首先确定人才是劳动者的前提下,包含了 4 个方面的基本元素,并且缺一不可:①具有一定的专业知识或专门技能;②能力和素质较高;③进行创造性劳动;④对社会作出贡献。《纲要》同时指出,“人才是我国经济社会发展的第一资源。”可见人才的社会地位和历史作用是极其重要的,并且是要高出人手很多的。我们规划自己的人生,最起码是应该将发展目标定位在人才这一档次上的。

首先,我们要使自己成为具有一定专业知识或专门技能的人。

上学、读书,是获得专业知识或者专门技能的通常路径。所以,有机会、有条件上学的人,都不要将读书看成是替父母完成心愿、替老师完成任务,而是要从心里感觉到那是在为自己的人生打造基础。小学和中学的学习内容,是为学习大学的专业课程奠定基础的;大学学习的专业知识,是为走上社会获得专业技术和能力奠定基础的。

选择某一项目从小训练,是获得某项专业知识及技能的一条非常路径。比如武术、杂技、音乐、戏曲、书画、竞技体育等,都是要练"童子功"的。这类训练很艰苦,而且会对文化课的学习有一定影响,但是成为专门人才的几率却是很高的,不失为有志于成为人才的人成功的捷径。不过我们更提倡这样的从小训练最好是在不影响小学和初、高中学业的情况下进行。

不管是上学读书还是自小学艺,勤奋刻苦和持之以恒都是最起码要做到的。我们在第 30 章中,已将"勤"列为人生的 8 项准则之一予以强调。一个人要想成为人才,没有勤奋的精神与习惯是不可能成功的。勤奋包括了勤学、勤思、勤练和勤劳。但是,一曝十寒的勤奋也是没有用的,必须要坚持不懈才行。"骐骥一跃,不能十步;驽马十驾,功在不舍。锲而舍之,朽木不折;锲而不舍,金石可镂。"(荀子:《劝学》)这样的劝学名言,应该成为我们学习专业知识和专门技能的座右铭。

第二,我们也要使自己成为能力和素质较高的人。

也就是说,并不一定是读过大学,有了一定的专业知识就是人才了。没有能力的人,不但不可能算作人才,甚至可以说就是废人。因为改造客观世界、改变人生命运,都是依靠能力来完成的,知识只是能力的一个组成部分。关于能力,我们在《学习与成长篇》里已经说了很多,这里不再赘述。国家对人才的要求是不但要有能力,而且要能力较高才行。

国家对人才的素质要求也是用"较高"两个字来定位的。人的素质可以分为身体素质、思想品德素质、科学文化素质等方面,是指人原本的最基础的东西。如果身体素质较差,体能不足,弱不禁风,怎么能进行创造性劳动,又怎么能承载为社会作出贡献的历史重担。所以要从小就注重体育锻炼,同时要学会自我健康管理常识和方法,养成良好的生活习惯。思想品德素质更是做人的前提,也是终身的修炼,并且也是要从小做起、从一点一滴做起的。刘备临终告诫刘禅的“勿以恶小而为之,勿以善小而不为”,我们终生都应该谨记在心。科学文化素质是说一个人才不但要懂得自己的专业,还应该具备其他学科、其他门类的一些常识,包括文、史、哲等方面的知识。最起码要能把自己的东西表达清楚,同时也要能听懂别人说的话。

第三,我们还要使自己成为能进行创造性劳动的人。

人才可以分为主动型和被动型两大类。说得通俗一些,主动型人才是找事情做的类型,被动型人才是等事情做的类型。主动型人才由于习惯成自觉、主动地去做事情,因而经常会自发地寻找到开展创造性工作的机会,在完成被分派的工作任务时也会表现出比较强的创新和创造精神。被动型人才虽然也具有人才的其他属性特征,但却习惯于等待老板、领导等上级的安排来做事,所以开展创造性工作的机会和结果都相对较少。两类人才的这种差别,既有性格上的因素,也有思想观念上的因素。思想观念上的因素主要根源在于是给自己做事还是给别人做事的认识上。

关于创造性劳动,可以从两个方面来理解:

一方面是具有工作上的自觉性,主动在自己的本职工作范围内开创出新的局面来。作为一个人才来说,如果什么事情都要领导或老板吩咐、支使,其人才的意义体现得是不够完整的。因此,所谓进行创造性的劳动,是包含着想事做、找事做、主动做、积极做的成分的。

另一方面是突破性的意义。当一项工作处于瓶颈或者陷入困境、甚至面临绝境的时候,出色的人才要有实现突破的能力和作为,创造性地解决问题。我们在前面谈到的创新、创业和创造,说的都是这个意思。真正的人才,会以这“三创”为天职、为责任、为使命,成为解决问题的专家,成为科技进步、企业兴盛、社会发展的推动者。

第四,我们更要使自己成为对社会有贡献的人。

对社会有贡献,是人才前3个特征的综合体现。具有专业知识和专门技能,具有较高的能力和素质,能够进行创造性劳动,都要体现到社会贡献上来。没有社会贡献的人,学问再高,能力再强,都是不能称其为人才的。

这是一个为我们而准备的世界。这个世界不仅为我们准备了人生所必需的一切，尽管需要我们要用劳动去换取；而且，也为我们准备了施展才华的舞台空间，以便我们能够一展身手，有所表现。对社会贡献的过程，就是个人才华得以展现并客观化、社会化的过程。人过留名，雁过留声。来到世上一遭，我们总得给这个世界留点什么吧！人才之所以被国家视为“社会发展的第一资源”，就是因为这一群体具有无限的创造能力和社会贡献能力。

虽然这个世界是为我们而准备的，但并不是仅仅为我们一个人准备的，也是为所有来到这个世界上的人而准备的。所以，我们不能只是索取，而没有奉献。人生如果只是索取，那生命是没有意义的。如果这个世界上的人都只是索取，不做贡献，那就谁都索取不到什么了。具有创造能力和社会贡献能力，却不创造、不贡献，不论于国、于家、于个人，以及于情、于理，都是说不过去的。创造财富，是人生的意义；解决问题，是人生的实质；奉献付出，是人生的价值；只有将这 3 个方面都做好了，人生追求幸福的目的才能够达到。

我们进行人生规划，如果将发展目标确定在成为人才上，那就要将以上 4 个方面依次规划好，然后踏踏实实地去做。如果都做到了，我们也就成为一位名副其实的人才了。

三、人杰

在被称之为人才的群体当中，能力和水平也不可能是等齐划一的。其中，既有平庸之才，也有优秀之才，当然还有出类拔萃之才。人杰，就是出类拔萃的杰出人才。

司马迁在《史记·高祖本纪》中记载了刘邦说过这样一段话：“夫运筹策帷帐之中，决胜于千里之外，吾不如子房；镇国家，抚百姓，给馈赏，不绝粮道，吾不如萧何；连百万之军，战必胜，攻必取，吾不如韩信。此三者，皆人杰也。”大汉的开国皇帝如此评价张良、萧何、韩信，应该是比言不虚。司马迁在《史记》中也分别为他们 3 人撰写了《留侯世家》、《萧相国世家》和《淮阴侯列传》。因为有了这“汉初三杰”，刘邦开创了继秦朝之后的大一统王朝，并使汉朝享国 405 年，成为中国历史上统治时间最长的一个封建王朝。及至东汉末年，刘备“匡扶汉室”的大业，也是因为有了“五虎上将”关羽、张飞、赵云、马超、黄忠和旷世英才诸葛亮、庞统才得以成事，并建成蜀国，做了皇帝。

“汉初三杰”、“五虎上将”、卧龙孔明、凤雏庞统，都是“人杰”的典型代表。在他们身上，不但有人才的典型特征，更有着普通人才所不具备的特质。

独立负责，勇于担当，是人杰的第一个特质。无论是刘邦的“汉初三杰”还是刘备的“五虎上将”，个个如此。推及现代、当代，杰出人才也无一不是具有这样特质的人。

在新民主主义革命的28年历史进程中，党的各级领导干部乃至一名普通党员，党所领导的工农武装的各级指挥员、战斗员，都能够独立负责地开展工作，都能够独自担当起重大责任。东北抗日联军在1936—1942年的6年间，几乎和党中央完全失去了联系。但是他们不但没有退缩，更没有懈怠，在常人难以想象的艰苦条件之下，战斗在冰天雪地和白山黑水之间，沉重地打击了日寇的嚣张气焰，有效地牵制住了侵略军的有生力量，为全国的抗战胜利作出了极其重要的贡献。东北抗联的指战员们如果没有独立负责、勇于担当的精神和气魄，是无法在“渴饮雪，饥吞毡”的恶劣环境中坚持斗争14年的，更无法创造牵制日军76万人、消灭日军18万人的辉煌战绩。被评为100位为新中国成立作出突出贡献英雄模范之一的杨靖宇（1905～1940）烈士，27岁时受命于党中央到东北组织抗日联军，历任东北抗联总指挥、政委等要职。在一次紧急情况中，他孤身一人与大量日寇周旋和战斗了几个昼夜，最后壮烈牺牲。后经日军解剖烈士遗体发现，他竟然是以树皮、雪下的草根和军大衣中的棉花为食，同侵略者战斗到最后一刻的。

正是因为人杰有着独立负责、勇于担当的特质，所以他们如果参加战斗，一个人就能开辟出一片战场；他们如果创业经商，一个人就能打造出一片市场。如果一个人将自己的人生发展目标定位在人杰层位上，就要十分注意提升自己的独挡一面的素质和能力。

创建团队，率众前进，是人杰的第二个特质。世界上的事情绝大多数都不是一个人能够完成的，越大的事情越是这样，越是近代、现代和当代越是这样。所以，一位杰出的人才必须有创建团队和率众前进的能力。

创建团队，是一种从无到有的创造。在当代社会，想让人才和人手聚集到自己麾下，以下3个方面的理由必须要有两个同时存在才行：一是人格魅力的吸引。一般来说，杰出人才都是具有独特人格魅力的人。说得简单直白一些，这种所谓的人格魅力,就是让别人感到与我们合作共事可能会很惬意、很舒服,能从我们身上学到很多东西。二是事业前景的感召。我们的人格魅力应该是与事业前景相辅相成的。别人认为我们所倡导或推荐的事业不应该太差,同时也会反过来通过对事业的分析来评判我们的人格。人们会通过对事业前景的分析,看到自己未来的成长与收获,所以会投身到我们的阵营之中。没有对事业前景的认定,别人是不会单纯地愿意为我们的所谓人格魅力花费生命的。三是物质利益的诱惑。如果对领头人的人品、人格还吃不准,但项目还说得过去,最主要的是薪酬和福利待遇很诱人,也会有人看在钱的面子上走进这个团队。

率众前进,是杰出人才组织领导能力的体现。作为普通人才,单打独斗也能做成一些事情,最起码可能会完成自己责任范围内的一些任务。而杰出人才则不同。他们有与生俱来的率众心理,不喜欢也不习惯于单枪匹马地做事。率众前进,并不是简单地自己在前面跑,后面跟着一群人,而是要将团队变成一个有机的整体,各司其职,各尽其责,协调动作,共同前进。

习惯创新,敢于创造,是人杰的第三个特质。作为人才,本身就应该有这样的特质,而杰出人才则会将这一特质发挥到极致。在他们的身上,创新和创造都是一种习惯。他们宁可在创新和创造中牺牲,也不愿在抱残和守缺中沉沦。

观念会决定人的想法,想法会决定人的态度。也可以将这一逻辑关系表述为看法决定欲求,欲求决定言行。相同的想法多了,就会有相同的言论及行为重复出现,久而久之就成了习惯。杰出的人才之所以杰出,是他们对人生、对社会、对世界的看法与众不同,想从这个世界上得到的东西也与众不同。身边的、眼前的事物状态一成不变,是他们所不能忍受的。他们希望改变,也习惯改变,因此也就有了与众不同的习惯——创新和创造。人们的习惯也可以分为两大类:思维习惯和行为习惯。创新和创造的习惯一旦形成了,想事情便会总是这样想,做事情也会总是这样做。

杰出人才的胆略和气魄也大于普通人才。因此,他们敢于想常人所不敢想,甚至是前人所不曾想;他们也敢于做常人所不敢做,甚至是前人所未曾做。创造的概念,在很大程度上就是做前人没有做过的事情,是需要胆略和气魄的。韩信在攻打齐国时,为击败项羽派来的援军,夜用沙袋壅塞住潍河上游以减少水流,然后佯败撤退,引敌追赶至河里时掘开塞河沙袋,水淹敌军,就是创造。杰出的人才为什么有这样的胆略和气魄,那是因为他们比常人和普通人才认识了更多的客观规律。当他们遵循这些规律来解决实际问题时,普通人看到的只是他们的胆子大、有气魄。

四、人物

当年刘邦夸赞张、萧、韩三人为“人杰”之后又说道:“吾能用之,此吾所以取天下也。”(司马迁:《史记·高祖本纪》)意思是我能任用他们,这就是我能够取得天下的原因。“汉初三杰”都是了不得的人中豪杰,但是却都能聚集在刘邦的帐下,为其所用。那刘邦是什么呢?肯定不能与这三个人在同一层级上的,应该是比人杰更高一级的了。

像刘邦这样,具有非凡才能,能够聚集并带领一批人才,令事情发生,创造故事并为他人传颂,在一定范围内改变事物的面貌及相关人群命运的人,我们称之为人物。这是我们规划成为什么样人的最高级。同人才的定义一样,人物的定义中也是由几个关键点构成的:①具有非凡的才能;②能够聚集并带领人才做事;③令事情发生;④创造故事并被人传颂;⑤改变事物面貌及人们的命运。

能够聚集并统领几位人杰、一批人才和一大批人手一起做事的人,不可能是一个平庸无能的凡夫俗子,必须要有过人的非凡能力才行。

有人评价刘邦原本是一个胸无大志、不懂经商、不谙农事之人,甚至认为他就是一个地痞无赖类型的市井小人,这是有失偏颇的。他的出身的确是很卑微,起兵之前只是一个比现今的乡长还小、比村长略大的亭长而已,但这不代表他没有远大志向。据班固的《汉书》记载,刘邦曾经到咸阳去服徭役,在亲眼看到秦始皇出行的威仪时慨叹道:大丈夫就应该是这个样子的啊!当然,他 47 岁扯旗造反时,是不可能有推翻秦朝、建立大汉这样明确方向和目标的,否则他就成了神人了。但他推翻秦朝、战胜项羽、建立大汉的功绩,以及他去世前一年回老家时创作并演唱的《大风歌》,都印证了他是有远大理想、有博大胸怀的政治家和军事家:“大风起兮云飞扬,威加海内兮归故乡!安得猛士兮守四方?”(班固:《汉书·高帝纪》)这样的千古绝唱,不是随便哪个诗人都可以写出来的。志向高远、胸怀博大本身就是一种非凡的才能,但刘邦还有更加过人的能力,就是他的识人、用人和信人,所以手下才有了“汉初三杰”。

人物是能够聚集并带领人才做事的。都说刘备乃“织席贩履”之辈,除了会哭再就一无所长了。这仍是一种偏见。如果他真的只有会哭这一“优点”,曹操怎么会与他“煮酒论英雄”?关羽、张飞这样的盖世英雄怎么会与他“桃园三结义”?诸葛亮这样的旷世奇才又怎么会为他做“隆中对”并出山辅佐?可见他除了会哭之外,还真有一个大大的长处,那就是会让一批超级谋臣武将死心塌地地帮他打天下。在这一点上,他比起祖宗刘邦来是有过之而无不及的。因为他的手下还从未出现像韩信那样不等天下太平就逼宫请封的战将。

据《史记·淮阴侯列传》记述,刘邦经常很轻松随便地与韩信讨论军中各位将领的能力,认为大家各有长短。他也曾问过韩信,像我这样的能力可以带领多少人马去打仗?韩信回答说,陛下最多也就能统领10万人吧。刘邦问,那你呢?韩信说,我是“多多益善”,即越多越好。刘邦笑了,又问,你越多越好,怎么却要反过来听我的指挥呢?韩信说,陛下虽然带兵不如我,但是却善于统帅将领,这就是我听命于陛下的道理所在。用我们这里的概念来理解韩信得出的结论,那就是我韩信虽然是杰出人才,但陛下是人物啊!人物就是要聚集、统领和指挥各类人才的,我再杰出也得听命于陛下。

令事情发生,可以理解为创新和创造。人才可以在已经发生了的事情中发挥才干,或者是等事情发生,然后再融入进去,不见得一定要使新的事情发生。但是人物却不一样,他们是一定要令新事物发生的人。

在大众创业、万众创新的历史时期,那些勇于创业的人,就都是令事情发生的人。不管创业的结果如何,最起码他们令自己身上发生了创业这样一件事情。这是挑战命运的勇气的体现,同时也使自己具备了成为人物的一个必要条件。如果再能将其他4个条件一一补齐,也就自然而然地成为名副其实的人物了。

没有去创业的人是不是就没有这样的素质和能力呢?非也!每一个人身上都是具有令事情发生的素质和能力的。在校期间每逢考试,或者蟾宫折桂,或者名落孙山,我们不是令这样的事情发生了么?当我们中意于某位帅哥或靓女时,几经周折并牵手成功,我们不也是令这样的事情发生了么?工作中我们在战胜过困难和挑战后取得了优异成绩,我们不还是令这样的事情发生了么?

我们说人物必须具有令事情发生的特质、能力和作为,并没有要求一定是要令惊天地、泣鬼神的重大事件发生，只要是有别于既有事物，或者是创造出原来没有的事物，就都属于令事情发生的范畴。发生的事物不论大小，它都能体现出人物的特质来，即不甘寂寞，总是要鼓捣出一些事情来，总是要鼓捣出一些动静来，就像我们在前面说过的那样，制造问题，然后再去解决问题，进而推动事物向前发展。

创造故事并为他人传颂，是令事情发生的继续和结果。事情发生了，并且将其演绎下去，就成了故事。故事的结局有好有坏、有喜有悲。只有那些能带给人们以正能量或者带来享受的故事才会得到人们的传颂。在这个世界上，每时每刻都在上演着各种各样的故事。这些故事中的绝大多数都是由普通人（人手和人才）创造出来的，但创造流传久远故事的人一定都是人物。

我们在前面所列举的“汉初三杰”、“五虎上将”以及诸葛亮、庞统，相对于刘邦、刘备来说，他们是杰出人才，但是如果单独拿出其中的任何一个人来，又都是人物，因为他们每一个人的身上都凝聚着人物的5条特质，也都是经典历史故事的创造者。张良功成身退、萧何夜追韩信、韩信胯下受辱、关羽过关斩将、张飞据水断桥、赵云单骑救主、马超入道封神、黄忠老当益壮、诸葛亮鞠躬尽瘁、庞统献计征蜀等等，都一直传颂到今天，并且还将继续传颂下去。

伟人可以创造故事，但他们创造故事的时候并不见得已经成为伟人。恰恰是因为他们创造的故事多了，才使其变得伟大起来。百姓也可以创造故事，创造故事的百姓也可以因此变得伟大起来。自古至今的英雄人物，当代社会的先进模范人物，都是曾经平凡得不能再平凡的草根族，却创造出了感天动地的不朽故事。1938年10月，东北抗日联军第5军妇女团政治指导员冷云等8名女战士在同日伪军的激烈战斗中，为掩护部队主力摆脱敌人的进攻，主动吸引敌人火力，自己却被围困在乌斯浑河岸边。她们背水而战，在打完最后一颗子弹后，高呼“打倒日本帝国主义”的口号，高唱着《国际歌》，集体沉江，壮烈殉国。另外7名烈士的名字是班长胡秀芝、杨贵珍，战士郭桂琴、黄桂清、王惠民、李凤善，被服厂厂长安顺福。8位烈士中年龄最大的是冷云，当时也只有23岁；年龄最小者是王惠民，当时才13岁。在烈士们牺牲71年后，她们被评为100位为新中国成立作出突出贡献的英雄模范之一。

改变事物面貌及人们的命运，是人物对社会作出的贡献。在一个英雄辈出的时代里，这样的人物并不鲜见。

被誉为“牧民省长”的青海省原副省长尕(音 gǎ)布龙,45 岁开始担任青海省委常委、副省长、省人大常委会副主任等领导职务。直到 67 岁卸任、75 岁退休,他的“常委官邸”、“省长官邸”、“主任官邸”就一直是远近闻名的免费“牧民旅店”。他家的几个房间摆放着十多张简易木板床,每天都住着少则七八位,多则几十位来省城办事、看病的农牧民,其中的绝大多数他并不认识。30 多年来,“尕省长的牧民店”免费吃住地接待过六七千名农牧民。在担任副省级领导职务的 22 年时间里,尕布龙坚持深入基层,一年要奔波五六万公里,还经常半路下车,绕道步行,串帐篷,访牧民。1985 年他在高原牧区第一线指挥救灾时,已年近 60 岁,并患有肺气肿,但还和大家一起搬饲料、运燃料,安置群众,转移牲畜,直到晕倒在现场。从省人大副主任的岗位上退下来后,他又主动请缨挑起了绿化西宁市南北两山的重担,继续奋斗了 18 年。到 85 岁病逝时,他指挥和带领干部群众植树造林 3.75 万亩,栽树近 3000 万株,使南北两山的森林覆盖率由原来的 7.2% 提高到 75%。

孔繁森 50 岁殉职时,是中共西藏自治区阿里地委书记,属于一名党政高级领导干部。人们在整理他的遗物时,发现他竟穿着带补丁的内衣,身上只有 8.60 元钱。但是,在他两次从山东赴西藏支援少数民族地区工作的 9 年时间里,先后担任过日喀则地区岗巴县委副书记、拉萨市副市长、阿里地委书记等职,或竭尽全力为发展少数民族教育事业奔波操劳,或为结束藏民大骨节病的历史数攀海拔 5000 米高峰采集水样,或在地震后收养 3 名孤儿并献血换取补助维持 4 口人生活……。经过他不到两年的勤奋努力,在他去世的 1994 年,阿里地区的国民生产总值比上一年增长 37.5%,国民收入比上一年增长 6.7%。为了改变他工作过的那些地方的面貌和人民命运,他献出了钱财、鲜血和健康,直至献出了生命。

一提到山东寿光,人们自然会联想到那是中国北方的蔬菜生产基地。可是不知是否有人会想过,中国北方有上千个县,为什么单单寿光成了“中国一号菜园子”呢?其实原因极其简单,就是因为寿光曾经有过一个叫王伯祥的县委书记。王伯祥是土生土长的寿光人,40 岁时当上县委副书记,43 岁时就任县委书记,直到 48 岁时离开寿光。在他担任县委书记的 5 年时间里,他领导全县人民把寿光建设成为全中国最大的蔬菜生产基地和集散中心。他曾连续 3 年组织 20 万劳力开发北部经济,硬是把占全县总面积 66% 的不毛之地变成粮田和菜园。为了实现既定的开发目标,他在工地的窝棚里一住就是四十多天。不但中间没回过一次家,而且还与民工吃一个锅里的饭菜,从不搞特殊、开小灶。如今,他已调离寿光二十多年,人们一说起他,依旧亲切地称其为“我们的伯祥书记”。

副省长、地委书记、县委书记可以做到这样,是不是普通百姓的命运就只能等着领导来给我们改变呢?我们反复提及的大字只认识3个的“老干妈”陶华碧,已经用自己的实际行动作出了响亮的回答。她不仅改变了自己的命运,更重要的是她改变了她的企业和员工的命运,也改变了关联企业和产业的命运,尤其是那些为她供应原料的农民。同时,她也改变了地方财政的状况。

当我们考虑和规划自己将要发展成什么样的人时,可以图9-2中4个类型和境界加以选择:是人手,还是人才?是人杰,还是人物?

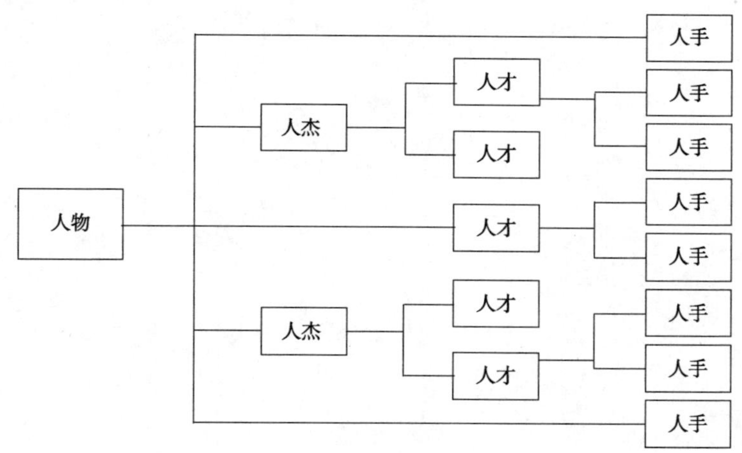

图9-2　人生四境界示意图

按照人们实现目标的一般习惯和规律,目标定得稍高一点比较稳妥。稍高一些,给自己的压力也就会相对大一些。压力就是动力,实现目标的动力也就会更加充足,自然会增加实现目标的可能性。其另一个好处是一旦没有实现,还能保住下一层级的目标。假如我们的保底目标是要成为人才,那最好就将目标确定在人杰上。如果能够实现,那我们就不是一般的人才了,并且有了成为人物的基础和前提;如果不能实现,那我们最起码还是人才。假如我们的目标是人才,把规划也确定在人才层位上,一旦没有实现,那就只好做人手了。

我们最好不要把自己的人生目标定在人手上,虽然这比较省力气,但是也容易一时没把握好就滑落至比人手更低的层位。比人手更低的层位是什么呢?是人渣。那些祸国殃民者,那些胡作非为者,那些违法乱纪者,那些损人利己者,那些损人不利己者,都属于人渣的范畴。身为人渣者,不但自己的人生很龌龊,下场很凄惨,同时还会给家庭、社会带来很多麻烦。

现在网上又开始流行一个新名词,叫做“学渣”,是与校园里的“学霸”相对应的。“学渣”肯定不可与“人渣”相提并论,因为这是完全不同的两个概念、两类人群。“学渣”含有明显的自嘲意味,是对分数教育、应试教育的一种挑战,而且在校的“学渣”到社会上后也不见得就不能成为人才、人杰甚至人物。我们并不推崇分数教育和应试教育,但我们更提倡在人生的什么阶段做好那个阶段的事情,为下一个阶段乃至整个人生奠定坚实的基础。

第四十五章

规划要靠奋斗变现

人生规划有了，方向和目标有了，剩下的任务就是该着手去实践了，将在心里、在纸上规划的人生一步一步地变为现实。当然也不要忘了根据不断变化的客观实际及时进行调整和订正。实践规划、实现目标的过程，就是做事的过程。那么，我们究竟该去做哪些事情呢？人生要做的事情太多了，不可胜数，更无法细说，但是概括起来却不外乎只有两个字——奋斗！可能有人一看到这两个字就会皱起眉头：我们到这个世界上是来享受的，你不会告诉我这一辈子都要奋斗吧？你还真的说对了。任何人这一辈子都是在奋斗中度过的，概莫能外，只不过是有主动奋斗和被动奋斗之别罢了。

古人称鸟类振动羽毛、展开翅膀为奋，称鸟儿的振翅高飞为奋飞。后来，又将奋引申为人的振作和振奋、奋发和奋勇。奋斗，是说人们在战场上与敌人的奋勇搏斗、尽力战斗。在当今这样的和平年代，我们还奋斗什么呢？还对谁奋斗、怎么奋斗呢？在刚刚驱散了几十年的战火硝烟之后，毛泽东于 1950 年 2 月结束对苏联的访问回国途中，视察了黑龙江省和哈尔滨市。当地方领导提出请他题词时，他写下的还是“奋斗”。他当时题写的“奋斗”、“学习”、“不要沾染官僚主义作风”、“发展生产”和“学习马列主义”，可谓期望殷切、意味深长，今天读来依旧有发人深省之感。

人生的实质即全部活动内容就是解决问题，不管我们愿意不愿意、主动不主动，我们岁岁年年、时时刻刻都必须要解决问题。什么叫问题？就是需要处理的事情,需要解决的矛盾,需要克服的困难。人只要活着,就会一直面对着各种各样的事情、矛盾和困难,谁都回避不了,谁也逃脱不掉。在我们实践人生规划、实现理想目标的过程中,照样也要面对并处理、解决、战胜这些,所以必须奋斗,也只能奋斗。当然,这是一种主动的奋斗。那么,是不是我们会比那些不主动奋斗的人会活得辛苦呢?其实,应该是比他们更轻松、更惬意才对。他们不主动奋斗,并不意味着就不需要奋斗,只不过是他们的奋斗是被动的、盲目的、不知所终的。两相比较,被动的奋斗会更辛苦,更没有效率,而且经常会白白地奋斗,因为所获得的结果可能并不是他们想要的东西。有规划、有方向、有目标的奋斗则不同,不但效率更高,更会乐在其中。

人生的奋斗大体上可以分为以下 4 类。

一、为自己奋斗

为自己,是人的一种本能,无可厚非。人生的奋斗,首先也是为自己的。我们不止一次地强调过人生所有的事情都是给自己做的观点。这些事情的总和,就是人生的奋斗的全部内容。如果说我们的奋斗是为了家庭,那也是我们自己的家庭;是为了国家,那也是我们自己的国家;是为了信仰,那也是我们自己的信仰。归根结底,还是在为我们自己奋斗着。

学习,是我们一生的任务,也是一生的奋斗。谁能说 16 年的寒窗苦读不是一种奋斗呢?特别是在初、高中阶段,有些地方的学生天天顶着星星出门,夜夜披着月光回家,这岂止是奋斗啊,简直就是在战斗!更不消说要学、要记、要背的那么多概念、定理、公式。中学的 6 年,每一个学期都是一场战役,每一次考试都是一次战斗,所以才要“在战略上藐视敌人,在战术上重视敌人”。终于走出校门了,我们发现还得学习。学过的有些知识与工作业务不对口,有些知识需要更新;工作中还会遇到许多新问题,我们过去掌握的知识不够用;生活中需要学习的东西更多,甚至连休闲娱乐中都有很多知识需要学习。所以,学习作为奋斗的一种形式,将伴随我们的一生。

获得和提升能力不需要奋斗么?那更是一种奋斗的过程,也是一种奋斗的成果。人的能力是从实践中获得并提升的,而改造客观世界和改造主观世界的过程,就是同问题、困难、矛盾进行斗争的过程。都知道表达能力在工作和社会交往中是极其重要的,可是一个从未在公众面前讲过话的人,很可能一上台就两腿发软、眼睛发花、大脑一片空白,甚至连自己的名字都介绍不出来,如果再不肯通过战胜自己的奋斗来获得,哪里还会有表达能力呢?良好的表达能力、表现能力都是练出来的,没有哪个人是天生的。由于性格上的原因,有的人天生爱说话,但不等于他就会说话、会表达。因为他爱说,所以他就总是在说,从小到大就练出来了;有的人天生不爱说,但不等于他就不会说,可是总也不说,到最后也就真的不会说了。战胜怯懦、战胜口拙等,都是提升表达能力的奋斗。

当我们拥有一份工作的时候,我们该有什么样的思想准备呢?毛泽东说:"什么叫工作,工作就是斗争。那些地方有困难、有问题,需要我们去解决,我们是为着解决困难去工作、去斗争的。"(《关于重庆谈判》,《毛泽东选集》第四卷)前面我们引用毛泽东这段话时,强调的是工作就是解决问题的性质。这里我们再次引用,想要强调的是工作就是斗争、就是奋斗的性质,是与困难、矛盾和问题的斗争、奋斗。当我们拥有一份工作的时候,就是拥有了展示我们解决困难、矛盾、问题能力的舞台和机会。如果成为了一个企业的领导者,那就不单单是在工作时间里要奋斗的问题了,而是要全日制、全天候地奋斗,独立负责地去解决各种各样的问题。

人手、人才、人杰、人物等4种人生境界,其实是按解决问题的能力、效果,所解决的问题大小和难易程度等因素来划分的。人手在多数情况下解决的是个人用体力和时间就可以搞定的问题,人才解决的是个人用知识和技能就可以搞定的问题,人杰解决的是要带领一队人才、人手才可以搞定的问题,人物解决的是要指挥人杰们带领着各路人才、人手才可以搞定的问题。在极端情况下,人物甚至会用自己的生命去解决突发的问题,或者是用生命的代价去完成极其艰巨的任务。所以我们说,工作就是奋斗。

那么生活呢,难道也是在奋斗么?当然是,而且更是。可以毫不客气地说,生活就是由人生中历时最长久、情况最复杂、难度系数最大的不尽奋斗所构成的。

谈恋爱不是奋斗么?有很多人的恋爱冷冷热热、分分合合,犹如一场马拉松长跑,没有足够的体力和强大的心力是奋斗不下来的。

结婚不是奋斗么?协调两家关系,拍婚纱照,准备婚礼,订酒店,请亲朋,桩桩件件,连续作战。

买车、买房不是奋斗么?要有钱,还得有资格,跑银行,办按揭,选楼盘,选4S

店，装修装潢，麻烦异常。

生儿育女不是奋斗么？生不出来着急，生出来了上火，幼儿抚育，长大上学，毕业求职，恋爱婚配，但是还不能歇息，因为他们又要生孩子了。

离婚、再婚不是奋斗么？更是，而且是生活中最为惨烈、最没价值的奋斗！曾经的婚誓抛在脑后，多年的感情荡然无存，孩子的幸福放在一边，老人的忠告置之不理，几年之后，又回原点。

战胜疾病不是奋斗么？不但是，而且与生命同始同终。世界上的所有生物都存在着同病害作斗争的问题，而人类表现尤甚。从成胎于母腹至寿终正寝，人人都得与疾病抗争。

减肥、护肤、美容、抗衰老不是奋斗么？没有顽强的斗志，这样的奋斗是不敢进行的。因为这方面的奋斗需要足够的勇气、毅力和财力。

二、为家庭奋斗

家庭对于人生的重要意义自不需要再说，所以绝大多数人的奋斗很大程度上也是为了家庭——自己的小家、家族及外戚的大家。这是一种人生责任的表现。当然不可太过，更不可以通过违法违纪来获得。

个人在学习与成长方面的奋斗，不但关系着自己的未来，也寄托着家庭和家族的希望。所以，学习首先是给自己学的，但是也要对得起长辈的殷切期望、辛勤培养、无私付出。自己将来能成长为一个什么样的人，与各个年龄段的学习状态密不可分；而个人的发展结果，也与家庭的未来和未来的家庭紧密相连。

“谁言寸草心，报得三春晖”，是大家自幼就会背诵的诗句。在自己还没有长大成人、还不能自立于世的时候，拿什么去孝敬父母、报答父母？唯有努力学习。虽然“寸草之心”与“三春之晖”不成比例，虽然学生时代的表现还不能代表人生的状态和结局，但也能报效父母和家庭于万一，也能让父母和长辈们看到希望，感觉到欣慰。

对于大多数父母来说，他们对子女的期望并不是要给自己以多大的物质回报，而是希望能够看到下一代、下下一代比自己更优秀、更有用，生活得更幸福、更美好。当父母年迈的时候，虽然他们早已抛弃了“望子成龙”、“望女成凤”的梦想，但如果看到我们还不成才，还不成器，给他们买多少吃的、用的东西，都不可能解决他们心里的问题。我们个人对父母的最好回报，就是要让他们对我们的工作、生活和为人放心，他们的心里才会感觉到踏实。

还有要面对那位我们曾经承诺要爱 TA 一辈子、要让 TA 幸福的人，怎么兑现自己当初的诺言呢？唯有奋斗。在这方面，那曾经的诺言是一种誓言，就是不论遇到什么困难都一定要尽自己的最大努力去做的誓言。爱 TA 一辈子的基础表现是要守 TA 一辈子、陪 TA 一辈子、关心 TA 一辈子。所以，婚誓是人生中的一次大誓，是要用几十年的奋斗来实现的。

不论我们是做丈夫还是做妻子，对另一半以及对家庭都负有相同的责任。家庭的一切，都是需要奋斗才能得到的。有些人可能会从父母那里得到一些馈赠和继承，但那也是父母或者是祖辈奋斗的成果。如果自己是做丈夫的，就要顶起家庭上空的那片天，给太太和孩子以更多的庇护，为她们遮风挡雨，不让她们生活得太艰苦、太辛苦；如果自己是做妻子的，就要把家庭经营成为一片宁静的港湾，让丈夫的大船和孩子的小船不论漂泊多远，都会恋着这片港湾，并能在家里得到精神的修整和能量的补充。这些事情可以说得很浪漫，但是做起来、实现它并不简单，并且是要经过奋斗才可能实现的。要同客观条件奋斗，才能获得家庭富足的物质财富；也要同主观意识奋斗，才能战胜个人的一些下意识情绪。

我们说家庭的一切，并不仅仅是物质方面的条件，还有家庭的精神、文化构成，即我们所常说的“家风”。比如那种利用职权、金钱手段来为孩子的户籍、成绩弄虚作假，甚至在高考这样的大是大非问题上不惜触犯刑律来谋求不正当利益，都是一种对孩子的教唆。这样的家长，这样的家风，能给孩子以什么样的影响是可想而知的。私念和小聪明人人都有，但是在原则问题上要有战胜它们的定力、毅力和能力，这同样是一种奋斗。吵吵闹闹的家风，也会为害久远，或者会殃及几代人。一个在父母经常争吵环境中成长的孩子，心灵所受到伤害、学习积极性所受的影响、生活乐趣的降低、未来个人婚恋家庭的幸福指数等等，都会与此相关。但是人又都是有脾气的，战胜自己的脾气、性格、习惯，创造和谐温馨的家庭氛围，更是一种难度很大并且需要旷日持久的奋斗。

像父母看待我们一样，有一天我们也会以同样的目光、从同样的角度去看待我们自己的孩子。在通常情况下，对于一个普通百姓来说，到了 45 岁左右，尤其是到了50岁以后,几乎所有的奋斗就都是为孩子了:打工赚钱,发展自己的企业,继续自己的事业等等。因为到了知天命之年,自己的一生已经基本定型,但却希望子女的人生能比自己更好一些,所以还会继续奋斗,以便让孩子的人生更从容一些。这种心情是殷殷"舔犊之情",并不难理解;这种做法如果是诚实劳动或者守法经营,也无可厚非。

绝大多数父母都想通过自己的奋斗多给孩子积累一些物质财富,然后好能给孩子提供较好的学习条件,使他们的人生比父辈更精彩。有些做子女的并不理解父母的一片苦心,甚至误解为父母无能而让孩子替他们圆梦。其实,父母不是让孩子替他们做什么,而是经过了几十年的人生风雨之后,更清楚了人生最应该努力去做的是什么。在80后和90后这两个青年群体中,多数是家中的独生子女,其中有些人的父母苦心经营的企业已经初步成型或者是有了一定规模,虽然父母是眼巴巴望孩子能子承父业,但多数并不能如愿,往往会被孩子的一句"不喜欢"而伤透了心。现在创业潮方兴未艾,殊不知接过一个有基础、有规模的企业比重新开始要省力得多,成功的几率也要大得多,而喜欢与不喜欢只是一种暂时的、感觉上的差别而已。

也有的父母认为,最重要的是应该给孩子留下精神财富。备受人民怀念的"牧民省长"尕布龙一心想成为一名"对自己更严一点儿"的共产党人。他在省城工作和生活了四十多年,却连一间属于他自己的房子都没有留下;他的儿子,至今也只是一所学校的普通保卫干事;他女儿的牧民身份从未改变,在草原上放了几十年的牛羊,年纪大了才在县城租了个摊位卖馍馍;他的外孙,接过妈妈的牧鞭依旧在草原上过着牧民的生活。这样的父母,晚年的奋斗也包含着为子女的因素,因为他们要给孩子们留下的是名节上的骄傲和自豪,是作风上的勤劳和本分,是奉献上的为公和为民。

当然也有极端主义者甚至是病态的父母,从相反的角度说明了相关的问题。按照正常待遇,那些贪官们如果不犯罪,都是可以衣食无忧地了此终身的。但是他们为什么还要冒着坐牢、杀头的风险去以身试法呢?一方面是病态的私欲膨胀,另一方面就是想给子女多留点财产。贪污、受贿、挪用公款,给子女安排有职有权的工作等等,甚至演变成家庭或家族腐败的窝案,并出现了不少贪腐的"夫妻档"、"父子档",结果是夫妻齐入狱、父子同收监,落得个"全家贪腐全家哭"的下场。

三、为祖国奋斗

为个人也好，为家庭也罢，其实质都是在为国家。这绝不是一句空洞的政治口号，因为我们本身就是祖国大家庭的一份子。在国内，我们的奋斗成果都会留在祖国的土地上；在国外，我们的一言一行都代表者祖国，代表着中华民族。

还是不得不说"老干妈"陶华碧，因为这是一个不识字的老太太为祖国奋斗的典型。她的名言是，"我是中国人，我不赚中国人的钱。我把老干妈卖到国外去，赚外国人的钱。"面对记者的提问，她说"我也不晓得老干妈卖到了多少个国家，我只能告诉你，全世界有华人的地方就有老干妈。"

她公司的年销售收入中有多少是外国人的钱，我们无从得知，但是她的产品在美国的售价是国内售价的 3 倍以上却是不争的事实。据中华网 2015 年 3 月 13 日报道，一瓶 280 克的老干妈辣酱，在中国 1 号店网站上卖人民币 7.9 元，在美国的亚马逊要卖 3.9 美元(折合人民币 24 元)。最神奇的是这种在中国超市里极其普通的佐料酱菜，居然以"全球最顶级热酱"的身份登上了奢侈品折扣网站 gilt，而且售价竟然高达 12 美元。

陶华碧把老干妈辣酱卖到了全世界，其为祖国奋斗、为祖国争光的意义体现在两个方面：一方面是中国的普通食品赚到了外国人的钱，另一方面是拉近了海外华人同祖国的距离。

与陶华碧身份迥然不同的中国两弹元勋邓稼先，出生于书香传世的名门，其 6 世祖、5 世祖是清代书法家、篆刻家，其祖父是曾任安徽教育司长的教育家，其父亲是现代美术家、美术史家、教育家，其岳父更是大名鼎鼎的五四运动重要学生领袖、后来的全国人大常委会副委员长许德珩。

有这样的家庭背景，邓稼先什么"二代"估计都能算得上吧，还用自己奋斗了么？邓稼先选择的是奋斗。在战火纷飞的年代，他辗转读完了小学、中学和大学，1946 年 22 岁时即受聘于北京大学物理系担任助教，但他的理想是学习和掌握更先进的科学技术知识以报效祖国，23 岁时通过赴美研究生考试，用两年时间修满研究生学分，又用一年多的时间获得了博士学位，被称为"娃娃博士"，因为此时的邓稼先只有 26 岁。他的才华自然也进入了美国政府的视线，但他放弃了留在美国可以享受到的优越的工作和生活条件，于 1950 年 27 岁时回到祖国的怀抱。那时的祖国，刚刚从战乱中走出来，还是一个百废待兴的局面，更不要说什么工作和生活条件了。一回到北京，他就投身于中国近代物理研究所的建设，并在中国核理论研究方面进行了开拓性的工作。

1958 年 6 月，毛泽东在军委扩大会议上说："原子弹就是这么大的东西，没有那东西，人家就说你不算数，那么好吧，我们就搞一点吧。搞一点原子弹、氢弹，我看有 10 年工夫完全可能。"(中华网，2014. 12. 8) 当有关领导找到邓稼先征求是否同意参加这项必须严格保密的工作时，他不但没有犹豫就答应了，而且还表现得十分激动和兴奋。回到家里，他告诉妻子说要调动工作，不能再照顾家和孩子了，通讯也会很不方便。深明大义的妻子虽然不知道丈夫要去做什么，但是也毫不犹豫地同意了。从此，各种学术刊物上就再也见不到邓稼先的名字了，他的对外联络也同时中断了。

毛泽东是伟大的预言家。他 1958 年说 10 年就能造出原子弹和氢弹，结果是第 6 年的 1964 年 10 月中国第一颗原子弹试验成功，第 9 年的 1967 年 6 月中国第一颗氢弹试验成功。邓稼先也就在这横空出世的巨大成就中默默地为祖国奋斗着、奉献着，28 年如一日，直到癌症夺走了他 62 岁的生命，我们普通老百姓才知道了邓稼先这个名字以及他的光辉事迹、巨大贡献。

一个是没有文化的劳动妇女，一个是留洋归来的核物理专家，分别以不同的方式在为祖国进行着奋斗，并且取得了不凡的成就。而我们呢，是比陶华碧的文化水平更低呢，还是比邓稼先的专业能力更强呢？似乎都不是，那我们怎么就不可以、不应该为祖国的富强而奋斗十几年或几十年呢？

到中国梦实现的日子还有三十几年的时间。如果将新中国成立到百年诞辰平均分为 3 段，我们今天正好处于 2 段结束、第 3 段开始的交替期。这应该是一个十分重要的转折点，也是一个很好的历史机遇，我们每个人都应该很好地把握住这个机会，为自己能够荣幸地参与实现中国梦的伟大实践而骄傲。这是一个宏大的历史工程，需要全国人民的共同参与、齐心努力和携手奋斗，每一个中国人、每一位炎黄子孙都责无旁贷。这其中自然是有我、有你、有咱们大家。

今天，我们要做到的就是规划好自己的未来人生，将个人的 30 年发展计划融入实现中国梦的宏伟蓝图之中，让中国梦变成自己的梦，变成自己的人生发展进步与成功幸福之梦。如果我们现在刚好 20 岁左右，到中国梦实现之日也正应该是自己功成名就之时。最难得的是，国家的长远发展和中国梦的分期实现都有了“顶层设计”，我们的人生规划也就有了宏观依据和时代保障。只要我们在自己的学习、工作和生活位置上努力奋斗，先把自己的事情做好，然后再不断探索，积极创新，主动创业，自觉创造，未来的、更多的陶华碧们、邓稼先们就会产生于我们之中，我们每一个人都有机会成为实现中国梦的功勋战将。

四、为信仰奋斗

1835 年 8 月，马克思的中学时代结束了。在行将离校之际，17 岁的马克思撰写了一篇毕业论文，题目是《青年在选择职业时的考虑》，其中有这样几段话：

在选择职业时，我们应该遵循的主要指针是人类的幸福和我们自身的完美。不应该认为，这两种利益是敌对的，互相冲突的，一种利益必须消灭另一种的；人类的天性本来就是这样的：人们只有为同时代人的完美、为他们的幸福而工作，才能使自己也达到完美。

如果一个人只为自己劳动，他也许能够成为著名的学者、大哲人、卓越诗人，然而他永远不能成为完美无疵的伟大人物。

历史承认那些为共同目标劳动因而自己变得高尚的人是伟大人物；经常赞美那些为大多数人带来幸福的人是最幸福的人；宗教本身也教诲我们，人人敬仰的理想人物，就曾为人类牺牲了自己——有谁敢否定这类教诲呢??

如果我们选择了最能为人类福利而劳动的职业，那么，重担就不能把我们压倒，因为这是为大家而献身；那时我们所感到的就不是可怜的、有限的、自私的乐趣，我们的幸福将属于千百万人，我们的事业将默默地、但是永恒发挥作用地存在下去。面对我们的骨灰，高尚的人们将洒下热泪。

（《马克思恩格斯论教育》，人民教育出版社 1986 年版）

马克思的这篇论文，至少告诉了我们 3 个重大问题：

第一，十七八岁的青年世界观已经成型。

我们这里说的是成型，而不是完成。马克思的中学毕业论文表明，他之所以后来能成为思想大家、哲学大家，和他青少年时期的刻苦学习、仔细观察、反复思考、科学分析、独立判断都是分不开的。所以,在他中学毕业的时候才会有与众不同的想法,而且其为人类服务的崇高理想也已经初步形成。

在今天中国父母的眼中,十七八岁的青年依然是孩子,所以从小情到大事都替孩子们想着、管着,剥夺了孩子们思想的权利,当然也就限制了他们的思维。我们每年光参加高考的就有上千万高中毕业生,同届还有超过千万的初中毕业生,六七百万的大学毕业生等等。在这每年总数都可能达到3000万以上的各类毕业生群体中,究竟有多少是像马克思这样有独立思想、有明确方向、有崇高理想的人?有没有将来可以成为思想家的预备型人才?这是我们的青年、家长、学校和整个社会都应该关注的大问题。

在青少年的世界观形成过程中,我们的家长、学校和社会到底应该如何帮助和引导他们,是一个很现实的社会问题。有很多人抱怨社会上存在着一定程度上的信仰缺失、道德沦丧问题,其根源是不是恰恰存在于我们的家庭、学校和社会之中呢?在孩子们的童年时期,他们看到的是怎样的家长,耳濡目染地从家长身上都学到了些什么?在小学和中学时期,唯分数论的应试教育是否扭曲了孩子们正常心理发育,校园内的腐败现象是否污染了孩子们纯洁的心灵?无处不在的各类信息渠道中的负面资讯,会给孩子们什么样的理想感召,会在孩子们的世界观、人生观、价值观形成过程中发生怎样的作用?

邓稼先病逝后,有人在采访他夫人许鹿希女士过程中,听到邓稼先母校中学一位老教师说过这样一件事:母校想为邓稼先立一座雕像,但是家属坚决不同意,因为这之前光是出了一本纪念性的小册子,就给他家找了很多麻烦。有大学生看了邓稼先的经历后说:“这是个大傻子,太傻了!要是留在国外,不知能挣多少大钱,也不会这么早死了!”该中学在校内开展邓稼先事迹宣传教育活动,不料也有学生疑惑地问:“像他这样值吗?”老师们痛心疾首地大声问:“都是这样的价值观,今后国家发展靠什么?”(人民网,2009.8.2)这样的大学生、中学生虽然可能是极少数,是个别人,但为什么会如此看待邓稼先,确实是值得我们相关的各方面认真思考的。这样的青少年走上社会以后会有怎样的信仰、怎样的道德,难道不值得担忧么?

第二,信仰不光是用来崇拜的。

在马克思的毕业论文中,已经极其明显地体现出了他的共产主义思想。在我们上面选取的 4 段话里，他 3 次提到要为“人类的幸福”、“为大多数人带来幸福”、“为人类福利”而工作、而劳动，并且自己的“事业将默默地、但是永恒发挥作用地存在下去”。7 年后，他在主编《莱茵报》时，在《共产主义和奥格斯堡》一文中首次使用了社会主义和共产主义这两个名词；12 年后，他和恩格斯写出了国际共产主义运动的开山之作——《共产党宣言》；32 年后，他写出了研究资本主义社会经济形态的巅峰之作《资本论——政治经济学批判》；36 年后，他的思想指导了巴黎公社的共产主义实践，巴黎公社的实践又促进了马克思主义的发展。

马克思所创建的共产主义思想，不但成为他自己一生的信仰，也成为世界各国无产阶级革命者的信仰和追求。更为重要的，是共产主义学说有效地指导了很多国家的共产主义革命。以苏联和中国为代表的社会主义革命的胜利、社会主义阵营的组成，都以雄辩的事实证明了马克思共产主义理论的先进性、科学性和革命性。资产阶级和资本主义当然不会坐以待毙，眼看着共产主义的烈焰烧塌他们的宫殿。他们依靠强大的经济实力和武装实力，经济封锁、武力施压、和平演变、间谍破坏等手段合施并用，瓦解了苏维埃社会主义共和国联盟，瓦解了以苏联为核心的社会主义阵营，使国际共产主义运动和社会主义革命陷入了低谷。但是，这不能说明共产主义学说是错误的，恰恰体现了事物发展的复杂性和曲折性。特别是毛泽东和中国共产党人在共产主义信仰指导下所创建的社会主义中国还在，共产主义信仰依旧是一个 8700 万党员大党的信仰和追求，共产主义的大旗还在 960 万平方公里的大地上空猎猎飘扬。

纵观国际共产主义运动的历史，我们看到真正先进、科学、革命的信仰不光是用来崇拜的，它的纲领性作用是极其强大的，完全可以用来指导我们的实践与奋斗。中国共产党人依靠共产主义理论的指导，同帝国主义、封建主义和官僚资本主义奋斗了 30 年，进行了 5 场战争，建立了新中国，并保卫了社会主义的胜利果实。在社会主义建设的历史进程中，马克思主义理论和共产主义学说继续发挥着强劲的指导作用。全国人民共同富裕的中国梦，就是新的历史条件下共产主义思想指导党的路线、方针、政策的体现。江竹筠、杨靖宇、冷云等无数牺牲在新民主主义革命时期的共产党人，用生命践行了自己的共产主义理想；雷锋、焦裕禄、尕布龙、孔繁森、谷文昌、王伯祥等社会主义革命时期的共产党人，用为人民服务的孜孜奉献同样践行了自己的共产主义理想。

第三,为自己的崇高信仰而奋斗。

马克思之所以能够成为千年第一的思想家,成为全世界无产阶级、劳动人民的伟大导师和当代共产主义运动的先驱,成为伟大的革命理论家、思想家、政治家、哲学家、经济学家、社会学家,是和他的信仰分不开的。当中学毕业,面临着升学和就业问题时,他没有考虑自己要选择科学家、哲学家、诗人、教士、牧师等具体职业,而是在考虑选择“最能为人类福利而劳动”的伟大事业,选择“成为完美无疵的伟大人物”,选择人生的结果是“面对我们的骨灰,高尚的人们将洒下热泪”。这就是我们说做人生规划时要规划成为什么样的人,而不是要去规划具体职业的道理和根据。马克思做到了,他为自己的崇高信仰一直奋斗到生命最后一息,长眠在他经常坐在上面思考的那把椅子上。在他逝世 130 年后的今天,依然还有来自世界各地的无数崇拜者去他的墓前拜谒,献上敬仰,寄托哀思。当年一个 17 岁青年人对身后事的预见竟然变成了长期的事实,不能不叫人叹服。

有些人的人生奋斗目的是以钱、权、名为标志物的。如果不是通过非法手段获得,也不会用于非法活动,所以也没什么不好,最起码是会给社会创造物质财富的,或者说明人生态度是积极的。但是这些东西的价值都是有限的,对生命的意义也是有限的。比如钱财,今天赚了可能明天又赔了,这些年赚了过些年也可能赔了,这辈子赚了子孙有可能给赔了或者挥霍了,最关键的是不能永恒。权就更不用说了,有效期更短,坐在那把椅子上时权力在你手中,离开了那把椅子那权力就转移到别人手里了。名气本身就是个虚的东西,说它有就有,说它没有它真的就什么都没有了。总之,为这些东西去奋斗,似乎层次低了一些。而且也很难把握那个度,很容易滑进泥淖。

有些人是以实现理想为奋斗目标的,但如果仅仅是个人的理想,局限性就很大。因为有些人的理想具象化之后,又回归到钱、权、物上;还有些人的理想会归结为拥有什么样的职业或者成为什么样的人,虽然是上升了一个层级,但是也是有尽头的,有的人实现以后重新又陷入茫然。唯有为信仰而奋斗,是没有止境的,因而价值更高、意义更大、趣味更浓。雷锋有一句名言,可以很形象地说明为信仰奋斗的状态:“人的生命是有限的,可是为人民服务是无限的。我要把有限的生命,投入到无限的为人民服务之中去。”(《雷锋日记》,解放军文艺出版社)

第四十六章

人生棋局中的关键五步

围棋和中国象棋是中华民族文化的瑰宝,是华夏民族智慧的结晶。与之相伴而生的各类棋谱,用图形和文字叙述棋局,记录了几千年来的民族智慧,并总结创造出一些极富哲理的"棋语",比如"当局者迷,旁观者清","丢车保帅,丢卒保车","一着不慎,满盘皆输","马后炮","举棋不定","棋高一着"等等。这些本来只是描述棋局的专用语言,后来被广泛地应用于人们的日常生活之中,竟成为描述人生一些状态的绝佳词汇。更由于棋局深奥繁复、变幻莫测、趣味无穷,所以也有很多人喜欢将人生比作棋局。浩瀚的历史文献中所记载的一个个鲜活的历史人物,以及由他们所演绎的精彩历史故事,便是一部部关于人生的"棋谱"。

对弈高手要走赢一盘棋,只需把握住关键的几步,其他的运作都是为实现这几步"妙着"、"神棋"做的铺垫和准备。纵观人生的运动、变化和发展规律,要下好人生这盘棋,也是只要走好关键几步即可收获成功与幸福。人们常说的"机会往往是留给有准备之人的"。所以有一点必须明确,同高手对弈的妙着一样,人生发展的关键几步虽然表现在人生某一节点上的关键性抉择,但根源却在于此前的一系列铺垫和准备之中。每一个人在关键点上的抉择,貌似是一种带有偶然性的思想和行动,却毫无例外地蕴含着必然性因素。我们研究人生棋局中的关键几步,实质上就是在研究人生的几个重要阶段,研究怎样为命运的转折准备更多的必然性因素。

一、三观成型，规划人生

这一步，应该在20岁左右完成。“三观”的核心是世界观，即对世界的根本看法。人生观和价值观既是世界观的重要组成部分，又是世界观在人生范畴和价值范畴的体现。根据绝大多数人的成长规律看，一个人的“三观”特别是世界观的萌芽一般是伴随着青春期开始的，即12、3岁那个年龄段，基本上就是小学毕业、刚上初中时期；到17、8岁时，即大体上是在高中毕业的时期，就有了基本的轮廓、雏形，并因此而有了独立的思想；再经过3—4年的高等教育、3—4年的社会实践，会对原有的“三观”雏形进行巩固、校正和完善，到二十五六岁时基本定型。

由此看来，人生第一个最关键节点的出现是从十二三岁就开始酝酿了。在此之后的十二三年时间里，家长、学校、社会等各方面影响将汇集到、渗透进青少年的思想意识之中，对他们的“三观”形成产生着潜移默化的促进和塑造作用。当然，青少年逐渐形成的价值观又会对外来的信息进行过滤，根据自己并不一定成熟的是非观念、并不见得正确的价值判断予以取舍，得出自己的结论，结果是可能使原本正确的看法更加正确，也可能使原本正确的看法被否定，还可能使原本错误的看法得到纠正，或者可能使原本错误的看法更加错误。因此，家长对于青春期子女的熏陶和引导、学校对于中小学生的教育和管理、社会对于青少年成长环境的规范和净化，都是他们“三观”形成的决定性因素。

革命先烈刘胡兰(1932～1947)10岁参加儿童团，13岁到外地参加中共妇女干部训练班，14岁回家乡担任妇救会秘书、主任，并光荣地成为中共候补党员，15岁英勇就义。毛泽东亲笔题词，赞扬刘胡兰“生的伟大，死的光荣”。比刘胡兰小8岁的共产主义战士雷锋，7岁成为孤儿，9岁参加儿童团，19岁应征入伍，20岁即荣立2等功和3等功并光荣入党，21岁成为辽宁省抚顺市人大代表，22岁成为沈阳军区团代会代表并被推选为主席团成员，同年因公殉职。毛泽东又亲笔题词，号召全国人民“向雷锋同志学习”。刘胡兰和雷锋都能在很小的年龄就形成了坚定的共产主义世界观，与党的教育和革命斗争形势的影响是分不开的。

家庭对青少年的影响也同样是巨大的。毛泽东的长子毛岸英烈士出生于1922年，10岁与母亲杨开慧一起被国民党反动派逮捕入狱，15岁辗转到达莫斯科学习、入伍、参加苏联卫国战争,23 岁回到中国,回到阔别将近 20 年的父亲身边。然而,毛泽东只允许他和自己在一起吃了两天,便要他到机关食堂吃大灶,又要求他去向农民学种田,参加土地改革运动。建国后,他主动要求到基层、到工厂去工作。朝鲜战争爆发后,他又坚决要求赴朝参战,1950 年 11 月 25 日牺牲在朝鲜战场上,年仅 28 岁。很明显,毛泽东、杨开慧夫妇的共产主义信仰和革命实践,对毛岸英世界观的形成以及他的成长进步产生了重大的影响。

在"三观"基本形成的后期,就应该着手进行人生规划了。对于期冀获得较高人生质量的人来说,人生规划是必须要走的一步关键棋,并非是可有可无、可做可不做的。至于以什么样的方式去做、通过什么途径去做,则可以视个人情况自由选择。

首先是独立自主地完成。在这个世界上,最了解我们的人是我们自己,没有人会比我们更清楚自己想从人生的经历中获得什么。当然,我们在自己动手规划人生前,必须对人生的全貌、要点、规划的方法与原则等有清楚的了解。虽然我们是最了解自己的,但由于人生经历还很有限,很多方面还不够成熟,思考问题难免会有失偏颇,这样做出的规划就可能在完整性、科学性、可行性等方面存在缺陷,所以最好在规划完成后请家长或其他人帮助调整和完善。

第二是请家长帮助规划。在这个世界上,最盼望我们成功的人莫过于父母了。从某种意义上来说,他们比我们自己更期盼我们能够拥有成功的人生。而事实上,我们人生的前 20 年左右已经是家长帮助我们规划过的,或者说就是他们规划的结果。那么后面的规划请他们帮助做也是顺理成章的事情。除了以上这两点理由外,更重要的是父母已经有了较为丰富的人生阅历,已经形成了很多人生感悟,掌握了人生轻重缓急的一些规律,是最肯将实情、实话告诉我们的人。

第三是在老师指导下进行。老师对我们的了解,以及对我们成功的期盼,可能仅仅次于我们的父母,或者是不亚于我们的父母。他们阅人无数,富有经验。特别是年长一些的老师,不但自己历经沧海桑田,而且已经带过很多届学生,目睹了学生离校后的人生百态,对人生的成长规律有着很深入的了解和把握。我们不应该只是请教他们报什么学校、填什么志愿,而是要将自己对未来人生的思考、打算告诉他们,虚心地求教于他们,以期得到有效的指导。

第四是学友间相互帮助。相同的年龄、共同的经历、相仿的思想,都会使学友之间有更多的共同语言,类似“闺蜜”的关系密切者还可以无话不谈。如果两个或者几个学友间相互磋商、相互把关,也可以有效地提高自我人生规划的完整性、科学性和可行性。有的同学可能会觉得有些难为情,担心规划完了以后没有实现会被人耻笑。其实,这是毫无价值的虚荣心在作怪。等到若干年后同学聚会时,人们一定不会耻笑持续奋斗的战士,只会耻笑那些慵懒的人。

第五是委托专业机构和人士。我们有把握相信,在本书问世以后,社会上的人生规划咨询服务机构和专业人士会越来越多,进而发展成为一个新兴的、新型的社会服务领域。在不远的将来,中学和大学里都会增设人生科学的专门课程,大学里也会出现相关的专业,师范院校还会通过开设相关专业为社会培养出人生科学方面的师资队伍。把专业的事物委托给专业人士或专业团队来做,效果当然会更好。将前 4 种方法同委托专业人士或机构结合起来,应该是一种最佳的选择。

二、积累学识,知行并重

从时间和生命阶段的角度上看,第二步与第一步几乎是重合的,但要比第一步开始得早很多,结束得也要晚很多,因此耗时较长。

有人在谈论人生的关键步骤时,往往会将高考时选择什么样的学校和专业摆放在很重要的位置上。其实,这是不够科学、合理的。因为到了填报高考志愿的时刻,前面 12 年的学习状况和结果已经定格,再来谈论填报什么志愿虽然也可能有亡羊补牢之功,但却很难有改变命运之效了。

在人的一生中,积累知识一般是从咿呀学语、蹒跚学步时就开始了,而比较正规的积累是从上小学开始的。12 年以后的高中毕业参加高考时,为什么我们是这样的分数而别人是那样的分数,为什么我们考上的是这样的学校而别人是那样的大学,其原因不在于我们的志愿填报得是否合理,而在于前面的 12 年我们是用怎样的心态和状态去学习和积累的。让孩子从很小的时候就懂得学习的重要意义,明白为谁而学、为什么而学的道理,比在学龄前搞所谓早期教育意义更为重要。

不同的院校,可能(注意:仅仅是可能)会对人生有比较重要的影响,但这种影响肯定不是绝对的。在当今这样高等教育普及率已经很高的形势下,读什么大学和选择什么专业并不是最重要的,但是上大学去接受正规的高等教育这一经历却是很重要的。能够进入高校门槛,一是可以证明我们中小学 12 年的学习态度和学习成果是说得过去的,在一定程度上反映了我们的人生态度和对自己负责的精神。二是可以使我们获得更广泛地见识世界的窗口和通道,因为见识并不比知识对人生的意义要小。在有些情况下和某种意义上,见识更重要。三是可以学到专业知识以及其他一些方面的知识。在知识爆炸的时代里,知识储备不足是一件很可悲也很遗憾的事情。四是可以受到分析问题、认识问题、解决问题的思维模式、思想方法等方面训练,为日后走上社会成为人才奠定基础。

我们倘若由于儿时贪玩而没有考上理想的大学,现在真的有些后悔的话,那么就要在大学期间将缺失的东西补回来,尽可能多地积累各方面的知识。“艺不压身”,学什么都是有用的。等到有一天我们离开大学校园时,社会真正要检验我们的不是文凭,也不是要挑选哪所大学的文凭,而是能力,是我们解决问题的能力。如果是名牌院校的文凭,能力反倒一般,那才是要“活受罪”的。不论毕业于什么样的院校,凡是走上社会后起步较快的毕业生,一定不是在校期间死读书、读死书的所谓“学霸”,而是那些能够想办法创造更多实践机会,将知与行有机结合、高度统一的真正“学霸”。

《实践论》是毛泽东 1937 年撰写的光辉哲学著作,它的副标题就是“论认识和实践的关系——知和行的关系”。毛泽东在这篇文章中指出:“无论何人要认识什么事物,除了同那个事物接触,即生活于(实践于)那个事物的环境中,是没有法子解决的。”“一切真知都是从直接经验发源的。但人不能事事直接经验,事实上多数的知识都是间接经验的东西,这就是一切古代的和外域的知识。”“世上最可笑的是那些‘知识里手’,有了道听途说的一知半解,便自封为‘天下第一’,适足见其不自量而已。”(《实践论》,《毛泽东选集》第一卷)聪明的学生应该意识到,我们在学校所学的知识多数是间接知识,是“科学的抽象”(列宁语)。要将其变为自己的知识并转化为能力,必须经过社会实践。在学校期间如果能够创造出实践的机会和条件,就应该有效地加以利用,做到知与行并重,这样就会大大地提高学习效率,节省出人生中的很大一段时间。

如果我们将第一步视为是掌管人生方向关键一步的,那么这第二步便是给人生打基础的。没有知识和能力的基础,就不要说成为人杰、人物了,恐怕成为人才的可能性都很小,或者充其量只能是一个较低层次的人才而已。某企业销售主管将一份文稿交给刚到职的一位应届大学毕业生,要求她做一套宣传本公司产品及销售政策的 PPT。结果那位大学生只是文稿分段打到若干张幻灯片上之后就算是交差了。销售主管看了之后只说了一句话:“大学 4 年,你都干嘛了呢?”之后是摇着脑袋的一声长叹。这件小事说明,我们在积累知识和提升能力方面,即知和行的结合与统一方面,还是有很多事情可以做的。

三、定向立业,持之以恒

孔子说的“三十而立”,虽然是根据 2500 年前的社会状况和他个人的实际情况所做的描述,但在今天还是基本适用的。也就是说,不管社会怎么发展,时代怎么变迁,人的成长发展规律并没有大的改变,就像人的生理规律没有什么改变一样。千万不要以“时代不同了”为理由来排斥一切传统的东西,否则我们就会付出沉重的代价,等到自己老了的时候才发现,原来“任性”是不能改变人生规律的。

“三十而立”,立什么呢? 是立人、立事、立业和立世。

立人,是说我们真正地长大成人了,对家庭、对单位、对社会开始有用了,有人会把一些事情交给我们去做了。在前面探讨第一步和第二步时,我们已经谈了很多,都是关于立人的准备。只有把“三观”和知识、能力都准备好了,我们这个人在社会上才能有立足之地,我们这个人才能站立起来。

立事,是说家长、领导或其他人将事情交给我们独立去做能够放心了。民间对人的牙齿生长是很看重也很有研究的,将最后长出的第 3 磨牙(第 3 大臼齿)称为“立事牙”或者“立世牙”。一般情况下,第 3 磨牙要到 20 岁左右才开始萌出,并因人而异,早的有 17 岁就开始长出的,但有人可能要到 25、30 岁才长出,也有人要到 40、50 岁才能长出,甚至还有人终生不长或者是生长不全。民间也称立事牙为“智齿”,即智慧之齿,视其为智慧到来的象征。也就是说,我们到了这个年龄段心理已经发育成熟,就应该具备独立担当、完成一些事情的能力了。

立业,是在立人和立事的基础上,建立起自己的职业、生意或者事业框架。这是我们在这一节中要讨论的重点。

立世,是自己成人时对未来人生的一种展望,也是自己年老时对既有人生的一种总结。不论是展望还是总结,都是以一生一世努力奋斗,并取得一些成就、对社会有所贡献为核心内容的。待到需要对人生进行总结时,能够无憾、无愧、无悔地感到自己的一生没有虚度,就达到目的了。立世的标志,是我们在某一行业、某一领域或某一单位中有了自己的一席之地,该范围因为我们的存在而有所不同,我们的人生价值得到体现和提升。

回过头来,我们再重点探讨一下关于立业的问题。

人生于世,是来做事情的。身体发育、学习知识、获得能力等等,都是为了做事情而准备的。人生要做的事情,除了学业和个人的、家庭的事情之外,其他的事情可以分为3大类别:职业、生意和事业。

对于职业的概念,人们的认识一般都是比较清楚的,就是在既有的社会部门和单位中,利用自己所掌握的知识和技能,通过自己的劳动,完成相应的工作任务,为社会创造财富的活动。在这一过程中,个人的劳动价值将实现货币化转换,成为个人和家庭物质生活的来源之一或全部,同时劳动者的精神需求也会得到一定程度上的满足。职业的特点是要依附某一社会平台才能存在。在我国,职业赖以存在的平台是各种企业、各级国家机关、各类事业单位和社会机构。绝大多数人都是在这些平台上供职工作的。

拥有职业,是在社会或他人搭建的平台上体现自己的人生价值;创业做生意,是自己搭建平台,最大化地实现自己的人生价值。所谓生意,是一种尽人皆知的社会劳动状态,也被叫做“买卖”,是所有以取得利润为目的的商业活动的统称。不论大小,个体工商户和各种类型的企业都是生意存在和运行的载体。创办和经营企业,用各种方式做生意,都是创造性的劳动,都可以使人得到锻炼,帮助人成长进步。当然,前提必须是守法运作、诚信经营;同时还要有接受困难磨炼的耐力,要有百折不回的韧劲。凡是生意都可能会有赚有赔,一般来说也会有始有终。所以要有充分的思想准备,并且认真研究相关规律和法则,争取把自己的生意做大,把自己的企业做强,甚至做成事业。

事业可以涵盖职业和生意,但是职业和生意不见得就是事业。我们这里所说的事业,是指有方向、目标和规划,成规模、成系统,对社会发展有促进作用的经常性工作。共产主义运动是事业,社会主义革命和建设是事业,国家和社会管理是事业,惠及民生的社会公益也是事业,如教育、医疗、文化、环保、慈善等领域的工作,都属于事业的范畴。企业在组建之初,毫无例外地都属于生意,相互间的区别只是大与小、行业的归属等。但时间久了就可能会出现性质上的差异。如果一个企业能够有明确的发展方向、战略目标，并且其生产经营活动都已达到相当规模，完全不再是为了养活自己而谋取利润的时候，企业的运行也就会具有一定的事业性质了。

我们在走定向立业这步棋时，要注意分清职业、生意、事业的不同选项。应聘于企业，便是选择了职业；应聘于机关和事业单位，便是跻身于社会事业的舞台；自己创业，便是投身商海，选择了起步于生意，也可能将自己的生意最终发展为事业。微软公司(Microsoft Corporation)1975 年创建时，就是由两个人在一家旅馆的房间里注册的小公司。20 年后，微软的年销售收入为 59 亿美元，拥有员工 1.7 万人，创办人比尔·盖茨以个人财富 129 亿美元的身价成为全球首富；又过了 20 年，微软的年销售收入达到 778 亿美元，拥有员工 9.9 万人，比尔·盖茨以个人财富 792 亿美元的身价连续第 21 年蝉联美国首富，并再次成为全球首富。2000 年，比尔·盖茨和他的妻子梅琳达·盖茨共同创立了旨在促进全球卫生和教育领域平等的比尔和梅琳达·盖茨基金会。2008 年，比尔·盖茨将 580 亿美元的个人财产捐献给该基金会。自成立以来，该基金会共捐出超过 300 亿美元用于美国及其他国家和地区的慈善事业。吸纳近 10 万名员工，全球使用电脑的人都在用他们的软件，每年为世界创造几百亿美元的财富，平均每年向社会捐献 20 亿美元的善款，生意向事业的转化就是这样完成的。(数据来源：百度百科)何去何从，要根据自己的志向而定。

人们在选择人生发展方向时，最容易犯的错误是“这山望着那山高”，已经选定的这个方向还没有弄出名堂来，就又想改弦更张或离经叛道了，到头来哪个行业也没做好，当然也不可能做好，结果很可能是一事无成。有人说选择比奋斗更重要，并不尽然。在做出一次选择之后，持之以恒就是一个比选择还重要的成功条件了。

如果我们今天大学毕业选择创业的话，未见会有人选择做辣椒酱；就算再回到 1997 年，一个大学毕业生要创业，也未见能有人做出从辣椒酱起步的选择。但是当年那个没上过学的 50 岁的陶华碧选择了辣椒酱，并且坚持了 18 年。她不是没有遇到过致命的困难和挑战。因为数量少而没有企业给她生产包装瓶，没有知名度卖不出去时要赊货给销售点，有名气后被抢注、被仿造、被假冒等等，她选择的是持之以恒，是不懈奋斗，战胜困难，击败挑战，终于获得了成功与辉煌。如果说老板的座驾和车牌号是身份象征的话，那么这个年近古稀老太太的座驾是价值500万元的劳斯莱斯，车牌号是当地政府奖励的A8888。李克强视察她的企业时，也对她竖起了大拇指。

其实，行业真的没有高下之别，专业也无好坏之分。要想在任何一个行当中有所收获，都必须要掌握该行业的内在规律，而这是需要时间的。很多人是因为不了解某一行业而涉足其中的，同时也有很多人是因为还没有了解这一行业而离开的。更有一些年轻的朋友做事是“跟着兴趣走”的。殊不知，今天的兴趣不代表永久会有兴趣，再好玩儿的事情我们也会有玩儿腻了的时候；今天没兴趣不代表以后也会没兴趣，即使是没兴趣的事情琢磨久了也会产生感情，也会产生兴趣。在任何一个行业或领域中，都可以锻炼成长为人才、人杰，甚至会出现人物。所以，没有必要过于东挑西拣，只要持之以恒地以伟大的心灵去做平凡的事情，铁杵一定可以磨成绣花针。不论我们选定哪一行，只要踏踏实实地坚持做下去，都一定能取得骄人的成绩。

四、恋爱婚配，稳定家庭

这是人生中极其关键的一步！因为婚姻家庭的好与坏都会关联到我们的心情、健康、工作和事业，因而会影响我们自己的一生。同时，也会关联到双方父母两个大家庭，还会关联到子孙后代，不可不慎重待之。对职业不满意，我们可以跳槽；对生意不满意，我们可以从头再来；对员工不满意，我们可以换人。对老公或老婆不满意，我们怎么办？总归是不能像换工作、换员工、换行业那样换来换去的吧？尤其是有了孩子，自己已经为人父母之后，换老公或者是换老婆，就是在给儿女换爹或者换娘。历史的经验告诉我们，这是不可以随便换的！维护夫妻关系的稳定，就是维护家庭的稳定，既是我们人生理想的主要目标，也是我们实现人生其他目标的必要条件。关于夫妻的相处之道，我们在《婚恋与家庭篇》里已经有了专门的论述，并提出了“容、让、忍、恕”的4字箴言，希望能给遇到此类问题的朋友以有益的参考。

“男怕入错行，女怕嫁错郎”，是大家都懂的浅显道理。但如今时代不同了，男女都一样了，是不是也可以把这句话翻过来再说一遍，那就是“女也怕入错行，男也怕当错郎”。所以大家在恋爱时挑来挑去，在结婚前选来选去。可是结果呢？好多人在婚后生活中感觉到还是不行，没过几年就都开始嚷嚷“当初瞎了眼”，才娶了她或者是嫁给他。那么问题出在哪里呢？是不是我们当初真的“瞎了眼”挑错了人呢？是不是男入哪一行都一样，女嫁哪个郎也都一样呢？这是一个不能不引人深思的复杂问题。

我们在前面讨论职业、生意、事业的选择时曾说过，如果不能做到向着既定的目标持之以恒地奋斗，选择哪一行都一样，都不会获得满意的结果；如果能做到持之以恒地奋斗，也是选择哪一行都一样，都能实现自己的理想。在婚恋问题上是不是也有同样的道理和规律呢？原则上是一样的。我们检点一下自己在家庭中的表现就会明白，如果不改变自己死心塌地做专职“挑错师”的习惯，真的是嫁谁、娶谁都一样，都可能过不好、过不长；如果改掉了做专职“挑错师”的坏习惯，那也是嫁谁、娶谁都一样，都照样能过得和和睦睦、甜甜美美。有些人不懂这个道理，挑来挑去，选来选去，结果或者是结了婚就后悔，纠结于“离与不离”的情感漩涡之中；或者是把自己挑成了“剩男”、“剩女”，成了家里的“老大难”。

婚前的谨慎选择肯定是必要的，但问题的关键不在于选，而在于处。很多青年朋友在择偶时十分强调“感觉”，往往会为了感觉而忽略其他一些更重要的问题。感觉是什么？它是某一客观事物作用于甚至刺激到人的感觉器官时，人体系统对该事物的综合反映。比如夏日里的强烈阳光照射到我们的皮肤、刺激到我们的眼睛时，我们会感觉到皮肤灼热、眼睛刺痛，并可能会因此浑身冒汗、心情烦躁。但是，一片云彩飞来、一阵凉风袭来、一处阴凉到来时，这些感觉就都会不复存在了。热恋时的感觉能持续多久呢？人们常说“阳光总在风雨后”，实际上“风雨也是总在阳光后”的。阳光和风雨是气象学意义上的不同阶段，热恋和过日子则是人生的不同阶段，要顺时应势，学会把握并积极适应。所以，选择不是最重要的，感觉更不是最重要的，而学会相处，学会包容、谦让、忍耐和宽恕才是最重要的。如果把上面那句老话改成“人怕乱串行，家怕两不让”可能会更贴近当今的社会现实一些。

五、全力发展，迈向成功

一个人的生命长度是有限的，但如果规划好了便能增加人生的宽度和厚度，而人生的宽度和厚度却是无限的。所谓宽度,就是人生做事的总数量。人生中做的事情越多,生命的宽度就越广。因为人在做每一件事的时候,都是一种经历,都是一种见识。这就像很多人出去打工、求学、旅游一样,与守家在地一辈子没出过门的人相比,经历和见识都是迥然不同的。所谓厚度,就是人生做事的总质量。人生中所做的事情不仅要多,而且要力争将每一件事情都做好。今天我们还能看到一些上千年、数百年的古老建筑巍然挺立,那就是当时的建造者们将事情做得好上加好的结果。把一件原本貌似与其他人做的相同的事情做得更好,就会使该事物的价值提高,该事物的厚重感也会随之增加。

规划人生的结果,将会大幅度地提高人生效率,也就会使我们在有限的人生当中做更多的事情,同时把事情做得更好。所以,在把上面的 4 步都铺垫好了之后,我们就应该全力以赴地走好第 5 步了。人生规划设定了人生的方向、目标、路径和方法,其能否实现取决于 3 点:① 能否持之以恒,坚持不懈;② 能否适时修订,合理调整;③ 能否全情投入,不遗余力。生活经验告诉我们,一个人在搬动某件沉重物品时是否做到竭尽全力了,其效果是不一样的。增加人生的宽度和厚度,实现人生的成功与幸福,和搬运重物是同样的道理,竭尽全力尚不见得一定能够实现,不竭尽全力似乎就更是没有了实现的可能。

所谓全力以赴地向前发展,并不仅仅是指的体力和气力,更包括精力和能力,即充分调动并投入自己的所有资源。一个人的个人资源不外乎 4 大类:

一是时间和精力。人生的时间虽然有限,但如果能科学管理、有效利用,在相同的生命长度中可以完成的工作量是不一样的。还有一个拿出多少时间来做最重要、最紧急的事情的区别。这里所说的精力指的是关注度,是头脑思考问题时的工作状态。它是无法量化的一种概念。我们要拥有与众不同的人生,但是每天的时间和精力与身边的人都是一样安排的,业余时间得不到充分利用,杂念太多也干扰了自己对人生目标的关注,要想获得高于他人的结果是不可能的。所谓全力以赴,首先就要在时间和精力上予以保证。

二是体力和气力。慵懒是人与生俱来的一种惰性,要克服它是需要有一定毅力的。很多人不成功,一生中所成就的事情很有限,并不是他们没有想法,而是因为他们的惰性战胜了勤奋,“醒得很早,起得太晚”。做事情是要花费体力和气力的。体力是劳动、运动、工作时身体所要付出的力量,气力是一个人付出体力时的气魄、气派和气概,是一种精神状态。古人讲“一鼓作气”,说的就是这个意思。在人生的路上,要舍得付出体力和气力。姑且不论是否能够提高成功几率,最起码这是有益于身心健康的。

三是知识和能力。我们用二十几年时间学习、积累的知识,我们在学习、实践过程中获得和提升的能力,是我们拥有的重要资源。这一资源,可以为他人所用,然后付给我们使用报酬;也可以为自己所用,创建我们自己的平台,并整合、利用他人的知识和能力;还可以为社会所用,参与推动社会发展与进步的各项事业之中。运用自有知识和能力进行社会实践的过程,既是一个应用过程,也是一个检验过程,还是一个更新过程,更是一个扩容过程。知识和能力帮助我们实现目标和理想,社会实践帮助我们进一步增加知识、提升能力。在这一过程中,勤奋极为重要。

四是人脉和财力。自己的能力是有限的,自己的资源是有限的,自己的财力更是有限的。所以,我们的腾飞必须借助外力。这些外力就来自于我们的直接人脉和间接人脉资源。一个人既有的人脉关系相对于操持较大的事情而言是不够的,必须要经常补充,及时扩容。要建立有效的人脉体系,懂得普遍联系的法则是前提,掌握与人沟通、维护人脉的技巧是基础。人们常说的话是“人脉即钱脉”。当自己的钱不足以托起一定规模的项目时,我们就可以通过人脉关系网找到投资人,靠外力的支持来使我们的设想变为现实。

如果我们将自己这 4 个方面的资源都能够充分调动、充分利用起来了,那就是做到了全力以赴。

人生全力以赴的目的,当然是为了实现规划、获得成功、拥有幸福。关于成功与幸福,将是我们在下一篇要研究的主体内容。

第十篇　成功与幸福

第四十七章

成功的人生是做最好的自己

成功,是最近一些年在各类媒体、各类培训会上和人们的沟通交流中出现频率最高的词汇之一。但令人疑惑的是,越研究却越觉得自己离成功更远,已经弄不清究竟怎样算成功、怎样能成功了。由于成功是一个大家都喜欢用的字眼,经常会被应用于各种语境,所以才显得有些复杂,甚至有时会觉得不知所云。其实,成功远没有大家想象得那么复杂。不论大事小情,只要把事情做完了,做好了,获得了预想的结果,就都可以称之为成功。比如考试的成功、应聘的成功、路演的成功、融资的成功、销售的成功、上市的成功等等。我们这里研究的是整个人生,因此我们所说的成功,多是指整个人生的成功。

在漫长的人生过程中,一个人要做很多事情。但人和人之间做的事情并不一样,有的人做的事情大一些,有的人做的事情小一些。如果从事情的大小上看,相互间几乎没有什么可比性。但是如果从达到预期目的的性质上看,相互间又没有什么差别。

据 2015 年 8 月 15 日《扬子晚报》报道,南京市鼓楼街华阳大厦前面有一对摆摊修鞋、擦鞋的夫妻,28 年不换位置、不开门店,有时大年三十还出摊,只为了能方便顾客;28 年坚持天天把顾客没取走的鞋子带回家,因为他们认为"顾客的鞋子比修鞋设备更重要";28 年不变擦鞋价格,坦言"人生不只是为了钱","只看着钱,生活有什么意义?""钱嘛,能够维持生计就好了。"摊主是一位叫吴苹的女士,年近五旬。她说喜欢自由自在的生活，看到修好的鞋子有成就感，就像赋予了鞋子新的生命。有人惊叹：天啊！修鞋、擦鞋能修到、擦到如此境界，不禁令人拍案叫绝、肃然起敬了。这不就是在持之以恒地以伟大的心灵去做平凡的事情么？我们没有任何理由说她不能成功或不够成功。虽然南京的吴苹年服务收入无法和贵阳的陶华碧“老干妈”年销售收入相提并论，但就人生的成功状态来讲，她们又有异曲同工之妙。因为她们都在努力地做最好的自己。

由于人生的条件和际遇不同，我们不能把人生的成功定位在创建多大规模企业、做到什么样职位、获得多高职称、拥有多大名气上，而是要看这个人是否已经全力以赴地做最好的自己。如果这个人在做，说明他已经走在通向成功的路上了；如果这个人已经做到了，那就可以断定他已经拥有了成功的人生。在《学习与成长篇》第 18 章中，我们曾有一小节谈到人生的成功问题，但限于该篇章的主题内容，并没有做展开的探讨，因此我们将在这里深入分析一下“做最好的自己”的 4 方面主要内容：

一、在品德修养方面做最好的自己

做最好的自己，首先就得在品德修养方面把自己打造好，而且不能只是遵纪守法就算做到最好了。那么，要做到怎样的程度呢？

只要是思维健全的正常人，大家在心里都能分得清善恶、美丑、高下、大小。有些事做与不做，并不是不知道其道德尺度，而是不同的价值观在起作用。闯红灯的人，并不是不懂得交通规则；拈轻怕重的人，也不是不知道这会受人鄙视；贪污受贿的人，也不是不懂得党纪国法。但是他们为什么还是要这样做？就是因为他们的心里认为这么做值，因为他们心目中的价值标准是以满足个人私欲为尺度的。擅闯红灯，他们认为那是占了个小便宜；躲过重活，他们认为自己没有吃亏；贪污受贿，他们认为那是占了个大便宜。所以要在品德修养方面做最好的自己，其核心问题在于如何战胜自己。

要战胜自己的贪欲

私心是人的天性，与生俱来，是一种对自我利益的保护，无可厚非。问题是不能自私,但要把握好这个度并不那么容易。正当的私心、私念,保护的是个人的基本利益,没有过分的欲望;人们常说的自私,是超出个人基本需求范围的私心,是只为自己打算而不管他人感受的私心,甚至是不惜侵害他人或社会利益的私心。这些被称为私欲的想法和行为,都是与高尚品德相悖的。如果是以侵害他人或社会利益来满足自己私欲的人,那就更为众人和社会所不齿。人们常用这样的比喻来形容个人利益与他人、与国家利益的关系:一个人在适合的场所打拳踢腿、舞枪弄棒本是一种正常活动,但如果他的拳脚或者器械打到他人身上,或者损毁了他人物品,那就不正常了,会受到谴责,甚至会引起诉讼。

日食三餐,夜眠八尺。每个人、每个家庭的消费都是有限的,过多占有对人生没有任何积极意义。我们提倡要奋斗、要创造,并不提倡超出个人基本需求的过多占有,而是希望社会的总体财富能够在人们的奋斗和创造中不断增加。人生在世,在个人享用上要懂得知足,在社会贡献上要永无止境。有一位青年人在参加一次会议时,有幸与一位著名学者共进自助餐。但是当看到那位著名学者的盘子里食物堆得如同小山一般,吃完竟剩了一多半后,不但原有对那位学者的崇拜之情顿然消失,甚至生出鄙视的感觉。可见对私欲不加以抑制,会给人的品德和形象都带来损毁的。

有私心不是过错,私欲重才会出错,贪念深定犯大错。据说汉文帝在刚登大宝之时,曾用一绝招来考察众位朝臣:下旨赏赐群臣以绢帛,数量是能搬多少就赏赐多少。结果是有好几位大臣因搬扛得太多,不胜重负,甚至骨折。汉文帝便罢免了这些个官员。汉文帝认为,这样放纵私欲且毫无节制之人,日后也一定会因此而毁坏朝廷的大事。可见私欲太重、贪念太深不仅是失德的问题,还会导致失官、失业,甚至失命。新中国成立以来受到党纪、政纪和法律惩处的大大小小官员们,多数都是因为贪念太重而违纪违法的。从建国初期的刘青山、张子善,到今天的大小“老虎”和“苍蝇、蚊子”,有哪个不是因为贪念太重而出事的呢?他们有的贪钱,有的贪权,有的贪色,有的已经是五毒俱全,都是一个“贪”字惹的祸。

贪,就是求多、没够、不知足,就是超出需要地占有、不择手段地占有,没有休止地占有。玩起来没够叫贪玩儿,喝起酒来没够叫贪杯,收钱敛财没够叫贪财,玩弄异性没够叫贪色,等等。看来只要和贪字沾边的事情,都不怎么样,而且基本上都是已经有些上瘾了的事情。所以一旦贪念形成,便会一发而不可收,不到东窗事发的时候是难以收手的。某市一贪官被“双规”后交代说，他有一段时间曾天天都有想收礼的欲念。如果某一天没人送礼，心里就会产生空荡荡的感觉。到最后，全市县处级以上干部都谁给他送过礼、送多少他已经记不清了，但是没给他送过礼的人他心里倒是清楚得很。由此可见，一个追求高尚品德的人，必须战胜自己的贪念，远离贪字。对凡是能使人上瘾的事情都不能有第一次，就像吸毒一样，有了第一次就可能堕落成为瘾君子。

要战胜自己的懒惰

懒惰还和品德有关系么？答案是肯定的。因为慵懒或勤奋本身就是个人品德的表现形式之一，同时人们很多品德的行为也是因为慵懒而出现的，尤其是生活中的一些不起眼的小事。比如随地吐痰、随地大小便、翻越路桥栅栏、践踏绿地、宠物大小便管理等，貌似小事，更会被大家归类为不文明习惯，好像与道德无关。其实并非如此。一个具有较强品德意识的人，是不会为自己方便偷这一点懒的。在他们看来，保持环境卫生，维护公共秩序，是一个人应有的最起码的道德品质。

生活中是这样，工作中也是如此。如果是一个人的工作，自己慵懒就可能误事；如果是大家合作的工作，自己慵懒就会加大别人的工作量。这怎么能说懒惰与品德无关呢？通过我们慵懒的行为表现，同事和领导会透视到我们的品德，会看到我们的自私。

在人际交往中，懒惰也会给人留下不好的品德印象。别人帮了我们的忙，要及时以合适的方式致谢。如果因为我们的懒惰，致谢得不及时、不到位，就会给人以不懂事理、不讲礼貌、不知感恩等印象。其实我们心里可能早就想了要怎么去做，但就是因为慵懒而还没有去做而已。

要战胜自己的盲从

在人们的潜意识当中，大多都有一种从众的心理因素，使个人的思想意识、言论行动被社会人群的舆论和行为所影响，认为大家都在做的事情就是正确的，即使是错误的也会因“法不责众”而不能受到责罚，所以就跟着去说、去做。谁都知道闯红灯不好，可是既然大家都在闯，我何必要站在马路口傻等着；日本福岛核电站因地震出现核泄漏，大家都去抢购食盐，我也就跟着去买；街上流行什么服装的款式和颜色，我也赶紧买来穿上，加入到这一季流行款和流行色的大潮之中。

一个人如果没有坚定不移的是非观念和价值取向，就很容易在盲从中降低甚至扭曲道德水准。攀比，就是一种盲从。比如当今很多人在钱财问题上的攀比心理，就集中地反映了这方面的问题。看到别人比自己有钱，就想要达到或超过人家的富有程度，为此甚至可以不择手段。为什么一定要这样？因为在很多人的眼中，清贫是无能的表现。既然大家都这么认为，那看来清贫就是无能了，所以就跟着"笑贫不笑娼"了。

被人们称为"布衣院士"的李小文(1947～2015)，1985 年获美国加利福尼亚大学地理学博士学位，生前为中国科学院院士，北京师范大学教授、博士生导师、遥感与 GIS 研究中心主任、地理学遥感科学学院名誉院长。他就是当今社会中最不随波逐流的典型。他不贪图物质享受，生活极其简单，长年光着脚穿布鞋，即使是参加会议、上台作报告也是如此。他认为钱应该用在最能发挥其效益的地方，"对比较贫困的青年学生来讲，很少一点钱，也许就能帮助他选择正确的人生道路，或是拯救一条生命，产生比较好的社会效益。他用自己获得的 120 万元奖金在母校成都电子科技大学设立了"李谦奖助学金"(李谦是他长女的名字，2 岁时夭折)，用来奖励最优秀的学生，也用来帮助最需要帮助的学生。

对钱的态度不应该盲从，否则会玷污自己的品德，伤害自己和家人，败坏社会风气。对其他事情也不要盲从。比如现在几乎人人使用手机进行即时通讯和社交，"朋友圈"里每天都会出现各种各样的资讯。有些从众心理较强、辨别能力较差的人，见什么就转什么，十分容易被动地成为谣言或者负能量的传播者。谣言止于智者。愿我们都能成为智者，最起码也要成为止者。

要战胜自己的虚荣

人们都希望自己能被他人认同，甚至是高度认同。为此，很多人会努力地表现自己。真实的表现是自尊心的驱使，不真实的、夸张的表现就是虚荣心在作怪了。所谓虚荣心，就是想通过不真实的表现去获得他人认同或者赞誉的一种扭曲心态，是一种不自信、不务实的心理状态。

在虚荣心的驱使下，人会变得很不正常，比如好大喜功、哗众邀宠、自我膨胀、嫉贤妒能、弄虚作假、演戏作秀等等。倘若百姓如此，可能就会养成一种作假的习惯,获得的赞誉也会使其忘了自己是谁,云里雾里地飘飘然,并且会潜移默化地传染给子女;倘若老板如此,就会对员工形成暗示、产生影响,带坏了团队风气,最后使企业陷入危机;倘若是官员如此,必将祸患乡里,最终不但是自己遭殃,更会给一个地区、一座城市、一方百姓带来灾难性后果。当今社会上暗流涌动的浮躁——浮躁的人群、浮躁的思想和浮躁的行为,在很大程度上是因为有着人们贪慕虚荣的推波助澜。

战胜虚荣心的妙方就是要诚实做人、踏实做事,做到光明磊落、襟怀坦荡。要实现这些,就必须要有自信做前提。我们今天不论处于什么样的社会层位和生活状态,我们都是真实的自己。假如我是一株小草,我也有自己存在的价值,没必要去羡慕或攀比大树的伟岸;假如我是一涓小溪,我也有自己存在的空间,没必要去嫉妒或怨恨大海的浩瀚。一个立志要做最好的自己的人,应该鄙视虚荣、远离虚荣,永远做最真实的自己。

二、在社会贡献方面做最好的自己

绝大多数人在做事情的时候都希望能体现出自我价值,并努力追求自我价值的最大化。很多人喜欢当官、喜欢做老板,也是隐含着这方面心态的。因为当官就有权,有权就说了算;如果当老板,在自己的企业里一手遮天,更是说一不二。这种说了算、说一不二的状况,是自我价值最大化的突出表现。不过,这种自我价值的最大化未必是真实的,它可能只是一种感觉而已。人生的真正价值在于奉献和付出,即贡献。关于奉献和付出的意义,我们在首篇《观念与命运篇》中已有论述,这里要着重探讨的是怎样在奉献和付出方面做最好的自己。

第一,要有奉献、付出的责任和使命意识。毛泽东说:“人是要有一点精神的。”(《在八届二中全会上的讲话》,《毛泽东选集》第五卷)要在社会贡献方面做最好的自己,首先就得树立起奉献和付出精神。参与扑救天津 2015 年“8・12”危险品特大爆炸事故的几千名公安干警、武警消防官兵、天津港消防队员等,不管他们的身份是编内还是编外的,哪一位心里都清楚冲向火海是有生命危险的,可能要付出、奉献的是鲜血和生命。但是,在国家和人民利益需要保护的紧急关头,他们都义无反顾地冲进了危险区,结果是其中有上百人英勇地牺牲于烈火之中。这种牺牲精神来自何处？既有信仰和觉悟的感召，更有责任和使命的担当。在和平建设时期，工作在其他岗位上的我们，无论怎样贡献，一般都不需要付出这样高昂的代价，但也必须要有这种精神和这样的担当，否则很可能是满足了自己的生活所需之后，就想不到要尽自己所能做到最多、最好，也就很难在贡献社会方面做最好的自己了。

第二，要大力提升自己的奉献和付出能力。在贡献社会的思想意识大体相当的情况下，不同能力的人自然会有不同的贡献度。所以，尽可能地提升自己的创新和创造能力是十分必要的。在学生时代，要像海绵吸水一样去吸收各个方面的知识，使自己懂得多一些、再多一些。虽然说是在给自己学习，但却能反映出同学之间上进心、学习能力和奉献精神等方面的差异。同样是拿出3年的时间来学习初中的各科文化知识，为什么结果会有那么大的差别，是每个学生都必须思考的问题。这里肯定有消极或积极的人生态度之别，也可定有学习能力上的差异。这好比是同在一个车间劳动，在相同的时间里，别人可以完成300个工件的加工任务，而我们却只能完成200个，肯定是我们的态度或者能力上有问题。学习状态和成果上的差异，也反映出了奉献精神上的不同。作为一个"职业学者"，如果一个人连为自己前途命运而学习这样的事情尚且不肯用心，还能指望他将来为社会做出多大的贡献么？走上社会以后的前几年，是"带薪进修"阶段，要进修的就是做事的能力、处理矛盾的能力、解决问题的能力。在这一时期，要拼命地去做事，多做事，练习着把事情做到最好。如果我们能够实现"职业学者"阶段的知识积累和"带薪进修"时期的能力提升最大化，在人生的社会贡献方面做最好的自己才具备了前提和基础。

第三，要自觉寻找机会和积极创造条件。贡献社会，不是坐在那里等着社会来向我们开口、向我们索要，而是要我们主动去奉献、主动去付出。没有任何人要求吴苹在马路边上摆设一个修鞋、擦鞋的摊位，也没有任何人要求她28年擦鞋不涨价，更没有人要求她大年30还要上班出摊，这一切都是她自觉地做、主动去做的。老公下岗后，也主动加入到她的工作中来。他们夫妇给顾客奉献的是一种服务，在28年的寒来暑往和迎来送往中让无数人体会到温馨；他们夫妇给人们展示的是一种境界，使那些钻进"钱眼"里的贪官污吏和黑心商人们更显龌龊，也使那些拿着纳税人的钱却不好好为人民服务的人更显渺小；他们夫妇给社会贡献的是一种思想，会让一些浮躁的人及浮躁的理念降温，重新调整对功、名、利、禄的态度。这样的机会是他们自己找到的，这样的条件也是他们自己创造的。

第四，要做到全力以赴和持之以恒。有了奉献的意识、能力和机会，做不做和怎么做，是直接关系到贡献成果的。我们在上一章《人生棋局中的关键 5 步》里曾经谈到这个问题，即实现人生规划中的目标和理想，必须要做到全力以赴和持之以恒，努力到自己再无余力，拼搏到完全感动自己。在社会贡献方面做最好的自己，不但是人生规划的主要组成部分，而且恰恰是实现人生规划的落脚点，是人生规划的核心意义之所在。如果一个人来到这个世界上不能够对社会有所贡献，那么来与不来的区别真的不是很大。所以，人不但是要有一点精神的，更是要有一点贡献的。如果没有持之以恒的韧劲和全力以赴的拼劲，肯定就无法做到最好。

三、在健康管理方面做最好的自己

成功的人生应该是健康的人生，这是人生发展的最基本的物质基础。但是在现实生活中，特别是近些年生活物资丰富了之后，人们的健康问题反倒更突出了：未老先衰者有之，英年早逝者有之，老年病向青少年群体扩展的现象渐成趋势，富贵病向并不富贵人群蔓延的问题也已显现。

为什么会是这样？其缘故大致有 4 种情况：一是有些为祖国和人民工作的先锋战士没有精力照顾自己的身体健康，结果是积劳成疾，发现问题时已经积重难返；二是很多人缺乏健康管理意识和相关知识，使不正确、不科学的生活方式有机会在不知不觉地蚕食人们的健康；三是人们的生活压力与日俱增，难以有轻松、愉悦的心情和体育健身的条件、时间；四是生态环境持续恶化，空气、水源、食品、药品、保健品、日用品、建筑装修材料等方面的安全问题已存在多年，让人们防不胜防，健康无处藏身。

做最好的自己，是不可能抛开健康这一大项的。在正常情况下，其他方面都做到最好了，但是健康却不是最好的，甚至是很糟的，那怎么能叫最好的自己，又怎么能叫成功的人生呢？针对上面列举的导致健康问题的 4 种原因，我们可以用有意识、有知识、有方法、有贡献等方式来予以应对。

有意识，就是要有健康管理的意识。在本书《健康与寿命篇》的 4 章中，有 3 章是谈健康管理的，其核心理念是人的健康需要进行管理，并且也可以进行管理，问题在于我们是否有这方面的意识。

一个人在健康方面出了问题，不但会使自己和家人陷入痛苦之中，也将给社会带来麻烦和损失。如果我们是某一方面的人才，说明社会已经为培养我们付出了很多。但是一旦我们出现重大疾病或者早逝，等于社会培养我们的付出无效了，这是社会损失其一。其二是我们作为人才应该为社会发展多做贡献，但是由于身体原因可能再也没有机会施展才华了。这又是社会的另一方面损失。其三是为了我们的康复必须要动用医疗资源，而且救治的结果还是一个未知数，也会给社会带来麻烦和损失。如果我们是一位人杰或者人物呢？

我们保护好自己的健康，就是在保护国家的重要财富。因为只要我们还能工作，就没有人（包括自己）知道我们究竟还能为社会做出多大的贡献。所以，我们如果已是社会精英，就更应该管理好自己的健康，以便争取到更长的生命时段来为祖国和人民做出更大、更多的贡献。这不是惜命的问题，而是将自己作为社会财富来促进其价值的最大化。

有知识，就是要懂得健康管理的原理和常识。人生管理和健康管理是两门与人生关联度最高的科学。遗憾的是，人生管理科学尚未建立，健康管理科学尚未完善。在将近20年的“职业学者”过程中，我们绝大多数人都未曾系统地学习过健康管理科学，只能是等到疾患缠身时才开始翻书、上网寻求相关资讯和常识。

因此我们建议，在学生接受义务教育阶段增设一门“健康管理”课程，将现在的生理卫生课程同常见病病理、疾病预防常识、科学生活方式等内容融合在一起，从小学的高年级开始一直延续到初中毕业，用5年的时间使每一个人都获得全面而又系统的健康管理教育。此建议如能得以实行，其社会意义深远，价值无法限量。当然，这需要全社会特别是政府的重视以及主管部门的积极工作，并且要从医学院校、师范院校培训正规师资力量开始。

在这些还都没有变成现实之前，我们的健康管理知识就只能靠“自学成才”了。相关的各类书刊现在都很容易找到，网上的相关科学信息、商业信息更是铺天盖地，当然也是鱼龙混杂，真假难辨，伪科学、假资讯充斥其中。但只要我们在获取相关资讯时多一些思考、多一些辨析，也能找到很多有用的东西。

有方法，就是要坚持科学、正确的生活方式。

在培养积极乐观的心态方面，最重要的是要学会放下和释怀。已经发生了的事情，是不可能再重新来过的。如果我们不能放下、不能释怀，就会压在心头，难以轻松。生活压力大，是因为我们的要求太高，为什么不可以将自己的欲望减少一些、降低一点呢？没有自己的住房，可以通过租赁等方式实现有房住，难道不可以么？或者房子虽小，能放下床不也就可以了吗？没有私家车，坐公交又有什么不好呢？贪欲和虚荣，都会极大地伤害我们的身心。更不要做违法乱纪的亏心事，使自己日夜生活在提心吊胆的恐惧之中。恐惧造成的压力，是直接致命的。看看那些腐败分子的人生结局，难道我们还有必要再去追求那些非分的获得么？

在实现营养均衡方面，最重要的是"管住嘴"。病从口入，不仅是细菌和病毒会通过进食而进入我们的体内，有些营养物质的过量摄取、有些营养物质的隐性缺乏，都会在我们体内形成病患。老年病向青少年扩展、富贵病向不富贵人群蔓延的现象，都和这两点关系密切。过去人们向往的"吃香的、喝辣的"，在今天都是危险的、可怕的。

在适量的运动方面，最重要的是要动、要适量。随着有车族群体的越来越大，年轻人的运动也越来越少。对这些人来说，如果迈不开腿，再加上管不住嘴，小小年纪就开始患上老年性退行性病变就是一种必然了。中老年人群体中不动的运动量不足，喜欢动的往往容易运动量过大，都是需要注意的，尤其是不要参与那些对机体可能造成伤害的高强度运动。

在坚持科学休息方面，最重要的是不要违背自然规律和生理规律。不懂得休息，就等于不会工作；没有科学的休息，也就不会有高效率的工作。从对于健康的作用来看，休息的意义一点也不比营养和运动的意义小。

有贡献，就是要在改善生态环境上有所贡献。2015 年 8 月 18 日的《人民日报》在头版头条刊发了中共中央办公厅、国务院办公厅印发的《党政领导干部生态环境损害责任追究办法(试行)》，是一剂从根本上整治只重发展、不管污染顽疾的猛药，使人们看到了生态环境彻底改善的希望曙光。在执行这一办法的过程中，我们每个人都有监督的权利和义务，当然更有从自身做起的责任和使命。

我们的贡献，可以从四个方面做起：一是在日常生活中，我们要主动做到垃圾分类，尽可能坚持低碳出行；二是在工作中，自己坚决不做损害生态环境的工作，抵制所在企业的环境污染问题；三是监督所在地区的生态环境损害情况，发现问题及时反映；四是使自己成为一名环保志愿者，在有条件的时候参与社会上的环保志愿者活动。

除了环境之外，还有食品、药品、保健品、日用品的安全问题，每一个人也都有责任、有权利、有义务予以监督，自觉抵制有害物品。

四、在创造幸福方面做最好的自己

据《生活报》报道，哈尔滨市有一位叫公玉梅的创业明星，原为某企业的一名工人，1996 年因工受伤，拇指骨折，后来下岗。为了恢复手部功能，同时也是为了生计，她开始学习编织中国结，并不断创新，掌握了上百种编织技法，产品进入市场后供不应求，所以也有很多人登门向她求教。1998 年成为社区志愿者后，她经常放下自己的生意，主动到区妇联和工会的职工救助中心给下岗职工做义务培训，帮助更多的人，因此有人说她放着钱不去赚是"有病"。但是，她却不为所动，一直坚持着自己的做法，在十七八年的时间里义务培训下岗职工、待业青年、残障人士等共计两千多人。

在今天这样的经济大潮中，一个手部有残疾的女人做一点编织手工，赚一点小钱贴补家用，真的不算什么了不起的事情。但是，如果将她的奋斗放到创造幸福的价值体系中衡量，却有着不寻常的意义。首先是她通过自己的辛勤劳动，创造出了属于自己的幸福。与此同时，她还能够不惜牺牲自己的收入去培训他人，将幸福传递给了更多的人，不断地帮助他人创造着幸福。一位普通女人的平凡行为，印证了马克思的两句话："人们只有为同时代的人完美，为他们的幸福而工作，才能使自己也达到完美。""那些为大多数人带来幸福的人是最幸福的人"。（马克思：《青年在选择职业时的考虑》，《马克思恩格斯论教育》）

人与人之间的幸福标准是不同的。有的人以自己的幸福为幸福，也有的人以家庭的幸福为幸福，还有的人以人类的幸福为幸福。但是，不论怎样认识幸福，它都是人生全部目的的总和，就是追求幸福、创造幸福、实现幸福和享受幸福。因此，要做最好的自己，就不能没有创造幸福的能力和行动。

在这里，行动是最为重要的。有些人光有理想、梦想和幻想，就是没有行动或者行动力不够；也有的人不肯积极主动地去创造，不肯付出追求幸福的辛劳；还有的人热衷于抱怨，总是强调客观条件上的这也不行、那也不对。其实，创造幸福就是将一点一滴的美好感受汇集到一起。而这一点一滴，就来自于我们劳动和创造的过程之中。

五、成功与否，盖棺才能论定

人生是否成功，不在于一事一时。一事的成功，只能说明我们做对了一件事；一时的成功，说明的是我们做对了这一时期的事情。我们讲人生的成功，是要盖棺才能论定的。因为有很多人前边都做得很好，偏偏是到了某一时期的顶峰时出现问题。

比如人们现在常说的“59 岁现象”，就是指一些领导干部在快要退休时利用手中的权力集中谋私，结果是晚节不保，前功尽弃，甚至身陷囹圄，老死狱中。这样的人生，不论其曾经有过多么辉煌的历史，都无法和成功结缘。

还有沉浮于商海的一些企业家，创业时期能力超群，发展时期成绩斐然，但是还没等将成功的椅子坐热，就出现了偷税、行贿等违法问题，结果是个人坐牢、企业倒闭、妻离子散。这样的人生，也不可能算是成功。

更有一些明星大腕，曾经红极一时，万众景仰，前途无量。可惜他们不肯自律，忘乎所以，胡作非为，道德沦丧，或吸毒、嫖娼，或参与经济犯罪，或成为他人玩物，结果是星光幻灭，风光不再。

从表 10-1 这张人生成功度考评表是提供给读者参考的，在实际测评中对每一个项目还需要有配套的评价标准和细则。我们在这里将此表列出，是想给读者以较为直观的一种人生印象。如果在品德方面做得不好，那就会被“一票否决”，人生的结论就是以失败而告终；如果在每一项上都有折扣，就说明没有做成最好的自己，可以自评各项都能达到什么样的水平，最后合成为人生成功度的实际结果；如果纵观一生，我们在以上 4 个方面都能做最好的自己了，那就是成功的人生！

人生成功度考评简表　　表 10-1

项　目	少年时期	青年时期	中年时期	老年时期	一生总评
品德管理					
贡献管理					
健康管理					
幸福管理					
综合评价					

第四十八章

幸福就是一种感觉

从本书的首篇开始,一直到末篇这里,我们始终都没有离开关于幸福的话题,但是也都没有展开来谈。作为全书结尾的3章,我们都用来对幸福进行深入地研究,为我们找到打开人生幸福之门的钥匙。在首篇研究人生目的时,我们提出了一个观点,叫做幸福是一种客观状态和心理感觉的综合体。在这里,我们将详细地解析一下这一概念。

一、关于感觉

人们都喜欢恋爱时的那种感觉。在热恋中,人们感觉到什么了呢?是怦然心动、热血沸腾,是魂不守舍、意乱情迷,是朝思暮想、难舍难分,是情真意切、海誓山盟,是温馨甜蜜、幸福无限……

这种感觉又是怎么来的呢?一方面是客观事物作用的结果:对方的如愿形象和优良表现,体内爱情荷尔蒙的旺盛分泌,同龄人卿卿我我的环境诱惑等等。另一方面是心理需求的强烈作用:托付终身的心理需求,排遣孤独寂寞的情感需求,青春期躁动的宣泄需求等等。这诸多客观和主观因素相互交织、作用,就使人有感觉了。很多人因为找不到这类感觉,就宁可单着,并因此错过了婚恋的黄金时期。多数人都找到了这类感觉,因而步入了婚姻的殿堂。

人对所有事物的感觉都是这样产生的。人体的感觉器官——眼、耳、鼻、口、肤等在受到某一客观事物的作用之后，会分别将得到的信息反映给人的大脑。经过人的大脑对汇集而来的所有信息进行融合整理之后，就会形成对该事物个别属性的印象。这种印象会与自己头脑中原有的对该类事物的看法和想法相互作用，继而产生对该事物的反应。这种形成于人的头脑之中的心理反应就是感觉。比如某男与某女相亲时的第一印象，就是产生感觉的基础。对方的身高、相貌是否足够吸引自己的眼球，言谈举止的风范是否符合自己的审美标准，其学历、工作、家庭等基础条件是否在自己可接受的范围之内等等，都会让自己产生相应的感觉，进而决定是继续接触，还是不再见面。

人的感觉分为生理感觉和心理感觉两大类别。疼痛、冷热、饥饱等简单感觉，都属于生理感觉；荣辱、亲疏、喜恶等复杂感觉，都属于心理感觉。像相亲时的感觉一样，人对事物的心理感觉可以分为 3 种类型：①好的感觉，诸如喜欢、热爱、亲近等；②中性感觉，即没有感觉，不好不坏，好像是与自己没有什么关系；③坏的感觉，诸如憎恶、厌烦、远离等。下文所谈及的感觉，都是指心理感觉。

在一般情况下，感觉具有 3 方面的特点：

其一是它只是对于对方个别属性的感觉，并不是对该类事物一般属性的感觉。比如相亲时第一次见面所产生对对方的感觉，就不是对所有男人或女人的感觉；是对对方某一方面的感觉，也不是对该人整体的感觉。

其二是感觉属于对客观事物的直接反映，并不是对事物实质的了解和认识。相亲的第一次见面，只能在此时此刻感觉到自己的所见所闻，而对方的内在的、真实的东西是需要慢慢去了解和认识的。也就是说，感觉是我们感觉器官此时此刻所及范围内的客观事物，既不是其过去，也不是其未来；既不是其全部，也不是其实质。

其三是感觉并不只是客观事物在人的头脑中的简单反映，其中也包含着主观因素对直接反映的干预，即感觉主体原有的与感觉客体相关的一些观念、欲求度等，都会在感觉的形成过程中产生作用，有时甚至是产生决定性作用。当然，感觉对主体的既有观念和欲求度也会产生反作用力。

人们思想中早已形成的世界观、人生观、价值观，就是对感觉具有干预作用、决定性作用的主要主观因素。不同的人对相同的事物会有不同的感觉，就是因为“三观”的不同所致。比如女孩 A 对同班的两个男孩 B 和 C 都有好感，为什么最后和 B 走到了一起，而没有和 C 牵手，是因为 A 在 B 和 C 心中产生的感觉不同。造成这种感觉差异的就是“三观”以及它们所派生出来的婚恋观。

我们常说某人很敏感，指的就是某人对某类事物的感觉相对灵敏、机敏。比如人们现在对钱财的敏感度极高，就是因为现在人们对钱的看法不一样了。也有些人对钱财并不是不敏感，但是他们的人生追求是比钱财更高级的境界。前面我们所赞美的南京吴苹、哈尔滨公玉梅，都是物质生活状况很一般的人，但是她们却并不往“钱眼儿”里钻，送到手边的钱都可以不赚，但她们所收获的心理感觉一定是甜美的。

生活中也常见有人对某些事物的感觉是迟钝的，“一日皮死麻木不仁，二日肉死针刺不痛”，“各人自扫门前雪，不管他人瓦上霜”。因此，才会出现 2011 年广东佛山的小悦悦事件：两岁的小悦悦连续被两辆汽车碾压，7 分钟里 18 位路人都视而不见，最后由捡废品的陈贤妹援手施救。这种现象说明，人对事物感觉的迟钝与机敏，不但与个人情趣、爱好紧密相关，更取决于世界观、人生观和价值观。估计那位捡废品的陈贤妹可能连“三观”是什么都搞不清楚，但是她在乐善好施方面却是敏感的；而那 18 位漠然而过的路人中，多数都可能比陈贤妹所受的教育多、文化水平高，但在见义勇为方面的感觉却几乎为零。

有一种医学手段叫作麻醉，即用药物或其他方法对人的神经系统进行可逆性的功能抑制，使人在一定时间内失去感觉机能，特别是失去对疼痛的感觉，以便实施手术。人的世界观、人生观和价值观如果被扭曲了，就可能会像麻醉药剂一样使人对很多事物失去感觉，进而出现是非不辨、好坏不分的愚钝状态。对于人生的幸福而言，不同的“三观”一定就有不同的感觉。

二、幸福观

人们对事物的正确感觉，最后将落实到他对该事物的正确认识上。这一正确认识，便成为今后指导人们感觉同类事物时的观念体系。在既往的人生经历中，每个人都有过幸福的感觉和痛苦的感觉。天长日久之后，这些感觉在世界观、人生观和价值观的作用下，会形成这个人对人生幸福的总体看法。这个对于幸福的总体看法,就是人的幸福观。

由于人们对幸福的看法千差万别,所以大家对幸福观的两个核心问题——幸福的概念和幸福的标准,也就有了不同的解释。有人说,有多少个人,就会有多少种幸福的概念和标准,也就会有多少种不同的幸福观。按照这样的说法,幸福是无法定义的,幸福也是没有标准的。也有人说,虽然各人的幸福观不尽相同,但是却可以将它们划归为几大门类。这样,就可以按门类解释幸福的概念、确定幸福的标准了。

人们大体认可的幸福观主要有 6 种类型:

一是衣食无忧型。衣食富足既是人类生存的基本条件,也是人生的基本需求。当一个人这些问题还没有得到解决的时候,确实是没有幸福可言的。所以对那些尚在温饱线以下的人们来说,能够解决温饱问题,就会觉得幸福了。所以,他们的幸福概念就是有饭吃、有衣穿、有房住,他们的幸福标准就是能吃饱、能穿暖、能睡在房子里。但是,一旦这些问题得以解决,他们的幸福观就会发生变化,或者就会陷入无聊的感觉之中。

二是爱与被爱型。这是一类以情感满足为幸福的人群,因为爱与被爱都是精神层面的表现。没有付出爱的人,会渴望付出爱;没有得到爱的人,更渴望得到爱。除了既有的家庭血缘亲情之外,进入婚恋期的人们更有情爱和性爱的渴望,并逐渐上升为人生的头等大事,便将爱与被爱当成幸福与否的分水岭。“饮食男女,人之大欲”,同吃饭穿衣一样,一旦这一幸福变为现实,他们的幸福观可能会比衣食无忧型的人群转移得更快。

三是事业有成型。世界上确有这样一群特殊之人,他们并不以自己的物质享受为幸福,而是将事业有成、贡献社会视为幸福的最高境界。即使是在有条件享受时,他们也不会耽于肉林酒海和声色犬马,因为在他们看来那是在浪费生命,甚至会由衷地鄙视那些贪图物质享受者。进入这种境界的人,会有恒定的幸福观和幸福感,轻易不会被社会潮流、外部环境所干扰。

四是安全健康型。能持有此类幸福观的人,一般都是已经有相对丰富的人生阅历了。他们将自己的人身安全、政治安全、生意安全、事业安全、财产安全以及身心健康看得更重,认为安全和健康才是人生第一位重要的事情。实现了健康与安全,就是实现了幸福。这种幸福观的定型时间相对较晚,但一旦定型之后,会相对比较稳定。

五是自由快乐型。对于青年人和离退休的老年人来说，多会持有这样的幸福观。年轻的社会群体会将自由与快乐作为一种人生追求来对待，并在择业和生活安排上尽可能地创造条件，来实现他们所向往的自由与快乐的幸福。但年轻人的这种幸福观并不会太持久，因为工作和生活上的压力会逐渐增大，使他们不得不调整对幸福的认识和心目中的幸福标准。辛劳大半辈子的老年人在离退休后，终于有了时间和空间上的自由，如果健康条件允许也能创造出晚年的快乐，他们会将这迟到的自由与快乐视为夕阳下的幸福来享受。

穷奢极欲型。所谓穷奢，就是奢侈到顶峰；所谓极欲，就是纵欲到极限。这是一种极其典型的享乐主义幸福观。持有者以奢侈为荣，以纵欲为乐，其生活中的追求奢华和显富摆阔、工作上的讲究排场和造假作秀，都是他们奢靡的表现；权欲、名欲、物欲、淫欲等等，都是他们放纵的对象。其社会效果是靡费钱财、暴殄天物、透支健康、浪费生命、败坏风气、诱发犯罪。

认真分析以上 6 种幸福观后我们发现，其概念都无法适应所有人群，而且除了“事业有成型”之外，都属于不稳固类型，不可能持续终生。我们在研究中提出这样的设想，将幸福观分为基础、大众、高级 3 个层次，或许能够解决这一问题，建立起可以在绝大多数人中提倡和推广的积极进步的幸福观。

基础幸福观——健康地活着就是幸福。其硬性指标有两点：活着，并且健康。这是一种可以覆盖广大人群的幸福观，但却不是每一个人都能做到的；貌似不够积极，但却含有相当充足的积极因素。对此，我们将在下一章进行集中探讨。

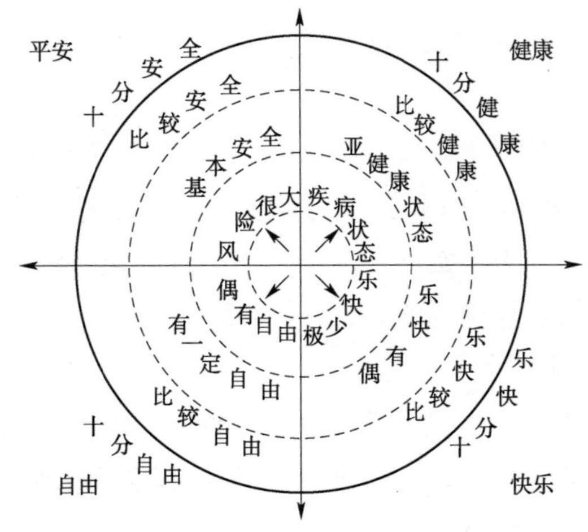

图 10-1　大众幸福观构成示意图

大众幸福观（如图 10-1）——这是一种以平安、健康、自由、快乐为 4 大基石的幸福观。如右图所示，如果 4 个项目是齐全、充盈的，就表明我们的人生是幸福的；如果缺少一项，则表明幸福不完整；如果缺少两项，则表明是基本幸福；如果缺少3项，则表明还有一点幸福；如果4项皆无，则毫无幸福可言。其中的平安和健康，都具有一票否决的重要地位。

透过这张示意图我们还可以看到，大众级的幸福不仅是由4大版块所构成，而且各个版块的充盈程度也会表现为不同的状态，因为很难做到每个方面都圆圆满满。每一版块的充盈度相加，再联系各个版块在幸福构成中的地位和作用，通过算数平均或者加权平均的办法进行计算，即可得出一个人的幸福度来。

平安，是人活着的前提。所谓平安，就是别出事、别摊事，人生的各个方面都是安全的。在这一前提下，再兼有健康、自由和快乐，那便是拥有了很高层次的幸福。如果一旦安全出了问题，严重的连命都没了，那就不用再研究幸福了。有的人可能位高权重，可是一旦因腐败落马，甚至坐牢丧命，还谈什么幸福？也有的人可能富甲一方，反倒是容易出现安全方面的问题。所以，不论多么有权、有钱，倘若丧失安全，全都白费，幸福更不复存在。

健康，是人活着的质量。我们买东西尚且需要挑选一下质量，那么活着的质量就更不应该太差。没有健康，就不可能有人生的质量。如果整天病病歪歪，终年是医院里的常客，还哪有时间享受自由，还能到哪里去找到快乐？在平安地活着的前提下，健康就是人生的第一需要，也是幸福与否的关键所在。有些人为了权力、虚名或者钱财而伤害了健康，是得不偿失的。一旦健康出了问题，权力再大也管不了身体上的事，钱财再多也买不来健康和寿命。所以，健康对人生的幸福也具有一票否决的地位和作用。

自由，是人活着的状态。很多人为什么喜欢吃自助餐，因为吃得自由；为什么会喜欢宽大一些的床铺，因为睡着自由；为什么不喜欢坐牢？因为那就失去了最起码的自由。所以，人们追逐幸福在很大程度上其实也是在追逐自由。当然，所谓自由是相对的，是必然之后的自由，是党纪、国法、公德框架内的自由。如果违背了自然规律、必然法则，就会受到惩罚；如果违犯了党纪、国法，就会受到制裁；如果破坏了社会公德，就会受到谴责。这里所说的自由，至少应该包括人身自由、思想自由和财务自由。

快乐，是人活着的心情。有些人不但平安、健康，而且也享有着充分的自由，可就是不快乐，其实那是跟自己过不去导致的。快乐与否，本来就是相对的概念，生活中有那么多快乐的事情，以及可以使人快乐的事情不去想，非要钻进牛角尖儿里自寻烦恼,怎么会感受到幸福呢?快乐与否,也是感觉上的差别。就像那“半杯水”一样,乐观的人感觉真开心:这里居然还有半杯水呢;悲观的人感觉真懊恼:怎么只剩半杯水啊,要是满满一杯该多好!不快乐就是这样产生的。

人生如果能同时将这4大项同时拥有,“夫复何求?”

高级幸福观——事业有成,贡献人类。他们以他人的幸福、人类的幸福为自己的幸福,以事业的成功为幸福,以贡献社会的劳动成果为幸福。他们“先天下之忧而忧,后天下之乐而乐”,全然不顾自己的平安、健康,也不追求个人的自由、快乐。据新华网2014年5月30日报道,习近平当天在看望北京市海淀区民族小学少年儿童时,见到有同学在用毛笔写“精忠报国”,就有感而发地说:“我小时候就受这4个字影响,四五岁时妈妈买了小人书,给我讲‘精忠报国、岳母刺字’的故事,我说‘刺字不疼啊?’妈妈说,虽然疼,但岳飞会始终铭记在心。我记到现在。精忠报国,是我一生的目标。”精忠,就是忠心赤胆,并且要有能力;报国,就是全力报效祖国,贡献社会。持有高级幸福观的群体所占人口比重并不是很大,但却能够为人类发展和社会进步做出巨大贡献,并且代表了人类幸福观的先进水平和发展方向。

三、幸福的感觉

上面谈到的都是幸福观的概念、内涵和标准问题,但人生并不是数学方程式,不可能把未知数代进去就会得出精确的答案;幸福更是一道复杂的应用题,光靠理论是不行的。能否享有幸福,更多的还是要靠感觉。感觉幸福是一门学问,也是一门艺术。是学问,就该去学;是艺术,记得去练。因为感觉幸福与我们人人相关。不学不练,很可能就会出现身在福中不知福的问题。

感觉幸福是一种复杂的心理过程

我们必须明确,幸福也是一种客观事物。一个人对幸福的感觉,其实质就是对幸福的认识。像对疼痛、冷热、饥饱这样直接的生理感觉,是不需要再去思考和认识的。但是,对于幸福这样复杂心理感觉,不可能像那些生理感觉可以直接、简单地产生,在很多情况下是需要进行比较、甄别、思考才能感觉得到的。人们认识事物的方法和规律,也完全适用于对幸福的认识和感觉。

平安是幸福的第一基石。但人们有时候对平安的感觉并不是直截了当的，甚至可能是相反的。出国旅游迷了路，其实是让人感觉十分沮丧的一种囧态，并且会伴有不安全的隐忧。家住武汉的母子俩在泰国曼谷想去四面佛景区游览，结果走迷了路，绕了两个小时也没有到达目的地，便就近找餐馆就餐。令他们没有想到的是，迷路正好使他们躲过了 2015 年 8 月 17 日晚发生在四面佛景区的大爆炸。在这场爆炸案中，至少有 20 多人死亡，100 多人受伤。类似这样“塞翁失马”的事例，每个人的生活中都可能遇到过，只不过是事件大小和严重程度不同而已。贪官们索贿受贿时，都觉得自己是在“神不知鬼不觉”的安全状态下进行的，殊不知“人在做天在看”，“法网恢恢疏而不漏”，“吃凉药花赃钱早晚是病”，貌似安全的事情却会使其跌入万丈深渊。所以，感觉平安需要有比较深远的眼光。如果确认自己可以长久平安，那就应该是感觉到了一种幸福。

健康是幸福的主要元素，但很多人对它的感觉是要等得了病才能形成的，甚至是必须要得大病、重病才能完全形成。在没得病以前，认为健康是与生俱来并取之不尽用之不竭的，这有什么幸福可言呢？殊不知，健康并非取之不尽用之不竭的免费资源，特别是在失去之后才知道它有多么宝贵，而且还不可以依靠权力去获得，也不能用金钱去购买。有一位因工作性质而经常出入医院和殡仪馆的人，几年下来他就对人生有了新的认识，决定不再为升官发财而拼命，而是选择了自主权相对较大的自由职业，减轻了压力，保护了健康。如果我们今天尚处于十分健康或者比较健康的状态，就必须要万分珍惜，并且要由衷地去感觉和体会自己的幸福。正因为有了健康，我们才远离了病痛和死亡，也有时间、有机会去经历人世间的一切，去创造和享受更加美好的东西。

自由是幸福的重要指标。人们之所以喜欢自由，就是因为不喜欢有压力。压力不仅会伤害人的健康，也会剥夺人的快乐。我们这里所说的自由，并非狭义的不上班、不做事，也非颓废的放浪形骸、狂妄不羁，而是要自觉、积极地去体会我们在法纪和公德框架下所能享受到的各方面自由。首先，我们的思想是自由的，就看我们是否有足够的思想力。个人、家庭、社会有那么多问题需要解决，就看我们能否想出切实可行的奇思妙法了。其次，我们的人身是自由的。我们可以自由地选择职业和工作地点，只要我们有足够的科技文化知识和解决问题的能力；我们可以自由地选择自己喜欢的地方去生活，只要我们有足够的安身立命本领；我们可以自由地选择目的地去旅游，只要我们有足够的财务储备和时间空档。再次，我们的财务是自由的。有人会说没有财务自由，那是因为要求太多或者标准太高。如果真的感到确实还没有实现财务自由，那我们还可以进一步努力工作，去争取财务上的更大自由。

快乐是幸福的目的所在。没有快乐，不能称其为幸福；追求幸福，又是为了实现快乐。是否快乐，完全是一种心理上的主观感觉。除非极端情况，快乐与否取决于自己的心态。相同的事物，会给一些人带来快乐，也可能会给另外一些人带来烦恼；相同的环境，一些人会乐在其中，也可能会有些人避之唯恐不及；相同的状态，有些人会感觉是在享受，也可能会有些人感觉是在忍受。快乐更多地是表现为一种思想境界。古代的物质财富是极其匮乏的，但是照样可以创造出高雅、温馨、快乐的自由境界。人们都知道王羲之是东晋的大书法家，是中国历史上的书圣；一提到他的《兰亭集序》，也都知道那是被誉为“天下第一行书”的瑰宝。其实，《兰亭集序》所描述的意境和哲理，更是沁人心脾的。“仰观宇宙之大，俯察品类之盛，所以游目骋怀，足以极视听之娱，信可乐也。”字里行间，都洋溢着王羲之的快乐和幸福感觉。

幸福的感觉带有强烈的主观色彩

人在感觉事物时，是会附加上强烈主观色彩的。在感觉幸福时，这种主观色彩更加浓烈和明显。人们感觉幸福的过程和各相关要素间的关系，可以用下面的公式来示意：

幸福度 =（现状 + 预期 + 比较 + 甄别）× 感觉

对于现状的评估，也少不了主观的色彩，尽管它应该是一种客观存在的真实。比如对个人经济现状的认识，可能是人生所有项目中最可以直接用数字表达的量化指标，但是在评价这一指标时就会有主观因素的参与。现有物质财富的数值是确定的，可感觉是否富足就会因人而异了。对于一个工薪族来说，几千万就是不敢想象的天文数字，如果能拥有一定会幸福得睡不着觉；而对于一个曾经身价几十亿的巨富来说，如果资产只剩几千万了，他一定感觉自己已经落魄，沦为了穷人。即使是两个收入相同的工薪族，由于消费观念的差异，也会有贫富感觉上的不同，因而导致对幸福的感觉有差异。

对于未来的预期，虽然是基于现有条件的，但基本上还都是主观上的东西。热恋时的男女之所以感觉特别幸福，就是因为他们的心中充满了对未来的美好憧憬；待业和失业时之所以感觉很痛苦，就是因为他们的心中充满了对未来的莫名恐惧。善于调整心态的人，即使是在待业和失业的状态下，也会找到幸福的感觉：我终于把老板给炒了，我终于可以换一换环境和职业了，我终于可以在寻找新工作的时候把工薪提一个等级了，等等。

对于比较的方法，不同的人会选择不同的参照系，使用不同的方法。多数人的不幸福感来自于和别人比，或者只比一些表面的东西。有句俗话说得很极端，居然说"人比人得死，货比货得扔"。很多俗话都是真理。人与人之间是不好比较的，因为个体条件差异太大。家庭出身、成长环境、所处地域、职场条件、社会关系、受教育程度、个人性格与修养、个人努力程度等方面的不同，都会造成人与人之间的较大甚至巨大差异，怎么比？所以最好的办法是和自己比，和自己的过去比；向下比，和不如自己的那些人、那些事去比。和自己的过去有进步、有改变、变得更好了，和那些境况更差的人比有超越、有胜出，就应该欣慰、快乐，就应该感觉到幸福。如果比过去差了，也没有必要痛苦，找出原因，找对路径，找到办法，继续努力就是了。哪怕过去的一切都不复存在了，从头再来又有何妨？

对于甄别的把握，主要是辨析出一些客观事物对未来幸福的影响程度。有些事情在今天貌似是痛苦的，但是对未来幸福的影响可能是积极的、正面的；而有些事情在今天是令人陶醉的，但是对未来幸福的影响却可能是消极的、负面的。我们既不能被假象所蒙蔽，也不能被眼前的感觉所蒙蔽，而是要通过甄别来看到其实质和长远影响。20世纪60～70年代上山下乡的知识青年们，当时所受磨炼是今天的孩子们所不能想象和承受的，但是那一代人不但经历了，而且承受了。除去一些极端情况外，虽然在当时对他们来说是极其艰难和痛苦的，可过去了30年、40年之后，回味人生的几个主要段落时，却发现那个阶段居然是最幸福的：因为青春，因为平安，因为健康，因为自由，因为快乐。如果我们今天有了一点权势，身边就会有一群又一群的趋炎附势者围着自己转，感觉既风光又幸福，但时间久了就难免会出事、出大事，甚至是毁掉我们前半生的功绩，毁掉我们后半生的幸福。

当我们对现状、预期、比较、甄别的感觉都很好时，我们就是幸福的；当我们的感觉都比较好时，我们就是比较幸福的；当我们的感觉都不太好时，那我们可能就不幸福了。习近平在2014年五四青年节考察北京大学时曾对同学们说过:“成功的背后,永远是艰辛努力。青年要把艰苦环境作为磨炼自己的机遇。”“只要坚忍不拔、百折不挠,成功就一定在前方等你。”(新华网,2014.5.5)我们的国家、我们的民族,都处于一个不断上升的历史时期之中,有些条件可能还不尽人意,对很多人来说,这正是经受磨炼和考验的时机,也是创造幸福的时机,就看我们怎样去感觉、去把握了。

感觉幸福是需要一定时间的

对于宇宙来说,一个人的生命确实是短暂而又渺小的;但是对一个人来说,生命又是漫长的、伟大的。感觉自己的人生是否幸福,不可以用一时一事的尺度来衡量和确认。对我们人生中的一些起决定性作用的事情,要客观地看、全面地看、历史地看、联系地看、发展地看,才能对幸福形成正确的感觉。

客观地看,就是要站在自己之外的角度来看我们的人生幸福。我们的一生是否幸福,完全在于我们自己的主观感觉。但我们的幸福感觉是否正确,那就要看它是否反映了幸福的本来面目和客观实质。比如我们因为某次考试的成绩很好,受到老师和家长表扬,赢得同学的羡慕,我们的心里充满了幸福的感觉。如果成绩是真实的,这种感觉就是正确的;如果成绩是通过作弊取得的,那么客观地看这件事情的本来面目是弄虚作假,其实质完全是一种欺骗,当事者再有幸福的感觉就不但是错误的,而且还是相当危险的了。当他走上社会以后,指不定还会做出什么荒唐的事情来,不但他自己得不到人生幸福,还会危害他人及社会。

全面地看,就是要把人生看成一个整体,而不是只看到某一阶段,“三穷三富才能过到老”呢,一时一事算得了什么?全面地看的另一个意义就是不能片面地看问题,只看到事物的某一方面。一件事情的某一面对人生幸福的影响可能是负面的,但其另一面的影响很可能就是正面的呢。这方面的例子俯拾皆是,不胜枚举。只有终生都能感觉到幸福才是真正的人生幸福。在每一个人生阶段中,不论是顺境还是逆境,都可以找到幸福的元素,主动地去感觉,并将其放大,同时也可以用这样的幸福感觉去战胜不幸带给我们的痛苦。

历史地看,就是要把人生路上所发生的事情放在当时的历史条件下去审视。所谓此一时彼一时也,不能用当下的条件和眼光去看待过去发生的事情。比如正当青春年少应该寒窗苦读之时,因家庭条件影响放弃了高考,失去了接受正规高等教育的机会。在当时的历史条件下,这可能是迫不得已的事情。但是,这并不等于人生就不会有幸福了,更没有必要怨天尤人,自暴自弃。俗话说,“条条大路通罗马”。通过其他路径,我们照样可以成功,照样可以幸福。

联系地看,就是要将影响我们幸福感觉的事物同与其关的事物联系在一起去看待。这个世界上的人、事、物都是具有普遍联系属性的。构成我们幸福的诸多因素以及我们同他人、同社会、同世界之间,都有着千丝万缕的联系。找到这些联系,更有助于我们正确地感觉幸福。比如平安与健康、平安与自由、平安与快乐、健康与自由、健康与快乐、自由与快乐之间,都有着紧密的联系。全面地了解、正确地认识这些关系,我们便可以更深刻地感觉到幸福原来很简单,痛苦和烦恼都是我们自找的。

发展地看,就是要看到人生的运动、变化和发展,同时也要看到某一事物的发展。没有一成不变的人、事、物,“三十年河东,三十年河西”,“山不转水还转”。用发展的眼光,就能看到事物未来、人生的未来,就会对获得幸福充满了信心。生育和抚养孩子会给父母带来很多麻烦和辛苦,但是每一对父母却都乐此不疲。为什么?就是在孩子的身上寄托着幸福的希望。如果没有发展的眼光,人生中的许多事情就都会变得毫无意义了,甚至包括吃饭、睡觉这类极其简单和浅层次的生活事物,都可以在发展的眼光中附着上幸福的色彩。

第四十九章

活着就是幸福

早上，当我们伴着灿烂的朝阳从睡梦中醒来，睁开双眼的时刻，我们的第一个感觉应该是：啊，我还活着！感谢上苍，我好幸福啊！一定会有人觉得这样的情景很搞笑，哪个人睡觉醒了不都是活着吗？其实不然。在睡梦中逝去者大有人在，并被誉为最幸福的死法。但是，死法再幸福，实质还是死亡；活法再痛苦，实质还是活着。所以有俗语说："好死不如赖活着。"因为死亡意味着结束一切、丧失一切，哪怕是想要再痛苦一会儿的权利和机会都不复存在了。活着，只有活着，才能够创造并享受幸福。

一、死神离我们并不遥远

我们能来到这个世界上，本身就是一件很不容易的事情。不管人生的过程和结果如何，我们都是幸运的。但不可否认的是，从我们出生的那一天起，我们就已经开始走向死亡了。90 年前，文学家、思想家鲁迅（1881 ~ 1936）写过一篇小散文，标题叫做《立论》，全文仅 280 余字，说有一人家生了个男孩，满月时抱出来给客人看。有人说这孩子将来要发财，得到感谢；有人说这孩子将来要做官，受到恭维；有人说这孩子将来要死的，遭到暴打。（鲁迅：《野草》，人民文学出版社）3 位客人中，前两位说的都是人生的可能，只有最后一位说的是人生的必然。但说真话的却遭到一顿暴打,可见人们是多么厌恶生命的这种必然结果。

厌恶归厌恶,并不等于能够逃脱,而且谁也无法逃脱。据国家统计局《2014 年国民经济和社会发展统计公报》显示,2014 年我国大陆地区死亡人口总数为 977 万人。(国家统计局官网,2015.2.26)也就是说,平均每天死亡 26767 人,每分钟死亡 18~19 人,大约平均每 3 秒钟就有 1 人死亡。

正常的人生如果按 85 岁的平均寿命计算,从生到死大约 3 万天。如果我们今天 15 岁了,大约还剩 2.5 万天;如果我们今天 20 岁了,大约还剩 2.3 万天;如果我们今天 30 岁了,大约还剩 2 万天;如果我们今天 40 岁了,大约还剩 1.6 万天。我们可以为自己准备 1 条生命计算软尺,就是那种量衣服、量 3 围的 1 米长塑料软尺,将上面的每 1 厘米刻度视为 1 年,把已经走完的年龄剪掉,把预期寿命后面的多余部分剪掉,剩下的还握在我们手里的那些,就是我们面见死神的距离。

正常衰老和疾病将会结束人的生命。在我国,脑血管病、恶性肿瘤、心脏病、呼吸系统疾病、损伤和中毒、消化系统疾病、内分泌和营养代谢系统疾病、泌尿和生殖系统疾病、精神疾病、神经系统疾病等,成为威胁人们生命的 10 大杀手。其中的前 3 种疾病,对人们来说是防不胜防,难以抵抗。还有老年慢性病向中青年人群渗透、富贵病向并不富贵人群扩展等问题也越来越严重。

天灾人祸将会强行夺走人的性命。1556 年 1 月 23 日的陕西华县大地震,是世界地震记录中伤亡人数最多的一次。光有名有姓、有据可查的就有 83 万人丧生,不知姓名、无法统计的还有很多人。1920 年的宁夏海原大地震和 1976 年的河北唐山大地震,死亡人数都分别达到了 24 万人以上。离我们最近的一次是四川汶川大地震,死亡和失踪人数总计达 8.7 万人。2014 年,全国各类生产安全事故共死亡 6.8 万人,虽然已连续多年呈下降趋势,但这个绝对数仍然十分惊人。2015 年 8 月 12 日凌晨,陕西省山阳县某矿业公司生活区附近突然出现山体滑坡,造成 15 间职工宿舍和 3 间民房被掩埋,65 人失踪。就在当天的晚上,天津港瑞海公司危险品仓库发生爆炸,造成 170 多人遇难或失联。除汶川地震外,其他几次灾难和事故都是发生在夜里,都有在睡梦中没再醒来的百姓。可见我们在本章开头所描述的早上醒来发现自己还活着就应该感到庆幸,并非虚幻之词。

交通安全事故严重威胁人的生命安全。2014 年 3 月 8 日失联的马来西亚航空公司 MH370 航班,载有乘客和机组人员共 239 人,其中中国大陆乘客 153 人,中国台湾乘客1人,至今没有下落。重庆东方轮船公司所属的"东方之星"客轮,2015年6月1日晚上在由南京驶往重庆途中,翻沉在长江湖北监利江段,除有12人获救外,船上其余的442人全部罹难。最近5年,我国的机动车保有量以每年1500多万辆的速度上升,驾驶人员数量以每年2000多万人的速度增加。截止2014年底,全国机动车保有量达2.64亿辆,其中汽车1.54亿辆;机动车驾驶人突破3亿人,其中汽车驾驶人超过2.46亿人,驾龄1年以内的驾驶人2967万人。(公安部交通管理局官网,2015.1.27)2014年道路交通万车死亡人数为2.22人。(国家统计局官网,2015.2.26)这些数据表明,每年至少要有几万人死于车轮之下,甚至还有些人是在人行道上、公交站台上都没能逃离肇事机动车的撞击和碾压。

战争和动乱将会大规模地置人于死地。值得庆幸的是,自1979~1989年中越边境自卫反击战之后,我们国家再无战事,但战争留给我们的记忆却是痛苦和深刻的。8年抗战,中方伤亡总人数达3500万以上,其中最为极端的战争悲剧是1937年12月13日开始的南京大屠杀,有30多万无辜的中国民众惨死于日本侵略者的屠刀之下。1991年爆发的海湾战争,7个月的时间里有2.5万伊拉克人死于战乱,还有7.5万人受伤。2001年发生在美国本土的"9·11"恐怖袭击事件,3架飞机分别撞进位于纽约的世贸中心1、2号楼和位于华盛顿的美国国防部五角大楼,总共造成2996人遇难,震惊了全世界。

二、活着就是最大的幸福

看到上面的这些事件和数据,我们不得不感叹自己能够活着是多么难得的一种幸福。千百年来,无数人都在挖空心思地寻找所谓幸福,却又不断地陷入迷惘和苦闷之中。等到那些虚幻浮华褪尽、过眼云烟散去之后,蓦然发现原来幸福竟是如此地简单——平安、健康、自由、快乐。如果这些也嫌麻烦或者很难达到,那么就参照上一节的几组事件和数据庆幸地告诉自己吧,原来活着就是最大的幸福!

只有活着,我们才能保持家庭的完整。民间有关于"3大不幸"的说法:叫做幼年丧父,中年丧妻,老年丧子。如果延展开来,"3大不幸"应该是幼年丧父或母,中年丧妻或夫,老年丧子或女。作为家庭成员,不论是从哪个角度来看,我们在不适当的时候离开,都会破坏家庭的完整,都会给亲人带来伤害。为人子女者如果提前离开,父母就要白发人送黑发人。在平日里看到其他人家的孩子时,在逢年过节应该全家团圆时,在他们年老需要儿女照顾时,让他们情何以堪？为人夫妻者如果中途离开,另一半就会孤独一段时日甚至是后半生,会给他或她的身心带来巨大挫伤。为人父母者如果过早离开,年幼的孩子会因缺少父爱或者母爱而心理发育失衡,会影响TA的一生甚至波及下一代。如果我们活着,如果我们能有正常的寿命,天伦之乐的家庭幸福才会存在。活着不但是我们自己的幸福,也是家人的幸福。特别值得敬佩和赞美的是那些英雄们,他们用鲜血和生命使更多的人活下来,使更多的家庭拥有了或保持着完整的幸福。

只有活着,我们才能看到美好的明天。我们曾经无数次憧憬过明天——未来。但是明天究竟会是什么样,我们不知道,只是不停地说:明天会更美好！社会在发展,人类在进步,历史的车轮滚滚向前,明天比今天更美好是必然规律所产生的必然结果。如果我们活着,自然就能够看到。千古一帝秦始皇嬴政统一6国后,贪恋皇位和江山,舍不得早早死去,所以就又是访仙求方,又是派人求药,但仍然没能看到更久远的明天,称为始皇帝还不到12年,仅仅49岁就病死他乡了。功高盖世的汉武大帝刘彻也是幻想长生不老,祭神求仙,封“万岁峰”,造“万岁亭”,建“万岁观”,其结果是不但未能实现“万岁”的梦想,连“百岁”也未能达到,只活了69岁。大名鼎鼎的明朝嘉靖皇帝世宗朱厚熜,虽然在执政前期颇有作为,但三十多岁时就开始迷信丹药方术,引发了历史上罕见的宫女弑君的“壬寅宫变”后,二十余年住在皇宫之外,长期炼制、服用丹药,最后中毒而亡,只活了60岁。这些封建帝王们想尽了人间办法,但都没能活到今天,没能看到科技进步后今天的大千世界和社会繁荣。值得庆幸的是,今天我们活着呢,我们看到了。

只有活着,我们才能做到想做的一切。每个人都有自己的人生计划,都有想在有生之年做到的事情、实现的理想。只有活在这个世界上,我们才有机会做这些事情,才有机会完成这些事情,才有机会看到想要看到的结果。我们都想通过自己的努力,为自己多做一些事情,使自己的能力再增加一些,使自己的表现再出色一些,使自己的价值再提升一些;我们也想通过自己的努力,为家庭多做一些事情,使自己的家庭更和美,配偶更满意,子女更优秀,父母更幸福;我们还想通过自己的努力,为社会多做一些事情,创造财富,精神的,物质的,因为一味地索取并不是幸福,创造和奉献会使人获得更高层级的幸福。可是,我们已经做了多少呢？还有多少没有做或者没有做完呢？我们在生活中见到很多人因为各种缘故失去了这样的机会，在离开亲人、告别世界的瞬间不肯闭上那曾经充满渴望的双眼。我们今天活着，不但要感觉到还有这样机会的幸福，更要抓紧时间做自己想做的、该做的事情，不给遗憾留机会，不给自己留遗憾。

只有活着，我们才能有机会创造奇迹。什么叫奇迹？就是在通常情况下人们以为不可能出现的事情，或者是人们认为普通人不可能做到的不平凡的事情。但是奇迹又都是由普通人创造出来的。别人能够创造出奇迹，是因为他们想创造奇迹；我们没能创造奇迹，是因为我们没想创造奇迹；想创造奇迹的人有可能创造出奇迹，没想创造奇迹的人永远不可能创造出奇迹。我们今天享受的所有科技的、物质的、精神的成果，都是曾经的奇迹：电灯、电话、电视，汽车、火车、自行车，蒸汽机、发电机、电动机等，都是奇迹，也都是普通人创造出的不平凡的事情，绝不是“某二代”能够做到的。当这些曾经的奇迹已经变得不再神奇的时候，生活又会提出新的要求，人们又会创造出新的奇迹。同样为人，凭什么我们就不可以创造奇迹？我们可以有也应该有创造奇迹的梦想，更可以有创造奇迹的实践，说不定哪一天就会有奇迹在我们的手中诞生。前提是我们必须得活着。只要我们活着，就会有这样的机会和可能。

只有活着，我们才能享受人间的幸福。俗话说“人死如灯灭”，虽不够科学但却很形象。不够科学，是因为灯灭了可以复燃，人死了却不能复生；很形象，是说人死确实如同灯灭一样，一切都结束了，也就什么都看不到了。可是，人世间还有那么多值得我们继续享受、或者还没来得及享受的幸福在等着我们呢。茶道，是创造赏茶美感的一种生活艺术。不懂茶道的人，喝茶是为了解渴消暑；稍懂茶道的人，喝茶是为了保健提神；真懂茶道的人，喝茶已不再是单纯地解渴和保健了，而是要享受其中的高雅文化和行为艺术，获得静神养心、陶冶情操的功效。他们将烹茶、沏茶、斟茶、赏茶、闻茶、品茶等一连串环节视为人生的不同阶段，一丝不苟地将其演绎为人生艺术来加以享受。人生的幸福就是一道茶，可以用来消暑解渴，也可以用来保健提神，还可以用来享受人生。在这个世界上，风光旖旎的自然景色、温馨甜蜜的和美家庭、充满挑战的各种工作、担纲主演的戏剧人生等等，都是为我们准备，供我们享受的。我们可以像享受茶道一样，仔细地感觉、品味和享受人生的所有幸福。

三、珍惜我们活着的机会

既然活着是最大的幸福，活着的机会也不是随便拥有的，那我们就要懂得珍惜活着的机会。

一要珍爱健康。珍爱健康，就是要千方百计地提高生命的质量、活着的质量。全面的健康概念，不仅仅是身体上的生理健康，还包括心理健康和社会适应能力。检验人的身体质量和心理质量，不是看权位有多大，钱财有多少，学识有多高，而是要看一个人在身体上和心理上的疾病有多少，并且与生命质量成反比。疾病越少、越轻，生命质量就越高；疾病越多、越重，生命质量就越低。有一段时间媒体多有关于官员和老板自杀的消息，而且在说明自杀原因时有很多是与精神抑郁相关。如果这些原因是真实的，就说明当事者的心理健康问题比较多、比较重。在校中学生、大学生、研究生自杀的事件也并不鲜见，原因以感情问题和各方面压力问题居多，所暴露出来的也还是心理健康问题。面对同样的压力，为什么别人能挺得住而你挺不住，还是心理素质问题。还有社会适应能力，则是身体质量和心理质量的综合表现。既然我们活着就要做事，即便是休闲娱乐其实也是在做事，都需要有较好的身心素质。

二要珍爱时间。时间就是生命。早上醒来，发现我们还活着，那活着干嘛呢，总不能整天赖在床上不起来吧？要充分地利用有限的时间、有限的生命，来享受活着的快乐。享受的方式有多种多样：休闲娱乐是享受，勤奋学习是享受，努力工作是享受，积极奉献是享受，等等。珍爱时间的最好办法是对时间进行科学管理。在我们生命中的每一天，都有许多事情要做。这些事情可以分为4类（如图10-2所示）：A.很重要并且很紧急的；B.很重要但是不紧急的；C.很紧急但是不重要的；D.不重要并且不紧急的。在每一天开始的时候，可以根据自己对这些事情的认识，进行分类，然后在每一类别中再进行排序。例如有关个人健康、工

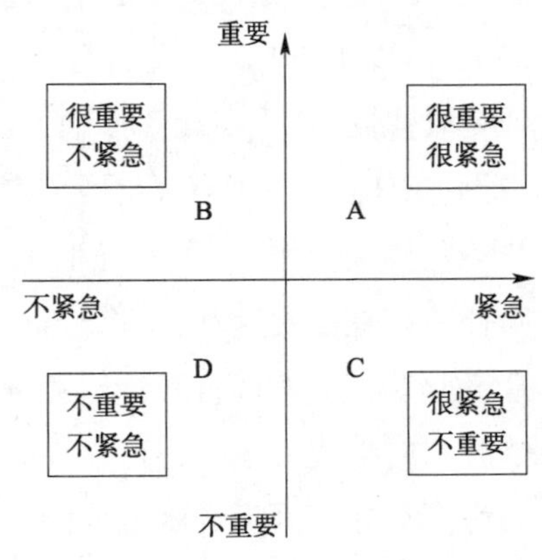

图10-2　时间管理示意图

作事业、对父母尽孝、子女教育等,应划归为 A 类事物;社交、旅游、个人进修等,应划归为 B 类事物;应酬、别人 3 缺 1 的牌局等,应划归为 C 类事物;游戏、逛街等,应划归为 D 类事物。经过这样的 A、B、C、D 划分排序后,我们就会十分清楚应该先做什么、后做什么,会大幅度提高时间的利用率,也就是提高了生命的效率。

三要珍爱感情。在通常情况下,人的情感世界是极其丰富的,包括有亲情、爱情、友情等。正是因为有了这些感情,我们在这个世界上才不会感到孤单。亲情,是由血缘和婚姻而连接的亲属间的感情。它像一张感情的大网,将我们编结在某一节点上,使我们同各位亲属间沟通联系、交流感情。虽然会有远近亲疏、感情浓淡的差别出现,但亲属关系是永远客观存在的,一旦走动起来,“血浓于水”的法则必将发挥作用。爱情作为人生中最美妙的情感,不但弥足珍贵,并且可以成为人生发展进步的强大动力,甚至可以激励人们创造出奇迹。友情包含的内容更加丰富,诸如同学情、战友情、朋友情、同事情等,都是我们在不同生命阶段中所积累的情感财富,也是我们在学习、工作和生活中与人相处的历史记录。所有这些感情,都来之不易,堪当珍惜。不难设想,如果自己在这个世界上一个亲人也没有、一个朋友都没有,将是一种多么悲惨的状况。珍惜并发展这些感情,会使我们的生活更加丰富多彩。

四要珍爱工作。既然我们还有机会活着,那就要活得更有意义、更有价值。怎样去提高生命的意义和价值?唯有工作!工作是学习,是机会,是平台,奋斗,是贡献,也是享受。毫无疑问,我们能够在工作中学到新的知识,提高自己很多方面的能力,所以工作是一个继续学习的过程;工作还是一个机会,保持与社会的接触,保证与时代同步,并与同事接触,融入一个团队,与人才、人杰、人物接触,丰富自己的内涵;工作还是一个平台,展示自己的才华,与比自己优秀的人合作,与老板合作,与关联单位合作;工作是奋斗,应对挑战,处理矛盾,战胜困难,解决问题,每完成一个任务都是一次胜利;工作是贡献,是在将自己的学识和能力贡献给社会,服务民众,创造财富,实现自我价值;工作更是享受,享受别人的赞扬,享受社会的认可,享受胜利的喜悦。工作还可以使人感觉充实。很多人的心理健康问题与空虚有关,而许多空虚是因为空闲造成的。忙碌地工作着会驱走这样的心理空虚。

五要珍爱自然。我们是大自然的产物,我们最终还要回到大自然中去。今天上苍还给我们继续活着的机会,不是让我们留在世界上继续破坏大自然、糟蹋大自然的。那些为了一己私利、为了金钱物质而到处乱挖乱采、暴殄自然资源、破坏自然景观、在生产中污染环境、在生活中破坏公共卫生等一系列行为，都是对自然的犯罪，也是对人类的犯罪。人类生存所需要的一切都来自大自然，所以珍爱自然就是珍爱我们自己。所谓珍爱，应该体现在 3 个方面：一是保护；二是改造；三是亲近。自己不破坏，是一种保护；制止他人破坏，更是一种保护。改造大自然并不是要违背规律地利用大自然，而是要使其变得更加美好。大禹治水是改造大自然，修筑都江堰是改造大自然，建设红旗渠是改造大自然，都经受住了自然和历史的考验，并被传为佳话。在水泥森林中住久了的人们，千万要多多创造机会去亲近和享受大自然，在其间休养身心、陶冶情操。大自然是"造物主"赏赐给人类的最珍贵礼物，只有亲近它，才会懂得保护它。

四、劳动是幸福最高层级

衣服的功能是御寒和遮羞，但不同的材料会决定其不同的质地等级。同理，同属于幸福的范畴，同属于幸福的形态，却可以表现出不同的幸福层级。活着就是幸福，告诉我们的是幸福的最大覆盖范围，即幸福的外延是活着，所有的幸福都囊括于活着之中。那些总是抱怨人生痛苦的人们，只要你还活着，其实就已经是拥有幸福的人了。这是一种最基础的人生幸福观。幸福的 4 大指标，告诉我们 的是幸福的基本形态，其中的平安和健康是为了活着，自由和快乐是为了更好地活着。这是一种大众型的人生幸福观。而拥有高级幸福观的人所追求的是事业有成，贡献人类。他们以他人的幸福、人类的幸福为自己的幸福，以事业的成功为幸福，以贡献社会的劳动成果为幸福。所以，劳动是幸福的最高层级。

劳动是人类存在的基本形式

很多人可能一听说幸福还得劳动，便会产生一种逆反心理，因为惰性是人的天性，通常人们都不愿意承受劳动的辛苦。但不管我们主观上是否愿意，也不管我们在劳动时心理感觉如何，其实劳动都要伴随着每个人的一生。辩证唯物主义和历史唯物主义的原理告诉我们，"劳动创造了人本身"，"它是一切人类生活的第一个基本条件"。(恩格斯：《自然辩证法》，《马克思恩格斯选集》第四卷)考古学研究成果也反复证明了这一结论。

所谓劳动,就是发生在劳动者与劳动对象之间的活动。这种活动可以表现为体力的形态,也可以表现为脑力的形态,多数表现为体力与脑力结合的形态。人的一生中所有活动基本上都可以归结到劳动的范畴之中:所有的工作肯定都是在劳动,包括坐在办公室里、坐在电脑前的工作;家庭生活也是劳动,包括家人之间的感情沟通与交流;休闲娱乐还是劳动,包括遛弯、旅游、打牌、打球;社交应酬更是劳动,包括赴宴、K歌、一些礼仪性质的活动等。纵观人的一生,好像只有睡觉不能算劳动,但还是经常听到有人一觉醒来后说:这觉睡得真累!这不算劳动的休息,居然也能产生和劳动一样的疲劳感,还有什么不是劳动呢?

所以我们说,劳动是人类存在的基本形式。

幸福本身也来源于劳动创造

我们以最浅层次的基础幸福观为例,不劳动怎么能活着?按照上面的分析,做饭、吃饭、洗碗等动作,都无一例外地属于劳动,如果不肯为幸福付出劳动,那就连饭也不要吃了。可是不吃饭又怎么能活着呢?就算不情愿参加体力劳动,总得进行体育锻炼吧?如果既无体力劳动,又无体育活动,那就会肌肉萎缩,血糖上升,不需太久就会危及健康和生命。还有一个问题更严重,不劳动就等于不工作,那么生活费从哪来?没有生活费,就没有饭吃,照样活不成。所以,最基础的幸福也是要靠劳动来创造的。

平安、健康、自由、快乐也都是通过劳动创造出来的。各种安全设施和工具、健康维护和疾病诊治、水陆空方便快捷的交通工具、给人们带来精神享乐的文学艺术作品等,无一不是人们劳动的成果。人们在劳动中创造出供他人享受幸福的劳动成果,同时也在享受他人劳动成果所带来的幸福。

我们今天所享受的一切科技成果和物质财富,都是劳动的创造。很多人寄情于互联网,但是如果没有人创造和制造硬件,没有人提供网络服务,没有人编写软件程序,我们玩儿什么呢?那可能就还得回到掷口袋、跳皮筋的年代。如果说我们在个人电脑、移动终端高度普及的今天享受到了互联网时代的幸福,那是因为有了无数人为此所付出的劳动。

劳动本身就是一种高级幸福

我们更需要强调的是劳动本身就是一种幸福,而且是一种高等级的幸福。因为劳动可以净化劳动者自己的心灵，同时可以为他人幸福提供条件，也还可以为人类幸福做出贡献。今天被一夜暴富思潮鼓动得已经浮躁了的人们，迟早还是要回归到诚实劳动、尊重劳动、幸福劳动的轨道上来。

人们大多都有这样的感觉，劳动者更淳朴、更善良、更可爱，因为他们在劳动中体会到了创造物质财富的不易，所以他们就更加尊重别人的劳动及其成果。当我们看到广袤的田野中一眼望不到边的禾苗时，一种对农民的由衷感佩油然而生，是他们的忠厚与勤劳帮我们解决了吃饭问题。要知道，在今天的农业生产力水平下，很多作物是还是要一粒一粒播种的。但是当春天来了的时候，在我们不知不觉的时候，农民就是靠这样一粒一粒、一株一株、一片一片地给大地披上了绿装。当秋天来了的时候，洋溢在农民脸上的丰收喜悦，使我们理解了劳动幸福和幸福劳动的含义。

劳动是最高层级幸福的根本原因在于劳动创造了一切。所有劳动者通过社会分工和市场调节，用自己的双手创造出了今天的幸福，也在创造着幸福的明天。因为真正的幸福不在于今天的享受，而在于对明天的向往。如果没有了明天，今天多好的享受都将变成一种无奈的痛苦。劳动的创造使明天的一切都变得触手可及，所以劳动本身就是高等级的幸福。

共同劳动创造人类共同幸福

无法想象，全世界所有人都是幸福的，只有我们自己一个人是痛苦的；更无法想象，全世界所有人都是痛苦的，只有我们自己一个人是幸福的。换言之，个人的幸福一定是融于人类共同幸福之中的，不可能有脱离人类幸福的所谓个人幸福。如果拥有大量的物质财富就算是幸福的话，可是全世界都是穷人，只有你一个富人，那么你真能幸福么？似乎这根本是不可能的。

"覆巢之下，安有完卵？"第二次世界大战时，炮火硝烟几乎笼罩了整个地球；8年抗战，中国大地连一张课桌都安放不下。在那个时代，有谁是幸福的呢？有权的、有钱的、有闲的，不管是谁，都被战争狂潮裹挟着，陷入不尽的苦难深渊，根本没有什么幸福可谈。

只有生活在和平建设时期的人们，才有资格谈论幸福、追求幸福、创造幸福、享受幸福。实现幸福的唯一通道就是劳动，而且是全社会的共同劳动。如果劳动本身就是幸福，那么全社会的共同劳动就可以实现全社会的共同幸福；如果全人类的共同幸福才是真正的幸福，那么全人类的共同劳动就可以实现全人类的共同幸福。而我们个人的幸福，也会体现于全社会和全人类的共同幸福之中。

马克思主义理论和共产主义理想之所以先进，就在于其共同劳动、共同富裕、共同幸福的科学理念符合人类社会的发展规律，符合人们追求幸福的共同利益。自古以来，人类社会都是"不患寡而患不均"的。所以，人们更加期盼物质产品极大丰富、人们各尽所能地自觉劳动、各取所需地享受人类物质文明和精神文明丰硕成果的大同社会。

五、笑对人生的必然回归

虽然活着就是幸福，但是我们终将离去，离开这个我们不舍的世界。有些人一辈子可能都有人生不公平的感觉并多有抱怨，但是在这件事情上不用抱怨了，因为这是绝对公平的人生唯一结果，涵盖古今中外的所有人。尽管人们讨厌死亡这个字眼，但却谁都无法回避这一客观现实。

关于死亡观

对死亡这一自然现象的根本看法就是人的死亡观，它是一个人的世界观、人生观、价值观以及幸福观的有机组成部分。古往今来，一直有人在研究人的死亡问题，也有过一些发人深省的论断，最为豁达的当属庄子。

庄子(约前369~前286年)说："古之真人，不知说生，不知恶死。其出不欣，其入不距。"(《庄子·内篇·大宗师》)意思是古代真正懂得生命奥秘的人，不觉得出生有什么值得欣喜，也不觉得死亡有什么值得憎恶。所以他既不庆幸出生，也不抗拒死亡。庄子在《大宗师》里还记载了这样一个故事：子桑户、孟子反、子琴张是3个潜心修道的好友。子桑户去世时，孟子反和子琴张去帮助办理丧事。受孔子派遣前往吊唁的子贡到子桑户家一看，死者被陈尸在院子当中，既无棺椁，也无寿衣，孟子反和子琴张一个忙着编织苇席准备裹尸软葬，一个在弹琴唱歌，居然唱什么"子桑户啊子桑户，你回老家享受安宁，留下我们还得忙着做人！"子贡自以为懂得礼仪，上前制止并加以斥责，被那两个人笑为不懂得礼仪的本意。子贡回去后向老师汇报，孔子慨叹道：他们是世俗之外的人，而我是世俗之内的人，他们和我们不搭界啊！派你去吊唁，只能是怪我没见识。可见儒道两家的死亡观是有很大差异的。

辩证唯物主义的观点认为："不把死亡看作生命的本质因素、不了解生命的否定本质上包含在生命自身之中的生理学，已经不被认为是科学的了。因此，生命总是和它的必然结局，即总是以萌芽状态存在于生命之中的死亡联系起来加以考虑的。辩证的生命观无非就是如此。"（恩格斯：《自然辩证法·自然界和社会》，《马克思恩格斯选集》第四卷）恩格斯同时还深刻地指出："无论什么人一旦懂得了这一点，在他面前一切关于灵魂不死的说法便破除了。""只要借助辩证法简单地说明生和死的本性，就足以破除自古以来的迷信。""生就意味着死。"毛泽东在他著名的《为人民服务》一文中关于死亡的论断，是对死亡性质、意义和价值深刻剖析，更有助于我们树立正确的死亡观。

人的出生，具有很大的偶然性；但是人的死亡，却具有完全的必然性。世界上本来没有我们，各种偶然因素结合在一起，便用自然界的各种物质合成了我们，于是我们出生了。死亡则是生命有机、无机物质的解散，又重新回到大自然当中去，再去参与合成其他的物体。

笑对回归

庄子的妻子去世后，他的好友惠施（约前 370 ~ 前 310，战国时期著名政治家、哲学家）赶去吊唁，见庄子坐在棺椁旁边，两腿很不雅观地八字张开如簸箕，击打着一个瓦罐给自己伴奏着，毫无愁容地放声歌唱，便批评庄子太过分了。他回答说：惠子啊，你错了，我也是很悲伤的。但我一想从前她没成为胚胎时，不成其为生命。后来在恍惚之中，阴阳混合变成她的一缕无形魂气，再后来变成一块有形胚胎，胚胎后来又变成婴儿出生，成为独立的生命。经历了人生的种种苦难之后，她又死去。人的一生，多像春夏秋冬的四季运行啊！她即将从我们原来住的小房子迁居到无穷大的房子里去，安卧于天地之间，我反倒要嗷嗷地嚎哭不止，是不是有些不懂得生命的原理啊？所以，我就停止哭泣，改为唱歌了。（《庄子·外篇·至乐》）

当社会发展到今天这样的高度文明时期，我们对死亡的态度应该比庄子更为豁达，而不应该倒退回到封建迷信时代。有一位父亲曾经对他的孩子说：等到我死的时候，你们不要哭，而是要为我能够安歇而庆幸。这好比是我们同坐一列火车旅行,中途有一站是我们的老家,我要先下车回家了。你们把我送下车,挥一挥手,道一声别,然后你们继续坐车去旅行吧。送葬的时候,你们把我送到火葬场,看到火化工把我推进炉子里,你们就算已经尽孝、完成任务了,你们就可以回家了,继续过好你们的日子。骨灰也不用收存,放到哪里最后都得融进大自然、回归大自然。不必费事,也不要购买什么墓地之类,还是给国家、给人类节省点资源为好。遇到什么清明、鬼节时,你们也不用给我上坟、扫墓,只要心里还记着我就足够了。

这颇有一丝鲁迅的风格。1936 年的 9 月 5 日,鲁迅在他去世前的 45 天写下了一篇题目为《死》的散文。文中,他给后人留下了 7 条公之于众的遗嘱,其中有 4 条与处理后事相关:“一,不得因为丧事,收受任何人的一文钱。——但老朋友的不在此例。二,赶快收敛,埋掉,拉倒。三,不要做任何关于纪念的事情。四,忘记我,管自己生活。——倘不,那就真是糊涂虫。”半个月后,这篇杂文发表在 1936 年 9 月 20 日的《中流》半月刊上。

如前所述,人的死亡其实就是一种回归。人们都有在外漂泊的经历,也都有过返乡省亲的快乐。虽然死亡没有回乡省亲那样令人向往,但是同样也可以笑对。因为这是一种必然,面对必然只能是泰然。更重要的是过好活着的每一天,让人生变得更加成功和幸福。

第五十章

成功与幸福同在

在前面,我们已经用3章的篇幅分别讨论了成功和幸福。在本章,我们重点讨论一下成功与幸福的关系,作为本书的结束篇章。

一、成功与幸福相辅相成

对有些人来说,一提到成功,就会想到成功的辉煌及其背后的艰辛;一提到幸福,就会想到锦衣玉食和轻松自在。有人在朋友圈里就发过这样的帖子:在不成功的时候,我特想成功。可一旦踏上通往成功的路才发现,原来成功的过程是如此地艰辛。至此,我困惑迷茫了,甚至有些胆怯了。我真不知道如果成功了是否还能感觉到幸福?在他的感觉上,似乎成功和幸福两者之间存在着矛盾:成功的人不见得幸福,幸福的人不见得成功。这本来是人生之中最值得称颂的两件事,却为什么会有人这样去认识呢?问题出在哪里?还是观念问题,是对成功和幸福的认识有偏差。如果我们正确地认识了成功和幸福的深刻内涵,就会由衷地感到两者之间是相辅相成的。

成功就是在创造幸福

成功是做最好的自己,而不是与别人去比较什么。现在的同学聚会、战友聚会、荒友聚会很盛行,几年、十几年、几十年的同学、战友聚到一起,不能说谁的官职高、谁的财富多，谁就是最成功的。如果这样比，这个圈子外面比他官大、比他钱多的大有人在，恐怕他也不算成功了吧？而且这些东西到最后都是会归零的。况且官职高，如果不严格约束自己，还没有普通百姓安全；财富多，如果是透支生命换来的，就不会比温饱族健康。所以最好是不要比。如果非要比，那也是自己跟自己比，衡量一下我们是不是尽心尽力地做最好的自己了。

做最好的自己，就是要从学习、工作和生活中的一点一滴、一件件小事做起。把每一件很细小的事情做好了，都是一次小的成功。一些小事情甚至是细节上的小成功积累起来，就可以构成某个方面的成功或某个阶段的成功。如此延展至整个人生，就是成功的人生。

学习中，不论是在校的还是离校后的学习，我们都要解析很多问题。每解决一个问题，就是一次小小的胜利，也是一次小小的成功，因为我们在解决这个问题时做了最好的自己。这样的小胜利、小成功会使我们欣慰，会给我们带来喜悦。这样的欣慰、喜悦，会使我们产生一丝幸福的感觉。可能仅仅是一丝而已，但这很重要。一件华美的衣服，就是由一丝一丝纤维纺织、编织而成的。人生的幸福，也是这样编织起来的。

工作中，我们所要面对的问题更多，其中不乏从未遇到过的难题。做每一件事情时如果都能努力做到最好，就是一次成功。如果类似的事情每次都能做到最好，就会养成一种凡事必求最好的习惯。所以，不要忽略了工作中任何一件事情。某公司一位专职搞平面设计的美工负责在公司形象墙上粘贴牌匾，带着几个人经过左比右量地弄好之后，洋洋自得地请领导验收。公司领导到现场只是瞄了一眼，扔下两个字“歪了”就干别的去了。这位美工不服气，哥几个又比划测量了一通，结果真的发现两端的高度确实有几毫米差别，只好返工。事后他问领导，那么小的误差，你怎么能一眼就看出来呢？他的领导又告诉了他两个字：“习惯。”很显然，这位领导已经形成的习惯是做事一丝不苟。这样的习惯养成之后，在遇到疑、难、险、重的工作任务时，也会穷尽自己的能力去做最好，往往会取得意想不到的成绩。穷尽自己的能力，就是做最好自己的主观努力，就会给自己带来幸福的感觉。

生活中，我们所遇到的琐碎、细小的事情更是数不胜数。虽然是自己个人的私事，但是也有很多人习惯于将其做到最好。恋爱结婚和婚后家庭生活，是最能体现关于成功就是做最好的自己这一定理的。在恋爱阶段，我们每个人都努力做最好的自己，找到了最符合我们自身条件的另一半。她可能不是最漂亮、最温柔、最贤惠的女人，他也可能不是最英俊、最潇洒、最能干的男人，但 TA 却是最适合自己的人。我们举办的结婚典礼，肯定不是最隆重、最热烈的那种，但是我们已经竭尽自己的能力将其办得最体面、最风光了。在两情相悦、生活互助和相伴终身的人生旅途上，我们也都在不断地调整和修正自己，努力做到最好。我们的孩子可能不是最聪明、最优秀、最可爱的，但是我们也在穷尽自己的能力对其进行培养。在孝敬老人、购房、购车等事情上，我们也都在当时的情况下做到了自己的最好。正是这日复一日、年复一年的持续努力，我们才能在家庭生活中感觉到和谐、温馨、浪漫与幸福。

每件事情、每个方面、每个时段的成功汇集起来，就构成了我们人生的成功，也创造出了我们人生的幸福。

幸福孕育于成功之中

如前所述，通常意义上的幸福是平安、健康、自由、快乐地活着。那么，这 4 大指标又是怎样实现的呢？

人生的安全大体上会体现在政治安全、人身安全、婚姻安全和经济安全等若干方面。如果在相关的各个方面都能做最好的自己，我们人生的安全系数便会大大提高。平安方面的成功，会给人生的幸福奠定现实的和稳固的基础。

对于身在仕途的人来说，做最好的自己就是要不忘宗旨，廉洁自律，全心全意地为人民服务。这几年很多官员落马，是因为他们不但没有去做最好的自己，反倒是做了最坏的自己，做了场面上一套、背地里一套的“两面人”，揣着明白装糊涂，极大地败坏了组织形象，严重地伤害了国家和人民的利益，他个人落马甚至入狱就都变成了一种必然，哪里还有什么安全？

人身安全更需要做最好的自己才有可能实现，比如在路上自觉遵守交通规则，在职场中坚持执行安全规程，都是实现自身安全的基本前提，也是为他人提供安全保障的必要行为。现在的马路、公路、高速路上车水马龙，如果每一位驾驶员都能遵守交规，不酒驾、不毒驾、不超速、不超载、不闯灯、不越线，道路交通的安全事故一定会大幅度下降。在生产安全方面，如果相关链条上的每一个人在每一个细节上都能做到最好，恐怕类似天津“8・12”大爆炸这样的事故就会少很多。恰恰是很多人不肯做最好的自己，所以不但自己的人身安全没有了保证，而且使他人的人身安全也受到了威胁。

没有人结婚是为了离婚的，或者是希望离婚的，但不知为什么过着过着就亮起了“红灯”。就绝大多数家庭来说,原因很简单,或者是夫妻中有一方没有做最好的自己,甚至是做了很差的自己,或者是双方都没有做最好的自己。婚外恋的产生,不仅仅是来自婚姻外部的诱惑力,往往也与婚姻内部的推送力相关。很多人不懂这个道理,领证了、结婚了,就以为一切都是自己的了,恣意妄为,拿不是当理说,以任性为可爱,结果是在自我破坏婚姻安全尚不自知,使家庭陷入危险的境地。

对于贫困型和温饱型的个人、家庭来说,基本上不存在经济安全的问题,反倒是富裕阶层这方面的风险比较大。俗话说“光脚的不怕穿鞋的”,所以有了钱,就更应该努力地做最好的自己。要抑制投机心理,因为投机是一种高风险的经济行为;二是要远离黄、赌、毒,因为那是 3 个“无底洞”,哪个都可以使人倾家荡产;三是要注重投资健康,因为只有你活着那些财富才是你自己的。

努力做最好的自己,一定是具有积极乐观心态的人;在吃的方面做最好的自己,也不是说要吃得最昂贵、最奢华、最复杂,而是要追求最简单自然、最营养均衡;在体育运动方面做最好的自己,是强调合适的运动和适量的运动,而不是突破自身条件的越激烈越好;坚持做到科学地休息和睡眠,更是在维护健康的重要组成部分,少了这一项,前面的诸项就都是白费力气了。健康方面的成功,会大幅度地提升人生幸福的指数。

在现实生活中,往往是越成功的人自由度越高。为什么?这是因为他们已经完全地或者部分地脱离了必然王国对人的束缚。必然王国,就是我们必须要做的事情所在的那个领域、范围。如果为了买米、买菜钱而必须去工作,那就是还深深地陷于财务上的必然王国之中;而那些已经不再为了生活费去工作的人,就已经或多或少地进入到财务上的自由王国里了。人身自由主要表现在时间自由和空间自由上,与财务自由度密切相关。必须为生活费去工作的人,时间和空间的自由度自然是有限的。存在决定意识,经济基础决定上层建筑。财务自由度和人身自由度在很大程度上影响着一个人的思想自由度。一个追求成功的人,一定要在很多方面都去做最好的自己,这样才能在思想上、时间和空间上以及财务上实现自由。每当人的自由度增加一分,人的幸福感也会增添一分。

快乐和幸福一样,是一种感觉。“知足者常乐”的知足,也是一种感觉。没能做最好的自己,是不可能知足的。因天性使然,有些人即使做到了最好和穷尽,尚且不会满足,更何况没有做到最好的人。做到最好之后获得的满足感,是一个人快乐感的来源,也是幸福感的根源。在全方位去做最好的自己的持续努力中,人们的幸福感一直在孕育着,幸福的指数也一直在上升着。

成功与幸福相生相伴,相辅相成

综上所述,成功就是在创造幸福,幸福孕育于成功之中。两者不但没有矛盾,反倒是相生相伴,相辅相成。我们无法找到做了最好的自己反而不幸福的例证,也无法找到幸福的人却很不成功的典型。

在本书的诸多篇章中,我们列举了很多英雄模范人物,其中有战争年代及和平建设时期的英雄,也有生活在现实中的平民百姓,还有县委书记的榜样、地委书记的楷模、省部级领导的典型。他们不但都很成功,而且都很幸福。虽然其中有的先进人物英年早逝,有的英雄壮烈牺牲时年纪更轻,但是他们所获得的却都是最高层级的幸福——无私奉献,事业有成。因为他们的无私奉献,使更多的人获得了幸福,甚至是留住了生命;因为他们的无私奉献,使民族的事业、社会的事业、革命的事业获得了成功。

相辅,是说成功和幸福是相互辅助的,缺一不可,谁也离不开谁;相成,是说成功可以帮助人们获得幸福,或者是说成功是获得幸福的主要途径,幸福又反过来代表着成功。那位在南京闹市街头修鞋、擦鞋的吴苹,那位靠残疾的手培训2000人编织中国结、中国梦的公玉梅,都是在成功中幸福、在幸福中成功的代表。她们既非高官,又无厚禄,却用自己的实际行动告诉全中国的普通百姓如何成功、如何幸福。如果一个人将幸福的标的确定为事业有成、贡献社会这一层级,那他就是迟早一定会成为人物的人。

二、成功与幸福同在才是完美人生

成功与幸福是人生的两个目标,相互间如影随形。我们在规划人生的时候,不可能只规划成功,不规划幸福,也不可能只规划幸福,不规划成功;我们更无法设想,人生中会出现那种没有成功的幸福,或者是没有幸福的成功。成功本身就是一种幸福,能够创造出幸福本身就意味着成功。如果实现了成功与幸福同在,那就是拥有了完美的人生!

这两个目标的确立,应该与成为一个什么样的人的目标有机地结合起来。不同的人生目标定位,自然会有不同的成功定位和幸福定位。虽然都是在做最好的自己,但是在人手、人才、人杰、人物之间,其内涵是有很大不同的;虽然都是在追求人生幸福,4种人生定位也会各有与其相匹配的幸福定位。具体来说,应该分别为以下各种情形:

将人生目标定位为人手的人,其做最好的自己的标准,就是用自己的体力、精力、时间、能力去把他人、企业、机构交给自己的事情做到最好,同时实现平安、健康、自由、快乐地活着的幸福目标。

将人生目标定位为人才的人,其做最好的自己的标准,就是运用自己的专业知识或专门技能,在进行创造性劳动方面做到最好,对社会有所贡献。在幸福的定位上,有些人会选择平安、健康、自由、快乐地活着,也会有些人选择事业有成、贡献社会的高层级幸福。

将人生目标定位为人杰的人,其做最好的自己的标准,就是不但自己同普通人才相比要更优秀,而且要达到出类拔萃的程度,同时还要带领团队做最好的自己,进行更多的创造性劳动,对社会有较大的贡献。在幸福的定位上,也会像人才群体一样,或者选择平安、健康、自由、快乐地活着,或者选择事业有成、贡献社会的高层级幸福。

将人生目标定位为人物的人,其做最好的自己的标准,就是不但自己要有非凡的才能,更要聚集并带领一批人才,令事情发生,创造故事并为他人传颂,在一定范围内改变事物面貌及相关人群的命运。其幸福定位,毫无疑义是事业有成、贡献社会的高层级幸福。

为了将上述关系表达得更为清晰直观,特将其汇总于表10-2之中:

人生定位与成功、幸福定位对应表 表10-2

人生定位	人　手	人　才	人　杰	人　物
成功定位	用自己的体力、精力、时间、能力去把他人、企业、机构交给自己的事情做到最好	运用自己的专业知识或专门技能,在进行创造性劳动方面做到最好,对社会有所贡献	比普通人才更优秀,达到出类拔萃的程度,同时带领团队做最好的自己,进行更多的创造性劳动,对社会有较大贡献	有非凡才能,聚集并带领一批人才,令事情发生,创造故事并为他人传颂,在一定范围内改变事物面貌及相关人群命运
幸福定位	平安、健康、自由、快乐地活着	★平安、健康、自由、快乐地活着 ★事业有成、贡献社会	★平安、健康、自由、快乐地活着 ★事业有成、贡献社会	事业有成、贡献社会的高层级幸福

有了这样直观的对应关系，不论我们将人生的发展目标定位于哪个层级，都会有成功与幸福始终同我们相伴随，我们的前进方向也会更明确，我们的奋斗目标也会更清晰。

三、人生管理科学让成功与幸福更简单

在讨论了人生的10个主要方面和20几个重大事项之后，我们不得不说人生和人生管理是一门博大精深的科学，而且是比其他自然科学、社会科学更为重要的学科，因为它直接关系着人生建设、人生效率、人生质量、人生过程和人生结果。不过令人遗憾的是，这一学科至今尚未得到正式、系统、有效地开发和研究，正规的、严谨的、科学的人生管理科学体系尚未得以建立，人们实现人生成功和获得人生幸福的规律尚未被完整认识，在很大程度上制约着人们的成功几率和幸福指数。对此，我们可以从以下几个方面来加以认识：

人生管理是一门科学

从1900年开始，美国的莱特兄弟在进行了1000多次滑翔试飞之后，终于在1903年实现了世界上第一架自动力载人飞机试飞成功。在莱特兄弟之前，不会有几个人认为航空航天是一门科学。把几百斤、几千斤、几万斤重的铁家伙弄到天上去飞，纯属胡扯，绝大多数人都会认为这是痴人说梦般的幻想。但是，短短几十年的时间，从滑翔机到喷气式飞机、直升飞机、民航客机、空中巴士、战斗机、运输机、轰炸机、无人机、核动力飞机等航空器次第出现，再到后来的航天飞机、空间站、人造地球卫星等航天器，让人类征服蓝天和太空变为了触手可及的现实，再也没有人会认为航空和航天不是科学。以前，从未听说过19世纪的大学开设过航空航天课程，但是今天叫航空或航空航天的专业院校已经遍布世界。如同航空航天科学一样，人生科学特别是人生管理科学体系在过去没有建立，并不等于它不能成为一门科学，更不等于人类社会的发展不需要这门科学。

在人类社会发展的漫长历史中，人们发现也学会了管理科学，并逐步将管理理论应用到社会的各个方面、各个领域，比如我们现在常见的社会管理、行政管理、工商管理、企业管理等等。在一个企业内部，管理又被细化为研发管理、劳资管理、生

产管理、营销管理、财务管理等。其实在人类社会中,比这些更需要管理的是人生。但是在现实生活中,却很少能听到有关人生管理的提法,更不要说方法了。即使是偶有涉及,也只是说对职业生涯的规划而已。

所谓管理,应分为管和理两部分:管是管辖、经管,理是治理、整理。理的本义是治玉的方法,即顺着玉石的纹路进行剖析切割。世间事物皆有规律。认识并遵从这些规律对事物进行管控和治理,便是我们常说的管理。管理也有主体和客体之分。实施管理行为者为管理的主体,接受管理行为者为客体。管理就是主体为实现某类预期目标对客体进行的协调与控制,而且不论哪方面的管理都是以对人的协调和控制为中心的,即管理的主体是人,管理的客体实质上也是人。

那么,在其他方面人都可以对人进行管理,难道在人生的问题上,人就不可以对人进行管理了么?这似乎在情理上是说不通的。人生,就是一个人从出生到死亡的全过程。由于人是有思想、会制造并使用工具进行劳动的高等级动物,而且人与人之间的联系、合作与结合又构成了十分复杂的人类社会,所以人生的过程也就不仅仅是一个简单的生理过程了,而是一个蕴含着若干复杂规律的生理过程、思想过程和行为过程的综合体。寻找、认识和把握这些规律,便是人生科学的任务和内容。

其实在现实生活中,对人生的阶段性管理或单方面管理是一直存在着的,而且存在于每一个人的身上。家长对孩子的管理、老师对学生的管理、企业对职工的管理、机关对干部的管理、交警对交通的管理、夫妻之间的相互管理等等,可以说人人都经历过、体会过。这些管理,既包括思想管理,也包括行为管理,还包括绩效管理。对这些既有的人生管理实践加以归纳总结,找出规律性的东西来,然后再将其推广应用到人生的10大主要方面以及相关项目的规划、控制和协调之中,提炼出更具有普遍意义的可以用于管理整个人生实践的理论体系,就是人生管理科学的主要任务和内容。

动员全社会的力量共同参与

人生管理科学的建立,以及相关科学研究工作的开展,科研成果的形成及推广等,都不是哪一个人可以独立完成的宏大系统工程,必须要得到党委和政府的重视、相关部门和机构的主导、广大学者和民间力量的参与,甚至要经历几代人的持续努力才有可能完成。

首先是党委和政府重视。人生管理科学可以帮助人树立正确的人生观念，尤其是对青少年世界观、人生观和价值观的形成具有重要意义，也涉及全社会所有人的道德修养、提高人生效率、减少负面社会问题的发生几率、助推更多的人成功与幸福等人生层面。这一学科一旦建立，将会对人类进步和社会发展产生巨大的推动作用。社会科学机构和高等院校可率先立项研究，待有一定成果并在师范院校设立相关专业培训出师资后，在初、高中和大学设置相关课程；再进一步时，各有条件的综合性高校都可以开设相关专业。这样一项工作，没有各级党委和政府的重视，是很难启动的；动员社会各方面力量协同动作，也需要各级党委和政府作出部署。

其次是相关机构主导。人生管理科学当属于社会科学范畴，并与人类学和思维科学密切相关。如果能够列为社会科学的研究项目进行深入研究，同时开展一些必须的社会调查、概率统计等活动，包括对一些调查对象的跟踪记录等，不但会得出一些定性的结论，也还会作出一些定量的分析。类似的工作，只有科研院所、大专院校和社会团体才有能力完成。尤其是人生管理课程的师资培养，只能由高校来完成。一般来说，学生在高中阶段的学业负担相对较重，初中又是青少年“三观”形成的初始时期，所以在初中增设人生管理课是比较合适的。可以先在师范院校的政治系或者哲学系增设相关课程作为过渡，待条件成熟时再设置相关专业。这方面的工作，只有教育主管部门才有资格去规划和实施。

三是社会团体参与。我们有些群众团体、社会组织也很有条件参与人生管理的科学研究和成果推广工作，比如关心下一代工作委员会、工会、共青团、妇联等机构的工作，都有人生教育和管理的相关内容。这些机构在这方面的能量和作用如果发挥出来，与社科和教育部门相互配合，一定能使人生管理的科研、教学和普及工作卓有成效地开展起来。

四是民间力量介入。相信一定会有很多民间人士会热情支持人生管理科学的研究和成果推广工作，待社会科学研究机构和大专院校有了一定学术成果时，民间人士和机构可以在人生规划师、人生管理师的培养方面多做一些文章，将其作为创业项目的一个门类也是完全可以的。社会大众都是人生科学和人生管理科学的实践者和创造者，更有资格参与其中，提供翔实的第一手资料，提出自己的见解，提出自己的相关诉求,都会为科研工作增加助力。特别是工作在教书育人第一线上的各级各类学校的教师,最有发言权,同时也最容易开展相关实践活动,既可以参加学校组织开展的一些活动,又可以以自然人的身份进入相关的社会活动之中。

让成功与幸福更简单

科学的价值就是将复杂的事情变得简单和有条理,将不可能的一些事情变为可能。创建人生管理科学体系,就是要将复杂多变、不易把握的人生变得简单和有条理,将普通人认为不可能实现的成功与幸福也变得简单和可能。

过去,很多人认为自己太过普通,因此也认为自己与成功及幸福不搭界,只能看着别人成功,看着别人幸福。在他们的心中,成功太不容易了,幸福更是遥不可及。当我们对成功和幸福重新定位以后,他们当中的很多人觉得做最好的自己并不难,实现平安、健康、自由和快乐也可以努力做得到,所以都觉得自己也能有资格、有机会成为成功和幸福的人了。如果我们的人生管理科学能够跟上,帮助他们做最好的自己,帮助他们保持住平安、健康、自由、快乐的状态,若干年后,大多数人的观念和心态都得到了合理的调整,这个世界一定会变得更加祥和与美丽。

加强对人生的管理,不是让别人来加强,而是要我们自己加强;不是要让别人来管理我们,而是要我们自己管理好自己。比如人生定位,做人手,还是做人才、做人杰、做人物,都是我们自己定。人生管理科学是帮助我们去实现这个自己确定的目标。当我们把目标定在人杰上时,那我们就得先进行规划,然后实行有效地管控,以保证在预定的时间节点之前先成为人才;成为人才之后,还要进一步管理和控制自己的思想和言行,以保证在预定的时间节点之前成为出类拔萃的优秀人才,并在人生实践中得到了检查和考验,成为名副其实的人杰。如果达到了这一境界,不但我们可以在原来的环境中担纲挑梁,也会有更多的机会在等待我们去选择。这便是我们做最好的自己的结果,这便是我们的成功。原来比较复杂、不易捉摸、不易把握的成功竟然变得如此简单。

通过管理来实现幸福也是一样,也是自己管理自己。如果将标的确定为高层级幸福,那也要进行相关规划,确定实现事业有成的路径、方法和达成时间表,确定贡献社会的主要方面、内容和形式。当然,规划只是写在、画在纸上的文字和表格,最为重要的是实践和变现。人生管理的科学体系将会引导我们去将文字和表格一步步变成现实,而且不仅要将我们的重要人生指标管理起来,甚至是对我们的饮食起居、精神情绪、形象风貌、社会交往都要进行严格的管理。因为这样的幸福定位,意味着管理客体有可能会成为一位人物。在条件成熟的时候,社会上也可能会出现像古代皇帝给太子请的"太傅"那样的一对一的人生管理师,来帮助想成为人物的人。

如同其他管理科学一样,我们并不奢望人生管理科学建立之后能够解决所有人的问题,它只要能解决一部分人的问题,能够解决一部分人的部分问题,其作用、价值和意义也是不得了的。我们期待着它的早日建立,我们也期待着能有更多的人通过对人生实行科学管理而获得更大的成功和更多的幸福!

Reference

本书主要参考文献

[1] 列宁. 列宁选集[M]. 北京:人民出版社,1995.

[2] 毛泽东选集[M]第一卷本 . 北京:人民出版社,1951.

[3] 毛泽东选集[M]第二卷本 . 北京:人民出版社,1952.

[4] 毛泽东选集[M]第三卷本 . 北京:人民出版社,1953.

[5] 毛泽东选集[M]第四卷本 . 北京:人民出版社,1960.

[6] 毛泽东选集第五卷本[M] . 北京:人民出版社,1977.

[7] 沃尔特・艾萨克森(美). 史蒂夫・乔布斯传[M]. 北京:中信出版社,2011.

[8] 陈仁惇. 现代临床营养学[M]. 北京:人民军医出版社,1996.

[9] 中共党史参考资料[M]. 北京:人民出版社,1979.

[10] 马克思恩格斯全集[M]. 北京:人民出版社,2008.

[11] 马克思恩格斯选集[M]. 北京:人民出版社,2012.

[12] 习近平总书记系列重要讲话读本[M]. 北京:人民出版社,2014.

[13] 毛泽东著作选读[M]. 北京:人民出版社,1986.

[14] 司马迁. 史记[M]. 北京:中华书局出版社,1982.

[15] 司马光. 资治通鉴[M]. 北京:中华书局出版社,2005.

[16] 马克思・恩格斯. 马克思恩格斯论教育[M]. 北京:人民教育出版社,1958.

[17] 艾思奇. 辩证唯物主义历史唯物主义[M]. 北京: 人民出版社,1961.

Postscript

后　记

今天，是我和人民交通出版社约定本书交稿的日子，也正好是我60周岁的生日。至此，我完成了人生中的一个重大使命，也给自己的60岁生日送上了一份厚礼。

20世纪只有一个乙未年，我就出生在那一年。感谢早已过世的祖父关舒申和祖母傅桂英。祖父是我的启蒙先生，在我上小学之前就教我认字、背诵《三字经》和《百家姓》；祖母抚养我从1岁成长到8岁。第22章死囚咬掉妈妈乳头的故事，就是那个时候祖母讲给我听的。感谢父亲关德源和母亲陈艳杰给我以生命，并十分辛劳地将我抚养成人，也感谢他们给我以做人的引导和教诲。父亲是中国第一批全国关心下一代工作先进个人，母亲的不断激励也是我能够完成此书的重要动力。感谢爱妻孟艳萍已经陪伴我40年，并愿意继续与我相伴。

今年又是一个乙未年。根据中国最古老的纪年方法，把十天干和十二地支轮流组合起来，60岁已经是完成了整整一个轮回的“花甲”之年了。但是，人生尚未完结，新的纪年轮回才刚刚开始，我也觉得还有很多事情需要做、可以做。

很多亲友和同事都不理解我四十多年来的“折腾”，甚至我一开始也不知道我到底在干什么、能干什么、该干什么。农民、学生、工人、职员、仕途、商海，大江南北，长城内外，我几乎是无休止地在大跨度地折腾着。

直到5年前决定写这样一本书时，我才大概想清楚了这些问题。原来冥冥之中支配我折腾的那股神奇力量，就是要让我尽可能多地经历、体验人生世事和人间沧桑，同时还让我积累了积极思考和恰当表达的能力，然后好为社会、为人类做这样一件事情。

如今，这本书写完了，也即将出版了。它既是我前60年人生的阶段性思想总

结,也是给我自己的一个交代,还是给家人、亲友、同事的一个交代。

从去年10月8日开始撰写本书的引言至今,正好11个月。在这三百多个日日夜夜里,包括除夕夜和大年初一,我都在与生命、命运沟通,在与信仰、道德交流,在与人生、规律探讨,似乎有重新活过一回的感觉。

写作完成了这样一本书,就又成为了我人生的新起点、新开始。因为倡导和推进人生管理科学的研究、教育、普及等事业,才是写作此书的现实意义和历史意义。我未来人生的新使命,将从这里起步,而且“以后的路程更长,工作更伟大,更艰苦。”

世间的事情总是得有人去做的。爱迪生不折腾就没有电灯,贝尔不折腾就没有电话,瓦特不折腾就没有蒸汽机,莱特不折腾就没有飞机。人生管理科学的建立,也需要一大批有志者共同奋斗若干年。我们坚信,一定会有很多人融入到这项伟大的事业中来为社会发展和人类进步作出更大的贡献。

在本书写作和出版过程中,得到了人民交通出版社及其文化创意发展中心的指导和帮助,也得到了朋友的指点和协助。在此,特别向章欣荣、宋秋秋、岑瑜、邵江、吴迪等同志致以谢忱!

2015年9月7日　止笔于哈尔滨